Hohenrechberg mit seiner Umgebung
aus dem Vorland der schwäbischen Alb.

Geognostischer Führer

durch

Die schwäbische Alb

und ihre Formationen:

Jura, Tertiär, Diluvium und Alluvium

nebst

Preislisten über Petrefakten aus der Alb

von

Johannes Binder, Privatgelehrter.

Mit einer buntfarbigen Reliefkarte des Donautales, 2 geognostischen Landkarten, annähernd 200 Abbildungen (geologischen Karakterbildern und Landschaftsbildern der Alb), Profiltafeln, einem Panoramabild des Steilabfalls der Alb, und über 70 Profilaufnahmen.

Ebingen 1910.
Selbstverlag des Verfassers.

Gedruckt in der Buchdruckerei des Alb-Boten
(A. Widmaier), Ebingen.

Widmung.

Gewidmet allen Freunden und Forschern der Natur, insbesondere den Freunden der schwäbischen Alb und allen persönlichen Freunden des Verfassers, seiner Frau und seinen Kindern.

Wissen, Forschen und Glauben.

Man glaubt im Leben oft, ein freudiger, kindlicher u. fester Gottesglaube vertrage sich nicht mit echter Wissenschaftlichkeit. Viele Männer strenger Wissenschaftlichkeit widerlegen diese Ansicht. Das Beispiel eines dieser Naturforscher soll dieses Vorurteil widerlegen. — Auf dem Friedhof in Hannover, welcher an der Hildesheimer Strasse liegt, sehen wir auf einem Grabe einen einfachen Gedenkstein, der in einem Kranz von 7 Sternen den einfachen Namen „Mädler" trägt. Es ist dieses Grab die Ruhestätte des im Jahr 1878 gestorbenen berühmten Astronomen Mädler. Der Text seiner Leichenrede war: „Die Himmel erzählen die Ehre Gottes und die Feste verkündiget seiner Hände Werk" Ps. 19.1. Dieser grosse Gelehrte verstand die Sprache der Natur, aber auch die Sprache Gottes in derselben und verstand die Ehre Gottes aus den Gestirnen herauszulesen, deren Studium er sein ganzes Leben weihte. Auch wir, Schreiber und Leser dieses Buches, können die Sprache Gottes in der Natur, Gottes Schöpfungsgeschichte durch die Geologie und Geognosie lesen und wer sie zu lesen versteht, wird Gott täglich näher treten und Gott täglich mehr über alles lieben und ehren, der so Grosses schuf, so Herrliches machte. Mit Mädler möchten wir sagen: „Ein echter Naturforscher kann kein Gottesleugner sein; denn wer so tief, wie wir, in Gottes Werkstatt schaut und wie wir Gelegenheit hat, Gottes Allweisheit zu bewundern, muss in Demut seine Kniee vor dem Walten dieser hehren Weisheit eines höheren Geistes beugen." Wohl ist die Bibel kein geologisches Lehrbuch und will es auch nicht sein, aber als Mädler in Hannover eine andere Wohnung bezog, ergriff er zuerst die Bibel und trug sie selbst ins Haus mit den Worten hinein: „Vor allen

Dingen soll dieses Buch zuerst in unser Haus kommen, ich will es selbst hineintragen!" Auch uns soll die Bibel noch höher stehen, als alle menschlichen, wissenschaftlichen Bücher, aber wir brauchen deshalb letztere auch nicht zu verachten, sie können uns ebenfalls Gottes Grösse und Allmacht zeigen.

Also

Die Himmel erzählen die Ehre Gottes
Und die Feste (die Erdrinde) verkündiget seiner Hände Werk.

Was man von Gott weiss, ist jedem Menschen offenbar,
Denn Gott hat es den Menschen geoffenbart,
Damit dass wir können Gottes unsichtbares Wesen,
Seine ew'ge Kraft und Gottheit ersehen,
Und wahrnehmen aus seinen Werken,
Nehmlich aus der Schöpfung der Welt.

Römer 1, V. 19 u. 20.

Vorwort.

Ein neuer geognostischer Führer durch die Alb? wird der Leser fragen, der dies Buch zum 1. Mal in die Hand nimmt. Existieren nicht schon genug ähnliche Führer? z. B. diejenigen von Pfarrer Dr. Engel, Prof. Fraas u. s. w. und was leistet der vorliegende?

Die bisher erschienenen geognostischen Führer für Wüttemberg und die schwäbische Alb wurden in erster Linie von württembergischen Freunden der Geologie benützt. Der nichtwürttembergische Turist benützte sie sehr selten, ausser es waren Sammler. Warum? Aus den gewiss sehr wertvollen und guten Büchern lernte er die Schönheit der Alb kaum recht kennen, da sie zu wenige geologische Charakterbilder enthielten. Die Vereinszeitschrift des Albvereins „Blätter des schwäbischen Albvereins" leisteten in dieser Hinsicht schier mehr, denn diese Blätter enthielten jedes Jahr eine Menge der herrlichsten Bilder prächtigster Albansichten. Aber nicht bloss der Einheimische, sondern auch der Fremde soll mehr als bisher auf die Schönheiten und Merkwürdigkeiten der Alb aufmerksam gemacht werden, besonders auf die geologischen Merkwürdigkeiten. Kommt nun das vorliegende Buch in die Hand des Touristen, so soll es zuerst durch seine vielen geologischen Charakterbilder den Leser anspornen, der Alb seine Ausflüge zu widmen, ihre herrlichen Landschaftspunkte aufzusuchen. Daher wurde bei den Abbildungen das Schwergewicht gerade auf diese Charakterbilder gelegt. Da in den schon bestehenden andern geognostischen Führern die Abbildungen von Leitmuscheln häufig sind, so will dieses Buch jenen andern Führern hierin keine Konkurrenz machen, sondern neben ihnen erscheinen.

Auch kann ja der Verfasser, wenn es gewünscht wird, den Liebhabern die nötigen Leitpetrefakten selbst liefern.

Auf eine Besonderheit dieses Buches dürfte aber doch hingewiesen werden. Die anderen existierenden geolog. Führer wurden von berufenen Geologen verfasst, in erster Linie für angehende Gelehrte. Der Verfasser dieses Führers ist aber ein Mann aus dem Volk, der für das Volk schrieb. Er war bei seinen Forschungen zum grössten Teil auf sich selbst angewiesen und daher sind seine Forschungsergebnisse auch etwas abweichender Natur. Wenn diese Forschungsergebnisse trotzdem mit den allgemein giltigen von Heute vielfach übereinstimmen, so kommt dies daher, dass der Verfasser eben auch Mitglied verschiedener naturwissenschaftlicher, insbesondere geologischer Vereine und er so von den gültigen Ansichten unterrichtet ist. Wo er mit den allgemein angenommenen Ansichten einig ist, wie z. B. in der Entwicklungs- und Formationsgeschichte des Juras, da beschreibt er seine Ansichten kurz, wenn er aber abweichende Ansichten besitzt, geht er genauer darauf ein, wie z. B. bei der Talbildung und Albvergletscherung, um so dem Leser Gelegenheit zu bieten, an der Hand seiner Forschungen selbst zu forschen.

Der Verfasser ist sich wohl bewusst, dass er nichts Ganzes bietet, aber was er bietet, kann doch für den Anfänger reich genug sein, manche der vielen Albverehrer zu gewinnen, für die behandelten Fragen auch forschend einzutreten. Für manchen Anfänger dürfte dieser Stoff auch leichter zu verarbeiten sein, als das Erlernen der vielen Petrefaktennamen. Einen grossen Teil der Alb untersuchte der Verfasser seit Jahren selbst, ist doch die Alb seine Heimat, sein Lieblingsaufenthalt. Die beschriebenen Stellen kennt er selbst und manche besuchte er oft. Wo er aber in seinem Buche länger verweilt, wie z. B. im Donau-, Schmicha- und Eyachtal, da ist er eben ganz »zu Hause«.

Wenn er hier und dort andere Ansichten vertritt, als die heute geltenden, so vertritt er diese Ansichten nur deshalb, weil er sie für richtig hält und andere Forscher auf diese Gebiete noch mehr aufmerksam machen will. Benützt wurden vom Verfasser nur einige Werke. Die Namen der Petrefakten entnahm er dem Petrefaktenverzeichnis des Herrn Pfarrer Engel und den Quenstedtschen Jura-Abbildungen, ebenso den Etiketten des Stutt. Naturalienkabinets usw., wo er öfter Gast ist. Die Arbeiten der 2 Vereine: Rheinischer geolog. Verein und Verein für vaterländische Naturkunde, benützte er auch und ebenso einzelne Artikel der Albvereinsblätter; wo er aus obigen Veröffentlichungen nicht Selbsterforschtes entnahm, nennt er daher diese Quellen in seinem Buch.

Obwohl also die ganze Arbeit eigene Arbeit ist, ist er doch für die Unterstützung sehr dankbar, die ihm z. B. der Albverein zukommen liess, dessen Schriftleiter, Herr Prof. Nägele, ihm einen grossen Teil der Abbildungen gegen Mietsentschädigung zur Verfügung stellte, z. B. die Abbildungen Nr. 1—6, 8—17, 22—70, 72—78, 81, 83, 84, 86—97, 100—104. Einige Abbildungen hat der Verfasser dem Grenzboten in Tuttlingen, dem Neuen Alb-Boten und Alb-Boten in Ebingen zu verdanken und die anderen Abbildungen entwarf der Verfasser selbst. Diesen Herren sei hiermit der beste Dank gesagt. Ohne dieses Entgegenkommen wäre es dem Verfasser unmöglich geworden, dieses Buch in Selbstverlag zu übernehmen, da die Kosten für Anschaffung der Clichees, für den Druck, für die Karten und anderen Beilagen schier die materiellen Kräfte des Verfassers erschöpften.

Besonderer Dank gebührt auch der Drucklegung. Herr Buchdruckereibesitzer Widmaier in Ebingen gab sich alle Mühe, das Buch hübsch, druckfehlerfrei herauszugeben, aber es waren den Setzern zu viel unbekannte Namen, als dass es ohne Druckfehler hätte ganz abgehen können und so musste leider ein Druckfehlerverzeichnis aufgenommen werden. Wie schwer es aber für die Setzer war, sich in die Unmenge fremder Namen und Begriffe einzuarbeiten, das weiss nur der Eingeweihte.

Herr Lithograph Feker, Ebingen, übernahm den Eindruck der lithographischen Abbildungen, welcher Eindruck sich nicht leicht gestaltete. Auch diesem Herrn sei für seine Mühe Dank gezollt.

Und nun zu einigen Vorwürfen, die vielleicht dem Verfasser gemacht werden könnten. 1. Wer hat dich zum Schreiben dieses Buches berufen? 2. Deine Arbeit ist ja nur Stükwerk! 3. Warum fehlen der Arbeit schier alle Pretefaktenabbildungen? 4. Warum werden gewisse Fragen nur gestreift, andere eingehender behandelt?

Meine Antwort wäre im Allgemeinen: Dieses Buch soll ja nichts anderes sein, als ein geognostischer Führer für die Alb und jeder Führer kann nur das zeigen, was er selbst weiss und versteht. Was andere wissen, kann er nicht alles wissen, nicht alles schreiben und muss er es andern überlassen ihr Wissen auch niederzuschreiben. Dieses vorliegende Buch ist kein geologisches Lehrbuch, dieses zu schreiben, überlässt der Verfasser den vielen »berufenen Händen«. Das Buch ist auch nicht in erster Linie für Sammler bestimmt, sondern für Naturfreunde überhaupt, denen es eben einen Teil der vielen Schönheiten und Merkwürdigkeiten der Alb zeigen will. Wo der Verfasser eigene Ansichten darstellt, kann er dadurch dem forschenden Leser nie schaden, denn der Verfasser will nicht lehren, sondern zum Selbstforschen anregen. Wie in der medizinischen Wissenschaft auch oft Laien fördernd mitwirkten, so können sie auch auf diesem Gebiet sicher ebenso nützlich wirken.

Also, wer den Verfasser zum Schreiben berief? Einfach die Liebe zur herrlichen Natur und die Liebe zu ihrem grossen Schöpfer und der Drang, dasjenige auch andern zu schildern, was ihm so grosses Vergnügen bereitete. Und die Antwort auf die zweite Frage: Dass diese Arbeit nicht vollkommen ist, weiss der Verfasser wohl und will er es nicht damit beschönigen, dass ja alles Irdische unvollkommen sei. Aber wer lernen will, was er noch nicht weiss, kann auch hier lernen. Betreffs der Petrefaktenabbildungen die dem Buche fehlen, sei bemerkt, dass die andern Führer, die solche besitzen, doch auch noch zu wenige besitzen, um eifrigen Sammlern das nötige Bildermaterial bieten zu können. Für Sammlerzwecke sind grosse Bildwerke nötig, wie sie ein Queenstedt usw. schuf und sich der Verfasser nicht leisten könnte. Ja der

Verfasser weiss, wie viele Sammler, trotz ihren Abbildungen, doch falsch bestimmten, weil eben zum richtigen Bestimmen mehr als Abbildungen gehören. Viele haben auch weder Zeit noch Raum neben ihren Beobachtungen auch noch zu sammeln. (Die vom Verfasser aufgenommenen Petrefaktenlisten schliessen sich an seine eigenen Petrefaktenbestände und sind nicht so ganz selten). Anfänger fühlen sich auch durch grosse Petrefaktenlisten, die vielen fremden Namen und zuletzt unverstandenen Abbildungen oft abgestossen und wenn sie dann doch noch sammeln wollen, was ja nur wünschenswert ist, so finden sie sich in ihren Sammlungbeständen meist doch nicht zurecht und brauchen einen »Vorgeschrittenen« der ihnen bestimmt, schenkt oder verkauft. Ein solch »Fortgeschrittener« ist auch der Verfasser, der nicht bloss an Liebhaber Petrefakten liefern kann, sondern auch gerne gegen Ueberlassung von Dupletten, bestimmt.

Was die beigegebenen Karten anbelangt, so glaube ich, mit der bunten Reliefkarte des Donautales jedem Naturfreund eine Freude zu machen. Was die andern Karten anbelangt, so lag mir bei Fertigstellung der Arbeit nur die eine vor, die erste, welche klar und deutlich gehalten ist, aber etwas zu wenig Ortsnamen enthält. Deshalb wurde die zweite auch noch gewählt, obwohl sie etwas weniger deutlich ausfiel. So hat eben jede Karte ihre Vor- und Nachteile. Der fortgeschrittene Forscher wird natürlich mit diesen Karten nicht auskommen, er bedarf dann später der grösseren und deutlicheren geognostischen Landkarten.

Die dem Buch beigegebenen Profilaufnahmen, schier alle selbst aufgenommen, sollen die geognostischen Charakterbilder ergänzen. Was die Register anbelangt, so wollte ich durch sie den Führer zu einem kleinen Nachschlagewerk ausgestalten. Der Übersichtlichkeit halber sind 5 verschiedene Register dem Buche beigegeben.

Schliesslich noch einige kurze Ratschläge zur Benützung des Buches. Ich stellte mit Absicht den kleinen Tourenführer an die Spitze der Arbeit. Der Anfänger möge an der Hand des Tourenführers seine Albausflüge machen und dabei die Herrlichkeiten der Alb in ihren verschiedenen Formen und Gegenden kennen lernen. Bald wird er dann auch Dinge sehen, die ihn bewegen werden, auch den zweiten Teil des Führers zu lesen, sodass aus dem Naturfreund ein Naturforscher werden kann. Sobald ihm dieses Buch nicht mehr genügt, ist sein Zweck erreicht, dieser Führer ist überflüssig geworden.

Möchte das nun hinauswandernde Buch viele Freunde erwerben und, dadurch seinem Zwecke entsprechend, unserer herrlichen schwäbischen Alb immer mehr Freunde zuführen.

Ebingen, im November 1910.

Johannes Binder.

Einleitung.

Die Alb ist nicht im Vorbeigehen abzumachen, denn sie ist eines der schönsten und reichhaltigsten Mittelgebirge Deutschlands. Schön ist sie in jeder Weise und reichhaltig in Bezug auf die Unmenge hübscher Versteinerungen aus Jura und Tertiär. Reichhaltige Sammlungen können auch ihre Embriovulkane liefern, ebenso ihre quartären Schotter und Ablagerungen. An Erzen besitzt sie zwar nur Eisenerze, aber das Fehlen der Erze wird reich aufgewogen durch ihre riesige Petrefaktenmenge. Die Alb wird von verschiedenartigen, sehenswerten, eigentümlichen Landschaftsgruppen zusammengesetzt, die von einander abweichende selbstständige Eigenheiten besitzen, die nur durch eigene Beobachtung erkannt und studiert werden können. Nur wenn wir diese Eigenheiten des Gebirgs miteinander vergleichen, lernen wir die Merkwürdigkeiten der schwäbischen Alb kennen. Um speziell diese Schönheiten dem Auge des Lesers vorzuführen, ist das Buch mit vielen geognostischen Charakterbildern geschmückt, welche auch solche Albbesucher anziehen müssen, die von Geognosie wenig verstehen. Sie sollen durch die eigene Anschauung Verehrer der Alb werden und bald werden sie auch an der Geologie Freude haben. Beim Aufsuchen der abgebildeten Punkte finden sich ohnehin eine ganze Menge neuer, unbeschriebener Punkte und die Freude an einer Albwanderung wird immer grösser werden. Bald wird der angehende Forscher gefunden haben, welches Schatzkästchen unsere Alb ist und dass diese Alb noch viel zu wenig bekannt und gewürdigt ist. Der Forscher soll ja sehen und denken und je mehr er selbsttätig denkt, desto mehr wird er finden.

Obwohl aber die Alb mit vielen reichen Schätzen ausgstattet ist, findet sich doch noch in vielen Turistenkreisen die falsche Ansicht verbreitet, die Schwabenalb sei ein sterilles Gebirge, keines Besuches wert. Aber keiner dieser Turisten, welche dieses Urteil nachsprechen, sah je die Alb. Wer die Abbildungen dieses Buches sieht, dürfte schon durch sie allein andere Ansichten bekommen. Glücklicherweise wird aber diese falsche Ansicht von Jahr zu Jahr mehr korrigiert, besonders durch die rege Tätigkeit des Albvereins. Aber wenn schon die Alb im Allgemeinen so schön ist, so ist sie noch im Besondern das Paradies der Geologen und Petrefaktensammler. In den älteren Schichten der Flötzgebirge, besonders im Muschelkalk, werden ja auch manche schöne

Funde gemacht. Aber erst im Jura treten Funde auf, die die Funde aus andern Formationen in den Schatten stellen. Und weil eben der Fuss der Alb: Lias und Dogger, auch zur Alb gehört, finden wir im Albjura die grossartigsten und schönsten Funde von ganz Süddeutschland.

Unsere Alb ist ein schief gehobenes, wenig tektonisch zerrissenes Tafelgebirge, nur durch Abtragung zerrissen; durch diese Abtragung erhielt sie ihre Schönheiten. Da der Albjura nicht wie der Alpenjura zerschmettert wurde, sind die Formationslagen in ihm besonders gut zu studieren und die ersten und ältesten Forscher Süddeutschlands holten auf der Alb und in der Alb ihre Schätze. Wie grossartig sind die Schätze Tübingens und Stuttgarts, und ihre wertvollsten Funde entstammen der Alb. Wie viele Naturfreunde der Alb betreiben schon heute aus Liebhaberei das Erforschen der Alb und ihrer Wunder und kein Land der Erde weist so viele Privatsammler auf, wie Württemberg mit seiner schwäbischen Alb. Schon heute wird in allen Volksschichten gesammelt, besonders aber sind es Aerzte, Apotheker, Lehrer, Pfarrer und Arbeiter. Während noch viele vor 20 und 30 Jahren über uns Sammler lachten, lacht heute kein vernünftiger Mensch mehr, sondern sammelt mit. Die schwäbische Alb als Gebirge bildet auch den Mittelpunkt zwischen den nahen andern Gebirgen: Schwarzwald, Böhmerwald, Alpen u. s. w.

Der angehende Forscher wird, wie wir, immer gut tun, stets beim Studium mit dem Jura zu beginnen, da letzerer als Formation nicht blos am leichtesten erkenntlich ist, sondern die Hauptmasse des Gebirges ausmacht, auch überall ein Ganzes, Einheitliches darstellt. Hier sei auch schon bemerkt, dass der Alb als Untergrund auch die meisten älteren Formationen nicht fehlen, dass diese aber von Jura zugedeckt sind. Sie sind vorhanden, wie die Ausfüllungen der Embryovulkanröhren zeigen, in denen wir Granit, Gneis, Buntsandstein, Muschelkalk und Keuper finden, während die Kohlengebirgsformation fehlt. Der Urgebirgskern, der die Grundlage aller Gebirge bildet, ist also auch unter der Alb vorhanden, aber wie alle Sedimentgebirge einem ganz andern Typus als die Urgebirge angehören, so unterscheidet sich auch die Alb von ihren Nachbargebirgen ganz bedeutend. Nur wo Übergänge, wie gegen den Schwarzwald, sich finden, treten ähnliche Gruppierungen auf. Fichtelgebirge, Riesengebirge, Erzgebirge, Odenwald, Bayrischer Wald und gar die Alpen, haben alle ihre typischen Eigenheiten, ebenso eigen ist auch der Tiefenaufbau der Alb. Wie unterscheidet sich nur der benachbarte Schwarzwald von unserer Alb? Dort dunkle Tannen, hier lichte Laubholzwälder, dort plumpe dunkle Felsen und Felsenblöcke, hier weithin leuchtende, schneeweisse Felsenzinnen, die so wunderbar malerisch aus dem Laubholz herausblicken. Die erste Erstarrungskruste der Erde, der

Gneis, ist in Metzingen in den dortigen Embryovulkanröhren gefunden worden, u. zw. als völlig zerbrökeltes, zerstossenes Gestein, vorkommend mit Granit, Gabbro und Hornblendeschiefer. Wie aber in den sogenannten Urgebirgen der Granit den Gneis durchbrach und der Porphyr wieder die Granitmassen, so durchbrach auf der Alb der Melilithbasalt den Jura und die ihn unterlagernden Formationsglieder.

Das Jurazeitalter nimmt ungefähr die Zeit-Mitte der Erdentwicklung ein und wie wir die ältern zugedeckten Formationen auf der Alb natürlich nicht sehen, so fehlen auch meist die jüngern Formationen oder sind auch nur in Resten vorhanden. Kreide und älteres Tertiär fehlen ganz. Mittleres Tertiär (Miocän) ist teilweise vertreten, oberes (Pliocän) aber nur in Spuren als uralte Schotterbildung. Da die Alb im Quartär Land blieb, finden wir aus dieser Zeit auch nur Schotterbildungen und keine Meeresbildung.

Der Uebersicht halber wollen wir noch hier, ehe wir mit dem eigentlichen Buch beginnen, eine Uebersichtstafel dem Hauptwerk voranstellen, damit der unkundige Turist die Eingliederung der Alb ins allgemeine Erdbildungssystem besser verstehen kann. Die Gneisunterlage ist der mutmassliche Mantel, der den feuerflüssigen Kern der ganzen Erde umgibt und der selbstredend die Unterlage aller andern Gesteine bildet, ob letztere durchbrochen oder nicht durchbrochen wurden. Je weniger Petrefakten uns in den alten Formationen erhalten blieben, desto mehr finden wir in den jüngern und insbesondere der Jura enthält eine Fauna, die ihresgleichen sucht, denn der Jura ist ausgesprochene Meeresformation, und zwar Tiefsee-, Flachsee- und Binnenbildung.

In Württemberg liegen zu unterst die archäische oder azoische Formation: Erstarrungsgneis, Sedimentgneis (im Urmeer niedergeschlagen, wellenförmig ausgebreitet), durchbrochen von Eruptivgneismassen. Alle diese 3 Grundgebirgsmassen enthalten als Ganggestein sogenannte Altgranite, d. h. alte Granite.

Die emporgestiegenen Granite dehnten sich aus und bildeten die plutonischen Massengesteine, aufs neue durchbrochen von jüngeren Graniten, Syeniten, Gabbrogesteinen und dergl.

Später lagerten sich die alten Flötzgesteine des Meeres nieder (Kambrium, Silur und Devon), die unter der Alb fehlen, dann Steinkohle und Dyas. unter der Alb in fragwürdigen Stücken gefunden und durchbrochen von Quarzporphyr, Trachyt, Basalt und Phonolith. Letztere Gesteine durchbrachen auch noch die jüngern Flötzgesteine.

Feuerflüssige Eruptivgesteine des Untergrundes der Alb und des Schwarzwaldes.

Anthropoc. Zeitalter V.

Obsidianlaven anderer Länder als der der Alb und des Schwarzwaldes.

Kaenozoisches Zeitalter IV.

Phonolith und Basalt des Högaus und des Rieses, Einbruch und Ausblasung des Steinheimer Beckens auf der schwäbischen Alb. Bildung der vulkanischen Uracher Albembyonen, (der ausgeblasenen Melilithbasaltröhren). Tertiäre Lava und tertiäre Vulkane mit Schmelzflüssen an andern Stellen der Erde. Ruhe auf dem Schwarzwald. Letzte Alpenerhebung und Einbruch der Rhein- und Donautalspalten. Erhebung des Schwarzwaldes, Einsenken der Albtafeln mit einem Gefäll gegen die Alpen.

Mesozoisches Zeitalter. III. — Jüngere vulkanische Massenergussgesteine.

Der Schwarzwald blieb als Gebirge stehen, bedeckt von wechselnden (Jura- und Tertiär-)Meeren und Sandwüsten. Um den ganzen Schwarzw. herum sanken aber die Triastafeln ein, dass sich das Jurameer bilden konnte. Beim Einbrechen brachen da und dort aus der Tiefe Ganggesteine hervor, wie die Melaphyre in Südtirol usw.

Die Alb wurde in ihren Lagerungsverhältnissen wenig gestört, es bildete sich der Jura u. der Muschelkalk in 2 Meeren aus, aber zwischen diesen Meereszeiten wurde die Alb eine Zeit gehoben u. in eine Wüste umgewandelt: Keuper.

In andern Ländern brachen junge Granite zu Tage, Pikrite. Mittlere Erhebungszeit der Alpen. Alb u. Schwarzwald blieben von Ausbrüchen verschont.

Feuerspeiende Berge bildend, mit Lava, Tuff- und Schlammlagern, die zu Tonen verhärteten. Lavareste in dem Rotliegenden.

Palaeozoisches Zeitalter II. — Aeltere vulkanische Massenergussgesteine

Syenite, Gabbro, Serpentin, als Ganggesteine den Stockgranit und Ganggranit durchbrechend. An andern Stellen Granitporphyre und Quarzporphyre den Stockgranit, Ganggranit und das Rotliegende durchbrechend. Die Laven dieser feuerspeienden Berge bildeten in den Schichten des Rotliegenden deckenförmige Zwischenlager. (Diese feuerspeienden Berge bildeten keine Stöcke und Gebirge mehr, sondern Kanäle, mit überfliessenden Massen, wie die heutigen feuerspeienden Berge.

Stock- oder Gebirgsgranit { lakkolitartige Granitmassen, die in Gebirgsform den Gneis zerteilten und sich in seine Spalten drängten. Sie drangen aber nicht zur Oberfläche empor.

Archäisches Zeitalter. I.

Lakkolitartige Urmassengesteine, Urgebirge.

Glimmergneis, Glimmerschiefer, Tonschiefer, von Syeniten, Dioriten und Grünsteinen durchbrochen, welche Gebirgsstöcke bildeten, aber bald vernichtet wurden.

Granulit, Granitgneis, Granatgneis, Orthitgneis, Amphibolgneis.

Ganggneis, jüngerer Eruptivgneis, Stockgranit älterer, Schapbachgneis, den Urgneis durchbrechend.

Primärformat. Grundgebirge. Aelt. Urgebirge. Urgneiserdrinde.

Aelterer Eruptivgneis, der den Erstarrungsgneis und Urgranit durchbrach und Gebirge bildete, in Granitgneis übergehend.

Gneisgranit (Gneis mit Granitstruktur). Urganggranit.

Erstarrungsgneis, Urgneis, Aeltester bekannter Gneis. Von Urgranit durchbrochen.

Sedimentgesteine der Alb (Meerniederschläge und Süsswasserbildungen).

V.

Alluvium. Menschenentwicklung zur heutigen Höhe. Ackerbau, Gewerbe u. Handel.

Diluvium. Verschiedene Menschenspuren auf der Alb. Der Mensch lebt als Nomade und Jäger.

Pleistozän. Erste Spuren des Menschen auf der Alb. Der Mensch lebt als Jäger.

Eiszeit. 3 Eiszeiten der Hochgebirge und eine Haupteiszeit der Mittelgebirge, also der Alb.

IV.

Oberes Tertiär oder Pliocän. In der Alb durch Donauschotter der Hochebene vertreten. Alte Flussreste, alte Flusstäler auf der Alb. Aelteste Schotter der Hochebenen. Höhenkiese.

Mittleres Tertiär	Brackwasserbildung und Meerwasser- und Süsswasserbildung.	Obere Süsswassermolasse. Brackwassermolasse. Meeresmolasse. Untere Süsswassermolasse.	In andern Ländern aber Tertiärmeeresbildung über die ganze Zeit.

Unteres Tertiär: Oligocän, Miocän — auf der Alb als Bohnerzlateralbildung gefunden. In der Schweiz Flysch.

III.

Weisser Jura (Malm).
Brauner Jura (Dogger).
Schwarzer Jura (Lias). — Meeresformation.

Räth der Alpen; auf der Alb nur Bonebet: Brakwasserbildung.

Keuper: Sandwüste der Alb, Württembergs, des Schwarzwaldes u. s. w.

Muschelkalk: Meeresbildung, mit Lettenkohle.

Buntsandstein: Meeresbildung, Brakwasserbildung und Sandsümpfe.

II.

Periode der Ruhe in der Gebirgsbildung für Schwarzwald, Alb und Umgebungen.

Das ehmalige Schwarzwaldgebirge wurde in dieser Zeit abgetragen, nachdem es dem Meeresgrund entstiegen war.

Die Albgegend bildete seichte Sumpflandschaften, ohne Steinkohlenniederschlag.

Im Schwarzwald: Spuren von Steinkohle und Dias. Rotliegendes des Schwarzwaldes, entstanden aus abgelagerten im Wasser verfestigten Auswurfsmassen der Feuerberge, die Quarzporphyre bildeten.

Die Alb war in dieser Zeit schon abgetragenes Gebirge, zur Meereshöhe abgetragen, bis auf den Stockgranit hinunter.

I.

Karbon, durch Granite zerrissen auf Alb und Schwarzwald.

Hauptsteinkohlenzeit des Schwarzwaldes und der Alb. (Die Albsteinkohlen wurden gleich nachher wieder abgetragen oder waren nie abgelagert worden.)

Devon auf Schwarzwald und Alb abgelagert, aber bald wieder abgetragen.

Silur » » » » » » » » »

Kambrium auf Schwarzwald u. Alb » » » » »

Erste Erhebung des Schwarzwaldes und der Alb aus der Tiefe in annähernde Meereshöhe. Schub von Ost nach West.

Sedimentgneis, Glimmerschiefer, Urtonschiefer, Tonschiefer, Urton. Kristalliner, Marmor, Urkalk.

Inhalts-Verzeichnis.

I. Teil. Turenführer.

Kleiner geognostischer Führer durch die schwäbische Alb.

Die jüngeren Albformationen aus der Tertiärzeit.

Druckfehler-Verzeichnis.

Seite 110. Im Petrefaktenverz. soll es statt Oypris = Cypris heissen.

„ 144. „ „ „ „ „ Gastervepodn = Gasteropoden heissen.

„ 160. Zeile 17 von unten statt Beta = Zeta.

„ 175. Mitte, statt Südwassersee: Süsswassersee.

„ 178. Im Petrefaktenverz. statt Olaussilia Escherie = Clausilia Escherie.

„ 187. Im 30. Profil: statt Byocoënschichten muss es Bryocoënschichten heissen.

„ 187. „ 31. „ „ Juranagelfluh in 3. Zeile: Juranagelfluhe.

„ 31. „ „ „ in 6. Zeile: Juranagelfluhekugel.

„ 31. „ „ „ in Zeile 4 von unten: Juranagelfluhekugel.

„ 191. Zeile 3 von oben statt plaistocänen = pleistocänen.

„ 200. „ 10 „ „ „ Rugulosakalk = Silvanakalk.

„ 204. „ 1 „ unten „ Untermiocäntieren = Untermiocäntone.

„ 206. „ 4 „ „ „ Cinnanonum = Cinnamomum.

„ 222. „ 1 „ „ zwischen «ist nichts» ist noch «rechts» zu setzen.

„ 239. „ 25 „ „ ist in Nagelfluhe das t zu streichen.

„ 261. „ 9 „ „ statt «Tiere, die Diluviums» zu setzen: Tiere des Diluv.

„ 261. „ 6 „ „ statt Magnetit muss es Manganit heissen.

„ 264. „ von oben, letztes Wort, statt «der» soll es den heissen.

„ 265. „ 1 ist das Wort der vor Eyach zu streichen.

„ 281. „ 3 ob dem Bild muss es statt Deltafelsen Betafelsen heissen.

„ 296. „ 3 ob Profil 45 muss es statt verschwemmt verschwammt heissen.

„ 299. „ 14 von unten heisst es «in der» statt gegen die.

„ 344. „ 1 „ „ statt altdiluvialen: pliocänen.

„ 359. „ 23 von oben statt Oeffnet Ofnet.

„ 388. „ 19 „ unten „ Oppenhauer = Oggenhauser.

„ 390. „ 15 „ „ „ „ „

„ 392. „ 4 „ oben „ also = sondern.

„ 392. „ 11 „ „ muss wurde gestrichen werden.

„ 416. „ 9 „ ist nicht zu streichen.

„ 425. „ 4 „ von unten, statt Schmichasee = Schmichensee.

Erster Teil.

Kleiner geognostischer Turenführer.

In Nachstehendem sollen einige Turen beschrieben werden, welche typisch für die Alb sind, an deren Hand auch viele ähnliche Turen ausgeführt werden können, da das Bild in andern Gegenden wieder ein ähnliches ist.

Tur I.

Mühlheim a. Donau bis Sigmaringen durchs Donautal

an der Hand unserer Reliefkarte, die zum Herausnehmen dem Buch als Beilage beigegeben ist.

1. Wenn wir auf Station Mühlheim die Eisenbahn verlassen und diese gegen Süden überschreiten, wandern wir zuerst zur »Altstadt Mühlheim«. Dort vor den ersten Häusern, unter den Feldern diluviale Juranagelfluhe (zusammengebackenes Weissjurageröll). Der Weiler selbst steht auf pleistocänem und diluvialem Kalktuff. An den Mühlen aufwärts zum Ursprung des Mühlbaches, der auf der Reliefkarte nicht sichtbar ist. 2) Nach Mühlheim und Mariahilf. Zwischen Mariahilf und der Kapelle bei Fridingen: diluviale Donauschotter, darunter pleistocäne. 3. Am Bahnhof Fridingen γ' Aufschlüsse. Die Profilkarte zeigt dort die einmündende Beera, die aber zu breit gezeichnet ist. 4. Zwischen Beuron und Sankt Maurus ragt der kreuzbekrönte Petrusfelsen gen Himmel, unter ihm γ' Rutschen und daneben schöne γ' Aufschlüsse gegen den Wildenstein. 5. Die Felsen des Tales gegenüber Werenwag bestehen aus 3 Terrassen: Gamma, Delta, Epsilon, und sind in der Karte angedeutet. 6. Im Donautal gleich hinter Werenwag liegt Hausen im Tal und die nach rechts von dort abzweigende, über die Donau führende Strasse führt an δ und ε Aufschlüssen und unter einem natürlichen Felsentor hindurch nach Kreenheinstetten und Engelswies in die obere Süsswassermolasse. 7. Hinter dem Worte »Hausen«, welches auf Schlossruine Hausen deutet, liegt vor dem Schaufelsen die »Gletschermühlenkluft«. 8. Am Fuss des Schaufelsen und Falkensteins diluvialer und darunter pleistocäner Donauschotter. 9. Bei Thiergarten sehen wir das Tunnel, aus dem grosse Schutthalden gegen Gutenstein befördert wurden. Da wo der Anfangsbuchstabe des Wortes »Gutenstein« steht, liegen diluviale Gletscherschotter: Gerölle von Jura, Schwarzwald, Högau und den Alpen. Ebenso in der Nähe des Buchstaben D bei Dietfurt. 10. Wo der Name »Gebrochen Gutenstein« steht, liegt auf δ Felsen-

höhen noch da und dort Rheingletscherschotter. Weiter rechts davon liegt ein Eisenbahneinschnitt, der auf der Halbinsel leicht sichtbar ist. Auf dieser Halbinsel liegen oligocäne Lehme in Epsilonspalten, darauf fluvioglacialer Donauschotter, diluviale Weissjuranagelfluhe, Bohnerze u. s. w. Dort ist Station Inzigkofen durch 2 Gebäude angedeutet, wo

Abbildung 1. **Teufelsbrücke im Park bei Inzigkofen.**

auf der Reliefkarte der letzte Buchstabe des Wortes Gutenstein steht. Rechts davon liegt die einbogige Beton-Donaubrücke und rechts von ihr liegen am südlichen und südöstlichen Abhang Niederterrassenschotter des Donautales und die wundervoll vom Gletscher ausgearbeiteten Grotten. Von hier aus Besuch des grossartigen Naturparkes »Inzigkofen«. Abbildung 1 zeigt aus ihm die »Teufelsbrücke«. Wir sehen auf der Abbildung die stolzen, falschgeschichteten Epsilonfelsen des weissen Juras, an dessen Füssen die Donau sanft dahin zieht. 11. Die Gegend um Laiz bietet links der Donaustrasse Weissjura-Zetabrüche, rechts des Tales Rheingletschergruben. 12. Der Sigmaringer Mühlberg (mit Gletschermühlen und Rheingletschergeröllauflagerungen) liegt dort, wo das Wort Sigmaringen der Reliefkarte endet.

Tur Ia.

Grosse Donautal-Tur von Donaueschingen bis Sigmaringen.

1. Donaueschingen: bildet den Uebergangspunkt vom Schwarzwald zur Alb, dort haben wir im Donauschotter: Urgebirge, Buntsandstein, Muschelkalk; auf den Höhen noch Lias α. (Reichhaltige Sammlungen des Fürsten von Fürstenberg. Grosses Donauried.) 2. Pfohren: Lias-Höhen, besonders Lias α mit Ammoniten; Riede, Seen. 3. Neudingen: grosses Donauried; Lias; in der Nähe Stammschloss des Fürsten von Fürstenberg und der vulk. Wartenberg. 4. Gutmadingen: brauner Jura in vielen Aufschlüssen, besonders oberer, an den Erzhalden zwischen Gutmadingen und Geisingen. 5. Geisingen: Erzhalden von braun Jura ξ, rechts der Donau Juranagelfluhe, Eintritt in den Weissen Jura; links W. J. von Beta bis zu δ Höhen. 6. Zimmern: Weiss Jura α, teilweise mit Schuttkiesen bedeckt, β—δ Höhen. 7. Immendingen: (Eisenbahnknotenpunkt), nördlich vom Bahnhof grosse Aufschlüsse von Weiss Jura α und α' und dahinter Höhen, die zu den obersten Weissjuragliedern ansteigen. Zwischen Immendingen und Möhringen Donauversickerung. Südlich von Immendingen Vulkangebiet von Hoewenegg: Basalte des Hegaus. 8. Möhringen: Alle Stufen des obern Weissen β—δ und viele Donaukieslager mit Schwarzwaldgeröllen; links noch Tertiär-Molasse. 9. Tuttlingen: Ueberall schmale Spalten für die Donauversickerung; am Bahnhof W. J. β Mauern, die auch am Faulenbach anstehen; gegen Süden, Berge, die den ganzen obern Jura aufweisen, ja am Witthoh, bei herrlicher Aussicht auf die Hegauberge, noch Tertiär-Jura-Nagelfluh tragen. Der Honberg besteht aus mittlerem, obern Weissen und sein Fuss trägt Bohnerzlehm mit Quarzitgeröllen: pliocäner Donauschotter. Auf »Eichen» der ganze obere Weissjura mit Tertiärdecke. In den »Marmorbrüchen» ist δ und δ' aufgeschlossen, welches hier ε vertritt. Bei der »Ziegelhütte» pliocäne Flussgerölle und Quarzgerölle im Lehm. Am Vorstadtbahnhof: Bahndurchbruch durch echt Beta und tektonische Erhebungs- und Verwerfungsspalte mit Reibungsspiegel; auf dem dortigen Weiss-Beta: Flussgeröll und umgelagerter Bohnerzlehm. 10. Hammerwerk Ludwigstal: An der Donau viele Kiesgruben mit Schwarzwaldgeröllen: Niederterassenschotter. An den Gehängen W. J. β Mauern, die von Bohnerzlehm bedeckt sind. Berge steigen bis zu W. J. ξ an. Abstecher von hier oder Tuttlingen ins Bohnerztertiärgebiet (miocänes Bohnerz) Neuhausen ob Eck. 11. Nendingen: Bei der Kapelle hohe Lager von W. J.-Hochterrassenkies, dahinter Weissjura β Mauern und auf dem Bräunenberg der ganze obere Jura mit Bohnerzlehmdecke und Quarzitgeröllen: pliocäner Donauschotter; Donauried. Bei der Kleemeisterei: Stephanshaldental mit Hochterassenschotter und Schuttkies aus dem Tertiär. Der Kesselbach an der Bahnlinie entspringt zwischen α und β in Verwerf-

ungsspalten. 12. Stetten: liegt auf einer Hochterrasse des Donautalgletschers, links steigt Weissjura hoch an, rechts Donauried. 13. Mühlheim a. D.: Die steil angelegte kleine Stadt, einst stark befestigt, mit Schloss, liegt auf β Ausläufer. (Von Mühlheim über Mariahilf-Altfridingen-Fridingen: Weg für Altertumsforscher, da Altfridingen Volksburg war. Altfridingen auf hohen δ' und ε' Felsen, die ins Donautal hinab-

Abbildung 2. **Schloss Bronnen im Donautal nach der Wiederherstellung.**
Nach altem Oelgemälde im Schloss des Herrn v. Enzberg in Mühlheim a. D. Dieses Bild zeigt besonders hübsch den Aufbau der Weissjura δ' und ε Felsen, auch die tektonischen Risse des Donautales. Der niederste Felsen rechts im Tal, das Doppelhorn, ist noch δ', während der Tummelplatz der Ritter in γ' liegt. Das Bild zeigt die Burg, wie sie vor ca. 150 Jahren aussah. Das Schloss ist klein aber die Lage wundervoll. Der Graben ist 11 Meter breit. Das grosse Gebäude ist der Wohnturm, dann folgt der obere Schlosshof. Der Durchgang zeigt Kreuznahtgewölbe. Links vom Durchgang Felsenkeller. Der Wohnturm steht auf blosem ε Felsen, besitzt einen schönen Saal mit hübscher Stukdecke und Jagdgemälden. Gegen Süden: Schlosskapelle mit hübschem Altar und Marienbild. Ringmauer folgt den Conturen des Epsilonfelsens. Das hintere Wohngebäude, ältester Teil der Ritterburg, hat noch eine malerische hölzerne Freitreppe. Herrliche Aussicht von dem Vorsprung des Felsens. Von hier aus schauen wir hinunter auf Bild 3, neben der Kapelle Bild 4.

starren.) Von Mühlheim zur Altstadt mit ihren 4 Mühlen und grossen Kalktuffablagerungen und Nägelesfels (Diluviale Nagelfluh!), die neue Strasse hinauf, durch den ganzen Weissjura, mit vielen Profilen, in den Plattenbruch Kolbingen und zurück durchs Lippachtal oder von Kolbingen nach Renquishausen auf der Zetaebene nach Königsheim, Egesheim, in die Nusplinger litographischen Schieferbrüche mit Amm. u. s. w.

(jetzt nicht mehr im Betrieb). 14. Fridingen: Zwischen Bahnhof und Tunnel Einmündung des Beeratales, durch dieses hinauf an Bärentaler Tuffbrüchen vorbei nach Nusplingen. Am Bahnhof W. J. γ' aufgeschlossen, starke Verwerfung, nicht blos die Allgemeine des Donautales, sondern Aufschub von Süden gegen das Beeratal, denn während hier γ ansteht. steht bei Nusplingen 100 m höher α an, also ca. 200 m hohe Plattenverschiebung von Süd auf Nord. Bei der Annenkapelle: Granitgerölle. Dann Versickerungsstellen der Donau; Ruinen Pfannenstiel und Kallenberg; Donaumühle und ehem. Eisenschmelze, Schlösschen Brunnen und

Abbildung 3.
Jägerhaus bei Bronnen, 1908, links schwarzer Wagfelsen:
zeigt die grossartigen Schönheiten des Donautales, die Felsenkolosse, die von δ' in ε' übergehen. Die Höhen werden aus Weissjura Zeta gebildet. Im Tal zeigt sich der diluviale Talboden, mit Schwarzwaldniederterrassenschotter, auf dem die Pferde weiden. Wo heute das Jägerhaus steht, stand einst die »Erzschmelze«, das Erzschmelzwerk der Herren v. Enzberg. Im Hochparterre luftige Wirtschaftsräume, in den obern Zimmern prächtige Fremdenwohnungen.

Schwarzer Felsen. Herrl. Talscenerie. 15. Klosterabtei Beuron: idyllisch, pradiesischer Felsenkessel, berühmtes Kloster mit eigener Künstlerschule, Peterfelsen, St. Maurus, alte Ritterburg Wildenstein. Am Peterfelsenabhang γ' Aufschlüsse. Am Wildenstein pliocäner Hochterrassenschotter der Urdonau. 16. Langenbronn: darob Schloss Werenwag auf steilen δ' Felsen, gegenüber Lengenfeldruine mit Terrassenfelsen, da und dort Strudelgrotten, die der Donaugletscher aushobelte. 17. Hausen i. Tal: mit tiefblauem Quelltopf, grossen pleistocänen und diluvialen Kalktuffsteinbrüchen, Ruine Hausen und Ruine Wagenburg, beide auf himmelhohen Felsen. Auf den Höhen links: Juranagelfluh, Tertiärsand und Bohnerz, rechts hinter Wagenburg bei Kreenheinstetten die Engelwieser Süsswassertuff-Felsen der obermiocänen Molasse, bei Heudorf tiefe Bohnerzgruben. Unterhalb Hausens: die riesigen Felsen (ε' Mauern) des Schaufelsens und ob dem Donauwehr Ruine und Felsenmassen des

Falkensteins, δ' und ε' Felsen. An den Falkensteinfelsen grosse Gletschergrotten von imposanter Höhe. Hinter Falkenstein: Moräne des Albgletschers, der den Truppenübungsplatz querte. (Oberhalb der Neudinger Mühle: Gletschermühlen! Der Bahndamm führt über diluvialen fluvioglacialen Donauschotter.) 18. Thiergarten: ehemaliges Hammerwerk und Eisenschmelze für die Albbohnerze, Tunnel, Strasse im Felsental nach Stetten a. k. M. auf den Truppenübungsplatz; alle obern Glieder

Abbildung 4. **Bronnen, Schlosskapelle:**
zeigt die malerischen Epsilonfelsenriffe. Der nahe, sichtbare Wald wächst auf Weissjura ε und ζ.

des Weissen Jura und unteres Tertiär. Oberster Einbruch des Rheingletschers und Zusammenstoss mit dem Hardtgletscher der Alb. 19. Gutenstein: Die Donaustrasse führt hier so nahe an den ε' Felsabhängen vorbei, dass letztere oft durch Tunnels durchbrochen wurden, über ihnen Ruinen. Südlich ob der Donau: Schlösschen Gutenstein; zweite Einbruchsstelle des Rheingletschers ins Donautal, mit grossen Reibungsgrotten, am Bahnhof Mittelterrassenschotter. In der Donau bei der Eisenbahnbrücke herrliche Sumpf- und Wasserlandschaft mit Seerosen. In den ε Felsen Rynchonellen und Seeigel. Teufelsloch. Mitten

Abbildung 5. **Beuron. Talblick vom Petersfelsen.**

Der prachtvolle Petersfelsen, ein weithin sichtbares Kreuz tragend, ist eine riesige Epsilonfelsenmasse, gegen unten in δ' übergehend, dessen Fuss aber noch in γ' steht. An seinem Fuss prächtige Aufschlüsse mit γ' Petrefakten. Sehenswert ist die Petershöhle. Der 108 m hohe Talblick auf Beuron hinab ist unbeschreiblich grossartig. Man überblickt das Kloster auf seinem von der Bahnlinie durchgrabenen Gammafelsenvorsprung. Der deutlich sichtbare Einschnitt weist manchen Schwamm, manchen Ammoniten und Terebrateln auf. Wir sehen die schönen Gasthäuser und Unterkunftsbauten, herwärts die breite Bahnhofanlage, links daneben γ' mit einer pliocänen Donauschotterdecke. Ueber dem Donaubogen drüben, rechts über dem Kreuz, bemerken wir die malerische Villa der Freifrau v. Haber. Darüber die Irrendorfer Steige mit ihren δ und δ' Aufschlüssen und links im herrlichen Tannenwald die Steige nach Fridingen durch γ', δ' und ε'. Einen besondern Contrast zeigt die Waldbelaubung auf unserem Bilde. Die Fichten treten scharf, schier fremd hervor. Die Buchen dagegen und andere Laubhölzer schmiegen sich dem Gelände an.

im Tal Ruine Dietfurt mit Turmfelsen und Mühle. Etwas später talabwärts Einmündung des Schmichatales ins Donautal; grosser Erosionsbogen des Donautales: Erweiterung der Donautalspalte durch den Rheingletscher und Aushobeln der Donautalfelsenwände zu einem grossen Rondell. 20. Inzigkofen Bahnhof: gleich am Bahnhof, direkt an der Strassenböschung ist eine 3—10 m dicke Dil. Jurageröllenagelfluh anstehend, mit diluvialem Schwarzwaldgeröll und Diluviallehm bedeckt und bildet eine Hochterrasse des alten Donautales. An der Donaubrücke aber gegen die »Grotten» liegt etwas niederer alter Mittelterrassenschotter der Donau, ein Gemisch von Schwarzwaldgeröllen, Basalt, Jura. Dieses Material liegt dann wieder auf W. J. ε' Felsen am Bahneinschnitt gegen »Gebrochen Gutenstein». Die »Grotten» südlich der Donau sind Gletscheraushöhlungen und sehr sehenswert. Am Bahnhof hohe Felsenzinnen

Abbildung 6. **Sigmaringen mit Schloss vom Mühlberg aus.**
Das Schloss liegt auf steilem ε Felsen. Die Höhen hinter ihm bestehen aus Weissjura ε, ε' und ξ, und einer Decke der Rheingletschermoräne.

und »Gebrochen Gutenstein« mit Mauerresten und spitzen ε' Felsennadeln. Die Felsen sind abgerundet und ausgerundet durch die Rheingletscherstauung und bis an die Gipfel der ε Felsen hinauf bemerkt man alpines Geröll. Also 3. Einbruchsstelle des Rheingletschers. Sehr sehenswert ist der reiche Felsenpark und die reichen Gartenanlagen Inzigkofens mit Amalienfels und Kapellenfels. (Sichtbar auf der Reliefkarte.) 21. Laiz (Haupteinbruchstelle, die vierte des Rheingletschers ins Donautal oberhalb Sigmaringen), daher überall 2 Moränen aus 2 Gletscherzeiten. Zwei alpine Moränennagelfluhen übereinander, auf ξ Plattenkalk, oder ε' aufgelagert. Cementsteinplattenbrüche. Von hier Abstecher zum Nollhaus mit Seeigelfunden, Schwämmen und Rynchonellen, Terebrateln aus ε und ε', ξ und ξ'. 22. Sigmaringen, ehemalige Residenzstadt des Fürstentums Hohenzollern-Sigmaringen. (Hochromantisch gelegene Stadt in der

Donautalbruchsspalte liegend.) Herrliche Donau- und Felsenscenerien, (Abb. 6) prachtvolles Schloss mit grossen Sammlungen; Park, Alpengarten, Mühlberg mit Gletschermühlen, Trompetenschlünden und stolzen ε' Felsen gegenüber dem Schloss; anlagernd ältere und älteste Rheingletschermoräne mit alpiner Nagelfluh und grossen Kiesgruben bei Nazaret. Auf dem Grunde liegen 2 verschiedene Rheingletscher- und Nagelfluhfelsen übereinander, getrennt durch ein Tonlager. Aufgeschlossen vor 10 Jahren bei einem Brunnenloch östlich dem Mühlberg. Am Kriegerdenkmal ε und ξ anstehend. Am Bingerweg abgerundete ε' Felsen und alte Moränengruben. 23. Abstecher von hier nach Ulm, oder nach Ebingen durchs Schmichatal, oder über Bingen ins Laucherttal u. s. w.

Tur II.

Tuttlingen bis Spaichingen.

Abbildung 7. **Honberg bei Tuttlingen.**
Das Wahrzeichen von Tuttlingen. Die Strasse im Vordergrund durchschneidet unten die Betakalke. Das als Turm sichtbare Reservoir liegt auf γ. Auch der Wald ist noch teilweise Ober-γ. Die Burgreste stehen aber auf δ und δ'. Auf der Bergeshöhe sind da und dort die Quaderkalke aufgeschlossen. Links vom Bild fällt der Berg ab und zeigt dort den tiefen Einschnitt in Beta, auf welchem diluviale Schwarzwalddonauschotter liegen.

Der ganze Talgrund zwischen Tuttlingen und Spaichingen besteht aus den Resten eines uralten Flussbettes mit Hochterrassenschotter, ausserdem tragen die Abhänge beider Seiten Nägelesfelsen (Diluviale Juranagelfluhe). 1. Tuttlinger Vorstadt-Stuttgarterstrasse: Bahndurchbruch durch die alte Donautalterrasse des weissen Beta. Die Eltabach-

und Faulenbachtalgerölle liegen auf dem Talboden als Niederterrassenschotter, höher aber die Juranagelfluh des Frühdiluviums, sie schneidet die Wurmlinger Strasse. Die höheren Abhänge der Berge bieten Aufschlüsse aus γ' δ und ε. 2. Wurmlingen (wie 1.): aber westlich der Station: Burgruine Wurmlingen auf β und γ Weissjura. 3. Weilheim: westlich bei der Kapelle Ornatenaufschlüsse und darob α und β, also bei Talsteigung doch Schichtengefäll! 4. Rietheim: Ornatentonaufschlüsse am Kappellenbühl. 5. Dürbheim: Torfstich im breiten sumpfigen Tal, zu beiden Seiten Terassen des früheren Talbodens mit Nägelesfelsen, darunter Ornatenton und die Berge mit Aufschlüssen von α—γ Weissjura, gegen Norden an einigen Stellen Ostreenkalke (br. J. δ) und Blaukalke (br. J. γ). 6. Wasserscheide zwischen Donau und Neckar, zwischen Dürbheim und Balgheim. Hier nicht blos Talverengerung, sondern Verstümmlung, denn das Faulenbachtal erstreckte sich von hier aus weiter ansteigend gegen Denkingen; die Reste der ehemaligen Talsole sind als Terrassen noch sichtbar. 7. Balgheim, schon tiefer liegend, sendet seine Niederschläge gegen Norden zur Prim und diese zum Neckar. Balgheim: in der Nähe gute Aufschlüsse des mittlern und obern Braunen. Auf ihnen, die alte Talterrasse bildend, liegt Geröll und höher frühdiluvialer Nägelesfels. Dann bilden die höhern Bergabhänge W. J. α und β. 8. Spaichingen: Umgebung liegt ganz im braunen Jura, wie auch Hofen. Zu ersteigen ist der Dreifaltigkeitsberg, Wallfahrtskirche und Aussichtspunkt 983 m ob dem Meer, während Spaichingen 660 liegt. (Siehe Abb. 8.) 9. Vorberge der Alb in der Nähe Spaichingens: Hohenkarpfen (mitten im Braunen liegend, ein echter Weissjura α Kegel, wie ein Vulkan). Lupfen bei Talheim liegt ebenfalls im Braunen, ist aber aus W. J. α und β aufgebaut. 10. Trossingen und Aldingen liegt im Liasgebiet.

Tur III.

Spaichingen bis Balingen.

1. Spaichingen: liegt mitten in breitem Talrest eines alten Flussbetts, das seine Wasser früher zur Donau sandte. Talsohle ganz mit Geröll bedeckt, welches dem Donaugeröll ähnlich ist, untermischt mit Quarzitgeröllen; westlich Aufschlüsse untern Braunens, nordöstlich die Abhänge des Dreifaltigkeitberges mit Br. Jura und unterem Weissen, den Stock desselben bilden die β Massen. Am Hoferberg, Hammelbuckel und Mühlberg br. J. α. 2. Denkingen: liegt im obern Lias, umgeben von braun Jura-Köpfen mit vielen offenen Fundstellen. 3. Frittlingen: überall Liasaufschlüsse, Abstecher nach Gosheim und Gosheimer Steige (br. J.); auf den höchsten Kegelberg der Alb: Lemberg mit Aussichtsturm 1015 m und Oberhohenberg 1011 m; prachtvolle Aussicht, in der Nähe viele Rutschen des untern Weissen. 4. Wellendingen: Lias α—δ, Abstecher nach Wilflingen und auf den Hohenberg, wenn er erst von hier aus besucht werden will. 5. Schörzingen: oberer Lias und unterer brauner Jura; am »Thann« besonders schön aufgeschlossene Ostreenkalke des braunen δ. 6. Schömberg: mittlerer und oberer Lias auf dem nahen Bergrücken, in den Schluchten unterer Lias. Ersteigen des Plettenberges 1002 m, unterer weisser Jura; dann hinunter auf 7. Dotternhausen: beim Schloss im Katzenbachgraben unterer Lias, auf

Abbildung 8. **Dreifaltigkeitsberg und Spaichingen.** 983 Meter.

Nach einem Gemälde des Spaichinger Fremdenverkehrsvereins. Die Strasse im Vordergrund lauft auf spätpliocänem Donauschwarzwaldschotter. Die sanften Anhöhen gegen den Dreifaltigkeitsberg hin bestehen aus mittlerem und oberem Braunjura. Die sanften Ebenen links auf dem Bild, die den Fuss der Berge bilden, zeigen die frühere Urtalsohle des pliocänen Flusslaufes, auf dieser Hochterrasse liegen spätpliocäne Donauschotter. (Hochterrassenschotter).

Der Dreifaltigkeitsberg selbst zeigt deutlich den unteren und mittleren weissen Jura, wie er auf Braunjura sich erhebt. Dem Gipfel fehlt der oberste Weissjura. Die Abbildung zeigt auch die Rutschen, an denen gesammelt werden kann. Der Berg ist ein grossartiger Alpenaussichtspunkt. Bei der Kirche Unterkunftshaus für Fremde. Der Berg zeigt deutlich den Tafelkarakter des Gebirgs. Links sehen wir noch die Gipfelkette des Hochbergs (Hau'berg der Landleute).

den Hügeln mittlerer und oberer gut aufgeschlossen. 8. Erzingen: überall auf den Hügeln besonders schöne Aufschlüsse von Lias γ u. δ. In den Schluchten Lias α und β. Bei Balingen am Heuberg Brüche der Portland-Cementfabrik Balingen: γ. 9. Balingen: ganze Umgebung Lias in vielen Aufschlüssen u. bei der untern Mühle Grenze zwischen Keuper und Lias.

Abbildung 9. **Aussicht vom Lembergturm auf Gosheim mit braunem Jura, auf den Heuberg, Dreifaltigkeitsberg mit Kirche, sowie auf das Hochgebirge der Alpen im Hintergrund.** Die Ortschaft im Vordergrund ist Gosheim. Darüber erheben sich die Alpha- und Betarutschen des Weissjura an den Abhängen des Heuberges. Ueber diesen erheben sich die Hochebenen des Heuberges mit dem verschwammten mittleren Weissjura: Das Paradies der Schwämme. Rechts auf dem Bild sehen wir die Schwammstotzen des verschwammten Beta in die Tiefe blicken.

Nachtrag zu Tur III. Lemberg.

Die Ersteigung des Lemberges muss jedem angehenden Geognosten empfohlen werden, denn der Lemberg bildet die Scheitellinie der aufgebogenen Juratafel zwischen Alpen und Schwarzwald. Bei der Alpenerhebung wurde die Juratafel so nach Norden gepresst, dass sie sich am Urgebirge des Schwarzwaldes u. Odenwaldes stiess, in der Mitte aber (Oberhohenberg mit Heuberg) gleich einem Gewölbe aufbäumte, so dass heute die Alb auf dem Heuberg am höchsten ist. Der Lemberg ist wohl der Scheitelpunkt dieser Erhöhung, denn obwohl sein Gipfel nur Weissjura Beta trägt, liegt er doch 1015 m hoch über N. N.

Wer vom Lias aus den Berg ersteigt, findet an der Katzensteige

Abbildung 10. **Aussicht auf dem Lembergturm auf den Oberhohenberg, Plettenberg u. s. w.**

Dieses Bild zeigt besonders schön die Terassenform des unteren und mittleren Weissjuras. Die Rutschen sind überall sichtbar und bieten gute Fundplätze. Auf dem Bilde links sehen wir auf die Liasebene hernieder und sehen Gipfel aus Lias γ—ε im Vorland der Balinger Gegend.

zwischen Wellendingen und Gosheim eine Terrasse, die aus unterem und mittlerem Braunjura gebildet ist. In Braunbeta findet man dort Pecten personatus und den Ammonites Murchisonae, in Gamma-oolitische Kalke: Pecten demissus und oben liegen die Ostreenkalke Deltas. Aus dieser gemeinsamen Terrasse erheben sich der Lemberg und der Oberhohenberg, durch die Quelle der Beera, die bei Fridingen (Tur I) in die Donau mündet, vom Albmassiv abgetrennt. Ueber Lemberg und Oberhohenberg hinweg zieht die europäische Wasserscheide.

Die zweite Terrasse, ganz mit abgestürztem Weissjura-Schotter bedeckt, bildet Braun-Jura ε und ξ. Nur an wenigen Stellen beobachtet man ε, welches durch feuchten Untergrund kenntlich wird. Die dritte Terrasse bildet den untern weissen Jura (α und β), dabei ist Alpha von Gehängeschutt der Betamauern ganz versteckt. Der Gipfel des Berges bildet eine Betaebene. Schauen wir von hier auf den Heuberg hinüber, so fällt es auf, wie auf ihm schon die Schichten stark gegen Süden einfallen, und zwar so, dass wir auf den Höhen des Heuberges schon γ und δ in gleicher Höhe wie auf dem Lemberg β haben, ja dass bei Nusplingen sogar schon Zeta liegt und an einzelnen Stellen gar Tertiär. Der Heuberg ist in dieser Linie: Nusplingen-Lemberg durch tectonische Spalten vielfach zerrissen, die da und dort in den Tälern durch Steinbrüche oder andere Aufschlüsse beobachtet werden können. Unsere geologische Karte zeigt zwei solcher Tafelschiebe unserer Alb: Der

Erklärung zu Abbildung 11.

Genau so, wie wir unsere Tur machten, in gleicher Reihenfolge sehen wir auf unserem Rosenfelder Bild die herrlichen Albberge an uns vorüberziehen. Von rechts nach links sehen wir:

a) den Lemberg mit seinem Aussichtsturm, davor die Liasebenen. Dann folgt

b) der gipfelige Oberhohenberg (mittlerer und unterer Weissjura).

c) Der stolze Ortenberg mit dem Schlichemtal und Hausen ob Thann (siehe diese Tur IIIa).

d) Der breite Plettenberg mit seinen Rutschen aus unterem Weissjura.

e) Der Schafberg mit dem gespaltenen Felsen, welcher wohl durch einen tektonischen Spaltenriss vom Albmassiv absank.

Das Eck bildet dann der herrliche Lochenstein, der Wallfahrtsort unserer Geologen und Geognosten, mit seinen grossartigen Aufschlüssen von weissem α und α'; β und β'.

Und zuletzt sehen wir noch das wunderhübsche Eyachtal herüberblicken mit der Wand des Lochenhörnle.

Da ein grosser Teil der Albbesucher dem Schlichemtal und Lochen einen Besuch abstattet, sei hier nachträglich noch eine Schlichemtur eingefügt, dass also die Tur von Rosenfeld, Schörzingen, Schömberg oder von Balingen aus (siehe Tur IV) angetreten werden kann.

Abbildung 11. **Die Albberge vom Lemberg bis Lochen,** aufgenommen von Rosenfeld aus. Im Vordergrund Liasebene, die Berge unterer Weissjura, darunter brauner.

eine Strich über den Bodensee, 395 m, Ueberlingersee, Stockach, Witthoh, 860 m, Tuttlingen, Spaichingen mit Dreifaltigkeitsberg 983 m auf Rottweil zu; der andere über Pfullendorf und Messkirch, Heuberg, Lemberg auf Oberndorf. Der dritte Strich über Bodensee, Messkirch über den Weichenwang, 988 m, Böllat, 921 m, auf Horb. Die mittlere Linie, über den Lemberg, ist dabei die Höchste, die beiden andern flankieren.

Tur III a.

Tur durchs Schlichemtal von Tieringen bis Schömberg-Balingen.

1. Tieringen: bei der Bittenhalde W. J. α'—γ' Aufschlüsse, Spongien; dann westwärts auf der Strasse nach Hausen am Tann. Betreten des Schlichemtales: Gleich über demselben liegt westlich in $1\frac{1}{2}$ km Entfernung der breite, massige Schafberg, den wir jetzt von der Rückseite sehen. Ueber die β' Rutschen hinauf auf seine Gipfelebene. Dort ein ausgesprochenes Firnfeld mit aufgelokerten γ' und δ' Schichten, die in Lehm eingebettet liegen.

2. Hinter ihm schiebt sich wie ein Querriegel der Plettenberg mit seiner grossen berühmten Rutsche vor. Er ist felsiger, verschwammter als der Schafberg, besteht aus unterem und mittlerem Weissjura. Etwas später tritt der König der Balinger Berge, der Lochenstein mit einer eigenartigen Form hervor. Er ist mit knorrigen Buchen spärlich bewachsen.

3. Und westlich gegenüber sehen wir das Rittergut »Oberhausen«. Abbildung 13 zeigt im Vordergrunde einen Teil des Rittergutes Oberhausen, mitten im tiefsten Winter. Im Hintergrund liegt links der Wenzelstein (W. J. γ' und δ') und rechts das Greisenhaupt, die Glatze des Lochensteins, dazwischen das »Lochengründle«, die Strasse Balingen-Tieringen. Der Wenzelstein besitzt eine Burghöhle, die einen künstlichen Gang darstellt, wenn es keine erweiterte Spalte ist. Blicken wir zurück auf Tieringen, so sehen wir das Langental zwischen Nack und Katzensteig, mit Petrefektenfundplätzen und dem Ursprung der Schlichem.

4. Oberamtsgrenze Balingen/Rottweil. Von hier auf Wunsch Aufstieg auf den Plettenberg über die »steinernen Stäpfel« zum Edelmannswinkel, wo die Burgreste stehen. Die Hochfläche des Plettenbergs (bereits 100 ha, Schafbergebene nur 35 ha) besass seinerzeit ein noch grösseres Firnfeld als der Schafberg. Er besass auch einst eine gutgeschützte Volksburg der Urgermanen. Am Fuss des Schafberges der kegelförmige, einst bebaute »Burzel«-hügel. Die Schlichem schneidet jetzt in obern Braunen ein.

5. Vor uns im Südwesten den schönen und weitausgedehnten »Tann« und darüber den massigen »Ortenberg«, mit seinem weithin sichtbaren Weissjurasteinbruch. In wuchtiger Masse schiebt sich der 1005 m hohe Ortenberg gegen die breite Plettenbergrutsche vor, scheinbar den Talausgang sperrend. Unter uns liegt

6. Hausen am Tann mitten in hübschen Obstgärten, halb versteckt von den tiefen Schlichemeinschnitten in Braunjura. Rechts unten gleitet die Schlichem über die weichen Ornatentone hin, oft als reissender Wildbach, neues Bett wie 1895, bildend. Hausen am Tann liegt ein-

gekeult zwischen den Lochenbergen und dem Rappenstein des Heuberges, 720 m ob dem Meer.

Abbildung 12. **Albvereinsfest auf dem Lochenstein, zur Lochensteinhütteneinweihung 1902.**

Auf unserer Abbildung sehen wir deutlich das berühmte »Lochengründle« mit den Schwammpetrefaktenfundstellen. Oberhalb des Daches der Lochenhütte schauen die grossen Lochenhörnlerutschen (weiss Jura α Impressaton und α' darob β) stolz ins Eyachtal hinab. Die Ebenen darob stellen das Schwammparadies Quenstedts dar und bestehen aus Weissjura γ'.

7. Unterhalb Hausens liegen die hübschen Schlichemfälle, Abb. 14, welche über die Grenze von braun α/β hinunterstürzen. Talenge, die

Schlichem findet vor dem herantretenden Tann kaum mehr Platz und von allen Seiten laden Bergrutschen zum Sammeln ein. Wasserfall folgt

Abbildung 13. **Wenzel- und Lochenstein** vom Rittergut Oberhausen aus gesehen. Winterlandschaft.

auf Wasserfall, bis vor Ratshausen sich die Schlichem 15—20 m tief in die dunkeln Ornatentone eingräbt.

8. Bei Ratshausen weitet sich das Tal und die Schieferbänke des

Abbildung 14. **Schlichemwasserfall** auf den Grenzbänken von braunem Jura α/β bei Hausen am Tann im obern Schlichemtal.

obern schwarzen Juras treten zu tage (Lias ε) und werden durch Wasserfälle zersägt. Wandern wir von hier nach Rosenfeld, so sehen wir jetzt die umwanderten Albberge nochmals nach der Albansicht des Bildes Nr. 11. Wir sehen aber noch weitere Albberge bis zum Hohenzollern und zur Achalm.

Tur IV.

Balingen-Ebingen-Sigmaringen

durchs Eyachtal und Schmichatal ins Donautal.

1. Balingen: Zwischen Balingen und Frommern am nördlichen Eyachbett gute Aufschlüsse von Lias γ und δ mit kleinen aber schönen Amaltheen. Von dort Abstecher zum »Ziegelwasen« in die gleichen Schichten und zum obern Lias und untern Braunen. 2. Weilheim unter dem Lochenstein: Besuch der weltbekannten Hörnlerutschen (Abb. 12) mit normalem und verschwammtem α und β der Lochenschichten; dann das »Lochengründle« und die »Lochen-«Aufschlüsse im Walde ob Rosswangen. Zurück zur Eyach über Waldstetten nach 3. Frommern. Dort Bahnhofstrasseneinschnitt und Poststrasseneinschnitt mit den »Pappdeckellagern« Lias ε. Bei der Mühle im Tale Lias δ in hohen Mauern mit verkiesten Ammoniten. An der »Möbelfabrik« viele Belemniten. Im »Mühlweg« und gegen Stockenhausen Lias ξ. Zwischen Frommern und Dürrwangen, links der Strasse an der Eyach: braun Jura α mit Ammon. opalinus in Schalenstücken wie Porzellan. 4. Dürrwangen: Im Eyachbett Wände von Braun β. Am Hörnle: ganzer Brauner bis zum mitteln Weissen. Von Dürrwangen über 5. Stockenhausen mit braun Jura β Bänken in Schluchten zum Böllat mit seinen schönen »Böllatpetrefakten« aus dem obern Braunen und untern Weissen. Er ist normal und verschwammt. Vom Böllat hinüber zur »Schalksburg«, dem Stammschloss der Zollern und hinein nach 6. Burgfelden (alte Kirche mit mittelalterlichen Gemälden der Reichenauer Schule). 7. Dann nach Zillhausen zum Wasserfall mit seinen Zopfplatten und seinen Anhöhen mit Ostreenkalken. Nach 8. Streichen und dem Hundsrück, mit dem Hauptfundort der Oppel'schen Ammoniten. Zurück auf Dürrwangen über den Hirschberg (Seitenlinie der Zollern-Stammburgen!). Zwischen Dürrwangen und 7. Laufen: .am Bahnhof mittlerer Brauner und in Laufen selbst gegen den Gräblesberg (alte Opferstätte und Ringwall) mittlerer und oberer Brauner (besonders schön blaue Kalke und Ostreenbänke!) und unterer

Abbildung 15. **Schalksburg-Hauptfelsen von Laufen aus.**

Laufen steht auf Braunjura. Das Brücklein auf der Abbildung überbrückt den mittleren Braunjura. Der obere Braunjura, auf dem Bilde die Obstgüter, ist meist mit Schutthügeln des Weissen bedeckt. Unter dem Hauptfelsen (Schwammbeta) ist eine entblöste Stelle sichtbar: Weiss Jura unter Alpha (Impressaton). Vom Hauptfelsen sehen wir gegen rechts den steilen schmalen »Grat« ziehen: der Firstrest einer riesigen Betamauer. Auf dem Schalksburgfelsen sind noch γ-Reste wahrnehmbar, die bei Baumwurzelgrabungen gefunden werden, sonstige Weissjuraschichten sind abgetragen.

Weisser. Vom Gräblesberg herrlicher Talblick übers Tal von Ebingen bis Balingen. Dann hinab ins Brunnental zur Hossinger Leiter mit »Amphitheater«, einem grossartigen β' und γ' Felsenkranz, auf 8. Lautlingen: am Tierberg prachtvolle Aufschlüsse der Braunjura- und Weissjuragrenzen, wie auch »Auf Steinen« und auf »Bergen«. Hier wendet sich das Tal nach Norden um, denn die Eyach kommt hier von Mar-

Abbildung 16. **Ebingen: Blick auf den Schlossfelsen vom Bahnhof aus.**
Der diluviale Talgrund besteht aus Moorboden mit Unterlage von Weissjuraschutt. Die Gehänge in der Mitte des Bildes bestehen aus Weissjura Beta (die Kalkmauern aus denen die Kalksteine für den Betonbau geholt werden). Ueber die Dächer der beiden Villen sehen wir einen lichten Strich ziehen, es ist die Grenze von β / γ. Dieser lichte Strich ist durch das tonige normale Untergamma gegeben. Die Rutschen am Waldsaum sind Schutthalden abgestürzten Deltagesteins. Bis zum Waldsaum reichen die γ Schichten. Ob ihnen beginnt Schwammgamma. Die Felsen mitten im Walde, wie auch der raubtierzahnartige Leizentalfelsen rechts an der Grenze des Bildes gehören noch zu γ'. Der Schlossfelsen selbst besteht aus geschichtetem verschwammtem Delta. Da wo der Aufsatz des hohen Kamins hinzeigt, liegt an der Schlossfelsenhalde eine Monotisbank.

grethausen und Pfeffingen. Lautlingen-Poststrasse unter Bergen: Grenze von br. J. ξ und weiss Jura α in nächster Nähe der Wasserscheide. Hier höchste Steigung der Bahnlinie gegen Ebingen. Im tiefen Einschnitt der Bahnlinie: alte Talsohle des ehemaligen Schmichatales mit Geröllen des Eyachtalgletschers: Weisser Jura von α—ε; Bohnerz und Bohnerzton, Kugeln der Juranagelfluhe und Molasse. War bis hieher das Eyachtal tief und eng und zeigte nur an den Abhängen Reste eines alten ehemaligen Talbodens — hier ist der ganze ehemalige Talboden erhalten, daher wird das Tal breit und heisst jetzt »Riedbachtal«. Wir haben hier einen Talstummel, der einst nach Balingen reichte, seither errosiert wurde. Die Reste des alten Tales sind bis nach Balingen mit ihren Terrassenschottern verbreitet. Die Niederterrasse zeigt überall Fluvialgerölle des Weissen und Braunen, sowie des Tertiärs. Das Geröll stammt also aus der Alb und wird vom Eyachtalgletscher verfrachtet worden sein. Das Ebinger Riedbachtal zeigt ganz andern Karakter als das Eyachtal: breite Moorflächen mit w. Juragehängeschutt. Der Riedbach fliesst unterhalb Ebingens in die Schmicha. Ins Riedbachtal münden kleine Seitentäler, die echten Karen gleichen, welche Schotterbänke ins Haupttal herunterschoben. 9. Ebingen: (Geol. Ausflüge von Ebingen siehe V): Der Talgrund ist mit breiter Grundmoräne verebnet, Schutt und Geröll (letzteres schwach abgerundet) 15 m tief: Weissjura und Tertiär. Geritzte Geschiebe fehlen, weil der Jura rasch verwittert. Die Schlossfelsen-Felsen (Abb. 16) zeigen aber bedeutende Erosionspuren: Gletschermühlenreste, Kamine, Schläuche und Grotten, auch Steppenfelsen (abgerundete Felsen). Zwischen Ebingen und Strassberg an der Bahnlinie ob dem Wasserwerk W. J. γ und γ' und δ'-Felsen und bei 10. Strassberg W. J. Deltabänke und δ Felsen, die oft abgerundet sind und viele Schwämme beherbergen, besonders bei der Kapelle und den Adlerbierkellern, am Bahnhof, bei der untern Mühle u. s. w. An der Strasse nach Winterlingen sind W. J. ε Felsen mit Rynchonellen aufgeschlossen, ebenso bei Alt- und Neuedinburg. Im Laisentäle bei 11. Kaiseringen wird Marmor gebrochen und wirklich zu Kalk gebrannt (W. J. ζ) und südlich von Kaiseringen liegt Frohnstetten mit seinen ehemals berühmten Bohnerzgruben auf dem Truppenübungsplatz: eocäne Zähne. Bei Winterlingen und Benzingen liegt Zeta und Epsilon und Tertiärsand mit Nagelfluhkugeln, Meeresmolasse und Süsswassermergel. Am Bahnhof Kaiseringen Aufschlüsse von δ'. Unterhalb Kaiseringen schneidet die Bahnlinie δ' Felsen mit Orgeln und Kesseln an. 12. Bei Storzingen 'Delta- und Epsilonfelsen mit malerischen Schmichadurchbrüchen und steilem Bahneinschnitt. (Aufstieg nach Stetten a. k. M., zum Truppenübungsplatz.) An den Schmichafelsen überall Spuren der Gletscherschmelzwässer. 13. Oberschmeien: viele ε Steinbrüche und immer steilere Felswände, links neben der Bahn glaciale und diluviale Weissjura-Nagelfluhfelsen. 14. Unterschmeien: neben massigen ε Bänken, dünn bankiges Zeta, Cementmergelkalke. Nördlich der Station Unterschmeien: Nollhaus mit feinen ε' und ζ' Seeigeln. 14. Inzigkofen, Mündung des Schmicha- ins Donautal. (Siehe Tur I.)

Tur V.

Geologische Ausflüge in Ebingens Umgebung.

a) Ebingen-Onstmettingen-Bitz-Ebingen: 1. Ebingen: oberhalb der Haltestelle an der Schlossfelsenhalde: Neben Normal-Gamma verschwammtes Gamma mit vielen Felsenpetrefakten. 2. Truchtelfingen: im Tal viele Betasteinbrüche, am Bahnhof alte Siedelung, ebenso an der Mühle. An der Strasse nach Bitz: Gamma mit Ohrenplanulaten und Delta mit Schwämmen. 3. Tailfingen: am Braunhardsberg hübsche Gammaaufschlüsse mit verkiesten Ammoniten. Neuweilerstrasse pracht-

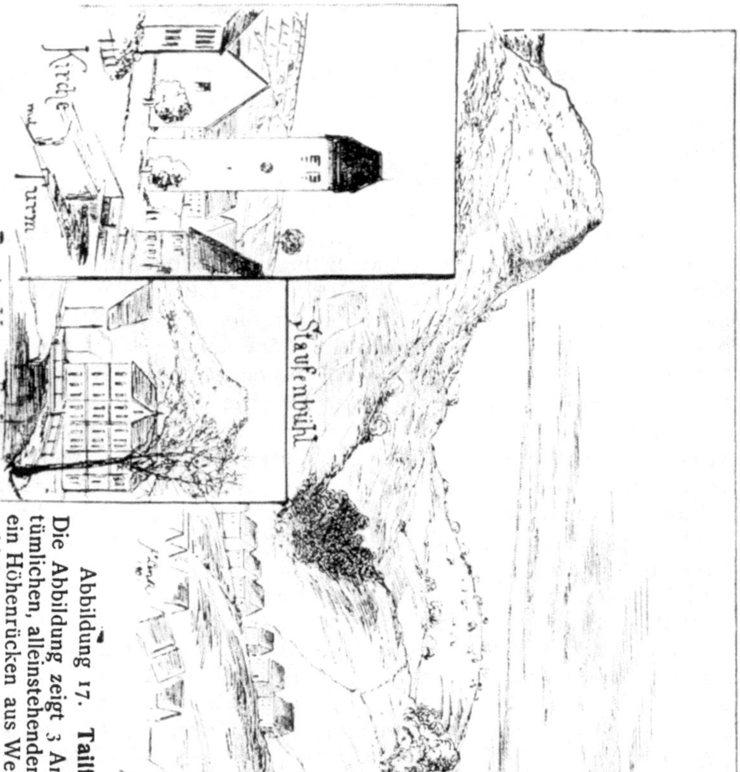

Abbildung 17. **Tailfingen im Schmichatal** und seine Umgebung. Die Abbildung zeigt 3 Ansichten: links unten alte Kirche mit ihrem eigentümlichen, alleinstehenden Glockenturm. Hinter dem Kirchturm der »Nank«, ein Höhenrücken aus Weissjura, Beta und Gamma, mit verschiedenen Aufschlüssen. Das zweite Bild zeigt hinter dem Rathaus den Braunhardsberg, mit β nnd γ γ' und einer δ' Felsenkuppe. Das Hauptbild zeigt die geognostisch wertvollsten Stellen. Links erhebt sich steil der Staufenbühl (β—δ), der von ihm rückwärts ziehende Ausläufer ist ε mit Steinbrüchen an der Steige nach Neuweiler-Killertal. Die bewaldete Schlucht neben dem Worte Staufenbühl zeigt die besten Aufschlüsse der ganzen Gegend: Im Grunde des dichten Gebüsches sind grossartige Betaplattenkalkwände durch Steinbrüche aufgeschlossen, darob sind 2 Bäume am Staufenbühl, über der Silbe »Bühl« sichtbar, hinter dieser Stelle sind ebensogrossartige Gammaaufschlüsse, von unter- mittel- und ober-Gamma aufgeschlossen, an der alten Neuweiler Strasse.

Wo die alte in die neue Strasse einmündet, liegt der Quellhorizont von Obergamma. Etwas mehr oben folgen an der neuen Strasse grosse Deltabankaufschlüsse mit grauen Quadern und auf ihnen ε-Bänke, die ganz von Orgeln, Schläuchen und Spalten durchzogen sind, in denen oligocäner gelber fetter Ton und Bohnerzlehm liegt. Auf der Ebene liegt ε und in Mulden Zeta. Der Schlossfels rechts auf dem Bild zeigt β—δ. Er trug eine Volksburg und später eine mittelalterliche Burg der Truchsessen.

Abbildung 18. **Hohlerfels bei Bitz-Neuweiler,** 2 Stunden von Ebingen.

Das Gestein besteht aus weiss Jura ε, Marmor, Zuckerkorn, Oelstein, Lochgestein und Dolomit mit einer praehistorischen Höhle, in welcher Meeresmolassesand abgelagert war, darauf lagerte Höhlenlehm mit Knochenresten. Die Anhöhe links zeigt einen Abhang mit Portlandcementstein (ζ). Unter der Meeresmolasse der Höhle lag eine untermiocäne Bohnerzsteinschicht, welche die Spalten des Marmors ausfüllte und den Marmorkalk so durchdrang, dass er den feinsten »Landkartenmarmor« abgab, der selbst als Schmuckstein Verwendung fand, gleich dem Achat.

volle Aufschlüsse durch ganz Beta, Gamma, Delta und Epsilon. Besonders schön Normal-Gamma und Delta am Staufenberg. (Abb. 17.) 4. Onstmettingen: in mitte der Ortschaft: Hauptquelle der Schmicha neben dem Rathaus. Weitere Quelle im Hochmoor »Geifitze« in einer Betamulde. Am »Stich« prächtige Alpha- und Betalager. Abbildung siehe Weissjura a. Abstecher von Onstmettingen: durchs Rübenteich nach Burgschloss Hohenzollern, nach Backofenfelsen, hangendem Stein, Zellerhorn, zurück nach Onstmettingen. An der Killertalsteige riesige Delta-

Abbildung 19. **Schlossfelsen und Aussichtsturm bei Ebingen.**
Unsere Abbildung zeigt ein prächtiges Bild der Stufenlandschaft des mittlern weissen Juras. Der unterste, noch mit Wald bedeckte Felsen ist verschwammtes γ', auch die ansteigende bewaldete Fläche darüber. Diese Zone bleibt in trockenen Jahren grün und die Bäume verlieren selbst im feuchtesten Herbst später ihr Laub, als die Deltazone, in welche die majestätische obere Felsengruppe mit dem Aussichtsturm gehört. — Die Ortschaft links im Schmichatal ist Truchtelfingen, darob wieder der Tailfinger Schlossfelsen.

brüche und in deren Nähe die Linkenboldshöhle, neben ihr am Abhang der »Burg« schöne Normalgammaaufschlüsse. Gegen Bitz überall Spaziergang über ε und ξ. Am Bitzer Hochwasserbehälter: Zetaplattenlager, die oben von ehmaligem Firneis abgeschliffen wurden und zerdrückt und verquetscht sind. In der Nähe überall Dolomitsand. 5. Bitz: ε und ξ Lager. Alle Mulden füllen die Cementmergel aus. (Bitz hat vorhistorische riesige Eisenschlackenlager aus uraltem Bohnerzbergbetrieb.) Hohlerfels (Abb. 18) mit vorhistorischen Funden, Zuckerkorn- und Lochfelsen, Lager von Landkartenmarmor und Tertiär. Gegen Ebingen: am Galthaus überall Lochfelsen, Epsilon und Dolomit. Glaziallehmlager und tiefe Einbruchsdolinen. Oberhalb Ebingens, an der

Abbildung 20. **Dreitrittenkapelle** im Hardt, des neuen Truppenübungsplatzes bei Stetten a. k. M.

Das Bild zeigt die Steppen- und Firnfeldlandschaft des Hardtes. Die = Höhen links tragen Schuttkies und auf den Felsen des Trockentales ruht eine Grundmoräne, die als hohe Schutthalde auch rechts in dem Walde verfolgt werden kann. Unweit davon in diesem Walde ein Erdtrichter, der in eine unterirdische Spaltenhöhle führt.

»Klammer«: in Epsilonfelsen und Deltafelsen: Bohnerzlager und Gletschermühlenreste. Alte Bitzersteige: Toniges normales Gamma. Obere **neue Bitzersteige:** Auf normalen Deltabänken aufsitzender Deltaschwammfelsen, dessen Fuss gut sichtbar ist.

b) Ebinger Schlossfelsen: 1. Untere neue Bitzersteige liegt im Beta. Die mittlere und obere Steige in normalem Gamma mit verkiesten und verkalkten Petrefakten. Besonders gute Normalaufschlüsse am Kastanienhügel. 2. Im »Leitzentäle« wundervolle Felsenromantik der Gamma- u. Deltafelsennadeln. Zwischen ihnen überall eocäne Bohnerzlagerstätten. 3. Von hier Weg durch die Schlossfelsenhalde zur Kapelle: Glaziale Felsengrotten und abgerundete Felsenstotzen. 4. In der Nähe des »Scheuerle« ca. 10 völlig abgerundete und abgedrehte Deltafelsen, Laibfelsen mit Gletschermühlen, Orgeln und Schlünden. Scheuerle: imposante Felsengrotte. 5. Aussichtsturmfelsen: riesige Felsenwand von Delta- und aufsitzendem Epsilonfelsen, mit tiefem Kaminschlund, der ausgewaschen ist: »Schneiders Loch«. 6. Hexenküche: eine Deltaaushöhlung, Gletschermühle, unterhalb des Aussichtsturmes. 7. Kameelfels. 8. Aussichtsturm auf ε Riff, in dem tiefe Schlünde absetzen. Prachtvolle Alpenfernsicht, Blick auf die ganze Balinger-, Zollern-, Ebinger- und Sigmaringer-Alb mit ihrem »Hardtkarakter«.

c) Ausflug ins Hardt: 1. Curagefelsen: echte Landmarke eines Oberdeltafelsens, dann 2. Dreikreuzfelsen (vorhistorische alte Strasse auf Deltafelsen, in welche Geleise eingehauen sind). 3. Malesfelsen (auch δ') und 4. Grieseloch (Kirschenloch) mit Gletscherausbruch und Firnfeld, Kar. 5. Abstieg zum Ehestetterhof: dort bedeutende Gletschermoräne, am Grieseloch, da wo einst Alt-Ebingen gestanden. 6. Alte Strasse nach Frohnstetten, in Gamma- und Delta steil ansteigend, links daneben wieder Karausfluss des Stierhausgletschers, der hier in Cascaden hinunterhing und überall Moränenterrassen hinterliess. 7. Stierhaus: Epsilon, ehemalige Firnfläche mit aufgeackertem Untergrund. 8. Durchs »Hardt», echte Steppenlandschaft, tiefe Lehmlager, welche eocäne Bohnerzlagerstätten decken. 9. Bohnerzlager bei Frohnstetten, bekannt durch seine bedeutenden untermiocänen Zahnfunde des vorig. Jahrh. 10. Stetten a. k. M. mitten in einem Firnfeld liegend. 11. Dreitrittenkapelle (Abbildung 20): in Epsilonfelsen eingehauene Menschenfussspuren. Daneben rechts und links: breite Moränen, riesige Kies- und Lehmlager. 12. Seetal: ehemaliges weites Firnfeld, später Hochsee, dann Hochmoor, daneben stark abgerundete Bühle, abgerundete Felsen. 13. Verfolgen des Firnfelds bis Messstetten, dann zu den 14. Kriegsäcker, dort Firnfeld mit Kar, das seinen Gletscher zur Lautlinger Wasserscheide sandte. 15. Ebinger Sandgrube: Miocäne Sand- und Walkerde und Boluslager. 16. alte Messstetter-Steige: auf ε Felsen, Bohnerzlager und auf altgermanischer Steige durch Gamma und Beta herunter zum 17. Kühweiher und Riedbach, dort Moräne, vom Bühltal und Kienten ins Riedbachtal hinabstossend.

Tur VI.

Balingen-Hechingen-Tübingen: Alte Schweizerstrasse.

1. Balingen: Liashügel mit mittlerem Lias und im Eyachbett unterer Lias und oberer Keuper. 2. Heselwangen: wundervolle Aufschlüsse

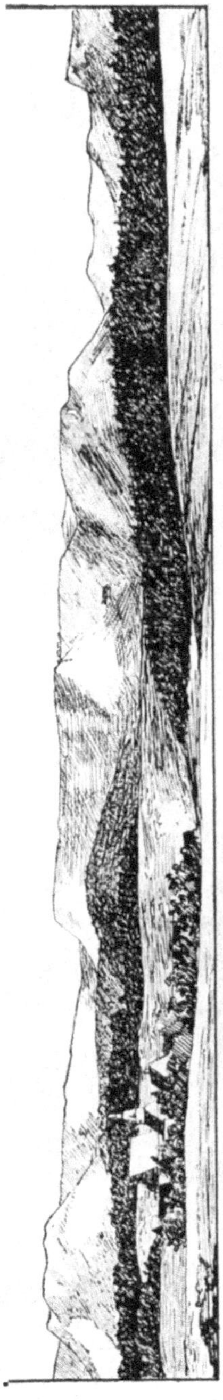

Abbildung 21. **Der Steilabfall der Alb** vom Lochenhörnle bis zum Hundsrücken.
Wir sehen auf dem Bilde im Hintergrund die stolzen Weissjuraberge, mit dem Braun- und Schwarzjuraland. Die bewaldeten Berge stellen die Braunjuraterrasse dar (z. B. der Zollernberg-Hirschberg).

des Lias, braunen Juras, stufenförmig geöffnet. Abstecher zum Hundsrück mit Weiss α und β. 3. Vor Engstlatt: langgezogene Amaltheenhügel mit Belemnitenschlachtfeldern und Numismalisschieferletten. Engstlatt liegt auf Lias α. Steinbrüche mit Arietenbänken und Schnecken-Kalken. 4. Steinhofen: Aufschlüsse des ganzen Lias. (S. Abb. 75.) 5. Bisingen: einstige Julienhütte mit Steinölgewinnung aus Lias ε. Brüche noch offen. 6. Wessingen und Fuss des Hohenzollern: Lias u. brauner Jura. Ersteigung des herrlichen Vorpostenkegelberges der Alb: prachtvolles Kaiserschloss (Abb. 22) mit wundervoller Aussicht, Schloss aus Lias α Gestein erbaut. 7. Station Zollern: Bahneinschnitt im Amaltheenton. 8. Hechingen: der ganze Lias aufgeschlossen. 9. Sikingen u. Sebastiansweiler (Bad): Schwefelquellenbezirk des α. Aufschlüsse von Schneckenbänken. 10. Nehren: Aufstieg auf den Rossberg zum Quenstedtdenkmal; durch Braun- und Weissjura. 11. Mössingen: mittlerer Lias geöffnet. 12. Dusslingen: in den Steinlachgräben unterer Lias, besonders schön »Lias α Oelschiefer« und Arientenkalk; Beta- und Gammaabhänge unterhalb Dusslingens. Keuper. 13. Tübingen: Universität, geologisches Institut, Oesterberg-Keuper.

Tur VII.

Reutlingen-Honauer-Tal-Lichtenstein-Münsingen.

1. Reutlingen: liegt im Braunen mit vielen Aufschlüssen. Achalm mit Braun- u. Weissjura. 2. Eningen bei Reutlingen: Hamitenhauptfundstellen in br. J. ε. 3. Pfullingen: Maartuffgang des Georgenberges und Basalt-Maartuffgang des Gaisbühl. Im Tal selbst grosse Kalktufflager. (Abb. 24.) 4. Ursulaberg mit Basaltmaartuffgang: Kugelbergle.

Abbildung 22. **Hohenzoller um 1850** im Gewitter.

Diese Abbildung zeigt den geognostischen Bau des Zollernberges besser als die Bilder von heute, denn heute ist dieser prachtvolle Bergkegel viel mehr bewaldet als 1850. Der Schäfer treibt seine Schafherde im mittleren braunen Jura; blaue Kalke liegen rechts und links der Strasse. Der weitere Aufbau des Berges ist oberer Braunjura und unterer Weisser.

Abbildung 23. **Rosenfelder Albansicht** von der Achalm zum Hundsrücken bei Heselwangen, aufgenommen 1 Kilomtr. westlich von Rosenfeld auf dem Liasplateau.

Diese Abbildung zeigt besonders deutlich den Steilabfall der schwäbischen Alb, sowie die Zerstörung der einzelnen Juraplatten. Einzelne Platten widerstanden der Verwitterung sehr, während andere Platten teilweise zerstört wurden. Gleich einem Vulkan erhebt sich der Hohenzoller als Vorberg des Gebirgs.

5. Unterhausen: Kalktufflager und Aufschlüsse in Oberbraun- und Weissjura. An der Strasse nach Holzelfingen: Tuffmaargang am Burgstein. 6. Oberhausen: Besteigen des Hochberges, Giesstein-Strasse mit Weissjuraaufschlüssen. Herrliche Aussicht von den δ Felsen. 7. Honau: Elfengrotte am Bahnhof, Tropfsteinhöhle: Olgahöhle. In Honau: Ursprung der Echatz, bei Honau: Lichtenstein (Abbildung 25), Jägerhaus, Hauffdenkmal,

Abbildung 25. **Lichtenstein.**

geologische Pyramide, (siehe Lias alpha, die geologische Pyramide auf dem Lichtenstein), Nebelhöhle. Wunderschöne Strasse Honau-Grossengstingen neben der Zahnradbahn. 8. Grossengstingen liegt auf Basalttuffmaar. Umgebung W. J. γ und δ. Hinüber nach 9. Kleinengstingen, ebenfalls auf Basalttuffmaar, Sauerbrunnen. 10. Offenhausen, Gestütshof, Beginn des grossen Lautertales, Lauterursprung. 11. Gomaringen: mit dem Aussichtspunkt Sternberg (Basaltgang) in γ und δ liegend. 12. Münsingen: (Abb. 26) Truppenübungsplatz, Böttinger Strudelmarmor, in Weiss J. ξ. Mulde liegend, Cementfabrik, Ziegeleien, ε Felsen, in

Abbildung 24. **Pfullingen mit dem Basalttuffberg Georgenberg.**

Hinter dem Kirchturm sehen wir Schloss Pfullingen, heute Pflegeanstalt für Geisteskranke; im Hintergrund den rebenumkränzten Basalttuffkegel Georgenberg. Er war wohl eine Opferstätte im grauen Altertum und daher mit einem Ringwall umgeben. Zur Reformationszeit trug er eine Wallfahrtskirche. Die Aussicht ist grossartig. Der Basalttuff des Georgenberges durchbrach den braunen Jura, der den Mantel des Tuffes, wie die Umgebung Pfullingens, bildet. Pfullingen selbst steht auf diluvialem Kalktuff.

denen Lapilli- und Basalttuffsande liegen und Tertiärsand der angewehten Meeresmolasse. (Siehe auch Tur XXV des grossen Lautertales.)

Bahnhof 701 m. Schloss.

Abbildung 26. **Münsingen von Südwesten.** Rechtshin Truppenübungsplatz.

Rand der Zetamulde erhebt sich ca. 70 m über dem Muldenboden, W. J. ε ist selten sichtbar. Im Vordergrund die städtischen Obstbaumpflanzungen.

Tur VIII.
Münsingen-Urach-Metzingen.

1. Münsinger Umgebung zeigt Hochebene mit Weissjura, Epsilonhöckern, Marmor, Zuckerkorn und Lochgestein; Mulden und Höhenzüge mit Zetacementmergeln. In den Mulden der Umgebung liegen überall Basalttuffmaare: Auingen, Böttingen, Magolsheim und Apfelstetten, auf denen sich Menschen ansiedelten. Typisch für ein Trockental ist das Heutal. Die Strasse nach 2. Dottingen führt durch wilden, öden, obern Weissjura. Dottingen selbst liegt ebenfalls auf einem Maar. Nördlich davon das grösste Basaltvorkommen Württembergs u. der Alb, der Eisenrüttel (Nephelinbasalt). (Abb. 27.) Von hier nach Seeburg vorbei am Maartuffgang des Rietheimer Tales. Eintritt ins romantische Ermstal. 3. Seeburg im Seeburgertal, hochromantisches Felsenseitental der Erms. Schlossgut Uhenfels (Abb. 28) und Altseeburg. In der Nähe: Tuffvorkommen: Hofbrunnen bei Trailfingen, mit Basaltgang; Dietenbühlbasalt; Gruorn'er Maar, Hengbrunnen, Hengener Maar und grosses Maar südlich Hengen's; Hardburren. In Seeburg grosse Tuffbrüche. In Felsenspalten Bolus, Oker, Tuffsande. 4. Ermstal bis Baldeck (mitteler weisser Jura, hoch in die Lüfte ragende Felsenzinnen) viele Felsen und Aufschlüsse für γ. Am Fusșe von »Hohenwittlingen« (stolze Felsen mit Ruine) ehemaliges Basaltquetschwerk Georgenau. 5. Wittlingen mit zwei Maargängen in mittlerem und oberem Weissjura: ein Gang auf dem die Ortschaft steht, der andere an der Urachersteige. Im Ermstal bei der Kunstmühle Tropfsteinhöhle und Holzindustriefabriken. 6. Urach: im Zittelstadttal Basaltgang. Am Tiergartenberg Aufschlüsse in unterem Weissjura. Uracher altes Schloss, Hohenurach mit Schlossruine (Abb. 29) und Uracher Wasserfall (Abb. 30). Querriegel bedeutendes Kalktuffvorkommen. 7. Oberhalb der »Bleiche« im Ermstal: oberer Brauner und unterer Weisser aufgeschlossen. Darob gegen Norden: Tuffgänge auf dem Blom, im buckleten Teich (auch Basalt). Nun breitet sich der Braune immer weiter aus. Daher 8. bei Dettingen unter Urach: Rossberg links und Jusi rechts: zwei Felseninseln, die weit ins Vorland vor-

Abbildung 28.
Schloss Uhenfels ob Seeburg.
Unser Bild zeigt die malerischen δ' Felsen des Schlossuntergrundes und im Vordergrund die Steinrutsche, Steinwüste, verwitterter δ' Felsen. Der Blick ins Seeburgtal ist herrlich.

Abbildung 27. **Dottingen** mit der Buchhalde und dem Eisenrüttel, dem grössten Basaltvorkommen der Alb.

Dottingen selbst liegt in einem wasserreichen Maar, dessen Fruchtbarkeit unser Bild zeigt. Die Buchhalde liegt 870 m ob d. Meer, das Maar nur 720 m, also hat der Maarkessel 150 m Tiefe. Hinter dem Wald der Buchhalde liegt der Basalt des Eisenrüttels. Im Wald selbst ein Aussichtsgerüst. Die rechts von der Kirche hinziehende Strasse führt durch Epsilon und Zeta nach Münsingen, der Weg vom Fuss der Buchhalde führt nach Reutlingen mit dem ansteigenden Dorf. Im Vordergrund haben wir den Rosenbühl an der Strasse nach Marbach und Gomadingen. (Siehe Tur 28: Grosses Lautertal.) Der lichte Streifen an der Buchhalde führt zum Eisenrüttel.

greifen. Ueberall Aufschlüsse im Braunen. 9. Am Rossberg haben wir auf der Grenze von braunem und weissem Jura sechs Tuffvorkommen: Calwerbühl, Karpfenbühl, Pfaubrunnen, Katzenbuckel, Linsenbühl und Schuttkegel im Egartsgässle. Die drei letzten sind Weissjuraschuttkegel, mitten im Dogger liegend, die sich Neuhausen zuziehen. 10. Jusi (Abb. 31) zeigt ein massiges Auftreten: mehrere Tuffarten und Basalt (Melilithbasalt) in ca. 10 Aufschlüssen. Herrliche Rundsicht auf seinem Gipfel. 11. Neuhausen a. Erms; Braun Jura $\alpha - \gamma$ und der Maartuffgang Hofbühl. 12. Metzingen: liegt auf der Grenze des braunen Juras zum

Abbildung 29. **Urach vom Kriegerdenkmal aus.**

Das hübsche Bild macht sich in der Wirklichkeit noch reizender als die Abbildung es bieten kann. Ueber der schönen durchsichtigen Amanduskirche liegt auf δ' Felsen die Festungsruine Hohen-Urach. Die lichten Berge deuten das untere Ermstal an.

schwarzen. Die Eisenbahnlinie Metzingen-Reutlingen, verschiedene Aufschlüsse zeigend, liegt ebenfalls auf dieser Grenzlinie. Metzingen: Hauptplatz für Basalt und Basalttuffvorkommen, da dort die Juraresttafel ganz durchlöchert ist: Weinberg, Dachsbühl, Hofwald (Hofwald gegen die Weinberge Basalt und Basalttuff), Florian und westlich Ameisenbühl. Im Hofwald beim Dachsbühl okergelber Eisensandstein von br. J. β in Gruben aufgeschlossen, neben der Kapuzinereiche. (Siehe diese Tuff- und Basaltvorkommen unter Rubrik: Preisverzeichnis der Mineralien und geologischer Sammlungen und Abb. 76.)

Abbildung 30. **Uracher Wasserfall im Eise.**

Er zeigt wie hübsch selbst im tiefsten Winter unsere herrlichen Wälder sind, besonders wenn das Wasser der Quellen zu Eis kristallisiert. Die Ablagerungen des Wasserfalles zeigen auch andere Wasserkristallisationen, hübsche Tropfsteinbildungen. Wie bedeutend die Wasserbildungen sind, sehen wir an dem Massstab, den der auf dem Bilde sichtbare Turist für das Augenmass abgibt.

Abbildung 31. **Jusi bei Kohlberg-Urach,** von der Westseite.
Die Abbildung zeigt den Aussichtsgipfelpunkt des Vulkans.

Tur IX.

Die Melilithbasalttuffvorkommen der Umgebung von Grafenberg

können alle von Grafenberg aus besucht werden und sind: 1. Grafenberg selbst. 2. Die Tuffgänge im Norden, Nordwesten und Südosten von Grafenberg. 3. Hengstäcker. 4. Basalt bei Kohlberg, Bölle bei Kohlberg und Häldele. Sie liegen alle im Dogger und enthalten deren Tuffe meist Braun- und Weissjura, die gebrannt sind, gerötet und selten unverändert. Bei Grossbettlingen liegt der Geigersbühl. (Abb. 32.)

Abbildung 32. **Der Geigersbühl,**

488 m ob dem Meer, ein Tuffmaarrest bei Nürtingen. Der Geigersbühl besteht aus Braunalpha, von der Tuffröhre durchbrochen. Der Aufschluss zeigt mächtige Weissjurafelsen, welche die Tuffröhre ausfüllen. Wir glauben in einem Weissjura-Delta-Steinbruch zu sein. (Siehe auch die Aussicht auf die Liasebene bei Nürtingen unter Lias β Abb. 73 und 74.)

Tur X.

Nürtingen-Neufen-Grabenstetten-Lenningertal-Kirchheim u. T.

Abbildung 33. Hohenneuffen, Festungsruine und Blick ins untere Neckartal.
Die Felsen des Vordergrundes sind abgerundete Weissjura-Deltabänke und zeigen viele Spalten und Klüfte.

1. Nürtingen: selbst liegt auf Keuper, Lias und Neckar-Diluvialschuttgeröll. Tiefenbach und Steinach schneiden in Lias- und Braunjura - Schichten zwischen Nürtingen-Neufen und Kirchheim tiefe Täler ein, die viele Aufschlüsse bieten. Im Tiefenbachtal sind es folgende: Die Ecke von Tiefen- und Riedbach mit oherem Lias des Börnerberges. Bei Reudern liegt am Riedbach eine vulkanisch gehobene Doggerinsel »Bölle bei Reudern« mit zwei Tuffröhren. Südöstlich davon aber liegt das Tuffmaar »Kräuterbühl« im untern Braunjura aufsteigend. Weiter talaufwärts gegen Owen ist da und dort der mittlere Dogger aufgeschlossen. Aber breiter u. tiefer schneidet die S t e i n a c h ins Gebirge ein. Noch im Lias (Mitte) zwischen Nürtingen und Frickenhausen liegt der »Höslinsbühl« mit Aufschlüssen. 2. Frickenhofen: zeigt im Lenghardterbachtal schöne Aufschlüsse der Opalinustone, der Betasandsteine und der Blaukalke und den Tuffkegel: »Burrisbuckel«. 3. Linsenhofen: mitten im Bettenhard-Tuffmaar einen Basaltgang, als »Sandgrube« bezeichnet. Um Linsenhofen liegen die unteren und mittleren Dogger-

schichten aufgeschlossen. 4. Neufen, mit Mittel- und Oberbraunjuraaufschlüssen, ist besonders sehenswert wegen seiner riesigen Festungsruine »Hohenneufen« (Abb. 33). Hohenneufen (ein Maargang) bietet

Abbildung 34. **Beuren von Südwest mit Beurener Fels.**

Das Dorf Beuren liegt in der Braunjurasenkung zwischen einem Obstbaumwald des Vordergrundes. Ueberall Aufschlüsse im Braunjura. Die Erhöhung links des Kirchturmdaches weist auf den Tuffkrater »Alte Reuter« hin. Die Rutsche am Beurenerfelsen (Weiss α und β) bietet schöne Aufschlüsse für Impressapetrefakten u. s. w. Die darunter liegende Grabenstetterstrasse führt durch die Tuffgänge am Heidengraben. Der Deltafelsenhorizont ist deutlich am Beurenerfelsen sichtbar.

überwältigende Aussicht: unterer und mittlerer Weissjura. Auch am Triangulationspunkt der »Viehweide« liegt ein Maar, mit ebenfalls herrlicher Aussicht. Das Bohrloch Neufen ist verschüttet, aber noch kenntlich. Neufens Umgebung: 5. Balzholz zeigt obern Braunen, 6. Beuren ebenfalls obern Braunen (Abb. 34) und am Beurener Fels auch untern Weissen gut aufgeschlossen. Bei Beuren liegen die Basalttuffkegel »Altenberg« und »Engelberg«. 7. Die lange, gewundene Strasse Beuren-Erkenbrechtsweiler schneidet das Tuffmaar, »Alte Reuter« am Fuss des Beurener Felsens an und zeigt schöne Weissjuraprofile. 8. Bei Erkenbrechtsweiler liegen zwei weitere Tuffvorkommen, auf einem liegt die Ortschaft selbst. 9. Die Strasse Neuffen-Grabenstetten zeigt ebenfalls schöne Profile und Aufschlüsse aus braunem und weissem Jura, schneidet aber auch unterhalb des westlichen Verlaufens des Heidengrabens (alte Volksburgschanze!) zwei Basalttuffmaare an (während Hülben wieder

Abbildung 35. **Gutenberg im Lenningertal** vom Friedhof aus.
Im Hintergrund die Pfulbfelsen (Weiss Jura δ') darunter die Steige, die rechts hinauf nach Donnstetten führt und gute Aufschlüsse in Weissjara γ und δ bietet. Dieser wunderbarschöne Talabschluss enthält an der Donnstetterstrasse im Hintergrund noch die zwei Basaltmaarvorkommen am Seeberg und links auf dem Bild hinter dem vorstehenden Bergabhang die Schopflochersteige mit ihren Tuffvorkommen.

ganz auf einem solchen liegt). Vor 10. Grabenstetten schiebt sich noch ein Basaltgang quer über unsern Weg, als wollte er uns am Vordringen aufhalten und mitteilen, dass er den einzig auf der Alb vorkommenden Noseanmelilithbasalt enthalte. Sandgruben in der Nähe von Grabenstetten enthalten miocänen Kalktuff mit Vogeleiern, oder Schlangeneiern, Quarzsand und Bolus. Da auch vulkanische Asche sich findet, so dürfte das Maar bis zu dieser Stelle reichen. Grabenstetten liegt übrigens mitten in einem grossen Basalttuffmaar mit grünem, grauem, schwarzem und rotem obermiocänem Kalkmergeluntergrund. Nördlich von Grabenstetten ragt im Lenningertal der Conradtsfels in die Lüfte empor: harter Basalttuff. An der Strasse nach Urach liegt die Falkensteiner-Höhle (δ und δ') mit Höhlenfauna in ihren Seen. Ruine Hofen. Strasse auf 11. Schlattstall durch die wildromantische »Schröcke« (Felsenlabyrint der δ Felsen mit Felsennadeln, Höhlen mit Wasserfällen u. s. w.) zur schwarzen Lauter hinab. Lenningertal und Gutenberg. 12. Gutenberg: Gutenberger Höhlen, Ursprung der weissen Lauter, Talabschluss des mittleren und obern Juras, welcher Halbkreis mit Tuffröhren durchbrochen ist. Die Strasse nach Donnstetten (siehe Abb. 35: Gutenberger und Donnstetter Steige) mit Maar u. Schopfloch: Maar- u. Torfgrube, schneidet vier Maar-

Abbildung 36. **Zainingen auf der Uracher Alb** mit einem seiner Maarseen.

Zainingen liegt in einem grossen Maarkessel und besitzt 4 Maarseen, 2 grosse und 2 kleine, von denen das Bild den grössten darstellt, der nur »grosse Hülbe« genannt wird. Er hat die Grösse von 40 ar und schlägt bei stürmischem Wetter Wellen, kann auch bei Schneeschmelze seine Ufer überfluten und in die Häuser eindringen. Wenn die Brunnen versiegen — der See hat noch Wasser genug, da der Basalttuff und die Miocänkalkunterlage des Maars das Wasser nicht durchsickern lässt. Das Bild zeigt auch hinter den Gebäuden einen Teil der Kraterwand: Weissjura ε-Riffe. Das Ueberaich dieser Seen fliesst nach einem Erdtrichter, dem Hölloch ab, wo es in der Tiefe der gespaltenen Felsen verschwindet und unterirdisch wohl dem Donaugebiet zufliesst.

gänge und einen Basaltgang an. 13. Schopfloch: Torfgrube, Maar mit Pflanzenkalk, Torf und Sand. Einst viel grösser, weiter und höher, sandte sie während der Eiszeit einen Firngletscher ins Lenninger Tal. 14. Ochsenwang mit Randecker Maar: (Abb. unten, unter »Die vulkanischen Böden der Alb«) das schönste, bestausgebildete Albmaar, mit Disodilablagerungen u. s. w. Wasserabfluss gegen Hepsisau. Die dortigen Pferche, neben dem Breitenstein, sind eingesunkene Platten der zerrissenen Juratafel. Grossartige Aussicht vom Breitenstein. Neben dem Blockhaus, sowie in der Torfgrube: Tertiärsandsteinquarzausfüllungen.

Ruine Krebsstein ob Gutenberg mit Felsenlöchern, die mit Bolus, Walkererde und Tuffsand angefüllt sind. Wollen wir über Donnstetten nach Zainingen das dortige Maar (Abb. 36) besuchen, so finden wir dort hübsche Maarseen erhalten. 15. Nun abwärts ins Lenninger-Tal. Unterhalb des Conradtfelsens (fester Melilithbasalttuff-Felsen) Weissjura α und Braunjura ξ. 16. Oberlenningen: Abhänge mit Ornatenton. Ruine Wielandstein. 17. Unterlenningen: im Tal Moräne des Lautergletschers mit Geschieben aus Jura, Tertiär, Basalt und Basalttuff. Oestlich Ruine Sulzburg, sich auf einem Basalttuffmaar stolz erhebend, mitten aus dem obern Braunen. Die »Hopfenburg« eine Insel des Weisen im Braunen. Daneben die Vulkanpunkte: »Rossbühlmaar«, »Engelhof«, »Himmelreich«, und »Dipoldsburg«: herrliche Aussichtspunkte. 18. Brucken: an den Abhängen unterer weisser und oberer brauner Jura. Nordwestlich: »Bölle von Owen« wieder ein Tuffmaar, mitten im obern Dogger. 19. Owen: mittlerer und oberer Brauner, aber an den Teckabhängen unterer Weissjura. Die Basaltmaare: »Tecksporn, Bürgli, Jägerhütte, Hörnle, Hohenbühl und Götzenbrühl mit Basaltbruch.« Vom Teckturm wundervolle Aussicht. Sibyllen- und Veronikahöhle, gelber Fels, Sattel. 20. Bissingen u. Teck: mehrere Aufschlüsse des mittleren und oberen Braunen am Teckfuss zeigen deutliche Profile. Mehr oben gegen Hahnenkamm: Weiss Jura α—γ. Dann die drei Tuffmaare: »Nabel, Hahnenkamm« und ein »Maar« daneben, alle drei nahe der Strasse Bissingen-Ochsenwang, am Fuss des Breitensteins. 21. Zwischen Owen und Dettingen: Moränen des Lautergletschers, an den Abhängen mittlerer Dogger. 22. Dettingen u. Teck: am Hinterberg Opalinustonaufschlüsse, am Jauchernbach Lias α mit ε. Unter Dettingen bedeutende Talerbreiterung, Einmünden von vier Seitentälern ins Haupttal der Lauter. 23. Jesingen: mittlerer Lias mit Amaltheen. 24. Holzmaden: oberer Lias mit den feinsten und besterhaltenen Saurierfunden des ganzen Württembergs in den Hauff'schen Schieferplattenbrüchen des Lias ξ. 25. Ohmden: mittlerer und oberer Lias. 26. Kirchheim u. Teck: das einst viel tiefere Tal wurde während der Albvergletscherung sehr aufgefüllt, daher breiter ebener Grundmoränenboden. Die Umhöhen bildet Lias. Bei Kirchheim grösste Talerbreiterung, bei Oethlingen wohl etwas Verengerung, aber doch schon wieder weite Erbreiterung bei Unterboihingen. Bei Kirchheim Cementfabriken, ebenso bei Nürtingen. Das Material für die letzeren Fabriken wird teilweise bei Neufen gebrochen und per Bahn verfrachtet, aber sonst dem Lias entnommen.

Tur XI.

Kirchheim-Weilheim-Göppingen.

1. Kirchheim u. T.: im N. O. Cementfabrik mit Aufschlüssen in Lias β und darob auf der Anhöhe Lias γ und δ. In der Nähe davon beim Schafhof Lias ε und ξ. Am Wegenhaldenbach zweite Cementfabrik, ebenfalls in Lias β. Beim Bierkeller und Brennofen Lias γ. Auf »Bettenhardt« bei 2. Ohmden: Opalinuston an der Auerbachersteige. Daneben Diluviallehmlager. Ohmden liegt auf Lias γ und δ, teilweise schon auf β. Am Wege nach Holzmaden vor der Ziegelhütte: die berühmten Posidonienschieferbrüche mit Saurier, Fischen, Seelilien, Am-

moniten und Belemniten. 3. Holzmaden selbst liegt auf Amaltheenton (Lias δ). Am Trinkbach: Lehmlager des Diluviums. An der Lindach Moränenschutt des Gletschers, der sich von Breitenstein und Randecker Maar ins Tal herunter zog. Die Strasse nach Weilheim u. Teck führt zuerst durch Lias ε und ζ, dann über die Breitensteingletschermoräne weg, die sich im Westen Weilheims weit ausdehnt. 4. Weilheim selbst liegt meist auf diesem Schutt, besonders deutlich ausgeprägt ist der hohe und breite Strang, welcher neben dem Ehnisbach zum Breitenstein hinaufsteigt und oben in einem Felsenmeer endet. Vier vulkanische Punkte liegen bei Weilheim: Egelsberg und Ehnisbachkegel im Opalinuston aufsteigend, dann der Dachsbühl, der sich aus der Breitenstein-Schuttmoräne erhebt und die riesige Limburg mit Ruine auf ihrem vulkanischen Gipfel. An der Limburg ist auch an mehreren Stellen braun Jura α und β aufgeschlossen. Im Zipfelbach unterhalb 5. Hepsisau: Moräne des Randecker Maars mit Geschieben von Weissjura, tertiärem Süsswasserkalk, Basalttuff und Basalt (letzere zwei Vorkommen selten!) An den Abhängen bei Hepsisau: Eisensandstein des Braunen, der durch seine ockergelbe Farbe auffällt und sich vom Braunen β der Zollern-

Abbildung 37. **Plochingen 1908.**

Plochingen besitzt auf seinen Anhöhen herrliche Albaussichtspunkte, der schönste ist aber derjenige, der gerade über dem Bahnhof liegt. Von ihm aus übersieht man beinahe das ganze Lias-Vorland der Alb, im Hintergrund die aufsteigenden Braunjurahügel und die steilabfallenden Weissjuraberge. Wer die Tur Kirchheim-Göppingen macht, kommt meist von Plochingen her, weshalb der Besuch des Aussichtspunktes zu empfehlen ist.

und Balingeralb sehr unterscheidet. Südlich vom Ort, unter Lichteneck, braun Jura γ—ξ. Darob Weissjuragehängeschutt als hoher Schuttkegel, neben dem Heidenloch. Die nahe Weissjuratafel zeigt in ihren Felsen überall tektonische Spalten, Risse und Einbruchstellen, auch Verschiebungen. Manche Spalten sind mit Tertiär-Quarzsand und Lehm ausgefüllt, welcher zweifelslose aus Tertiärflugsand und Basaltasche hervorging, da er Schwermetalle enthält wie Rudil, Magnetit, Magneteisen und Rubine. 6. Aichelberg auf braun Jura α und β zeigt mehrere hübsche Aufschlüsse und schöne Fernsicht in die Göppinger Umgegend. Zugleich liegt Aichelberg auf 2 grossen Basalttuffmaaren, in deren Röhren ganze Steinbrüche aus Weiss Jura ε liegen. Von Aichelberg Abstecher auf den grossartigen Albvorsprung 7. »Bossler« durch mittleren und obern Braunen und untern Weissen. Auf grosse Strecken sind hier die W. J. α Impressatone aufgeschlossen. Besonders sehenswert ist auch die Steige Weilheim-Gruibingen, die den ganzen Dogger und untern Weissen anschneidet und schöne Profile zeigt. 8. Gruibingen liegt selbst im Impressaton und trifft man hier die Ter. impressa ebenso häufig, wie sie bei Balingen fehlt. (Von Gruibingen könnten wir ins obere Filstal wandern, nach Mühlhausen, aber wir gehen über Ekwälden und Boll nach Göppingen.) Im 9. Teufelsloch bei Ekwälden, welches seit 100 Jahren historisch berühmt ist durch seine Opalinustone: hohe Opalinusschieferwände und darob der braune β-Eisensandstein. Letzterer zeigt in der Göppinger Gegend als »Trümmeroolith« eine Ausbildung, die sonst im ganzen Lande fehlt. Dort die schönen Platten mit Asterias und Muschelbreccien. 10. Um Bad Boll grosse Ausdehnung des obern Lias mit einer Unmenge Schieferpetrefakten. (Gegen Pliesbach mehrere grosse Schieferbrandstellen, Ueberreste alter Erdbrände); grosse Lokalsammlung von Pfarrer Blumhardt in Boll. 11. Ortschaft Boll liegt auf breiter Albgletschermoräne, die sich noch weiter gegen Osten, über Dürnau und Eschenbach ausdehnt und nach dem Filstal bei Göppingen drängt. 12. Dürnau: Die Opalinustone werden hier von der Moräne auf weite Ausdehnungen verdeckt. Gegen 13. Heiningen zu bemerken wir nochmals einen Schieferbrand und grosse Aufschlüsse des obern Lias. Die Strasse nach Göppingen führt lange Zeit über ein ε und ξ Plateau. Ein kleiner Umweg über 14. Betzgenrieth kann aber auch nichts schaden: mittlerer und oberer Lias. 15. Jebenhausen liegt auf Arietenkalk, aber seine nächsten Anhöhen steigen gleich steil empor und bieten Aufschlüsse bis in ε und ξ hinauf. Auch dort ist ein Schieferbrand bemerkbar, so dass ca. 8 Schieferbrände in der Nähe zu studieren sind. Manche Aufschlüsse im mittlern und untern Lias bietet noch die Strasse nach Göppingen. 16. Göppingen: Tur XII.

Tur XII.

Göppingen-Geislingen-Wiesensteig (Filstal-Tur).

1. Göppingen: Der nördlichste Teil liegt auf Amaltheenton und Gammamergel, der nördliche auf Diluviallehm, welcher Lias β bedeckt, der südliche gegen die Bahnlinie auf Lias β und α. Gegen Faurndau finden sich viele Aufschlüsse von Lias α und zwar Sand- und Kalklager. Die weitere Umgebung zeigt den ganzen Lias, welchen Opalinustone

Abbildung 38. **Der Hausener Berg mit den Michelsbergrutschen von 1805.**

Bei starkem Regenwetter des Jahres 1805 rutschten die auf dem Bilde sichtbaren Stellen des untern und mittlern Weissjuras ab und schoben sich bis in die Nähe der Fils herab.

decken. Der Talgrund von Göppingen, Eislingen, Süssen, Gingen und Kuchen ist mit Moränenschutt eingeebnet. 2. Bei Grosseislingen tritt der obere Lias schon dem Talgrund näher und grosse Strecken bedeckt der Opalinuston, während β sich erst in der Richtung gegen Gmünd einstellt. 3. Kleineislingen liegt auf oberem Lias, den eine dicke Lehmschicht überzieht. Dieser Diluviallehm zieht sich auch an den Abhängen rechts und links des Tales der Krumm hin und bedeckt dort grosse Schieferflächen. Jeder Freund der Geologie wird in Eislingen Herrn Pfarrer Engel besuchen, welcher riesige Sammlungen besitzt und den grossen »geologischen Führer durch Württemberg« schrieb. Die Umgebung des unteren Bärenbaches bei 4. Salach ist ebenfalls ganz mit Diluviallehm bedeckt, während gegen Nordosten der untere Braunjura sich erhebt und sich da und dort noch γ Gipfel einstellen, nämlich nördlich von 5. Kleinsüssen. Die dortige Ebene zwischen Kleinsüssen und Kitzen zeigt eine riesige Ausdehnung des Trümmeroolithes (br. J. β.), wie man sie selten beobachten kann. Gegen Donzdorf breitet sich der Talboden sehr aus und man kann deutlich sehen, wie vor der Albvergletscherung dieses Tal viel tiefer eingeschnitten war und erst durch den Messelsteingletscher ausgeebnet wurde. Bei 6. Grosssüssen breitet sich der Opalinuston aus und bildet bis Gingen die Talgehänge, dem dann der Eisensandstein aufgelagert ist, teilweise auch die blauen Kalke. Von Gingen aus kann über Hohenstein oder die Klepperfelsen die Kuchalb bestiegen werden, durch den ganzen braunen und weissen Jura. Abstecher auf Michelsberg, gute Weissjuraprofile. (Siehe Michelsbergrutschen Abbildung 38: Am Hausener Berg.) Ob 9. Altenstadt ε Dolomitfelsen mit Bohnerzlagerstätten, an der Kuchalb. Bei Altenstadt wendet sich das Filstal gegen Südwesten um. 10. Geislingen a. Steige: Ausfüllung des ganzen Talbodens mit diluvialem Kalktuff. Berühmt sind die Impressamergel des Bahnhofes, die guten Profile des Weissen an der Steige, der Hungerberg mit Schildwach und der Kahlenstein mit Helfenstein. Weiler. Am Fusse des Kahlensteins riesige Weissjurastürze, die sich bis nach 11. Bad Ueberkingen ziehen. Bis Ueberkingen am Fusse der ehemaligen Burg Bühringen (α—γ Weissjura) Aufschlüsse im oberen Braunjura und im Türkheimer Seitental Kalktuffniederschläge mit Diluvialschnecken und -Hirschgeweihen des Riesenhirsches. Gegenüber dem Bad, am Fusse des Michelsberges mittlerer und oberer Brauner. Aehnliche Aufschlüsse finden wir 12. bei Hausen a. Fils, das auf Eisensandstein liegt. (Abb. 38.) Zwischen Hausen und der Pulvermühle Gletschergeröll des Talgrundes, so gelagert, als ob es vom Weigoldsberg stammen müsste, der hier grosse Rutschen zeigt. Rechts und links der Strasse auf 13. Reichenbach sind oberer Brauner gut aufgeschlossen. Wollen wir von hier aus die »Nordalb« ersteigen, eine Deltahügelkuppe, so übersteigen wir Aufschlüsse des untern bis obern Weissen, und steigen auf dem Weg bis Deggingen (14.) wieder bis in den braunen Ostreenkalk hinab. Bei 14. Deggingen stossen wir auf allen Seiten auf Weissjurastürze, während das »Aufhausertal« halb mit Juraschutt ausgefüllt ist, der von »Ofen« stammen dürfte. Ruine Hiltenburg auf Weissjura Beta-Kopf. Die Umgebung von 15. Gosbach zeigt ebenfalls Juraschuttmassen und gegen Ober- und Unterdrakenstein (besuchswerte romantisch gelegene Dorfschaften) Kalktufflager diluvialen und alluvialen Alters, wie auch

Abbildung 39. **Hohenrechberg mit Rechberg-Hinterweiler.**

Der stolze Berg baut sich aus unterem Weissjura in die Höhe und bildet diese Abbildung ein Gegenstück zu der nächsten. Die Decke bildet ein γ' Felsen. Hinterweiler liegt auf oberem Braunjura.

16. Mühlhausen a. Fils. Hier treten uns schon im Tale die Formationen des Weissen entgegen: Impressatone, die an den Abhängen in β-Mauern verstürzt auftreten, da und dort von γ oder δ gekrönt, während ε nur ganz sporadisch auftritt, aber bei 17. Wiesensteig eine grössere Ausdehnung bekommt und bei Hohenstadt noch ξ-Buchten aufweist. Westlich Wiesensteigs entspringt im Felsental die Fils. (Wollen wir von Wiesensteig über die Albhochfläche nach Ulm wandern, über ξ bei Hohenstadt und über δ und ε bei Nellingen, Oppingen, Amstetten usw., so können wir uns hier am besten auf der Wasserscheide zwischen Donau und Neckar bewegen.).

Tur XIII.

Die Kaiserberge vor dem Aalbuch, oder die Tur Lorch—Hohenstaufen, Stuifen—Gmünd.

Diese Tur ist keine eigentliche Albtur, dient aber als Beispiel merkwürdiger geologischer Turen im Vorlande der Alb. Ihre Beschreibung ist auch deshalb nötig, weil diese Kaiserberge sehr oft besucht werden. Die Aussicht auf ihren Gipfeln ist bei schönem Wetter eine äusserst grossartige, aber auch geologisch hochlohnende. Wir beginnen im Keuper bei Lorch und enden wieder im Keuper bei Schwäbisch-Gmünd. 1. Lorch ist bekannt durch sein grossartiges ehemaliges Kloster, durch die Begräbniskirche der Staufenkaiser. Es liegt auf dem Keuper-Stubensandstein, während die Ortschaft Lorch selbst auf und an den bunten Mergeln liegt. Die Schleifen der Strasse Lorch—Wäschenbeuren liegen im Stubensand, später im Knollenmergel und Lias α (Sandstein), dann führt die Strasse eine zeitlang durch Diluviallehm und wieder durch Lias α. Bei der Römerschanze, unweit 2. Wäschenbeuren erklimmt sie einen Lias β Rücken, welchem rechts noch Numismalistone aufgelagert sind. Bei Wäschenbeuren selbst fällt sie wieder in Lias α hinab, der sich dort als Arietenkalk ausbreitet. In Wäschenbeuren beginnt ein System bedeutender Verwerfungslinien, die wohl mit den Embrio-Vulkanen der Alb zusammenhängen. Sie ziehen sich zu den Kaiserbergen: Hohenstaufen, Rechberg und Stuifen und vereinigen sich mit einer Spalte, welche vom Adelberg gegen den Hohenstaufen streicht. Zwischen Wäschenbeuren und Neuhof führt die nördliche Spalte am Fusse des Altenberges (Lias γ und δ auf Betagehängen) vorbei und lies hier die südliche Tafel so absinken, dass wir neben β links, rechts der Spalte ε und ξ haben. Dann macht sie vor dem Hohenstaufen Kehrt und streicht durch Opalinuston gegen den Rehberg, um beim Fuchshof im braunen Beta zu verschwinden. Die 2. Wäschenbeurer Linie zweigt von der ersten südlich der Kapelle ab und durchschneidet den Lias so, dass er seine Schichten völlig verwirft, wendet sich dann nach dem Hohenstaufenschutthügel, der dem Hohenstaufen südlich vorgelagert ist, ihm die nördliche Grenze anweisend, während die südliche Grenze mit der Adelberger Linie zusammenfällt. So dürfte der sogenannte »Bergsturz des Hohenstaufen« ein vorgeschobenes Maar der Albvulkane sein, aus Weisjuraschuttmassen gebildet. Gehen wir von Wäschenbeuren 3. Bierenbach zu, so kommen wir aus Lias α wieder in die Keuperknollenmergel hinein, bei der Sägmühle sogar in den

Abbildung 40. **Hohenstaufen um 1850.**
Die prachtvolle Abbildung stammt aus dem Jahre 1859. Der Kaiserberg gleicht in dieser Form einem riesigen Vulkan, in dessen Hintegrunde Feuerfakeln in die

Stubensandstein. Beim Kretenhof überschreiten wir dann die Verwerfungsspalte Adelberg—Hohenstaufen, welche Adelberg durchschneidet, und wir stehen nun statt im Keuperstubensand auf einmal im oberen Lias. Vom Kretenhof gegen 4. Höhrein führt uns die Strasse zuerst links des Weges Knollenmergel vor Augen und rechts Lias ε. Dann folgen in rascher Aufeinanderfolge links Lias γ und δ und rechts Opalinuston. — Denn wir wandern neben der Spalte hin. Wir bleiben dann bis Höhrein im Opalinuston, während die nahe »Ebene Heide« aus Eisensandstein gebildet ist, den die Spalte durchschneidet. Von Höhrein aus besuchen wir den 5. Hohenstaufen (Abb. 40) und kommen zuerst an den sogen. »Hohenstaufenbergsturz« (Abb. 41), eine gewaltige Weissjuraschüttung. In ihm liegen 2 Steinbrüche, ob denen am Bergabhang erst Abhänge obern Braunjuras folgen, die den Fuss des Hohenstaufen bilden, auf dem sich Weissjura α u. β mit Spuren von Gamma erhebt. Ein wichtiger Platz für Geologen. Vom Hohenstaufen wandern wir durch braunen Betaeisensandstein gegen Lenglingen über die Galgenäcker. Da wo wir im Opalinuston über die schärfste Biegung der Strassenschleife kommen, stossen wir wieder auf die Verwerfung, die wir östlich verfolgen und gegen 6. Rechberg-Hinterweiler zusteuern. So kommen wir wieder in den mittlern und obern Braunjura und stehen plötzlich vor Schloss Hinterrechberg im untern Weissen. (Abb. 39.) Aber Hohenrechberg (siehe Titelbild) selbst liegt im δ'. Ob nicht auch hier gestörte Lagerung herrscht? Man könnte es hier und da meinen. 7. Rechberg-Vorderweiler liegt wie Hinterweiler im obern Braunen. Bis zum Fusse des Stuifenberges führt uns nun die Strasse durch den ganzen Braunen, während der 8. Stuifen selbst aus Weiss α und β besteht. Ebenso der nahe Schönberg. Von Stuifen können wir nach 9. Waldstetten in den Opalinuston hinabwandern (Goldbächle!) und überschreiten mitten im Ort Waldstetten wieder die Verwerfungsspalte, durch die Braunalpha neben Lias α zu liegen kommt, so dass also Waldstetten auf Lias α und Braun α in einer Linie liegt. Der Weg von Waldstetten nach Gmünd verläuft normalerweise im Keuper: Knollenmergel und Stubensand.

(Fortsetzung zu Abbildung 40.)

Höhe wirbeln. Sein Gipfel besteht aus Weissalpha, Beta und etwas Gamma. Aber da wo er sich auf dem Bild gegen uns erbreitert und die Steinbrüche der Spielburg zu sehen sind, liegt Weissjura δ' und ε' in Riesenblöcken: der sog. »Bergsturz« des Hohenstaufen. Dieser Bergsturz zeigt verwittertes und festes, mit vielen Spalten durchzogenes Gestein, welches aber keinen gewöhnlichen Bergsturz darstellt, sondern wohl eine Vulkanröhre, in welche ein Teil des Urhohenstaufen, als er noch eine Tafel war und mit der Haupt-Albtafel zusammenhing, niedersank. Denn diese obersten Weissjuraschichten stecken in Braunbeta. Früher mag die Erhöhung noch ausgedehnter gewesen sein, denn seit Menschengedenken werden die Steinbrüche betrieben. So wie heute der Jusi ist, mag im Diluvium der Hohenstaufen ausgesehen haben, während die vulkanische Tätigkeit im Obermiocän stattfand. Das Gestein des Weiss-Epsilons, wo es Klüften zeigt, ist ganz durchzogen von Kalkspatausfüllungen, wie sie sonst in gesunkenen Felsenmassen des Weissjuras an den Tuffröhren des Jusis, Florians und Aichelberges auch zu finden sind.

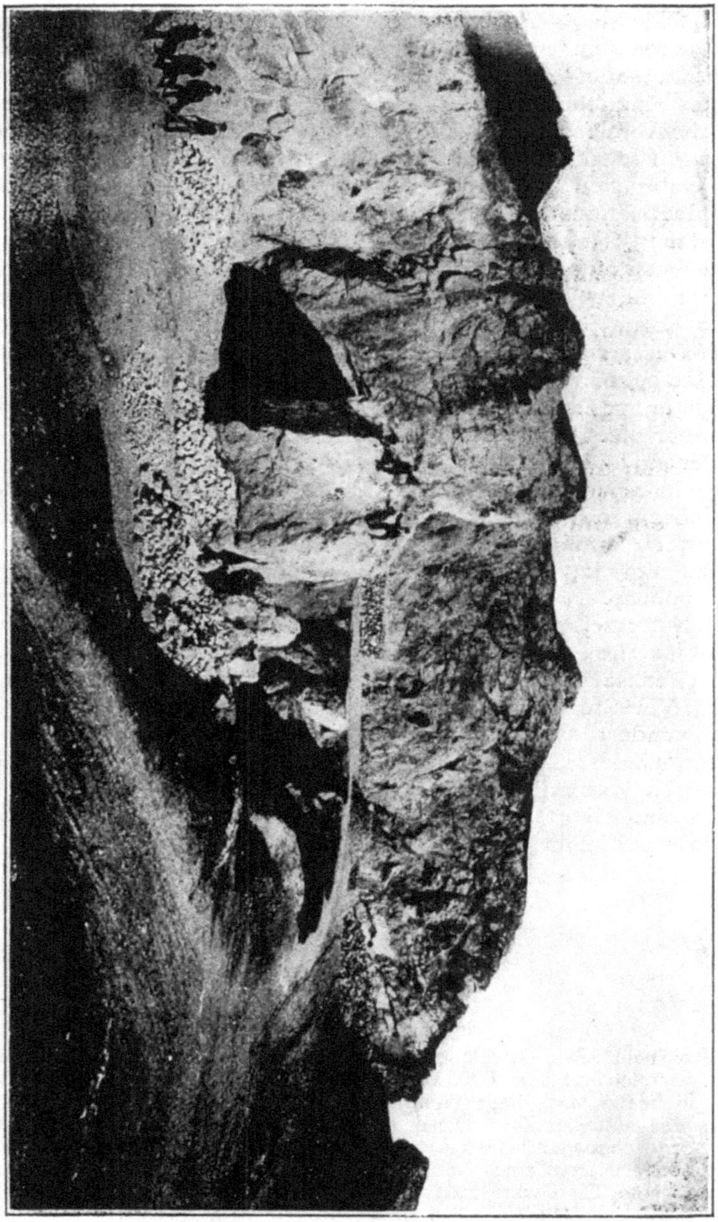

Abbildung 41. **Spielburg am Hohenstaufen,** zeigt diese Steinbrüche besser als das vorige Bild und zeigt uns auch, dass hier eine ganze Marmorkalkscholle in die Röhre, wie ein Pfropf in einen Flaschenhals, einsank, ohne dass die Scholle völlig zertrümmert wurde.

Der Steinbruch wird immer grösser und die romantische, sagenumwundene Spielburgkanzel wird so nach und nach verschwinden. Seitwärts wird die Röhrenfüllung durch untern Braunjura umschlossen. Der Steinbruch gleicht den Marmorsteinbrüchen der Albhochflächen.

Abbildung 42. **Schwäbisch Gmünd,** Totalansicht von Norden, vom Kaffeeberg aus. Im Hintergrunde Hohenrechberg und Staufen. Der breite Hügelrücken hinter der Stadt ist Keuper.

Tur XIV.

Aalbuchtur: Heubach mit Rosenstein nach Weissenstein.

Abbildung 43. **Rosenstein: Grosses Haus.** Weissjura-Delta-Höhle.

1. Heubach: Aufstieg zum herrlichen Rosenstein, durch obern Braunjura in untern und obern Weissjura zu δ Felsenkalken. Prachtvolle Grotten und riesige Aussicht. Im Buttenloch br. J. γ bis ξ in mehreren Aufschlüssen. 2. Beurener Tal mit Beuren: Im romantischen Tal eine Menge Braunjura-Aufschlüsse auf allen Seiten, zwischen Sandberg und Scheuelberg rechts und Hochberg und Netzelberg links. Vorn Rosenberg, hinten Himmelreich. (Alte Opferplätze!) Aufstieg auf den Albuch durch weisses Alpha und Beta. Ueberschreiten der uralten Bargaustrasse (in Felsen gehauen!) am vorhistorischen Verteidigungswall vor-

bei, auf weiss Delta. Da und dort kleine Steinbrüche für Plattendelta. 3. Kitzinger Feld und Kitzinger Höhe. Ehemaliges bedeutendes Firnfeld, mit aufgerissenem Untergrund und teilweisen Resten von früherem Epsilon. Seitwärts in der Tiefe Weiler in den Bergen mit seinen berühmten Doggerfundplätzen. 4. Bernhardus, grossartiger Aussichtspunkt mit vielen δ-Steinbrüchen, seltener Felsen- und Dolomitdelta. Die Platten zeigen Amm. trifurcatus, divius und Balderus, an Balderus erinnernd, der einst gerade hier verehrt wurde. Das normale Plattendelta findet hier, wie im ganzen Lande nirgends mehr, seine normalste Ausbildung in Massenplatten.

Abbildung 44. **Rosenstein bei Heubach.** Von Dr. Kellers Garten aus gesehen. Die Rosensteinfelsenkuppe besteht aus Felsendelta. Der Wald bedeckt Gamma, welches sich wie ein Pelzkragen um den Gipfel des Rosenberges schmiegt. Der Fuss des Berges liegt in unterem Weissjura.

5. Lützelalb: Jägerhaus mit ε Kiesellehm und darunter Firnfeld-Blocklehm. Durch Wald und Gebüsch dann alte Römersteige (sog. Schweinssteige, von Degenfeld kommend) überschreitend, welche hübsche Profile aufweist; Kreuz mit wunderschöner Aussicht. In der Nähe Söhnstetten sichtbar, mit seinen Korallenfeldern und Böhmenkirch mit seinen berühmten Deltaplattenbrüchen, Gussenstadt mit seinen vielen Petrefakten und dem Belemniten gleichen Namens. Nun auf Felspfad abwärts und vor uns liegt: 6. Weissenstein mit seinem weissen Schloss und den vielen grossartigen Felspartien aus Delta und Epsilon. (Abb. 45.)

Abbildung 45. **Schloss und Kirche von Weissenstein.**
Nicht wahr, ein Blick in ein Märchenland? Wer dessen Schönheit noch besser sehen möchte, gehe hin und schaue selbst in diese Märchenlandschaft hinein.

Tur XV.

Obere Kochertur: Aalen-Königsbrunn-Brenzquelle.

1. Aalen: Umgebung Opalinuston, da und dort mit Goldhöfenersand bedeckt. 2. Unterkochen: Die Abhänge zeigen den obern braunen und untern weissen Jura. Die Goldhöfener Sande treten zurück und hören auf. Aber auf den höchsten Gipfeln des Härdtfeldes zeigen sich andere problematische Sande, die Riessande, mit den Kieseltonen und Knollenlehmen auftretend. Im Seitentale des weissen Kochers: Kochers Ursprung und bedeutende Ablagerungen diluvialen und alluvialen Süsswasserkalkes; bei Glashütte gute Gamma-Aufschlüsse. Zwischen Ober- und Unterkochen treten bloss noch Weissjura-Aufschlüsse zutage, da der braune fehlt. An den α- und β-Gehängen oft grosse Schuttmassen aus den höher gelagerten δ- und ε-Formationen. Auf dem Talboden des schwarzen Kochers Gletschergeröll. 3. Bei Oberkochen: Tierstein und Heide mit Aufschlüssen des mittlern Weissen. Die Hochterrassen der Kocherge-

Abbildung 49. **Aalen,** Westseite.

Aalen liegt in ziemlich breitem Talbecken 430 m über d. M. Die eigenartige Lage seiner Umgebung bedingen seine schöne Lage. Unser Bild zeigt links den Aussichtspunkt »Langert« (darunter Realanstalt und Gewerbebank). Der Langert besitzt einen Aussichtsturm beim sogenannten Aalbäumle. Der Brauneberg mit seiner Schutzhütte beim Braunenbäumle zeigt wundervolle Aussicht über das sogenannte Welland hinweg bis zum Rechberg, Hohenstaufen und in die Ellwanger Berge. Der Volkmarsberg bei Oberkochen trägt einen Aussichtsturm. Eines besondern Besuches wert sind die Goldshöfenersande: fluvioglaciale Mischungen aus Braunjurasand, Tertiärsand und Kieselgeröllen des obersten Weissjuras.

hänge sind Reste des alten Talbodens, die sich gegen Heidenheim, nicht gegen Aalen senken, also Fortsetzung des früheren Brenztales sind. Oberhalb der Kreuzmühle hohe Felsen. Einmündung des Wolferttales ins Kochertal. Aufstieg auf den Aussichtspunkt Volkmarsberg durch alle Weissjura-Formationsglieder. Bei der »Schlackenwäsche« Ursprung des schwarzen Kochers. Nun Wasserscheide. Hier Rückblick auf den

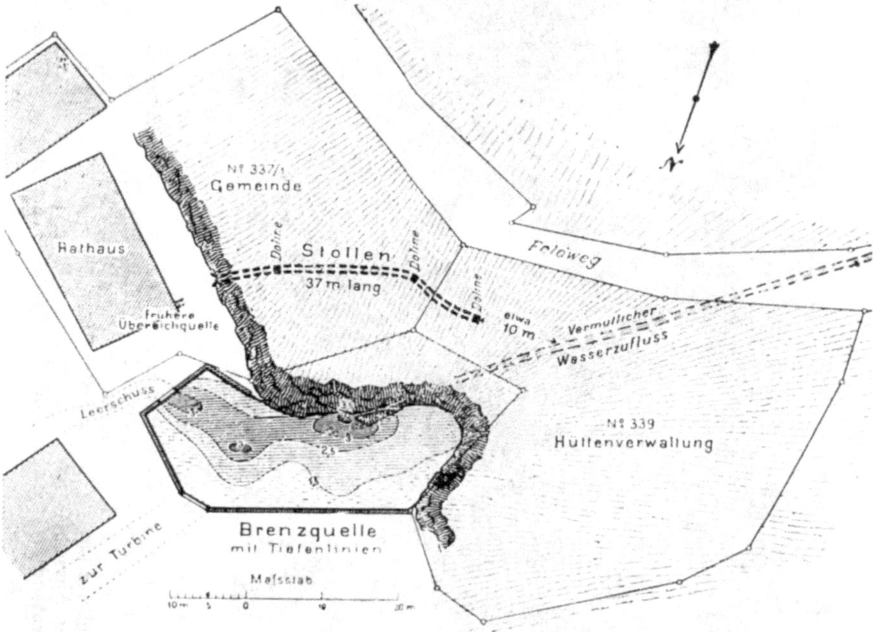

Abbildung 47. **Brenzquelle mit Tiefenlinien und mit dem 1904 eingetriebenen neuen Stollen zur Erforschung des Wasser-Höhlenverlaufes u. s. w.**
Massstab 1 zu 1000.

In den Jahren 1904/05 wurde in den Felsen der Brenzquelle ein ca. 80 m langer Stollen eingetrieben, den mutmasslichen Höhlenwasserverlauf und den Stausee der Brenz festzustellen, auch zu untersuchen, ob das hinter den Felsen liegende Terrain wirklich Stauseen enthalte und so das seltsame Steigen und Fallen der Quellwasserstände erklären könnte. Ausgeführt wurden diese Grabungen durch den württembergischen Höhlenverein, den der Staat unterstützte, unter Leitung der Herren Prof. E. Frass und Baurat Gugenhan. Die Albvereinsblätter 1906 No. 2 teilten die Ergebnisse mit. Der ca. 80 m lange Stollen wurde von Ost nach West getrieben, wobei man auf Lockerungen und Hohlräume stiess, welch letztere mit eisenschüssigem Bohnerzlehm und Gesteinsschutt ausgefüllt waren. Diese Hohlräume wurden zu Nachgrabungen benützt, welche ca. 20 m hohe Hohlräume einer jetzt ausgefüllten Höhle ergaben. Die Spaltenklüfte tektonischen Karakters verliefen in der Richtung von O NO nach W SW und entsprachen auch den schon beobachteten andern Klüften des Brenztopffelsens. Nach der Gesteinslagerung zu schliessen, stand die Durchklüftung des Gesteins mit einer Gesteinsverschiebung im Zusammenhang, die zu einer Lockerung des früher festen Felsens führte. (Also wurde eine in der Obermiocänzeit entstandene Felsenspalte die Ursache der Brenzquellen-Höhlenbildung. Diese Spaltenbildung hing mit der Albtafelzerreissung bei der Alpenerhöhung zusammen, wobei unsere meisten Täler in jener Zeit gebildet wurden.) Die entstandene Kluft wurde von Sickerwassern vergrössert und zu grösseren Hohlräumen und unterirdischen Flussläufen erweitert. Die Strichrichtung der Kluft weist auf den Brenzquellenursprung hin. Weitere Schuttmassensondierung ergab die Tatsache, dass in $2^1/_2$ m Tiefe ein tiefliegender Wasserlauf vorhanden sei, der den untern Teil der Höhle ausfülle.

Im September 1905 erfolgte der Wasserabschlag der Brenzquelle. Entleerung und Füllung führten dann zu wichtigen Messungsresultaten.

heutigen Kocher, aufs f r ü h e r e o b e r e Brenztal, Ausblick aufs h e u t i g e Brenztal. Erst später Einmünden des heutigen und seitlichen Oberbrenztales. 5. Königsbrunn: Hüttenwerk und Brenz-Ursprung der heutigen Brenz unter hoher, malerischer Felsenwand mit Höhlenbildung, die sich weit gegen Süden zieht, wo heute das Trockental liegt, und die Dolinen. (Siehe Abbildungen zum Brenzkessel und Beschreibung dazu.) 6. Abstecher von hier nach dem tertiären Einbruchsfeld »Steinheimer Becken«, mit seinen vielen Schnecken- und Säugetierfunden, Sprudelkalken u. s. w. oder nach Mergelstetten mit seinen Zementmergeln, Schnaitheim (Sauriersteinbrüche), Nattheim (Korallen), Heidenheim mit Schloss Hellenstein. Beim nahen Itzelberg ein Brenzsee.

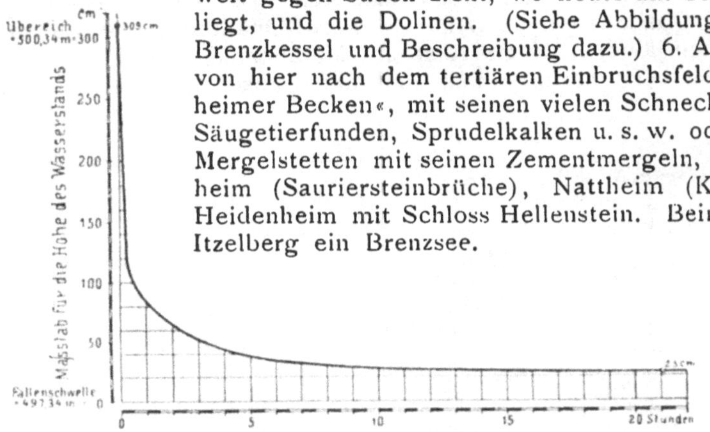

Abbildung 48. **Bildliche Darstellung des Sinkens vom Wasserspiegel des Brenztopfes bei seiner Entleerung 1905.** V. Gugenhan.

Die Entleerung erfolgte am 3. und 4. September durch Ziehen der 2 m weiten und 3,55 m hohen Grundablassfalle. Bei den grossen Abmessungsverhältnissen dieser Falle hätte sich der sichtbare Topf in wenigen Minuten entleeren sollen, aber der Wasserstand fiel nur sehr langsam, 21 Stunden stetig abnehmend, bis er am 3. Sept. vorm. 8 Uhr 23 Min. bis 4. Sept. vorm. 6 Uhr 30 Min. von 309 cm Pegelhöhe auf 23 cm Pegelhöhe gefallen war, wie unsere Zeichnung zeigt, und dann diesen Stand 6 Tage lang behielt. Am 2. September, am Tage v o r dem Ablass flossen in einer Sekunde 510 Liter ab, somit flossen in 21 Stunden rund 38 700 cbm z u, so dass wir den Inhalt des Stauraumes zu 48 000 cbm berechnen können, von denen aber nur ca. 11 000 auf den sichtbaren und alle andern auf den Stausee entfallen.

Bei der Neufüllung vom 10.—11. September wurden die andern Quellen des Brenztales genau beobachtet, die 3 grössern Quellen bei Heidenheim, diejenige bei Aufhausen, die Pfefferquelle in Königsbronn und die Quelltöpfe des schwarzen Kochers und des Oelweihers bei Oberkochen. Wasserstandsschwankungen wurden an ihnen nicht gefunden, sie hängen also nicht mit den Spalten der Brenzquelle zusammen. Der Zufluss betrug vor dem Aufstau 540 Sekundenliter.

Tur XVI.

Wasseralfingen-Aalen nach Goldshöfe, Lauchheim, Neresheim, Bopfingen.

1. Aalen. Das Hirschbachtal empor durch Opalinuston nach: 2. Röthardt. Von dort hinunter in die Hirschklinge zum Eisenstein-Bergwerk im braunen Beta. Auf den dortigen Schutthalden (siehe die Abbildungen unter Braun β im 2. Teil) Petrefakten und Mineralien. Am Braunenberg der Wilhelmsstollen. Auch an ihm Schutthalden und darob unterer Weissjura. 3. Wasseralfingen liegt auf oberem Lias. Dann folgt Opalinuston und der Eisensandstein. Der Kapellenberg trägt eine Goldhöfersandkuppe. 4. Hofen: Die Heimatsmühle zeigt Lias γ und δ, während

Hofen selbst auf ε und ξ liegt und viele Aufschlüsse aufweist. 5. Oberalfingen liegt auf braunem Alpha, ist aber von Beta ganz umgeben. Ruine Hohenalfingen: Braun γ und ξ. 6. Goldhöfe: Um diesem Ort, vom Weiher aus, grösste Ausdehnung der sog. Goldhöfer Sande, welche hier alle Braunjura-Abteilungen bedecken. Die kleine Ortschaft selbst liegt auf Opalinuston. 7. Baiershofen auf Opalinuston, an einem Eisensandsteinausläufer, den teilweise ein Moränenhügel deckt, welcher sich vom Kieselberg herunterzieht und den ganzen Braunen und unteren

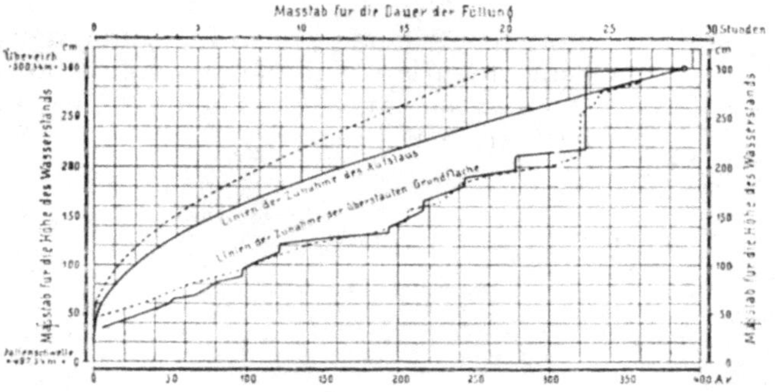

Abbildung 49. **Bildliche Darstellung der Aufstauzunahme und der überstauten Grundfläche des Brenztopfes,**

nach den Aufnahmen in den Jahren 1902 und 1905 von Gugenhan.

Die Aufstauung des Topfes in eine Höhe von 2 Meter erfolgte 1902 in 8
" " " " " " " " 2 " " 1905 " 12
Stunden, welches einer Menge von 32 000 cbm entspricht.

Die Aufstauung des Topfes in eine Höhe von 3 m: 1902: 19 Stunden 22 Min.
1905: 28 " 37 "
welches einer Menge von 55 000 cbm. entspricht.

Falls dieser unsichtbare Stausee in spätern Zeiten der Speisung der Scheitelhaltung des Neckar-Donaukanales dienstbar gemacht werden sollte, könnte damit die geplante Itzelberger Schleuse von 67 m Länge, 8,6 m Breite und 3 m Stauhöhe etwa 30 mal gefüllt werden, d. h. 15 hin- und herfahrenden Schiffen das erforderliche Schleussungswasser spenden.

Wenn sodann Wassermenge und Wassersteigen aus dem Bisherigen berechnet wird, so ergibt sich in beiden Fällen die Grösse der überstauten Fläche bei 2 m Stauhöhe zu etwa 280 Ar, bei 3 m Stauhöhe zu 336 Ar. Die Linie, welche die Zunahme der Fläche darstellt, steigt ungleichmässig, was beweist, dass auch Längen- und Querprofil ungleichmässig sind, also die Ufer des seeerfüllten Hohlraumes ebenfalls nicht gleichmässig ansteigen.

Die Ausmündungsstelle der Höhle ist, wie der Austritt von Wasser in andern Quelltöpfen, mit Schuttmassen völlig verstopft.

Weissen bedeckt. Auch 8. Westhausen liegt auf Braunalpha. Das Reichenbachtal bietet schöne Aufschlüsse im Eisensandstein, in den blauen Kalken, in dem Ostreenoolith und im Ornatenton, während ξ bedeckt ist. In 2 Schluchten ist auch der untere Weisse geöffnet. Nördlich Westhausens ist der Opalinuston mächtig ausgebreitet, und gegen Westerhofen, welches am Fusse der Eisensandsteingehänge liegt, letzterer besonders grossartig. 10. Lauchheim: Nördlich Ebenen des Braunalpha, südlich der ganze Braune und Weisse mit schönen Aufschlüssen. Die Goldshöfersande verschwanden. Von hier aus Verlassen des Steilabfalls.

Eindringen in die Alb, aufs Härdtfeld. Südlich Lauchheims liegt die 10. Kapfenburg auf Weissjura γ und δ mit grossartiger Aussicht. Von hier über Deltaebene nach 11. Hülen, welches teilweise auf ε liegt. Dann durch ε, Kiesellehm und Zettaplattenfelder nach 12. Waldhausen. Die Kiesellehme bedecken den Blocklehm eines riesigen Firnfeldes, in dessen Untergrund (z. B. bei Brastelburg) neben kleinen Blöcken und handgrossen Gesteinen wahre Riesenblöcke von Epsilonzuckerkorn in allen Lagen, stehend und liegend, angetroffen werden. Die Umhüllung dieser Findlinge besteht aus Eisenbohnerzlehm und gewöhnlichem Lehm. Der Zuckerkornstein wurde schon in Aalen verarbeitet und fand auch in der Waldhauser Kirche Verwendung. Durch die Einlagerung nahm er gelbe und braune Färbung an, wie die anstehenden oder umgelagerten Plattenkalke Waldhausens, welche ebenfalls braun und gelb sind und zu Terrazzo Verwendung fanden. Auch bei 13. Ebnat, Gross- und Kleinkuchen existieren diese Firnfelder, wie ich durch Grabungen vor 10 Jahren feststellte. Ob diese Lehmlager mit Steinblöcken auf Ueberschiebung zurückzuführen sind, ist möglich und teilweise auch nachweisbar, aber an andern Stellen kann auch das Gegenteil nachgewiesen werden. 14. Grosskuchen liegt im Epsilonmarmor, der mit Zettaplatten bedeckt ist. Auf dem nahen Badhaule und Kittwang tiefe Bohnerzlager und Bohnerzgruben. Aber die Rieseinbruchsfläche warf bis hierher ihre Kreise, und sind diese schon in Grosskuchen wahrnehmbar durch die typische Weissjurabreccie. Von 15. Kleinkuchen nach Neresheim: W. J. ξ-Ebene. 16. Neresheim liegt im hübschen Egautale, zeigt auf dem Sulzberg Diluviallehm und darunter Zeta. Das Egautal windet sich durch Weissjurazeta und Epsilon, welche oft in Breccien umgewandelt sind, verkittetem Schuttkies gleichend. Die Abhänge des Schlosses Neresheim bestehen aus Zetaplattenkalk, aber schon hinter dem Schloss wurde die Juratafel völlig zersplittert, zerknittert und in kleinkörnigen Schutt umgewandelt. Im Dossingertal öfters ξ-Aufschlüsse. 17. Dossingen bis 18. Dorfmerklingen schöne ξ-Schlucht mit normalem und Breccien-Epsilon. Von Dorfmerklingen bis Bremerberg zieht sich die Schlucht in ε hin, welches mit ξ bedeckt ist. 19. Oberiffingen liegt in einer Bruchzone, denn die ganze Umgebung zeigt Spalten und Risse mit verändertem Gestein. Die Spaltenausfüllungen bestehen aus Jurabreccie, Tertiärbohnerzton, Granitbarren u. s w. im Nordwesten und bei Unteriffingen am Wallerstein bemerkt man gehobenen oder überschobenen Braunjura und Beta-Eisensandstein mitten zwischen zertrümmertem Epsilon. Westlich 20. Michelfelds liegen wieder Diluviallehme, hinter ihnen tiefe Bohnerzgruben und ein weites Kieselknollenfeld. Alle dortigen Bühle zeigen Firnuntergrund mit tiefen Lehmlagern, in welchen regellos gelagerte Gesteine liegen. Im Eisenhaldental ε, δ und γ Aufschlüsse bis zum Egertal hinunter. 21. Aufhausen liegt zwischen mittlerem und unterem Weissen. Zwischen Aufhausen und Lauchheim findet sich über dem Tunnel die sog. Lauchheimer Breccie. Auf dem Fachenbühl bei Aufhausen: Granitgänge mit heraufgerissenem Eisensandstein. 22. Oberdorf am Ipf: Braunjura an den Gehängen. 23. Das Ipf-Ersteigen bietet Aufschlüsse des ganzen Braunen und Weissen. Auf dem Deltagipfel Ringwall mit Steinbrüchen. 24. Bopfingen: Das Egertal zeigt Diluvialflussgerölle des Weissen und Braunen, die von den Schichten der Abhänge stammen. Ganz zertrümmert ist die Juratafel, und die weiten

Spalten sind häufig mit Weissjura und Breccien ausgefüllt. Die Ueberschiebung des Untergrundes zeigt oft braun Beta neben Weiss Epsilon liegend, z. B. am Sandberg.

Abbildung 50. **Ipf- und Karkstein.** Die in die Tiefe gesunkenen Juraköpfe.

Die Störungen im Riesgebiet sind ungeheure und nach Herrn Ernst Werner, Albvereinsblätter 1904/164 haben wir die Katastrophe uns so vorzustellen:

»Erster Zustand des Riesgebietes **vor** der Katastrophe: Die Juratafel des heutigen Riesgebietes war durch Erosionstäler zerschnitten, sonst aber nicht gestört.

Zweiter Zustand des Riesgebietes während der Katastrophe: Magma wirkt aus der Tiefe des Rieskesselzentrums nach der Peripherie durch Horizontalschub, alles vor sich her zermalmend. Granitische Massen werden in die Höhe gepresst, mit ihnen das aufgerichtete Juragebirgsstück des Kessels, und es erfolgen grossartige vulkanische Explosionen.

Dritter Zustand des Riesgebietes nach der Katastrophe: Es entstand ein Chaos zerrissener, aufgehobener, vermengter Schollen, welche die angrenzende ungestörte Alb weit überragten und zwar in einer Grösse, dass ein Teil des entstandenen Berges abstürzte und die Juratafel mit einem hohen Walle bedeckte.

Vierter Zustand des Riesgebietes: Das Magma des Untergrundes erkaltet langsam und zieht sich zusammen. Dadurch sinkt der aufgerichtete Berg wieder in sich zusammen, und bildet die durchbrochene Stelle langsam einen Kessel. Während des Erkaltens entstehen neue Abkühlungen mit Explosionen, durch welche die Massen noch weiter zertrümmert werden. Nicht bloss die gehobenen Jurablöcke sinken mit dem Granit wieder in die Tiefe, sondern auch ein Teil des mit Schutt bedeckten Randgebietes der Alb stürzt bei den Erschütterungen in den Kessel hinunter, so dass wir jetzt neben gehobenem Granit Braun- und Weissjura abgelagert finden. In dem Einsturzkessel bildet sich ein Süsswassersee, in dem heisse Quellen brodeln und sich Strudelfelsen bilden.

Fünfter Zustand in der Gegenwart: Ein 250 m tiefer, in die Juratafel eingebrochener Kessel, der gegen Norden geöffnet ist, liegt vor uns, welcher bei 25 km Durchmesser eine zentrale Niederung zeigt, die von einer Ringzone jurasischer und granitischer Berge, ferner einem Ringtal und jenseits des Ringtales von dem steilabfallenden oder eingesunkenen Albjuragebirge umgeben ist. Auf dessen südlicher Hochfläche liegt noch in Halbmondform der Rest der letzten Störungswelle des Riesgebietes.

Dass ein vulkanisches, eisenhaltiges Magma unterhalb des Rieskessels erkaltete, beweist die magnetische Einwirkung dieses erkalteten Magmas auf die Oberfläche des Rieskessels. Dieses beweisen die magnetischen Isoklinen des Riesgebietes, die sich noch selbst auf das kleinere Steinheimer Becken ausdehnen.«

Die mikroskopische Untersuchung des Riestuffes ergibt aber sicher, dass das Ries gerade so entstand, wie die Melilithbasalt-Tuffröhren der Alb. Wie in den Tuffröhren der Alb zuunterst Basalt und darob Tuff liegt, welcher aus einem Gemenge der durchbrochenen, gehobenen und zerstörten Formationen besteht, welches durch Melilithmagmateile verkittet ist; ebenso bildet der Rieskessel in der Tiefe einen Riesenklumpen Melilithbasalt mit vielem Magnetit, auf dem die Tuffausfüllung der Riesenröhre ruht. Wie ferner in den Maaren der Alb sich im Obermiocän Süsswasserseen bildeten, in einigen auch durch heisse Quellen Sprudelkalke, so fanden wir im Rieskessel im Grossen die gleichen Vorgänge wieder. Wie in den Albtuffröhren das Magma kochend auf- und niederstieg, ebenso stieg und sank im Ries-Einbruchsfeld das Magma in Vermengung mit dem Tuff auf und nieder. Zeit und Ursachen waren also dieselben; nur verschwanden mit der Zeit die Tuffwälle auf der Alb, da sie gegenüber dem Riestuffwall zu klein waren.

Tur XVII.

Riestur: Bopfingen-Nördlingen-Neresheim.

1. Bopfingen-Flochberg: Gestörte Juraschichten des Albrandes in braunem und weissem Jura (Abb. 50), keine normale Lagerung mehr. 2. Trochtelfingen auf Opalinuston lagernde Kalktuffe neben dem Bahnhof, die noch der Altdiluvialzeit angehören. Am Rauberg im Süden hübsche Aufschlüsse im Braunen und Weissen. Sowohl gegen Utzmemmingen als gegen Pflaumloch grosse tektonische Störungen durch den Rieskesseleinbruch. Hier liegen Keuper, Lias, Braunjura und Weissjura neben einander in Riesenschollen mit Spaltenfüllungen aus Weissjurabreccie, Granit und Tuff. 3. Pflaumloch und 4. Nähermemmingen zeigt Tertiärsüsswasserkalke, Disotile, Granitgänge, Basalttuffe und Diluviallehme. 5. Utzmemmingen mit ungeheurer Schichtenstörung: Basalttuffe, Keuper, Juraschichtenverwerfungen. Alles durcheinandergewürfelt. 6. Nördlingen liegt teilweise auf tertiärem Süsswasserkalk. Bühl bei Kleinerdlingen zeigt Granitgruse und 7. Hohlheim Basalttuffe, Weissjurabreccien und Tertiärsüsswasserkalke. 8. Egerheim ebenso und Teile gehobenen Urgebirgs, eines Granits und Gneises, wie ihn die Alb als Untergrund besitzt, der auch in den Albvulkanröhren bei Metzingen sich findet. Zwischen Hohlheim und 9. Ohmenheim: Zuerst stete Schichtenstörung durch Ueberschiebung und Abdrängung; mehr auf die Alb hinauf aber Wechsel von Weissjura ε mit ξ. Neresheim. (Siehe vorherige Tur und nächste Tur.)

Tur XVIII.

An der Egau von Neresheim nach Dillingen a. d. Donau.

1. Neresheim. An der Gallusmühle: Abhänge aus Zetaplatten und im erbreiterten Talgrund Moränengeröll im Blocklehm aus Tertiär, Jura und Basalttuff. (Diese Blocklehme dürften kaum fluviale Niederschläge des Rieswalles sein, also gewöhnlicher Niederterrassenschotter, wenn auch eine Riesvergletscherung heute meistens geleugnet wird, denn diese Lehme enthalten die Gesteine fest eingepresst.) Beim Bergholz tritt Talenge auf durch das Auftreten von Weissepsilon. Einzelne

Felsen sind kompakt, andere vergrust. Auch Riessande treten da und dort auf und deuten auf vulkanische Entstehung durch ihre eingeschlossenen Schwermetalle hin. 2. Iggenhausen mit Weissjura-Aufschlüssen, Epsilon und Zeta. 3. Ruine Katzenstein, malerisch auf oberem

Abbildung 51. **Neresheim und Schloss vom Süden.**

Unser Bild zeigt im Vordergrund das Egautal mit Stadt Neresheim. Die sichtbaren Abhänge bestehen aus Weissjura Zeta, welches nur selten in ungestörter Lagerung zu beobachten ist. Oft sind die Zetaplatten vom Riesschub zertrümmert und gleichen einer griesigen Kiesgrube. Das schöne Schloss im Hintergrund ist besuchenswert, schon wegen seiner herrlichen Kirche mit den Marmoraltären und den Sammlungen. Hinter dem Schloss beginnen gleich völlig zertrümmerte Schichtenkomplexe von Weissjura-Epsilon und Zeta.

Weissjura gelegen. 4. Dischingen mit schönem Stammschloss der Fürsten v. Taxis: Weiss Epsilon-Felsen von Bohrmuscheln verbohrt, Spalten der Felsen mit Molasse ausgefüllt. Viele Aufschlüsse von Molasse und oberem Miocänkalk. Im Egautal zwischen Dischingen und 5. Ballmertshofen: ehemaliger Egau-See, heutiges Moor. Am Höllberg besonders

Abbildung 52. **Niederstotzingen an der Weissjura-Abdachung gegen das Donautal.**

Niederstotzingen liegt auf derjenigen Juratafellinie der Alb, die die Grenze der Alb gegen Oberschwaben darstellt, weil die überall gegen die Alpen einsinkende Albtafel schon so stark geneigt ist, dass sie an der nahen Donau unter dem Ried Oberschwabens verschwindet. Schon die auf dem Bilde sichtbaren Anhöhen tragen da und dort Rugulosakalke der untermiocänen Süsswassermolasse, sowie mittelmiocäne Meeresmolasse; rechts der Donau aber ist der Jura mit Molasse und Gletschergeröll der Alpen so bedeckt, dass derselbe nicht mehr das Tageslicht zu erblicken imstande ist. Niederstotzingen besitzt ein hübsches Schloss, auf unserem Bilde links teilweise sichtbar, der Sitz der Gräflich Maldeghemschen Gutsherrschaft. Die Gutsherrschaft bewilligt in uneigennütziger Weise den Zutritt zu ihrem herrlichen alten Park. Niederstotzingen eignet sich zum Ausgangspunkt schöner Ausflüge ins Gebiet der Lone, zur Charlottenhöhe u. s. w.

schöne Tertiär-Aufschlüsse. 6. Dattenhausen: Im dortigen Moor diluviale Renntierfunde. Unterlage des Moores: Blocklehm mit Gerölle des Weissjura, des Tertiär und der Basaltuffe. 7. Ziertheim. Immer mehr umsichgreifende Versumpfung des eingesunkenen Alblandes, Jura-Aufschlüsse werden seltener, Tertiäre häufiger, aber Diluvium am häufigsten. Daher gegen Burghagel (obere Süsswassermolasse!) grosses Ried mit Torfstich, aus der älteren Eiszeit stammend. 8. Wittislingen. 9. Schabringen. 10. Donaualtheim. Ueberall Moorland und Riede mit Tertiärunterlagen und Jura. 11. Dillingen. Donau schneidet die obere Süsswassermolasse und die Meeresmolasse an, bildet grosse Riede. Der oberste Weissjura zeigt immer seltenere Aufschlüsse. Südlich von Dillingen breitet sich das grosse Donau-Glöss-Ried auf einer Altmoräne der älteren Eiszeit aus.

Tur XIX.

Dillingen-Sontheim a. d. Br. **Langenau-Ulm.**

1. Dillingen. Schloss am Donauried mit Park. Durch den Riedwald an vielen Tertiär-Aufschlüssen vorbei nach: 2. Lauingen, Faimingen (Einmündung der Brenz in die Donau), Eschenbrunn, Weg im Donauried, oft im herrlichen, parkartigen Wald, da und dort Aufschlüsse der obern Süss- und Meerwassermolasse an den Abhängen. Jura nirgends sichtbar, aber oft Diluviallehm und Reste der ältesten Mindelmoräne. 3. Gundelfingen: Brenzmoor und da und dort Tertiäraufschlüsse. Gegen

Norden Epsilonsteinbrüche mit Spalten, in denen Bohnerztone und obermiocäne Helixarten liegen. 4. Sontheim a. Br., an der Abbruchplatte des Juragebirges liegend, am Grosshau Epsilonsteinbrüche mit vielen Seeigel- und Encrinitenfunden, bedeckt mit mioränem Süsswasserkalk, in welchem eine Menge Helixkerne stecken. 5. Niederstotzingen (Abb. 52). Epsilonsteinbrüche mit Bohrmuscheln durchwühlt und darauf Meeresmolasse mit Austern. Schönes Schloss. 6. Rammingen. Felsenkalke mit Crinoiden; Molassesande und grosse Lehmlager. 7. Langenau. Ursprung der Au. Oberer Süsswasserkalk und Meeresmolasse an der Römerstrasse. Im Norden unter leichter Tertiärdecke überall plumpe Felsenkalke des Weissjura-Epsilon mit Petrefakten. 8. Elchingen. Auf Oberweissjura liegen kreideähnliche Rugulosa-Süsswasserkalke mit Unmassen von Helixkernen. Diese Untermiocänschnecken treten aber besonders häufig in den Kreidegruben um 9. Talfingen herum auf (Schloss!) und zeigen sich überall an allen Abhängen bis zu den Vorwerken der Stadt Ulm. Am Michelsberger Fort sind grosse Gruben aufgeschlossen, in denen aber heute nicht mehr gearbeitet wird, aber auch nichts mehr zu holen ist.

Tur XX.

Brenztaltur: Sontheim-Heidenheim-Königsbronn.

1. Sontheim. Der Verlauf der Brenz kennzeichnet die grosse Brenztalspalte, an welcher die nordöstliche Spalten-Platte (des Riess und der Eggau) absank und im Süden die Donauoberschwabenplatte. Die Loneplatte nahm schon sehr stark an der Neigung teil, aber weit weniger als die andern Hauptplatten. Jede dieser Platten wurde noch besonders zersplittert, und sind die Spalten da und dort durch Verwerfungslinien sichtbar. Aber die Hauptbewegungen machten doch bloss diese 3 Platten mit, im Zusammenhang mit dem Einbruch des Steinheimer- und des Riesbeckens. 2. Brenz liegt auf weissem Jura-Epsilon, welcher mit Süss- und Meerwassergebilden bedeckt ist. 3. Bergenweiler liegt genau über der Brenztalspalte. 4. Von Brenz bis Hermaringen grosses, breites Ried, ausgeebnet durch den breiten Brenztalgletscher. Vor 5. Hermaringen: Zufluss der Hürbe mit der Lone im alten Brenztal, welches vor der Diluvialzeit noch Brenztal war. Bei Hermaringen Durchbruch der heutigen Brenz durch die Epsilonmassenkalke. (Von Hermaringen aus ist das alte, frühere Brenztal zu besuchen. Es führt nach Burgberg an der Hürbe aufwärts. Sehenswert ist das Burgberger Moor und die Charlottenhöhle bei Hürben. Von Hürben Uebersteigen des Eselsburgrückens bei der Steinernenjungfrauhöhle.) (Abb. 53.) Oestlich von Hermaringen: Sachsenhausen mit Epsilon-Aufschlüssen und reichen Petrefaktenfunden. Bei 6. Giengen a. d. Brenz: grosses Ried. Am Butersberg W. J. ε- und ξ-Aufschlüsse. In der vorhistorischen Irpfelhöhle Bohnerztone. Rechberg-Koralleninsel. 7. Herbrechtingen. Grosse Brenzschleife durchs Eselsburgertal in den Epsilonoolithen. Buigen und Falkenstein am Albuch auf ε Felsen. 8. Ehemaliges Kloster Anhausen a. Br. Aufschlüsse des obersten Weissen mit Amm. und Bel. 9. Bohlheim. Auf dem Lindich rechts von der Ugenhofstrasse Apiocrinus-Fundplätze (Lindichkürgele des Volkes) in W. J. ε' u. ξ'. Am Fusse des Lindich, unterhalb des Festplatzes: Kalksteinbruch und Zementmergelgrube, in deren Abraum Cidariten,

Abbildung 53. **Die Epsilonfelsenpartie der Steinernen Jungfrauen im Eselsburger Tal.**

Das Eselsburger Tal ist die merkwürdige Talschleife, welche die Brenz infolge der Spaltentektonik der Alb machen muss, um von Mergelstetten nach Herbrechtingen zu kommen. Wir sehen auf dem Bilde die Brenztaloolithe wie ausgewitterte Säulen zum Himmel schauen oder als ruppige Felsenriffe das Tal umsäumen.

Abbildung 54. **Heidenheim mit Schloss Hellenstein,** von der Schmittenberghöhe.
(Beschreibung hiezu siehe nächste Seite unten.)

Terebrateln, Rynchonellen u. s. w. liegen. 16. Mergelstetten. In den Zementmergelgruben wilde Portländer mit Korallen und Rynchonellen, Zähnen. Am Leerhau See-Igel. 11. Heidenheim. (Abb. 54.) Am Schlossberg des Schlosses Hellenstein ε' Felsen, am Fussweg Schwämme. An der Ziegelhütte Apiocrinitenkronen. Im Kampfertal ε und ξ mit Korallen. Die schönsten Korallen liegen aber bei Nattheim im Bohnerzton. 12. Schnaitheim. Am Bahnhof und im Engtal Steinbrüche mit ε- und ξ-Petrefakten, besonders schöne Zähne. 13. Aufhausen a. d. Brenz. Am Rudolsberg, ε-Aufschlüsse, Bohnerze und am Tunnel Schutthalden. 14. Itzelberg: See, einstiges Gletscherstützbecken, an den Abhängen, besonders beim Hammerwerk ε-Aufschlüsse. 15. Königsbronn. Eisenwerk, Brenzursprung, altes Brenztal. Ochsenberg Ziegelhütte ε und darauf Diluviallehme und Riessande. (Siehe auch vorn, Tur XV mit Abb. 47—49.)

Tur XXI.

Aalbuchtur: Königsbronn-Steinheimer Becken-Stubental-Eybach-Geislingen-Ulm.

(Auf der ganzen Tur nur weisser Jura und Diluvium.)

1. Von Königsbronn zuerst ins grosse Brenztal, dann links hinauf auf die ε- und ξ'-Ebenen nach 2. Zang: ε- und Bohnerzgruben, angeblasene Tertiärsande an einzelnen Stellen und Dolomitsande. Ueber den Galgenberg nach 3. Steinheim am Albuch. Sandgrube an der Strasse nach Heidenheim beim Klosterhof und östlich dann Farionsche Sandgrube beim Klosterberg (Strudelkalk heisser Quellen) umgeben mit spätmiocänen Sanden und Kalken mit kleinschaligen Schnecken. Auf dem »Steinhirn« Ausblick über den Steinbruch daneben und über das ganze Becken. (Von Steinheim aus Abstecher ins romantische Wendtal, Trockental, durch Höhleneinsturz gebildet. Zuerst Hirschtal, dann Hirschfelsen. Grannental, Steinhüttle, Mühle (ehemaliges Mahlwerk im heutigen Trockental), Rondell, Felsenmeer, grossartige Felsendolomite, Zuckerkornnadeln und Höhlenbildungen.) (Abb. 55.) Gleich neben Steinheim liegt Sontheim im Stubental, mit Ruine des Burgstalles und beim Wirtshaus im Stubental Wanderung gegen West. Baldige Talgabelung, in Zwergstubental, welches nach 5. Gussenstadt über Epsilonhügelland, oder Hauptstubental, welches nach 6. Söhnstetten und 7. Böhmenkirch führt, wo wir die besten Plätze für Plattendelta finden. Von Böhmenkirch können wir nach Weissenstein (Steige mit schönen Profilaufschlüssen

---

Beschreibung zu Abbildung 55.

Ebingen, Tuttlingen und Heidenheim sind die 3 grösseren Albstädte, die so recht mitten in die Alb hineingebettet liegen. Heidenheim (500 m) zeigt im Hintergrund die massigen Felsenriffe des obersten Weissjuras mit der alten Schlossfeste Hellenstein. Die Riffe erheben sich 108—150 m über die Brenztalsohle. Heidenheim liegt an der Kreuzung des Brenztales mit dem Stubental, bildet so einen wichtigen Punkt zwischen Brenz- u. Remstal, Kocher- u. Donautal. Die älteste Industrie der Stadt ist die Töpferei, weltbekannt ist das Heidenheimer Geschirr, welches aus einer miocänen Tonerde gemacht wird. Im Zementwerk Mergelstetten werden jährlich 1 Million Zentner Zement fabriziert. Das Wedelbett (Wendeltal) zieht sich von Westen gegen Südosten durch die Stadt hindurch und kommt vom Wendtal und anderen Seitentälern; es führt meist bloss im Winter Wasser wie der Tuttlinger Seltenbach. Ausflüge nach dem Steinheimer Becken, der Charlottenhöhle, dem Brenztopf, Nattheim, Mergelstetten u. s. w.

Abbildung 55. **Wendtal unterhalb der Strasse Steinheim-Bartholomä.**

Auswaschungen und Höhlenbildung im obern Weissjura-Dolomit. Vereinigung oberirdischer Erosion mit unterirdischer Auslaugung. Das Haupttal weiter abwärts zeigt normale unterirdische Talbildung.

Tur XVI) oder über Lindenhof nach 8. Steinenkirch und von hier ins romantische Roggental (Ursprung der Eyb und grossartige Felsenlandschaft: Ruine Ravenstein, Gabelfels, Roggenstein u. s. w.) (Abb. 56) hinunter auf Eybach wandern. 9. Eybach mit hübschem Schloss, unter dem die Eyb durchfliesst: in hochromantischem Felsental. Von Eybach führt eine sehenswerte Profilstrasse über Waldhausen nach Gussenstadt (5.) im mittleren und oberen Weissjura. Unterhalb Eybachs links das »Felsental« und rechts »Himmelsfelsen«. 10. Geislingen a. St. (Tur XII) betreten wir nicht, sondern besuchen gleich Ruine Helfenstein und den Ödturm, Hofstett an der Steige, Steighof auf der Stubenheimer Alb, alles auf oberem Weissjura. 11. Urspring: Ursprung der Lone, Römerkastell, Ringwall auf δ und ε. (Abstecher nach Ettlenschiess mit seinen Korallenfeldern, W. J. ξ' am Weg nach Sinabronn oder nach Luizhausen, wo überall in den verschwammten ξ'-Platten Korallen und Korallentiere liegen.) 12. Lonsee (ehemaliger See der Lone, der heute längst verschwunden) mit Ober-ξ', Korallrag, sowie Oolith-Epsilon. 13. Holzhausen, (schönes Hochtal, Hungertal.) 14. Westerstetten: Das Lonetal wird dolomitisch und das ε und ξ' immer mehr oolithisch. 15. Abstecher nach Breitingen, wo die Lone in ihrem Tal langsam versickert, verschwindet und erst wieder bei Lontal und Burgberg zutage tritt, also unterirdisch weiterfliesst. Das Tal zieht sich zwischen den Bergortschaften Börslingen, Nerenstetten, Setzingen, Hausen ob Lontal, Bissingen ob Lontal und Stetten ob Lontal hin und mündet bei Burgberg ins alte und bei Hermaringen ins heutige Brenztal. (Tur XX.) Im Tale selbst [Abhänge aus Epsilonmarmor, Dolomit und Zuckerkorn, ferner Brenztaloolith auf Zetaplatten] liegen nur die Orte Setzingen und Lontal. Von Westerstetten über 16. Denkendorf, Dornstadt führt der Weg über die Ulmer Alb am Exerzierplatz Lerchenfeld und 17. Jungingen vorbei, wo die tertiäre

Abbildung 56. **Roggenstein bei Eybach.**
Hochromantischer Weissjurafelsen.

Juranagelfluh beginnt, welche auf Epsilon- oder Zetaplatten oder Brenztaloolith aufliegt. Um Ulm herum nimmt dann das Tertiär noch mehr zu. Bei 18. Ulm bietet besonders die ganze Gegend des Oerlinger Tales reiche Funde im Oberweissjura. (Felsendurchbruch der Bahnlinie unterhalb des Festungsturmes in Nähe Hofgut Oerlingen, Bierkeller von Alber und Strasse Ulm—Heidenheim, Fuss des Albeker Tores, vor dem Festungstor u. s. w.) Auch auf den Höhen des Blautales finden sich hin und wieder ähnliche Funde.

Abbildung 57. **Blautopf bei Blaubeuren** mit der Mühle.
Im Vordergrund sehen wir die gestaute Blau mit dem Wöhr und der Mühle, Wasserwerk u. s. w.

Tur XXII.

Blau-Schmiechentur: Ulm-Herrlingen-Lauter-Blaubeuren-Ehingen a. d. D.

Ulm liegt auf derjenigen Erosionslinie, welche den ganzen Donaurand von Oberschwaben trennte, somit auf der Grenze zwischen Alb und Oberschwaben. Die Gestalt des heutigen Blau-Schmiechentales weist darauf hin, dass es sehr alt ist und früher wie ähnliche Täler (Schmiecha-Eyachtal—Kocherbrenztal) das Tal eines Flusslaufes, nämlich der Urdonau, war. Im Tale selbst wie auf den angrenzenden Höhen finden wir überall Donauschotter älteren und jüngeren Datums. Die Reihenfolge der Geröllart zeigt obenan Weissjura, dann folgt Tertiär, Schwarzwaldgesteine und etwas Basaltgeröll. 1. Ulm liegt auf Weissjura und tertiärem Rugulosakalk auf. (Unterer Süsswasserkalktuff, Mergel mit Helix rugulosa.) Bei 2. Söflingen floss früher die Donau in anderer Richtung als heute die Blau. Am untern Eselsberg Epsilon- und Zeta-Aufschlüsse, darauf Rugulosakalk. Auch bei 3. Ehrenstein grosse Epsilonsteinbrüche. Andere Steinbrüche liegen bei 4. Klingenstein am romantischen Edelsberg. (Abb. 63.) In und bei 5. Herrlingen riesige Marmorbrüche, Einmünden der Herrlinger Lauter in die Blau. 6. Abstecher ins Herrlingerlautertal: Schloss Oberherrlingen mit hübschester Aussicht. Die nahen Anhöhen zeigen Epsilon- und Zetariffe (ε und ε'; ξ' und ξ). 7. Weidach mit lieblicher Umgebung und Aussichtspunkten. 8. Lautern. Ursprung der Herrlingerlauter, idyllisches Tal mit Ruine Hohenstein. 9. Bermaringen: Korallenkalke. 10. Bollingen: Kieselknollenlager. Durchs Kieseltal zur Weiherbachquelle nach Herrlingen zurück. Nach Herrlingen folgt 11. Arnegg mit Marmorsteinbrüchen in Oberepsilon, auf denen die Augen der Forscher schon seit Jahrzehnten ruhen. (Siehe Bild in Tur XXIIIa.) Die Arnegger Schneckenkalke in den Epsilonspalten sind weltbekannt. Zwischen Klingenstein, Herrlingen, Arnegg und Blaubeuren: Torflager der Blau, der Urdonau entstammend. Auf der Anhöhe des Tales 12. Wippingen mit seinen Korallen. 13. Sonderbuch mit Korallen und Kieselknollenlagern (W. J. ε u. ξ'). An der Strasse nach Gerhausen sehenswerte Ruinen des Bergschlosses Hohengerhausen (Rusenschloss!) 14. Bei Gerhausen Zementmergelbrüche, Petrefakten in den »wilden Portländern« am Oefele. Ruine Ruk: Epsilonfelsenklotz mit Erosionshöhle und Anlagen bei Blaubeuren (Abb. 58). 15. Blaubeuren: Hauptplatz der württembergischen Zementindustrie, am Bahnhof grosse Fabriken. In berühmter Klosterkirche sehenswerter Hochaltar. Blautopf (Abb. 57). Dahinter Blaufelsen und grossartigste Felsenromantik. Die Strassen nach Sonderbuch und Seissen führen im Korallenepsilon, Marmor und Zuckerkalk, in Kieselknollen- und Zementmergelzeta. Ueberall Korallenrifftiere. Ruine Günzelburg. Bei »Weiler« Stampfwerke. Im grossartigen Felsenkoloss Sirgenstein: prähistorische Höhle, Menschenrestfunde auf Tertiärboden. (Abbildung siehe unter Diluvium unten.) In der Nähe bei Schelklingen die prähistorische Höhle des Hohlefelsen. 16. Schelklingen mit Ruine Hohenschelklingen in hübscher Umgebung (Abb. 59). Ursprung der Schelklinger Ach, die bei Blaubeuren in die Blau fällt und bei Kloster Urspring (Abb. 60) Quelltopf der Urspring. Zementfabriken bei Sotzenhausen, auf deren Steinbrüchen Tertiäre abgelagert sind. Zwischen Schelklingen-Schmiechen: Talstummel, der das heutige Blautal mit dem Schmiechental verbindet und ehemaliges Donautal der Glacialzeit war. 17. Bei Schmiechen: Schmiecher See, uraltes ehemaliges Glacial-Seebecken. Eingang ins Schmiechental. 18. All-

Abbildung 58. **Blaubeuren und der Ruckenfels** (jetzt Bismarckfels geheissen). Im Hintergrund des Bildes sehen wir den Blaufelsen hinter Blaubeuren. Im Vordergrund steht der mit hübschen Anlagen versehene, die Inschrift »Bismarckfels« tragende Ruckenfels. Die Abbildung zeigt deutlich grossartige Erosionserscheinungen fluvioglacialen Karakters, selbst noch der Eingang zur Grotte ist sichtbar. Hübsche Aussicht vom Pavillon. Spitze des Felsens (Marmor) 546 m.

mendingen: Grosse Zementfabriken, Brüche in Epsilon und Zeta. 19. Berkach: Bei Hausen ob Allmendingen, Schwörzkirch u. Altheim: ausgedehnte Tertiärlager: miocäne Schneckenkalke, Bitumenschichten und so weiter. 20. Ehingen a. d. Donau. Gegen die Alb zu: Epsilon und Zeta. Aber um die Stadt herum Tertiär- und Süsswassermolasse, Moräne der alten

Abbildung 59. **Schelklingen.**

Unser Bild zeigt trefflich die typische Form alter Alb-Burgruinen, wie sie stolz und dräuend noch heute die δ_1- oder ε_1-Felsen schmücken. Schelklingen liegt in einem stark ausgehöhlten Erosionskessel in grossartig schöner Umgebung. Von allen Seiten münden Schluchten und Täler in diesen Kessel ein, aus dem sich der Lützelberg, 614 m hoch, ringsum frei erhebt als stehengebliebener Erosionskegel, ganz ähnlich dem Schelklinger Berg auf der gegenüberliegenden Seite, einem ebenfalls selbständigen, vom Hochsträss abgeschnittenen Vorpostenberg, der den Schelklinger Seegrund vom Schmiecher Seegrund trennt. Um den Fuss dieses Schlossberges lagert sich halbkreisförmig das alte Städtchen. Der Schelklinger Kessel ist das Bild eines Spalten-Einbruchkessels, der durch Spaltenlinienkreuzung entstand, ohne dass auf diesen Spalten sich Vulkane bildeten. An den Gehängen des Kessels lagern pleistocäne Schotter der Urdonau. Bei Schelklingen entspringt die Aach. welche als Schelklinger Aach bei der Dreikönigsmühle entspringt und dort, wie der Blaubeurener Quelltopf, einen ansehnlichen Quelltopf bildet. Aber noch ein weiterer Quelltopf liegt in der Nähe (s. Abb. 60) der Quelltopf der Urspring bei Kloster Urspring. Diese beiden grossen und bedeutenden Quelltöpfe weisen ebenfalls auf Spalten des alten Tales hin, durch welche dieses Tal gebildet und später durch Gletscher erweitert wurde. So besitzt z. B. auch Ebingen an denjenigen Stellen Quelltöpfe, auf denen sich Spaltensysteme kreuzen.

Abbildung 60. **Quelltopf der Schelklinger Urspring,** eines Nebenflusses der Schelklinger Aach beim Kloster Urspring.

Kloster Urspring (heute Fabrik, auf unserem Bilde sichtbar) war ein adeliges Damenstift. Die Urspring mündet nach kurzem Lauf in die Schelklinger Aach. Urspring liegt zwischen dem Albkörper und dem Lützelberg eingekeilt in malerischer Lage zwischen Berg und Wald.

Rheingletscher. Auf dem Wolfert: Kaiser Wilhelmturm. Am Bahnhof Zementfabrik und Zementbrüche. Aufschlüsse in Oberweissjura und untermiocänem Kalk. Abtrennung des Hochsträsses, als einer besondern Albjuratafel von dem Massiv der Alb. Das Hochsträss scheint mehrmals gehoben und gesenkt worden zu sein, wobei die Täler der Blau und Schmiechen, das Urdonautal, gebildet wurden.

Tur XXIII.

Hochsträsstur.

1. Ulmer oberer Kuhberg. Am Bukenrain: miocäne Kalke, Rugulosa- und Crepidostomakalke. 2. Grimmelfingen: Grimmelfinger Graupensand in grossen Gruben aufgeschlossen: umgelagerte marine Meeresmolasse in Gruben hinter dem Ort. Am Bukenrain Cardiumschichten. 3. Einsingen dito. 4. Erbach mit Schloss: Graupensande und Crepidostomakalke. 5. Donaurieden: Molasse als Graupensand und Brakwassermolasse. 6. Oberdischingen: Meeres- und Süsswassermolasse-Aufschlüsse. 7. Oepfingen: Rugulosakalke. 8. Gamerschwang: Pisolite des untern Miocäns. 9. Nasgenstadt: Obermiocäne Kalkaufschlüsse. 10. Heufelden: Rugulosakalke. 11. Blienshofen: Unter-, mittel- und obermiocäne Aufschlüsse im Oberholz und oberhalb Hausens. 12. Schwörzkirch: Pisolite in den Helixschneckenkalken der Rugulosalager, Crepidostomakalke. 13. Altheim: Im Hohlweg unterhalb des Oberholzes Rugulosa-Tertiär vom Graupensande bis Obermiocän aufgeschlossen. Brakwasserbänke mit Cardiumfunden. 14. Ringingen: Brakwassermolasse und Rugulosakalk. Gegen Pfraunstetten Graupensand und darüber Brakwassermolasse und untermiocäne Süsswasserkalke. 15. Pappelau: marine und untere Süsswasserschichten. 16. Ermingen: Berühmt durch seine einzig schöne Turritellenplatte am Weg nach Arnegg im Walde aufgeschlossen. Am Hof Steinefeld gegen Sotzenhausen: marine Molasse. 17. Markbronn: Rugulosakalke und Crepidostomakalke. 18. Dietingen dito. 19. Arnegg-Herrlingen: auf Epsilon-Marmorkalken überall oligocäner und untermiocäner Kalk und da und dort auch Meeresmolasse als Muschelsandstein.

Tur XXIII a.

Hochsträsstur No. 2.

Zum Studium der Grimmelfinger Graupensande und des pliocänen Deckenschotters. Von Ulm über Grimmelfingen-Einsingen-Ermingen, Arnegg mit Profilen. Die Tur ist in einem Tag bequem zu machen und wurde von uns wiederholt in einem Tag ausgeführt.

1. Ulm. Am unteren Kuhberg, direkt vor dem Fort und an der Strasse nach Erbach, genau ob der Illermündung in die Donau, sehen wir folgendes Profil:

Tertiärer Unterer Süsswasserkalk mit Helix-rugulosa.		Fahrweg zum Fort Unterer Kuhberg: Rugulosakalk.
	ca. 3 m	Horizont fetter Letten, daneben grauer Kalkmergel, mit Knauern und Knöllchen. Rugulosa fehlt.
	ca. 2,5 m	Horizont der Pisolite: gelb. Erbsenstein. Rugulosa fehlt Planorbenbank mit zerdrückten kleinen Planorben.
	ca. 2 m	Horizont der Helix-Rugulosa.
	3 m	Strassenböschung mit Helix-Ramondi.
		Landstrasse.

Abbildung 61. **Blaubeuren mit Blauberg, Sonderbucher Steige, Klosterkirche von Blaubeuren.** Ansicht von der Stechhalde aus.

Die Sonderbucher Steige zeigt schöne ξ- und ξ'-Aufschlüsse. Ihre Zetaschichten sind mit pliocänem Donauschotter der Urdonau bedeckt. Unser Bild zeigt die Stufenlandschaft von ε'- und ξ'-Felsen. Die tieferstehenden Felsen gehören nach ε' und die höherstehenden, besonders der Gipfel auf dem Bild, nach ξ'.

Aus der Ferne sehen diese Schichten wie Lochenschichten aus, und man meint Weissjura-α'-Petrefakten finden zu müssen. Kreide ist keine sichtbar. Der Aufschluss liegt ca. 12 m ob dem Donauspiegel und ist in der Donau wahrscheinlich Weissjura ξ anstehend.

Gegen Grimmelfingen, sobald das Fort »Unterer Kuhberg« hinter uns liegt, sehen wir überall die festen Kalktuffe gleich Weissjura-Epsilon das Haupt erheben und den Humus durchbrechen.

2. Haltepunkt Donautal. Dort wird wirklich (1909) eine Strasse

gegen Wiblingen gebaut, für welche eine Bahnüberführung nötig wurde. Zur Donau-Aufschüttung dieser Strasse wird eine Rugulosagrube benützt, die gleich neben Haltestelle »Donautal« am Abhang liegt. Das Profil ist folgendes vom Rugulosakalk und Schwarzwaldschotter:

1—2 m	Lehm mit Quarzgeröll und Buntsandstein. Also der Urdonau pliocäner Deckenschotter (hier Hochterrassenschotter) des Schwarzwaldes.
3—4 m	Lehm mit Quarz aus den Grimmelfinger Graupensanden (ca. $^1/_{10}$ Quarz und $^9/_{10}$ Lehm).
3—4 m	graue und blaue fette Letten.
2 m	Kalkbänke mit vielen zerdrückten Helixschalen. — Kalkbänke sind gelblich, dolomitisch.
$^1/_2$ m	Bitumenkalkbänke, schwarzblau mit zerdrückten Helix und Planorbis.
1 m	Graue Kalkbänke mit schwarzen Pflanzenschalen, sehr hartes Gestein.
1 m	Letten, grau und gelb und graugelb und daneben grauer Kalkstein, der eine Breccie von Kalkstücken darstellt, die selbst Tuff sind. Unten Mergel.
	Strasse.

3. Zwischen Donautal und Grimmelfingen zeigt der Abhang überall Aufschlüsse. Auf der Decke dieser Aufschlüsse (I. Terrasse) überall Schwarzwaldschotter. Dieser Schwarzwaldschotter wird heute allgemein nur pliocäner Donauschotter genannt. Ob es tatsächlich Donauschotter ist? Dann hätte die Donau früher die halbe Alb überschwemmt, denn *diese* Schotter liegen auf dem ganzen Heuberg, Hardt und Zollernalb, nur dass sie auf der Zollernalb seltener werden. Alle Anhöhen zu beiden Seiten der Schmicha zeigen diesen Schotter und auch die Gehänge des Schmichatales, ebenso finden sich diese Fettquarze im Schmicha-Niederterrassenschotter. Mit den Fettquarzen fehlen aber auch niemals die »Buntsandsteine». Der Buntsandstein ist so hart, wie ihn der Schwarzwald nur an wenigen Stellen liefert.

4. Der Weg von der Erbacher Donaustrasse hinauf nach Grimmelfingen führt an vielen Aufschlüssen vorbei. Alle Aufschlüsse zeigen oben Schwarzwaldschotter, im Lehm liegend. *Diese* Schotter *decken* hier überall die unterste, also I. Terrasse, und liegen entweder auf Rugulosakalk oder Graupensand. Beim Kirchhof liegen hübsche Aufschlüsse. Um die Ortschaft sehen wir überall einen gelben Molassesand, dem Pfohsand gleichend, in dem die Graupenkörner liegen. Diese ganze Terrasse (I. Terrasse) ist mit demselben Sand bedeckt, welcher wellenförmige Auswitterung zeigt. Im Walde gegen Einsingen liegt überall eine mindestens 1 m dicke Deckschicht des Schwarzwaldschotters: Lehm mit einer Unmenge Quarzgeröll und Buntsandsteingeröll. Es liegt zu unterst Rugulosakalk, dann Grimmelfinger Graupensand und auf ihm die Hochterrassen-Schottermasse. Weisser Jura ist nirgends ausstreichend bis zur Einsinger Landstrasse.

5. Aber unterhalb Einsingens, an der Strasse zum Donautal, liegt westlich ein alter, verlassener kleiner Zetasteinbruch, in welchen wir auf dem 2. Feldweg vor Einsingen gelangen können. Ein Zetavorkommen wird so nahe der Donau auf dem Hochsträss selten beobachtet. Elf Bänke der Zetaplatten sind aufgeschlossen, die einen Durchmesser von 20—25 cm haben, mit Zwischenlagern der graugelben fetten Zetalette, die oft 10 cm mächtig ist. In diesen Plattenkalken wurden früher viele Petrefakten gefunden, aber heute ist der Betrieb eingestellt.

Auf den Zetaplatten liegt ganz unvermittelt 18 cm dicker Rugulosakalk und auf ihm eine mergelige graue Steinbank, ob dieser 5 cm braune und 25 cm graue Lette, also das Liegende des Rugulosa-Süsswasserkalkes. Die obersten Platten von Zeta liegen ganz ungestört auf. Bedeckt wird der Rugulosakalk von einem Deckenschotter, der aus einem Gemisch von Rugulosakugeln, Quarzitkugeln, Buntsandstein und Graupensand mit Lehm besteht. Er bildet auch hier die Decke der **1.** Terrasse.

6. Einsingen selbst liegt auf dünnen Schichten des Rugulosakalkes, und da und dort soll Zetaplattenkalk ausstreichen. (Gute Bedienung im Gasthof »zum Adler« !) Die beiden obersten Häuser von Einsingen an der Strasse nach Eggingen stehen auf Krebsscheerenkalk. Beim Ausgraben der Fundamente kam er zum Vorschein.

7. Zwischen Einsingen und Eggingen liegen im nahen Tal, nach Ulm zu, Sandgruben und Rugulosakalktuffgruben. Die Strassen sind mit Kalktuff beworfen, zwischen welchem pliocäner Donauschotter liegt.

8. Bei Eggingen liegen die berühmten alten und grossen Grimmelfinger Graupensandgruben an der Strasse nach Erbach-Ringingen. In der gut aufgeschlossenen Hauptgrube erhalten wir folgendes Profil:

$^1/_2$—1 m	Deckenschotter, pliocäner Schwarzwaldschotter, mit Graupensand.
40—100 cm	Oben roter Kalkmergel, wie er im obersten Rugulosakalk vorkommt. Unten Conglomerat eisenschüssigen Quarzsandsteines, eine Decke bildend von 1 cm.
6 m	Kreuzgeschichtete, gegen Ulm einfallende Sande, Quarzsande von grobem Korn, mit Schlieren von Ton darin.
4 m	Kreuzgeschichtete gegen die Donau einfallende Quarzsande. (Also im Streichen von der Alb gegen die Alpen.

Rugulosakalkmergel.

Eggingen liegt mit seinen Gruben auf der **2.** Terrasse. Diese Terrasse besteht also aus Rugulosakalk und trägt die Graupensande und den Schwarzwaldschotter. Meeresmolasse ist nirgends zu finden.

9. Am Wege zwischen Schelklingen und Eggingen liegt ein grosser Rugulosasteinbruch mit aufgeschlossenen Oeffinger Schichten, aber keinen brauchbaren Petrefakten. Der Kalktuff ist ein vortreffliches Material für Bausteine und wird trotz dem billigeren Kunststein noch vielfach benützt. Die grauweissen Stengelhohlräume durchziehen das ganze Gestein. Ob dem Steinbruch liegt ein Quellhorizont. Aber auch das ganze Terrain ist feucht und nass, von prächtigen grünen Wiesen überzogen. Ein

sanftes Gefäll auf Einsingen hinunter sammelt die Sickergewässer und führt sie der Donau zu. In allen Gruben sind die Tuffe aufgeschlossen, auch dieser Steinbruch wird mit pleistocänem Schwarzwaldschotter bedeckt.

10. Hinter Eggingen breitet sich die obere Terrasse aus, mit sanftem, später steilerem Anstieg gegen die Römerstrasse Auch diese Terrasse ist sehr feucht. Am Wege nach Erstetten überall Lehmsande, unter denen Grimmelfinger Sande liegen, und Sandlehme. Wo wir den alten Römerweg erreichen, wenden wir uns von der Erstetterstrasse ab und wandern Allewind zu. Am sog. Bildstöckel führt ein Weg in den Wald Salenhau hinein, in welchem ein alter Crepidostomakalk-Steinbruch liegt. In diesem Bruch liegt ein Säugetierhorizont, der eine förmliche Knochenbreccie darstellt. Sonst kommen in erster Linie vor: Helix crepidostoma und Eggingensis, Planorbis cornu und Lymnäus subovatus. Der Wald liegt auf der höchsten Berghöhe und die Wanderung über die alte Römerstrasse, auf Rasen, ist bei schönem Wetter wundervoll.

11. An der Römerstrasse bis nach Allewind liegt wieder überall sog. pliocäner Donauschotter, also hier, wie auf den Egginger und Einsinger Terrassen. Er liegt hier 130 m hoch über der Donau und besteht nur aus Quarzgeröllen und Buntsandsteingeröll. Die Lagerung dort ist durch neue Grabungen nach folgendem Profil festgestellt worden.

2—3 m	geröllfreier Lehm, braungelb bis schwarz. Humusdecke.	Profil zwischen Ermingen und Allewind aufgenommen.
1 m	sandiger braungelber Lehm.	
2 m	gelber Lehm mit Geröll, verteilt.	
3 m	gelber Lehm mit weniger Geröll darin.	
20 cm	Lehm mit viel Geröll darin.	
	Crepidostomakalk.	

12. In dem Hohlweg am Wald, in verschiedenen Militärgräben und im Hohlweg bei Ermingen sind diese Schotter ebenfalls entblösst. Wir können sie bis auf Ermingen hinunter verfolgen, wo sie überall auf Rugulosa- oder Crepidostomakalk auflagern, der um den Ort Ermingen herum überall als fetter, wasserhaltiger grauer Kalkmergel aufgeschlossen ist.

13. Am Wege zwischen Ermingen und Arnegg liegen die Meeresmolasse als die sog. Erminger Turritellenplatte prächtig aufgeschlossen, nur dass die Aufschlüsse heute verschüttet sind. Sie liegen hart neben der Strasse, rechts im Spitalwald, dort wo ein Bildstöckle im Felde steht. Auch sie tragen eine Auflagerung pliocäner Schwarzwaldschotter.

Die auch noch heute sehenswerte Turritellenplatte bildet einen dünnen (5—6 m) Ueberrest des einstigen Niederschlages der Meeresmolasse. Sie liegt 633 m ü. d. M. direckt auf dem Crepidostomakalk. Obwohl die Gruben nicht mehr ausgebeutet werden, liegen zerbrochene Turritellen noch in Menge herum und zeigen den fabelhaften Reichtum der Petrefakten des Tertiärmeeres an. Haifischzähne, früher häufig gefunden, zeigen sich wenige mehr, aber Turritella turris und Ostreareste sind noch zu bekommen.

14. Die Strasse nach Arnegg führt zuerst durch Wald, in welchem überall die Schwarzwaldschotter liegen. (Die Strasse ist hier häufig mit dem Schotter beworfen.) Auch hier liegen die Gerölle in einem

Abbildung 62. **Burgruine Arnegg im Blautal.**
Unsere Ansicht ist von Westen, von den Marmorsteinbrüchen aus, gesehen. Die Felsen, auf denen die alten Mauern stehen, sind ebenfalls Weissjuramarmore.

sandhaltigen gelben Lehm. Alle Güter und Felder zeigen eine Menge Schwarzwaldgerölle. Ja bereits das ganze Hochsträss ist mit diesem Schotter bedeckt. Das zu überschreitende Doppeltal trägt nur auf seinen höchsten Höhen diese Schotter; wo in der Diluvialzeit Talbildung Fortschritte machte, fehlen diese Schotter und ist überall der Süsswasserkalk entblösst. An einzelnen Stellen tritt ein roter Tuffmergel auf, von dem man weiss, dass er sonst die Decke des Crepidostomakalkes einnimmt. Von dieser roten Mergeldecke dürfte auch die rote Mergeldecke in den Grimmelfinger Sandgruben stammen. Diese roten Mergel treten zwischen Ermingen und Arnegg zwar selten auf, wo sie aber auftreten, sind sie von Schwarzwaldschotter bedeckt.

Die Strasse ist auch hier mit Rugulosa- und Crepidostomakalk und dem Geröll des Schwarzwaldes beworfen. Wo der Schotter ansteht, finden wir die Gerölle im Lehm gleichmässig verteilt vorkommend, nur zu oberst fehlen die Gerölle und der Lehm geht in schwarzen Humus über.

Da wir auf unserer Wanderung dem Blautale immer näher kommen, sehen wir endlich die oberen Linien desselben und die lutherischen Berge. Es ist bemerkenswert, dass wir hier noch keine ε-Felsen sehen, da der ε-Horizont noch nicht sichtbar wird, weil derselbe tiefer liegt; wir sind eben noch auf der Hochsträss-Ebene und sehen bloss die oberen Teile der Gehänge des Blautales, noch nicht seinen tiefereinsetzenden Felsenhorizont. Hier sieht man deutlicher als anderswo, wie Zeta wirklich Epsilon überall überlagert, denn erst wenn wir die Strasse erreichen, welche oberhalb Schlossruine Arnegg zu Tal führt, sehen wir Epsilonfelsen heraufwinken. (Siehe auch Abb. 61 aus Blaubeurens Umgebung.) Dort an der Schleife der neuen Strasse, welche neben der alten erbaut ist, tritt zuerst Platten-Zeta auf, überlagert von Resten des Rugulosakalkes. Dieser Platz ist geologisch sehenswert. Wo z. B. die harten Zetaplatten von Rugulosakalk bedeckt werden, lagern sie ungestört, und der Rugulosakalk wird von Schwarzwaldschotter überlagert. Wo aber der Rugulosakalk fehlt, sind die obern Zetaplatten aus ihrer Normallagerung aufgerissen, liegen wirr durcheinander, sind mit pliocänem Schwarzwaldschotter und dessen Lehm gemischt. An manchen Stellen sind diese Störungen 2 m tief. Sowohl hier als bei den Zetaplattenfunden neben Einsingen finden wir die Tatsache, dass die Grenzbänke von Zeta nicht gestört sind, wenn Süsswasserkalk auflagert, aber gestört, wenn auf den Zetaplatten und zwischen ihnen Schwarzwaldschotter auflagert. Bei Arnegg liegen ausser Schwarzwaldschotter auch einzelne Rugulosakalkgerölle zwischen den Zetaplatten. Beim weitern Abstieg ins Tal bemerken wir die malerisch auf ε-Felsen gelegene Ruine Arnegg. (Abb. 62.) An der Strasse aber liegen Schlagschotter von ξ u. ξ' u. ε. An mehreren Stellen wurden hier Steinbruchprobelöcher gemacht, welche folgendes hübsche, sehenswerte Gesamtprofil boten:

Profil der Marmore des obersten Weissjuras bei Arnegg im Blautal.

1 m Lehm mit Schwarzwaldgeröllen, untermengt mit Zetaplattenschutt.

50—80 cm Bohnerzlehm von oligocänem Alter: fetter gelbbrauner spaltender Lehm.

100 cm Bohnerzlehm mit Kieselknollen darin: fetter gelbbrauner spaltender Lehm.

---

5 m und tiefer zerklüfteter Epsilonfels: Korallen- und Schwammfelsen. Oberstes ε'.

15. Neben diesen Aufschlüssen wurde ein neuer Marmorsteinbruch (ε') angelegt, der einem westfälischen Besitzer gehören soll. Ob demselben entspringt die Wasserleitung. Der Marmor ist in seinen tiefern Lagen schneeweiss, mehr gegen oben gelblich und seine Spalten sind ausgefüllt von schmalzartiger oligocäner Lette. Andere Spalten enthalten dagegen Bohnerzlehm. Einzelne Gesteine zeigen auch rötliche Färbung. Gegen oben geht der schöne Marmor in weisses und braunes Zuckerkorn über, das wie brauner Zucker aussieht, und die Felsenkuppen bestehen aus Dolomit. Auf den Spalten wittern grosse Schwämme aus; im Gestein selbst sind die Schwämme selten zu bemerken, so gleichmässig und gleichfarbig ist das Korn. Petrefakten sind nicht häufig. Hie und da sehen wir hübsche Mangandendriten auf den Klüften des Gesteins.

Da zu beiden Seiten des Bruches Zetaplatten liegen, könnten wir diesen Marmor ebensogut zu Zeta als zu Epsilon stellen.

Arnegg hat noch verschiedene solcher Brüche, in denen auch hie und da oligocäne Schnecken vorkommen, welche selbständige Arten bilden.

Eigenartig ist es, dass in diesen Brüchen manche Marmorgipfel in einen schmalzgelben, tonigen Dolomit übergehen, der so verschiedenartig von Marmor aussieht, dass wir ein scheinbar völlig fremdes Vorkommen zu sehen wähnen. Dieser Dolomit geht dann in Zetaton über.

16. Die Herrlinger Steinbrüche besitzen ein ähnliches Gestein, ebenfalls schneeweissen Marmor, der nach oben in Zuckerkorn und Dolomit übergeht, und mancher Epsilonkopf wird hier von Zetablöcken und -Platten bedeckt. Der dortige Bruch neben dem Kreuz, an der Herrlinger Lauter, ist sehr zerklüftet. Tektonische Spalten in diesem Bruch streichen in der Richtung gegen Ulm. Cnemidiastrum corallinum ist hier und da zu beobachten.

Herrlingen mit seinen vielen hübschen Villen, mit Herrlinger Lauter und Blau liegt ausserordentlich hübsch, und freundlich grüssen Schloss und Ort Klingenstein herüber. (Siehe Abb. 63.)

In den Steinbrüchen der Kalkbrennerei Max Grehl und in den Brüchen des Terrazzo-Steinwerkes Schwenk finden wir das gleiche Gestein wie bei Arnegg, aber im frischesten Bruch. Wenn die Blaubeurener Gegend auch keine Edelsteine und Edelerze birgt, in ihren Steinbrüchen bietet sie einer hochentwickelten Industrie die grossartigste Stütze dar.

Ersteigen wir die jenseitigen Höhen der Alb durch Lautertal, Weihertal oder Schemmertal, überall sehen wir das gleiche Gestein, und auch hier überdeckt durch Schwarzwaldschotter, wie er von den Gleissenburghöfen längst bekannt ist.

Wir beschrieben diese Tur so ausführlich, weil das Hochsträss noch manche Probleme birgt, die nicht gelöst sind. Wir finden ja auf dem Hochsträss die Schwarzwaldschotter, am Donau-Abhang die Grimmelfinger Sande, über deren Einreihung ins geologische System noch Zweifel existieren.

Die Grimmelfinger Graupensande

wurden von verschiedenen Forschern bisher zum Meerwassertertiär gestellt. Erst neuerdings (Berichte des oberrh. geol. Vereins 1909) stellten sie die Herren Prof. Fraas und Sauer als eine Umlagerung der Meeresmolasse hin. Eine andere Auffassung wird auch nie möglich sein, denn das ganze Tertiär weist die gleichen Sande bei normaler Ablagerungsweise sonst nirgends mehr auf. Die Turritellenplatte von Ermingen enthält ebenfalls die gleichen Sande, nur dass in ihr noch das Kalkbindemittel und die Petrefakten vorhanden sind. Wir müssen annehmen, dass früher das ganze Hochsträss mit der Turritellenplatte bedeckt war, dass dann diese Molasse-Ablagerung in der Zeit des Obermiocäns schon wieder abgetragen und so hier abgelagert wurde. Für diese Annahme sprechen 3 Tatsachen: 1. Die Tatsache der starken Abtragung des Süsswasser-Rugulosakalkes am Donau-Abhang, durch welche 2 Terrassen gebildet wurden. 2. Die Auflagerung ziegelroten Rugulosamergels (der obersten Rugulosastufe) auf den Grimmelfinger Sanden in der Egginger Grube. So haben wir umgekehrte sekundäre Ablagerung. 3. Die Grimmelfinger Sande haben Kreuzschichtung und Zwischenlager von umgelagerten Brakwassertonen.

Die Umlagerung muss in der Zeit der Silvanakalkbildung, also im Obermiocän vor sich gegangen sein, nicht viel später, weil die Silvanamergel fehlen. Wir haben also eine obermiocäne Sekundärbildung vor uns, welche auf einer Rugulosakalkterrasse liegt, ca. 100—150 m niederer als die ursprüngliche Primärbildung der Hochsträsshöhen.

Um eine etwaige Abbruchzone feststellen zu können, untersuchten wir alle Steinbrüche dieser Gegend, aber nirgends sind tektonische Spalten und Abbruchlinien nachweisbar. Auch lässt sich, wie Herr Regelmann ebenfalls meint, weder eine Verwerfungs- noch Abbruchlinie nachweisen.

Die Zetaplatte sank eben gegen das Donautal stark ein und wurde ohnehin zur Kreide-, sowie zur Alt- und Mittelmiocänzeit teilweise abgetragen. So lagerten sich dann die Rugulosakalke dort auf Ebenen und Tälern ab, daher die verschiedenen Höhenunterschiede, in denen wir den dortigen Süsswasserkalk aufgeschlossen finden. Schwieriger als die Entstehung der Grimmelfinger Graupensande und ihre Einreihung ins geologische System sind die

pliocänen Donauschotter mit Quarzit und Sandsteingeröll

zu erklären.

Es ist nachgewiesen, dass die heutige Donau früher im jetzigen Schmiechen-Blautal floss. Die Ablagerungen von Donaukiesen bei Allmendingen und Schelklingen, Schmiechen u. s. w. deuten darauf hin. Allein diese Schotter kommen nicht bloss auf der Höhe des ganzen Hochsträsses vor, sondern auf dem Dreifaltigkeitsberg, Heuberg, Hardt, einem Teil der Ebinger und der ganzen Sigmaringer Alb, dann wieder auf der Riedlinger- und Teutschbuchalb, auf den Lutherischen Bergen, der Blaubeurener-, Ulmer-, ja auch teilweise auf der Heidenheimer Alb.

Wo also die heutigen Schotter liegen, muss früher die Donau geflossen sein, wenn die Schotter wirkliche Donauschotter sind. Ob aber die Donau so sehr ihren Lauf änderte, ist eine andere Frage, die wohl noch offen ist. Ist es wirklicher Fluss-Schotter, gut, so muss man den Schotter auf Terrassen finden, und am Hochsträss wäre dieses ja nachgewiesen; wir haben nämlich diese Schotter auf der Einsinger und Egginger Terrasse gefunden, und so können sie gut alte Donauschotter sein; auch sind sie gerade da am dicksten aufgetragen, wo sie der heutigen Donau am nächsten liegen.

Aber nun die Hochebenen, auf denen sie vorkommen? Das ganze Hochsträss zeigt diesen Schotter als Deckenschotter, und ist er oft in riesigen Dimensionen aufgetragen, wie z. B. in den Hohlwegen um Ermingen ersichtlich ist, wo er überall von geröllfreiem Lehm bedeckt wird. Auf dem Dreifaltigkeitsberg, Heuberg, Hard, der Ebinger- und Zollernalb ist aber der Schotter auf den höchsten Höhen auch überall zu finden, freilich nur in Resten und nur teilweise in Lehm eingebettet;

Abbildung 63. **Klingenstein Ruine und Schloss an der Blau.**
Wie ein Märchenbild! Herrlich liegt der Epsilonmarmorfelsen im Tal, und bewundernd schauen wir das entzückende Bild, das in der Wirklichkeit, von Herrlingen aus gesehen, noch weit schöner ist, als es eine Abbildung wiedergeben kann.

oft genug ist der Lehm verschwunden. Wo er, wie z. B. auf dem Emerberg bei Zwiefaltendorf, noch in grösserer Formationsablagerung auftritt, da zeigt er sich wie auf dem Hochsträss; aber diese Ablagerungen ziehen sich alle nur ca. 3 km von der heutigen Donau entfernt hin, wenngleich in auffallend höherer Lage. Liegt der Schotter weiter von der Donau entfernt, so sind die Ablagerungen nur noch restlich erhalten. Auf der Zwiefalter Alb liegt er auf oberster Süsswassermolasse, sowie auf Weissjura-Epsilon. Die Entstehungszeit muss also ins Pliocän gelegt werden.

In jener Zeit muss der Schwarzwald einen Teil seiner Gewässer noch diesem Teil der Alb zu gesandt haben, der wohl damals eine Einbruchsmulde darstellte. Diese Mulde dürfte sich während der Pliocänzeit vertieft haben, bis der Donauriss entstand, der die Gewässer, welche früher in weitem Hochtal flossen, sammelte, dass sich das heutige Donautal bilden konnte. Die einstigen Terrassen des Urflusses sind

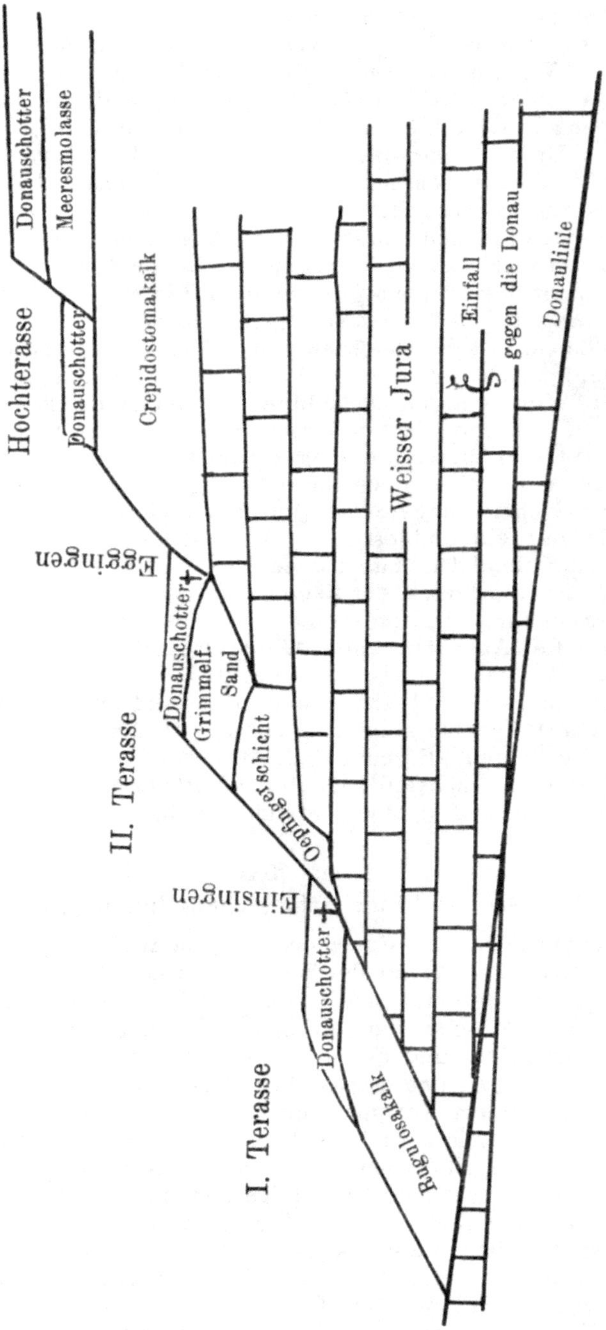

Geologischer Aufbau der Hochsträsses vom Donautal aus gegen gegen das Blautal.

dann seither vernichtet worden, vielleicht durch einen oder mehrere Albgletscher zur Hauptgletscherzeit.

Die heutigen pliocänen Donauschotter liegen in Mulden und decken Höhen ein. Wo sie auf Höhen als Reste lagern, findet man sie auch an dessen Abhängen, freilich als Einzelgerölle, sowie im Niederterrassenschotter benachbarter Täler. Ob wir aber wirklich pliocäne Donauschotter der Urdonau vor uns haben? Die heutige Donau weist andere Schotter auf, da sie sich seither viel tiefer in das Schwarzwaldmassiv einfrass als zur Pliocänzeit.

Die heute allgemein angenommene Anschauung, dass die Alb nicht vereist gewesen sei, ist doch vielleicht kein genügender Beweis dafür, dass sich nicht auf der vorgezeichneten Linie ein Gletscher bewegt haben könnte, der grösser und mächtiger war als die Albgletscher. Vielleicht bewegte sich gleichzeitig mit dem Rheingletscher ein grosser Schwarzwaldgletscher in dieser Richtung über die Alb hinweg, so dass in der Nähe der heutigen Donaulinie der von Süden kommende Rheingletscher auf den von Westen kommenden Schwarzwaldgletscher stiess, welcher wieder in dieser Richtung weiter ziehend, einen echten Donaugletscher bildete, auf den wieder die Albgletscher prallten.

In der Grenzmoräne der Albgletscher findet man ja diese Schwarzwaldgerölle mit eingeschlossen, in Verbindung mit Jura- und Tertiärgeröllen. Auffallend ist, dass die Zetaplatten bei Arnegg und anderswo ganz aufgewirbelt bei einander liegen und dass sie Tertiär- und Schwarzwaldgerölle in ihren Spalten tragen. Allein diese Beweise sind noch zu schwach für Annahme einer Gletschermoräne eines Schwarzwaldgletschers. Wir werden also an eine fluviale Bildung denken müssen, umsomehr, als diese Quarzit- und Buntsandsteingerölle auch noch südlich der Donau vorkommen, nämlich in der Umgebung des Honberges bei Tuttlingen. Eigentümlich ist auch, dass diese Schotter immer auch Gerölle ihrer nächsten Umgebung enthalten, diese aber durch ihr hohes Alter so verändert sind, dass man sie kaum mehr bestimmen kann.

Tur XXIV.
Schmiechtur: Schmiechen-Münsingen.

1. Schmiechen: Am Fusse des Kogelsteins Kiesgrube mit Donaukies, mehr südöstlich davon der Schmiechensee. Am Manzenbühl stolze Epsilonfelsen mit untermiocäner Decke und Zetaplattenkalken. Im Sindeltal: Schlossruine Muschenwang in malerischer Lage mit grossartiger Aussicht ins Schmiechtal und auf den Schmiechensee hinüber. Hinter der Ruine liegt Justingen und dazwischen verschiedene Bohnerzgruben mit rotem und schwarzem Kalkspat und Süsswassermergel. 2. Theuringshofen mit Reihengräbern und Hochäckern. 3. Thalsteusslingen mit der berühmten Mühle und dem neuen Schlosse Neusteusslingen, auf ε-Rücken, der da und dort noch Teutschbuch-Tertiär trägt. An der Hattenhofersteige Aufschlüsse in Kieselepsilon, Zuckerkorn und Lochgestein. 4. Hütten mit hochromantischen Weissjurafels-Szenerien und Schlossruine Justingen (grossartiger Aussichtspunkt auf das Teutschbuchtertiär und die Lutherischen Berge). 5. Riedmühle: Gabelung des Tales in Schmiechen- und Heutal. Wir bleiben vorerst im Schmiechtal. An der Eichhalde Epsilonaufschlüsse und ob ihr am Sandbühl Dolomitköpfe. 6. Gundershofen:

reizende Landschaft. 7. Springen: Ursprung der Schmiech. Ueberall finden die Abhänge obersten Weissjura, Epsilon und Zeta und darauf Tertiärreste des Obermiocäns (zurück zur Riedmühle und dann der Bahnlinie nach ins untere Heutal). 8. Sondernach: enges, reizendes Tal. Am Birkenwald Hochäcker und Grabhügel auf Weissjura und Tertiär. Das Heutal war früher ein Flusstal, dessen Gewässer heute unterirdisch fliessen. Bremelau liegt auf linksseitiger Anhöhe: überall zeigten die Wasserleitungsgräben dort Tertiäraufschlüsse: Süsswassermergel und aufgerissene und umgearbeitete Zeta- und Epsilonbänke. Bei der Haltestelle: 9. Mehrstetten: beginnt das obere Heutal, die Münsinger Alb. Hier treten wir wieder ins Gebiet der Embryovulkane ein, denn: Apfelstetten (links des Tales), Auingen, Böttingen, Magolsheim liegen auf Maaren. Schluss der Tur ist Münsingen: Siehe Tur VII, VIII und XXV.

Abbildung 64. **Die Maisenburg im grossen Lautertal.**

Das grosse Lautertal gehört unstreitig zu den schönsten Tälern der Alb, weshalb wir dem geschätzten Leser mehrere Lautertalbilder vorführen. Die prachtvollen Felsen bestehen aus δ' und ε'. Der Talgrund bei der Mühle aber aus diluvialem Kalktuff und Moorerde.

Tur XXV.

Tal der grossen Lauter von Münsingen bis Munderkingen.

Eine der grossartigsten Turen. Das untere Lautertal war frühzeitig bevölkert, und ist ein Besuch besonders auch Antropologen zu empfehlen, da an seinem Endverlauf das »Landgericht« in früheren Zeiten eine grosse Rolle spielte.

1. Von Münsingen durch das Baumtal an der Eisenbahnlinie nach dem Dolderbrunnen; dort Deltasteinbruch mit Petrefakten. Später Schloss Grafeneck und der Felsen »Husarensprung«, bis zum Wirtshaus am Schelmenbühl (mittlerer und oberer Weissjura), wo die kleine Lauter in die grosse mündet, welche von Kohlstetten herkommt. 2. Kohlstetten liegt auf γ und δ, die Umhöhen bedeckt ε, weniger ζ. Noch das Tal von 3. Offenhausen (Gestütshof, ehemaliges Kloster mit der Lauterquelle) liegt in γ und δ, während der nahe Sternberg bei Gomadingen aus Zuckerkorn und Dolomit-Epsilon besteht, den einst der Basalt durch-

Abbildung 65. **Buttenhausen a. d. Lauter.**

Die Berge des Hintergrundes bestehen aus Weissjura γ und δ mit ε-Kuppen. Bohnerzgruben, Dolomitsandgruben und Reste von Molassesand liegen auf den Kuppen, wo aber Mulden und Ebenen sind, ist auf ihnen der Untergrund in 2—3 m Tiefe wie von Riesenpflügen aufgeackert und mit Tertiärgeröll gemischt, wie z. B. Bremelau zu.

brach; ist doch sein Gipfel ein Basaltmaar. Dieses Maar ist ein hübscher Aussichtspunkt aufs Lautertal und die Münsinger Alb. Statt nach 4. Gomadingen gehen wir ins Wolftal hinunter, von ε nach γ hinab. Oberhalb 5. Gestütshof Marbach ehemaliger See der Lauter. Unterhalb Marbach beim Wirtshaus am Schelmenbühl Blick auf Schloss Grafeneck. 6. Dapfen (im Tal an den Gehängen γ- und δ-Aufschlüsse, auf dem Berg ε, seltener ζ). 7. Wasserstetten: γ verschwindet im Talboden, während die Abhänge δ bedecken. Nur beim Tiefental ist nochmals γ aufgeschlossen. 8. Buttenhausen (Abb. 65) mit Schloss, meist jüdische Gemeinde. Am Fusse des Macholsberges, (dessen Aussichts-

Abbildung 66. **Hohenhundersingen a. d. Lauter.**
Auf dem Bilde sehen wir die Schichtung der Deltafelsen (δ') deutlich. Im romantischen Tale windet sich die stillhinfliessende Lauter und grüne Matten bedecken hohe Lager diluvialer Kalktuffe.

punkt eine Epsilonkuppe ist, die Platte aber aus δ besteht und die Abhänge aus γ (δ) liegt ein Steinbruch mit Petrefaktenfunden. 9. Hundersingen mit Schlossruine Hohenhundersingen (Abb. 66), bei der Ziegelhütte verstürztes Juragestein und in der weitern Umgebung viele Grabhügel und prähistorische Wohn- und Opferstetten. 10. Bichishausen mit Ruine, eigenartig schöner Lage: Der Talboden bedeckt sich mit Kalktuff und bildet grosse Ablagerungen. Zwischen Bichishausen und Dürrenstetten Grabhügel und Ringwall auf ε-Buckel. 11. Gundelfingen (mit

Abbildung 67. **Schulzburg im Lautertal.**
Unser Bild zeigt besonders deutlich die terrassenförmige Landschaft der felsigen Weissjura δ' und ε'-Stufen: Unter δ' und Oberdelta neben ε. Welche Lebenskraft in diesem Gestein, trotz seiner Felsennatur, liegt, zeigt der δ-Felsen im rechten Eck, aus welchem eine Unmenge Pflanzen sprossen und ihre Leiber nach Luft und Sonne recken.

Ruine Niedergundelfingen auf einer ε-Talinsel und Hohengundelfingen auf ε-Felsenschrofen in schwindelnder Höhe). Delta tritt seltener auf und an seine Stelle tritt ε. 12. Bei Ruine Derneck die Bettelmannshöhle und beim Reservoir auf der Höhe finden sich Kieselknollenlager auf Weisszeta. 13. Weiler a. Lauter: Andreasfels, W. J. ε und ξ; auf einzelnen Gipfeln aber noch Bohnerzgruben und Tertiärreste. 14. Von Indelhausen bis Anhausen Kalktufflager im Tal. Bei Anhausen auf Riesenfelsen »Althayingen, die alte Heineburg« mit der Gerberhöhle. Gegenüber Schlossruine Schülzburg (Abb. 67) und neben Althayingen: Ruine Maisenburg (Abb. 64). Links vom Lautertal liegt Erbstetten auf einem

Schuttkegel, der einem Maare gleicht. Zwischen Erbstetten und Tal starren die Heumacher- und Glemsfelsen trotzig empor und ihnen gegenüber der »Hohe Giessel«. Dann folgen die Ruinen Wartstein, Monsberg und St. Rupprecht. 15. Unterwilzingen: Bohnerzgruben in ε und ξ. (Oberwilzingen und Emeringen liegen auf Brakwassermolasse. 16. Reichenstein mit seiner malerischen Umgebung und der Ruine: tertiärer Grobsand. Im Norden treten eine solche Menge Grabhügel, Ringwälle und alte Wohnstätten im Rothenay auf, dass wir keine Gegend der Alb kennen, welche dieser Gegend nahestehen würde. Im nahen Wolfstal finden wir Grabhügel, Hochäcker, Wohnstätten, Wohntrichter, Steinwälle, Ringwälle, Riesenhügel, Reihengräber und Gerichtsstätten vor, die auf das nahe »Landgericht« hindeuten. Beim Landgericht-Mundingen stossen wir sogar noch auf alte Talsperren, Weiherdämme und Gerichtsstätten. Im Wolfstal liegt auch die Bärenhöhle. 17. Lautermühle mit Wasserfällen auf den Kalktuffen des Tales. Lauterach, alte römische Niederlassungen. Hochberg mit seiner Tertiärdecke als Aussichtspunkt. In der Nähe Bettelmannshöhle. 18. Neuburg: Mündung der grossen Lauter ins Donautal (Abbildung 68). 19. Untermarchtal: imposante ε-Felsen mit Tertiärdecken. 20. Munderkingen.

Abbildung 68. **Die Lauter,** kurz vor ihrer Mündung in die Donau ob Rechtenstein. Auf dem Bilde sehen wir, wie die Donaualbtafel hier schon unter der Tertiärdecke langsam verschwindet und das Tal nicht mehr die hohen Felsenriffe zeigt, die es im mittleren Lauf besitzt. Unsere Felsen sind Oberepsilon, welches die Zementsteine durchbricht, denen grobe Tertiärmolassesande und Süsswasserkalk aufgelagert sind. Auch tragen einzelne Epsilonköpfe pliocäne Donauschotter.

Tur XXVI.

Kirchenertal: Ehingen-Lauterach.

Dieses Tal war während der Eiszeit Donau-Nebental, Pseudo-Donautal. Ueberall finden wir in ihm Donaukiese.

1. Ehingen: aufwärts am Weiherbach gegen Mochental. Hinter der alten Kleemeisterei am Saurücken Zementsteinbruch und Drahtseilbahn des Ehinger Zementwerkes. Dann am Kohlberg: Hohler Fels mit prähistorischer Höhle. Am Eichhau grosser Kalksteinbruch im Eschenbachtal. Im obern Teil des Letzteren die Eschenbach-Burgruine und alte Talsperre, Grabhügel. Vor 2. Schlechtenfeld erweitert sich das Tal zum »Kirchenerseetal«, einem Moorgrund, in dem der Weiherbach entspringt. Zwischen den mit Tertiär bedeckten Bergen »Weiherhalde« und Litishart liegt der Bergkegel Hoppburg mitten im Tal. Grabhügel auf dem nahen Kasparberg. Zwischen Kasparberg und Schachen zieht sich das Stettener Tal herein (zwischen Weissjura und Molassehöhen), welches mit dem Donautal Verbindung hat und Donaukies aufweist. Bei 3. Kirchen selbst steht mitten im Tal der isolierte Galgenberg, und die Josefskapelle erhebt sich auf einem Ausläufer an der Römerstrasse. Hinter Kirchen liegen Epsilonsteinbrüche, ebenso bei Stetten an der Dauphinestrasse. Der gelbe Fels am Schelmenbühl bei Kirchen zeigt Weissepsilon und Süsswasserkalk des Tertiär. 4. Schloss Mochental. Bis Lauterach (XXV. 18): Jura und Tertiär.

Tur XXVII.

Tur: Zwiefalter Aach und Teutschbuchtertiär.

1. Zwiefaltendorf liegt auf hohen diluvialen Kalktufflagern, die vielfach ausgebeutet wurden. Sie werden bedeckt und begrenzt von der Altmoräne der Rhein- und Aachtalgletscher; südlich der Donau liegen ganze Klötze Weissjura im Blocklehm. Der Emerberg im Norden: unten Weissjurazeta, darob unterer Süsswasserkalk, Grobsand, Brakwassermolasse und obere Süsswassermolasse; den höchsten Gipfel bilden Quarzgerölle der pliocänen Donauschotter. (Aehnlichen Aufbau zeigt der Teutschbuch westlich von Zwiefaltendorf: zwischen Daugendorf und Mörsingen. Daugendorf mit W. J. ε-Brüchen, dann Altmoräne des Rheingletschers mit sehr viel Jura, aus der wieder Zeta da und dort hervorschaut. Dann folgt unterer Süsswassermolassesand und Süsswasserkalkeinlagerungen oder Grobsand der Meeresmolasse, darüber Brakwassersande und Letten und zu oberst oberer Süsswasserkalk.) Bei Baach: Aufschlüsse mergeligen und platten Zetas mit Terebrateln. 3. Zwiefalten (prachtvolle Klosterkirche und Heilanstalt) liegt ganz auf Kalktuff. Nächste Umgebung: Weissjura, Epsilon und Zeta und darauf die Tertiäre wie beim Emerberg (1). Im Kesseltal Quelltopf einer Aachseitenquelle und Hungerbach. Das Tal ist hochromantisch, ε und ζ, dessen Anhöhen die Teutschbuchschichten tragen. 4. Mörsingen liegt auf Brakwassermolasse, und höher hinter Mörsingen liegen die berühmten Aufschlüsse der obern Süsswassermolasse. (Ebenso bei Upflamör, Hochberg, Gauingen und Sonderbuch.) Zurück nach Zwiefalten. 5. Gossenzugen: enges, hochromantisches Aachtal bis zur Wimsener Mühle: W. J. ε und ζ mit Bohn-

Abbildung 69. **Schloss Ehrenfels** im Zwiefalter Aachtal.
Das malerische Schloss liegt hinter Wimsen, und zeigt uns die Abbildung das grosse Laubholzgebiet des Teutschbuches, welches auf obersten Weissjura und Tertiär ausgebreitet ist.

erzgruben. Wimsener Mühle mit der nahen »Friedrichshöhle«, in welcher die Aach entspringt, als befahrbarer Höhlensee. Die Anhöhen um Tigerfeld tragen auf oberstem Weissjura viele Bohnerze des Oligocäns. (Wie die Verhältnisse am Teutschbuch liegen, so bei: Riedlingen, Pflummern, Andelfingen, Langenenslingen, Billafingen und Emerfeld.)

Tur XXVIII.

Lauchertal, Vehlatal und Killertal. Scheer bis Hechingen.

Quer durch die hohenzollern'sche Alb.

1. Scheer, mit Schloss: Auf ξ und ε liegen Molasse und Rheingletschergrundmoräne. In den Steinbruchspalten stecken eocäne Bohnerztone und Kieselknollen. 2. Sigmaringendorf: Ueberall Zetabänke,

Abbildung 70. **Hettingen im Lauchertal,**
auf Delta- und Epsilonfelsen lagernd.

zwischen denen ε-Köpfe hervorragen, die mit gelbem Tertiärsand bedeckt sind, oder mit Kieselknollen und Diluviallehm. 3. Eisenwerk Lauchertal. Im Westen neben dem Werk auf ε-Felsen gelbe Süsswassermolassesande und Jura-Nagelfluh, Kieselknollenlehme als Decke tragend. 4. Bingen: Epsilonfelsen mit Tertiärsanden und Bohnerzen bedeckt. Im wunderhübschen Bittelschiessertal: Einengung des Laucherflusses durch hohe, kühne Felsen, die vom Laucherttalgletscher stark erodiert sind, Gletschergrotten, Gletschermühlen und Trompeten, mit Nagelfluh gefüllt. Am Nägelefels Moor und Stautorfe. Auf der Höhe beim Nollhaus in ε und ξ' Encriniten und Korallenkrusten. Rechts und links vom Tal obere Süsswassermolasse auf Meeresmolasse und diese auf eocänen Bohnerzen. 6. Bei Veringendorf grosse Kalktufflager, daher Lauchertwasserfälle, die zur Erzeugung elektrischer Energie dienen. 7. Veringenstadt mit Ruine des festen Bergschlosses: Veringen. In der Nähe des Lauchertwehres: grosse ε-Felsen mit riesigen Grotten, Fall wohl durch Gletscherschub entstanden. Grosser Bogen der Lauchert um den steilen, felsigen Schlossberg. An der Landstrasse nördlich kantige Kiesmassen, Gehängeschotter, die der Gletscher liegen liess. Im Talgrund bis 8. Hermentingen: Torfmoore, zwischen den Epsilongehängen des Tales. Einmünden der Vehla, welche von Neufra, Gauselfingen und Burladingen kommt. Im Lauchertal tritt nun an den Abhängen Diluviallehm auf, welcher auf Grundmoränen aufliegt. 9. Hettingen mit Schloss auf steilen ε-Felsen (Abb. 70). Auch im weitern Verlauf des Tales, bis nach Gammertingen, tritt Blocklehm auf und Torflager, die aber nicht ausgebeutet werden. Die Anhöhen W. J. ε, denen beim Birkhof Diluviallehm aufgelagert ist. 10. Gammertingen liegt in einer ξ-Mulde auf Kalktufflager, von ε-Höhen umgeben. 11. Bronnen, Mariaberg (sehenswerte württembergische Staatsanstalt für blödsinnige Kinder, Direktor Herr Rominger, zeigt die guteingerichtete Anstalt gerne!) Mägerkingen, Hausen, Hörschwag liegt in weissen Epsilonmulden, während ξ nur selten auftritt. Da und dort finden sich Bohnerzlager und Reste von Brakwasser- und Obersüsswassermolasse. Lehme und Letten tertiärer und diluvialer Formation sind nicht sehr selten, sehr selten aber die Zetalehme, welche auf der Gammertinger und Zollernalb ganz fehlen, auf der Ebinger Alb aber sporadisch auftreten. (Das Seitental der Vehla greift bei Burladingen ins Killertal ein, welches über Hausen i. Killertal (brauner Jura), Starzeln und Killer (unterer braunner Jura und oberer Lias), Schlatt (Lias) bei Hechingen ins Eyachtal einmündet.)

Abbildung 71. **Geologische Pyramyde auf dem Lichtenstein. I.**

Die geologische Pyramide wurde im Jahre 1903 errichtet auf Veranlassung des Besitzers von Lichtenstein: Herzog Wilhelm von Urach. Sie stellt, wie Abb. 71 und 72 zeigen, einen steinernen Aufbau dar, in welchem alle Juraschichten der Alb in ihrer natürlichen Reihenfolge plastisch dargestellt sind und die Hauptversteinerungen der einzelnen Schichten darstellen. Den Bau leitete Herr Prof. Fraas mit Herrn Pfarrer Gussmann-Eningen und Lehrer Gfröreis in Grossengstingen. Abbildung 71 zeigt eine eiserne Tafel mit dem geologischen Querschnitt des Honauer Tales und den Schichtenbenennungen des Juras.

Zweiter Teil.

Beschreibung der Formationsglieder mit ihren Profilen; Petrefakten-Verzeichnisse und Petrefakten-Preislisten.

Allgemeines.

Die Beschreibung der Formationsglieder soll für das Albvorland ziemlich kurz ausfallen, denn der Schwerpunkt der Alb liegt im weissen Jura, Tertiär, Diluvium und Alluvium. Die Profile nahmen wir, wo angegeben, selbst an Ort und Stelle auf, wenn nicht Durchschnittsprofile nötig wurden, ein besseres systematisches Bild zu geben. Diese Durchschnittsprofile sind dann Idealprofile, Sammelprofile, von denen die vielen Lokalprofile etwas abweichen.

In den Petrefaktenlisten führen wir alle diejenigen Petrefakten an, welche Leitpetrefakten und nicht allzuselten sind. Seltenere Petrefakten sind auch selten zu bekommen.

Von den Formationsgliedern liegt der Jura zuunterst, und hat er im Aufbau der Alb den Riesenanteil, besonders der weisse Jura. Ueber ihm liegt das jüngere Tertiär und auf diesem Diluvium und Alluvium. Letztere kommen auf den Höhen wie in den Tälern vor, als Umwandlungen der älteren Formationen. Beginnen wir nun mit dem Jura, nachher lassen wir dann die jüngeren Formationsglieder folgen.

Der Jura der schwäbischen Alb.

Die Hauptformation der Alb.

Wir Schwaben geben unseren Juraschichten, mit Anpassungen unserer Aufschlüsse, die sog. Quenstedtschen Namen, welche noch heute die beste Wiedergabe der Albnatur bedeuten. Unsere Albschichten sind auch am gründlichsten durchforscht und in eine Menge Unterabteilungen zerlegt. Viele Aufschlüsse bieten ein reiches Bild für das ehemalige Leben des Jurameeres. Bäche und Abhänge, Strassenböschungen, Einschnitte und Halden, Felsen, Rutschen und Brüche zeigen oft mehr oder weniger schöne Petrefakten.

Der nordwestliche Steilrand der Alb, durch Erosion entstanden, bietet hauptsächlich die Aufschlüsse für Lias, Braun- und Weissjura, die Albhochfläche nur weissen Jura und die Donaugegend nur obersten Weissjura mit Tertiär. Die Decke bildet oft Diluvium und Alluvium. Die Mächtigkeit des gesamten Albjuras ist ca. 800 m (d. h. Spaichinger Gegend 1000, Reutlinger 800, Bopfinger Gegend 600 m). Beobachtet man im allgemeinen eine horizontale Schichtung, so bemerkt man doch daneben eine Menge grosser und kleiner tektonischer Spalten, Erhebungen, Verschiebungen, Senkungen und Ueberschiebungen, letzteres besonders in der Bopfinger Gegend. Am besten geschichtet ist der schwarze Jura (Lias).

Man unterscheidet ja in der Farbe der Formation einen schwarzen Jura (Lias) vom braunen (Dogger oder Eisenoolith) und weissen Jura (Malm der Engländer). Der schwarze Jura bildet das Albvorland, der braune seine Vorhügel und der weisse die eigentliche Alb, die Gebirgskämme und Hochebenen. Die Unterabteilungen weichen von denjenigen der schweizerischen und französischen und englischen Juraformations-Einteilungen bedeutend ab, weniger vom fränkischen Jura. Aber gewisse Leit-Petrefakten zeigen sich doch in der ganzen Welt und beweisen so eine universelle Zusammengehörigkeit.

Wie wir mit den **Turen** im Vorland begannen, so beginnen wir auch jetzt mit den **Formationen** und **Petrefakten** des Vorlandes und kommen daher zuerst zum

Schwarzen Jura oder Lias.

Dieser zerfällt in folgende Unterabteilungen: Unterer, mittlerer und oberer schwarzer Jura, von denen jede dieser 3 Unterabteilungen noch in verschiedene Stufen zu trennen sind. Der untere Lias bedeckt die Ebenen vor der Alb mit seinem meist harten Gestein. Der untere Lias wird in Alpha und Beta eingeteilt.

Hauptprofil des Lias.

Profil I.

Als Decke: **Brauner Jura.**

Oberer schwarzer Jura	Lias ζ	Aalensismergel (Amm. Aalensis). Jurensismergel („ jurensis). Radiansschichten („ radians). Variabilisbänke („ variabilis).
	Lias ε	Bollensisschiefer („ Bollensis). Posidonienschiefer (Posidonia Bronnii). Seegrasschiefer (Algacites granulatus).
Mittlerer schwarzer Jura	Lias δ	Costatenkalke (Amm. costatus). Amaltheenton („ amaltheus). Lineatenbank („ lineatus).
	Lias γ	Davoei-Kalk („ Davoei). Numismalismergel (Ter. numismalis und rimosa.) Cymbiumschicht (Gryphaea cymbium).
Unterer schwarzer Jura	Lias β	Raricostatenlager: (Amm. raricostatus). Oxynotenschicht („ oxynotus). Turneriton (Amm. Turneri und Terebr. Turneri).
	Lias α	Oelschiefer (Cidaris olifex). Arietenkalk (Amm. arietes). Angulatensandstein (angulatus, Thalassites). Psilonotenbank (Amm. psilonotus).

Oberster Keuper, Bonebedsandstein.

Wir beginnen nun mit dem untern schwarzen Jura und zwar mit den Profilen.

No. 1. Lias alpha (α).

Profil II.

Spaichinger Gegend: Lias α.

Aufgenommen an der Fischermühle der Schlichem bei Täbingen, O.-A. Rottweil.

oben		Ackerboden, Diluvium.
Arietenkalk	1 m	Kalkbank mit Gryphaeen und andern Schaltieren.
	2—3 m	Schieferletten, dunkle, mit einzelnen Gryphaeenbänken.
	1 m	Gryphaea arcuata-Massenkalk; Belemn. brevis primus; Arieten.
Angulatenkalk	0,06 m	Regentropfenplatte.
	3 m	Dunkle Schieferletten.
	0,04 m	Turitellenplatte.

Angulatenkalk	1 m	Schieferton und Letten.
	0,06 m	Thalassitenbank mit Thalassites giganteus.
	1 m	Mergel und dunkle Schiefertone mit bonbedartigen Stücken.
	0,06 m	Erste Thalassitenbank; Sandgryphäen.
Psilonotenbank.	2 m	Psilonotenbank mit seltenem Amm. psilonotus, auf dem Bonebedsandstein des obersten Keupers ruhend.

Profil III, Lias α.

Balinger Gegend, Endingen-Rosenfeld und Balingen-Eyachtal.

	Lias β. Graue Platten und verwitterte Abraumschichten mit Amm. capricornus.		
Oelschiefer.	25—30 cm	Oelschiefer mit Cidaris olifex und Ostraea olifex, Belemnites brevis, gequetschte Arieten.	
Arietenkalkbänke.	20—25 cm	Kalkplatten. (V. Kalkbank.)	Ammonites Birchi, spinaries, compressaries, Belemnites brevis, Pentacrinus u. s. w.
	20 cm	Schweichel.	Belemn. brevis, Gryphaea arcuata.
	40—42 cm	Schneller-pflasterstein. (IV. Kalkbank.)	Amm. Scipianus, Pentacr. tuberculatus.
	20 cm	Schweichel.	Amm. multicostatus, Brooki, Bucklandi, spinaries, falcaries, Nautilus aratus, Gryphaea arcuata und Plagiostoma giganteum.
	35 cm	Bucklandi-schneckenfels. (III. Kalkbank.)	Amm. Bucklandi, falcaries, multicostatus, Gryphaea arcuata, Nautilus aratus, Pecten glaber, aequalis, textorius, Monotis.
	12 cm 12 „	Kalkknollen Schweichel	ohne Petrefakten.
	30—35 cm	Haupt-gryphaeenbank. (II. Kalkbank.) Dreispälter.	Amm. liasicus, spiratissimus, rotiformis, Kridion, angulatus, compressus. Gryphaea arcuata, Nautilus.
	35 cm 20 „	Schweichel. Kupferfels. (I. Kalkbank.)	Amm. longidomus, angulatus gigas, Thalassites crassisimus, latiplex, Pecten glaber, Pentacrinus, Ostraea rugata.

Angulatenbänke: Malmsandstein.	30 cm	Schweichel.	Gryphaea arcuata, Amm. spiratissimus, Monotis inaequivalvis.
	30 „	blauer Malmstein.	Gryphaea arcuata Amm. angulatus klein in Knollen.
	1—$^1/_2$ m	Malmsandstein:	Riesenangulaten, Nautilus aratus, Ostraea irregularis.
	2—3 „	Schweichel.	
Psilonotenbänke.	Psilonotenbank.		
	0,5 m	Schweichel.	
	0,5 m	Schieferlette mit Pentacr. psilonoti.	
	0,8—1 m	Kalkbank mit Amm. psilonoti, sehr selten.	
	?	verdeckt und verrutscht.	

Untergrund: Bonbed des Rhäts, auf Stubensandstein liegend.

Profil IV, Lias α.

Reutlingens Umgebung.

	Lias β oben.
Oelschiefer	Gryphaeenkalkbänke mit Tonen wechsellagernd, die sog. Schnellerkalke, mit Gryphaea arcuata und Pentacrinus tuberculatus. Oelschiefer mit Cidarites olifex und Amm. multicostatus, dunkelfarbige Schiefertone.
Arieten	Obere Arietenbank mit Amm. rotiformis, Brooki, multicostatus, stellaries, Scipionianus. Mittlere Arietenbank mit Amm. Bucklandi, liasicus.
Schichten	Ton und Mergel. Untere Arietenbank mit Amm. longidomus, rotiformis, spiratissimus, Pecten glaber, calvus.
Angulatenschichten	Geoden mit dem »Vaihinger Vest«. Mergel und Tone mit einer Thalassitenbank: Th. crassiusculus und Listeri, Rynchonellen. Modiolabank. Blaue Kalkbank mit Riesenangulaten; Pecten und Pholadomyen. Fucusbank, mit feinem Fucus erfüllt.
Psilonotusschichten	Psilonotentone mit Cidarites psilonoti. Psilonotenbänke: Amm. psilonotus.
unten.	

Schon Profil IV weicht in seinem Aufbau von III und II ab, aber das nächste Profil doch noch mehr. Dementsprechend sind die Petrefakten auch etwas von einander verschieden, obwohl die Leitpetrefakten durchs ganze Formationsglied des Landes gehen.

Profil V.

Aalen, Wasseralfingen, Hüttlingen.

oben.	Lias β (oder sog. Goldshöfener Sande).
Arieten-schichten 3—4 m	Quarzsande und Kalkmergelsande mit Gryphaea arcuata. Eisensandsteine mit Pecten textorius. Monotis-Pectenbank: Monotis inaequivalvis und Pecten glaber. Thalassitenbank (III. Bank): Th. giganteus, Amm. Gmündensis. Gryphaenbank (II. Bank): Gryph. arcuata und Amm. Bucklandi. Gryphäenbank (untere I. Bank): Gryph. acruata und Amm. Conybeari.
Angulaten-schichten ca. 3 m	Abraum der Angulatensandsteine mit Gryphäenbank. Angulatensandstein mit Turritellenplatte und Fucusbank. „ „ Amm. angulatus. Gryphäensandstein, mergelig, mit Tropfen- und Asteriasbank.
Psilonoten-schichten ca. 1 m	Psilonotentone mit Cidaris psilonoti. Fleinsbank mit Schwefelkiesknollen. Spuren eines Bonebeds.
unten.	Knollenmergel des oberen Keupers.

Hier drang also schon das Jurameer in die Keuperlandschaft ein, als noch bei Balingen die Stubensandsteine abgelagert wurden.

Kontaktverhältnisse zwischen Keuper und Lias α sind selten zu beobachten, wo sie sich aber einstellen, sind sie sehenswert. So findet man Handstücke, die nach unten Keuper und oben Lias α haben. Die Psilonotenbänke sind oben oft verrutscht, zugedeckt, oder verwachsen. Auch ist die Psilonotenbank einmal Kalkbank, das andere mal Fleinsbank, einmal kommt der Ammonit vor, das andere Mal fehlt er völlig.

Abbildung 72. **Geologische Pyramide auf dem Lichtenstein. II.**

Die Petrefakten, welche auf dem Boden an der Pyramide liegen, stellen die verschiedenen Ammonitenarten von Lias α dar. Darüber folgen Lias β—ξ und über ihm, die Petrefekten des braunen und die oberste Pyramidensäule den weissen Jura, welchen W. J. ε Lochfelsen deckt.

Petrefakten- und Preisliste aus Lias alpha.

(V.) bedeutet: Preise für 5 Stück. Preise in Pfennigen.

Grenzstücke der Zwischenbank zwischen Keuper und Lias 100—500 ₰.

Petrefakten der Psilonotenbank.

Psiloceras psilonotus Qu. .	400—500 ₰
„ „ var. planorbe	400—500 „
Schlotheimia angulata . .	100—400 „
Arietites laqueus Qu. . .	300—400 „
Nautilus aratus Qu. (striatus)	400—500 „
Pleurotomaria psilonoti . .	50—200 „
„ rotellaeformis	50—200 „
Cidaris psilonoti Stacheln .	50—100 ₰
Pentacrinus (Stengelglied.)(V.)	100—200 „
Ostrea irregularis (V.) . .	100—200 „
Handstücke aus der Bank	100—500 „
Tone dieser Formation .	20— 30 „
Bonebedstücke	100—500 „
Stücke mit Schwefelkies .	20— 50 „

Petrefakten der Angulatenbank (Malmstein, Thalassitensandstein).

Schlotheimia angulata . .	80—300 ₰
Belemnites primus . . .	100—150 „
„ „ (Alveolen)	100—150 „
Pecten glaber	60— 80 „
Plagiostoma duplum . . .	100—150 „
„ giganteum . .	200 -250 „
„ Hartmanni .	250— 30 „
Wellenschläge	300—500 „
Regentropfenplatte . . .	100—300 „
Kupferfels mit Petrefakten	200—300 „
Thalassites concinus . . .	80—100 ₰
„ crassissimus .	100—120 „
Gryphaea angulati . . .	20— 40 „
„ ovalis	30— 50 „
Fucoides angulati . . .	50—100 „
Handstücke v. Vaihinger Nest	100 - 200 „
Turritellenplattenstücke .	100—300 „
Handstücke der Formation: Kalkstein, Sandstein, Tone u. s. w. von verschied. Fundstellen	ca. 5 Mark.

Arieten- oder Gryphäenkalke.

Arietites Verniceras Conybeari	200—300 ₰
„ (Discoceras) spiratissim.	200—300 „
„ „ robustus	400—500 „
„ (Arniceras) geometricus	je nach Grösse und Erhaltung per Stück 1-8 M.
„ „ densicosta	„
„ (Coroniceras) bisulcatus	„
„ „ Bucklandi	„
„ „ Kridion	„
„ „ multicostatus	„
„ „ rotiformis	„
„ „ spinaries	„
„ Asteroceras Brooki	„
„ „ obtusus	„
„ „ Gmündensis	„
„ „ stellaris	„
Aegoceras Birchi	„
Nautilus striatus	„
Fucoides arietes	80—100 ₰
Peuce württembergica, Holzst.	50— 80 „
„ „ Stammstücke	400—500 „
(Araucarites-versteinertes Holz.)	
Belemnites brevis primus .	100—200 ₰
Pleurotomaria anglica . .	100—200 „
„ rotellaeformis	100—200 „
Solarium infraliasinum . .	100—300 „
Thalassites crassissimus .	80—150 „
„ giganteus . .	80—150 „
„ ellipticus . .	120—200 „
„ latiplex . . .	80—150 „
Plagiostoma giganteum . .	100—200 „
Plicatula sacrinula . . .	50— 80 „
Pholadomya glabra . . .	60—100 „
Pecten glaber	50— 80 „
„ textorius	50— 80 „
„ aequalis	50— 80 „
Ostraea irregularis . . .	30— 40 „
„ arietes	40— 50 „
Myacites liasinus	60— 80 „
Monotis inaequivalvis . .	40— 60 „
Gryphaea arcuata (V.) . .	100 „
Pentacrinus tuberculatus-Glied (V.)	100 „
Rynchonella triplicata . .	80—100 „
Spirifer Walcotti	60—100 „

Quarzsande der Aalenergegend: Portion . . .	20 ₰
Eisenolithstücke „ „ Handstück . .	40—100 „
Stücke der Monotis- oder Pectenbank	100—300 „
„ „ Kalkbänke und Sandsteine	50— 60 „
Mergel- und Tonschichtenproben	40— 50 „
Marmor der Göppinger Gegend	100—200 „

Abbildung 73. **Aussicht vom Geigersbühl bei Nürtingen gegen Norden.**

Abbildung 32 zeigt uns den Geigersbühl, eine Melilithbasalttuffröhre. Von diesem Braunjuravulkanrücken aus sehen wir die Gegend von Altenrieth, Uhlberg, Raidwangen, den Kernen und Nürtingen, also Hügelketten, welche den untern Lias tragen.

Oelschiefer (Zwischenbildung zwischen Lias α und β)

darf nicht mit den höher liegenden Posidonienschiefern (Lias ε) verwechselt werden. Die Petrefakten kommen nur verdrückt vor, sind auch selten.

Cidaris olifex	200 - 300	₰
Pentacrinus olifex	200—300	„
Belemnites brevis	60— 80	„
Serpula olifex	100—120	„
Plagiostoma gig.	100—200	„
Handstücke des Oelschiefers, aus Balinger, Reutlinger, Tübinger und Göppinger Gegend .	100—200	„

Handstücke für petrographische Studien aus gesamtem Lias α.

Schieferletten, Mergel, Kalksteine, Sandsteine, Mineralien u. s. w. je nach Zusammenstellung und Reichhaltigkeit 10--15 Mark.

Petrefaktensammlungen des Lias α meiner Wahl für Schulen.

10 Arten	20 Arten	30 Arten	40 Arten	50 Arten
2 ℳ	4 5 ℳ	6 – 8 ℳ	8 – 12 ℳ	12 - 14 ℳ

Als Lehrmittel sind diese Sammlungen besonders gesucht und werden gekauft mit

Mineralogischen Sammlungen des Lias α meiner Wahl für Schulen und Gymnasien:

enthaltend Belegstücke der einzelnen Formationsglieder: Tone, Sande, Sandsteine, Kalksteine, Schwefelkies und Kupfersteine, Kalkspate, Braunspate, Aragonite, Marmore, Verwitterungsproben dieser Formationsglieder u. s. w. von 10 – 20 Mark.

2. Lias beta (β).

Turneritone und Betakalke, Oxynoten und Raricostatentone.

Idealprofil von Beta: **Reutlinger Gegend.**

(Die Tone werden in der Balinger Gegend höher, in der Gmünder und Göppinger niederer.)

Profil VI.

Lias γ.

Ober Lias Beta	ca. 0,9 m	Raricostatenbank mit Amm. raricostatus und Gryphaea cymbium, Pentacrinites scalaris.
	ca. 2 m	Oxynotenlager mit Amm. oxynotus. — Pecten aequalis. Schwefelkiesknollen.
	ca. 1 m	Biferlager: Amm. bifer, lacunatus miserabilis u. s. w. — Cuculaea, Astarte, Nucula, Cardium und Pecten aequalis. Schwefelkiesknollen.
	20 cm	Betakalkbank mit Amm. stellaris, betacalcis, Terebratula und Spiriver betacalcis, und manche andere Schaltiere, alle verkalkt, nicht verkiest, wie in den andern Schichten. Fistulana betacalcis.
Unter Lias Beta	10—11 m	Turneritone: Amm. Turneri, Rynchonella Turneri mit Geoden von Toneisenstein (bedeutende Schwefelkiesausscheidungen, Petrefakten verkiest, besonders die Amm.-Dunstkammern.
	2 cm	Nagelkalk.
	6 m	Turneritone (meist ganz petrefaktenleer. Leicht schüttige Verwitterungstone, blätterig mit Schwefelkies und Toneisensteingeoden; magerer als die obern Tone).
	1 m	Graue Tone: Amm. capricornus mit Turneri und Pecten aequalis. Petrefakten verkiest und blätterig. Pentacrinus tuberculatus und scalaris.
	10—20 cm	Grauer harter Kalkmergel mit Amm. capricornus, Plagiostoma giganteum. Amm. Turneri selten. Rynchonella Turneri.

Lias α.

Lias Beta ist nicht besonders reich an Petrefakten, besonders nicht die unteren Tone, die manchmal bereits gar keine Funde abgeben, trotz ihrer riesigen Entwicklung.

Petrefaktenverzeichnis der Turneritone: untere Betatone.

Aegoceras capricornus .	100—150 ₰
Cymbites globosus . . .	200—300 „
Schlotheimia lacunata . .	200—300 „
„ lacunoides .	200—300 „
Oxynoticeras paniceum .	200—300 „
Asteroceras Turneri (Arietites)	50—60 „
Serpula globiceps . . .	20—30 „
Pentacrinus Turneri-Glied. (V.)	50—60 „
„ tuberculatus „ (V.)	50—60 „
„ scalaris „ (V.)	60—80 „
Gryphaea obliqua	40—60 ₰
Monotis inaequivalvis . . .	50—60 „
Pecten aequalis	30—40 „
Plagiostoma giganteum . .	60—80 „
Rynchonella Turneri (V.) .	20—30 „
„ belemnitica . .	30—40 „
Fucoides betacalcis (Stücke)	20—60 „
Coniferenholzstücke . . .	60—100 „
Brauneisentongeoden . . .	10—20 „
Tonproben dieser Tone . .	20 „

Petrefakten des Betakalkes: sämtlich verkalkt.

Fistulana betacalcis . . .	20—30 ₰
Monotis papyria	60—80 „
„ inaequivalvis . .	60—80 „
Pecten textorius	60—80 „
Gryphaea obliqua	50—60 „
Turbo und Trochus . . .	100—150 „
Schlotheimia betacalcis .	300—400 „
Arietites Aegoceras Turneri (Asteroceras)	200—300 „
Terebratula numismalis inflata	30—40 ₰
„ ovatissima . . .	40—50 „
„ vicinalis betacalcis	30—40 „
„ „ lagenalis	30—40 „
„ subcornuta vicinalis	50—60 „
Rynchonella plicatissima .	40—50 „
Spirifer betacalcis . . .	60—80 „
„ verrucosus . . .	60—80 „
Arietites Brooki β	300—400 „
Aegoceras capricostatum .	300—400 „

Pefrefaktenverzeichnis der obern Tone.

Aegoceras bifer	30—40 ₰
„ bispinosus . .	30—40 „
„ nudicosta . .	30—40 „
„ quadricosta . .	30—40 „
Ophioceras raricostatus .	60—80 „
„ gracilis . . .	60—80 „
„ robustus . . .	100—120 „
Agassiceras miserabilis β .	150 200 „
Oxynoticeras oxynotum .	30—40 „
„ „ compr.	50—60 „
„ „ depressum	50—60 „
„ „ evolutum	70—80 „
„ amalthoides .	100—120 „
Belemnites brevis secundus	40—50 „
Venus pumila	20—30 ₰
Plicatula oxynoti . . .	20—30 „
Pecten aequalis	30—40 „
„ glaber	30—40 „
Ostraea arietes	40—50 „
Nucula variabilis	30—40 „
„ Palmae	30—40 „
Myacites oxynoti	40—50 „
Monotis inäquivalvis . . .	50—50 „
Gryphaea obliqua	20—30 „
Cucullaea Münsteri β . .	20—30 „
Terebrat. numismalis β . .	30—40 „
Rynchonella oxynoti . .	40—50 „
Pentacrinus scalaris (V.) Glieder	30—50 „
Mineralien und Formationsbelegstücke	100—200 „

Schulsammlungen: Lias β.

10 Arten	20 Arten	30 Arten
2 ℳ	4 ℳ	6 ℳ

3. **Lias gamma (γ). Numismalismergel.** 2—10 m mächtig.

Durchschnittsprofil. No. VII.

Ober γ	Bänke mit verkalkten Ammoniten (Davoei, striatus, lineatus, maculatus) und Inoceramuslager. Aalener Flammenkalke mit Amm. Davoei, fest mit dem Gestein verwachsen. Inoceramusbank mit Inocer. nobilis, im ganzen Lande durchgehend. Bläulich werdende Mergel mit auffallend häufigem Bel. paxilosus numismalis. (Die sog. Belemnitenschlachtfelder des Lias).
Mittel γ	Belemnitenlager mit Bel. paxilosus numismalis. (Graugelbe Mergel, dunkler als unten.) Pentacrinusbank mit Pent. basaltiformis und subangularis. Ammonitenlager (ibex, centaurus, maculatus; meist gefunden nur in verkiesten Wohnkammerbruchstücken, selten in ganzen Exemplaren.) Region der verrosteten Amm. Jamesoni, petta, Terebr. numismalis und Rynchonella rimosa (auch hier nur sehr selten ganze Ammoniten!) Amm. wie natrix und Maugenesti. Amm. Taylorilager und heterophyllus numismalis.
Unter γ	Kalkbänkchen mit Amm. armatus nodogigas und Pholadomya decorata. (Die Ammoniten besser als in den obern Lagern erhalten, aber sehr selten vorkommend.) Gryphaea cymbiumlager (harte Mergellager, graugelb). Spiriferbank: spirifer rostratus und verrucosus. Amm. nodogigas verkalkt. Lager kurzer Belmniten und verkalkter Terebrateln in lichten Mergeln.

Abbildung 74. **Aussicht vom Geigersbühl bei Nürtingen auf die Albberge** vom Jusi bis zum Hohenzoller. Wir sehen den untern und mittlern Lias, den obern Lias und Braunjura, sowie die Berge des weissen Juras.

Der mittlere Lias (γ und δ) bildet eine besondere Terrasse, die sich vom untern leicht unterscheidet. Gamma und Delta bildet einen Wechsel von Tonen und Mergeln, zwischen welche sich dünnere und dickere Kalkbänke einlagerten. So unterscheidet er sich von dem untern und obern Lias, denn die Schieferbänke, die mit ε auftreten, zeigen eine ganz neue

Welt, ein völlig anderes Ansehen als γ und δ. In γ und δ bestehen die untersten und obersten Formationsglieder aus Kalkbänken mit verkalkten Petrefakten. Die Mitte von γ und δ aber besteht aus fettem (δ) und weniger fettem (γ) Ton, in welchem die Petrefakten verkiest vorkommen, und natürlich in γ verrostet sind und in δ wie vergoldet. Daher diese Deltaschichten oft »Goldbänkle« im Volke heissen, und die sie durchschneidenden Quellen »Goldbächle«. Manche Bänke haben ihre besonderen Leitmuscheln, neben denen Petrefakten vorkommen, welche sich in ganz γ und δ finden.

Die Numismalismergel haben ihren Namen von Terebratula numismalis (Münzenmuschel), die in ganz γ sich findet. Meist sind sie gut aufgeschlossen, da diese Lager nur ungern zuwachsen, wenn sie Gehänge bilden. Der Kenner sieht daher diese Lager schon aus der Ferne. Oft sind sie durch die Zementindustrie (Portland- und Romanzement) aufgeschlossen (Balingen, Nürtingen, Kirchheim; siehe diese Turen!) und bieten dann schöne Profile. Am besten finden sich diese Schichten in der Balinger Gegend entwickelt, während z. B. bei Aalen die Kiesmergel fehlen und nur die Bänke vorhanden sind. So misst auch γ bei Balingen 12—13 m, bei Aalen nur noch 3—4 m, als Davoeikalke.

Lias δ ist berühmt durch seine hübschen, goldigglänzenden Ammoniten der Amaltheenzone und durch seine vielen Belemniten, die nirgends in solchen Massen auftreten wie in δ. Aber freilich sind sie meist total zerbrochen, wie in γ schier alle Ammoniten zerbrochen sind und ein ganzes Stück äusserst selten ist.

Petrefaktenverzeichnis. Lias γ.

Von den vielen Ammoniten sind ganze Stücke höchst selten, dagegen sind selbst die Wohnkammerstücke oft sehr schön und gut verkiest.

a) **Ammoniten:** ganze 1—3 ℳ. Wohnkammern 10—50 ₰.

Aegoceras capricornus und Davoei, natrix in 6 Varietäten.
Polymorphites „ confusus und Jamesoni in 5 Varietäten: Dumortieria u. s. w.
„ maculatus und Bronni in verschiedenen Varietäten.
„ armatus.
„ (Deroceras) planarmatus und polymorphus in mehreren Arten.
„ (Liparoceras) Taylori in 3 Arten, und striatus in 4 Arten.
Cycloceras Maugenesti in 4 Arten, und Valdani, Masseanus u. s. w.
Coloceras pettos, centaurus u. s. w.
Cymbites globosus. Phylloceras heterophyllus numismalis, ibex u. s. w.
Lytoceras lineatus in 8 Arten. Oxynoticeras oxynotus numismalis, 2 Arten.

b) **andere Cephalopoden:**

Belemnites brevis tertius . .	20—30 ₰	Belemnites rugulatus . .	100—150 ₰
„ clavatus (V.) . .	30—40 „	„ ventroplanus .	100—150 „
„ paxilosus . . .	30—40 „	Nautilus aratus num. . .	100—200 „

c) **andere Petrefakten:**

Terebratula numismalis (V)	50—100 ₰	Rynchonella calcicosta . .	20—30 ₰
in 8 versch. Varitäten: Waldheimia.		„ curviceps . .	20—30 „
Terebratula sphaeroidalis .	20—30 ₰	„ rimosa (V) . .	20—30 „
„ subquadrifida .	30—40 „	„ triplicata (V) .	40—50 „
Spiriver verrucosus	40—50 „	Modiola numismalis . . .	60—80 „
„ Walcotti	40—50 „	Monotis inaequivalvis . . .	60—80 „
Cardium cucullatum . . .	40—50 „	„ interlaevigata . . .	60—80 „
Crenatula numismalis . . .	40—40 „	Pecten glaber	60—80 „

Gryphaea cymbium	40—50 ₰	Spongites velatus	60—80 ₰
Inoceramus nobilis	40—50 „	„ pumilus	60—80 „
Lima acuticosta	40—50 „	„ textorius	60—80 „
Helixina expansa	30—40 „	Pentacrinus basaltiformis . .	30—40 „
Trochusarten	20—30 „	„ moniliferus . .	40—50 „
Turboarten	30—40 „	„ subangularis .	50—60 „
Spongites, seltene, verkieste rohe	30—40 „	Codylederma lineati . .	50—60 „

Gagat (Holz, schwarzglänzend) in Stücken 20 - 30 ₰.
Conellen: Kalkspatkrystalle in Pyramidenform auf Striaten 30—40 ₰.
Belegstücke der einzelnen Formationsglieder: Mergel und Kalksteine 20—30 ₰.

Schulsammlungen:	10	20	30	40	50	60	70 Arten
	2	4	6	10	15	20	30 Mark.

In den Schulsammlungen sind Amm.-Arten durch Wohnkammerstücke vertreten.
Mineralien: Schwefelkies, Conellen, Kalkspate u. s. w. in diesen Schichten 2—3 Mark.

4. Lias Delta (δ) Amaltheentone.

Idealprofil: VIII.

Ober δ
(Mergelknollenschicht, Septarientone der Aalener Gegend).
Blaufarbige Belemnitenknollenbänke mit Bel. paxilosus gigas.
Costatenkalke (Amm. costatus) Rynch. quinqueplicata und Spirifer grosse Art. (4—5 Bänke mit Tonschichten dazwischen.)

Mittel δ
Plicatulalager, Leptaena mit Plicatula spinosa, Leptäna liasica.
Heterophyllen-Lager: Amm. heterophyllus, Riesenamaltheen, Striaten u. s. w.
Cypristone, dunkle.

Unter δ
Pentacrinusbank (subangularis) blaugraue Kalke. Lineaten. Eigentliche Amaltheentone: dunkle, fette Tone mit Amaltheen, verkiest. Bel. clavatus.
Helle Tone mit einer Lineatenbank dazwischen.
Ammonitenlager v. lineatus, striatus u. s. w.

Petrefaktenverzeichnis aus Lias δ. (Amaltheentone).

Von Pflanzen: Calamites amaltheus: Gagatstücke, wie in γ: 20—30 ₰.

Amaltheus margaritatus compressus	20—60 ₰	Cymbites globosus . . .	100—200 ₰
„ „ coronatus	80—150 „	Harpoceras radians amalth.	200—250 „
„ „ costatus .	80—150 „	Phylloceras heterophyllus .	100—150 „
„ „ depressus	40—60 „	Lytoceras lineatus . . .	100—200 „
„ „ nudus . .	20—60 „	Liparoceras striatus . . .	100—200 „
„ „ spinosus .	80—100 „	Nautilus aratus amalth. .	100—200 „
Bel. acuarius amalthei . . .	20—30 „	Bel. paxilosus amalthei elongatus	20—30 „
„ breviformis „	30—40 „	„ „ „ gigas .	100—200 „
„ clavatus	20—30 „	„ „ „ parvus	30—40 „
„ ventroplanus	40—60 „	„ „ „ pinguis elongatus .	60—80 „

andere Petrefakten:

Oypris amalthei	30—100 ₰	Pentacrinus basaltiformiis δ (V)	60—80 ₰
Glyphaea „	300—500 „	„ subangularis . .	40—60 „
Serpula cristata	20—30 „	„ variabilis . . .	40—60 „
„ quinquesulcata .	40—60 „	„ subteroides . .	80—100 „
„ triedra	50—70 „	Rynchonella amalthei . . .	20—30 „
Terebratula cornuta . .	40—50 „	„ furcillata . . .	40—50 „
„ punctata . .	50—60 „	„ quinqueplicata .	40—50 „
Spiriver rostratus, glatt .	70—80 „	in verschied. Varitäten.	

Spiriver verrucosus delta .	60—80 ₰
„ Walcotti delta . .	60—80 „
Chardium amalthei mihi . .	60—80 „
Cuculaea Münsteri delta . .	60—80 „
Gervillia amalthei mihi . .	60—80 „
Inoceramis „ „ . .	80—100 „
Modiola „ „ . .	80—100 „
Helicina expansa	60—80 „
Pleurotomaria amalthei . .	80—100 „
Rynchonella juvenis . . .	40—50 „
„ scalpellum . .	30—40 „
„ tetraedra . . .	30—40 „
„ triplicata . . .	30—40 „
Monotis inaequivalvis amalt.	40—80 „
Nuculaarten, 6—8	40—60 „
Pecten, 6—8	40—60 „
Plicatula spinosa (V) . . .	50—60 „
Trochus- und Turboarten .	20—80 „

und andere Petrefakten.

Belegstücke für die Formationspetrographie 1—3 Mark.

Schulsammlungen:

10	20	30	40	50	60	Arten aus δ.
2	4	7	10	15	20	Mark

Mineralien aus Lias δ: 2—4 Mark, dieselben sind aber selten am Lager.

Abb. 75. **Steinhofen am Fusse der Alb von Süden** auf der Posidonienschieferebene.

Wer mit der Bahn Tübingen-Sigmaringen von Bisingen nach Engstlatt fährt, bemerkt Steinhofen vom Zug aus, gerade so, wie sie unsere Abb. zeigt. Steinhofen liegt auf Lias ε und sehen wir im Vordergrunde des Bildes, wie der mittlere und obere Lias von den Wasserläufen zerrissen wird. Am widerstandsfähigsten ist dann ε, welches durch seine Schiefer dem Wasserlauf stets mehr Festigkeit entgegensetzt als γ und δ.

5. Lias Epsilon.

ε. Posidonienschiefer.

Der wichtigste Formationshorizont des ganzen Lias durch seine vielen Saurier- und Fischfunde, glattgedrückten hübschen Petrefakten. Besonders die Bollerfunde sind bisher in alle Sammlungen eingedrungen und die Pentacrinusplatten weltberühmt geworden. IX. Profil nach Hauff, des Göppinger Posidonienschiefers.

15	cm	»Schlacken«.
70	„	Saurierschiefer.
15	„	Wilder Stein.
20	„	Oberer Stein.
5	„	gelbe Platte.
50	„	Schiefer.
16	„	Unterer Stinkstein.
45	„	Schiefer.
20	„	Fleinsbank.
50	„	Schiefer.
100	„	Seegrasschiefer.

Tafelfleins von Zell.

Saurier finden sich in allen ε Schichten, aber am meisten im Saurierschiefer.

Selten bot eine Formation eine solche Riesenmenge von Versteinerungen wie diese weltberühmten Schichten.

Nachfolgendes »Idealprofil« von uns zusammengestellt, dürfte noch besondere Aufmerksamkeit verdienen.

X. Idealprofil: Lias ε.

Ober ε

- Amm. crassus und bifrons-Schichte von Balingen, Boll, Aalen mit Chondrites Bollensis.
- Amm. Bollensis-Platte, besonders in der Kirchheimer Gegend entwickelt.
- Oberes Hauptbelemnitenlager: tripartitus, digitalis.
- Pecten contrariusplatte.
- Orbicula-Schiefer der Reutlinger und Riesenheterophyllenschiefer der Kirchheimer Gegend. Nagelkalklager.
- Leberboden mit Posidonia Bronni parva, im ganzen Land.

Mittel ε

- Monotisplatte v. Monotis substriata.
- Communisbank des ganzen Landes, mit Amm. communis.
- Mittleres Belemnitenlager mit Bel. acuarius. (Hie und da erst in ober ε eintreffend).
- Kloake: Fischschuppen, Ichthyosaurusreste.
- Oberer Schiefer mit Inoceramus gryphoides. »Wolke bei Reutl.«
- Oberer Stinkstein mit Sepien. Balinger »Baustein«.
- Mittlerer Schiefer: grosse Posidonia Bronnii und schmale Fucoiden.
- Unterer Stinkstein, Balinger Laibstein mit Leptolepis Bronnii.
- Boller Schieferfleins mit Amm. communis und Posidonia Bronnii grosse »Hainzenplatte« mit Pentacrinus subangularis und Hiemeri.

Unter ε

- Seegrasschiefer mit Algacites granulatus (breitblätterig).
- Blaue Mergel mit Plicatula spinosa, Spirifer villosus, Cypris.
- Unteres Belemnitenlager mit Bel. paxillosus epsilon.
- Tafelfleins-Platten.
- Cidaritenplatte mit Cidaris criniferus.

NB. Dieses Idealprofil ist nicht für alle Gegenden zutreffend, da jede Gegend ihre eigenen Abweichungen besitzt.

Petrefakten- und Preisliste aus Lias ε.

Algacites granulatus, Handst.	60—100 ₰
Araucaria perecrina . . .	100—200 „
Otozamites gracilis . . .	200—600 „
Gagat, Handstück . . .	20—200 „
Pentacrinus subangularis, Stilglieder	20—100 „
Einzelne Kronen mit Stil	200—15000 „
Cidaris Posidoniae, Handst.	80—2000 „
Lumbricaria conjugata (Anneliden-Excremente)	400—800 „
Monotis substriata, Handst.	100—400 „
Inoceramus dubius „	60—100 „
Posidonia Bronnii, Handst. magna und parva . . .	60—100 ₰
Uncina posidonia	80—150 „
Alle Petrefakten auf Muttergestein aufsitzend, auf Schieferplatten!	
Mytilus gryphoides . . .	60—100 „
(siehe Inoceramus) aus dem Schiefer verdrückt, im Stinkstein ganz erhalten.	
Mactromya Bollensis . . .	60—100 „
Pecten contrarius	60—100 „
Pholadomya decorata . .	60—150 „
Plicatula spinosa	60—100 „

Ammoniten:

Lytoceras cornucopiä (ceratophagus)	100—600 ₰
Lytoceras ceratophagus .	50—200 „
Harpoceras Lythensis . .	60—600 „
„ capellinum .	150—400 „
Hildoceras bifrons . . .	150—400 „
Hildoceras serpentinum .	150—300 ₰
Coeloceras communes . .	50—300 „
„ anquinum . .	50—300 „
„ crassus . . .	150-300 „
Aptychus Lythensis . . .	60—300 „

Belemniten und Tintenfische:

Belemnites acuarius . . . 80—300 ₰	Loliginites Bollensis . . 150—1000 ₰
„ tripartitus . . 80—500 „	Belotheutis Schübleri . . 150—900 „
„ paxillosus . . 80—500 „	Bel. digitalis . . . . . 150—200 „
	„ rostratus . . . . . 150—200 „

Grössere teurere Tiere: Fische und Saurier:

Dapedius pholidotus . . . 4—40 ℳ
„ punctatus . . . . 6—110 „
Tetragonolepis semicinkt. . 11—12 „
Lepidotus Elvensis . . . . 25—180 „
Ptycholepis Bollensis . . . 12—60 „
Pholidophorus Bechei . . . 4—25 „
„ Germanicus . 2—20 „
Pachycormus Bollensis . . . 28—200 „
„ curtus . . . . 8—60 „
Belonostomus acutus . . . 1—8 „
Leptolepis Bronnii . . . . 1—4 „

Thrissops micropodius . . 12—40 ℳ
Ichthyosaurusarten vollständig von 200 Mark an per Stück.
Einzelne Schädel von 20 Mk. an
„ Flossen von 6—12 Mk. an.
Körperteile: Wirbel, Rippen u. s. w. von 1 Mk. an zum Originalpreis aus den Steinbrüchen des Herrn Hauffs.
Formationsbelegstücke . . . 2—3 ℳ
Schulsammlungen von 5—150 ℳ je nach Grösse.

6. **Lias ζ. Jurensismergel.** Mit Profil XI und XII.

I. Profil von der Kirchheimer Gegend. Nach Hauff.

30 cm Humus.
120 „ zerstreute Kugeln.
10 „ Kugeln.
35 „ Letten u. Mergel.
15 „ Kugeln.
20 „ Letten u. Mergel.
20 „ Kugeln.
60 „ Radiansschichten.

II. Balinger und Aalener Gegend.

Ober	Mergel mit Amm. Aalensis und costula. Aalener Gegend. Mergel mit Amm. serrodens. Bel. tricanaliculatus, brevirostris.
Mittel	Amm. jurensisbänke, insignis, Nautilus insignis von Kirchheim, Balingen, Aalen, Spaichingen.
Unter	Mergel mit Amm. radians und Bel. digitalis. (Bal.) Variabilisschiefer. (Amm. variabilis, discoides.) Crassusbänke und Amm. bifrons.

Petrefaktenliste aus Lias ζ.

Lytoceras jurensis . . . 50—300 ₰
„ Germaini, interruptus 120—520 „
„ interruptus laevis . 80—120 „
Harpoceras striatulum . . 80—300 „
Hammatoceras insignis . 120—550 „
Harpoceras radians depress. 30—120 „
„ Eseri . . . . 60—520 „
} mit eingezeichneten Lobenlinien 50 ₰ bis 3 ℳ pro Stück mehr.

Rynchonella jurensis . . . 30-40 „
Osträa jurensis . . . . . 30—100 „
„ sessilis . . . . . 30—100 „
Inoceramus dubius . . . 20—150 „
Pleurotomaria zonata . . . 50-300 „

Belemnites acuarius . . . 30—50 ₰
„ tripartitus . . 20—50 „
„ digitalis . . . 50—100 „
Nautilus jurensis . . . . 60—550 „
Proben v. Fucoides jur. . 60—100 „
Bullopora jurensis auf Belemniten . . . . 30—80 „
Diastopora liasica . . . . 30—80 „

Proben von Kalkknollen, Mergeln und Letten, sowie Verwitterungsprodukten dieser Formation 100—300 ₰.

Schulsammlungen:	10	20	30 Stück
	6	12	20 Mark.

Brauner Jura. Oolith. (Dogger.)

Hiezu Abbildung 76. Ansicht der Albkette mit dem braunen und weissen Jura vom Florian bei Metzingen.

Der braune Jura trägt seinen Namen von der braunen Farbe, welche unten mehr der schwarzen, oben der weissen sich nähert. Der Eisenrogenstein kommt in ihm zur besonders schönen Entwicklung. Er bildet die Vorhügel der Alb und in den hübschen Tälern des Steilabfalls die Bachrinnen. Wer vom Unterland aus sich der Alb nähert, sieht, dass der braune Jura ein eigentümliches Landschaftsbild, ähnlich dem Keuper, bietet: gerundete, sanfte, saftige Hügel, über denen erst die Albkette sich aufbaut. (Siehe geolog. Landschaftsbild. Abb. 76.) Es wird wenige Landschaftsbilder der Alb geben, wie das prachtvolle geognostische Charakterbild P. Widmayer's aus Stuttgart, das er für den Albverein entwarf und welches der Albverein auch gütigst unserem Buche zur Verfügung stellte. Wir sehen auf diesem Bild nicht blos die Centrale der Albvulkanisation vor uns, sondern überblicken die gesamten Herrlichkeiten des Albvorlandes, soweit dasselbe dem Braunjura angehört.

Bildete der Lias mehr Ebenen und Decken des Keupers, so bildet der braune Jura sanfte abgerundete Hügel, über denen sich erst der Albkamm erhebt. Eigentliche Berge bildet ja der Lias überhaupt noch nicht, während der Braunjura sie schon zu bilden im Stande ist, wie unser Bild 76 deutlich zeigt. Die Gesamtmächtigkeit des Braunen beträgt ca. 180 m, ist er doch im Südwesten des Landes am bedeutendsten entwickelt, während er gegen Nordost stetig abnimmt, aber so, dass der untere Braune sich mehr gleich bleibt, der mittlere aber einschrumpft und der obere bereits in der Aalener Gegend schier verschwindet. Bei Balingen ist der Braune am höchsten: 270 m, bei Tuttlingen nur 227 m, Reutlingen 220 m, Kirchheim 100 m, am Kocher bei Aalen 168 m, bei Bopfingen nur noch 120, also nicht halb so mächtig als in der Balinger Gegend. Andere Unterschiede sind: der »Personatensandstein« ist nur in der Hohenstaufengegend entwickelt, in der Balinger Gegend fehlt er schier ganz, wogegen die »Blauen Kalke« am besten in der Balinger und am schlechtesten in der Kirchheimer Gegend entwickelt sind. Der Ornatenton zeigt bei Balingen 40 m, am Ipf ist er kaum zu finden. Wer die Eisenerze studieren will, muss in die Aalener Gegend gehen.

So scharfe Unterabteilungen lassen sich in ihm nicht mehr ziehen, wie im schwarzen, aber obwohl verschiedene Lokalitäten wohl ganz verschiedene Gesteine aufweisen, sind doch die Leitpetrefakten durchs ganze Land verbreitet. Die Mächtigkeit des Braunen übertrifft auch diejenige des Schwarzen, wie auch wiederum der Braune noch vom Weissen übertroffen wird.

Abbildung 76. **Das Hügelland des braunen Juras und der Steilabfall des**

Im Vordergrund haben wir die Florianplatte vor uns, den vulkanischen Pfropf der Tuffröhre, überall sehen wir die Weissjurafelsenblöcke: δ' und ε' auf dem Gipfel herumliegen, die hübsche Bank lehnt sich an einen solchen δ' Felsenklotz, in dessen Spalten Bohnerzlehm und Melilithbasalttuff liegen. An dem Signalstein liegt ebenfalls oberster weisser Jura, der sich bis zu den sichtbaren Bäumen in die Tiefe zieht. Hinter den Bäumen, da wo die Grenze zwischen Schafweide und Weinbergen beginnt, liegen die Granitgruse. Fällt er gegen Metzingen steil ab, in br. J. β, so fällt er links nur sanft ab gegen die Grafenberger Strasse.

Links vom Kohlberg und dem Jusiabfall liegt das vulkanische »Bölle«, hinter ihm am Horizont sichtbar der vulkanische Aichelberg und der Turmberg. Am Fuss des »Beurener Felsens«, zwischen Teck und Neuffen, sehen wir den kl. Vorsprung des vulkanischen Vorkommens »Alte Reuter«. Hinter Beuren liegen die Beurener Tuffvorkommen. Die Festungsruine »Hohenneufen« erhebt sich günstig auf ihrem e
massiger legt sich vor diese B
auf seine grossartigen Aufschl
hin. Die offene Stelle links ge
Im Tuff liegen riesige Weissj
oligocäne Bohnerze. Der Tuf
Splittern der durchbrochenen
sehen wir einen Tuffsteinbruc
Kappishäusern liegen. — An
der vulk. »Dachsbühl«, we
schneidet und so die Weissjur
ist der »Hofwald« mit Brau
vorkommen. Der etwas steile

Alb) vom Hohenstaufen bis zum Hohenzollern vom Florian aus gesehen.

kanischen Untergrund, aber viel
Die hellen lichten Stellen weisen
ben, Rutschen und Steinbrüche
t aus Tuff- und Lapillifüllungen.
und ε', Zetaletten, Zetaplatten,
gemisch mit eingeschmolzenen
alb den vordern Kappishäusern
ltbrüche oberhalb den hintern
Metzingen und Kohlberg liegt
se in einem Einschnitt durch-
rs freilegte. Der schöne Wald
und Basalt-, sowie Basalttuff-
vulk. »Hofbühl«. Im Ermstal

blickt Neuhausen an der Erms zu uns heraus und rechts davon sehen wir den halbkugelförmigen mit Weinberghäuschen gekrönten »Metzinger Weinberg«. Wo am »Weinberg« die Metzinger Strasse die grosse Schleife macht, befinden sich die bedeutendsten Hauptaufschlüsse dieser blosgelegten Basalttuffröhre. Hinter dem Metzinger Weinberg liegt das ebenfalls vulkanische »Rangenbergle«.

Alle diese Vulkanröhrenfüllungen erheben sich im Braunen und hinter ihm der Steilabfall der Weissjuraberge. Aus jener Höhe sanken also die Florianswteissjurafelsen in die Tiefe der Tuffröhre und in der gleichen Tuffröhre wurden die Granite in heutige Braunjurahöhe emporgehoben. In der Ausbruchsperiode dieser Vulkane, Spätmiocän, musste also die Weissjuratafel noch den Jusi bedeckt haben, die jetzt verschwunden ist.

XIII. **Hauptprofil des braunen Juras.**

Weiss Jura α. Transversariuszone.

Oberer Brauner Jura	ζ	Lambertiknollen, Biarmatuszone:	(Amm. Lamberti und biarmatus).
		Ornatenton:	(Amm. ornatus).
		Jasonschichte:	(„ Jason).
	ε	Macrocephalus-Oolith	(„ macrocephalus).
		Parkinsoni-Oolith	(„ Parkinsoni).
Mittlerer Brauner	δ	Bifurcatenschichte	(Amm. bifurcatus).
		Ostreenkalke (Ostrea cristagalli, eduliformis, pectiniform.)	
		Giganteus-Tone: (Bel. giganteus).	
	γ	Blaue Kalke: (Pecten demissus).	
		Sowerbyi Bank:	(Amm. Sowerbyi).
Unterer Brauner	β	Trümmeroolith: (Trigonia striata).	
		Personatensandstein (Pecten personatus).	Aalener Eisenerze.
		Zopfplatten: Asterienfährten.	
	α	Opalinuston:	(Amm. opalinus).
		Torulosusbank:	(„ torulosus).

Lias ξ: Aalensismergel.

Der untere braune Jura (α und β)

ist landschaftlich gut ausgeprägt, denn er bildet die erste Bergterrasse. Alpha bildet die weichen, sanft gerundeten von Bächen zerrissenen Wiesenhügel, Beta die festere Decke, die meist steil abfällt und da und dort alte Ruinen ehemaliger Burgen trägt: Kapfenburg, Baldern, Lothenberg, Ramsberg, Staufeneck u. s. w. oder Kirchen und Gehöfte.

Braunalpha (α)**-Opalinuston.**

Deutlich kenntlich durch die vorkommenden schneeweissen porzelanartigen Schalenreste.

XIV. **Ideal-Profil für die Opalinustone.**

Braun Beta. Sandsteinbank der Betawasserfälle.
Aufhören weisser Schaalen.

Ober α	Rauhe schwarze Kalkbank der Gmünder Gegend (Pholadomya triquetra) die Decke tiefer urwaldähnlichen Schluchten bildend: »In den Bächen«.	Amm. torulosus.
	Muschelnester mit reizenden Petrefakten: Muschelkuchen.	
	Opalinusknollen: mit Amm. opalinus. Trigonia navis, Gervillia pernoides.	

Mittel α.	Pentacrinusplatte mit Pent. pentagonalis opalini. Fehlt in der Bal. Gegend. Amm. opalinus. Astartenschichten: Astarte opalini (z. B. Zillhausen.) Lucinenbank: Lucina plana: Teufelsloch b. Eckwälden-Boll. Fehlt um Balingen. »Brotleibe«, »Toneisensteingeoden« der Bal. Gegend. Septarien. Nagelkalk: dünne Kalkplattenlagen.	Amm. torulosus.
Unter α	Rostellarientone v. Frommern. mit Rostellaria subpunktata. Dunkle Schieferlettentone mit kleinen eckigbrechenden Plättchen, sehr arm an Petrefakten. Bel. opalinus. Torulosusschichte mit Amm. torulosus, opalinus, lineatus u. s. w. Lobenstücke von Amm. penicillatus. (Wird ganz nicht gefunden.)	

Petrefaktenliste des Opalinustones.

Ammonites opalinus ist selten in ganzen Stücken zu bekommen, ohne graben überhaupt nicht. Entweder finden sich nur die Wohnkammern, oder nur die Dunstkammern erhalten.

Leioceras (Harpoceras) opalinum	
ganz	60—300 ₰
Kammerstücke, weissglänz.	10—20 „
Lytoceras torulosum, ganz	200—300 „
Kammerstücke, weissglänz.	20—30 „
Phylloceras heterophyllus .	300—500 „
Lytoceras penicillatus,	
Wohnkammerstücke . .	100—200 „
Pentacrinus pentagonalis	
(Württemberg) opalini	
Platte	150—200 „
Ostrea opalini und torulosi	60—80 „
Astarte „	60—80 „
Fucoides opalini	60—80 „
Gagat, sehr selten . . .	200—300 „
Rostellaria subpunktata .	80—120 „
Belemn. breviformis alpha	30—60 ₰
„ clavatus	40—80 „
„ opalinus	20—80 „
„ subclavatus . . .	60—120 „
„ rostriformis . . .	100—200 „
„ Quenstedti . . .	150—200 „
Rynchonella opalini . . .	60—80 „
Nucula Hammeri	60—80 „
Trigonia navis	100—200 „
„ pulchella . . .	200—300 „
Lucina plana, Handstück	200—300 „
Muschelnester	200—300 „
Opalinusknollen	20—300 „
Nagelkalkplattenstücke . .	20—100 „
Rostellarienplatten . . .	200—500 „

8. **Braun Jura β. Personatensandsteine, Zopfplatten u. Aalener Erze.**

Der Personatensandstein (Reutlinger Gegend) und das Eisenerz, siehe Abb. 77—79 (Aalen) ist weit und breit aufgeschlossen, fehlt aber in der Balinger und Spaichinger Gegend ganz. Dadurch bekommen Localprofile ganz verschiedene Karaktere. Bei Balingen leiten besonders die auf dieser Formation wachsenden Sandpflanzen, Heidelbeeren und Adlerfarne, Ginster und roter Fingerhut, ferner die Zopfplatten und Wasserfälle.

XV. Idealprofil von Braun Jura β.

Ober β	Trümmeroolith der Kirchheimer und Gmünder Gegend. Geschiebebank von Kalkkugeln und abgerollten Petrefakten. Conglomeratbank der Kirchheimer Gegend. Fucusbank (Fucus personati) v. Balingen, Zillhausen u. Rechberg.

Mittel β	Discusplatten mit Amm. discus. (Zillhausen, Laufen, Staufen). Aalener Eisenerze und Murchisonae-Schichten (Amm. Murchisonae). Kalkbänke am Hirschberg bei Frommern mit Murchisonaeammo. Gelbe Sandsteine (Reutlingen, Metzingen). Grauer Sandmergel (Balinger Gegend) oder grauer Personaten-Sandstein mit Pecten personatus, Ostrea calceola.
Uuter β	Dichter Thoneisenstein (Zillhausen, Zollernfuss, Metzingen). Calceolabänke mit Gryphaea calceola. Laufen, Jungingen b. Hechingen, Reutlingen. Zopfplatten mit Fucus und Wellenschlägen, Balinger Gegend. Glimmerreiche Sande über dem Zillhauser Wasserfall. Wasserfallbank von Zillhausen.

Opalinusknollen.

Abbildung 77. **Erzplatz bei Wasseralfingen (Gesamtansicht) zur Ablagerung der geförderten Eisenerze des Braunbetas.**

Links unten der untere Stolleneingang, rechts aussen in der Mitte die Schutthalde, in der Ferne Rosenstein und Hohenrechberg. Auf dem Erzplatz sehen wir grosse Vorräte von Erz aufgestappelt, welches hier zerkleinert und sortiert wird, um reif für das Schmelzen zu werden. Der Grubeneingang liegt 495 m ü. M. Ueber dem Tor prangt die Eisenbüste König Wilhelms I., welcher für den Erzbau vieles tat. Daneben sehen wir die Abzeichen des Bergbaues: »Schlegel und Eisen« und den Bergmannsgruss: »Glück auf«. Siehe Abb. 78.

Petrefaktenverzeichnis aus Braun Jura Beta.

Oxynoticeras discus . . .	200—500 ₰	Zopfplatten mit Astropecten	
Harpoceras Murchisonae .	200—500 „	Asterias prisca	150—300 ₰
Lytoceras lineatus ferratus	200—500 „	Pentacrinus pentagonalis	
Nautilus lineatus	200—500 „	personati	60—80 „
Belemnites breviformis β .	60—80 „		

Belemnites spinatus . . .	40—60 ₰	Pentacrinus Württembergicus (Stiele)	100—300 ₰
Fucoides personati . .	60—80 „	Pecten personatus u. demissus	60—80 „
Zopfplatten mit Astropecten Asterias lumbricalis .	150—300 „	Ostrea calceola .	30 40 „
		„ sublobata(Gryphaea artig)	50—80 „
		Trigonia striata	160—200 „

Gesteinsproben der Sandsteine, Erze, Conglomeratbank, des Trümmeroolithes u. s. w. 1—5 Mark.

Mineralien Erze wie Eisen, Barium, Gips u. s. w. 5—6 Mark.

Schulsammlungen	10	20	30 Stück.
	5	10	20 Mark.

Abbildung 78. **Unterer Stolleneingang des Erzbergwerkes Wasseralfingen.**
Der geförderte Toneisenstein hat ca. 35% Eisengehalt, die schwedischen 70—72 und die lothringischen bei günstigerem Kalkgehalt 36%. Etwa 50 Bergleute arbeiten im Bergwerk. Dieser Stollen wurde 1841 angelegt und ist ca. 1000 m lang, ebensolang sind die Seitenstollen Zwei Flöze, das untere und obere, beide in Braunbeta, werden abgebaut. (Aus Schw. Albv. 1908/369.)

Mittlerer Brauner Jura. (δ und γ).

Die Petrefacten können kaum von einander geschieden werden, denn die Gammapetrefakten gehen meist noch durch Delta hindurch. Kalke und Mergel in beiden Formationsgliedern. Doch auch Leitpetrefakten kommen vor, nach denen γ von δ gut zu trennen sind. Der Mittelbraune bildet die zweite Terrasse unserer Albvorberge, die aber viel magerer ist als »Unterer Brauner«. Die Gesteine variieren aber immer mehr, dass die Gegendunterschiede immer grösser werden. Die »blauen Kalke« findet man nur an der südwestlichen Alb (Spaichingen bis Reutl.) Sandmergel lösen sie in der Kichheimer Gegend ab. Auch δ zeigt bei Kirchheim feste Kalkbänke, so dass sich die Gesteinsaufschlüsse sehr ändern.

9. Braunjura Gamma (γ) Sowerbyibank und blaue Kalke.

Profil XVI.

Ober γ	Korallenschicht von Zollern. Hangendes der blauen Kalke. Reutlinger Pflasterstein: harter bläulich sandiger Stein. Blaue Kalke mit Pecten demissus, Amm. Gervillii, Tessonianus. (Glimmerige Sande in der Aalener Gegend), hochgelber Sandmulm im Lenninger Tal.
Mittel γ	Dunkle petrefaktenleere Tone der Kirchheimer Gegend. Abraum der Sowerbyi-Bank mit Korallen von Jungingen, Gingen, Attenhofen. Eisensäuerlinge von Ditzenbach in graugelben Sandsteinen. Muscheltrümmerbank von Donzdorf.
Unter γ	Pectinitenbank Aalens mit Pecten personatus und Muscheltrümmern. (Pectinitenbank kommt in verschiedenen Gegenden, auch in verschiedenen Horizonten vor). Sowerbyibank (der Göppinger Gegend, mit Bel. breviformis und Amm. Sow.) Oolith: Eisenrogenstein Spaichingens, schier **ohne** Amm. Sowerbyi. Strandbildung: gerollte Brocken bei Geislingen, Gingen a. Fils.

Petrefakten aus Braun Gamma.

Sonninia Sowerbyi . . .	50—500	₰
Sphaeroceras contractum .	50—500	„
„ Gervillii . .	100—500	„
Nautilus lineatus	200—400	„
Korallen v. Zollern und Jungingen: Cyclolithes Jungingensis	600—800	„
Isastraea tenuistriata .	400—500	„
Stephanophyllia decemradiata	300—400	„
Thamnastraea Mettensis	300—400	„
„ Zolleriana	300—400	„
Thecosmilia „	300—400	„
„ fungus .	300—400	„
Apiocrinus Gingensis Stielglieder	40—60	„
Asterias cristagalli Asseln	80—100	„
Cidaris maximus Teile (Stacheln und Asseln) . .	60—100	„
Eugeniacrinus annularis .	40—80	„
Mespilocrinus Gingensis .	60—80	„
Pentacrinus briareus Zoll.	60—100	„
Ceriopora arborescens und globosa	40—60	„
Pecten textorius	50—70	„
Pecten demissis	60—80	₰
„ personatus γ . .	50—70	„
„ tuberculatus . . .	40—50	„
Belemnites breviformis . .	40—80	„
„ brevispinatus .	60—100	„
„ giganteus gamma	200—500	„
„ „ -Alveolen	60—80	„
„ breviformis Gingensis	60—80	„
„ infracanaliculatus .	100—150	„
Serpulla flaccida	30—50	„
„ socialis	40—50	„
Terebratula globulus . .	40—50	„
„ perovalis . .	40—50	„
„ spinosa . . .	40—50	„
Rynchonella Gingensis . .	60—80	„
„ varians . .	60—80	„
Gryphaea calceola . . .	30—50	„
Modiola modiolata . . .	40—60	„
Ostrea crenata	60—80	„
„ eduliformis . . .	120—300	„
„ pectiniformis . .	150—300	„
Perna mytiloides	200—300	„
Trigonia striata	200—300	„

Handstücke als Belege der Schichten: Eisenrogenstein, Blaukalk u. s. w. 1—4 Mk.

Schulsammlungen:	10	20	30 Stück
	5	10	20 Mark.

10. **Braunjura Delta** (δ). **(Ostreenkalke) Giganteustone.**

Abbildung 79.
Bergmann des Wasseralfinger Bergbaus in Uniform.

So genannt durch die drei hauptsächlich vorkommenden Austern: Ostrea eduliformis, pectiniformis und cristagalli (Hahnenkammauster), besonders letztere ist sehr leitend, dann wieder riesige Belemnitenformen: Bel. giganteus. Aber alle diese Petr. beginnen schon in Gamma. Eigentliche Leitmuscheln sind sehr selten. Amm. coronatus, Pecten spathulatus z. B. in der Balinger Gegend. Die meisten Petr. wurden als Ufertiere im Meer gerollt, denn sie tragen Serpeln, Bryocoen und andere Schmarotzer, so dass δ als »Schmarotzerformation« gelten kann. Das seltsame Hamitengeschlecht ist teilweise an diese Formation gebunden und kommt fast ausschliesslich nur in der Reutlinger Gegend vor. Von dem riesigen Cidarites maximus kommen blos die zerbrochenen Stacheln vor, aber nie dessen Körper, der wohl in der Strandbildung zu Grunde ging. Muschelknollen bergen oft reiche Funde.

XVII. Profil von Braunjura δ. Balinger Gegend und Idealprofil XVIII.

Ober δ
- Bifurcatenoolith.

Mittel δ
- Coronatenbank mit Kalkspat im Innern.
- Humphriesianuslager.
- Pecten spathulatus, Ostreenkalke. Bryozoenlager (Alecto, Diastopora).
- Obere Giganteustone.

Unter δ
- Obere Giganteustone mit Muschelknollen und Bel. giganteus in blauschwarzem Ton. Cidaritenstacheln.

XVIII. Idealprofil von δ.

Ober δ
- Bifurcaten-oolith und unterer Hammitenhorizont.
- Coronaten- und Humphrisianus-Schichten.
- Oberes Giganteuslager mit Cidarites maximus. Tone schwarzblau.

Mittel δ
- Osteenkalk: Ostrea pectiniformis, eduliformis, cristagalli.
- Untere Giganteustone mit Cidaritenstacheln. Pentacrinus cristagalli.
- Pectinitenbank von Laufen, mit Pecten spathulatus.

Unter δ
- Muschelknollen mit Monotis, Nucula, Cerithium.
- Isocardienbank (Isoc. minima) von Aalen.
- Unterstes Giganteuslager im Abraum der Blaukalke.

Braun γ. Blaue Kalke von Eningen und Glimmersandtone von Aalen.

Petrefakten aus Braun Delta.

Stephanoceras coronatus .	400–500 ₰	
„ Humphriesianus	400—500 „	
„ Braikenridgii .	400—500 „	
Sonninia (Harpoceras) deltafalkata	300—500 „	
„ „ furticarinata	350—500 „	
„ „ Tessonianus	400—600 „	
Amaltheus Trouellei . .	400—600 „	
Parcinsonia (Cosmoceras) baculata	300–400 „	
„ „ bifurcata	300–400 „	
„ „ Garantiana	350–500 „	
Hamites baculatus . . .	300–400 „	
„ bifurcatus . . .	300—400 „	
Trochus monilitectus . .	80—100 „	
Pleurotomaria ornata ♂ .	100–150 „	
„ granulata .	100–150 „	
„ elongata .	100–150 „	
Cerithium echinatum . .	150–200 „	
Trigonia costata	200—300 „	
„ clavellata . . .	200 - 400 „	
Plicatula armata	150- 200 „	
Ostrea cristagalli	200–300 „	
klein	50 - 60 „	
„ eduliformis . . .	150–200 „	
„ pectiniformis . .	200–300 „	
Otenostreon (Myacites) gregarius .	30—50 „	
„ „ jurassi .	60—80 „	
„ „ striatopunktata	100–150 „	
oder		
Gresslya gregaria . . .	30—50 „	
„ striato punctata .	100—150 „	
Pleuromya jurassi . . .	60—80 „	

Nautilus lineatus	600—700 ₰
Bel. canaliculatus	60—80 „
„ fusiformis	100–150 „
„ giganteus	400—600 „
kleine	50—60 „
„ infracanalicul. . . .	80—100 „
„ quinquesulcatus . . .	80—100 „
„ ventricosus	60—80 „
Serpula convoluta . . .	30—40 „
„ flaccida	40—60 „
„ gordialis	30—40 „
„ socialis	40—50 „
„ tetragona . . .	50—60 „
„ torquata	60—80 „
„ tricarinata . . .	60—80 „
Pholadomya Murchisoni .	200--250 „
Perna mytiloides	200—250 „
Pecten lens	60—80 „
„ textorius	60—80 „
„ tuberculosus . . .	80–100 „
Monotis Münsteri	100—120 „
Modiola modiolata . . .	100–120 „
Lucina zonaria	100–120 „
Astarte elegans	120—200 „
„ maxima	60—80 „
„ minima	60—80 „
Cucullaea concinna . . .	30—40 „
Isocardia gregaria . . .	150—200 „

Bryozoen auf andern Petrefakten.

Aulopora compressa Goldf.	40 50 ₰
oder	
Diastopara compressa . .	40–50 „
„ dichotoma . .	50—80 „
„ iutermedia . .	100–120 „
„ microstoma .	100—120 „

Echinodermen.

Asteropecten (Asterias) longassula	80–120 „
Rhabdo-Cidaris maximus (praenobilis) Asseln und Stacheln je	50 200 „
(Holectypus) Diadema depressum	300–400 „
(Hyboclypeus) Disaster canaliculatus	200—250 „
(Gollyrites) „ ellipticus	250—300 „
„ „ ovalis .	300—350 „
Galerites (Holectypus) depressus	300–350 „
Pentacrinus cristagalli . .	30–40 „
„ pentagonalis .	30—40 „

Lithodomus pygmaeus od. Lithophaga pygmaea in Bel. giganteus u. Ostreen eingegraben	60–80 ₰
Bullopora Q.	50—80 „
Callopora orbic.	60–80 „

Schwämme (Lymnorea).

Spongites mamillatus . .	500–800 „
„ eduliformis in Ostreen eingebohrt	60—80 „
oder Talpina (Bohrschwamm.)	
Grania cristagalli	20–40 „
Terebratula globata . . .	50—60 „
Terebr. intermedia . . .	60—80 „
„ perovalis	60–80 „
„ maxillata	100–150 „
Rynch. quadriplicata . .	50—80 „
„ spinosa	100–120 „
Astarte elegans	80—100 „
„ maxima	80—100 „
„ minima	60–80 „
Cuculaea concinna . . .	60–80 „
„ oblonga	60—80 „
„ Parcinsoni . . .	80—100 „

Formationsproben von Braun-Delta 1—5 Mark.

Schulsammlungen:	10	20	30	40	50 Stück
	3	6	10	15	25 Mark.

Oberer Braunjura (ε und ζ).

Er bildet die dritte Terrasse der Albvorberge und des Steilabfalls der Alb. Plattenbildung fehlt, daher seltener Aufschlüsse, oft zugedeckt von verrutschtem Weissem, da die Schichten aus Tonen bestehen, auf denen in wasserreichen Jahren die höheren Schichten verrutschen. Wechsel von Tonen, Schieferletten und verwitterbaren Kalk-Bänkchen. Die Mächtigkeit nimmt von Tuttlingen gegen Bopfingen sehr ab, von 40 auf 4 Meter. An der obern Donau und bei Bopfingen entfaltet sich ε am meisten, an der Eyach und Fils mehr ζ. Die Jasonschichten (Unter Zeta) sind bei Boll und die Ornathentone (Ober Zeta) mehr bei Balingen entwickelt. Die Erhaltung der Petrefakten in den fetten Tonen ist oft wundervoll. In der Bopfinger Gegend können sie nicht geschieden werden und gehen dort die Petrefakten auch ineinander über.

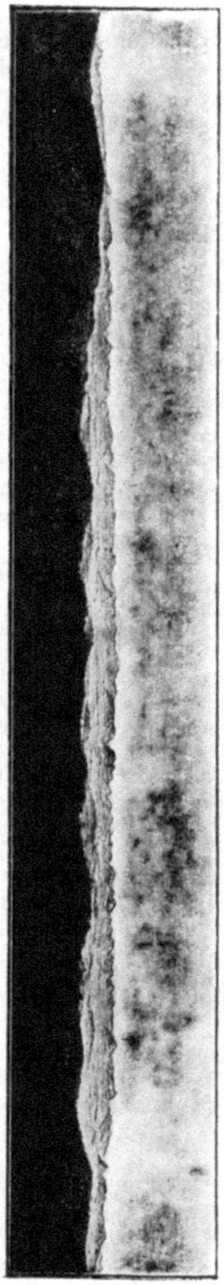

Abbildung 80. **Die Stufenlandschaft der Alb, von der Badener Höhe (auf dem Schwarzwald) aus gesehen: von Hohenneufen—Lupfen.**

Der Schwarzwald kann in gewissem Sinn als Albvorland gelten, insofern die Jurazeit auch ihn mit einer Juraplatte bedeckte, welche freilich heute verschwunden ist. Vom Schwarzwald aus erscheint der Steilabsturz der Alb als das höhere Gebirge, das auf der ganzen Schwarzwaldkammlinie von der Badener Höhe bis zum Feldberg für die Fernsicht gegen Osten grosse Anziehung besitzt. Oft genug werden von den Schwarzwaldbesuchern diese herrlichen Albgipfel als »Alpen« bezeichnet und ist es ihnen schwer beizubringen, dass es die Alb sei und nicht die Alpen.

Die zarten Linien unseres Bildes lassen deutlich die Stufenlandschaft des Albaufbaues erkennen, die unterste Stufe mit dem obern Braunjura, welche gleich hinter dem dunkeln Wald sichtbar ist und dann die Stufen des untern weissen Juras mit seinen Vorbergen: Hoher Lupfen, Hoher Karpfen, Lemberg, Schalksburg, Hohenzollern u. s. w. Erst das Gebirge hinter diesen Kegeln nimmt die dritte Stufe des mittleren und die vierte Stufe des obern Weissen ein. (Siehe auch Albv.-Blätter 1907/111.

11. Braunjura Epsilon (ε). Parkinsoni-Macrocephalusoolith.

Profil XIX.

Ober ε:
- Macrocephalusoolith der Balinger Gegend. (Amm. macrocephalus, triplicatus).
- Fuscus-Bänckchen: Amm. fuscus, sublaevis, heterophyllus.
- Rynchonellenlager: Rynch. Fürstenbergensis, Steinbeissii.
- Varianschichten: Rynch. varians.

Mittel ε	Dentalienton: Dentalium Parkinsoni, Amm. Parkinsoni klein. Amm. aspidoides u. s. w. Parkinsonibänke, oolithisch, bläulichgrau: Amm. Parkinsoni verkalkt. Ostrea Knorri.
Unter ε	Schwefelkiestone der Reutl. Umgegend mit oben: Trigonia clavellata, unten Hamiten. In anderen Gegenden fehlen sie, oder sind nicht aufgeschlossen, wie z. B. im Eyachtal.

Petrefakten aus Braun Epsilon.

Ammoniten:

Phylloceras disputabilis, Zitt.	100—200 ℳ
„ Lautlingensis } Q.	100—200 „
„ ceramicus } Q.	
Macrocephalites macrocephalus, klein	100—200 „
gross	500 600 „
Sphaeroceras bullatum . .	50—300 „
„ platistoma .	80—250 „
(Oecoplychius) Sphacroceras refraktus macrocephali .	200—300 „
Reineckia anceps carinatus	50—100 „
Parkinsonia Parkinoni i. 8. Art.	50—300 „
Perisphinktes triplicatus .	50—200 „
„ plicomphagus	300—500 „
Oppelia fusca	50—100 „
„ augescens . . .	80—120 „
„ complanatoides .	80—120 „
„ flexuosus macrocephali	100—200 „
Haploceras oolithicum . .	200—300 „

Hamiten:

Hamites bifurcati	300—400 „
„ macrocephali . .	300—400 „

Belemniten:

Bel. canaliculatus	60—80 „
„ „ sufracanalic .	80—100 „
„ „ fusiformis . .	80—100 „
„ „ giganteus . .	80—100 „
„ „ macrocephali .	80—100 „

andere Petrefakten:

Balanocrinus (Pentacrinus) cingulatissimus V	30—50 ℳ
„ „ FürstenbergensisV	30—50 „
Cyclocrinus (Pentacrinus) macrocephali V	30—50 „
Balanocrinus (Pentacrinus) pentagonalis V	30—50 „
„ „ subteres V . .	30—50 „
Myacites gregarius oder Gresslya gregaria . . .	60—80 „
Ostrea Knorri	20—40 „
Trigonia clavellata . . .	100—200 „
„ costata	100—200 „
Dentalium Parkinsoni . .	300—400 „
Pleurotomaria ornata . .	100—200 „
Trochus ornatus	100—200 „
Turbo serratus	60—80 „
„ bijugatus	60—80 „
Rostellarien	60—80 „
Terebratula bullata . . .	60—80 „
„ carinata . .	70—100 „
„ emarginata .	70—100 „
„ globata . . .	70—100 „
„ sphaeroidalis .	70—80 „
„ perovalis ornati	70—100 „
Waldheimia lagenalis . . (Zeilleria)	100—120 „
Rynchonella acuticosta .	60—80 „
„ Fürstenbergensis	60—80 „
„ Steinbeisii . .	60—80 „
„ triplicosa . .	60—80 „
„ varians . . .	60—80 „

Formationsproben 1—3 Mk.

Schulsammlungen	10	20	30	40 Stück
	3	6	10	15—20 Mk.

12. Braunjura Zeta (ζ). Ornatenton.

Amm. ornatus kommt zwar erst in den obersten Schichten vor, ist aber als Leitammonit trotzdem sehr passend für diese Schichte. So hübsche Amm., wenn sie auch meist klein sind, kommen kaum im ganzen Jura vor. Die obersten Schichten (Lamberti) enthalten Grünsande und Krebse. Grenze von Braun zu Weissjura.

Profil XX. Braun Jura ζ.

Weiss Jura: Grenze: Transversariuszone. Pentacrinus subteres.

Ober ζ	Lambertiknollenschichte, dunkle grauweisse Tone oder Biarmatusschichte mit Amm. Lamberti, biarmatus, athleta, Bel. semihastatus rotundus. (Bei Ebingen-Lautlingen.) Lambertischichte mit Amm. Lamberti, Renggeri und dem seltenen cordatus. Grünsande. Athletaton: Amm. athleta und annularis. (Krebse in Knollen in Balinger Gegend.)
Mittel ζ	Graublauer Ornatenton mit Amm. ornatus, bipartitus, bidentatus, flexuosus, convolutus, hecticus. Krebse in Knollen eingewickelt. Alle Petref. verkiest. (Amm. convolutus und Amm. hecticus setzen bei Lautlingen nach dem untern Weissen fort.) Quellhorizont zwischen Braun- und Weissjura. Pentacrinus astralis ornati bei Gönningen.
Unter ζ	Posidonienlager: Posidonia ornati. In Kirchheimer Gegend, Neufen u. s. w. Jasonschichten mit Amm. Jason, pustulatus, refraktus (fehlt in Balinger Gegend). Belemn. semihastatus depressus. (Kommt auch in Balinger Gegend vor.)

Braun ε. Macrocephalusoolith.

Petrefakten aus Braun-Jura Zeta.

Ammoniten:

Phylloceras heterophyllus ornati	80—100 ₰	Peltoceras annulare . . .	200—300 ₰
„ tortisulcatus „	100—120 „	„ athleta . . .	200—300 „
„ Friederici Augusti	200—300 „	Cosmoceras ornatum in 8 Arten	100—500 „
Hecticoceras canaliculatus und lunula	50—100 „	Cosmoceras Jason . . .	100—500 „
„ compressus u. nodosum	50—100 „	Oppelia flexuosa	50—100 „
Cardioceras Lamberti in versch. Arten. (Quenstedtoceras.)	160—400 „	„ „ canalicul.	80—150 „
		„ „ dentosa .	100—150 „
		„ „ globula .	100—150 „
		„ fuscus ornati . .	120—150 „
Strigoceras pustulatus . .	200—400 „	Oecotraustes bidentatus .	120—150 „
Reineckia ancepsornati .	50 - 100 „	„ bipartitus .	120—150 „
„ Parcinsoni anceps	80—120 „	„ dentatus . .	120—150 „
Perisphinktes convolutus in 5 Arten	50—100 „	Oecoptychius refraktus .	200—300 „

Belemnites semihastatus, var. depressus und rotundus je 1—2 Mk. per Stück.

Andere Tiere:

Mecochirus socialis i. Knoll.	100—200 ₰	Rynch. Fürstenbergensis ornati	80—100 ₰
„ „ ohne „	200—300 „	„ Steinbeisii	80—100 „
Bullopora-Kette	100—120 „	„ triplicosa	100 -120 „
Cyclolites Stephanophyllia ornati	200—300 „	Scalaria ornati	50—60 „
		Muricida semiscarinata . .	50—60 „
Astropect. Asterias-Asseln	120--150 „	Myacites ornati	60—100 „
Pentacrinus astralis . . .	20—40 „	Inoceramus ornati . . .	100 - 120 „
Balanocrinus (Pentacrinus) pentagonalis (V.) .	100 -120 „	Formationsbelege 1—2 Mark.	
„ (Pentacrinus) subteres (V.)	50—60 „	Schulsammlungen: 10 20 30 Arten / 5 10 18 Mark.	

Der weisse Jura.

Abbildung 81. **Normalprofil durch den weissen Jura unserer Alb mit den Wasserhorizonten und Höhlenbildungen, nach Herrn Prof. E. Fraas.**

Zu oberst liegen die Plattenkalke und Cementmergel des Weissen Zeta. Sie bildeten einst Niederschläge der Ufer und Buchtenablagerungen des verseichenden Jurameeres. Ihnen liegen unterlagert oder gleichhoch gelagert Epsilonkalk, Dolomit, Lochgestein (ε), die ihren Ursprung dem allmähligen Ueberhandnehmen von Korallenriffen und Riffen besonderer Spongienarten verdankten. Unter ihnen liegt wieder der Riffkalk (δ') der Deltakalkbänke und neben und unter ihnen die wohlgeschichteten Quaderkalke (δ), die aber ebenfalls noch von Riffen (δ') durchschwärmt werden. Sie decken meist mergelreiche Kalkschichten des Gamma (γ), welche oben aus Kalkbänken, die mit Schieferletten wechseln und unten aber aus mergeligem Schieferletten bestehen.

Auch in γ' finden wir Riffe, aber ausschliesslich nur Schwamm- und keine Korallenriffe, wieder jedoch nur in der Balinger Gegend, während sie an anderen Orten seltener sind. Unter Gamma liegen die glatten wohlgeschichteten Betakalke (β), welche nur in der Balinger Gegend durch Schwammriffe durchzogen werden β'. Zu unterst liegt aber Mergel mit Kalkbänken ober α (in Balinger Gegend auch verschwammt α') und unter ihm als Unteralpha (α), welches nirgends verschwammt ist, die Impressamergel und die Transversariuszone, welche auf dem Braunen liegt.

Der weisse Jura.

Der eigentliche Albkarakter beginnt erst mit dem weissen Jura, d. h. nur die Formation des weissen Juras, in Verbindung mit der überall auftretenden Gebirgsabtragung des westlichen Albteils, die den sog. Steilabsturz der Alb erzeugte, verlieh der Alb ihr heutiges grossartiges Landschaftsbild, welches der Alb so viele Freunde zuführte. Aber wiederum ohne Lias und Braunjura wäre dieser Steilabfall nicht entstanden, denn nur die teilweise Abtragung und Bloslegung der untern und mittlern Juraschichten schuf ja den wundervollen Steilabfall. Wo das Gebirge noch mehr Tafelgebirge blieb, wie z. B. gegen die Donau, zeigt uns die Alb ganz andere Bilder als an ihrem Steilabfall, wodurch aber die Reize der Natur nur erhöht werden. Traten im schwarzen und braunen Jura nur höchst selten unter andern Petrefakten Schwämme auf, so wandern sie jetzt auf einmal in Riesenmengen von der Schweiz her ein, bilden ganze Felsenstöcke und Gebirgsteile und prägen dem Alb-Jura ganz neue Gesichtszüge auf. Diese steilen Felsen ziehen eine Menge Naturfreunde auf unsere Alb herauf und die Felsenkränze sind es gerade am meisten, die die Talreize des Gebirges erhöhen. Ob wir das Eyach-, Erms- oder Filstal besuchen, das Honauer oder ein anderes Albtal des Steilabfalls, überall treten uns die wundervollen Scenerien der Felsenkalke entgegen, die das grossartige Landschaftsbild erzeugen. Die Randwanderungen sind deshalb so sehr bevorzugt, weil sie die grossartigsten Felsenstotzen vor Augen führen.

Aber noch in anderer Hinsicht ändert sich das Bild. Im Lias, wenn auch schon weniger im braunen Jura, konnten wir Idealprofile geben, die schier für alle Aufschlüsse passen, im Weissjura aber nehmen die Lokalprofile einen immer grösseren Spielraum ein. Weil die Schichtenverschwammung vom Randen her erfolgte, wo wir schon im obern Braunen Schwämme finden, so fing die Albverschwammung zuerst auf dem Heuberg und zwar an vereinzelten Punkten an, während andere Albteile keine Schwämme zeigen, bis diese auch später sich ansiedelten. In den obern Juraschichten treten in der Ulmer Gegend noch Korallen zu den Schwämmen, ohne dass man weiss, woher gerade *sie* einwanderten, denn auf dem Heuberg fehlen die Korallen schier ganz. Der Heuberg ist schon längst als »Schwammparadies« bezeichnet, aber so hübsche Petrefakten wie im oberen Braunjura finden wir doch keine mehr, denn die rohen Schwämme ergötzen nur das Auge des Forschers, weniger des Alltagsmenschen. Aber unter den »Begleitern« der Schwämme finden sich doch wieder zierliche Petrefakten, dass die »Lochenschichten« ihren alten Ruf bewahren können.

Auf eine Besonderheit ist hier noch hinzuweisen. Während der Lias 40—80 m Mächtigkeit, der Braunjura 120—200 m zeigt, schwellt der Weisse noch viel bedeutender an, zeigt aber doch wieder seine Auskeilung gegen Bopfingen und Ries, daneben aber eine bedeutende Anschwellung in der Balinger Gegend, wo er 400 m Höhe erreicht und wo dort auch die Albgipfel ihre höchste Höhe erreichen, obwohl sie nicht einmal mehr alle Formationsglieder tragen. Wir haben also zwei Auskeilungen, eine gegen das Ries, die andere gegen den Schwarzwald.

Das Hervortreten des Weissen gegenüber dem Schwarzen und Braunen trug auch der »Alb« ihren Namen ein, der nie von Alp abgeleitet werden darf, sondern von der römischen Bezeichnung unserer Berge: »Montes alba: Die weissen Berge«.

Auch der weisse Albjura ist in untern, mittleren und obern einzuteilen, denn er bildet drei natürliche Terrassen, die man überall verfolgen kann, wie auch an der Hand der Abbildungen diese Tatsache leicht zu verfolgen ist. Diesen drei Terrassen entsprechen auch drei Quellhorizonte. Die Quellen des ersten Horizontes entspringen auf der Grenze α/β als rasch laufende Quellen, diejenigen des zweiten Horizontes als Sturzbäche auf der Grenze γ/δ und die Quellen des obersten Horizontes auf der Grenze δ/ε als Quelltöpfe (Donauseite, Blautopf u. s. w). Wenn dann hoch oben auf der Alb noch ein vierter Quellhorizont besteht, so ist dieser letzte Horizont der Horizont Weissjura-Zeta's und des Tertiärs, mit dem wir uns später zu befassen haben und welcher fette Weissjura Zetamergelplatten oder Tertiärletten oder Vulkanmaare zur Unterlage hat. Die Grenzschichten des weissen Juras bilden die ergiebigsten Fundstellen für Sammler. Leitmuscheln sind auch im Weissen vorhanden, aber weniger als im Lias und Braunen, ja manche Petrefakten gehen durch alle Schichten, halten sich aber an normale Lager oder im Gegensatz an Schwammlager, weshalb wir auch die Schwammlager von Normallagern trennen müssen.

13. **Petrefakten, die durch alle normalen Lager des Weissjuras gehen.**

Pleurotomaria suprajurensis Röm.	60—120 ₰
Muricida semicarinata	100—200 „
Notidanus Münsteri, Zahn	100—200 „
Oxyrhina macer Q. „	100—200 „
Exogyra auriformis	60—80 „
Nucula variabilis	60—80 „
Belemnites hastatus	100—200 ₰
Aptychus laevis	60—80 „
„ lamellosus	60—80 „
Ostrea Römeri	100—120 „
Spondylus pygmaeus	50—100 „
Asterias jurensis	120—200 „
Disaster granulosus	120—200 „

u. s. w.

Obwohl diese Petrefakten durch alle Lager der normalen Schichten gehen, sind sie doch sehr selten, manche finden sich aber auch in Schwammlagern vor und gehen so durch alle Schichten hindurch mit ihren Abarten.

14. **Schwammpetrefakten, die durch alle Schwamm-Formationen gehen.**

Cidaris Orbignyana Q. Stach.	50—100 ₰
„ spinosa „	50—100 „
Diadema subangulare	120—200 „
Eugeniacrinites caryophyllatus	60—80 „
Holectypus depressus	80—100 „
Megerlea loricata	80—100 „
„ pectunculus	80—100 „
Ostrea rastellaris	60—100 „
Prosopon marginatum	100—150 „

und verschiedene Echinodermen, die als Schwammbegleiter gelten.

Pentacrinus cingulatus Glieder (V.)	60—100 ₰
Pentacrinus subteres Glieder (V.)	20—50 „
Plicatocrinus hexagonus	80—100 „
Rynchonella triloboides	80—100 „
Scyphia obliqua	40—60 „
Spongites texturatus	60—80 „
„ vagans	20—40 „

und andere Schwämme, die meist durch alle Formationsglieder des Weissen gehen.

Orbicula alba und viele andere Brachiopoden. Siehe auch No. 15.

15. Petrefakten, die im ganzen Weissen sich finden, in normalen und Schwammschichten.

Belemnites hastatus . . .	100–200 ♁	Aptychus laevis, aber doch häufiger in γ		60—80 ♁
Exogyra auriformis . . .	60—80 „	„ lamellos „	„ „	60—80 „
Nucula variabilis	60—80 „	Ostrea Römeri „	„ „	100—120 „
Asterias jurensis	120—200 „	Spondylus pygmaeus	„ „	50—100 „
		Disaster granulosus	„ „	120—200 „

Die Weissjuraschichten sind nämlich von unten bis oben neben ihrer Sechsereinteilung noch in normale Bildungen und Schwammbildungen getrennt worden, ja im obern Weissen ist die Trennung noch eine viel schwierigere, weil die Gesteinsunterschiede noch weit mehr ändern, als im untern und mittlern Weissen.

Neben »normalen« Schichten (α, β, γ, δ, ε, ξ) laufen somit noch die »Felsenschichten« (α', β', γ', δ', ε' und ξ') einher und im obern neben gewöhnlichem Gestein noch Oolithe, Zuckerkalke, Lochgesteine, Cementsteine u. s. w. dadurch dem Anfänger das Bild verwirrend. Die Normalen oder Tonschichten haben als Leitpetrefakten meist Ammoniten, die Schwammschichten dagegen haben sehr wenige Leitfossilien, so dass man oft zuerst nicht recht weiss, wenn man vor Felsen steht, wohin man sie systematisch stellen soll, wenn in der Nähe normale Aufschlüsse fehlen. Selbst berühmte Geologen täuschten sich schon an solchen Plätzen.

Ueber die obersten Glieder (ε und ξ) existieren sogar heute noch grosse Meinungsverschiedenheiten, ob ε und ξ gleichalterig sei, oder ob wir es mit verschiedenzeitlichen Ablagerungen zu tun hätten. Es folge nun ein

Hauptprofil vom weissen Jura. (Abb. 82.)

Da in diesem Hauptprofil das Wichtigste wiedergegeben ist und viele Lokalprofile zu viel Raum wegnehmen würden, geben wir keine andern Profile für den weissen Jura mehr und verweisen auf dieses Profil und die Abbildungen, die öfters Profilbilder darstellen.

Der untere »Weisse Jura«, Alpha und Beta (α und α'. β und β'.

Er bildet die erste Weissjura-Gebirgsterrasse des Steilabfalls der Alb. Dabei bildet Alpha den ausholenden Fuss und Beta die aufsteigenden Mauern und Rutschen. Neben den normalen Bildungen treten da und dort, besonders in der Balinger Gegend, gleich die Schwammbildungen auf, dass wir neben α und β ein α' und β' setzen müssen.

Normales Weissjura-Alpha: Grenzschichten, Transversariuszone und Impressazone.

Die Trennung in drei Unterabteilungen machen wir wegen der Verschiedenheit ihrer Einschlüsse, die besonders bei Lautlingen-Ebingen gut untersucht wurden und diese Trennung rechtfertigen, auch entspricht sie den Schweizerjuraschichten. Die Mächtigkeit von Alpha ist bei Balingen ca. 80 m, bei Reutlingen ca. 100, bei Göppingen ca. 80 und bei Aalen nur noch 40 m. Zwischem dem eigentlichen Transver-

Kutsche { W. J. δ, ε—ζ und ... Aussich...
Martinshalde { W. J. γ. auf ...
W. J. β. Truchtelfingen.

Raidenberg
W. J. δ

W. J. γ.

W. J. β.

Bahnlinie. Abbildung 82. **Ebingen mit Schmichatal und Schl...**
Als Beispiel eines Hauptprofils des weissen Juras v...
W. Jura α β an der B...

Hauptprofil (XXI.) des weissen Juras

der schwäbischen Alb
mit **geologischem Karakterbild der Weissjurastufenlandschaft**
des Schmichatales bei Ebingen.

Normale Schichten.

	Oligozän, Miocän, Tertiär und Diluviu...
ζ	Oolith von Schnaitheim. Storzinger Kalk... Ruppige Bankformen.
	Wilde Portländer mit Korallen. Brenzta... Oolith von Ebingen.
	Litograf. Schiefer v. Nuspl. Krebsscheeren...
	Plattenkalk und Cementmergel der Blau- und Donaugegend.
	Dicke Plattenkalke v. Ulm, Sigmar. u. Ebing.
ε	...schichtete Bänke von grauweisem und gelbw... Kalkstein. Marmor. Dolomitbänke und D... sand. Kalkplatten, dicke, ähnlich δ.
δ	Kiesel- und Marmordelta, wie ε aussehend, Dolomit-Schuppen δ. Proosoponschichten ... Lager des Amm. Mutabilis. In der Tuttl. G... Gelbliche u. bläuliche oolithische Platten, ... Obere Tenuilobat...
γ	Tenuilobatenbank u. Mergelzwischenlag. mi... Lagerbänke mit Schieferletten abwechseln... Schieferletten u. Zone des Amm. Reineckian...
β	Wohlgeschichtete Kalkbänke, wie natürlich... Wangener Schichten. Wenig Petrefakten... Planulatenbank und Bimammatuszone. Glatte leicht verwitternde Bankkalke mit ... Fucoidenbank von Fucoides Hechingensis.
α	Impressaton grauweiser-gelber mit Ter. im... schier ganz fehlt in der Geislinger sehr h... alternans, convolutus. Bel. hastatus und p... Transversariuszone mit Amm. transversari... Pentacr. subteres-tone, fett, gelbgrau. Oh...
Grenze w. J. α br. J. ζ	Grenzschichten mit Bel. semihastatus rotu...
braun Jura.	ζ und ε. Braun Jura.

Felsen. Stählerne Männle W. J. ε.

steige mit oberem Wasserhorizont. Fohlenweideberg δ und ε¹

Ober γ. Neue Bitzersteige δ und ε¹ Alte Bitzersteige γ, darob γ¹ und ε¹

Unter der γ Rutschen.

, Schlachthaus. Unterer Quellhorizont des Tales.

Strassberg. Malesfelsen W. J. γ¹.

Beilage I.

schichten.

d Diluv.

öchsten Alb-
an Donau u.
nerzspalten.
olitfelsen.
lenfelsen.
elsenstotzen
ammschich-
pe Felsen.
Lochfel-
ensandstein.

ζ¹ Felsen.

ε¹ Felsen.

Massenfelsen mit Löcher. Höhlen, die gegen oben Dolomitkappen u. Zuck.-korn tragen.

δ¹ Felsen.

heln als ε.
xuosen.
elta das ε.
xuosen

Schwammfelsen mit

γ Felsen.

notisbank.
Dentaten.
lternans γ

Amm. tenuilob. trimrk. Rynch. lacunosa. Amm. Reineckianus Töne mit Planulaten und Dentaten. Spongien.

lke.

Schwammfelsen mit Brachiopoden und Echinodermen. Amm. colubrinus, polygyratus Lochenschichten mit Amm. alternans, convolutus, Terbr., Rynchon., Spongien und Cidariten. Nur in Balinger Gegend. Transversarius-Schichten mit Spongiten und gelben fetten, kiesigen Tonen.

β¹ Felsen.

l Gegend
planatus.
enbänken.
atus.

β¹ Lochenschichten, graugrünliche Felsen bröckelig

s.

sariusalpha und dem Ornatenton liegt eine Grenzschichte, in welcher Braun- und Weissjurapetrefakten gemischt sind. Diese Schichte muss aber zum Weissen gezogen werden, da sie viel hellfarbiger ist, als die Braunjuratone. »Auf Bergen« bei Lautlingen bietet dafür die besten Belege, haben wir diese Stelle doch so oft untersucht, der Fuss des Böllat bei Stockenhausen-Burgfelden und der Bittenhalde bei Tieringen. Diese Grenzschichte ist ca. 5 m mächtig, besteht aus einem braunweissen schieferlettigen Ton, mit Glimmer untermischt, welch letzterer sicher leitet. An andern Stellen der Alb sind diese Grenzschichten meist verdeckt, aber wahrscheinlich auch vorhanden.

16. Grenzschichte von Braun ξ und Weiss α. Glimmerhaltige Schieferletten.

Diese Schichte endet gegen oben mit dem Eintreffen der ersten Kalkbank der Transversariuszone. In ihr mischen sich Lambertiknollen und ξ Petrefakten des Braunen, wie Belemnites hastatus rotundus mit Lingulaten, Flexuosen und Complanaten des Weissjuras. Am besten ist diese Grenzschichte aufgeschlossen bei Lautlingen »auf Bergen». (Sieh. Abbildung vom Lautlinger Tal unter Artikel Talbildung).

Petrefakten der Grenzschichte Braun ξ und Weiss α.

Kleine aber hübsche Ammonitenformen.

Harpoceras canaliculatus	60—80 ₰	Aspidoceras biarmatus .	200—300 ₰
„ complanatus	60—80 „	Aptychus	200—300 „
Oppelia flexuosa . . .	60—80 „	Bel. semihast. rot. . .	100—150 „
Haploceras lingulatus .	60—80 „	Pentacr. pentagonalis (V.)	50—60 „
Cardioceras Lamberti .	120—150 „	Balanocrinus subteres „	50—60 „
„ „ macer	120—150 „	Astarten	40—50 „
Perisphinctes convolutus	60—80 „	Inoceramus	50—60 „
„ plicatilis .	120—180 „	Nuculas	30—40 „
Aspidoceras distractus .	200—300 „	Krebsscheeren	80—100 „

Formationsbelege: 1 Mark. Schulsammlungen: 10 Arten: 10 Mark.

17. Unterer Weissjura-Alpha normal. Transversariuszone: Tone und Kalkbänke.

Diese Zone beginnt da, wo die blaugrauen, glimmerhaltigen Grenzschichttone aufhören. Leitmuschel der sehr seltene Amm. transversarius, der aber als Leitmuschel wenig für diese Schichten taugt, da er höchstens in einigen Ex. gefunden ist. Amm. transversarius ist in der fünften Kalkbank, von unten nach oben gerechnet, gefunden worden, von uns bisher nur in zwei Bruchstücken, dass keine Ex. abgegeben werden können.

Petrefakten von Weissjura-Alpha: Transversariuszone.

Verkieste Schwämme:		Terebratula nucleata . . .	60—80 ₰
Sporatopyle (Scyphia) obliqua	80—100 ₰	„ orbis	60—80 „
Stauroderma Lochense . .	80—100 „	Rynchonella arolica . . .	60-80 „
Terebrateln und Rynchonellen:		„ lacunosa . .	60—80 „
		„ loricata . . .	60—80 „
Terebratula bisuffarcinata .	40—60 „	„ reticulata . .	80—100 „
„ gutta	40—60 „	„ triloboides . .	80—100 „

Echinodermen:

Cidaris coronatus, Stacheln	40—80 ₰
„ laeviusculus „	50—100 „
Disaster carinatus	100—150 „
Diadema subangulare . .	300 - 400 „
Eugeniacrinus caryophyllat.	20—80 „
Pentacrinus cingulatus (V.)	60—80 „
Balanocrinus subteres (V.) .	60—80 „
„ pentagonalis (V.)	100—120 „

Gasteropoden:

Muricida semicarinata . .	80—100 „
Trochus impressus . . .	80—100 „

Bivalven:

Astarte	40—60 „
Cucullaea conçinna, alba .	40—60 „
Hinnites velatus	80—100 „
Inoceramus	80—100 „
Isocardia	80—100 „
Myacites	60—80 „
Nucula variabilis	40—60 „
Osterea Römeria	80—100 „
„ rastellaris	80—100 „
Pekten	40—80 „
Plicatula	40—60 „
Spondylus	40—60 „

Ammoniten:

Klein. Ammonit.	Harpoceras arolicum Q.	40—60 ₰
	„ complanatum Q.	40—60 „
	„ canaliculatum .	60—80 „
	„ hispidum . . .	80—100 „
	„ semifalcatum . .	80—100 „
	„ trimarginatum .	80—100 „
	Oecotraustes crenatus . .	120—160 „
	Haploceras lingulatus . .	20—40 „
	Cardioceras alternans . .	120 - 200 „
	Perisphinctes convolutus .	60—80 „
	„ plicatilis . .	80—100 „
	Oppelia flexuosa	60—80 „
	„ Lochensis	80—100 „
	„ lophota	80—100 „
	„ microdoma . . .	80—100 „
	„ semiplana	80—100 „
	„ stenorhynchus . .	80—100 „
	Aspidoceras corona . . .	160—180 „
	„ hypselum . .	180—200 „
	„ Meriani . . .	180—200 „
	„ perarmatum .	120—160 „
	„ Rotari . . .	120—160 „

Amm. transversarius, falls er in Zukunft wieder gefunden wird: 10 Mark.
Bruchstücke: 1 Mark.

Belemnites coquandus δ' O	200—300 ₰	Belemnit. unicanaliculatus	300—300 ₰
„ hastatus . . .	100—200 „	„ redivivus . .	250—300 „

Fischzähne, Saurierwirbel u. s. w. von 1--5 Mark.
Formationsbelege der Kalkbänke und Schieferletten: 1 Mark.

Schulsammlungen:	10	20	30 Stück versch. Arten.
	6	14	30 Mark.

18. Oberer Weissjura-Alpha: Impressaton. Normales Ton-Alpha.

Blaugraue Tone, die gegen oben mehr und mehr von Kalkbänken durchzogen werden, bis diese so dicht folgen, dass der Ton verschwindet, womit dann β beginnt. Die Leitmuschel »Terebr. impressa« kommt aber an einigen Stellen sehr selten, sonst häufig vor. In der Balinger Gegend und da wo der Impressaton durch Impressafelsen, Lochenschichten (α') ersetzt wird, kommt sie nicht vor. Oft kommen die Impressatone in Spuren auch unter den Lochenschichten, selbst bei Weilheim am Lochen, noch vor und dann fehlt doch Ter. impressa oder kommt nur selten und in unvollkommenen Exemplaren vor. Bei Lautlingen und andern Plätzen kommt auch der kleine keulenförmige Bel. pressulus vor und die Sternkoralle Turbinolia. Die obere Grenze zeichnet sich durch Aufhören der Tonschichten aus und durch das Auftreten der Fucoidenbank.

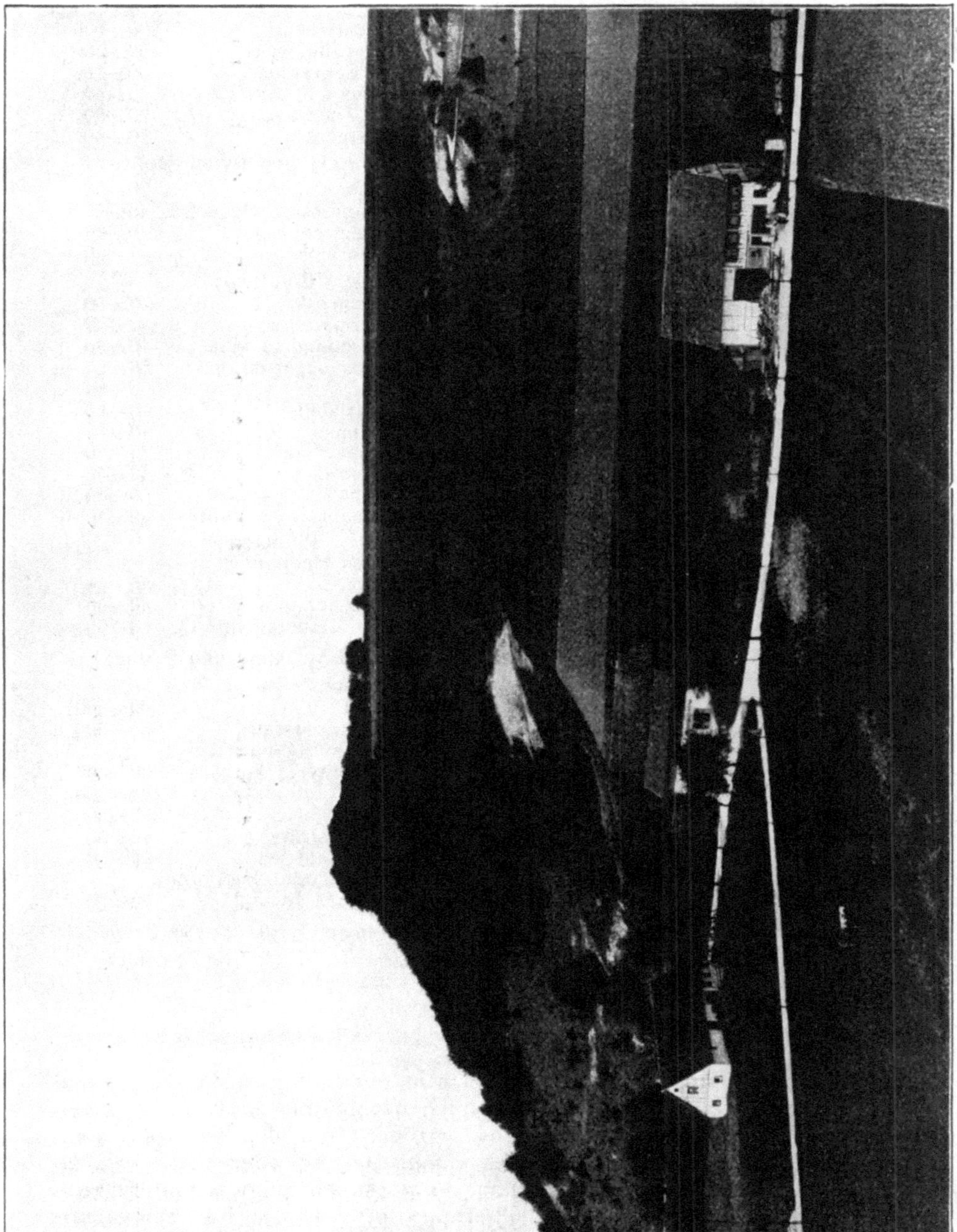

Abbildung 83.
Die Grenzschichten und Impressatone am „Stich“ bei Onstmettingen.

Petrefakten des Impressatons. Weiss-Jura Oberalpha.

Ammoniten und Belemniten:

Harpoceras complanatum .	20—40	₰
„ canaliculat. album	60—80	„
„ hispidum . . .	80—100	„
„ Marantianum .	80—100	„
Haploceras lingulatum . .	40—50	„
Perisphinctes biplex impress.	40—50	„
„ convolut. (Bonarelli)	40 - 50	„
„ „ parabolis .	60—80	„
„ „ Reichenbachensis	60 - 80	„
Phylloceras tortisulcatus impressae	100 - 120	„
Cardioceras alternans pyritaceus	120—150	„
„ „ gracilis	120—150	„
Oppelia flexuosa Q. . . .	30—50	„
„ callicera Opp. . . .	—	
„ flexuosa costata .	60—80	„
„ „ disca . .	60—80	„
„ „ impressae	40—50	„
„ „ nuda . .	40—50	„
Oppelia flexuosa lophota .	80—100	„
Oecotraustes ornatus . . .	80—100	„
Reineckia anceps	80—100	„
Morphoceras microstoma .	80—100	„
Aptychus laevis	30—60	„
„ lamellosus . . .	60—100	„
Belemnites Argovianus . .	150—200	„
„ hastatus . . .	100—120	„
„ pressulus . . .	100—120	„

Gasteropoden:

Melania striata	60—80	„
Muricida semicarinata alba	60—80	„
Paludina impressae . . .	80—100	„
Rostellaria bicarinata . .	40—60	„
Scalaria impressae . . .	60—80	„
Trochus impressae . . .	60—80	„
Turritella impressae . . .	60—80	„

Echinodermen:

Asterias impressae, Asseln	60—80	„
Disaster carinatus	100—150	₰
„ granulosus . . .	100—150	„
Galerites depressus . . .	100—150	„
Pentacrinus subteres (V.) .	20—40	„
„ pentagonalis (V.)	20—60	„
Cidaritenstacheln	40—60	„

Terebrateln und Rynchonellen:

Waldheimia impressa . . .	20—60	„
Terebr. impressula (Megerlea)	40—60	„
Rynch. Fürstenbergensis .	40—60	„
„ senticosa alba . .	40—60	„

Bivalven:

Astarte depressa	40—60	„
„ undata	40—60	„
Cucullaea concinna alba .	40—60	„
Inoceramus fuscusimpressae	50—80	„
Isocardia „	50—80	„
Nucula variabilis	40—50	„
„ Palmae	40—50	„
Ostrea impressae	40—50	„
Pecten demissus	40—50	„
Plagiostoma	60—80	„
Plicatula subserrata imprss.	20—40	„

Pflanzen:

Nulliporites Hechingensis, Stück	50—60	„
Chondrites aemulus Heer .	50—60	„
„ Hechingensis Q.	50—60	„

Korallen, Schwämme und Bryocoën.

(Delemontanus) Turbinola impressae	200—300	„
Cyclolites impressae . . .	200—300	„
Trochocyathus Quenstedti Stephanophyllia florealis	200—300	„
Craticularia stellitexta . .	200—300	„
Oppetionella jurasica . .	200—300	„
Bullopora rostrata auf Bel.	40—50	„
Haplostiche horrida „ „	60—80	„
Stomatopora oder Hippothoa auf Asterias sitzend . .	60—80	„

Ton- und Gesteinsproben 1 Mark. Schulsammlungen: 10 20 30 Arten.
5 12 20 Mark.

Schwefelkies und andere Mineralien: 50—500 ₰.

19. Verschwammtes Weissjura-Alpha. (α') Lochenschichten.

Statt dem Impressaton finden wir in der Balinger, Tuttlinger und Spaichinger Gegend die sogenannten Lochenschichten, die in der gleichen Zeit wie die Impressatone gebildet wurden. Wo das Tonalpha noch am Heuberg zu tage tritt, liegt es immer u n t e r oder n e b e n (z. B. bei Lautlingen) dem Schwammalpha. Am Randen zeigt schon U n t e r-Alpha Verschwammung, während Oberapha dort n o r m a l ist. Schwammalpha ist am Lochen, daher »Lochenschichten«, am besten und schönsten ausgebildet: als Felsen oder knotige, knorrige, grauweise Bänke, voll von schönen, aber noch mehr von unschönen Schwämmen. Zu bemerken ist noch besonders, dass die Lochenschichten auch nach β' und γ' hinaufgehen und dort die gleichen Petrefakten sich einfinden, weshalb das nachfolgende Petrefaktenverzeichnis auch für β', γ' und δ' giltig ist, um Wiederholungen zu vermeiden. Dieses Gemeinsame der Schwammschichten dehnt sich auf den ganzen Weissjura aus, nur dass in ε' noch andere Schwämme und Korallen hinzu kommen. Viele Schwammpetrefakten sind neu und alte (wie Amm.) verändert.

Die Mächtigkeit des α' ist sehr verschieden, je nachdem die Verschwammung bälder oder später in Normalalpha einsetzte. Der **graue, grusige Kalkmergel** ist sofort erkenntlich und besteht schier nur aus Schwämmen und Schwammpetrefakten. (Abb. 12.) Leicht sind diese steilen Halden (in Rutschen) nicht zu ersteigen und enden sie gewöhnlich in β', zu hohen Mauern sich auftürmend.

Petrefaktenverzeichnis der Lochenschichten: Weissjura-Alpha (α').

See-Schwämme: Siehe dazu Abb. 12 und 13.

Hexactinelliden:

Cypellia rugosa Zittel oder Spongites dolosi Quenstedt in 13 Arten.

Cypellia rugosa	Preis je nach Vorkommen und Erhaltung und Seltenheit 20 Pfg. bis 2 M. p. St.
„ „ annulata	
„ „ applanata	
„ „ caespitosa	
„ „ cruciata	
„ „ cucullata	
„ „ cumulata	
„ „ fungiformis	
„ „ geniculata	
„ „ montosa	
„ „ pediculata	
„ „ poculata	
„ „ turbiniformis	
„ infundibuliformis	
„ dolosa	

Phlyctaenium baccatum Zitt.	60—80	ℳ
„ cidariformis	60—80	„
„ cylindratum	60—80	„
„ uvaeformis	60—80	„
„ comiformis	80—100	„
Porospongia impr. (Manon Q.)	30—50	„
var. macropora Q.	30—50	„
„ micropora Q.	30—50	„
Porospongia fungiformis Zitt.	30—50	ℳ
„ solitaria Q.	30—50	„
Sporadopyle (Scyphia) obliqua Z. var. barbata, „ imberbis, „ raphanus, „ pertusa (Lochenschwämmchen je nach Schönheit.)	20—80	„
Stauroderma Lochense (Lochenplatte) Zitt.	40—60	„
Tremadictyon obliquatum „	80—100	„
Verrucocoelia bipartita „	120—200	„
„ gregaria	200—300	„
„ verrucosa	200—300	„

Calcispongien:

Myrmecium hemisphaericum Zitt. (Spongites rotula Qu.)	60—80	„
Var. biretiformis, „ coniformis, „ cylindrata, „ foliata, „ longiceps, „ pedunculata	60—120	„
Protosycon punctatum Z.	80—100	„
Eudea pisum Böllert Zitt.	80—100	„
„ sphaerium	80—100	„

Die vorstehenden Schwämme setzen auch durch die höheren Formationen durch und sollen daher später **nicht** aufgeführt werden.

Korallen:

Cyathophyllum mactra	300—400	ℳ
Trochocyathus (Stephanophyllia florealis)	250—300	„

Echinodermen α', β', γ', δ'):

Apiocrinus impressae, Stielglieder	20—30	„
Pentaceros (Asterias) jurensis albus Q., Asseln u. Taf. / Pentaceros (Asterias) spongiosa Q., Asseln u. Tafeln	60—100	„
Cidarites coronata, ganz	200—300	„
„ andere, ganze Ex.	200—500	„
„ Stacheln solcher	20—60	„
Pseudo-Diadema Lochense	300—400	„
„ subangulare	300—400	„
Disaster carinatus	100—150	„
„ granulosus	100—150	„
„ capistratus	100—150	„
Glieder v. Eugeniacrinus caryophyllatus	20—40	„
Kronen v. „ „	100—120	„
Eugeniacrinus Hoferi	60—70	„
„ nutans	60—70	„
Glieder: Pentacrinus cingulatus (V.)	60—80	„
„ Balanocrinus subteres (V.)	60—80	„
Pentacrinus cinctus	40—50	„

Sphaeraster Sphaerites punctatus . . 200—300 ℳ
,, ,, juvenis . . 200—300 ,,
,, ,, tabulatus . 300—400 ,,
Tetracrinus moniliformis (Eugeniacrinus) Stielgl. (V.) 60—80 ,,

Bryozoen auf anderen Petrefakten:

Stomatopora Alecto dichotoma grandis 40—60 ,,
,, ,, intermedia 40—60 ,,
Bullopora rostrata, Kette . 40—60 ,,
Cellepora (Diastop.) orbicul. 60—80 ,,
Ceriopora clavata . . . . 60—80 ,,
,, compacta . . . 60—80 ,,
,, striata . . . . 60—80 ,,
,, radiciformis . . 60—80 ,,
Conodictyum striatum . . 60—80 ,,
Tetrapora suevica Q. . . 60—80 ,,

Brachiopoden α'—δ':

Grania porosa . . . . . . 30—40 ,,
,, suevica . . . . . . 40—50 ,,
Orbicula alba . . . . . . 60—80 ,,
Rynchonella lacunosa (14 Arten, verschied. 40—50 ,,
,, senticosa alba Q. 50—60 ,,
,, striocincta Q. . 50—60 ,,
,, strioplicata Q. . 60—80 ,,
,, strioplanata Q. . 60—80 ,,
,, triloboides Q. . 60—80 ,,
Terebratula bisuffarcinata (ohne Septum) 9 Art. 40—50 ,,
,, nucleata (Waldheimia) 40—60 ,,
(Megerlea) Terebr. nucleata gutta . . . . 30—40 ,,
Terebr. nucleata pentagonalis 40—60 ,,
(Megerlea) Terebr. nucl. orbis 40—60 ,,
,, ,, orbis, major, minor, pentagonalis . . 40—60 ,,
Terebratula pseudolagenalis (Waldheimia) . 40 - 60 ,,
,, (Megerlea) loricati 60—80 ,,
Megerlea Terebr. pectunculus (6 Arten) . . . . . 60—80 ,,
Terebr. reticulata (Terebratella) . . . . . 60—80 ,,
Terebratulina substriata minor (Terebratulina) . . 60—80 ,,

Bivalven:

Exogyra auriformis . . . 60—80 ,,
Isoarca Lochensis . . . . 40—60 ,,
Modiola tenuistriata . . . 60—80 ,,
Nucula Quenstedtii . . . 60—80 ,,
,, variabilis . . . . 40—60 ,,
Ostrea nana . . . . . . 40—60 ,,
,, rastellaris . . . . 40—60 ,,
Pecten cardinatus Q. . . 50—80 ,,
,, subpunctatus . . . 50—80 ,,
Plicatula striatissima Q. . . 40—50 ,,
Spondylus pygmaeus ,, . . 40—50 ,,

Gasteropoden:

Pleurotomaria alba Q. . . . 100—120 ℳ
,, bijuga . . . 100—120 ,,
,, clathrata . . 100—120 ,,
Rostellaria caudata . . . 60—80 ,,
Trochus cinctus . . . . 100—120 ,,
,, speciosus . . 100—120 ,,
Turbo ,, . . . 100—120 ,,

Ammoniten:

Phylloceras tortisulcatus . 60—80 ,,
,, pro- ,, . 150—200 ,,
Cardioceras alternans . . 120—150 ,,
,, ,, falcaries Q. 120—150 ,,
,, ,, lineatus ,, 150—170 ,,
,, ,, oblongus ,, 150—170 ,,
,, ,, ovalis ,, 140—160 ,,
,, ,, quadratus ,, 150—170 ,,
,, ,, transversus ,, 160—200 ,,
Harpoceras canaliculatum Q. 40—60 ,,
,, complanatum ,, 40—60 ,,
,, (arolicum Oppel) —
Harpoceras hispitum . . . 60—80 ,,
,, semifalcatum . 100—120 ,,
Oppelia flexuosa costata Q. 60—80 ,,
,, ,, discusa ,, 80—100 ,,
,, ,, nuda ,, 40—50 ,,
,, ,, 8 andere Arten Opp. . . . . . 60—200 ,,
Haploceras Brukneri Opp. 40—60 ,,
,, lingulatum Schl. . 20—40 ,,
,, ,, canalis Q. 30—50 ,,
,, ,, contractum ,, 40—60 ,,
,, ,, crenosum ,, 40—60 ,,
,, ,, expansum ,, 50—70 ,,
,, ,, laevis ,, 40—50 ,,
,, ,, nudum ,, 40—50 ,,
,, nimbatum Opp. . 60—80 ,,
Perisphinctes Birmensdorfensis Mösch . . . 120—200 ,,
,, convolutus Schl. . 40—60 ,,
,, fasciger Q. . . . 80—100 ,,
,, Hiemeri Opp. . . 80—100 ,,
,, macerrimus Q. . . 80—100 ,,
,, plicatilis Q. . . . 60—80 ,,
,, Streichensis Opp. . 60—80 ,,
Aspidoceras corona Q. . . 60—80 ,,
,, episum Opp. 60—80 ,,
,, hypselum . . 60—80 ,,
,, Meriani . . . 80—100 ,,
,, Rotari . . . 60—80 ,,
Aptychus laevis u. lamellosus 80—100 ,,
,, latus . . . . . 60—80 ,,
Belemnites hastatus . . . 80—100 ,,
,, pressulus . . . 150—200 ,,

Zähne, sehr selten:

Notidanus Münsteri . . . 120—200 ,,
Sphenodus longidens . . . 200—300 ,,
Oxyrhina macer . . . . 200—300 ,,

Arthropoden:

Prosopon marginatum Mey. 120—200 ,,
,, simplex Mey. . 120—200 ,,

Serpula canaliculata . . . .
,, cingulata . . . . .
,, connexa . . . . . .
,, delphinula . . . . .
,, Deshayesii . . . . .
,, gordialis . . . . . .
,, Ilium . . . .
,, lumbricalis . . . . .
,, medusida . . . . .
,, nodulosa . . . . .
,, planorbiformis . . .
,, prolifera . . . . . .
,, quadrilatera . . . .
,, tetragona . . . . .
,, spirinulites . . . . .
,, subrugulosa . . . .
,, tetragona . . . . .
,, thermarum . . . . .
,, trochleata . . . . .

} Je nach Seltenheit, Grösse und Schönheit Stück 20 Pfg. bis 1.20 Mk.

Formationsproben: 1 Mk.

Schulsammlungen:

10	20	30	40	50	60 St.
3	6	10	15	20	25 Mk.

Schaustücke:

Handstücke mit Schwämmen und Schwammpetrefakten, je nach Grösse und Schönheit der erhaltenen Tierreste: 3 bis 10 Mark.

20. Weissjura-Beta (β). Normale Mauern und wohlgeschichtete Kalkbänke.

Ist im ganzen Land aufgeschlossen und kann höchstens mit gewissen Weissjura ξ Bänken verwechselt werden, die aber ja in weit höherer Lage liegen und gelblicher aussehen, auch liegen letztere mehr im Gebiet der Donau bis aufwärts Tiergarten, während die β Mauern der Donaugegend um Tuttlingen aufgeschlossen sind. Diese Mauer-Kalke, wohlgeschichtete Biplex-Kalke, beginnen gegen unten, da wo die Zwischlager der Letten aufhören und wo Letten nach oben wieder beginnen, lassen wir γ folgen. Neben der Kalkmauerbildung geht durchs ganze Land eine Felsenmauerbildung einher, die wir Schwamm-Beta (β') nennen. Um Städte wie Ebingen, Geislingen a. St u. s. w. ziehen sich in grossem Kranz diese Mauersteinbrüche herum (Siehe die Abbildung von Ebingen: Schmichatal und Schlossfelsen 82, ferner die Abb. 8 (Dreifaltigkeitsberg), Abb. 10 (Oberhohenberg und Plettenberg), Abb. 12 (Hörnle), Abb. 38 (Michelsbergrutschen) u. s. w.

Auf diesen Bildern sieht man deutlich, wie β mit α die erste Albterrasse bildet. Der Hohenzollern, die Achalm, Hohenstaufen u. s. w. stehen auf Beta. Zwischen α und β, da wo die Fucusbank ist, liegt gewöhnlich der erste Quellhorizont, aus dem die Neckaralbflüsse entspringen: Eyach, Fils, Rems, Lauter, Lindach, aber auch die Schmicha bei Onstmettingen. Weit ins Land hinein schauen die Rutschen: Siehe Abbildungen: 8, 10, 12, 38 u. s. w.

Alle Petrefakten sind in Beta verkalkt und als Steinkerne vorhanden. In den Steinbrüchen der Normal-Betakalke finden sich sehr wenige Petrefakten, erst in den Grenzbänken finden wir mehr. Die Mächtigkeit ist 15—20 m. Die Bänke zeigen eine ungleichmässige Dicke, Bänke von 10 cm wechseln mit solchen von 50 cm. Zwischen ihnen liegt ein ganz dünner gelber, fetter Letten. Wo diese Mauern tectonische Spalten haben, sind letztere sehr genau zu verfolgen, auch die Schichtenschübe.

Petrefakten von Weissjura-Beta (β), wohlgeschichtete Biplexkalke.

Petrefakten, die auch in β' vorkommen (also in β und β') erhalten das Zeichen β' beigesetzt.

Ammoniten:

Phylloceras heterophyll. albus	60—80	₰
„ tortisulcatus	80—100	„
Cardioceras alternans Beta	150—200	„
„ lineatus	150—200	„
„ ovalis	150—200	„
„ quadratum β'	150—200	„
Harpoceras canaliculatus	120—150	„
„ complanatus gigas	300—500	„
„ trimarginatus	250—300	„
Oppelia flexuosa aurita	60—120	„
„ „ costata	80—150	„
„ „ disca	80—150	„
„ „ gigas	200—500	„
„ „ inermis	150—200	„
„ „ pinguis	150—200	„
„ „ spoliatus	60—100	„
„ Hauffiana	200—300	„
„ Holbeini	200—300	„
„ modestiformis	200—300	„
„ tricristata	200—300	„
„ Wanzeli (β')	200—300	„
Haploceras lingulatum expansum und laevis	40—60	„
falcatum	60—80	„
Perisphinctes albineus Opp.	100—120	„
„ biplec major und minor	80—200	„
„ biplex vulgaris	80—150	„
„ bifurcatus Q.	60—100	„
„ „ pinguis	80—120	„
„ colubrinus biplex	80—120	„
„ gigantoplex	600—800	„
„ grandiplex	600—800	„
„ limosus	60—100	„
„ planula cornuta	60—80	„
„ „ gigas	200—400	„
„ „ juvenis	200—400	„
„ planulatus gigas	600—800	„
„ polygyratus	40—80	„
„ ptychodes	60—80	„
„ semiplex	100—120	„
„ triplicatus albus	60—400	„
„ triplex	60—400	„
„ Tiziani Opp. (polygyratus)	60—300	„
Olcostephanus ellipticus	60—100	„
Perisphinctes striolaris	60—100	„
„ Streichensis	60—120	„
„ virgulatus	60—100	„
Peltoceras bimammatus (unter β')	250—300	„
Aspidoceras atavum Opp.	100—120	„
„ clambum „	100—120	„
„ corona gigas Q.	300—400	„
„ episum Opp.	200—300	„
„ eucyphum „	200—300	„
Aspidoceras hypselum Opp.	200—300	₰
„ inflatum binod. Q.	200—300	„
„ „ macrocephalum Q.	200—300	„
„ unispinosum Q.	150—200	„
„ perarmatum aequicosta Q.	150—200	„
„ longispinosa Q.	150—200	„
„ mammilanum „	150—200	„
„ muticum „	150—200	„
„ oblongum „	150—200	„
„ spoliatum „	150—300	„
„ Schwabi	150—200	„
„ semiarmatum	150—200	„

Gasteropoden:

Muricida semicarinata alba Q.	60—80	„
Pleurotomaria alba Q.	60—100	„
„ bijugata	60—100	„
„ clathrata	60—100	„
„ suprajurensis	60—100	„
Rostellaria bicarinata alba Q.	60—100	„
Trochus jurensis	60—100	„

Echinodermen:

Cidaris und Stacheln	50—500	„

Pflanzen und Korallen:

Nulliporites Hechingensis Stücke	40—100	„
Cyclolites suevicus β	250—300	„
Stephanophyllia florealis	250—300	„

Cephalopoden:

Nautilus aganticus β'	200—300	„
„ franconicus β'	200—300	„
Aptychus laevis β'	60—80	„
„ lamellosus β'	60—80	„
Belemnites hastatus, normale Form	60—80	„

Krebse:

Glyphaea und Prosopon, je nach Seltenheit und Erhaltung: 12 bis 15 Mark.

Sie sind aber sehr selten am Lager, da sie sehr selten gefunden werden und selbst Scheeren gesucht und selten sind.

Bivalven:

Arca texata (β')	60—80	„
Avicula Münsteri	60—80	„
Inoceramus fuscus albus	60—80	„
Isoarca striatissima	60—80	„
„ transversa β'	60—80	„
Nucula variabilis β'	50—60	„
Ostrea Römeri	100—120	„
„ rastellaris	60—80	„
Pecten cingulatus	60—80	„
„ cornatus β'	60—80	„
„ textorius albus β'	60—80	„
„ velatus (Hinnites) β'	60—80	„

Pholadomya clathrata .	60—80 ₰	
Plagiostoma ovatissima	80—100 ,,	
Plicatula subserrata . . von der α/β Grenze.	40—60 ,,	

Handstücke der Betakalke 50 Pfg.

Schulsammlungen:

10	20	30	40 Stück
5	10	18	28 Mark.

Schliffe tectonischer Spalten, Spiegel und Breccienfüllung von einigen tect. Spalten: 1 bis 3 Mark, je nach Grösse. (Die Stücke sind sehr deutlich und gut geschliffen und eine Seltenheit: Ebingen und Heubach). Siehe Abbildung No. 84. Steinbrüche in Weissjura β Ebingen und Seite 138.

Hauptspalte westl. Spiegel. Hauptspalte östl. Spiegel. Spalte III. Spalte II. Spalte I.
Breccie.

Abbildung 84. **Die Betakalkwände des weissen Juras bei Ebingen,** welche geschliffene tektonische Spalten aufweisen. (Sauterscher Bruch.) Die sichtbaren Gebäude sind über der Spalte erbaut.

Die geschliffenen und gespaltenen Betawände des weissen Juras bei Ebingen.

Ein Teil der Gebäude Ebingens, nämlich die ganze höher gelegene Stadt, liegt auf den wohlgeschichteten Betakalken des Weissjuras. Sie bilden um Ebingen eine ca. 50 m hohe Terrasse, hinter welcher sich erst Gamma und Delta erhebt, wie die Abb 82 und 85 u. s. w. zeigen. In dieser Terrasse liegen am Bühl, Martinshalde und Katzenbuckel alte und neuangelegte Steinbrüche, welche alle rationell abgebaut und zu Beton verwendet werden. Das Bühltal zieht sich gegen Norden parallel mit dem Schmichatal, von dem es eben nur durch den »Bühl« getrennt ist. Es ist heute wasserlos, da die weiter oben im Tal entspringenden Gammaquellen seit alten Zeiten nach der Stadt geleitet werden. Im Bühltal und auf dem Bühl liegenviele Steinbrüche und unter ihnen der Sauter'sche Steinbruch, den unsere Abbildung zeigt. Die grossartigen Aufschlüsse zeigen die Struktur der Betakalke aufs schönste und ist der Kalkstein so fein und zart, dass die in ihm auftretenden Gesteine marmorartig geschliffen werden könnten. Die Spalten sind auf eine Länge von $1/2$ Km aufgeschlossen und 5—15 m hoch. Die Schubfläche steht bereits senkrecht im Gebirge und streicht in der Richtung N. 13^0 O.

Die Schliffflächen wurden von uns (dem Verfasser und Herrn Oberlehrer Link-Ebingen) im Herbst 1908 entdeckt und eine 25 cm klaffende Spalte gefunden, die beiderseits geschliffene und polierte Flächen (Spiegel und Harnische) zeigten, die auch Herr Inspektor Regelmann-Stuttgart besichtigte und in den Albvereinsblätter 1909/47 beschrieben hat.

Die Spalte war von einer sehr zerkleinerten Trümmerbreccie erfüllt, deren Einzelteilchen in Lette eingelagert war. Die Gesteinssplitter dieser Breccie sind haselnuss- bis splittergross und meist geglättet wie die Spaltenflächen. Diese Breccie gleicht einem »Buchberg-gerölle« wie es am Buchberg bei Bopfingen liegt, und auch nur das Produkt einer gewaltigen Ueberschiebung ist. Die lettige Spaltenfüllung klebt zäh auf dem blanken Gesteinsspiegel, den es dadurch vor der Vernichtung schonte. (Im Gegensatz zu dieser Spalte stehen Querspalten im Gebirge, welche diese Hauptschubspalte kreuzen und wohl bei der Schollenbewegung in einer Richtung mitbewegt aber deshalb nicht geschliffen wurden. Diese Spalten laufen von Ost nach West und zeigen blos verkalkten und rostigen Sinterüberzug.) Die senkrechte Schiebfläche neigt sich leicht gegen West. Die glänzenden Gesteinsspiegel sind teils ebenflächig, teils wulstartig gewunden und überall verquetscht. Die geschliffene Fläche weicht 5—7 cm von ebenen Flächen ab. Die Wülste des Schliffs verlaufen horizontal, parallel der Längsrichtung. Die Spiegel sind geschrammt und gekritzt schier wie bei Gletscherschliffen. Man bemerkt zwei Systeme der Schrammung: grobe horizontal verlaufende lange Rillen mit kurzen Kritzen als erstes System. Dieses wird von dem zweiten System unter einem Winkel von 20—30^0 gekreuzt: ein Schwarm kürzerer Schrammen, von wenigerem Glanz des Spiegels.

Die geschliffenen Schichten sind Teile einer Schiebfläche, an welcher sich der von Süden (von den Alpen) kommende Gebirgsdruck, in wahrscheinlich oligocäner Zeit, auslöste, das Gestein zerbrach und die westl. Ochsenberg-Raidenscholle an der östlichen Schlossbergscholle vorbeischob, das abgelöste Gestein als Schleifmaterial benützend und so gleich eine Breccie bildend.

Diese Verschiebung war eine horizontale, nach Norden gerichtete Gebirgsbewegung, durch welche die kräftigen horizontalen Rillen entstanden. Diesem Schub folgte später ein leichtes Nachsinken des einen, östlichen Flügels, wobei die feinen leichten Kritze des zweiten Schrammensystem entstanden. (Im Hintergrund des Bildes kann beobachtet werden, wie ausser dieser seitlichen Bewegung und dem Abgleiten auch noch eine teilweise Ueberschiebung der zerbrochenen Schollen bemerkt werden kann. Eine mittlere Scholle wurde in die Höhe gepresst, so dass die Gesteine der mittleren Scholle gegenüber den Nachbarschollen um 15—30 cm verschoben wurden, Spalte II, wodurch eine ganze Zertrümmerung der Tafel entstand.

Auf unserer Abbildung sehen wir somit sechs Spaltenflächen nebeneinander. Spalte I und II mit Verschiebung und Ueberschiebung, Spalte III mit Zerreissung und kaum bemerkbarer Schiebung, Hauptspalte IV, an welche die Breccie und Spiegel anschliessen mit V und VI. Zwischen dem westlichen Spiegel und dem östlichen liegt die Breccie und daneben gleich weitere Spalten, die aber nicht geschliffen wurden. Die Spalten folgen in ähnlicher Richtung wie die Elektrizitätsträger anzeigen und halten sich an die Richtung des Talverlaufs, woraus wir ersehen können, dieses Tal sei tectonischen Ursprungs, ebenso wie das Schmichatal, welches diese Spalte bis zum Donautal durchquert.

Die regulärste Horizontalstreifung zeigte die Schubfläche der westlichen Spaltenwand und zwar an einem stehengebliebenen Pfeiler (auf Bild 84 genau da, wo der Sockel des Betonquetschwerkes endet), welcher aus dicken Bänken besteht. Eine Fläche von 2 m Länge und 1 m Höhe bietet in N. 8° O Richtung ein Schrammsystem, das bis 1,2 mm tief eingeritzt ist, in einen einheitlichen glashellen Spiegel, der unten etwas eingebogen und auch auf den Wülsten fein poliert und geschrammt ist. (Siehe Weiteres unter »Zur Spaltentektonik der schwäbischen Alb«).

21. Weissjura Betafelsen (Schwammbeta: β').

Während sich Schwammalpha auf die Balinger Gegend beschränkt, kommt Schwamm-Beta (β') im ganzen Land vor, neben normalem Beta, nämlich mit ihm abwechselnd. Leitend ist für diese Schichten der Bimammatus-Ammonit. Oft sitzen die Felsen Betas bei Balingen auf den Alphafelsen auf, dass keine Grenze zu erkennen ist, dagegen an anderen Stellen des Landes setzt β' erst in β auf und bildet mergeligtonige grauweisse Felsenkalke, zerklüftet, aber ungeschichtet, wo sich Schichtung zeigt, haben wir eine Mengung von β und β' oder eine angehende Colonisierung der Betabänke. Schwammbeta ist von Schwammgamma und Schwammdelta kaum zu unterscheiden, am Heuberg sehen sie alle gleich aus und sind oft oolithisch.

Die Petrefakten von β' sind dieselben wie in α' und sind sie unter α' und β' zu finden. Viele β Petrefakten kommen auch in β' vor, mit keinen oder kleinen Abänderungen. Die Biplexamm. der β' Schichten sind z. B. viel fetter und voller als in β und andere Ammoniten, wie z. B. alternans veränderten sich sehr. Die mehr glatten Amm. gehören dem g l a t t e n β an, und die struppigen, gerippten und geohrten Amm. dem β'. Wo β' ansteht, ist die Landschaft wild romantisch, wo β ansteht, sich zeigen sanftere Hügel, denn β verwittert leichter als β'. Immer treten β' vor und β zurück, wenn wir sie an Gehängen treffen. β' ist in β eingewachsen, z. B. sieht man dies besonders im Eyachtal. (Abb. 15 u. s. w.)

Als Unterschied der Schwammarten zwischen α' und β' ist aber doch hervorzuheben, dass die Betaschwämme durchschnittlich grössere Arten aufweisen als die Alphaschwämme, manche Teller und Häfen, Glocken und Hüte sind sogar oft auffallend gross.

Der mittlere Weissjura: Gamma und Delta: γ und γ', δ und δ'.

Alpha und Gamma benennen wir die zweite Haupttterrasse der Alb, wenn wir vor und in den Tälern der Neckarseite stehen und von hier aus die herrlichen Albberge besteigen. Sie erhebt sich entweder direkt auf dem Untern oder bildet der Untere einen Absatz und folgt dieser ersten Treppenstufe dann die zweite des Gammas und Deltas. Ebenso oft bildet diese zweite Treppenstufe γ allein, wenn die Deltaschichten abgetragen sind, wie sonst δ mit γ vereint vorkommt. Die Unterschiede zwischen γ und δ: γ zeigt sich als grauer fetter Schieferletten, nach oben in zerfallende Kalkbänke übergehend, δ bildet harte Kalkbänke, dicker, fester und anders geartet, als die tiefer liegenden β Bänke. Wo γ allein auftritt, also ohne δ Decke, bildet γ sanfte abgerundete Gewölbe, leichtverrutschende Kuppen, wird es aber noch von Delta bedeckt, so bildet es steile, feuchte, urwaldähnliche Halden, in welche die Quellen ihre Rinnsale tief eingraben, diese Halden zeigen dann öfters grosse Rutschen, welche oben von Deltabankabbrüchen bedeckt sind. Vielfach ist γ mit δ abgerutscht und bis auf den obern Braunen verlagert worden. An manchen Stellen der Alb gleicht γ so sehr α, dass es von Anfängern verwechselt werden kann, umsomehr als im normalen γ viele Ammoniten verkiest vorkommen, die wir ganz ähnlich in α finden. Haben wir aber gar verschwammtes γ' vor uns, dann wissen wir kaum, ob wir in α' oder γ' stehen, wenn dabei die Balinger Gegend in Betracht kommt. (Siehe die Abbildungen des Eyachtales, laut Register).

Auf der Grenze zwischen γ und δ liegt der zweite Quellhorizont und haben wir in ihm oft ein sehr genaues Grenzzeichen, besonders wenn die Schwammschichten fehlen. In den Schwammschichten liegt aber der Quellhorizont hie und da tiefer oder höher, je nachdem sich Lettenschnüre einstellen, welche das Wasser aufhalten und zu Tage führen. Diese grauen und graugrünen Lettenschnüre bieten viele Petrefakten und sind oft von Grünsand gefärbt, mit Oolitkörnern durchsetzt.

Dieser Quellhorizont zeigt aber zwei ganz verschiedene Bilder, je nachdem wir die Quellen der Donau- oder Neckarseite beobachten. Haben wir die Neckarseiten-Quellen vor uns, so bemerken wir immer gewöhnliche Quellrinnsale oder Höhlenquellen, auch auf der Donauseite sehen wir in diesem Quellhorizont ebenso noch Quellen, welche an den Abhängen entspringen, den Neckarseitenquellen gleichend, sowie aber die Grenzzone γ/δ sich dem Talboden nähert, treten uns die Quellen der Donauseite überall als Quelltöpfe entgegen und je höher das Gebirge über γ auflagert, desto grösser wird der Wasserreichtum dieser Quelltöpfe. Einzelne dieser Quelltöpfe dürften aber sicherlich noch aus α und β gespeisst werden, wie z. B. die Quelltöpfe der Ebinger Umgebung und des Ursprungs der Schmicha, denn ihr Ursprung liegt unterhalb der normalen Grenze von γ und δ. So entspringt der Quelltopf »Spittelsbrunnen« bei der Sammtfabrik Ebingen auf der Grenze von α/β, indem er aber seine Wasser durch das Diluvium zur Höhe pressen muss, entspringt er scheinbar in β, denn am »Bühl« und »Messstetter Berg« lagert in gleicher Höhe Beta. (Der Spittelsbrunnen mag auch seinen Ursprung der tectonischen Spalte, auf der er liegt, verdanken, welche vom Bühltal zum Messstetter Berg zieht.) Beim »Bitzerles Brunnen« an der Pumpstation Ebingen und beim »Ehestetterhof« entspringen die zwei grossen Quelltöpfe noch ebenfalls in α/β, da Beta und Gamma an den nahen Abhängen in die Höhe steigt, wo der wirkliche Quellhorizont γ/δ liegt. Diese drei Quelltöpfe hängen mit grossen Dolinen der benachbarten Berge zusammen, welche Einbrüche in δ und ε darstellen. Aus dem Obigen ist aber erkenntlich, dass die Quelltöpfe der südöstlichen Albseite, welche ihre Gewässer der Donau zusenden, sehr selten durch ihren Quellenort die Zone des geologischen Quellhorizonts angeben, sie entspringen eben immer in der Talebene und sind somit mehr Quellen tektonischer oder erosierter Spaltensysteme, deren Quellenlauf im Untergrund der Täler endet. So sind z. B. die Quelltöpfe der Ebinger Umgebung, die Quelltöpfe der obern Donau

(Tuttlingen bis Sigmaringen) alle auf Kreuzspaltensystemen liegend und können die tektonischen Gebirgsstörungen in der Nähe nachgewiesen werden, überall sehen wir Verwerfungen oder Einstürze, Dolinen u. s. w. Andere Quelltöpfe, wie Blautopf, Brenzursprung u. s. w. zwischen ε entspringend, entstammen aber dieser γ/δ Grenze und steigen im Talschotter zur Oberfläche empor. γ' und δ und δ' bieten die beste Gelegenheit für Höhlenbildung und die meisten Quellenhöhlen unserer Alb liegen ja auf den vorgenannten Lettenschnüren. (Siehe Abbildung: Falkensteiner Höhleneingang, Fig. No. 86.) Das Bild zeigt die untersten Kalkbänke aus δ, unter denen die Elsach entspringt.

22. Weissjura Gamma: γ, normales Tongamma, Romancementmergel.

Aptychustone, Talmössinger Schichten, Badener Schichten, Zone der Ammonites Reineckianus und tenuilobatus. Auch in γ können mehrere Horizonte trefflich unterschieden werden. Zu unterst liegt ein Ton-Gamma, aus gewöhnlicher Schieferlette besteheud, erst in der Mitte treten zum Ton noch Bankschichten auf, die aber leicht verwittern und in Obergamma nehmen die Bankbildungen überhand, aber ihr Karakter unterscheidet sich sehr von den Bänken des darüber abgelagerten Deltabankkalkes. Ueberall, in der ganzen Alb, zeigen sich Gammaaufschlüsse, besonders typisch z. B. bei Ebingen am dortigen Schlossfelsen (siehe Fig. 82, 85: Totalansicht von Ebingen), dort wo am Kastanienhügel die romantischen Spazierwege beginnen, ferner an den »Brunnentrögern«, am »Cementhäusle« der alten Bitzersteige (von Pfarrer Engel in seinem Wegweiser für α gehalten, als Beweis, wie oft sich γ von α kaum zu unterscheiden lässt) und am Raidenberg ob den Betaschliffflächen der Maag- und Sauterschen Steinbrüche, auch der Bahndamm und die Strasse Ebingen-Strassberg ist aus γ Normal- und Bankform aufgebaut. Das »Fräulesbrünnele« bildet dort so gut die Grenze zwischen γ und δ als das »Bitzersteigbrünnele« und »Gänsebrünnele« an der neuen Bitzersteige. Prachtvolle Aufschlüsse bietet auch um Tailfingen herum das untere, mittlere und obere Gamma, z. B. an der Neuweilerstrasse, am Nank, an der Burg, am Braunhardtsberg u. s. w. (Abb. 17.) Ebenso berühmt sind noch folgende Stellen: bei Truchtelfingen, Rutsche und Strasse nach Bitz mit Kragenplanulaten, Burgfelden: Heersberg, Bittenhalde Tieringen und Lochen (siehe Abb. des Lochensteins No. 13), Strasse Pfeffingen-Burgfelden, Pfeffingen-Onstmettingen, Mongsteige bei Salmandingen und dortiger Kornbühl, Rutschen bei Burladingen, die vielen Steigen der mittleren Alb: Unterhausen-Holzelfingen, Oberlenningen-Grabenstetten, Bissingen-Ochsenwang, Neuffen-Grabenstetten, Lichtenstein, Neidlingen und die Eisenbahnsteigen Honau-Lichtenstein und Geislingen u. s. w., Staufen und Rechberg zeigen auch schöne Aufschlüsse. (Siehe Abb. Rechberg, Vorderweiler Fig. 39.)

Die Aalener Gegend bietet typische Fundplätze am Brunnenberg mit Kragenplanulaten, Nägelsberg bei Heubach u. s. w. (Siehe Führer Tur Aalen-Königsbronn, Aalen-Goldshöfe-Bopfingen u. s. w.)

Abbildung 85. **Die Weissjura-Betaterrassen mit den Gamma-Aufschlüssen bei Ebingen, zu beiden Seiten des obern Schmichatales.**

1) Die Terrasse des Bühltales mit den Betasteinbrüchen, an denen der Weg hinauf zu den Gamma-Aufschlüssen führt (2), über denen wieder der Wald mit γ und Felsengamma γ' (3) zu bemerken ist, welcher die oberste Scheitelterrasse bildet, über welcher noch δ und δ' aufliegt mit dem (4) Heidenstein. Auf der rechten Seite des Bildes, Schlossfelsenberg, sehen wir bei 5 verstürztes β, bei 6 Mittel β, bei 7 die neue Bitzersteige auf der Grenze von β/γ. Untergamma, Schieferletten ist bei 8 angedeutet, wo auch, wie bei 2, der Quellhorizont von γ liegt. Schutthalden bei 9 stammen aus γ' und δ' und enthalten viele rohe Schwämme. 10 Unterer Felsenhorizont von γ' und 11 oberer Felsenhorizont von δ'. An den Felsen sehen wir die abgerundeten Formen, 12 zeigt uns eine δ/ε Höhe, 13 das romantische felsige γ'/δ' Tal, das auf Truchtelfingen hinunterführt, 14 zeigt den Tailfinger Schlossfelsen (δ') und 15 die γ Rutschen zwischen Truchtelfingen und Ebingen. Der diluviale Talboden in der Mitte des Bildes liegt auf Weissalpha. Die Schichten zeigen ein Gefäll von West gegen Ost, also von links nach rechts, dieses sehen wir auch, wenn wir 1 mit 8 vergleichen, somit zeigt uns dieses Bild auch, wie die Raidenscholle höher liegt als die Schlossfelsenbergscholle, denn die scheinbare gleiche Höhe zwischen beiden Gipfeln weist links Unter- und rechts Ober-δ auf.

XXII. Idealprofil von Weissjura Gamma. γ. Normale Bildung.

Weiss Jura Delta: Kalkmauern.

Ober γ. — Balderuszone.

- Tonschichten mit verkiesten Amm. complanatus.
- Achte Kalkbank ohne Petrefakten.
- Tonschichten und meist zu unterst Fucusbank von Fucoides Hechingensis.
- Kalkbank mit Amm. Balderus, Balderusbank. Darauf oder teilweise darunter: Fucus.

Mittel γ.	Tonschichten mit Amm. Uhlandi, Amm. alternans ovalis, verkiest. Monotisbank bei Ebingen. Sechste Kalkbank, leer oder schwache Spuren von Monotis lacunosae. Ton mit Belemnites hastatus und Ammoniten die verrostet sind. Fünfte Kalkbank, leer, oft zerrissen und durch Kalkspat wieder verkittet. Ton mit Aptychus, Echiniden u. s. w. Vierte Kalkbank mit Amm. polyplocus, pictus, tenuilobatus Lothari u. s. w. Tonschichten mit Kiespetrefakten: Amm. dentatus. Dritte Kalkbank mit Kragenplanulaten. Tonschichten mit wenig verkiesten Amm. oder mit verkalkten Ostroeen. Zweite Kalkbank mit einzelnen Ammoniten. Tonschichten mit Terebratulas und Rynchonella striata. Erste Kalkbank, leer. Ton mit Amm. polyplocus.	Tenuilobatuszone.
Unter γ.	Kalkbänke mit Amm. Reineckianus. Ammonitenbreccie mit Amm. polygyratus, flexuosus, colubrinus, plan. (Diese Breccie bildet die Grenze zu Beta und den Hauptfundplatz in Gamma.)	Reineckianus Zone.

Wohlgeschichtete Betakalkbänke.

In den Tonschichten spielen die verkiesten Ammoniten die Hauptrolle; Planulaten, besonders Kragenplanulaten, Dentaten, Tenuilobaten, geohrte Lingulaten und dicke Inflaten mit dazugehörigen Aptychusschalen gehören den Kalkbänken an, sind deshalb verkalkt.

Petrefakten von »Normalem Weisjuragamma«.
Ton- und Kalkbankbildungen.

Ammoniten. Die auch noch mit in γ' gefunden werden, sind mit aufgeführt.

Cardioceras alternans quadratus Q. . . .		60—100 ₰
„ Kapffi Op. u. in γ'		100—150 „
„ Laffoni Mösch	„ „	100--150 „
Aspidoceras inflatum i. γ u. „ „ „ binodum u.s.w. in 8 versch. Arten		100—300 „
„ episum	γ u. γ'	200—300 „
„ inflatoides	„	200—300 „
„ circumspinosum	„	300—400 „
„ septenarium	„	200—250 „
Lytoceras (lineat.) albus	„	200—300 „
Harpoceras Gümbeli	„	300—400 „
Oppelia flexuosa Buch	„	200—300 „
„ „ 4 Abarten	„	250—400 „
„ picta u. 4 „	„	150—300 „
Distichoceras bidentosum Q.	„	200—300 „
Oecotraustes dentatus	„	60—120 „
Haploceras falcula	γ u. γ'	100—200 ₰
„ modestiformis	„	150–250 „
„ lingulatum	„	20—40 „
„ 4 Arten		60—120 „
Perisphinctes abruptus	„	200—250 „
„ Balderus	„	200—200 „
„ bidentosus Q.	„	150—200 „
„ bifurcatus	„	150—200 „
„ bipedalis	„	160—250 „
„ colubrinus	„	140—200 „
„ convolutus	„	120—160 „
„ divisus	„	300—500 „
„ gigantoplex	„	500—600 „
„ grandiplex	„	500–600 „
„ Lotharie	„	200—300 „
„ planulatus	„	100—150 „
„ polygyratus	„	120—200 „
„ poliplocus	„	150—200 „
„ tenuiplexus	„	150—200 „

Perisphinctes triplicatus	
albus γ u. γ'	60—100 ℳ
„ involutus „	200—300 „
„ striolaris „	200—300 „
„ trimerus „	200—300 „
„ trifurcatus „	200--300 „
„ virgulatus „	100—150 „
Olcostephanus stephanoides oder	
Reineckia anceps alba . .	160—200 „
„ convoluta alba .	160—200 „
„ crenata . . .	160—200 „
Sutneria Reineckiana . .	160—200 „
Aptychus laevis	60—80 „
„ lamellosus . .	60—80 „
Belemnites hastatus . . .	100—150 „
Bryocoën in γ und γ':	
Alecto dichotoma . . .	60—100 „
Ceriopora compacta . .	50—100 „
„ radiciformis . .	50—100 „
Bivalven:	
Arca texata und γ' . . .	40—80 „
Cuculaea concinna alba .	40—80 „
Inoceramus fuscus „ .	40—80 „
„ laevigatus . .	40—80 „
Isoarca striatissima γ u. γ'	60—100 „
„ texata „	60—100 „
„ transversa „	60—100 „
Lima aciculata	200—300 ℳ
„ ovatissima und γ' .	200—300 „
„ tegulata (Pecten velatus)	50—80 „
Monotis lacunosa Bankstück	60—100 „
Ostrea Römeri γ und γ' .	80—100 „
Pecten cingulatus	
„ cordinatus	
„ globosus	
„ subpunktatus	
„ textorius albus	
Gasteroepodn:	
Pleurodomaria alba . . .	160—200 „
„ bijuga . .	160—200 „
„ clathrata .	160—200 „
Trochusarten	60—100 „
Turboarten	60—100 „
Brachiopoden, siehe γ':	
Korallen aus γ:	
Cyclolites suevicus . . .	150—200 „
Stephanophyllia florealis .	150—200 „
Pflanzen:	
Nulliporites Hechingensis Plattenstück	50—60 „
(Fucoides Hechingensis)	
Proben der Schichten .	50—150 „

Schulsammlungen:

10	20	30	40 Arten.
8	20	30	45 Mark.

23. Schwammbildung von Weissjura Gamma: γ' Felsengamma.

Die Schwammbildung tritt als Mergel und als Felsenbildung auf. Die Kieselschwämme herrschen wie in α' und β' noch vor, obwohl sie verkalkt gefunden werden, ihres ehemaligen Kieselpanzers also verlustig geworden sind. Die Kieselschwämme, sowohl als die Tonbildung weisen auf Tiefsee hin, während in der Zeit der Oberweissjuraniederschläge eine Verflachung des Meeres eintrat und sich überall Riffe zeigten, welche die Meeresoberfläche erreichten. Die Schwammbildung geht in γ' hie und da neben Gamma her, von unter bis ober γ', aber in der mittleren und nordöstlichen Alb tritt die Schwammbildung in Gamma doch meist erst in der Mittelgammazeit ein, so dass unter den γ' Felsen des mittleren Gammas noch ein toniges Normalgamma sich vorfindet. Selbst schon auf dem Heuberg, Hardt und Ebinger Alb haben wir ein echtes γ', als Mergelgamma auftretend, schier immer auf Tongamma (Untergmma) sitzend, so am »Schinderhäusle« bei Ebingen, wo wir neben Mittelgamma »Unter γ'« finden, auf Untergamma lagernd. Auf der Lochen (β') liegt zuerst Untergamma und darauf γ'. Ebenso bei Fridingen a. Donau, wo am Bahnhof immer auf tonigem Untergamma normales Mittelgamma oder Schwammgamma lagert. Dort am Bahnhof starke Verwerfungen mit $^1/_2$ m dicken, grauen oolitischen, harten Obergammabänken, die wie δ aussehen und neben denen die Mergel (γ') abgelagert sind. Die gleichen Bildungen zeigt Gamma und γ' an der Strasse Unterdigisheim-Messstetten und an vielen andern Stellen des Landes. Wo hart neben

Mittelgamma eine γ' Bildung auftritt, werden die Bänke meist mergeliger, dicker und fester, die Tonzwischenlager des sonst normalen Gammas aber werden erdiger, mergelig, und nur vereinzelt treten feste Felsennasen hervor, nämlich dann, wo ganze Schwammkolonien beisammen stehen. Das Bild ist dann ein grundverschiedenes von dem normalen Gamma. Es gibt Stellen wo γ' noch Schichtung zeigt, ja sogar schönste Bankbildungen (nur sind diese Bänke grusig und fester als in Gamma), aber weit mehr Stellen, wo das Schwammgamma jede Schichtung einbüste und Bänke und Tone verdrängte. Die Arten kommen schon teilweise in α' und β' vor und gehen manche nach δ' hinauf. Das Verzeichnis gibt typische γ'-Arten an. (Siehe Abb. 85 u. s. w.)

Petrefaktenverzeichnis von Schwammgamma.

Ein Teil ist schon unter Normalgamma aufgeführt, hier sollen nur die echtesten γ' Petrefakten folgen und daher an ihrer Spitze die

Schwämme:

Casearia articulata . . . Craticularia clathrata . . „ cylindrotexta „ orbica . . . „ incisa . . . „ rimosa . . .	60—80 ₰
Manon impressum	40—80 „
„ marginatum . . .	40—80 „
Sporadopyle obligua γ' . .	20—80 „
„ texturata . .	80—150 „
8 becherförmige Arten.	
Sporadopyle foliata . . .	40—120 „
„ leptophylla . .	40—120 „
und andere dinnblätterige.	
Sporadopyle cornuta . . .	100—150 „
„ funiculata . .	100—150 „
„ nodosa . . .	120—150 „
„ ramosa . . .	40—80 „
Stauroderma Lochense . .	30—150 „
schöne Platten je nach Grösse.	
Tremadictyon cucullatum „ cylindratum „ disciforme „ radicatum „ reticulatum	40—100 „
Cypellia dolosa . . . . Hexispongia libera . . . „ prolifera . .	20—40 „
Pachyteichisma lamellosa lopas . . . . „ tumulosa „ „ microstoma „	60—200 „
Trochobolis textata . . .	60—80 „
Verrucocoelia conformis cylindrata	60—80 „
„ „ gregaria	60—100 „
„ „ verrucosa	60—100 „
Cnemidiastrum (Hutschwamm) in mehreren Arten . . .	40—80 „
Hyalotragos patella . . .	20—40 „
„ weitere 6 Arten	80—100 „
Melonella radiata gamma in 8 Arten, noch mehr in δ' als in γ' vorkommend .	50—100 ₰
Platychonia vagans . . .	20—40 „
Pyrgochonia acetabulum .	80—200 „
Cavispongia cylindrata porata	60—80 „
Myrmecium hemisphaericum	40—100 „
Peronella cylintrata γ' . .	60—100 „
„ radiciformis γ' . .	60—100 „
Trochobolis crassicosta . .	80—150 „
u. s. w.	
Ferner die Alphaschwämme.	

Echinodermen γ':

Pentaceras (Asterias) alba Glieder und Tafeln . .	50—100 „
Cidaris coronat. alpha-delta	300—500 „
Stacheln 20 ₰.	
„ nobilis . . . . „ suevicus . . . . „ vallatus	ganze 5—8 Mark
Stacheln davon, je nach Erhaltung, 50—100 ₰.	
Cidaristafeln, Knochen u. s. w.	20—40 ₰
Collyrites oder Disaster carinatus	200—300 „
Disaster granulosus . . .	200—300 „
Holectypus drepressus . .	200—300 „
Pentacrinus cingulatus Glied.	20—50 „
Balanocrinus subteres . .	20—50 „
Eugeniacrinus caryophyllat.	20—40 „
„ Hoferi nutans Glied.	20—40 „
Sphärites punctatus und tubulatus je n. Schönheit	100—300 „

Brachiopoden:

Terebr. bisuffarcinata. . . in 8—10 Abarten.	20—60 „
Terebr. coargtata	50—80 „
(Megerlea) Terebr. gutta .	20—30 „
„ nucleata .	50—60 „
„ „ orbis . .	30—40 „
(Terebratulina) „ substriata .	30—50 „
„ senticosa .	50—60 „
(Megerlea) „ impressula	60—80 „

Rynchonella lacunosa in 8 bis 10 Arten . .	20—100 ₰	Rynchonella strioplicata .	50—60 ₰
„ triloboides . . .	50—60 „	„ reticulata . .	90—100 „
„ striocincta . . .	50—60 „	Schaustücke von Schwammbreccien	50—500 „
„ loricata (Megerlea)	60—80 „		

Schulsammlungen:	10	20	30	40	50 Stück
	5	10	18	25	30—40 Mark.

Abbildungen, auf denen verschwammtes Gamma zu sehen ist, zeigen Figuren 5, 7, 8, 10, 11, 12, 13, 16, 17, 19, 38 und zwar besonders deutlich auf Abbildung 85.

Abbildung 86. **Die Deltabänke (Quaderkalke) des Höhleneinganges der Falkensteiner Höhle bei Urach-Grabenstetten.**

24. Weissjura Normal-Delta: Dicke grobe Plattenkalke, Quader. (δ.)

Dicke, graubläuliche Kalkbänke beginnen gewöhnlich da, wo im obersten Normalgamma sich Petrefakten häufen. Dort beginnt unser Delta. Besonders häufig treten in dieser Grenzzone Ammonitenarten auf. Die Grenze nach oben ist dagegen schwer zu bestimmen, weil oft nur die Farbe massgebend zu sein scheint, denn in der Tuttlinger-Gegend (z. B. Marmorbruch ob Haltestelle Tuttlingen), ersetzt zweifellos unser Delta das an andern Stellen sich entwickelte Epsilon. Wer dort die richtigen Studien zu machen Gelegenheit hat, wird uns beipflichten, obwohl es merkwürdig genug ist. Die untern Bänke dort sind echtes allgemeines Delta, darauf liegt ein bunter Kalk in Riesenblöcken, oolithisch-zuckerkörnig, gelb, weiss, grau und rosa, teilweise Strandbildung darstellend. Er ist so wenig von δ zu trennen, als er auch ebensogut ε genannt werden könnte. Am Bahnhof Strassberg steht der gleiche δ Kalk an und in ausgesprochenem ε finden wir Bänke, die ihm aufs Haar gleichen.

Ausser Plattenbildung tritt uns aber auch Dolomitbildung und Kieselbildung entgegen und weil sonst gewöhnlich verkieselte Petrefakten nach ε gesetzt werden, müssten wir in der Alb oft Kieselbänke herunterziehen oder hinaufschieben. Oberdelta ist wohl immer in ε übergehend, besonders auf Hochebenen der Alb. Rechnet man aber allen Marmor und Zuckerkornstein nach ε, so müsste δ sehr zusammenschrumpfen. In Delta, sowohl in der normalen Bildung als in der Felsenbildung, treten Höhlen und Höhlenläufe sehr häufig auf und manche Deltahochebene ist ganz mit Dolinen (Einbruchstrichtern) bedeckt. Quellen entspringen in Delta höchst selten und wenn, dann nur dort, wo zwischen dicken Bänken weitausgedehnte Lettenlager sich vorfinden, wie z. B. im obern Killertal bei Neuweiler.

Eigentümlich ist im normalen Delta, dass gewisse Schwammarten selten, aber oft beobachtet, sich in den normalen Bänken einnisteten, ohne Anlass zur Felsenbildung zu geben, auf der Heuberger, Ebinger und Zollernalb finden sich öfters solche Bänke mit Platychonia vagans und andere Blattschwämmen und Hutschwämmen. Wo dann hier δ teilweise verschwammt ist, ist das darauf liegende ε ebenfalls verschwammt. Eine weitere Eigentümlichkeit besteht darin, dass manche Platten ein sehr feines Korn haben, dass aber d i e s e Platten dann in solchen Gegenden sich finden, in denen auch β feinkörnig ist. Z. B. bei Tuttlingen sind die Beta-Kalke zart und die Delta-Platten in den untern Lagen ebenfalls. Bei Ebingen zeigen die Bühltalsteinbrüche ein besonders zartes Korn, so dass sie den Lithographieschiefer-Bänken gleichen und die Delta-Bänke darob (ca. 40 m höher) zeigen ebenfalls ein feines Korn, erst in 10 m höhern Lagen treten oolithische Bankkalke auf. Ueberall aber, wo wir Tiefseebildungen vor uns haben, sind die Deltaplatten zart und feinkörniger als da, wo Strandbildung oder Flachseebildung auftrat. Schwer ist endlich die richtige Bestimmung durch das Fehlen echter Leitmuscheln. Nur selten treten Petrefakten auf, welche sich ausschliesslich im Deltakalk finden. Z. B. Amm. mutabilis. Maskenkrebse (Prosopon) finden sich nicht überall, obwohl sie in Mitteldelta da und dort gefunden werden, aber da sie in Beta a u c h vorkommen, sind sie kaum leitend. Amm. tenuilobatus kommt in Delta etwas anders als in Gamma vor, nämlich mit höherem Kiel.

An allen Albsteigen sind diese Mauern aufgeschlossen, z. B. besonders schön an den Strassen: Mühlheim a. D.-Kolbingen, oberer Teil der Bitzerstrasse bei Ebingen, Geislingersteige, Weissensteinersteige, Onstmettingen-Killertal, Onstmettingen-Hechingen u. s. w. Immer sind die Bänke von Beta zu unterscheiden, da sie dicker, fester, dunkler und härter sind. Obwohl Normaldelta auf der nordwestlichen Alb besonders häufig ist, finden wir es bei Tuttlingen, Ebingen, im Killertal, Laucherttal u. s. w. sehr oft prachtvoll aufgeschlossen, aber die Aalener, Weissensteiner und Geislinger Alb ist doch das Paradies für Delta.

Ansichten von Gegenden, in denen Normaldelta besonders auftritt, zeigen die Abbildungen Nr. 17, 19, 24, 25, 38, 45, 82, 85, 86 u. s. w.

XXIII. **Profil von Weissjura Delta, normal und verschwammt.**

Ober δ.	Kiesel- und Marmor-Delta. Dolomit und Schuppenbänke. (Dieses Oberdelta wird hie und da nach ε gerechnet, was aber unrichtig ist.) Noch heller in der Farbe werdend, als tiefer.	Schwamm-Felsen-Delta. Zuckerkorn und Dolomit. Massige, selten geschichtete Felsenspitzen, Felsenwände, nach unten oft in geschichtete Banklager übergehend. Diese Felsen, obwohl von Schwämmen gebildet, dürften oft einer Riffbildung entstammen, bei denen die Schwämme vernichtet wurden. (Der Haupthorizont derjenigen Felsen, welche die Täler der Neckarzuflüsse schmücken, sowie des Donautales von Tuttlingen bis Beuron.)
Mittel δ.	Prosoponschichten mit Flexuosen und Inflaten, hellere, gelblichere Bänke als in Unterdelta. Lager des Amm. mutabilis. Die Platten enthalten da und dort Schwämme, ohne Felsenbildung hervorzurufen.	
Unter δ.	Gelbliche, bläuliche und graue oolithische Platten mit Aptychen und Ammoniten. Zwischen den Platten dünne fette Lettenlager mit Petrefakten.	

Grenzschichte mit Amm. Balderus, tenuilobatus, inflatus, flexuosus u.s.w.

Petrefaktenverzeichnis.

Ammoniten:

Phylloceras heterophyllum album	200—300	₰
Lytoceras lineatum album	200—300	,,
Oppelia picta	60—80	,,
,, ,, nuda . . .	60—80	,,
,, flexuosa	80—100	,,
,, ,, costata .	150—200	,,
,, ,, gigas . .	500—600	,,
,, ,, spoliatus .	330—400	,,
,, Fialar	300—400	,,
Haploceras lingulatum . .	60—80	,,
,, ,, nudum	60—80	,,
Perisphinctes Balderus . .	300—400	,,
,, Binderi . . .	200—300	,,
,, Birmendorfensis	200—300	,,
,, bipedalis . .	200—300	,,
,, colubrinus . .	160—230	,,
,, Ernesti . .	300—400	,,
,, planula gigas .	500—600	,,
Olcostephanus trifurcatus gigas ,, ,, involut. ,, . ,,mutabilis ,, puadrifurcatus	200—500	,,
,, involutus . . ,, ,, gigas ,, involutoides .	250—600	,,
Belemn. hastatus	80—120	,,
Reineckia mutabilis . . .	200—300	,,
,, ,, cirumplicata	200—300	,,
Aspidoceras inflatum . .	200—300	₰
,, bispinosum . .	200—300	,,
,, ,, gigantium	500—600	,,
,, ,, nodosum	200—300	,,
,, quadrifinale . .	200 300	,,
,, septenaria . .	200—300	,,
,, Altenense . . .	200—300	,,
Aptychus laevis, Paar . .	100—120	,,
,, lamellosus, Paar	100—120	,,
Nautilus aganiticus . . .	300—400	,,

Bivalven:

Arca texata	120—200	,,
Lima ovatissima . . .	120—200	,,
,, Quenstedtii	140—200	,,
Myacites delta	60—100	,,
Pecten textorius albus .	80—100	,,
,, vellatus (Hinites) .	60—80	,,

Brachiopoden (siehe auch α—γ):

Rynchonella Amstettensis .	80—100	,,
,, lacunosa dichotoma	60—100	,,
,, ,, inconstans	100—120	,,
,, ,, multiplicata	100—120	,,
,, triloboides . . .	120—200	,,
Terebratula bisuffarcinata (3 Arten)	20—40	,,
,, substriata . .	60—80	,,
,, gutta . .	60—80	,,
,, orbis . .	60—80	,,

Gesteinsproben aus normalem Delta 1–5 Mark.
Schwarzer, manganhaltiger Kalkspat, grosse Seltenheit, per Stück 40–60 Mark.
Manganit in Trauben- und Rhomboöderformen per Stück 40–60 Pfg.
Schwefelstücke 20–100 Pfg. u. s. w.
Schliffflächen und Füllmasse tectonischer Spalten aus Delta 2—3 Mark.

Schulsammlungen:

10	20	30	40 Stück
5	12	20	30 Mark.

Abbildung 87. **Die vordere Plicksburggrotte des Rosensteins bei Heubach** als Beispiel der Grottenbildung im verschwammten Weissjuradelta.

25. Weiss-Jura Felsendelta, Schwammdelta. δ'.

Er tritt immer als Felsenmasse auf, mit Ausnahme der Bänke mit Schwammarten. Wie man an der obern neuen Bitzersteige bei Ebingen sieht, wo δ' a u f und n e b e n Delta auftritt, ja man dort die »Felsen«

direkt von Delta unterlagert findet, so nimmt auch sonst δ' schier immer die Stelle von Mittel- und Ober-Delta ein, und bildet die romantischen Felsenkränze der meisten Täler unserer Alb, soweit sie ihr Wasser dem Neckar zusenden. Die Felsen steigen aber nie bis zur Talsole herunter, ausser in den Tälern der Donauzuflüsse und an der Donau selbst, wo es jedem Naturfreund auffällt. Somit geht das Normaldelta oft in Schwammdelta über oder vertritt eines das andere. Besonders das oberste Normaldelta verwandelt sich meist in δ'. Unser Felsendelta tritt sowohl als Einzelfelsen (dann Aussichtspunkt), wie als Gruppe auf. (Deutlich zeigt dieses unser Bild No. 16: Ebingen, Blick auf Schlossfelsen und Leizentäle, wo die Deltafelsen als Einzel- und Gruppenfelsen auftreten, dann am Rosenstein-Bild No. 43, 44, 82, 85 und unser Bild No. 87: Plicksburggrotte am Rosenstein. Auch die Abbildungen der Tur Ia zeigen die Deltafelsen (unter den ε Felsen) des Donautales. (Die Plicksburggrotte gleicht dem »Scheuerle« des Ebinger Schlossfelsens. Alle Abbildungen mit Felsen aus der Neckarseite der Alb zeigen diese Felsen). Wie hübsch dann diese Gruppen sind, oft wie die Zähne eines Rachens. Häufig sind diese Felsen durch Gletscher-, Wasser- und Windreibung abgedreht, abgerieben und haben die wunderlichsten Laibformen, Rinnen und Köpfe, Nadeln und Höckerformen angenommen.

Petrefakten sind in Schwammdelta häufig, aber eigentliche Leitpetrefakten finden sich nicht, wenn auch gewisse Schwammarten mehr in Delta als anderswo vorkommen. Die Felsen werden oft von Blatt- und Schnurschwämmen durchzogen, aber Ammoniten fehlen in manchen Felsen ganz. Die Schwämme sind aber meist so roh und unschön erhalten, dass sie selbst dem Forscher, welcher keine grossen Ansprüche macht, nicht einmal gefallen. Wo übrigens Normal-Delta sich findet, ragen auch δ' Köpfe zu Tage. Häufig liegt es auch verstürzt in der Tiefe der Täler, ja ganze Bergrutschen treten in dieser Formation auf. (Siehe Filstaltur beim Michelsberg Abb. 38 u. s. w.)

Oefters ist das Deltagestein rotbraun gefärbt und zwar meist auf seinen Kluftflächen, welche dann mit Bohnerzeisen und Bohnerzton angefüllt sind. Auch tertiäre Sande (Quarzsande) liegen hie und da in den Spalten dieser Felsen, z. B. am Bossler, am Ebinger Schlossfelsen u. s. w. Oft genug gehen aber diese Klüfte bis nach ε hinauf, nie aber tiefer als auf Gamma hinunter. Die Schieferlette des Gammas hinderte die Auswaschung und daher konnten sich nur in γ' und δ und δ' Klüfte durch Wassererosion bilden. Wo aber tectonische Spalten auftreten, ziehen die Klüfte natürlich durch den ganzen Weissen zur Tiefe und kann man dann in Spaltenfüllungen des Betakalkes noch zerriebenes, abgesunkenes Delta und Epsilon finden. Tragen solche Einschlüsse Petrefakten mit Silificationspunkten (z. B. Ter. bisuffarcinata), so weiss man bestimmt, dass sie mindestens aus Delta, wenn nicht aus Epsilon stammen. (Abb. 81.)

Petrefaktenverzeichnis aus Schwammdelta, Felsendelta. (δ'.)

Schwämme, vorherrschend in δ':

Craticularia clathrata . .	150—200	♣	Craticularia reticulata . .	60—200	♣
„ lamellosa . .	150—200	„	Tremadictyon reticulatum	60—200	„
„ libera . . .	150—200	„	„ cuculatum .	60—200	„
„ lopas . . .	150—200	„	„ obliquatum .	60—200	„
			Sporadopyle texturata . .	80—150	„

Abbildung 88. **Ehrenstein im Blautal.** Marmorepsilon und Portlandcementkalke der Ulmer Gegend.

Sporadopyle obliqua .	80—150 ₰
Platychonia vagans . .	20—80 „
Casearia articulata . . .	200—300 „
Cnemidiastrum Goldfussi (Apfelschwamm) i. 12 Art.	50—300 „
„ rimulosum, Tellerschw. .	60—200 „
„ striatopunctatum . . .	60—200 „
„ stellatum	100—300 „
Melonella radiata	50—150 „
Pyrgochonia infranutata .	80—150 „
Discostroma intricata . .	80—150 „
Hyalotragos patella . . .	20—80 „
„ pecizoides .	20—80 „
„ radiatum . .	60—120 „
„ reticulatum .	80—120 „
„ rugosum . .	80—120 „
Peronella cylindrica . . .	40—100 „
„ „ baculata .	40—100 „
„ „ claviceps	40—100 „
„ „ interrupta	40—100 „
„ „ rugosa .	40—100 „
„ radiciformis . .	20—120 „

Ferner viele Arten, die unter Alpha und Gamma vorkommen und sich in δ' wieder einstellten.

Echinodermen.

Siehe in α—γ, da sie fortsetzen.

Brachiopoden:

Ausser denjenigen in α, die fortsetzen:

Rynch. lacunosa delta . .	20—50 ₰
„ „ dichotoma .	20—50 „
„ „ inconstans .	20—50 „
„ „ multiplicata	60—80 „
„ triloboides . . .	80—100 „
Terebrat. bisuffarcinata in 3 Arten	20—80 „
Terebratulina substriata δ'	40—80 „
Waldheimia gutta . . .	40—50 „
Terebratula humeralis . .	40—60 „
„ orbis . . .	40—60 „

Weitere Schwammpetrefakten finden sich im Verzeichnis α' und γ' vor.

Gesteinsproben 50—100 Pfg.

Schulsammlungen:

10	20	30	40 Stück
5	11	16	22 Mark.

Dolomitsande, Bohnerze, Bohnerzlehme und Spaltenfüllungen anderer Art, Verwitterungsprodukte in den Spalten, von ca. 30 Stellen lieferbar, je nach Umfang der Sammlung 5—8 Mark, von allen 30 Stellen 45 Mark.

Der obere weisse Jura: Epsilon und Zeta. (ε und ε', ζ und ζ'.)

Wenn schon der untere und mittlere Weisse eine immer viel gestaltigere Ausbildung zeigte, umsomehr der obere Weisse. Man sieht hieraus recht deutlich wie in der Schöpfungsgeschichte nicht blos die Artenteilung immer weiter ging, sondern auch die Verhältnisse dafür immer mehrgestaltiger wurden. Neben Dolomit, Zuckerkorn, Marmor, Lochgestein und Oolithe treten nun noch Korallenkalke, Lithographische Schiefer und Cementmergel auf. Während aber im untern und mittlern Weissen die Tonbildung unten lag, liegt sie im obern weissen Jura oben. Oder man müsste das ganze Epsilon zu Delta nehmen, wie es hie und da auch in der Natur selbst so zu sein scheint, den meist geht Delta in Epsilon über, ja oft kann Epsilon von Delta mit dem besten Willen nicht getrennt werden, wie z. B. bei Tuttlingen, wo eben die Natur nicht trennt, können auch wir nicht gut trennen. Eine bessere Trennung ist freilich auf der übrigen Alb möglich, aber auch oft nur eine systematische. Sicher ist aber Zeta jünger als Epsilon, wenn auch die Schwamm- und Korallenstotzen von Epsilon in Zeta hinaufragen. Verschieden geartet ist aber Epsilon von Zeta immer, denn in Epsilon tritt Kalk- und Kieselerde in den Vordergrund der Bildungen, da die Felsen wirklich zu »Marmor« werden, von oft merkwürdig feinem Korn (Marmorhöhle in ε. Bitzer Hohlerfelsen, Abb. 18), dass sich die Marmorindustrie schon mit diesem Marmor beschäftigte. Zeta dagegen lässt wieder den Ton in den Vordergrund treten, so dass wir z. B. in den Nusplinger Schieferschichten so tonige Schiefer vor uns haben, als dies nur im Lias Epsilon der Fall war. Ja schier könnte man meinen, den andern Bildungen entsprechend, Epsilon müsse noch zu Delta gezogen werden, Zeta aber für Epsilon gelten und ein abgetragenes verschwundenes Glied an Stelle der sechsten Stufe abgelagert worden sein. Da aber alle Geologen von heute die Quenstedtische Einteilung beibehalten, so können auch wir es nicht anders halten, obwohl uns manchmal die Natur zum ändern zu drängen scheint. Behalten wir aber wie bisher Epsilon und Zeta bei, so müssen wir analog den bisherigen Beobachtungen ein normales Epsilon von Schwammepsilon und ein normales Zeta von Schwammzeta trennen. Vorherrschend sind die Felsen in Epsilon, während sie in Zeta sehr zurücktreten.

26. **Normal-Weiss-Jura ε.**

Plumpe Felsenkalke und Dolomite, Marmor u. s. w.

Wenn auch die Schichtung des normalen weissen Juras ε eine sehr schwache, sagen wir vielleicht sogar nur eine Scheinschichtung ist, so kann sie doch vielfach beobachtet werden, aber die Schichtung ist keine durchgehende und tritt mehr durch Verwitterung auf; durch Verwitterung werden Kieselschnüre und Schwammschnüre, wenn sie horizontal lagern, freigelegt und erzeugen dann eine Steinschichtung. Epsilon ist der dritte Felsenhorizont unserer Alb und dieser Felsenhorizont ist unstreitig der schönste der Alb, indem er sich an die Täler der Donauseite hält, oder die höchsten Albhochflächen bedeckt.

Die heute ganz verschiedenartig aussehenden Epsilonbildungen gingen ursprünglich aus einer Bildung hervor, aus Schwamm- und Korallenriffen (Schwammriffe in der Tuttlinger, Ebinger, Sigmaringer Gegend und Korallenriffe in der Ulmer und Heidenheimer Gegend), welche im Laufe der Zeit in Zuckerkorn, Lochfelsen, Dolomit und Dolomitsand überging. Das ursrüngliche Gestein, wie es in der Tiefe noch ansteht, ist ein scheinbar geschichteter massiver Felsenkalk, von lichtfarbig heller, homogener Art, schier ganz tonfrei, aber mit viel Magnesiaeinschlüssen. Seine Farbe ist meist weiss bis grau, gelblich und rötlich weiss. Die erste Umwandlungsstufe dieses Gesteins ist unser Epsilonmarmor, ein ganz reiner kohlensaurer, mit Magnesia gemischter, kohlensaurer Kalk von oft feinstem Korn und ebensooft von oolithischer Struktur. Das harte, schleifbare Gestein besitzt muscheligen Bruch und ist oft durch Mangandentriten und eingedrungenes Braunsteineisen marmoriert. Unser Marmor ist auf der ganzen Albhochfläche zu finden, zeigt aber seine schönste Entwicklung in der Ebinger und Blaubeurer Gegend. Besonders schön ist der sogenannte Landkartenmarmor des »Höhlefelsens« bei Bitz-Ebingen (siehe Abb. 18), wo er in allen Farben, landkartenartig bunt, vorkommt. Poliert zeigt er achatartiges Aussehen und ist sehr hart. Grosse Petrefakten fehlen in ihm, während miskroskopische Tiere ihn kreideartig zusammensetzen. Tritt er oolithisch auf, so ist sein sonst sehr feines Korn schalig grobkörnig.

Der Epsilonmarmor ist sehr zerklüftet, Felsenhöhlen, Trichter und Spalten sind überall wahrnehmbar; so bildet er oft Filter für unsere Quelltöpfe.

Zuckerkörniger Kalk oder Lochfelsen, die zweite Umwandlungsstufe, tritt gewöhnlich mit und neben dem Marmor auf und sind überall Uebergänge zu bemerken. Die einzelnen Körner werden gewöhnlich sehr scharf, hart und dicht, so dass er da und dort, z. B. in der Ebinger Gegend, einen ausgezeichneten Schleifstein (Oelstein der Arbeiter) für feine Schneideinstrumente abgibt.

Unser »Oelstein« hat wie der zuckerkörnige Kalk eine grauweisse, gelbe, wolkige Farbe. Dieser Kalk ist an seiner Oberfläche völlig zerfressen, zeigt phantastiche Formen, wie Korallen- und Schwammskelette und ist oft von Bohnerz rot und braun gefärbt. Der zuckerkörnige Kalk ist leichter als der Marmor, aber trotzdem noch sehr compakt und schwer. Im Wendtal bei Heidenheim (Abb. 55) zeigt sich dieser Kalk besonders typisch in »Dolomitfels« übergehend und auf der Ebinger und Zollernalb (z. B. zwischen Bitz und Gammertingen, sowie bei Donnstetten, Zainingen und Oberböhringen) zeigen diese Dolomitfelsen grosse Verwitterung, doch so, dass alle Verwitterungsstufen in einander übergehend beobachtet werden können. Bei Hermannsdorf finden wir Dolomitsandgruben von 10—13 m Tiefe, die also bis auf Delta hinunterreichen, weshalb wir oft Epsilon von Delta nicht trennen sollten. Wo auf der Albhochfläche Wasserleitungsgräben gegraben wurden, kommen im Untergrund diese Lochgesteine zum Vorschein und in den Wäldern schauen sie überall aus der Moosdecke heraus, finden jetzt auch häufige Verwendung zu Gartenfelspartien. (NB. dieser Dolomitsand darf mit dem dort ebenfalls auftretenden Tertiärsand (Molassequarzsand) nicht verwechselt werden, der wie Bohnerzlehm manche Spalten ausfüllt, oder als Bankschicht aufgelagert ist.) Der Dolomitsand der Ebinger- und Zollernalb findet seit Jahrhunderten als Stuben- und Bausand Verwendung und ist gesucht, wie der Stubensand des Keupers. In alten Gebäuden der Alb ist noch heute der sonntägliche Holzfussboden mit diesem weissen und graufarbigen Sand bestreut, als Stolz der Hausfrau. Wo grosse Epsilonsteinbrüche aufgeschlossen sind, z. B. bei Tailfingen,

Winterlingen, Bitz, Ebingen finden wir zu oberst das Lochgestein, tiefer das Zuckerkorn und in der Tiefe Marmor und Kalkgestein, also ausgezeichnete Umwandlungsformen. Die kohlensaure Magnesia des Dolomits muss also in ihren Grundbestandteilen schon im Marmor vorhanden sein. Zuckerkörniger Kalk ist gegen Verwitterung sehr widerstandsfähig und bildet einen bestgesuchten Baustein, der freilich schwer zum bearbeiten ist: z. B. Storzingen und Oberschmeien a. Schmicha.

Ein Unterscheidungsmerkmal echten Epsilons von echtem Delta bildet das weit häufigere Vorkommen von Kieselausscheidungen (Feuerstein, Hornstein, Calcedon, Kieselgnauer) in Epsilon. Manche Bänke von 3—4 m Dicke zeigen 100—300 Kugeln auf einen Kubikmeter. Wie weisse Hühnereier liegen diese Kugeln im Gestein, zeigen eine weisse, zerfallende Eischalenschichte, sind oft innen hohl und mit Calcidondrusen erfüllt, dass die Steinbrucharbeiter sie für versteinerte Vogeleier halten. Oft unterlagern diese Felsen Tertiär- und Diluviallehme, welche ähnliche Feuersteinkugeln enthalten, die aber nicht mit denen des Juras zu verwechseln sind, da sie jüngeren Bildungen entstammen.

Ersteigen wir von der Neckarseite aus die Alb, wie unser Führer führt, und haben wir den mitteln Weissen überschritten, so stehen wir meist unbemerkt rasch mitten in Epsilon, ohne eine Grenze zwischen Delta und Epsilon finden zu können, weshalb oft Epsilon und Delta nicht zu trennen sind. Wer aber von Oberschwaben aus die Alb betritt, kommt vom Tertiär oder Diluvium direkt auf Epsilon- und Zeta-Boden, da die älteren Formationsglieder zugedeckt sind. Alle Seitentäler der Donau zeigen diese Epsilon-Formation und nur durch sie erhalten diese Täler ihren wunderbaren Reiz, denn diese Felsen gehen (entgegen von δ') meist bis auf die Talsole hinab, bilden somit Wände.

Siehe die Abb. 1, 5, 6, 18, 51, 53. 54, 55, 56, 57, 58, 59, 60, 61, 62, 68, 69, 70 u. s. w.

Nach oben werden die Epsilon-Schichten gern tonig, enthalten mehr und besser erhaltene Versteinerungen mit Schwämmen und Korallen. Hierher gehören auch die berühmten Korallenfelsen von Arnegg (Abb. 62), Sirchingen, Wittlingen und Tomerdingen bei Ulm. Dieses Tonigwerden bildet aber den Uebergang zu Zeta, welches auch eine Schwammbildung, neben der Normalbildung besitzt.

XXIV. **Profil für Weiss Jura Epsilon.**

Darunter stellen wir gleich das Profil für ε', weil Epsilon und ε' überall auf der ganzen Alb neben einander vorkommt, so dass eine Trennung unmöglich erscheint. Epsilon geht in ε' und ε' in Epsilon über.

Ober ε.	Tonige Cidariten- und Apiocriniten-Schichten, öfters Schwämme und Korallen enthaltend. Korallenfelsen von Arnegg, Sirchingen, Wittlingen, Tomerdingen, Oerlingen, Sotzenhausen Nollhaus, Sirchinger Steige, Sontheim a. Brenz u. s. w.
Unter ε.	Dolomit und Dolomitsand, senkt sich aber oft sporadisch bis nach [δ' hinab. Lochfelsen u. Zuckerkorn, Kieselepsilon mit Kieselknollen. Marmor mit mikroskopisch sichtbaren Petrefakten. Plumpe Kalkfelsen von feinstem Korn.

(Petrefakten siehe unter Epsilon ε und ε'.

XXV. **Profil für Weiss Jura ε'.**

Ober ε'.	Tonige Schwammschichten mit Schwämmen, Korallen und Rifftieren. Die Felsenköpfe dieser Schichten ragen in ξ hinauf. Kieselknollenfels. Korallenfelsen und oolithische Marmorfelsen, auf der ganzen Albhochfläche wahrgenommen, hartes Gestein mit Echinodermen. Unterer Oolithorizont des obern Weissjura. Unterer Kieselknollenhorizont.
Unter ε'.	Hohe, ungeschichtete Felsenstotzen, plumpe Felsenkalke, in Marmor, Zuckerkorn und Lochgestein übergehend und in Dolomit und Dolomitsand, vollgespickt mit Schwämmen, selten mit Korallen darunter. Horizont des feinen Schleifsteines: Oelstein und des Landkartenmarmors. Auf dem Härdtfeld sind diese Felsen (Grus-Breccie) zerrissen, zerbröckelt.

Petrefakten siehe unter ε' (Schwammepsilon).

26a. **Weiss-Jura, Schwamm- und Korallenepsilon.**

Es mag gewagt erscheinen, Schwammepsilon vom gewöhnlichen zu trennen, wo aber beide Bildungen genau untersucht wurden, sind doch Unterschiede zu konstatieren, denn Schwamm-Epsilon enthält eine Menge Schwämme und Schwammtiere, die im normalen nur sporadisch vorkommen. Trotzdem werde nochmals hervorgehoben, dass sie in einander übergehen und nie scharf zu trennen sind. Quenstedt trennte auch und nannte diese Schichten Coralrag, Korallenkalk, andere nennen diesen Horizont Coralrag von Nattheim, aber der Nattheimer Coralrag dürfte einer jüngeren Jura-Bildung angehören, die in der Tertiärzeit zerstört wurde und deren Reste bei Nattheim im Diluvium und tertiärem Bohnerzton gefunden wurden.

Vielleicht dürften wir Schwammepsilon ruhig Flachseebildung und die Marmor-Epsilon-Arten Mittelseebildung nennen.

Diese Bildungen gehen jedenfalls noch in jüngere Zeiten hinein und müssen wir daher die Petrefakten mit denen der wilden Portländer d. h. mit dem verschwammten Zeta zusammen aufführen.

Petrefakten von Weiss-Jura Epsilon. (ε und ε'.)

Schwämme:			Tremadyctyon reticulatum	80—100	♧
Craticularia cancellata . .	60—120	♧	Cnemidiastrum cancellatum	80—100	„
„ coarctata . .	60—120	„	„ stellatum .	120—200	„
„ decorata . .	60—140	„	„ tuberosum		
„ parallela . .	80—140	„	corallium	80—100	„
„ calopora . .	80—140	„	Cylindrophygma milliporata	80—100	„
„ colliciaris . .	80—140	„	Melonella radiata brevistyla	100—200	„
„ incisa . . .	80—140	„	„ „ ovalis . .	100—200	„
„ rimosa . . .	80—140	„	„ „ pyriformis	100—200	„
Porocypellia pyriformis . .	100—200	„	Platychonia vagans . . .	20—80	„
Sporadopyle obliqua ε . .	50—80	„	Hyalotragos patella . . .	20—80	„
„ texturata . .	50—80	„	„ pezizoides .	20—80	„
Tremadyctyon cylindtratum	60—80	„	„ radiatum . .	80—120	„
„ radicatum .	80—100	„	Crispispongia pezizoides Z.	80—100	„

Spongites expansus Q. . . .	80—120	₰
Eusiphonella Bronnii solitaria	80—120	„
„ „ familiaris .	150—200	„
„ „ intermedia	80—120	„
Myrmecium indutum rotula	80—100	„
Peronella cylindrica . . .	120—200	„
„ squamata . . .	60—80	„
„ nodulosa . . .	60—80	„
„ radiciformis minor	60—80	„
„ „ obtecta	80—100	„
Astrostonella glomerata . .	80—100	„
„ semicincta .	80—100	„
Blastinia alata	60—100	„
Corynella astrophora alata	60—80	„
„ „ cornucopiae	80—100	„
„ „ calopora .	80—100	„
„ „ Quenstedtii	60—80	„
„ „ stolata . .	60—80	„
Eudea perforata	60—80	„
Sestrostomella cribrata gemella	60—80	„
„ globosa . .	60—80	„
„ nutans . .	80—100	„
„ pediculata .	80—100	„

Korallen:

Ca. 80 Arten 120—500 ₰ per Stück.

Bryozoen:

Alecto corallina	60—80	₰
Cellepora orbiculata silicia	20—80	„
Ceriopora angulosa . . .	60—80	„
Chaetetes polyporus . . .	40—100	„
Pentacrinus pentagonalis Sigmaringensis, 5 Glieder	60—80	„
Balanocrinus pentagonalis subteres	60—80	„
Cidaris, 6—8 Arten, von .	300—500	„

Z. B. elegans, coronatus, nobilis u. s. w.

Echinodermen:

Apiocrinus mespiliformis Glieder	40—50	₰
Asterias stellifera	60—80	„
Eugeniacrinus Hoferi . .	20—30	„
„ caryophyllatus	20—30	„

Brachiopoden:

Rynchonella inconstans . .	40—80	„
„ senticosa . .	40—80	„
„ striocincta . .	40—80	„
„ strioplicata . .	60—100	„
„ trilobata . . .	60—100	„
„ pectunculoides	60—100	„
Terebr. insignis	40—60	„
„ lagenalis . . .	60—80	„
Grania corallina	40—60	„
„ vellata	40—60	„

Bivalven:

Cardium semipunctatum	40—60	„
Exogyra spirialis . . .	60—80	„
Gryphaea alligata . .	50—60	„
Lithodomus siliceus	60—80	„
Ostrea gregaria .	50—100	„
Pecten dentatus	50—100	„
Plicatula silicia . .	50—60	„
Spondylus pygmaeus . . .	60—80	„

Cephalopoden:

Perisphinctes biplex siliceus	200—300	„
Haploceras politulus . .	200—300	„
Aptychus laevis	100—200	„
Belemnites hastatus . . .	50—100	„

Gasteropoden:

Nerinea-Arten	200—200	„

Arthropoden:

Serpula gordialis . .	20—40	„
„ spiralis	20—40	„

Obige Petrefakten kommen auch in ζ' vor, da verschwammtes (ζ') Zeta Petrefakten wie der Coralrag hat.

Gesteinsproben aus ε 1—5 Mark.

Schulsammlungen:	10	20	30	40 Stück
	5	12	18	25 Mark.

Bohnerze, Spaltenfüllungen, Lehme und Letten 5—8 Mark.

Kristallisiertes Manganit 50—100 Pfg. per Stück.

27. Normales Weiss-Jura Zeta. ζ.

Krebsscheerenplattenkalk, Lithographieschiefer, Cementmergel und Oolithplattenschiefer.

Die normalen Bildungen dieses obersten Jurагliedes sehen oft grundverschieden von einander aus, je nachdem wir sie in einer oder der andern Gegend unserer Alb treffen. Wir haben eben unter Zeta Bildungen vor uns, die einmal Plattenkalke, das anderemal Schiefer, das drittemal Cementmergel und das viertemal Oolithplatten darstellen. Einmal haben wir Uferbildungen, das anderemal Atollbildung und das drittemal Flachseebildung, das viertemal gar Brakwasserbildung vor uns. Zu unterst liegt immer dicker Plattenkalk, wie wir an der Hohenzollernbahnlinie in ihren Einschnitten bei Storzingen und Unterschmeien sehen können, so gut als bei Nusplingen, wo unter den Schiefern die dickeren Platten liegen. Dieses untere Zeta geht nach unten überall in scheingeschichtete Epsilon-Bänke über. In der Ebinger und Sigmaringer Gegend sind diese untern Schichten überall gut aufgeschlossen und lagern zwischen ε'-Felsen, zwischen Marmorkalken. Bei Bitz werden die Platten nach oben immer dünner und neben echten Platten, welche schieferig verwittern, lagern bei Freudenweiler echte Cementmergel und diesen gegenüber und am Hohlenfelsen W. J. ε'-Marmor. Bei Kaiseringen liegen auf dicken Epsilon-Bänken mit Scheinschichtung $^1/_2$ m dicke feste Zeta-Bänke, die nach oben in Schiefer übergehen. Das gleiche Verhältniss finden wir zwischen Tailfingen und Bitz, wo zu unterst **dicke** Platten, dann **dünne** Platten und neben diesem **Cementkalkmergel** liegen, alles aber bedeckt mit plattigen Oolithen. Dieses ganze Zeta wird an vielen Orten von Felsenriffen überragt, die wir ebensoruhig ζ' als ε' benennen könnten. Die oolithischen Zeta-Platten werden durch Juranagelfluh und Tertiär bedeckt.

Diese Aufeinanderfolge bemerken wir auf der ganzen Tuttlinger, Ebinger und Sigmaringer Alb und auf dem Hardt. Also zu unterst noch Flachsenbildung, daneben Atollbildung, dann später Muldenbildung und Uferbildung mit Brakwasserbildung zu oberst. Die untern Kalke, die »Krebsscheerenkalke« sind bei Kolbingen (Strasse Mühlheim-Kolbingen) besonders schön aufgeschlossen, nur findet man lange keine Krebsscheerenballen, sie sind eben sehr selten, während sie in der mittlern Alb, der Geislinger Gegend, leicht zu finden sind. Die untern Zetabänke, wo sie als (in Schieferton zerfallende) Kalkbänke auftreten, gleichen oft so sehr den Weiss-Beta-Mauern, dass man sie leicht verwechseln könnte, nur sind diese Bäncke tonreicher. Auf der Geislinger, Blaubeurer und Heidenheimer Alb treten die gleichen Verhältnisse auf, aber die Schichten schwellen mehr an und sind daher die einzelnen Abteilungen weniger zu übersehen, auch sind sie durch die Cementindustrie besser aufgeschlossen. Während diese Platten bei Böhmenkirch eine Menge Krebsschalen enthalten, leitet bei Sigmaringen die zerdrückte oder breitgedrückte Terebratula pentagonalis, die dort überall, wenn auch nicht häufig, gefunden wird.

In der Blaubeurer Gegend treten die Plattenkalke etwas zurück und an ihre Stelle treten mehr die Cementmergel, die dort überall aufgeschlossen und zugänglich sind. Diese Mergel liegen auf und neben den Plattenkalken, somit nehmen die Cementmergel den mittlern Horizont ein. In der Heidenheimer Gegend liegen diese Schichten unter den Oolithen, welche dort offenbar weniger abgetragen wurden, als auf der südwestlichen Alb, wo sie nur in wenigen Plattenlagen erhalten blieben und daher oft übersehen werden.

Wo Zeta zwischen Felsenriffen abgelagert ist, ist es oft sehr tonig und bildet dann da und dort einen dritten Quellhorizont, der aber nicht durch die ganze Alb streicht. Dies ist zu bemerken bei Kolbingen, Bitz, Winterlingen, Sigmaringen, Münsingen, Langenau, Gächingen, Luizhausen, Hörvelfingen, Bernstadt und Fleinsheim. Bei allen diesen Orten finden sich grüne Matten mit Quellen, ohne dass ein Maar die Ursache der Wasseradern wäre.

In Gegenden, welche durch Abtragung sehr zerstückelt wurden, tritt Zeta als Hügelbildung auf, z. B. bei Bitz, Freudenweiler, Messstetten u. s. w., aber wo die Gegend noch weite Ebenen darstellt, zeigt er sich immer als Muldenbildung. Wie Atolle ragen dann in seiner Umgebung die Riffbildungen von W. J. ξ' in die Höhe und gleichen aufs Haar dem echtesten ε'. Daher wird oft ξ als gleichalterig mit Epsilon gehalten, den diese ξ'- oder ε'-Felsen überragen und unterteufen oft genug unser normales und plattiges Zeta. Aber meist tritt doch Zeta da auf, wo Epsilon Kieselknollen zeigt und je höher wir hinaufsteigen, desto mehr nehmen die Kieselknollen zu, freilich mehr in der Blaubeurer als Ebinger Gegend. Technische Verwendung findet Zeta überall, meist als Baustein, besonders in der Donaunähe bei Riedlingen

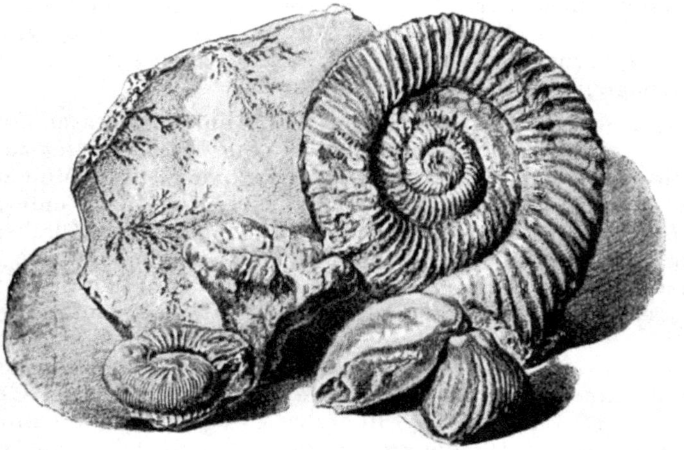

Abbildung 89. **Nusplinger Funde aus dem obern Weissjura.**

Unsere Abbildung zeigt ein Stück Zetaplatte des Lithographieschiefers von Nusplingen mit den hübschen Kristallbildungen der Manganerze (Mangandentriten). Darunter liegt ein Perisphinktes, neben ihm eine Terebratel und hinter dieser wieder ein grösserer Ammonit, der ebenfalls zu den Perisphinkten-Planulaten gehört.

und Messkirch, dann als Plattenkalk zur Kalkfabrikation, als Plattenbänke zur Herstellung von Flurplatten, Futtertrögen, Treppenstufen u. s. w. Letztere Verwendungsart ist bei Geislingen zu Hause. Aber die grossartigste Verwendung findet ξ in der Cementfabrikation des Blaubeurer Bezirks und der Münsinger Gegend. Auf dem Härdtfeld wird Plattenkalk so zart und fein, dass er schon zu Marmor verwendet wurde.

So dick als die Bänke aber werden können, so papierdünn treten sie in der Tuttlinger und Ebinger Gegend auf, z. B. bei Kolbingen, Nusplingen, Hardt, Messstetten, Tailfingen, Bitz, Winterlingen u. s. w., so dass wir die echtesten Schiefer vor uns haben und zwar die württembergischen lithographischen Schiefer. Freilich der Petrefaktenreichtum ist nur auf Nusplingen beschränkt, denn schon Kolbingen bietet wenige Petrefakten und an andern Fundstellen wurden sie bisher nicht gefunden. Da und dort sind die Platten mit hübschen Mangandentriten bedeckt (siehe Abb. 89: Nusplinger Funde) und dann begehrenwert, aber auch selbst diese fehlen da und dort. Auch diese Lithographieschieferplattenablagerungen gehen nach unten in dicke Bänke über und haben ohnehin Zwischenbildungen dünner Tonlager und dicker harter Kalkbänke von feinstem Korn. Bedeckt werden diese Lithographieschiefer durch härtere, oolithische Platten. Als Dachschiefer wurden diese Schiefer jahrzehntelang verwendet, waren aber meist nicht genügend wetterbeständig. Im Nordwesten der Alb fehlen diese Schieferbildungen meistenteils ganz, während die Oolithe von Schnaitheim u.s.w. um so schöner entwickelt sind und denjenigen der Ebinger Gegend ähneln.

Was die Petrefakten anbelangt, so bildet das ganze normale Zeta wenig Petrefakten, wenn wir von Nusplingen absehen, wo die grossartigsten und reichsten Funde gemacht wurden, so grossartig schier wie in Solenhofen; freilich seit die Brüche verlassen sind, ist nichts mehr zu holen. An Mineralen kommen auch nur die hübschen Mangandentriten in Betracht, welche wie feine Moosabdrücke auf den Spaltenflächen der Schieferplatten liegen und oft wunderschön sind.

XXVI. **Profil des normalen ζ.**

Diluvium, aufgerissene Weissjuraschichten, Blocklehm, Lehm oder Tertiär. Hochebenenschotter.

Ober ζ	Oolithe von Schnaitheim, Brenztal überhaupt. Storzinger Nerinidenbänke. Tailfinger und Ebinger Oolithplatten. Dolineneinstürze. Kieselknollenlager oberes.	Bohnerzspalten.	W. J. ε' oder W. J. ζ' Felenriffe.
Mittel ζ	Kieselknollenlager, oberes. Oberster Quellhorizont der Alb. Wechsel von dicken Kalkbänken mit litographischen Schieferplatten oder Cementmergel der Blaubeurer Gegend. Kieselknollenlager mitteleres, dünne, mauerartige, fest aufeinandersitzende Kalkbänke, die oft kein Zwischenlager erkennen lassen. Sigmaringen-Ulm.		
Unter ζ	Mitteldicke, mauerartige Kalkbänke, schieferig verwitternd. Krebsscheerenplatten, obere Lagen. Pagurus suprajurensis. Dicke Kalkbänke, Krebsscheerenplatten vou Ulm, Sigmaringen, Kolbingen, Ebingen, Bitz u. s. w. (Bahnlinie Ebingen-Sigmaringen.) Kieselknollenlager, unteres.		

Ober ε Scheingeschichte ε-Bankfelsen, marmorartig.

Petrefaktenverzeichnis der Plattenkalke und Cementmergel.

Ammoniten:		**Andere:**	
Perisphinctes planulatus siliceus	300—500 ₰	Scheeren von Pagurus suprajurensis	100—200 ₰
„ Ulmensis . .	300—800 „	Terebratula insignis . .	60—80 „
Haploceras politulus . .	100—300 „	„ pentagonalis .	20—40 „
Aspidoceras bispinosus .	300—500 „	Rynch. inconstans . . .	60—100 „
„ inflatus siliceus	300—500 „	„ trilobata	60—100 „
Aptychuse: Schalen . .	100—200 „	Trigonia suevica	150—400 „
ferner:		Venus suevica	120—300 „
Foraminiferen, versch. Art.		Myacites donacinus . .	120—200 „
Handstücke	50—100 „	u. s. w.	

Probestücke der Schichten 2—4 Mark. Verwitterungsprodukte 1—3 Mark.
Eisenerze aus Spalten 50—100 Pfg. Manganit 1—2 Mark.

Schulsammlungen:	5	10	15 Stück
	5	12	20 Mark.

Was die lithographischen Schiefer von Nusplingen anbelangt, so ist ja der Betrieb längst eingestellt und nichts mehr abzugeben als Stücke mit Dentriten, die 50—100 Pfg. per Handstück kosten.

28. **Weiss-Jura Zeta.** (ζ'.) **Schwamm- und Korallenbildung.**

Schon aus der Schilderung in No. 27 war zu ersehen, dass innerhalb und neben Zeta noch Schwamm- und Korallenbildungen auftreten, welche sich in ihrem Aussehen von den normalen Bildungen trennen lassen und auch durch ihre Einschlüsse eine Trennung verlangen. Aber auch alle normalen Zetabildungen scheinen ursprünglich von Schwamm- und Korallenbildungen überdeckt gewesen zu sein, wie wir es noch heute in der Brenztalgegend sehen. Die Brenztalgegend stellt eine grosse eingesunkene Tafel vor, die durch dieses Einsenken weniger rasch abgetragen werden konnte. Wo aber die Abtragung raschere Schritte machte, fehlen natürlich diese Lager, wie z. B. auf den Tafeln der Hardt, Tuttlinger und Ebinger Alb. In der Glazialzeit scheinen diese obersten Schichten besonders energisch mitgenommen worden zu sein, was wir an folgendem Beispiel ersehen können. Wenn wir die vielen Wasserleitungsgräben der Albhochflächen untersuchen, so finden wir, dass die Aufschlüsse höchst selten ursprünglichen Grund nnd Boden durchschneiden, meist treffen wir 3—5 m mächtigen Blocklehm an, in welchem eine Menge Gesteinsstücke liegen, die teilweise scharf, teilweise kantengerollt sind. Neben grossen Blöcken finden wir kleinen Schlagkies und Gerölle, Letten und Lehm aus Jura und Tertiär. Z. B. auf dem Laile bei Bitz, gegen dem Killertal, fanden wir in den dortigen Wasserleitungegräben aus Weiss-Jura ε: gelb-, grau- und weissfarbigen Marmor, Lochgestein, Zuckerkorn und Dolomitknollen und Dolomitsand, Kieselknollen-Epsilon und Oelsteine; aus Zeta: Plattenkalke, Cementsteine und Mergel, wie sie dort anstehen. Aber daneben noch weiter Gesteinsstücke aus ε und β wie sie nirgends mehr entstehen und nur eben in diesem Blocklehm gefunden werden, z. B. feinkörnigen r o t f a r b i g e n und fleischfarbigen Marmor, grauen Marmor, beide zweifelslos nach nach ζ' gehörend und dann noch W. J. ζ' Oolith von bunter Farbe in rötlichen und grauen Stücken.

Diese Gesteine sind wohl die Reste des obern a b g e t r a g e n e n Zetas. Weiter wurden in jenem Blocklehm gefunden: schwarzer und brauner Kalkspat-Magnetit, untertertiärer Süsswasserkalk, Juranagelfluhgerölle und das dazu gehörige gelbe sandige Material, ferner Meeresmolasse, Feuersteine, Calcite und Quarze. Die Quarze liegen meist als rote, braune und schwarze Quarzkugeln im Blocklehm und entstammen wohl der Meeresmolasse. Dieser Blocklehm enthält aber auch da und dort, mit Lehm wechsellagernd, Letten aus Zeta und aus dem Tertiär. Erstere fette Letten, gelb, schmierig, sind für Zeta typisch und stehen beim Nollhaus und auf der Fürstenhöhe noch an, sie umgeben meist das Schwammzeta und enthalten Ter. pentagonalis. Die Tertiärletten aber sind weit weniger fett und stark quarzsandig.

Diese Ablagerung kann doch nur aus Resten jüngerer Gebirgsformationen zusammengesetzt sein. Flussniederschläge sind es nicht, da die Flussbetten fehlen. Daneben finden sich ganze Kiesschotterlager von W. J. ε-Grus, wie er auf dem Härdtfeld ansteht und auch da und dort durch Kalkspat wieder verkittet ist. Man meint hier (auf der Hochfläche) an einer Talwand zu stehen, denn an den Schmichatalwänden liegen ähnliche Schlaggruse aus Delta, die von den abgewitterten Felsen stammen. So müssen auch die Riffe der höchsten Höhen früher höher gewesen sein, sonst hätten sich diese Schlagschotter nicht bilden können. Diese Kieslager sind auf der Ebinger, Sigmaringer und Hardthochebene überall anzutreffen und bedecken oft in 5—15 m Tiefe grosse, weite Flächen. Sie lehnen sich dann an Gehänge an, oder bedecken das Gehänge. (Siehe Abb. 20: Dreitrittenkapelle.) Sie sind mit Löss (Fluglehm aus Oberschwaben) bedeckt und mit Löss ist ihr Lager durchzogen, daher muss ihre Entstehung in die Mittelglazialzeit verlegt werden oder älter sein. Neben diesen Schlagkieslagern liegen dann noch metertiefe echte Lösslager und zwar meist als Muldenbildung. In diesen Mulden liegen ferner meist Einsturzlöcher, Dolinen, tiefe riesige Trichter bildend. Unter diesem Löss liegt Bohnerzlehm und erst unter ihm W. J. ξ oder ε. Die Zerstörung der obern Weissjuraschichten muss also zuerst in der Kreidezeit begonnen haben und setzte sich bis heute fort. In den beschriebenen Blocklehmen ist natürlich auch Bohnerzlehm und Bohnerz enthalten, aber mit dem andern Material vermengt. Die Blöcke dieses Blocklehms lagern nicht nach dem Gesetz der Schwere, also so, dass die grösseren Brocken zu unterst und die kleinen oben liegen würden. Gross und klein liegt unten und oben, wie in der Mitte. Hie und da bemerkt man auch, dass der Gletscherstrom um eine Ecke bog und dort liegen dann besonders riesige Anhäufungen und kann man aus jenen Anhäufungen ganze Sammlungen des Gesteins zusammenstellen. An andern Stellen wieder finden wir blos ε- und ξ-Schutt angehäuft.

Wo also unser colonisiertes Zeta auftritt (ξ') tritt es uns als Felsen, oder als ruppige, weisse Platten entgegen. Als Felsenform zeigt es gewöhnlich keine Unterschiede von Epsilon-Felsen, nur die Lage weist diese nach Zeta. Oft sind diese Felsen oolithisch, zeigen aber keine Schichtung. Diese Form ist über die ganze Alb verbreitet. Leitende Petrefakten sind: Epsilon-Schwämme und noch Apiocrinitenstiele und Ter. pentagonalis. Aber auffallend ist, dass diese (ξ') Felsen meist von fetten gelben Tonen umgeben sind, die nur nach Zeta verwiesen werden können.

Diese Zetaletten sind nur selten zu bemerken, weil sie meist mit grünem Grasteppich bewachsen sind, wo sie aber Abhänge, wie in der Sigmaringer Gegend, darstellen, sind sie entblöst. Die Grenze zwischen Ton und Fels bietet dann für den Sammler die schönsten Funde.

Wo die Felsen fehlen, tritt ξ' als »Korallenplatten«, »Korallenrag«, »obere Sternkorallenkalk« und »obere Oolithzone mit Korallen« auf. Die Hauptfundplätze der Korallen in der Heidenheimer, Ulmer und Blaubeurer Gegend gehören sicher hieher. Ja noch mehr, diejenigen Korallen und Korallentiere, also auch Bel. und Terebr. und Rynchonellen, die wir ausgewittert im Bohnerzlehm treffen, gehören hieher, denn sie stammen aus abgetragenem ζ'. Sie bilden die Deckschichte, wie z. B. den Abraum der Steinbrüche bei Blaubeuren. Wo wir Cementmergel treffen, sei es bei Sigmaringen oder Blaubeuren oder Münsingen, überall liegt unser ζ' in der Mitte oder auf den normalen Schichten. Auch die Schnaitheimer Oolithe, die wir zu Normal-Zeta setzten, gehen oben in Oolith-Zeta der Korallenzone, also in ζ' über.

Die scharfe Unterscheidung dieser Schichten wird noch viele Mühe kosten, da diese Schichten sich immer verändern, je höher wir im weissen Jura emporsteigen und je nachdem wir eine Gegend der Alb aufsuchen. Jede Gegend hat ihr eigenes Muttergestein und in den Einschlüssen seine Eigenheiten, dass ein Vergleich recht schwer wird und noch schwerer eine Klassifikation.

XXVII. **Idealprofil von Schwamm-Zeta (ζ') des obersten Weissjuras.**

Decke: Blocklehm des Dil. mit Resten umgelagerten ε und ζ. Tertiär u. s. w.

Ober ζ'	Korallenplatten der Schnaitheimer Brenztaloolithe. Obere Sternkorallenkalkplatten. Felsenartige Bänke bei Benzingen, Winterlingen, Bitz u. s. w.
Mittel ζ'	Lettenmergel, mergelige, fette, gelbe Letten mit Apiocrinusstielen und Ter. pentagon. von Sigmaringen, Nollhaus u. s. w. Felsen ζ', umgeben von gelben, fetten Zeta-Letten, Sigmaringer Gegend. Wilde Portländer, ruppige Platten mit Korallen und Kieselknollen der Gegend von Blaubeuren. Steinbrüche von Oberstotzingen und Wippingen, Sontheim a. Brenz u. s. w.
Unter ζ'	Felsen ζ', umgeben von gelben, fetten Zeta-Letten. Ebinger und Sigmaringer Gegend. Platten mit Korallen, welche auf den untern Zeta-Platten liegen oder in der Mitte der Cementmergelplatten (Blaubeuren) auftreten. Schlechte, verschwammte, verbogene Platten in den Nusplinger Brüchen, von anderem Aussehen als die Schiefer, mehr weiss- und graufarbig.

Schwammfelsen von ε'.

Abbildung 90. Rechtenstein a. D. mit der Geisterhöhle.

Die Abbildung zeigt die schönen Epsilonfelsen, hinter welchen Weiss Jura Zeta abgelagert ist, welches von Tertiär bedeckt wird. In der Geisterhöhle sind Ablagerungen von Bohnerzlehm zu sehen. Die Höhle wurde durch Gletscherarbeit gebildet resp. erweitert.

Petrefaktenverzeichnis aus Weiss-Jura ζ'.

(In den sog. wilden Portländern der Blaubeurer Gegend finden sich die gleichen Petrefakten wie in ε'.)

In den Oolithen finden sich ca. 20 Arten Korallen, Stück 1—5 Mark.

Schnaitheimer Zähne und Wirbel u. s. w. Stück 5—20 Mark.

Pecten dentatus	60—100 ₰	Aspidoceras bispinosus .	200—300 ₰
Terebratula pentagonalis .	20—60 „	Perisphinctes Ulmensis . .	300—500 „
„ insignis . . .	40—100 „	Nerina depressa	80—150 „
Rynchonella inconstans .	120—200 „	u. Epsilonpetrefakten wie Schwämme,	
„ trilobata . . .	120—200 „	Echiniden u. s. w.	
Apiocrinus mespiliformis .	40—80 „	Probestücke 5—15 M. v. 8—10 Lokalit.	
Pentacrinus Sigmar. Glied.	40—80 „	Schulsammlung 10 Arten : 10 Mark.	

Gesteine aus dem Blocklehm, welcher diese Schichten bedeckt und oben beschrieben ist: 12—15 Gebirgsarten: 5—6 M., also Weiss-Jura ζ, ζ', ε und ε', tertiäres Bohnerz, Süsswasserkalk, Molasse, Lehm, Sande, Lettenproben u. s. w.

Preise für Schulsammlungen.

Zusammengestellt aus dem ganzen Jura der Alb: schwarz bis weiss.

Petrefakten:

100	200	300	400	500	600	700 Arten
60	140	300	420	550	700	850 Mark.

Zusammengestellt nach meiner Auswahl.

Handstücke von Mineralien in gewöhnlichen und Kristallformen:

60	80	100 Arten
30	50	80 Mark.

Handstücke der leitenden Gesteine aus den Formationen des Juras:

30	50	70	100 Stück
15	25	40	65 Mark.

Zu bemerken ist, dass manche Stücke, die in den Listen aufgeführt und bei Fertigstellung dieser Liste, am Lager sind, nicht immer am Lager sein können und oft erst nach einer gewissen Frist geliefert werden können. Obige Sammlungen aber werden dem Lagerbestand entnommen.

Die jüngern Formationen der Alb aus dem Zeitalter des Tertiär.

Bei der Beschreibung von Weissjura-Zeta machten wir schon mit Diluvialblocklehm Bekanntschaft, in welchem neben Weissjura auch noch Tertiär u. s. w. zu finden sind.

Da wir auf der ganzen Alb keine Kreide finden, muss die Alb zur Kreidezeit Land gewesen sein. Noch lange Zeit nachher, im Eocän und Oligocän, war sie Land, denn wir finden aus jenen Zeitperioden nur Süsswasserschichten vor, erst in der Miocänzeit wurden die Albtafeln wieder mit Meerwasser überflutet. Dann erfolgte die langsame und stossweise Alpenerhebung und mit ihr die Zertrümmerung des Juras in verschiedene Tafeln, durch welche erst die Alb von heute entstand, als eine Abtrennung vom Schweizer- und Frankenjura. Im Süden entstand als grosses Einbruchsfeld in der Bodenseegegend das Hegau mit seinen Vulkanen, im Nordosten das Ries, bei Steinheim-Heidenheim das Steinheimer Becken und bei Urach die Embriovulkane.

In noch jüngerer Zeit wurden die Hochgebirge und Mittelgebirge vergletschert, bei der ersten Vergletscherung auch die Alb und nach der Gletscherzeit, welche die Humusbildung des Diluviums einleitete, wurden die Veränderungen im Alluvium immer weniger, bis wir zur Gegenwart kommen, in welcher der Mensch die Hauptrolle spielt.

29. Die Kreidezeit.

Wenn wir durch eines der hübschen Albtäler auf die Hochfläche der Alb gekommen sind und Epsilon und Zeta gründlich durchstudierten, so fällt uns sofort auf, dass wir nirgends die geringsten Spuren von Kreide erblicken, sondern nur Tertiärreste, die einer weit späteren Zeit angehören. Nachdem also die Alb zu Ende der Jurazeit Land wurde, blieb sie Land bis ins Miocän und auch im Miocän wurde nur die südöstliche Alb, das heutige Oberschwaben, mit dem Tertiärmeer bedeckt, der nordwestliche weit höher liegende Teil dagegen blieb Land und sandte Flüsse ins Tertiärmeer hinab, das sich im heutigen Oberschwaben und bis nach Wien hin ausdehnte.

Zur Kreidezeit existierte überhaupt unsere Alb im heutigen Sinne noch nicht, denn unter »schwäbischer Alb« verstehen wir ja das Mittelgebirge von heute, wie es unsere geologische Karte unter der Blaufarbe darstellt. Denn nur was wir auf dieser Karte unter blauer Farbe sehen, ist Jura und zwar das dunkle Blau ist Lias, das mittelere Blau Braunjura und das meistgestrichelte Blau weisser Jura, d. h. die eigentliche Alb. Wir sehen also, dass sich die heutige Alb von Schaffhausen bis zum Ries ausdehnt, (vom Rhein zur Wörnitz) und zwischen Oberschwaben und Niederschwaben liegt.

Zur Kreidezeit war dieses anders. Damals bedeckten die Juraschichten schier das ganze Terrain unserer geologischen Karte, die Urgesteine ausgeschlossen. Die Formationen des Buntsandsteines, Muschelkalks und Keupers waren von Juraablagerungen bedeckt, ebenso der ganze Süden bis zum Mittelmeer. Ob diese Ablagerungen eine Platte bildeten oder mehrere, ist noch nicht genügend erforscht. Aber gehoben waren obengenannte Juraablagerungen, also Land geworden, bis zum Bodensee, dort aber fing das südliche Kreidemeer an, das sich mit dem nördlichen verband. Ob das damalige Land, zu dem unsere Alb gehörte, die gleiche Meereshöhe hatte, wie heute, ist recht fraglich. Aber schon im Allgäu lag das Kreidemeer. Die Gewässer der Alb hatten also nicht so weit, wie heute, zu fliessen, bis sie das Meer erreichten, ob sie nach Süden oder nach Norden flossen. Die zu Ende der Jurazeit abgelagerten Formationsglieder waren aber noch weicher Schlamm und Korallenriffe und wären letztere nicht gewesen (die sich hauptsächlich auf unsere Alb beschränkten), so wäre die Alb heute so gut verschwunden, wie die Decken des Keupers, Muschelkalks und Buntsandsteins. Diese Schwamm- und Korallenbildungen widerstanden lange und schützten die eingelagerten weicheren Tongesteine und doch mag seither der ganze obere Jura, der in andern Ländern noch vorhanden ist, auf der Alb abgetragen worden sein, denn auf der Alb fehlen Kimmeridge, Portland, Wealden und Purbek.

Land war aber schon in der Nähe, als die »Lithographischen Schiefer« von Nusplingen abgelagert wurden, also das oberste des Albjuras (das mittlere des englischen Juras), denn in denselben finden wir Blätter von Palmen und Sagobäumen, die von den Gneisinseln des Schwarzwaldes stammen könnten. Auch die Oolithe weisen auf Strandbildung hin, wo aber das Land der Jurazeit war? Es existierte in Amerika, ist aber bei uns noch nicht einwandfrei nachgewiesen.

Aus der Kreidezeit haben wir also keinerlei Ablagerungen auf der Alb, es fehlen sowohl Valangien, Neocomien, Urgonien, Cenomanien und Turonien als die weisse Kreide mit Senonien und Danien. Zur Kreidezeit hing wohl auch das ganze Juraland unserer Alb noch mit seiner Umgebung zusammen, bis erst in späterer Zeit Einbrüche und Erhebungen der Erdrinde grosse Höhenunterschiede schufen, dass Teile dieses Landes wieder in Meerestiefen, wie das heutige Oberschwaben, sanken, andere in bedeutende Höhen, wie die Alb, gehoben wurden.

Und doch an einigen Stellen der Alb wird Kreide gefunden, aber als Glazialkies, als Geröll verfrachtet, hergeschleppt durch die Rheingletscher. Man findet diese »Kreide« als schwarze und wolkige Quarze, als Feuersteine in den Rheingletschermoränen der Donau bei Sigmaringen, Inzigkofen, Bingen, Unterschmeihen, Dietfurt, Gutenstein, Tiergarten, Hausen im Tal, ferner auf den südlichen Anhöhen der Donau der Messkirchergegend bis hinauf nach Tuttlingen, Bezirke, die das weite Vordringen der Gletscher in der Haupteiszeit bezeichnen. In den Grundmoränen der Rheingletscherstränge finden sich aber auch Gerölle aus der

30. **Eocänzeit der schwäbischen Alb,**

doch stammen sie meist auch aus den Alpen, nur gerundete Bohnerze entstammen den Süsswasserbildungen des Alb-Eocäns. Alle 7 Stufen des riesigen Eocängebirges anderer Gegenden, die dem Meeresgrunde ihre Entstehung verdankten, fehlen ganz, sie entwickelten sich in den Mittelmeergebieten und im heutigen Asien, wo wir sie in grossen Gebirgsstöcken antreffen.

Also die ganze lange Entwicklung meerorganischen Lebens von den Ammoniten und Belemniten, Jurasaurieren und andern Tieren an bis zu den hochentwickelten Landtieren der Gegenwart spielte sich nicht auf unserer Alb ab, sondern in andern Ländern. Alle Meertiere mit ihren reichen Familien verschwanden und an ihre Stelle traten winzige Reste von Süsswasserbildungen, von denen man nicht einmal weiss, ob es ursprüngliche oder umgelagerte Bildungen sind, denn die Einschlüsse sind abgerieben und oft kaum erkenntlich verunstaltet.

Wo wir im vorigen Jahrhundert (heute wird nichts mehr gefunden) neben ausgewitterten Seeigeln und Terebrateln Säugetierzähne fanden, denkt der Anfänger nicht daran, dass diese in *einem* Lager liegenden Tierreste aus so *verschiedenen* Zeiträumen stammen könnten. Und doch ist es so, denn die Alb war in der Kreide- und Eocänzeit Festland.

Die Eocänzeit bot ihren Geschöpfen ein subtropisches Klima, wie sie heute die Küsten des Mittelmeers haben und deshalb besass auch das Festland der Alb zur damaligen Zeit ein solches Klima. Eine herrliche tropische Flora bedeckte die damalige Alb: Lorbeerbäume schaukelten sich neben stolzen Zimmtbäumen und vielen andern subtropischen Gewächsen, die miteinander einen Urwald bildeten, dessen Sümpfe von allerlei Tieren belebt waren, deren Ueberreste uns in gewissen Bohnerzlagerstätten überliefert wurden. Der Zauber *heutiger* Albromantik lag noch nicht auf diesem Lande, aber dessen Fruchtbarkeit muss eine kolossale ge-

Abbildung 91. **Ebingen von Nordwesten** mit Blick aufs untere Schmicha- und Riedbachtal. Im Vordergrund Bühl und Bühltal mit den Betasteinbrüchen.

wesen sein, denn die Dickhäuter damaliger Zeit konnten blos in den gesegnetsten Ländern wohnen. So wie es heute in Java, Sumatra und im indischen Archipel aussieht, so sah damals das Pflanzen- und Tierleben der Alb aus, denn dafür sprechen die Pflanzen- und Tierreste der Quell-, Fluss- und Süsswasserbildungen jener Zeit, die Bohnerz- und Pisolithbildungen der schwäbischen Alb.

Die eozänen Ablagerungen der Alb sind stets an Bohnerzspalten gebunden, die in W. J. ε und ξ bis auf γ hinuntersetzen, aber nur an einigen Stellen Petrefakten enthielten, welche längst nicht mehr gefunden werden, weil die Bohnerzindustrie schon im vorigen Jahrhundert völlig erlosch. Die Bohnerztone dieses Zeitalters treten besonders in der Ebinger Gegend, auf dem Hardt und der Winterlinger und Benzinger Hochfläche auf. Berühmt wurden die eocänen Funde von Frohnstetten (bei der Sebastianskapelle im heutigen Truppenübungsplatz) und von Neuhausen ob Eck bei Tuttlingen. Durch diese Funde konnte das Alter dieser ältesten Bohnerzlager bestimmt werden. Wie viele sonstige Bohnerzlager noch ins Eocän gehören, kann nicht bestimmt werden, denn die wenigsten enthielten solche Funde, die zur Bestimmung des Zeitalters dienlich sind. Der Bohnerzton ist ein zäher, fetter, dunkelroter bis schwarzroter Ton, in welchem die pisolitartigen Erzbohnen liegen, die wohl einer Lateralbildung heisser Flachseen ihre Entstehung verdanken. Im Seewasser waren ursprünglich Eisen und Kalk gemischt; das Wasser mag aber mehr Eisen als Kalk enthalten haben und Sandkörner die Ursache der Bohnerzbildung gewesen sein, um welche Sandkörner sich die Schälchen der Eisentone niederschlugen. Eisen mag ursprüngliches Sumpfeisen gewesen sein, während der Kalk dem Jura entstammte. Leicht zu erkennen ist aber die Bildungsweise dieser Erze nicht, wenn der Eisengehalt nur aus den verwitterten Weissjuraschichten ε und ξ stammen sollte; ausser es hätten die abgetragenen Weissjuraschichten, die auf Zeta lagerten, mehr Eisen besessen, als der bisher bekannte weisse Jura Alpha bis Zeta besass. Vielleicht existierten schon damals Eisenquellen, die für diese Ablagerungen Material lieferten. Der Aufschwung der süddeutschen Eisenerzindustrie, der in der Alb in

Beschreibung zur Abbildung 91.

Im Vordergrund des Bildes haben wir die Reste der Hochterrasse des alten Eyachtales, heute Ackerland: Schutt mit Humus. Ganz links vom Vordergrund liegt W. J. γ. Gleich hinter der Terrasse bemerken wir das »Bühltal« soweit unser Bild reicht, sind dort die geschliffenen Spaltenflächen aufgeschlossen. Hinter dem Bühltal liegt der Bühl, auf dem besonders ein grosser Betasteinbruch auffällt, in welchem überall Spalten beobachtet werden, ohne jedoch geschliffen zu sein. Die Stadt liegt im Schmichatal, welches um vieles tiefer als das Bühltal ist. Bei 1) der Betaabhang des Schlossfelsenberges am »Häringstein« mit der scharfen Schleife der neuen Birzersteige. Wie ein Bügeleisen schiebt sich diese Betaterrasse ins Tal vor, überall sanft abgerundet. Bei 2) Quellhorizont von Gamma und bei 3) Rutschen von γ', 4) Felsen γ (γ'). 5) alte Strasse auf die Fohlenweide (früher wurde dieser Berg »Hukelduren« genannt) durch γ und γ' und δ'. Bei 6) Mühlefelsen (δ') und Strasse nach Strassberg. Zwischen 5) und 6) alte Bitzersteige, durch den Schlossberg-Bügeleisenvorsprung verdeckt, mit grossen Ablagerungen von oligocänem Bohnerz und Bohnerzlehm. Deutlich können wir bemerken, wie das Schmichatal gleich unterhalb Ebingen enger wird, bei Strassberg noch enger. 7) Malesfelsen mit Riedhalde, Kühbuchen und Messstetterberg-Truppenübungsplatz. 9) Riedbach im Schmicha-Riedbachtal, von Westen nach Osten fliessend und sich beim Ehestetterhof in den untern Wiesen mit der Schmicha vereinend.

den Jahren 1830—1850 seine höchste Höhe erreichte, förderte so kostbare Funde zu Tage, dass wir uns aus dem Eocän der Staatssammlungen ein schönes Bild des Tierlebens auf der Alb aus damaliger Zeit bilden können. So entsprachen die Funde der Palaeoterienzähne von Neuhausen ob Eck und Frohnstetten genau den Säugetierfunden des Pariser Beckens und im »Frohnstetter Loch« wurden Tausende dieser Zähne zu Tage gefördert, die besonders den Dickhäutern Nashorn und Tapier angehören. In Privatsammlungen fehlen diese Funde und im Handel auch, da die Gruben nicht mehr ausgebeutet werden.

Eocäne Bohnerze mit und ohne Jurakalk, mit dem sie oft verbunden sind und Saalbänder darstellen, können wir liefern, Stücke von 50—100 Pfg., einzelne Erzbohnen auch billiger. Während wir also wenige Reste der Tiergattungen des Eocäns haben und eine lokale Formationsbildung, die Eisenerzlagerstätten, fehlen auf der Alb die Meeresablagerungen ganz, weder Nummulitenformation noch Flyschschiefer sind vertreten, nur auf dem Südrande der Alb, der Donau entlang, finden sich, wie eingangs erwähnt, Nummulitengeschiebe, Pfenniggesteine des Volkes und Flyschgeschiebe. Und doch lag das Eocänmeer nahe an der Albplatte, die sich damals noch bis zum heutigen Bodensee ausdehnte, da sich das Meer in der ganzen Schweiz und Vorarlberg ausdehnte, wo wir heute seine aufgerichteten Niederschläge am Säntis, Kurfürsten, an der Axenstrasse und bei Einsiedeln, Dornbirn u. s. w. finden. In jenes Flysch- und Nummulitenmeer sandte die damalige Alb ihre Gewässer. Am Kressenberg bei Traunstein und am Grünten östlich Sonthofen kommen auch grosse Eisenerzlager vor, so dass die Bohnerze eine Strandbildung darstellen könnten.

Eocäne Bohnerze und Bohnerztone samt Handstücken von Frohnstetten: 1—1.50 Mk. für Schulen und Sammlungen. Kreidegerölle und Eocängerölle des Rheingletschers, auf der Alb selten gefunden, 5—10 Stücke zu 5—10 Mk.

31. Die oligocänen Bohnerze und die Oligocänzeit der Alb.

Die Alpen waren noch nicht gebildet, als in der Schweiz das Eocänmeer strandete, denn die eozänen Schichten wurden aufgerichtet, als dieses Gebirge dem Schosse der Erde entstieg. Auch in der Oligocänzeit hauste dort noch das Meer und nahm Zuflüsse von unserer Alb auf. Auf der Alb selbst hinterlies diese Zeit auch wenige Reste. Während die eocänen Bohnerze auf Frohnstetten beschränkt waren und bei Neuhausen ob Eck sich nur eocäne Funde unter die oligocänen gemischt fanden, weisen die vielen Gruben der übrigen Alb ganz ins Oligocän hinein. So wurden auf der ganzen Alb-Hochfläche diese oligocänen Bohnerze gefunden. Bei Ebingen mit Affenzähnen, bei Bitz mit Palaeotherien-, Anoplotherien- und Krokodilzähnen, welche Funde also noch immer auf ein sumpfiges, heisses Küstenklima hindeuteten. Aber Meerablagerungen fehlen ganz und so müssen diese Erze doch Süsswasserbildungen sein und keine Meer- oder Brakwasserniederschläge. Wahrscheinlich sind es Bildungen, die den Sumpferzen nahe stehen. Die Bohnerzausbeute auf der Alb weist aber ins graueste Altertum zurück. So entdeckten wir bei Ebingen und Bitz alte, vorhistorische Bohnerzschmelzöfen und ganze Schlackenhalden, als Ueberreste einer uralten Bohnerzeisenindustrie, von der keine Chronik mehr berichtet. Die Ausbeuteart war sehr mangelhaft, denn die Schlacken enthalten noch viel Eisen. Wir beschrieben diese Funde schon vor $1^1/_2$ Jahrzehnten in den Blättern des Schwäb. Albvereins.

Mitten im Ort Bitz lagern noch heute riesige Reste dieser alten Schlackenlager, besonders in der Nähe der alten Hülben. Alle Aecker

Abbildung 92. **Stiegelsfels bei Fridingen** im Donautal.
Der trotzige Fels besteht aus δ' und ε'. In Epsilonspalten ist oligocänes Bohnerz abgelagert. Der Stiegelsfels liegt zwischen Fridingen und Beuron in der sog. Schlosshalde, in welcher (Albv. 1907/325) 1907 in einer Tiefe von 1/2 m 37 Bronzegegenstände gefunden wurden, nämlich Fuss- und Armringe, Kinderarmspangen, Pferdeschmuck und Tressen, Meissel mit Tülle, niedliche Sicheln, Punzen, Spirale und Bronzebroken eingeschmolzener Geräte. Sie entstammen der jüngeren Bronzezeit, ca. 800 v. Chr. und lagen geordnet beisammen, wogen 3300 Gramm. Als die Paulshöhle bei Beuron (siehe Abb. 5) ausgeräumt wurde, fand man dort ähnliche Funde.

in der Umgebung von Bitz weisen solche Schlacken auf und tiefe Gruben gaben einst das Bohnerz ab, später Stein und Schutt dafür eintauschend.

Aber nicht alle Bohnerze der Alb gehören in diesen Horizont, denn durch die ganze Tertiärzeit der Süsswasserbildung hindurch hielt die Bohnerzbildung an und ist es schwer, das Alter dieser Erze in allen Fällen zu bestimmen wenn die Tiereinschlüsse fehlen, denn besondere Kennzeichen durch Farbe und Festigkeit bieten die einzelnen Bohnerzlager nicht, ja im Gletscherzeitalter wurden die Bohnerze nochmals weit verfrachtet, so dass wir ihre Zone selbst auf Betaterrassen finden und in Tälern als Diluvium.

Eine deutlichere Bildung ist daher der »Strophostomenkalk« von Arnegg, Rammingen Sachsenhausen und v. Tuttlingen. Dieser

32. Strophostomenkalk des Oligocäns

wurde zuerst bei Arnegg bei Blaubeuren, in Spalten des grossen Marmor-Epsilonssteinbruches entdeckt, der dort ca. 20 Arten Schnecken enthielt. (Abb. 62.) Dann wurde er auch bei Rämmingen gefunden, in den dortigen ε und ξ' Brüchen als Spaltenfüllung und von unserem Freund Lehrer Wagner bei Sachsenhausen und Sontheim a. Brenz. An allen diesen Stellen ist es ein grauweisser Süsswasserkalk mit folgenden

Petrefakten: nach Pfr. Engels Aufstellung:

Strophostoma anomphalus, Helix deplanatus, Helix subinvoluta, Pupa und Cyclotus, Cionella, Clausilia Arneggensis, Cyclostomus suevicus, Bulinus, Pomatias, Glandina, Helex Arneggensis.

Von obigen Petrefakten haben wir keine am Lager.

Proben dieser Kalke 20—80 Pfg. per Stück.

Sollten wieder Petr. gefunden werden, so können es Liebhaber auf Anfragen erfahren.

In letzter Zeit wurde von uns in der Nähe Tuttlingens beim Keller des Kaiserhofs ein ähnlicher Fund gemacht, in den dortigen verstürzten β-Kalken wurde eine grauweise Süsswasserkalklage entdeckt, welche ähnliche, aber nur einige, Schnecken enthielt. Die Stelle wurde aber wieder rasch geschlossen, da sie blos durch Kellerbau geöffnet wurde. (Kleinere Stücke dieses Kalkes, sind von uns für 50 Pfg. zu haben, aber nur so lange Vorrat reicht.)

Abbildung 93. **Gammertingen von Osten.**

Unsere Abbildung zeigt im Hintergrund links die Strasse nach Ebingen mit Weissjura-Zetaaufschlüssen. Auf der Höhe daneben, mitten im Bild, am Horizont: Bohnerzgruben und Bohnerzlehmlager des Oligocäns. Die Berge rechts im Hintergrund bestehen aus Weissjura Delta, Epsilon und Zeta. Links im Bild bei den Gebäuden: alte Ebingersteige, welche in Zeta eingegraben ist. Auch der Abhang besteht aus Zeta; in den dortigen alten Steinbrüchen Spalten mit Oligocänlehm, welchem Bohnerz und Kieselknauer beigegeben sind. Das hübsche Tal des Vordergrundes besteht aus der Talausfüllung des Pliocäns und Diluviums: Kieslager im Untergrund, bedeckt mit Torfmoor und diluvialem Kalktuff. An den Abhängen Glaziallehm. Malerisch zieht sich die Lauchert durch den grünen Talgrund.

Die Miocänbildungen und das Miocänzeitalter der Alb.

Auch die Miocänbildungen können wir in drei Haupthorizonte einteilen, in ein Unter-, Mittel- und Obermiocän, oder in unteren Süsswasserkalk, in Meeresmolasse und in oberen Süsswasserkalk. Aus unserer geolog. Karte ersehen wir, dass die Molasse (in gelber Farbe gehalten) resp. die Miocänbildungen sich auf den südöstlichen Teil der Alb beschränken, am Nordwestrand aber nicht auftreten, vielmehr nicht eingezeichnet sind. Die eingezeichneten gelben Miocäninseln sind bestimmt nachgewiesene Miocänablagerungen, während andere Bildungen dieses Zeitalters, ihres sporadischen Auftretens halber, n i c h t eingezeichnet sind. Oberschwaben enthält freilich zusammenhängendere Miocänstrecken, die überall auf der Weissjuraalbtafel auflagern, welche vom Nordwestrand, resp. vom Steilabfall der Alb an, bis zum Bodensee sich stark neigend, gegen die Alpen absank. Aber Oberschwaben gehört nicht zur Alb. Zusammenhängende Bänke haben wir also auf der Alb nicht, sondern grössere und kleinere Inseln, deren Systematisierung oft Schwierigkeiten macht. Wohl am umfangreichsten reichten die Miocänbildungen in der Ebinger Gegend auf die Alb hinauf, besonders im Hohenzollernlande und dürfen wir wohl annehmen, dass zur Molassezeit die ganze heutige Alb mit dem Molassemeer bedeckt war. Wir haben auf der Alb die beiden Süsswasserbildungen von der Molassemeerbildung, die die Mitte einnimmt, zu trennen.

I. Die Untermiocänbildungen: Unterer Süsswasserkalk

oder

Rugulosakalk, Crepidostomakalk, rote Pisolithe und Untermiocäne Bohnerzlehme.

Alle diese Bildungen haben stets nur lokale Ausdehnungen und sind an gewisse Gegenden geknüpft. Die Rugulosaschnecke hat Aehnlichkeit mit der amerikanischen Rugulosa und kommt in den untersten Lagen vor. Helix crepidostoma dagegen nimmt einen höhern Horizont ein. Zwischen ihnen liegen dann die Planorbisschiefer, welche jedoch nicht überall entwickelt sind, sondern oft fehlen, ferner ist zu beachten, dass diejenigen Untermiocänschichten, welche auf der Alb dieseits der Donau liegen, schier nur Kalk enthalten, wohl umgewandelten Weissjura-Kalk, während die jenseitigen Donauhöhen mehr Sand als Kalk haben. Daher auf der Ebinger Alb echte Kalkschichten, schneeweiss bis grau, und wenn mit Bohnerz gespickt, von roter Farbe, dagegen auf der Messkircher und Ehinger Alb grellfarbige Mergel und Sandschichten. Petrefakten enthalten diese Mergel wenig und wenn, dann sehr zerdrückt, während sie in den Kalkablagerungen besser erhalten sind. Auf dem Hochsträss sind die Leitschnecken noch stark mit Bitumen getränkt, daher schwarz.

Die heutige Donaugegend muss zur damaligen Zeit ganz anders als heute ausgesehen haben. In der Untermiocänzeit stiegen die Alpen langsam in die Höhe, mögen aber erst die Höhe des Schwarzwaldes erreicht haben. Die Alpenfaltung begann wohl schon in der Oligocänzeit, aber so langsam, dass sie das Oligocänmeer noch wenig störte. Der heutige Südrand der Alb war desshalb zur Untermiocänzeit die Grenze, das Küstengebiet zwischen Tertiär und Festland. Es war also tiefer liegend als heute, etwa in Lage und Klima dem heutigen Italien gleichend. So besass unsere heutige Donaugegend nebeneinanderliegende Süsswasserseen und Meeresbuchten und dazwischen riesige Urwälder, in denen sich Dickhäuter tummelten. Wie aber in Süditalien sich noch heute die Erdschollen in steter Bewegung befinden und Erdstösse auf Erdstösse folgen, dass eine Erdscholle sinkt, die andere sich langsam erhebt, dass die Bewegung der Erdrinde zu Messinakatastrophen führen konnte, ebenso muss in der Untermiocänzeit die Juratafel in Oberschwaben sich zeitweilig gehoben, zeitweise gesenkt haben, denn nur so ist der Wechsel der Ablagerungen zu erklären, der einmal Süsswasserkalk, das anderemal Meersande liegen liess.

Die ganze Juraplatte, die sich damals vom heutigen Steilabfall an bis zur Bodenseegegend neigte, besass eben schon Ungleichheiten in ihrer Einbruchsrichtung. Die Hauptplatte wurde in viele kleinere Platten zertrümmert und sank eine Zwischenplatte tiefer ein, als die Nachbarplatten, so konnte diese Versenkung, eine Bucht darstellend, das Meer aufnehmen, während eine Nachbarplatte mit Vertiefung in ihrer Mitte einen Südwassersee bilden konnte, in dem sich Untermiocänkalk niederschlug. In den Süsswasserseen schlugen die Alb-Flüsschen ihre mitgeführten Kalke, Pflanzen und Tiere nieder, die uns heute Zeugnisse jener Zeit hinterliessen.

Die Ramondikalke und Pisolithe dürften ihre Entstehung mehreren Algenarten verdanken, welche in Masse diese Süsswasserseen bevölkerten. Auf den Ramondikalken bildeten sich dann, während die Alb langsam, aber stetig tiefer einsank, die Rugulosen und Crepidostomaschichten, wobei die untern auf die Alb hinaufgriffen.

Ein grosser Teil der Ulmer und Ehinger Höhen liegt auf diesem Untermiocän, z. B. Böfingen, Haslach, Jungingen, Fort Albek, Prittwitz, Eselsberg und Kuhberg, dann der Talfinger Kugelberg und grosse Teile des Hochsträsses, ferner Ehingen bis Berg, Nasgenstadt, weiter der Steinbruch bei Sontheim a. Brenz, Niederstotzingen u. s. w.

XXVIII. **Profil für Untermiocän.**

Mariner Graupensand oder Diluviallehm,

Ober.	Crepidostomakalk: Kreideschichten von Talfingen und Ulm mit Helix crepidostoma. Graue feste Kalke vom Hochsträss. Rote, bohnerzhaltige Kalke von Sigmaringen, Boluse und Eisentone anderer Orte.
Mittel.	Pflanzenkalk vom Hochsträss, von Tailfingen bei Ebingen, Pflanzenstengelkalke. Glimmerreiche, leere Sandbank. Planorbisschiefer und Oepfinger Schichten vom Hochsträss: graue und grünliche Mergelkalke und Sande mit Planorben. Rugulosa seltener, Ramondi fehlt.

Abbildung 94. **Die geschliffenen tectonischen Spalten der Weissjura-Betasteinbrüche im Ebinger Bühltal.**

II. Bild: **Aufschub einer Südscholle auf eine Nordscholle unter Zertrümmerung einer Schollenecke der Südscholle.**

(Siehe auch Abb. 84 und 91.) Aufgenommen von Herrn Bankdirektor Beck und dem Verfasser. Der Verfasser deutet mit der Hand auf die Verschiebungsstelle hin.

Beschrieben 1909/50 von Herrn Carl Regelmann in den Albvereinsblättern.

Unser Bild dient als Beweis für die Bewegung der Albschollen von Süden gegen Norden durch die Erhebung der Alpen und deren Druck auf die Albinsel in der untermiocänen Zeitperiode.

Durch solche Zerreissungen und Verschiebungen entstanden unsere ältesten Albtäler und so mag auch in jener Zeit unser oberes Schmichatal, sowie das Bühltal, durch mehrere Risse entstanden oder vorgebildet worden sein. Unser Aufschluss liegt hinter der Scheuer des Metzgermeister Müller und läuft von Süd nach Nord N. 13° O. Der ganze Schichtenstoss auf einer 40° nordwärts geneigten Fläche ist abgerieben und unter Breccienbildung aufgeschoben.

Die geschliffene Spalte am Vorstadtbahnhof Tuttlingen zeigt gleiches Bild und gleichen Verlauf, wenn sie auch keine Fortsetzung der Ebinger Spalte ist.

Unter.

Eisenerzlehme mit zerdrückten Helix rugulosa von Harthausen und Winterlingen.
Fette gelbrote Letten, in Lehm übergehend oder pisolithischer mit Asphalt gemischter Rugulosakalk mit Helix rugulosa, Ramondi oxystoma vom Hochsträss, Brenzgegend.
Ramondikalk mit Helix Ramondi u. s. w., gelblichweisse bis blaugraue dolomitische Bänke.

Oligocän mit Strophostomakalk, oligocänem Bohnerz oder Weissjura ξ und ξ'.

33. Ramondi- und Rugulosakalk, untermiocäne Bohnerzlehme.

Wenn wir Kalke mit Rugulosaschnecken erblicken, wissen wir immer, dass wir den untern Süsswasserkalk vor uns haben. Wo wir aber nur Bohnerze haben, sind wir ohne Petrefakteneinschlüsse sehr im Zweifel, ob wir diese zum Oligocän oder Miocän rechnen sollen.

Bei Winterlingen z. B. liegt unter der Meeresmolasse ein Bohnerzlehm, welcher ganz zerdrückte Schneckenschalen enthält, freilich diese sehr selten aber der Form nach müssen wir sie zu rugulosa stellen. Um Winterlingen herum liegt die Meeresmolasse gleich auf W. J. ε. Bei Benzingen finden wir unter der Meeresmolasse aber auch diesen roten Eisenerzton, wo er beim Schulhausbau gefunden wurde. In Harthausen befindet sich eine Stelle, im Walde gegen Winterlingen, wo das Molassesand von Rugulosabohnerzlehm unterteuft ist. In den Wäldern bei Bitz und Ebingen liegen die gleichen Bohnerzlehme, aber Schnecken werden kaum je gefunden. Unsere Sammlung in Ebingen enthält nur 3 Stück dieser Art.

Anders ist die Sache am Hochsträss und bei Ehingen, ferner bei Ulm und am Einfluss der Brenz in die Donau. Helix Ehingensis wurde bei Ehingen viel, bei Winterlingen noch nie gefunden. Bei Schaffelkingen ist der Süsswasserkalk porös und löcherig. In Spalten des weissen Juras ε oder ξ' bei Sontheim a. Brenz ist die Rugulosa am besten erhalten, Herr Wagner fand sie schon mit Bändern, sie liegen in harten blauen Kalkbänken, die viel Bitumen enthalten, dass das Gestein dem Muschelkalk ähnelt. (Siehe auch Tur XXIII a mit den dortigen Abbildungen.)

Petrefaktenverzeichnis.

Helix rugulosa von Ehingen	20—50 ₰	Clausilia Escheri	40—80 ₰
„ „ „ Winterl.	200—300 „	Lymnaeus subovatus . . .	60—80 „
„ Ehingensis	60—80 „	Planorbis cornu	40—80 „
„ oxistoma	60—80 „	Cyclostoma bisulcatum . .	60—80 „
„ Ramondi	50—60 „	Charasamen	20—100 „

Handstücke der Rugulosabänke, gelbweiss oder blaugrau, ohne und mit Asphalt 40—60 Pfg.

Handstücke der Ramondibänke (rotbraune und gelbe bis graue Farbe) ohne und mit Asphalt 40—60 Pfg.

Eisenerzlehme mit Bohnerzeisen, gelbrote Letten, Pisolithstücke 50—100 Pfg.

Schulsammlungen: 10—20 Handstücke 5—10 Mark.

34. Planorbisschiefer, Oepfinger Schichten, Pflanzenkalke.

In der Mitte von Untermiocän, aber manchmal blos allein zwischen Schluchten eingebettet, die von Epsilon-Felsen gebildet werden, liegen die Pflanzenkalke. Am besten sind sie bekannt von Gamerschwang und Oepfingen am Hochsträss, wo sie prächtig anstehen, Nasgenstadt zu und unterhalb des Söflinger Turnplatzes in Lehmgruben, dann auf dem Hochsträss an vielen Stellen und bei Talfingen-Ulm. Die Binsen und Schilfartenhohlräume weisen auf ehemalige Sumpflandschaft hin.

Bei Bitz, gegen das Killertal hin, fanden sich auch Spuren dieser Pflanzenkalke: glimmerreicher Schieferton mit Kohlenschmitzen und Manganit darin. Diese Schichten wurden bei den Wasserleitungsgräben freigelegt. Weiter fanden wir Spuren bei Tuttlingen, auf dem Berge oberhalb Wurmlingen zwischen Lippachtal und Donautal. Mandelsloh will solche auch beim »Marmorsteinbruch« in grosser Tiefe gefunden haben und ganze Baumstücke sollen in seine Sammlungen gewandert sein.

An obigen Stellen, ausgenommen am Hochsträss, fanden wir aber keine Planorben dabei, oft nur glimmerreichen Pflanzenschieferton. Die Planorbenschiefer kommen unseres Wissens hauptsächlich auf dem Hochsträss vor, bei Gamerschwang und Oepfingen, wo sie auf den Feldern herumliegen, aus den gewöhnlichen Mergeln schauen die schneeweisen Schalen prächtig heraus.

Petrefaktenverzeichnis.

Planorbis cornu	20—40 ₰	Lymnaeus pachygaster . .	60—80 ₰
„ -Arten, andere .	40—60 •	Helix Ehingensis	80—100 „
Helix rugulosa	80—100 „	Olaussilia Escheri	60—80 „
„ Ramondi	160—180 „	„ suevica	80—100 „
Cyclostoma bisulcatum .	40—60 „	Helix oxystoma	80—100 „

Handstücke der Mergelkalke und Pflanzenschiefer 100—300 Mark.

35. Crepidostomakalke.

Sie liegen hauptsächlich in der Ulmer Gegend als harter poröser Kalk oder weisse Kreide, oder als pisolithische Bänke und rote, durch Eisenerz gefärbte Kalke mit Bohnerzlagern darin. Leitmuschel ist Helix crepidostoma, die aber z. B. bei Ebingen fehlt, während sie sich bei Ulm und Stubersheim, Eggingen, Haslach u. s. w. findet. Bei Fort Prittwitz kam sie seinerzeit sehr häufig vor und gab Veranlassung zu dem Namen Landschneckenkalk oder Kreide und doch kommen Landschnecken und Kreide auch im Obermiocän vor.

Säugetierreste in diesen Schichten finden wir bei Eppingen, Jungingen und Haslach bei Ulm und sog. Schlangeneier auch noch bei Grabenstetten. Eisenerzkalke finden wir bei Stubersheim, Haslach bei Ulm, Benzingen-Jungingen, auf der Sigmaringer Alb, ferner bei den Plattenbrüchen von Nusplingen.

Mineralien- und Petrefaktenverzeichnis.

Helix crepidostoma, Helix lepidotricha, Helix osculum, Bulimus, Melania Echeri, Planorbis cornu, Lymnaea, Celtis (Ulmensamen), Archaeozonites subverticillus, Clausilia antiqua. Kreide von Talfingen-Ulm: 50—100 Pfg.

Kalk von Ulm und dem Hochsträss 50—100 Pfg. Pisolithe 50—80 Pfg.

Eisentone, Bolus, rote Kalke dieser Zone: Sammlung 5—10 Mark.

(Siehe die Abbildungen 95 und 96: Kienlesberg bei Ulm und Oberelchingen.)

Abbildung 95. **Die untermiocänen Crepidostomaschichten des Kienlesberges bei Ulm und die neue Wallstrassenbrücke.**

Unser Bild zeigt noch die Weissjura-Epsilonfelsen des Tales neben der Brücke. Am Südabhang des Kienleberges, ca. 200 Meter westlich unseres Bildes, sieht man die Grenzzone zwischen Weissjura-Epsilon und Untermiocän. Untermiocän ist durch die sog. Haslacher Schichten repräsentiert: rotbraune Mergel mit Helix Crepidostoma heben sich sehr scharf vom Juramarmor ab. Die Oberfläche des Jurafelsen wurde hier nach Dietlen, August 1904, geschliffen aufgefunden. Die Schrammen- und Schubflächen erinnern an Gletscherschliffe und liegen in einer Neigung von ca. 60°, dem Abfall der Juratafel gegen die Alpen entsprechend, von Nord-Nordost nach Süd-Südwest streichend.

Profil nach Dietlen:

3 m Auffüllung.
2 „ dunkelroter Lehm.
0,1 „ braunschwarzer Mergel.
0,3 „ dunkelgelber Lehm, deutlich geschichtet, zeitweise sandig.
0,3 „ schwarzbrauner Mergel, geschichtet, mit Kohlenbutzen und verdrückten Helix- und Planorbisschalen, Krokodilzähnen u. s. w.
Kienlesbergfels, Weiss-Jura-Epsilonmarmor.

Die Molasseperiode oder das mittlere Miocän: Meerwasser und Brakwassermolasse.

Dieses Formationsglied ist im ganzen Tertiär am leichtesten erkenntlich, ganz für sich als eigene Formation abgeschlossen und kann

Abbildung 96. **Das Unter- und Mittelmiocän vom Donaurand der Alb bei Oberelchingen.**

Am Südostrande der Alb, gerade da, wo die Juratafel sich unter der Donau gegen den Bodensee immer tiefer unter die Tertiärschichten hinabneigt, liegt Unter- und Oberelchingen, 8 Km. nordöstlich von Ulm, 531 m ob dem Meer. Die Lage ist lieblich und vom ehemaligen Kloster haben wir die schönste Aussicht über das Donauried, welches die Molasse Oberschwabens verbirgt. Ziemlich steil, 70 Meter hoch, senken sich die abgewaschenen, nicht abgebrochenen Gehänge ins Donautal (460 m) hinab. Am Nordfuss des Klosterhügels liegt Dorf Unterelchingen, während Kloster und Dorf Oberelchingen am sonnigen Abhang liegt. 1472 bauten hier die Klosterbewohner einen guten Wein.

Die laufenden Brunnen (oberster Wasserhorizont der Alb) und der stattliche Obstbaumwald, der Elchingen malerisch umrahmt, lassen erkennen, dass hier der weisse Marmorkalk des Epsilons von wasserhaltigen untermiocänen Tonen überlagert ist. Kloster und Klosterkirche sehenswert.

niemals übersehen werden. Oft ist es daher für den Anfänger ratsam, zuerst dieses Mittelmiocän aufzusuchen und dann erst unter ihm das Untermiocän und ob ihm das Obermiocän. Brakwasser- und Marinmolasse ist durch Einschlüsse und Gestein leicht zu erkennen. Aber trotzdem haben wir grosse Verschiedenheiten auch im Mittelmiocän, denn neben grünlichen, gelben, grauen und weissen Sandsteinen aus Quarzsand, denen überall Haifischzähne und Sonnenmuscheln beigegeben sind, haben wir verschiedenartige feine, lose Sande, den Fuchssand (Fuchslochsand-Pfoh-Foh-Sand) oder Gesimssand, den aus grauen Quarzkörnern bestehenden Graupensand, daneben eine »Nagelfluh« aus Kalksteingeröllen des Weissjura bestehend, Tone und Mergel und alle diese Verschiedenheiten als eine Meeresbildung. Daneben geht die Brakwasserbildung einher mit Sandsteinen, welche aus Muscheltrümmern zusammengebacken sind und Tone und Mergel mit Süsswasser- und Meerwasser-Petrefakteneinschlüssen.

Die schönen Aufschlüsse Oberschwabens haben wir aber nicht zu berücksichtigen, weil sie nicht mehr der Alb angehören.

Da die Senkungen der oberschwäbischen Juratafeln langsame aber stete Fortschritte auch in der Molassezeit machten, so drang das Molassemeer zu Beginn der Mittelmiozänzeit immer weiter auf die Alb herauf, bis zuletzt der ganze heutige Donaurand und Oberschwaben mit Meer bedeckt war und zwar bis zum Alpenvorland.

Das oberschwäbische Molassemeer war ein eigenes Becken, welches mit dem Hauptmeer durch Kanäle verbunden war. Es erreichte an verschiedenen Stellen die Tiefe des heutigen Mittelmeers und erhielt seine Niederschläge aus den aufsteigenden Alpen und von unserer Alb. Die Ablagerungen der jungen Alpen und unserer Alb bildeten also im Molassemeer die Meeresniederschläge und an den Ufern die Brakwassermolasse. Ein Teil des Muschelsandsteines, besonders der Quarz, dürfte aber aus dem Böhmerwald stammen, in welchem Gebirge damals, wie noch heute, riesige Quarzitmassen zu Tage treten. Das Molassemeer grenzte ja bis an den Böhmerwald und bildete dort Buchten. Unser süddeutsches Molasse-Mittelmeer seigte Flachsee- und Litoralbildung und weisen daher seine Ablagerungen grosse Unterschiede auf. Gerade das Litoral kann durch ganz geringfügige geologische Veränderungen sich gründlich verändern. Die Weissjurafelsen der heutigen Donauseite, ja vielleicht des ganzen ε und ε', ξ und ξ' bildeten seine stolzen Uferklippen und furchtbar mag das Meer an ihnen gebrandet haben. Manche dieser Felsen sind noch heute ganz mit Pholadenlöcher gespickt und weisen so auch auf Meerescondakt hin. Die Albtäler der Donauzuflüsse existierten aber damals noch nicht in heutigen Formen. Jedenfalls reichte aber das Meer bis auf die mittlere Breitenlinie der Alb herauf, wenn auch da und dort die Spuren sehr verschwommen werden. Die Ebinger und Tuttlinger Alb scheint ganz vom Molassemeer bedeckt gewesen zu sein, da wir überall seine Reste verfolgen können. Auch Meeresbuchten lassen sich überall verfolgen und wo wir Juranagefluh treffen, wissen wir, dass in ihrer Nähe Albflüsse ins Tertiärmeer mündeten. Solche Meeresbuchten finden wir bei Tuttlingen und bei Ebingen war das ganze Hardt eine solche Bucht, dann die Gegend von Bitz, Harthausen, Winterlingen, Frohnstetten, Benzingen und Sigmaringen.

Als in Oberschwaben das Molassemeer brandete und die Juraalbtafel eroberte, breitete sich die heutige Alb noch mindestens so weit gegen Norden hin aus, als wir auf unserer Karte den Jura überhaupt verzeichnet finden, wo aber jetzt blos noch Lias α liegt, lag zur damaligen Zeit selbst der ganze Lias und braune wie weisse Jura aufgetürmt, so dass das damalige Albgebirge ob dem heutigen Unterland um mindestens 1000 m höher war als der heutige Steilabfall.

In den Embriovulkanröhren bei Scharnhausen und Metzingen, wo heute jeder Weissjura fehlt, stecken ja noch heute die Reste der abgesunkenen Weissjuraglieder, die uns so die damalige Ausdehnung der Alb verraten. Ja unsere geologische Karte zeigt sogar bei Langenbrücken, seitlich von Bruchsal und Speyer, einen Rest dieser ehemaligen Albdecke mit schwarzem und braunem Jura. Dieses Stück sank eben in die Tiefe, wie der Weiss-Jura Oberschwabens und blieb uns so bis heute erhalten. Ziehen wir auf unserer Karte von Langenbrücken (über den Lias von Heilbronn) nach dem Ries eine Linie, von Langenbrücken wieder nach Waldshut, so sehen wir die Albtafelausdehnung zur Molassezeit. Die damalige Alb konnte also grosse Wassermassen in das oberschwäbische Molassemeer senden. Daher kommt auch, dass alle Doppeltäler der Alb, die ihre Flüsse heute zum Neckar und zur Donau senden, riesige Oeffnungen gegen den Neckar haben, denn da wo die heutigen Donautäler beginnen, lag ja damals noch das Molassemeer. Die heutigen Donautäler sind eben erst lange nachher entstanden. Reste alter Talläufe finden wir auf dem höchsten Ebenen der Alb noch in grosser Ausdehnung im Zusammenhang und ohne Zusammenhang mit den Talstumpfen der Alb. Z. B. in die Bucht Bitz-Winterlingen-Frohnstetten-Benzingen-Sigmaringen-Inneringen-Gammertingen-Harthausen mündeten damals grosse Albflüsse von Norden, die ihr Einzugsgebiet in den heutigen Wolken, d. h. 1000 m höher als Haigerloch-Hechingen-Balingen-Sulz-Horb-Tübingen liegen, hatten, denn damals war die Alb noch viel höher als ihre heute abgetragenen Reste. Solche früheren Buchten mit ihren Einzugsgebieten können auf der ganzen Alb beobachtet werden.

Dass die ganze heutige Ebinger Alb vom Molassemeer bedeckt war, beweisen die bedeutenden Vorkommen in der obigen Bucht und die Reste, die bei Bitz, Ebingen (Einlagerung in der Heidensteinhöhle: grobe und feine Tertiärmolassesande, ferner in der Sandgrube des Messstetter Berges), Tailfingen, auf dem ganzen Hardt u. s. w. liegen. Ja auf dem Heersberg bei Burgfelden, wo noch ε-Reste anstehen, fanden wir in den Spalten festeingelagerte (also nicht von dem Wind hingetragene) Molassesande. Festgelagerte Sande zeigen nämlich gemischte Korngrössen, während Flugsande gleichmässige Korngrössen zeigen. Flugmolassesande liegen auf dem Breitenstein, Randecker Maar, auf dem Aalbuch und Härdtfeld. Ursprünglich abgelagerte Molassesande werden aber auch bei Urach-Münsingen auf ε-Gipfeln gefunden und sind dort von ungleicher Korngrösse, also wohl Urlagerung, doch kommen in der Nähe auch äolische Ablagerungen vor.

Eine weitere Meeresbucht dieser Art lag in der Tuttlinger Gegend, gegen den Schwarzwald, da wo die hohen Lager der Juranagelfluh liegen. Auch Altheim und Heldenfingen hatten ihre Meeresbuchten und kann man ähnliche Buchten auf der ganzen Alb verfolgen.

Die Juranagelfluh-Ablagerungen bei Ettlenschiess, Bräunisheim und Gerstetten bezeichnen dagegen wieder Geröllablagerungen mittelmiocäner Flüsse, die seinerzeit die damalige Albhochfläche des Weissen entwässerten, also ihr Einzugsgebiet bis über Göppingen hinaus hatten.

In auffallend niederer Höhenlage des Hochsträsses liegen die sog. »Graupensande«, deren Kreuzschichtung und petrefaktenleere Sande in zahlreichen Gruben zu finden sind. Manche Gruben dieser Art lassen Wirbelbildung erkennen. Allgemein bekannt sind die Grimmelfinger Graupensande, sie entstammen einer Umbildung der Meeresmolasse während der Spätmiocänzeit. (Tur XXIII a.)

In der zweiten Hälfte der Mittelmiocänzeit hob sich die Alb wieder, indem die eingesunkene oberschwäbische Tafel, die von der heutigen Alb nicht abgetrennt war, von den aufsteigenden Alpen nach Norden gepresst und weil sie an den Massiven des Schwarzwaldes und Odenwaldes anstiess, in der Mitte (dem heutigen Steilabfall) aufgebäumt wurde.

Es zog sich das Molassemeer ganz langsam, aber beständig nach Süden, Südosten und Osten zurück. Das Wasser der verbleibenden Meeresbuchten und selbstständigen Becken wurde vom Hauptmeer abgeschnitten und durch einmündende Flüsse brakisch. So entstanden die Brakwasserablagerungen der Tertiärbecken bei Messkirch, Engen und Ulm und mit ihnen noch viele kleine Becken, die rascher versüssten. Auch das Ebinger Becken versüsste, trocknete aber so rasch aus, dass sich keine bedeutende Bildung von Brakwassermolasse erzeugen konnte. Das grosse Ulmer Becken hatte sein südliches Ufer südlich Laupheim und das westliche Ufer bei Ehingen. In seinen Bezirk gehörte aber auch das ganze Kirchberger Gebiet, welches heute nicht mehr zur Alb gehört, sowie das Hochsträss und die Lager von Leipheim, Günzburg und Dillingen. (Siehe diese Tur: Dillingen-Ulm.)

Wie weit die Brakwasserbildungen auf die Alb hinaufreichten, ist noch zu ungenügend erforscht worden und auch schwer zu erforschen, denn da sie auf die Meeresablagerungen zu liegen kamen, wurden sie vor jenen abgetragen und da wir nur noch von den Meeresablagerungen Reste haben, müssen die Brackwasserbildungen freilich verschwunden sein.

Ob die Ablagerungen bei Bitz im Hohlenfelsen (siehe Bild No. 18) oder die feinen fetten Letten des Schwenningerberges (Walkererde) und die rauhen Sande von Burgfelden und Messstetten hierher gehören, ist nicht ganz gewiss, aber sie liegen auf dem Quarzsand und enthalten kein Sand mehr. Die feinen Tone in der Mandelslohegrube bei Tuttlingen gehören aber sicher dieser Zeit an.

Vom Beginn der brakischen Bildungen bis zum Beginn der obermiocänen Süsswasserbildungen (der Silvanakalke) erfolgte die Hauptzufuhr von Bildungsmaterial ins Ulmer Becken von Süden her, ins Messkircher und Tuttlinger Becken aber von Süden und Norden her. Die Ablagerungen der Messkircher Gegend unterscheiden sich auch von denen der Ulmer Gegend sehr. Die flachen Niederschläge der Kirchberger Gegend wurden in der Zeit, in der die Paludinenablagerung erfolgte, häufig von Flussläufen durchbrochen und ausgeweitet und so durch kreuzgeschichtete Sande erfüllt und verändert. Vor dem Delta dieser Flüsse schlugen sich in ruhigster Lagerung ungeschichtete Sande nieder (Paludinensande von Kirchberg), während die leichten Tonteilchen mit dem Strom nach Norden wanderten und am Hochsträss die Cardiumschichten bildeten.

In der gleichen Zeit scheinen die Juraplatten der Messkircher Gegend langsam gesunken, und als Folgen dementsprechende Bildungen erzeugt zu haben, in denen dann die Albzuflüsse Säugetierreste und Süsswassertiere zu den Brakwassergeschöpfen niederschlugen.

Zu Beginn der Dreissenzienniederschläge traten aber im ganzen Albgebiet neue, grossartige Bodenbewegungen auf, welche die heutigen im Mittelmeer übertrafen. Senkungen, von anhaltender Natur und Verschiebungen, daher neue Senkungen da und Erhebungen dort. Zerbrechen grösserer Platten in kleinere Platten, Mulden und Giebelbildungen veränderten wiederum die damalige Albhochfläche. Bei Ulm z. B. brach eine Mulde ein, so dass die früher über diese Kirchberger Strecke fliessenden Flüsse versumpften und auf dem Hochsträss veränderten sich ebenfalls die Höhenverhältnisse. Im Tuttlinger und Messkircher Gebiet, auch bei Sigmaringen traten ähnliche Erscheinungen auf, die alle mit der weitern Erhebung der Alpen zusammenhingen. Es scheint, als ob die aufsteigenden Alpen die ganze riesige Juraschol]e mit ihren untergelagerten Gesteinen immer mehr nach Norden gedrängt hätte, diese aber im Norden auf ein Hindernis gestossen wären (vielleicht setzten die Grundgebirge des Schwarzwaldes, Odenwaldes und Böhmerwaldes dem Ausweichen der Albscholle ein Hindernis entgegen), so dass die Nordwärtsbewegung aufgehalten wurde und sich die Alb auf ihrer Kammhöhe aufgebäumt hätte. Die Kammhöhe mag aber damals in der Linie Schaffhausen-Rottweil-Sulz-Stuttgart-Backnang-Crailsheim-Dinkelsbühl gelegen haben. Auf dieser Kammhöhe barst die Alb, der Kamm bildete einen dachartigen First, von dem aus mehrere Haupttafeln auseinanderfielen. Die nördliche Tafel (mit Stuttgart und Heilbronn) sank gegen Norden ab und zerfiel in kleinere Tafeln, die rascher vernichtet werden konnten, als die übrige Alb. Auf der Kammlinie der Hauptbruchfalte entstand später das Neckartal und dem Erdreich entströmte die Kohlensäure des heutigen Mofettengebietes des Neckars und der Eyachgegend.

Diese Nordalbtafel zerbrach in Schönbuch-, Filder-, Schurwald- und Welzheimerwaldplatten und im weiteren Norden in das obere Gäu, Strohgäu, Löwensteiner Berge, den Mainhardter und Murrhardter Wald und die Ellwanger Berge. Alle diese Tafeln konnten nun leichter verwittern und sind deshalb für die Alb längst verloren gegangen. Die Südwestecke der Alb wurde in die Höhe gehoben und von hier aus erfolgte ein ausstrahlendes Absenken der ganzen Alb gegen Süden, Südosten, Osten und Nordosten. Da wo sich heute rechts des Neckars der Lias und Braunjura ausdehnt, lag die damalige Firstbruchfläche, von welcher aus die Alb gegen Süden langsam aber stetig gegen die Alpen absank. Dabei entstanden viele Querrisse, von Norden gegen Süden streichend, oder vielmehr von Nordwesten gegen Südosten und die Tafeln dieser Querrisse sanken unmerklich so von einander ab, dass die gegen Nordosten liegenden Tafeln viel tiefer absanken als die gegen Südwesten liegenden. Daher kam es, dass die Alb schon damals sich ihrer heutigen Lage näherte, aus der man ein Absinken gegen zwei Richtungen merkt, nämlich gegen Süden einerseits und gegen Nordosten andererseits. Dabei entstand auch eine Donauspalte, aber die oberschwäbische Juraplatte stürzte nicht von den andern Albplatten in die Tiefe ab, sondern schmiegte sich dem allgemeinen Senken der ganzen Alb an. Die Alb zerfiel daher in jener Zeit in eine Randenplatte, in die Messkircher-, die Witthoh- und Lupfen-Platten, weiter in die grosse Dreifaltigkeitsplatte mit dem Heuberg. Neben ihr liegt die Platte des

Abbildung 97. **Ein Stück des Gesteinsspiegels im Ebinger Bühltal** nach einer Aufnahme des Herrn Gewerbebankdirektors Beck und dem Verfasser, welcher auf dem Bilde sichtbar ist und auf einen Spiegel, sowie auf eine Schollenverschiebung hindeutet. (Siehe auch Abb. 84, 91 und 94.)

Die Abbildung zeigt eine der vielen Verwerfungen, die in so vielen Albsteinbrüchen zu bemerken sind. (Siehe auch unten den Artikel: Zur Spaltentectonik der Alb.)

Unser Bild zeigt den Gesteinsspiegel der Betabänke in dem alten Sauterschen Steinbruch. Der Schliff ist in N. 17° O. geschliffen. Die Schubkritzen fallen hier ganz lokal mit 9° gegen N. ein. Man beobachtet dort noch weiter, dass das Gebirge auf einer nach West-Ost gerichteten Wandfläche, neben der Hauptspalte mit ihren Schliffen noch von vier parallelen Nebenspalten begleitet ist, an denen die Schichtenstösse je 15—20 cm tief gegen die Schubfläche absinken. (Nach Regelmann, Albvereins-Blätter 1909/50.)

Hardts, die Hohenzollern- und Ebinger-Platte, die selbst wieder in mindestens 120 kleinere Platten zersplittert ist und auf der die tektonischen Spalten leicht wahrgenommen werden und teilweise prachtvolle Schliffflächen tragen. Neben ihr liegt die Lauchertalplatte und die verschiedenen Platten des Teutschbuches und der grossen Lauter. An diese schliessen sich die Platten des Landgerichts an, des Münsinger Hardt, der Grabenstetter Insel mit den Platten der sog. rauhen Alb. Das Hochsträss ist eine eigene Plattc mit mehreren Plattenbrüchen, abgesunken von der Blaubeurer Platte. Die Bosler- und Fuchseckplatten sind völlige Inseln, wie diejenige des Messelsteins. Letztere drei Platten sind völlig zersplittert und durchlocht. Die verschiedenen Aalbuchplatten tragen Einbruchsfelder, wie das Steinheimer Becken, Wendtal u. s. w. und nun folgt ein ganz anderes Plattensystem, indem die Platten, welche das Brenztal begleiten, alle gegen Nördlingen mehr einfallen, als gegen das Härdtfeld, auf welchem eine solch kolossale Zertrümmerung stattfand, dass dessen Platten gar nicht mehr zu zählen sind. (Siehe Abb. 97 und Begleitworte dazu.)

In wie viele Einzelplatten dann noch der Untergrund Oberschwabens zerfiel, ist unsern Augen entgangen, langsam sank diese Platte gegen die Alpen ein. Lange Zeiten hindurch, sowohl beim Aufsteigen der Alpen als beim nachherigen langsamen Zurücksinken, drückte die riesige schwere Alpenkette auf die Alb-Platten und schob sie immer mehr gegen Norden, so dass die Alb wahrscheinlich um einen halben Breitegrad verschoben wurde, zusammengepresst und in die Höhe aufgebäumt zwischen den Urgebirgsstöcken des granitischen Untergrundes.

Ob alle heutigen Täler der Alb schon jener Zeit ihren Ursprung verdankten, ist kaum anzunehmen, die Donauzuflüsse wenigstens, wie wir sie heute kennen, gruben ihr Bett erst später, entstanden aber auf den Tafelrissen der schwäbischen Alb.

Die Einbruchsflächen des Hegaues, Riesses und des Steinheimer Beckens existierten damals noch nicht, diese Veränderungen gehören der Obermiocänzeit an, auch die weitere Erhebung der Alb gehört dem Obermiocän an.

Doch wollen wir uns jetzt wieder den Ablagerungen zuwenden. Quarzsand verrät uns Meeresbildung, selbst wenn Petrefakten fehlen. Tone und Mergel entstanden dem Brakwasser, ebenso feine Sande. Und nun die Einschlüsse: zweifelhafte Stellen verraten sofort ihre Herkunft, wenn wir in ihnen Haifischzähne. Austern, Pekten, Cardinien und Dreissenzien finden. Die ältere Bildung liegt unten, die jüngere oben: oben aber liegt Brakwasserbildung.

Beginnen wir nun mit den marinen Ablagerungen der Ulmer Gegend.

36. **Meeresmolasse.**

XXIX. **Profil der Meeresmolasse von Ulm und der Brenzgegend.**

Gelbgrüne Mergel. Flugsand des Marins am Steilabfall der Alb.

Molasse.
- Grimmelfingen Grauppensand (umgelagerte, ausgewaschene Meeresmolasse, Quarzsand, quergeschichtet.
- Sande mit Quarzkörnern von Rammingen, Niederstotzingen, Dischingen.

Molasse.	Muschelsandsteine von Giengen a. Brenz, Dischingen, Niederstotzingen. Sand und Schieferbildung mit Bryocoën. Quarzgerölle, bunte Fettquarzgerölle der Blaubeurer Alb.
	Erminger Turritellenplatte. Kalkbänke von Sandschichten durch Letten getrennt. In den Kalkbänken Austern, Turritellen, Haifischzähne u. s. w.
	Juranagelfluhgerölle, Kugelsteine: Schalkstetten, Stubersheim. (Gerölle vom oberen Weissjura.)

XXX. **Profil der Meeresmolasse bei Mengen.**

Lockere Sande, ohne Verbindung, wie die Grimmelfinger, mit grobem und feinem Quarzkorn. Strömungsablagerung.

Muschelsandstein.

Byocoënschichten; Liegendes der Muschelsandsteine.

Juranagelfluh.

Crepidostomaschichten oder W. J. ε oder ζ.

XXXI. **Profil der Meeresmolasse bei Sigmaringen. Fürstenhöhe.**

20 cm.	Tertiäre Quarzgerölle, Juragerölle, alpine Rheingletschergerölle. Süsswassergerölle des Silvanakalks. Gerölle von rotem Bohnerzkalkstein. Juranagelfluh, die durch Pholaden zerfressen ist.
2 m.	Feiner, gelber, lehminger Sand. Hie und da eine Juranagelfluh darin.
ca. 0,3 bis 0,5 m.	Fetter, gelber, grauer und humusartiger Boden, mit Geröllen darin, die aus Weissjura stammen, aber alle sind mit Moorsäure schwarz gefärbt.
1 bis 2 m.	Feiner, gelber, lehminger Sand, darin viel lose Nagelfluhgerölle. (Juranagelfluh: Weiss Jura ε roter und grauer Marmor: Kugelstein.) Nirgends eine Verkittung wahrnehmbar.
? m 0,50 ? m	Gelber, fetter Sand, aus Quarzkörnern bestehend. Selten eine Juranagelfluh darin.

Weiss Jura Zetaplatten oder Roteisenkalkstein des untern Süsswasserkalkes.	Gelber Zetaletten.	Weiss Jura ζ'-Felsen.

XXXII. **Profil: Meeres- und Brakwassermolasse bei Winterlingen.** (Winterl. Ort und Pumpstation.)

Ackerland und Wald.		Gelbgrüne und rote Mergel, Süsswasserablagerung.	Torfmoor. Wiesen. Ackerland. Gerölle von Jura- und Süsswassermolasse.
10 bis ? m. Meeresmolasse.	0,1 bis ? m	Rauhe, kalkige Mergelbänke, nur sehr seltenaufgeschlossen. Darin Gerölle mit Pholadenlöchern.	Fette, graue Lette mit unbestimmbaren Kohlenresten.
	0,3—0,8 m	Obere Juranagelfluh mit Bohnerz.	
	4—7 m	Citharellenschichten, Meeresmolasse. (Strandbildung von Muscheltrümmern und Quarzkörnern.)	Fette, blaugraue Lette. Kohlenschmitzen.
	0,3—0,5 m	Untere Juranagelfluh, in gelbem, sandigem Lehm lagernd: viele Kugeln, darunter auch Platten und Blöcke aus ε und ξ, welche verfressen sind von Pholaden.	Fette, schwarze, humusartige Lette mit unterer (?) Juranagelfluh darin; diese Juranagelfluh ist durch Humussäure geschwärzt, mit einem Manganüberzug bedeckt.
		Weiss Jura ε und ξ. (Westliche und nördliche Lagerung.)	Spuren v. Meeresmolasse oder W. J. ε u. ξ'. (Südliche Anlagerung, Bucht bildend.)
		Ablagerung unter der Ortschaft Winterlingen, höher als die Brakwasserlagerung.	Ablagerung in der Pumpstationsmulde, neben, aber um ca. 20 m tiefer als die Meeresablagerung.

XXXII. Profil der Meeresmolasse bei Kaiseringen-Winterlingen

im Gewande »Weiden« und »Lehmgruben«.

0,1 bis 0,3 m.	Gerölle und Nagelfluh, Silvanakalk-Mergel, Epsilon-Marmor, Kiesel.
5 m.	Gelber, lehmiger Sand mit Kugelsteinen, in den obern Lagen sind die Nagelfluhkugeln grösser als in den untern Lagen, oft so gross und grösser als eine Bettflasche und wird oft auch dazu benützt von den Bauern. Feuerfester Lehm.
1 m.	Juranagelfluhgerölle ohne Lehm, mit etwas gelbem Sand. „ wie fest gestampft, nicht verkittet. Feuerfester Sand.
	Weiss Jura Zetaplatten, gross und dick, aufgerissen, aufgerichtet, mit Letten und Lehm und Bohnerz darin.
	W. J. ε.

XXXIII. Profil der Meeresmolasse und obern Süsswassermolasse bei Harthausen a. Scheer.

Humus W. J. ε- und ξ-Schotter, Geröll aus Bohnerz, Nagelfluh und Süsswassermergel.

ca. 5 m tiefe	Obere Süsswassermolasse	0,5 m	Albstein, rot- und gelbscheckige Mergelbank mit zerdrückten Helix sylvana.
		0,1 b. 0,3 m	Blaue Mergelbänke, dünn, von weisser und grauer oder grünlicher Färbung, leicht verwitternd.
	Meeresmolass.	4 bis 4,5 m	Strandbildung. Muschelsandstein, als Litharellensandstein ausgebildet, mit schwarzem und rotem Quarz, weisser Quarz selten.
		? m 0,5 m	Juranagelfluh in gelber, sandiger Lette lagernd. Meist angebohrt durch zwei Bohrmuschelarten.

Weiss Jura ξ'-Felsen, die mit Pholadenlöchern angebohrt sind.

XXXIV. Profil: Höhleneinlagerung: Hohlerfelsen Bitz.

Diluvialschuttkies. Schwarze Erde. Diluvialtierreste.

Meeresmolasse	0,4 bis 0,8 m.	Fetter, gelber Höhlenlehm, da und dort in eine feste Kalkmasse (Stalagmitendecke) übergehend. Zu unterst: Knochen diluvialer Tiere in losem Sand grauer Farbe.
		Bunter, harter Sandstein: Eisensandstein von brauner, rotbrauner und grauer, selten weisser Farbe, getigert. Darin Juranagelfluhkugeln zu unterst, verbohrt und angefressen.

Unterer Süsswasserkalk: roter Bohnerzkalkstein, Bohnerz u. Kalkspatdecke.

0,5 m Kalkspatdecke des Höhlenbodens.

W. J. ε'.

XXXV. Profil: Marine- und obere Süsswassermolasse von Frohnstetten.

Decke: Diluvialschutt, Schlagkies, Löss, Geröll und Geschiebe, Tertiär und Weissjura.

Oberes Miocän. Obere Süsswassermolasse, 5—8 m tief, selten geöffnet z. B. im Ort.	Albstein: roter, fester, eisenschüssiger Kalkstein mit schwarzen Bändern, sehr selten.
	Bunte Mergel: gelb- und rotscheckig mit zerdrückten, sehr selten vorkomm. Hel.sylvana.
2 m selten aufgeschlossen.	Meeresmolasse-Sandstein: Citharellen-Schichte. Strandbildung.
0,01—0,05 m.	Juranagelfluh: (sog. Kugelgesteine) in gelbem lettigem Sand.
Weiss Jura ε.	Oder untere Süsswassermolasse, die aber wohl fehlt.
	Oligocäne Bohnerzlager.
	Eocäne Bohnerzlager.
	Weiss Jura ε oder ζ und ζ'.

Wir ersehen, dass die letzten Profile alle aus einer Gegend stammen, von der Ebinger Alb. Aber man sieht weiter, wie verschiedenartig die Ablagerungen auf dem so engen Gebiet sind. Austerntrümmer kommen in den Citharellenschichten in der ganzen Ebinger Gegend vor, allein ganze Austern fehlen, es sind eben Bruchstücke. Der Citharellensandstein besteht ganz aus Muscheltrümmern und die schwarzen Quarze in ihm wurden schon oft als Haifischzähne angesprochen. Die Haifischzahngruben bei Winterlingen sind seit 20 Jahren nicht mehr geöffnet.

Bei Tuttlingen stehen diese Schichten übrigens auch noch an und zwar am Witthoh (Württemberger Hof, Aichhalderhof, Ehrenberg u. s. w.) Am auffallendsten ist dort die Juranagelfluh, die teilweise verkittet ist, während in der Ebinger Gegend die Verkittung fehlt. Auch die dunkeln Letten der Brakwassermolasse sind dort aufgeschlossen.

Die tertiäre Juranagelfluh ist sicher immer Strandbildung, liegt auf der Alb meist, ja schier immer, auf Bohnerzlehm oder Bohnerzkalksinterstein und besteht aus Weissjuramarmor-Kugeln. Marmor, der unserem ε gleicht, aber, was die Farben verraten, wohl jünger sein dürfte. Oft ist diese Nagelfluh von Pholadenlöchern angebohrt, wenn sie unter dem Muschelsandstein liegt. In der Ebinger Gegend bemerkt man hie und da zwei Nagelfluhlager, eines beim Kommen, das andere beim Gehen des Meeres. Sie mögen uralten Albflüssen entstammen, die ihre Gewässer dem Tertiärmeer zusandten. Diese Gerölle decken die halbe Alb. Manchmal sind sie aber auch in der diluvialen Decke enthalten und sind dann wohl durch Gletscher verfrachtet worden, gemengt mit Geröllen des Süsswassertertiärs und bei Sigmaringen-Fürstenhöhe noch mit Rheingletschergeröll. Der Rheingletscher überschritt also bei Gutenstein die Donau und bei Unterschmeien sogar noch die Schmicha. Natürlich fehlen auch die Fettquarze nicht, die doch wohl zum Tertiär gehören, soweit sie nicht dem Schwarzwald-Buntsandstein oder dem plaistocänen Donaudeckenschotter entstammen.

Abbildung 98. **Gipfel des Honbergs bei Tuttlingen.**

Der Gipfel besteht aus Weissjura-Delta. In seinen Felsen-Spalten sind hie und da mittelmiocäne Ablagerungen eingesprengt, Meeresmolasse und Nagelfluhgerölle der Meeresmolasse.

Eigentümlich ist, dass die Winterlinger Citharellenschichten auch am Randen beim Zollhaus vorkommen, wo übrigens auch echte Strudelkalke abgelagert sind. Wir haben also für sie eine grosse Linie: Randen-Witthoh-Bitz-Harthausen-Münsiger Hardt-Stubersheim-Steinheim-Neresheim-Dischingen.

Die Citharellenschichten, die man in der Bodenseegegend findet, ziehen sich also bei Harthausen mitten auf die Albhochfläche herauf, so dass sie schier den Nordweststeilabfall der Alb erreichen. Da die mehr nordwestlich liegenden obern Weissjuraglieder meist abgetragen sind, so weiss man nicht, ob die Molassezeit die ganze Alb mit Meer bedeckt sah, was aber sehr möglich ist.

Die Erminger Turritellenplatte tritt als Kalkbänke und Sandschichten auch in der Zwiefalter Gegend auf, ist aber nur in der Ulmer Gegend schön ausgebildet. Die Bryozoënschichten gehören eigentlich nicht mehr auf die Alb, nur liegt Ursendorf bei Mengen nicht weit abseits von der Alb.

Der Muschelsandstein wird auf der Alb durch die Citharellenschichten vertreten, sowie durch die marinen Sande, die am Austritt der Albtäler ins Donautal auf den Bergesgipfeln abgelagert sind. Funde von Niederstotzingen, Giengen a. Brenz und Dischingen gehören auch hierher.

Auffallend ist, dass die Ebinger Gegend, obwohl sie von Oberschwaben ziemlich weit entfernt ist, so reiche Tertiärablagerungen aufweisst, dass wir in ihnen Unter- bis Obermiocän erforschen und beschreiben können. Da die dortigen Citharellenschichten Uferbildungen sind, so haben wir in ihnen zugleich Marin- und Brakwasserbildung.

Ausgesprochene Brakwasserbildung liegt auch im Winterlinger Pumpstationsbecken, ebenso bei Tuttlingen (Kesselloch bei Tuttlingen), doch kommen wir darauf im nächsten Abschnitt zurück.

Petrefakten der Meeresmolasse.

Ostrea Giengensis	20—80 ₰	Pholas Dujardini, Locher	
„ crassissima	20—80 „	Handstücke	100 ₰
Pecten palmatus	40—60 „	Turritella turris . . , . .	20—60 „
„ burdigalensis . . .	60—80 „	Handstücke	100—500 „
Cardita crassicosta	80—100 „	Melanopsis cytharella-Stücke	50—100 „
Cardium commune	20—60 „	Zähne von Haifischen . .	20—100 „
Handstücke mit mehr als einem Stück 1 ℳ.		von 4—5 Arten u. s. w.	

Sande, Letten, Muschelplatten u. s. w., je nachdem sie von mehr oder weniger Fundplätzen gewünscht werden, von 5—25 Mark.

Schulsammlungen: Petrefakten und Mineralien: 30 50 Stück.
10 20 Mark.

Schöne, runde Juranagelfluhkugeln zu Einfassungen in Gärten u. s. w. per Kgr. 20 Pfennig, in Kisten versandbar, sie liegen wie weisse Rieseneier im Grase der Gartenanlagen.

37. Brakwassermolasse.

Mit der Beschreibung dieser Bildungen können wir uns kurz fassen, da wir sie schon unter 36. mitbeschrieben und zwar bei den Vorkommen von Winterlingen. Ebenso könnten wir noch die Citharellenschichten zu den Brakwasserschichten rechnen, da sie im brakischen Seewasser gebildet wurden, allein das Aussehen unterscheidet doch beide Bildungen sehr von einander, denn die Citharellenschichten sind Muscheltrümmersandstein, die Brakwasserbildungen feine, zarte, dunkle Tone.

Echte Brakwasserbildungen stellen Niederschläge des zurückweichenden Meeres vor und je mehr die Versüssung Fortschritte machte, desto feiner wurde der Schlamm, wenn die Ablagerung in geschützten Buchten vor sich ging, wie bei Winterlingen und z. B. auch bei Tuttlingen.

Hie und da wechsellagern die Brakwasserbildungen mit den Marinbildungen, wie wir es bei Winterlingen sehen können. Während der Mittelmiocänzeit mit ihrer Brakwasserbildung wurden die Alpen eben noch immer weiter gehoben und der Schub der Juratafeln in Oberschwaben gegen Norden nahm noch zu, so dass die Alb sich gegen Norden mehr emportürmte und das Molassemeer abziehen musste. So lag es blos noch in Niederungen, allmählig austrocknend, versüssend.

Abbildung 99. **Schloss Bronnen im Donautal,** wie es heute aussieht. Das Schloss (vergleichen wir auch Abbildung 2 damit) liegt auf Felsen des mittlern Juras. Von seinem obersten Turmfenstern sehen wir, gegen Süden den Blick gerichtet, in die Meeres- und Brackwassermolasse der Messkircher Gegend hinein. In den Spalten der Felsen liegen miocäne Bohnerztone.

Die Bildungen des Brakwassers bestehen aus feinem zartem Ton, Mergel oder Sand. Der Sand ist viel feiner als in den echten Molasse-Meerablagerungen und daher bildet der Citharellensandstein mit dem Juranagelfluhsand den Uebergang. In der Illergegend und bei Günzburg erreichten die echten Brakwasserniederschläge ihre Hauptentwickelung. Dort tritt auch der Sand als ein ganz feiner »Paludinen-Sand« auf, in dem viele Paludina varicosa liegen. Sonst noch kommt Paludina auf der Alb selten genug vor: In Heudorf-Messkirch und zwar im dortigen Bohnerz, ferner am Landauhof bei Riedlingen wurde sie sehr selten gefunden, aber nicht bei Winterlingen.

Ueber der Brakwasserbildung folgt bei Ebingen Diluvium, oder obere Süsswassermolasse, Sylvanakalk. Bei Altheim-

Ehingen ebenso, sowie an andern Plätzen. Am Hochsträss ist es am stärksten entwickelt und da das Hochsträss noch zur Alb gehört, müssen wir seine Bildungen beschreiben, diejenigen von Kirchberg aber nur streifen.

Am Landgericht bei Ehingen ist es in ca. 2 m Mächtigkeit vertreten und bei Langenenslingen ca. 3 m.

Wenn wir im Zweifel sind, ob wir brakische oder Süsswasser-Bildungen vor uns haben, so sehen wir uns nach Petrefakten um. An einzelnen Stellen sind sie zahlreich und da ist gut urteilen, wo sie aber, wie bei Winterlingen und Tuttlingen, fehlen, ist die Eingliederung ins System sehr schwierig. Wo wir Cardium und Dreissensia finden, haben wir echte Brakwasserbildungen vor uns und auch gewisse Fischarten leiten, aber diese treten auf der Alb nirgends auf, denn die berühmten Kirchberger Fischlager gehören nicht mehr der Alb an. Wir haben eben Lokal-Niederschläge und daher auch Lokalfaunen. So haben wir bei Winterlingen einen feinen Ton von grauer Farbe, der dem blauen Fischton (Häring, Clupea) sehr ähnelt, aber Petrefakten fehlen ihm. Cardiumplatten kommen am Hochsträss vor, bei Winterlingen aber schon im Muscheltrümmersandstein mit den Citharellen.

XXXVI. **Profil: Brakwassermolasse bei Kirchberg.**

Obermiocäne Sylvana- und Bythiniaschichten.

Oberste Brakwasser Bildung.	Mergeliger Kalkstein und Tonlager der Hydrobienschichten. oder obere Cardienschichten.
Obere.	Häringfischschichten: Tone, Steinplattenbänke, Mergel, oder feiner, grünlicher, scheingeschichter, leerer Sand, oder Paludinenschichten: Sandsteine und Kalkbänke.
Mittel.	Dreissensienschichten: entweder rotes Sand- und Schalenconglomerat, mehrere m dick, oder Sandschichten mit Dreissensien oder Häringschichten mit Cardium sociale, Dreissensia, nur 1 m dick.
Untere.	Kreuzgeschichteter Fluss-Sand, südlicher Flussläufe, (fein, glimmerreich, Scheinschichtung).

Wahrscheinlich Meeresmolasse oder unterer Süsswasserkalk.

XXXVII. **Profil vom Hochsträss: Brakwassermolasse.**

Obermiocäne Bythinienschichten.

Ober.	Hydrobienschichten mit Hydrobia semiconvexa, Paludinia. Schwarze kohlenhaltige Tone mit Kalkmauern. Sandige, grüne Tone und Sandschichten.
Mittel.	Obere Dreissensienschichte: grauer, glimmriger Sandstein, eisenschüssig. Haupt-Dreissensienschichte mit Dr. amygdaloides: Ton und Tonmergelschichten.

Unter-Brakwasser Schichten.	Obere Cardiumschichte: eisenschüssiger, glimmerreicher Sand. Untere Cardiumschichte: Tone, Sande, Sandsteinplatten und Cardium sociale.
	Marine-Molasse.

XXXVIII. **Profil: Brakwassermolasse.**

Tuttlingen: Kesselgrube ob Vorstadtbahnhof, beim Marmorbruch W. J. δ' und δ.

Nach Mandelsloh 1833: geogn. Prof. der schwäbischen Alp.

	ca. 3 m	Decke von Juratrümmergestein, in Bohnerzton liegend.
Brakwassermolasse.	Obere ca. 4 m.	Bläulichweiser und grauer und brauner Ton, wechselnd, nach unten schwarz werdend.
	Mittlere ca. 10 m.	Tonlager, ganz schwarz mit verkohltem Holz darin. Das Holz bituminös: 40—50% Ton, sonst Holzkohlen. Brauner Ton mit Kohlenschmitzen, mit Knauern von kreideartigem Kalk, wechselnd mit gelbem Ton.
	Untere ca. 2 m.	Ton, grauer mit erdiger Braunkohle. Bohnerze in Linsen auftretend, zwischem braunem und gelbem Ton.
Meeresmolassesandstein, oberer und mittlerer.		Loser Sandstein, grünlich nnd grau, mit wenig Kalk verkittet, aus Sand wie die Molasse.
		Conglomerat von Quarzgeröllen, Kalksteine mit sandigem Bindemittel.
Meeresmolasse: Juranagelfluh.		Conglomerat von scharfkantigen und runden Jurageschieben und Juraschutt mit Dolomitsandbindemittel. Juranagelfluh.
		Weiss-Jura ε und δ.

Die Aufschlüsse im Profil der Kesselgrube, die aber heute ganz mit Bäumen verwachsen, einer alten Bohnerzgrube gleicht, ähneln etwas dem Brakwasserniederschlag bei Winterlingen. (Siehe vorheriger Artikel.)

Petrefakten der Brakwassermolasse: Hochsträss.

Dreissensia amygdaloides	40—100 ₰	In Handstücken mit mehreren Exemplaren verhältnismässig mehr, aber nicht unter 2 Mark das Stück.
„ clavaeformis	60—100 „	
Cardium sociale	40—80 „	
„ friabile	60—100 „	
Unio Escheri	80—150 „	
Bythinia gracilis	80—100 „	

Helix inflexa und osculina	40—100 „	Melania Escheri	100—150 ₰
Hydrobia semiconvexa	40—80 „	Planorbis cornu	40—60 „
Limnaeus dilatatus	40—80 „	Pupa quadridentata	40—60 „

Formationsproben von Winterlingen 5—10 Mk., vom Hochsträss 5—10 Mk., von Bitz-Tailfingen 3—5 Mk.

Das Obermiocän und seine Zeit. Oberer Süsswasserkalk.

Da der obere Süsswasserkalk zu einer Zeit abgelagert wurde, in der die ganze Alb wieder Festland war, das Meer die Alb also verlassen hatte, so sind die Ablagerungen ziemlich reichlich vertreten, also nicht zu übersehen. Er wird aber auch nach seiner Hauptleitmuschel: Sylvanakalk genannt. Da die Alb in der Hauptmiocänzeit grosse Veränderungen erlitt, sind auch die Niederschläge sehr verschiedenartig, dass wir lokale Beschreibungen brauchen, um klare Bilder zu erhalten. In dieser Zeit wurde die Alb von Schweizer- und Frankenjura getrennt und zwar durch die beiden grossen Einbruchsfelder Hegau und Ries. Das Mofettengebiet am Neckar scheint in dieser Zeit auch vergrössert und seine Tätigkeit vermehrt worden zu sein und die Durchschlagkraft unterirdischer Gase durchschlug bei Urach-Münsingen-Reutlingen u. s. w. den mittleren Teil der Alb in vielen Vulkanröhren, in denen sich nachher Maare bildeten. Diese Embriovulkane sind in unsern Turen berücksichtigt worden.

In der ganzen Obermiocänzeit muss der Albrand und Oberschwaben grosse ausgesüsste Brakwasserbuchten gehabt haben, zahllose Süsswasser-Seen und Tümpel, die, soweit sie in der Nähe der Alb oder auf ihrem Südabhang lagen, ihre Hauptzuflüsse blos von der Alb her haben konnten. Die Albflüsse dieser Becken richteten sich gegen Osten und Nordosten und ihnen folgten dann später die Süsswasserflüsse. Solche Seen lagen am ganzen Südabhang der Alb verteilt und die Kalktuffablagerungen verraten ihr ehmaliges Bestehen. Ob diese Seen miteinander zusammenhingen? Einzelne dürften Zusammenhang besessen haben, andere nicht. Der Zusammenhang bestand dann durch die spätmiocänen Flussläufe der damaligen Zeit. Die Messkircher-, Langen-nslinger-, Winterlinger-, Hardt- und Teutschbuchbecken dürften miteinander und mit dem Landgericht und Hochsträssbecken verbunden gewesen sein, während das Ulmer Becken für sich bestand, denn die Gegend von Ober- und Unterkirchberg war durch grosse Ueberschwemmungen ein seichtes Sumpfland, ohne Zusammenhang mit den andern Becken. Es erhielt seine Hauptzufuhr von Niederschlägen aus dem sich hebenden Oberschwaben, das rasch sehr waldreich geworden war. Oberschwaben gab gleich einen Teil seiner kaum erst abgelagerten Meeresprodukte und Sedimente ab: Geröll, Sand und Letten und mischte sie mit Pflanzenteilen und Kalk der Alb.

Gegen den Anfang der Obermiocänzeit begann die zweite Periode der Hauptalpenerhebung, welche diesem Kettengebirge seine damaligen riesigen Höhen gab, denn es muss weit höher als heute gewesen sein, da es seither wieder langsam in sich zusammensank. In den späteren Perioden wurde es nicht blos erodiert, sondern sank durch seine riesige Schwere in sich selbst zusammen, auf die anstossenden Sedimentstücke drückend, welche in seiner Nähe lagen. So wurde auch die Juratafel wieder neu bewegt, wieder neu nach Norden geschoben und aufgebäumt. Die Grundgebirge des Schwarzwalds, Odenwalds, Böhmerwalds u. s. w. stemmten sich sicher gegen diesen Druck und so musste sich die schon zertrümmerte Juratafel an einzelnen Stellen überschieben, an andern Stellen einsenken, reissen und bersten. Wo mehrere Bruchlinienzentren auftraten, erfolgten Vulkanausbrüche, sanken Riesenstollen in die Tiefe, wie im Hegau, oder wurden andere Schollen, wie das Ries, gehoben und über ihre Umgebung hergeschoben. Auch das Steinheimer Becken wurde in dieser Zeit gebildet, als ein emporgeschlagenes Stück Erde, welches sich über seine Umgebung erhob, so dass wir heute braunen Jura in Weissem stecken haben. In diesem Becken sammelten sich die Tagwasser zu Seen an und entstanden in ihnen glutheisse Termen. Wo weitere Erdrisse die Schichtung der Alb störten und die Risse Grundwasser öffneten, entstanden unter Hinzutritt heisser Gase Termen und diese wieder erzeugten die Strudelmaare der Alb bei Laichingen u. s. w.

Die Veränderungen der damaligen Zeit müssen gigantisch gewesen sein, denn im Hegau und am Kaiserstuhl entstanden auf solchen eingebrochenen Centralbruchschollen phonolithische und basaltische Vulkane. Auch am Randen sprudelten heisse Termen, welche feuerroten Termenmarmor niederschlugen. Die Vulkane des Hegaus warfen ihre Asche in die Oeninger Süsswasserschichten und unsere Albvulkanmaare enthalten obermiocäne Petrefakten, auch die Faunen von Steinheim und dem Ries stammen aus dem Obermiocän.

In diese Zeit fällt aber auch die Bildung der Donauspalte von Donaueschingen bis Regensburg, nur sank die oberschwäbische Albtafel nicht ab, wie wir aus dem Schichtengefäll des obern Donautales und den Beweisen des Herrn C. Regelmann ersehen können (C. Regelmann: Zur Tektonik der schwäbischen Alb: Albvereinsbl. 1909/179), sondern wurde nur zertrümmert. Im ganzen obern Donautal, wo nur die Donau das Weissjuragebilde durchschneidet, sehen wir die Zerstörungen, Risse und Spalten und dachförmige Erhebungen und Verschiebungen, so an den Bahnhöfen: Vorstadt Tuttlingen, Fridingen, ferner bei Beuron, zwischen Mühlheim und Fridingen. Ja wo bei Fridingen, Mühlheim (Lippachtal), Tuttlingen, Möhringen u. s. w. die Donau ihr Wasser an den Rhein verliert, sind es überall tektonische Spalten, die wohl in jener Zeit entstanden sein werden. Auch die Donauseitentäler sind nichts als Querrisse dieser Längsspalten und können deutlich im Lippach-, Beera- und Schmichatal verfolgt werden. Auch die Lauchert und Lauter zeigt solche Veränderungen in ihrem Lauf. Bei Messkirch, nördlich, sind in romantischen Nebentälern des Andelsbaches ebenfalls diese Verwerfungen in weissem Jura nachweisbar und streichen die Risse alle gegen die Alpenkette zu.

Diesen Zerreissungen entsprach ja auch die ganze Aufbäumung der Alb gegen ihren heutigen Steilabfall und da wo die höchste Erhöhung der Aufbäumung sich bildete, barsten auch oft die Tafeln und bildeten so neue Tafeln und neue Talrinnsale für die atmosphärischen Niederschläge. So mag z. B. das obere (heutige) Eyachtal und das obere Schmichatal entstanden sein, während das ältere Tal von Ebingen über Balingen nach Horb zog, auf welcher Linie noch damals überall die Weissjura-Tafeln auf dem untern Jura und Keuper lagerten. So zerbrach bei Ebingen die Schlossfelsentafel an der alten Bitzersteige und die Raidentafel (wie in den Betasteinbrüchen wahrzunehmen ist) in viele einzelne Schollen und ist die Bewegung der Stossrichtung, wie Herr Regelmann nachwies, von Süden, von den Alpen ausgegangen. Bei Tailfingen dagegen rieben sich zwei Schollen so energisch aneinander, dass sie sich auf der Reibefläche dachförmig aufbäumten (Neuweiler bei Tailfingen), wie auch das obere Killertal mehrere solche Verschiebungen und Aufbäumungen aufweist.

Abbildung 100. **Der Bussen im Jahre 1633** auf obermiocäner Süsswassermolasse. Auf der Abbildung erblicken wir den Bussen, wie er unmittelbar nach der Nacht des 14./15. Dez. 1633 aussah, als er von den Schweden und Württembergern niedergebrannt wurde. Er stellte eine gewaltige Festung dar, die ganz Oberschwaben beherrschte, als wichtigster Stützpunkt habsburgischer Macht in Süddeutschland. Schon damals war die Kirche Wallfahrtsort und für sich besonders befestigt, so dass der Berg drei einzelne Festungswerke trug. Der aus Süsswasserkalk der obern Miocänformation gebildete Gipfel trug natürliche Gräben, die das Bild zeigt. Von diesem Gipfel überblickt der Naturfreund bereits ganz Oberschwaben, fast 500 Ortschaften, Weiler und Höfe mit dem Federsee. Besitzer des Berges ist der Fürst v. Taxis.

Am Fusse des Berges liegt Meeresmolasse und Brakwassermolasse, an einzelnen Stellen war auch schon untere Süsswassermolasse zu Tage getreten.

Ob diese Schollenverschiebungen, Auftürmungen u. s. w. da und dort im heutigen Albgebiet nicht sehr die Bodendurchlässigkeit begünstigten? Wo solche Verschiebungen sich kreuzen, oder ein Tal durchqueren, können hervorquellende Quelltöpfe beobachtet werden, so dass wir diese Quelltöpfe mit den tektonischen Spalten in Verbindung bringen müssen. Verborgene Risse und Spalten sind oft durch Einbrüche und Trichter gekennzeichnet, die nach den Quelltöpfen führen, wie wir es bestimmt bei einigen Quelltöpfen des Schmichatales, beim Blau- und Brenztopf beobachten können. Diese Einbrüche deuten einmal auf Auslaugung ohne Spaltenbildung hin, das anderemal können aber auch tektonische Spalten die Ursache der Höhlenbildung sein und zu Oberflächeneinstürzen führen. Auch das Tal zwischen Bitz und Winterlingen wurde auf solche Weise gebildet und bildete den obern Seitenteil des Scheeratales, die in ihm versickernden Wasser treten erst im Lauchertal als Quelltöpfe zu Tage.

38. Sylvanakalk des Obermiocäns.

Wir haben einmal reinen Kalk vor uns, das anderemal aber Pisolit oder Mergel. Da dieser Kalk jünger ist als der Rugulosakalk so ist er auch weicher und bildet oft Kreidegruben, selten aber, z. B. bei Engelswies und Langenenslingen, auch brauchbare Bausteine. Haben wir wie bei Harthausen und Stetten a. k. M. und im Hardt Mergel vor uns, so sind diese gewöhnlich bunt, gelb und rot, seltener auch braun und dann gewöhnlich mit Bohnerz gemischt. Haben wir feine Sande, wie in der Sandgrube Ebingen-Messstetterberg, oder Hardt bei Werenwag, so sind diese weiss, gelb, grau und gleichen den Brakwassersanden sehr. Da in diesen Sanden oft zapfenartige Zusammensetzungen vorkommen, so gab man ihnen den Namen Zapfensande. Je höher wir vom Donaurand aus die sich erhebende Albjuratafel ersteigen, desto niederer werden die Lager, keilen also gegen Norden aus. Ob das blos auf Abtragung zurückzuführen ist, oder auf die langsame Erhebung der Albtafel in der Zeit ihrer Bildung? Es dürfte beides zusammengewirkt haben. Die Auskeilung steht in ungefährem Zusammenhang mit dem Senken der Juratafel, so viel als die Juratafel etwa sinkt, so viel erhebt sich der Silvanakalk. In der Riedlinger Gegend schwillt dieser Kalk auf 1 Km Entfernung volle 10 m gegen Süden an. Z. B. bei Hayingen (siehe die Lautertal-Tur), Baininger und Upflamör verschwinden die Schichten, die beim »Landgericht« 86 m Höhe erreichen und am Teutschbuch 109 m, am Bussen sogar 165 m. (Siehe Abb. 100.) In der Ebinger Gegend schrumpfen sie auf einige Meter zusammen und werden daher leicht übersehen.

Was die Grenze nach unten anbelangt, so ist sie nur hier und da festzustellen, an andern Plätzen nicht. In der Messkircher Gegend liegen die Schichten einmal auf Brakwasser, dann wieder auf Marin oder auf Weissjura ε und ζ auf. Auf dem Hardt liegen sie auf eocänen und spätern Bohnerzen. Bei Ebingen liegen sie als »Sande« (Sandgrube Ebingen - Messstetter Berg) in ε-Mulden auf Zeta, dagegen bei Stetten a. k. M., Frohnstetten und Glashütten, Schwenningen i. B. und Nusplingen bei Stetten auf Bohnerzlagerstätten, Marin und Jura, hie und da, z. B. bei Glashütten lagern sie als rote Mergel direkt auf Juranagelfluh, unter der noch Molasse zum Vorschein kam, so dass diese Juranagelfluh als brakische bezeichnet werden könnte. Bei Harthausen am Reservoir liegt dieser Kalk, als gelber und roter Mergel, auf den Meeresniederschlägen (Siehe Profil der dortigen Meeresmolasse.) Bei den Schieferplattenbrüchen von Nusplingen liegen ähnliche Mergelbänke, in denen aber die Petrefakten fehlen, so dass wir sie, samt den feinen Sanden, nur mit Vorbehalt hier unterbringen können.

In der ganzen Zwiefalter Gegend (Teutschbuch, Mörsingen) liegt der Kalk auf Weiss-Jura ε und ξ und am Bussen auf Brakwasser- und Meeresmolasse. In der Ulmer Gegend und bei Ehingen lagern sie nur selten, auf dem Hochsträss nie anders als auf Brakwassermolasse auf. Bei Kirchberg an der Iller ist es ebenso und bei Giengen a. Brenz lagern sie wieder auf ε auf. Am Michelberg bei Dischingen auf Meeresmolasse. Wir können so die Ablagerungen des Obermiocäns in Form von Rugulosakalken auf der ganzen Südseite der Alb konstatieren und im nächsten Abschnitt noch weitere Stellen der Alb dazu beschreiben.

Was die Profile anbelangt, so haben wir schon unter Marinbildungen solche gegeben und verweisen auf die Ebinger Gegenden, sowie auf die obige Beschreibung der Grenzen, doch lassen wir noch weitere Profile folgen.

XXXIX. **Profil: Hochsträss, von verschiedenen Stellen.** Nach Miller.

Diluviallehm, Diluvialgeröll, Humus.

Ober. Sylvanakalk.	8,6 m	Kohlenführender Ton mit 4—5 dünnen Kohlenflötzchen, glimmerhaltigem Sand und eingeschwemmten Jurablöcken.
	3 m	Melanopsiskalke, weisse, erdige, kreidige Kalksteine mit Melanopsis Kleini und Neritina crenulata.
	1,5 m	rote, schieferige Planorbiskalke mit Planorbis Mantelli, Limnaea und Ancylus. Zwischenschicht, Uebergang zu Unter-Silvanakalk.
Unt. (Haupt) Sylvanakalk.	7 m	grünlich, harte Tonmergel mit grauem Pflanzenkalk (Equiseten und Helixiten).
	0,8 m	rötlicher Steinmergel mit Limnaeus, Planorbis u. s. w.
	4,6 m	grüner Lehm und Mergel ohne Petrefakten
	1,2 m	dolomitische Planorbisschiefer.
	4 m	Mergel, Ton und in diesem weisse Knollen.
	4—5 m	eigentlicher Silvanakalk, meist unten pisolithisch.
	2 m	gelbe Tone.

Zus. 34 m. Untere Grenze Brakwassermolasse.

XXXX. **Profil von Engelwies, südlich von Messkirch.** (Talsberg.)

Decke: Diluvialer Schotter des Rheingletschers.

ca. 3—5 m	Mergelbänke, grau bis grauweiss, hie und da ganz weiss mit eingewickelten Schalen von Süsswassertieren und Wirbeltieren. Coniferenzapfen.
ca. 4 bis 10 m	Feste, graue Kalke, wie Kalktuff aussehend, Bausteine abgebend. Schnecken, Blätter, Mastodontenzähne, Hirschgebisse u. s. w.

Obwohl in unserem Turenverzeichnis die Ortschaften alle gestreift sind und auch Profile angedeutet, z. B. bei Zwiefaltendorf, sind doch noch nachfolgende Notizen nötig, da der Anfänger sich sonst schwerlich zurecht finden würde.

Der Bussen bei Riedlingen ist der einzige Bergkegel der oberschwäbischen Ebene, der als Untergrund Molasse und Weissjura trägt. Der ganze Berg ist schier Sylvanakalk. (Abb. 100, der Bussen 1634.)

Engelswies, am besten von Station Hausen i. Tal oder von Messkirch aus zu erreichen, hat sehr hohe Steinbrüche im Talberg. Wer vom Donautal über Kreenheinstetten nach dorten geht, findet auch bei Kreenheinstetten noch Sylvanakalk. Schier alle Versteinerungen am Talsberg sind in Schlamm eingewickelt, überkrustet. Der Rheingletscher trug jedenfalls die höhern Schichten dort ab und findet man im Donautal bei Hausen, in das der Rheingletscher hinunterkroch, noch Gerölle dieses Kalktuffs. Man glaubt, in den Brüchen stehend, Diluvialkalktuff zu sehen, so tuffartig sieht das Gestein aus. Unten wird es schwärzlich, pisolithisch. Melania Escheri ist dort überall mumifiziert zu erhalten und bildet kleine Kegel in den verwitterten Sanden. Koniferenzapfen und Säugetierreste werden immer seltener und wirklich ist der Abbau aufgegeben, weil beim heutigen Baubetrieb u. s. w. Zementsteine an Stelle des Tuffes traten.

Die Gegend zwischen Scheer und Riedlingen folgt sofort auf die schon unter »Molasse« beschriebenen Vorkommen bei Ebingen, Winterlingen u. s. w. Dort liegen bei Langenslingen grosse Brüche, die Aehnlichkeit mit denen bei Engelswies haben. Das ganze Land neben der Donau um Riedlingen herum, Pflummern, Grüningen u. s. w. weist diese Schichten auf und an den Donauabhängen bei Heudorf-Mengen liegen die Kalke auf Brakwasserbildungen. An der Donau bei Riedlingen finden sich überall Moränen, die aus Altmoränen des Rheingletschers und aus Albmoränen zusammengesetzt sind, und die grosse Blöcke mit Planorben aufweisen, welche schneeweiss in dem blauen Gestein liegen. Diese Blöcke fehlen vollständig in der Bussengegend, so dass sie von der Alb stammen müssen und nehmen sie auch tatsächlich in den Gruben der Moräne zu, je mehr wir uns der Alb nähern. Alle Gipfel der Riedlinger Berge tragen den Sylvanakalk. Bei Langenenslingen lagern sich an die hohen Sylvanakalkablagerungen überall Moränen der alten Eiszeit an, in denen wir neben Rheingletschergeröll Planorbiskalke der Sylvanastufe, neben Kugelsteinen und Weissjurablöcken finden. Die Kugelsteine der Juranagelfluh sind oft von Pholaden angebohrt. Meeresmolassegeröll ist seltener, aber loser Molassesand sehr häufig. Bedeckt werden die Moränen und die Kalkkuppen mit Löss, der Oberschwaben entstammen wird.

Riedlinger Gegend (siehe Tur der grossen Lauter, Teutschbuch u. s. w.): dort ist besonders die Umgebung von Zwiefalten, Mörsingen und Upflamör zu nennen, dann die Ebenen bei Hayingen und die Lager auf dem ganzen Teutschbuch. In diluvialen Kiesgruben bei Zwiefaltendorf liegen auch ganze Blöcke dieses Kalkes, ein Beweis dafür, dass die dortigen Lager viel höher sein mussten als heute. Auch war das Tal der Zwiefalter Aach damals noch nicht vorhanden, sonst wäre es mit diesen Schichten, die rechts und links seine Höhen (Emersberg u. s. w.) bedecken, ausgefüllt worden. Die dortigen Kiesgruben sind aus der

Alb stammend, Moränen vom Zusammenstoss der Albgletscher und des Rheingletschers entstanden.

Die Gegend zwischen Lautertal und Schmichtal, das sog. Landgericht bei Ehingen, birgt in Steinbrüchen bei Dächingen und Mundingen manches Petrefakt dieser Zeit.

Am Hochsträss und dieses bedeckend, finden wir überall Sylvanakalk. Die ganze Gegend zwischen Ehingen, Erbach, Ulm, Blaubeuren zeigt Reste dieser geologischen Zone. Gegen Süden lagern sie auf Molasse des Meeres und Brakwassers, gegen Norden, Blaubeuren zu, aber auf Oligocän oder Weissjura. An den Wegen von Allmendingen nach Hausen haben wir sogar alle Tertiärschichten zu erklimmen vom untern bis zum obern Süsswasserkalk.

Wo wir dann nordöstlich von Ulm den untern Süsswasserkalk haben, fehlt gewöhnlich der obere. Erst in der Brenzgegend kommt diese Zone wieder zu ihrem Recht, bei Sachsenhausen und entlang der Donau bis zum Ries. Im Eggetal finden wir daher wieder schöne Aufschlüsse bei Hohenmemmingen, Dischingen, Oggenhausen, ebenso da und dort auf dem Härdtfeld.

Petrefakten der Sylvanakalke aus den Mergelschichten.

Helix sylvana	40—60 ₰	Helix inflexa	100—150 ₰
„ sylvestrina	100—150 „	„ insignis	100—150 „

Handstücke, geolog. Belegstücke der Formation 5—10 Mk., von 10—20 Fundstellen.

Petrefakten von Engelswies (Talsberg): aus dem Obermiocän.

Pflanzen:		Schnecken:	
Cinnamomum polymorphum	60—100 ₰	Neritina crenulata. . . .	60—80 ₰
„ Rossmässleri	200—300 „	Melania Escheri	50—100 „
Glyptostrobus europaeus .	150—300 „	Melanopsis Kleini. . . .	100—200 „
Strobilites Sigmaringensis .	150—300 „	Limnaeus	80—150 „
Chamärops helvetica . .	150—300 „	Macularia (Helix) subvernículata	60—100 „
Juglans acuminata . . .	150—300 „	**Säugetiere:**	
Salix Sigmaringensis . .	150—300 „	Mastodon angustidens	
Krebse:		Hyotherium Semmeringi	
Telphusa speciosa . . .	200—500 „	Palaeomeryx Bojani	
„ Quenstedti . .	300—550 „	Chalicomys Jägeri	
Handstücke des Gesteins .	50—100 „	Aceratherium tetra dactylum u. s. w.	
Handstücke der Decke Schotter u. s. w. .	100—200 „	Je nach Erhaltung 5—50 Mk.	

Petrefakten vom Emerberg bei Zwiefalten: Kalktuffmergel.

Bythinia gracilis . . .	80—150 ₰	Planorbis laevis . .	20—60 ₰
Helix sylvana	20—60 „	Succinea minima	60—80 „
„ cantontostoma . .	80—100 „	Handstücke der Formation ohne und mit Petrefakten je .	100—300 „
„ pachystoma . . .	80—150 „		

Petrefakten von Altheim und Emeringen bei Ehingen.

Clausilia Mörsingensis . .	80—150 ₰	Hyalina orbicularis . . .	60—150 ₰
Helix carinatula	80—150 „	Limnaeus dilatatus . . .	80—100 „
„ involuta	60—100 „	Melanopsis Kleini	80—100 „

Handstücke mit Petrefakten 500—800 Pfennig.

Abbildung 101. **Jägersteg im Dobeltal bei Zwiefalten.**
Die Marmorfelsen des Weissjuraepsilons als Unterlage des obermiocänen Süsswasserkalkes der Zwiefalter Gegend.

Die unvergleichliche Schönheit des Zwiefalter Dobels ist noch zu wenig bekannt, weshalb sie einiger Bemerkungen wert ist. Wir können durch dieses herrliche Dobeltal nach Mörsingen oder Upflamör wandern und die Schönheiten alle in ganz kurzer Zeit geniessen. Der kristallhelle Dobelbach rinnt meist im Frühjahr und zeigt dann durch seine grünenden Wasserpflanzen in kristallener Flut ein herrliches Bild. Der auf dem Bilde sichtbare hübsche Steg wurde von Ulmer Pionieren erbaut.

Petrefakten von Mörsingen bei Zwiefalten.

Helix sylvana	20—80 ₰	Archaeozonites costatus .	60—100 ₰
„ inflexa	20—100 „	Hyalina orbicularis . . .	80—150 „
Planorbis cornu	40—80 „	Limnaeus dilatatus . . .	80—120 „
Tedora conica	80—150 „	Pupa	100—200 „
Clausilia grandis	80—150 „	Handstücke mit Petr. . .	50 -150 „
„ Mörsingensis . .	80—150 „	Sand, Kalkkreide u. s. w. .	50—150 „
„ undadistria . . .	80—150 „		

Petrefakten von Dettingen bei Heidenheim.

Helix sylvana	60—80 ₰	Azeca loxostoma	150—200 ₰
„ insignis	150—200 „	Handstücke	200--300 „

Petrefakten von Mundingen.

Helix inflexa	60--80 ₰	Planorbis cornu	40—80 ₰
„ sylvana	50—60 „	Pupa quadridenta . . .	60—80 „
Limnaeus dilatatus	40—80 „	Handstücke	100—300 „

Schulsammlungen, zusammengesetzt von verschiedenen Fundorten:

10	20	30	40 Stück
10	22	35	50 Mark.

Geologische Belegstücke dazu 5—6 Mark.

39. Die Obermiocänen Bohnerze, Sande und Lehme.

Die obermiocänen Bohnerze liegen in Spalten des Juras, oder auf ihm abgelagert, sie unterscheiden sich äusserlich in keiner Weise von den andern Bohnerzen, sind also nur durch ihre Einschlüsse von den andern Bohnerzen zu trennen. Selten bilden sie aber feste Ablagerungen und scheint es, dass sie weniger primären als eher secundären Ursprungs wären, denn manchmal kommen in ihnen neben obermiocänen Funden auch noch weit ältere Funde vor, dass an eine Umlagerung gedacht werden kann. Was in diesen Bohnerzen gefunden wird, ist natürlich selten genug und immer Land- und Süsswasserprodukt. Gewöhnlich sind es Säugetierreste, während Schnecken selten sind. In den Sanden und Lehmen fehlen sie ganz, ausser es kommen in den braunen Lehmen Petrefakten des Weissjuras vor, welche ganz in Brauneisenstein umgewandelt sind. Da die Bohnerzindustrie längst einging, sind Petrefaktenfunde nur dem Zufall zuzuschreiben. Bei Heudorf (3 Klm. westlich Messkirch, Baden) wurden Säugetierreste und Brakwasserschnecken im Bohnerz gefunden.

Berühmt waren einst auch die Erzgruben von Willmandingen, denn sie enthielten Tapirus-, Equus-, Rinoceros- und Hyotherium-Reste. Bei Ebingen wurden in diesen Schichten früher zwei Affenzähne gefunden.

An manchen Orten kommt noch die Unterpliocänformation in Betracht, denn die Knochen der Obermiocäntiere sind oft mit denen von Pliocäntieren vermengt. Auch Altstadt bei Messkirch lieferte Funde dieser Art.

Die Lehme und Tone, welche diesem Zeitalter angehören, unterscheiden sich in Farbe und Zusammensetzung wenig von den Untermiocäntieren und Lehmen, nur etwaige Einschlüsse deuten auf

Unter- oder Obermiocän hin. So findet sich bei Nusplingen's Plattenbrüchen, gegen Königsheim, ein feuerfester Lehm, der Spuren von Helix sylvana enthielt, daher ins Obermiocän zu stellen ist. Die Hafnererde bei Treffensbuch, Tomerdingen und Laichingen gehört ebenfalls in diesen Horizont, sie ist ca. 30 m mächtig und seit langer Zeit eine Fundgrube für Bolus. Dieser Ton steht mit den dortigen Bohnerzen im Kontakt.

Abzugeben sind aus diesem Horizont nur mineralogische Belege, also Bohnerze, Tone und Sande. Von einer oder verschiedenen Lokalitäten: 1—5 Mark per Sammlung.

Abbildung 102. **Reussenstein.**
Der Reussenstein ist auf der Filstaltur zu besuchen und gehört zu den herrlichsten Aussichtspunkten und Naturschönheiten. Von Wiesensteig aus ist er mit dem Filsursprung zu besuchen, oder mit der Schertelshöhle, dem Randecker Maar und Gutenberg zu verbinden. Die Ruine liegt auf kühnem Deltafelsen, in dessen Spalten miocäne Bohnerztone und Bolus liegen.

40. Die obermiocänen Vulkanröhrenfüllungen, Erbensteine, Basalt-Tuffe, Basalte, Maarausfüllungen, Phonolite, Dysodile u. s. w.

Schon oben wiesen wir darauf hin, dass in der Obermiocänzeit unsere Einbruchsfelder Hegau und Ries, Steinheim u. s. w., sowie die Embryovulkane der Alb entstanden. Damit traten auch Termen auf, welche Strudelkalke niederschlugen und Erbsensteine bildeten. Alle diese Produkte sind durch ihre Vorkommen besuchswert.

In den Phonolit-Tuffen des Hohentwiels kommen Helix sylvana vor und geniculata. Am Hohenhöwen, im dortigen Ton und Gips:

Obere Reute 827 m. Römerstein 884 m.

Maarstrasse und Randeckerhof. Ziegelhütte. Salzmannstein. Torfgrube.
Dysodillager. Basaltblöcke.

Abbildung 103. **Randecker Maar.**

Das Randecker Maar liegt bei Hepsisau im Oberamt Kirchheim und ist ein spätmiocäner Krater, welcher wie die Eifelmaare später von einem Maarsee ausgefüllt wurde. Als Seebildung lagern in diesem Maar papierdünne Blätterkohlen (Dysodil), die noch heute beobachtet werden können. Diese Blätterabdrücke stimmen mit den Pflanzenresten von Heggbach und Oeningen überein und hier wie dort kommen auch Insektenreste vor. Diese Blätterkohle ist oft von Kiesel infilteriert, welcher von aufgelöstem Quarzsand stammen mag, den der Wind von den Tertiärmolasseablagerungen in das Maar trug. So fanden sich auch schon verkieselte Baumstammteile des Cinnanonumbaumes, sowohl als blauer, traubiger Chalcedon. Vielleicht entströmte dem Krater auch eine Kieselsäure haltende Quelle, welche die Niederschläge durchdrang. Im Hängenden dieser Blätterkohle fanden sich auch schon Knochen und Zähne von Mastodonten und Palaeomeryxtieren.

An Moluskenschalen findet man verschiedene Schneckenarten. Sogar schon ein Froschskelett wurde gefunden.

Helix insignis und geniculata, hie und da auch ein Mastodonzahn. Am Hohenkrähen ca. 15 Pflanzenarten. Wir geben diese Notiz, wenn das Hegau auch nicht mehr zur Alb gehört, weil diese herrlichen Berge von der Ebinger und Tuttlinger Gegend sehr häufig besucht werden. Am Hohenhöwen, Hohenkrähen, Mägdeberg und Hohentwiel sind ja auch die Tuffe an und für sich des Sammelns wert, ebenfalls die Phonolite mit ihren Einschlüssen.

Wartenberg und die andern nahen Basaltvorkommen gehören dann schon der Alb an, enthalten aber in ihren Tuffen wenig Petrefakten.

Die Embryovulkane der Alb enthalten in ihren Maaren oft sehr wertvolle Funde. Die Maare sind da und dort gut aufgeschlossen.

Obenan steht das Randecker Maar bei Hepsisau O.-A. Kirchheim (siehe Tur, Seite 40 und Abb. 103). Im dortigen Basaltkrater schlug sich in obermiocäner Zeit eine dünne Blätterkohle nieder, welche ähnliche Funde aufweist wie die berühmten, gleichalterigen Schichten von Oeningen a. Bodensee, bei Stein a. Rh. Auch Knochen von Wiederkäuern fanden sich in diesem Maar. Die Stelle wird von der Maarstrasse angeschnitten.

Ein zweites Maar ist das Grabenstetter Maar, in dem ebenfalls ähnliche, nur viel weniger Funde gemacht werden.

Die dritte Stelle, Böttingen bei Münsingen, kennzeichnet sich durch ihren berühmten Strudelmarmor, ein schön gebändeter Marmor, der dem Karlsbader gleicht.

Dieser Marmor ist sehr schön und im Stuttgarter Schloss technisch verwendet. Er ist das Produkt heisser Quellen, die längst nicht mehr existieren. Die Quellen entquollen tektonischen Spalten des weissen Juras ε und ξ. In diesen Brüchen fand man in letzter Zeit neben Pflanzen und Schnecken noch Tausendfüssler. Auch bei Gruorn findet sich das gleiche Gestein. Verwandt mit dem Böttinger Strudelmarmor ist auch der Erbsenstein von Laichingen, der unter dem dortigen Marktplatz liegt. Er enthält neben Tierknochen, Zähnen und Pflanzenblättern auch Helix sylvana und inflexa und ist somit obermiocän. Dieser Erbsenstein ist rot gefärbt und mindestens ebensoschön wie der Karlsbader. Also auch hier entströmte dem Jura eine Terme, ein ähnlicher Sprudel wie im Karlsbad.

Hie und da, aber nur ganz selten, werden auch in den anderen Maaren ähnliche Funde gemacht, die aber nicht in den Handel kommen, da sie die Sammler nicht aus den Händen geben.

Weil diese roten Sprudelmarmore und Erbsensteine in nächster Nähe der Bohnerze liegen, welche auch pisolitische Struktur tragen, wird man immer wieder verleitet, diese Bohnerze mit Quellniederschläge heisser Termen in Verbindung zu bringen und manchmal bekommen wir Bohnerzklumpen in die Hand, die mit Erbsensteine grösste Aehnlichkeit haben, aber sie kommen ja auch in Gegenden vor, in denen Basalttuff-Röhren völlig fehlen, sind sie doch über die ganze Alb verbreitet und gehören eben dem ganzen Tertiärzeitalter an. Aber auch in manchen Tuffröhren, z. B. am Florian und Metzinger Weinberg, auch in einem Seeburger Maargang finden wir Bohnerze eingelagert.

Ausser den kleineren Einbruchsstellen der Basaltmaare besitzen wir aber im Steinheimer Becken (Steinheim bei Heidenheim) noch einen Krater, ein Becken, welches durch Wegblasen des weissen Juras vom Braunen und Erhebung des Braunen in die Höhe des Weissen entstand.

In den andern Basaltmaaren floss entweder der Basalt etwas über und sank nachher wieder in den Krater zurück, so das die umgebenden Formationsschichten in den Krater stürzen konnten, oder aber stieg er gar nicht bis zur Oberfläche des Weissen empor. So finden wir in den Tuffröhren des Albvorlandes neben Weissjura-Blöcken alle möglichen anderen Gesteine, auch aus grösseren Tiefen, bei einander liegen. Dazwischen auch · Bohnerze. Bei dem Steinheimer Becken scheint die Durchschlagskraft besonders gross gewesen zu sein, so dass die emporgerissenen Gesteine weggeschleudert wurden, denn in der Einbruchsstelle entstand ein Süsswassersee und in dessen Mitte, wie ein Springbrunnen in einem Wasserbecken, ein Termen-Niederschlag, der eine Menge Versteinerungen enthält. Wir haben dort am Klosterberg einen losen Sand, der aus lauter Schnecken besteht, welche also hier in riesigen Mengen gelebt haben müssen. Daneben liegt ein Kalktuff, dessen Felsen aber durch Abbau bereits verschwunden sind. Auch Fisch- und Säugetierreste wurden in grosser Menge und bester Erhaltung gefunden. Die Aragonitgebilde liegen in den höhern Schichten und stellen einen Strudelkalk vor. Besonders auffallend in dieser Sandgrube ist die Bastardentwicklung der merkwürdigen planorbisartigen Schnecke Carinifex, die von der Planorbisform an alle möglichen Schneckenformstadien durchmachte.

Ein weiteres Untersuchungsfeld stellt das Ries bei Nördlingen dar, nur dass dieses weit grösser ist als das Steinheimer und von einem Lakoliten gehoben wurde. Die gehobenen Schichten wurden auf ihre Umgebung geschoben und diese zertrümmert. Das Ries ist öfterer Besuche wert (siehe Riestur), besonders die Ortschaften Oettingen und Marktoffingen (Cypris, Schnecken und Pflanzen), Pflaumloch mit seinen Strudelkalken am Goldberg, seinen Vogelknochenbreccien, Vogelnestern und Säugetierknochen, Nördlingen mit Cypris, Hydrobien und Pflanzen.

Sammlungen aus den Mineralien der Albvulkane.

Nephelinbasalt, Melilithbasalt, Melilithnephelinbasalt, harte Basalttuffe in Basalte übergehend, Basalttuffbreccien, Basalttuffe, hart und weich, Lapilli, Lapillibomben und Lapilligrus, Contaktmetamorphosen vom durchbrochenen Gestein, Einschlüsse des Tuffes, die von den Vulkanen zu Tage gefördert wurden. Cordieritgneis, Granatgneis, Biotitglimmergneis, graphitführender Biotitglimmergneis, graphitführender Cordieritgneis, Aplit, Contaktgneis, Granitgneis, granitreicher Streifengneis, Körnelgneis, Granitit, Pinitgranit, Pinitpegmatitgranit u. s. w. Ferner: Hornblendeschiefer, Rotliegendes, Buntsandstein, Muschelkalk, Keuper, Lias, Braun- und Weissjura, Petrefakten aus den eingeschlossenen und gebrannten Juraschichten, Bohnerze, geschmolzene Gesteine des Braunjuras, Proben anstehenden Gesteins u. s. w. Verwitterungsschichten, Verwitterungsstadien obiger Gesteine.

Sammlungen von	10	20	30	40 Stücken
	5	10	15	20 Mark.

Petrefakten aus dem Obermiocän der Maare und Einbruchsstellen

von verschiedenen Lokalitäten.

Planorbis Steinheimensis . .	40—80 ₰ (für Steinheimensis, laevis, cornu)	Carinifex multiformis per Stück	100 ₰
„ laevis		Helix insignis per Stück .	60—100 „
„ cornu		„ silvestrina „ „ .	40—60 „
Limnaeus socialis	30—50 „	„ insignis major . . .	60—100 „
„ dilatatus	40—60 „	„ Steinheimensis . . .	40—60 „
Gillia utriculosa	60—80 „ (für Gillia utriculosa und Paludina globulus)	„ subpulchella	60—100 „
(Paludina globulus) . . .		„ involuta	60—100 „

Bythinella Steinheimensis . .	40—000 ₰	Hyalina orbicularis . .	40—80 ₰
Cypria suborbicularis		Clausilia suturalis oder	
Cypris inaequalis und andere		Triptychia „	40—50 „
Kruster je nach Erhaltung	50—500 „	Pupa Schübleri, 10 Stück	
		verschiedene Arten . .	50 „

Fische, Amphibien, Reptilien, Vögel und Inseckten, Säugetierteile u. s. w. je nach Erhaltung und Seltenheit zu möglichst niedern Preisen.

Abbildung 104. **Pfullingen mit dem Ursulaberg.**

Unser Bild zeigt Pfullingen von Westen. Links im Vordergrunde bemerken wir die Heil- und Pflegeanstalt für Geisteskranke, welche 1845 eingerichtet wurde. Hinter dem schlanken Türmchen der Anstaltskirche sehen wir das alte Schloss, erbaut 1563 von Herzog Christof, mit seinen vier massiven Ecktürmen und einem neueren Mittelturm, das Hauptgebäude der Anstalt. In der Mitte der Stadt steht die schöne gotische St. Martinskirche. Den Hintergrund des Bildes bildet der langestreckte, sagenumwobene Ursulaberg: Weisser Jura α bis δ und ε' mit seinen Rutschen und Deltafelsen. Auf dem Berge liegen an einzelnen Stellen spätmiocäne Bohnerzlehme und Sande.

41. Beiträge zur Spaltentektonik der Alb.

Da unsere schwäbische Alb nur ein Mittelstück des grossen europäischen Jurazuges ist, welcher von Genf über Schaffhausen zum Randen und hier über unsere Alb zum fränkischen Jura zieht (siehe geologische Karte), nun hier umbiegt und nordwärts bis gegen Koburg sich ausbreitet, so muss eben die Alb auch diejenige Tektonik mitmachen, welcher der ganze Jurazug in Europa unterworfen ist. Jedes dieser Gebirge hat wohl seine ihm eigene besondere Tektonik, aber doch schuf die Alpenerhebung dem ganzen Jurazug eigene tektonische Verhältnisse, welche in den einzelnen Teilen des Gebirgszuges mehr oder weniger zum Ausdruck kommen, je nachdem die jurasischen Gebirge von den Alpen mehr oder weniger entfernt sind.

Betrachten wir die landschaftlichen Unterschiede dieses grossen Gebirgszuges, — den schweizer, schwäbischen und fränkischen Jura — so bemerken wir eine Oberflächengestaltung, die bei den einzelnen Gebirgen sehr verschiedenartig ist und deren Ursache wir in der besondern Tektonik zu suchen haben.

Der Meeresniederschlag war schier überall der gleiche, aber die Art der ursprünglichen Gestaltung wurde durch die Umgestaltung erheblich verändert, je nachdem die gebirgsbildenden Kräfte arbeiteten. Durch die allgemeine Alpenerhebung wurde die riesige Juramasse an einzelnen Stellen gehoben, verbogen, zerrissen, zersplittert, verworfen und verschoben. So blieben da und dort Einzelschollen wohl in scheinbarer Urlagerung liegen, während niedere Schollen in ihrer Richtungslage gänzlich verändert wurden. Wir müssen daher den gesamten europäischen Jura in Tafel- und Kettenjura trennen. Der französische und schweizerische Jura wurde schon in der Oligozänzeit mit den andern Gebirgen dieser Länder gehoben, dann im Miocänzeitalter gefaltet, verschoben und teilweise steil aufgerichtet. Aber nur der südliche Jurateil der Schweiz wurde aufgerichtet. Fast genau in der Richtung N. 90° O. scheidet die wichtige Stukturlinie der Mont Terrible-Kette die horizontal gelagerten Juraschichten von den aufgerichteten. Der tangentiale Druck und Schub erfolgte von Süden her und zwar so, dass nur die Decke des mittleren Muschelkalkes mit den darauf abgelagerten Formationen abgeschält, verschoben und in Gewölben aufgefaltet wurde, während die Anchydritgruppe das Schmiermaterial für diesen Schub bildete, auf welcher die Faltung vollzogen und welche gleichzeitig in die Faltenkerne gepresst wurde.

Die Ursache dieser riesigen Schollenbewegung ist einzig und allein der tangentiale Alpendruck gewesen. Wo sich aber ein Grundgebirge dieser Druckbewegung entgegenstemmte, wie der Schwarzwald und Odenwald, wurden die Juratafeln während ihrer Auffaltung gänzlich zertrümmert, wie wir dies seit Langem südlich von Rheinfelden am Tafeljura von Listal und Gelterkinden sehen können, wo dort in der Untermiocänzeit die Juraschollen gänzlich vernichtet und in schmale ungleichmässig gelagerte Streifen zerlegt wurden, dass wir neben eingesunkenen Gruben steil aufgerichtete Schichten antreffen. In den dort auftretenden Gräben sehen wir z. B. die Betakalke des weissen Juras zwischen den Streifen des Braunen liegen, so dass scheinbar der Weisse unter und neben dem Braunen liegt.

In den Grenzzonen zwischen Tafel- und Kettenjura treten starke, nordwärts gerichtete Ueberschiebungen auf, die nördlich von Olten und Aarau eine eigentliche Schuppenstruktur tragen, um dann in der Lägernkette wieder auszuklingen, 858 m über dem Meer. Die Lägernkette besteht aus riesigen Ueberschiebungsklippen, das Ostende der Mont-Terrible-Kette (932 m über M.), ja das Ostende der Schweizeralpen überhaupt bildend, dessen höchster Punkt im Westen (Oret de la Neige) 1723 m Höhe erreichte.

Unsere Alb ist ja nun allerdings kein aufgerichtetes Kettengebirge, sondern ein teilweise verbogenes Tafelgebirge mit sanft geneigten Gesteinsschichten. Aber auch die Alb besitzt, trotz ihrer scheinbar ruhigen Tafellagerung, eine Menge Spalten, die von Schaffhausen bis Regensburg verfolgt werden können. Die mittlere Mächtigkeit unseres Albgebirgs beträgt 600 m, also etwa die Höhe der Lägernkette. Die Alb ist durch tangentialen Druck von Südost nach Nordwest verschoben worden und zwar nach der varistischen Strukturlinie N. 51^{0}O., so dass die höchste Fläche (Lemberg) dem heutigen Steilabfall der Alb entspricht: Lemberg mit 1015 m und Braunenberg mit 725 m. Der heutige Steilabfall war also einst der Giebel des jetzt verbogenen dachartig aufgerichteten Albgebirges. Von diesem höchsten Punkt sinkt die Tafel zur Donaulinie ab mit 1—4$^0/_0$ Gefäll.

Das Ganze der heutigen Alb ist leider nur ein kleiner Rest des einst weit grösseren und höheren Gebirges, der Hüllmasse, welche den ganzen Schwarzwald einmantelte und noch das ganze heutige Unterland mit seinen Weissjuraschichten bedeckte. Selbst der Schwarzwald war damals weit höher als heute. Aber die Alb zerfiel selbst wieder in grössere Tafelflächen, welche tektonische und orographische Einheiten darstellen. Diese Haupttafeln sind 1) der Randen mit einer mitteln Gipfelhöhe von 841 m, 2) der badische Jura der Alb mit 762 m, 3) der Heuberg mit 900 m mittlerer Höhe, 4) die Uracher Alb mit 790 m, 5) die Alb zwischen Erms und Kocher mit 747 m und 6) das Härdtsfeld mit der jungen Pfalz mit 640 m mittlerer Gipfelhöhe. Da aber die Scheitellinie des Steilabfalls nur mittlern weissen Jura trägt und der obere dort überall abgetragen ist, muss die frühere Kammhöhe der Alb weit höher als heute gewesen sein, der Lemberg z. B. damals mindestens 1500 m hoch. Vom Lemberg aus (siehe auch Abb. 9—11) fielen die Juratafeln strahlenförmig nach allen Himmelsrichtungen ab. Schon diese Einteilung zeigt, dass unsere Alb von den gebirgsbildenden Kräften öfters durchrissen wurde und dass diese Risse Veranlassung zur Talbildung gaben in Form von Folge- und Quertälern. Auch innerhalb der Haupttafeln dieser grossen Schichtenkomplexe zeigt unsere Alb keinen einheitlichen Bau mehr, die Einzeltafeln sind ebenfalls zerrissen und zerklüftet und deren Einzelteile zeigen desshalb verschiedenartiges Fallen und Streichen, welches oft mit dem Generalstreichen nicht stimmen will, ja öfters im Widerspruch steht, ein Beweis, dass sich die Schollen an einander verschoben und aufbäumten, auch gegenseitig abdrängten.

Dabei bemerken wir eine grosse Verschiedenheit der Spaltenrichtung und Sprunghöhe einzelner Platten, durch welche unsere Albwasserverhältnisse sehr beeinflusst werden, so dass es gut wäre, wenn wir schon aus diesem Grunde Bücher über die Albtektonik besitzen würden. Und doch steht das Studium der Albtektonik erst in seinen Anfängen. Die Tektonik der Alb ist daher keineswegs so einfach, als man meinen könnte, und nur genaue Messungen und Untersuchungen an Ort und Stelle, Konstruktion der Schichtflächen, können Aufschlüsse und Ueberblicke bieten.

Die Alb besitzt besonders drei Hauptgebiete, die zu ihrem Studium geradezu auffordern und denen wir etwas zu Leibe rücken wollen, nur um zu zeigen, wie interessant das Studium der Albtektonik ist. Wir meinen die Nähe des Hegauvulkangebiets mit den zerrissenen Albschichten der Donaualblinie, das Vulkanembryonengebiet von Urach und dasjenige des Ries und Steinheimer Beckens. Weiter wären es alle Albtäler, die der Tektonik der Albtafeln ihre Entstehung verdanken, besonders aber das Donautal, welches eben doch eine Spalte, wenn auch keine Absturzfläche darstellt, denn ein jäher Abbruch ist nirgends zu bemerken, trotzdem seit Gümbel alle Autoren einen Abbruch annahmen, bis Herr C. Regelmann diese Hypotese zerstörte. Nach Gümpel und andern Forschern sollte diese Spalte bei Tuttlingen beginnen und bis Sigmaringen Spalte bleiben, dort aber sollte die Spalte in einen Abbruch der Oberschwabentafel von der Albtafel übergehen, während doch bei Sigmaringen diese Spalte lediglich die Albhöhen der südwestlichen Alb verlässt. Dagegen kann hier bemerkt werden, dass die im Fallen begriffenen Juratafeln auf der sog. Donaulinie ganz einfach unter das Tertiär Oberschwabens untertauchen und auf der ganzen Linie kein sprunghafter Abbruch zu beobachten ist. Wir haben uns eben diese Tatsache blos als einen Aufschub der Juramassen von den Alpen herwärts zu denken, nicht als einen Juraabbruch an der Donaulinie. Dieser Schub kam aus Südosten und überall sind seine Spuren zu treffen, am schönsten im ganzen obern Donautal. Um dieses richtig zu verstehen, müssen wir die eigentümliche Lage der Alb betrachten.

Auf eine Erstreckung von rund 200 Km zieht sich die Alb von Südwest nach Nordost. Die wenig geneigten Schichten sind durchschnittlich doch schwach gegen Südosten geneigt und bilden so ein langestrecktes, schmales, von vielen Tälern durchzogenes, hübsches und romantisches Tafelgebirge, dessen Schönheiten allgemein bekannt sind, besonders schön dort, wo die Täler gegen Oberschwaben einfallen, also gegen die Donaulinie. Der steile Nordwestabsturz unserer Alb, gegen das Unterland gerichtet, wurde durch fliessendes Wasser erodiert, während die südliche, gegen Oberschwaben gerichtete Grenze der Alb, der Südabfall, weniger in die Augen fällt, aber auch eine Erosionslinie darstellt, welche nur weniger tief eingeschnitten ist, in dem sie ihre Hauptentstehung der Alpenvergletscherung verdankt. Während also die Abtragung der nordwestlichen Albabbruchslinie schon mindestens im Oligocän, vielleicht schon in der Kreidezeit begann, ist die Abtragung der oberschwäbischen Erosionslinie viel jünger und daher weniger ausgebildet. Für das Vorhandensein eines Juratafelbruches auf der Donaulinie wurde stets das Bohrloch von Ochsenhausen angeführt, weil man dort in grosser Tiefe (738 m) noch keinen weissen Jura fand. Wenn aber, wie jetzt durch Regelmann nachgewiesen ist, die Schrägstellung der Juratafel wirklich mit einem Gefäll von 1 : 80 nach N. 55° O. streicht, so ist natürlich, dass dort der Jura erst in einer Tiefe von 223 m unter dem Meer angetroffen werden kann. Auf der ganzen Donaulinie von Tuttlingen bis Sigmaringen haben wir ein Gefäll der Schichten festzustellen. Ein Gefäll mit einer Linie, welche bei Tuttlingen in Beta beginnt und bei Sigmaringen in Zeta endet. Von Sigmaringen bis Ulm sinkt aber die anstehende Alb vom untern weissen Zeta ins oberste Zeta hinab, ja in den Rugulosakalk und die Molasse des Miocäns. So haben wir ja auch an den Albabhängen den weissen Jura bei Ulm als Marmor tief anstehend getroffen und bedeckt mit den Rugulosakalken. (Siehe Hochsträsstur und Zeit des Untermiocäns oben.)

Die Ulmer Süsswasserschichten setzen aber auch gegen Oberschwaben und den Bodensee fort und verschwinden in Oberschwaben mit dem weissen Jura unter der Meeres- und Brakwassermolasse und zwar in gleichem Gefäll wie der unterlagernde Weissjura 1:80. Die Ursache dieser Lagerung ist eben ein tangentaler Schichtenaufschub aus den Alpen von Süden gegen Norden.

Dieser Druck scheint sogar nicht blos die Juraschichten im Allgemeinen von Süden nach Norden bewegt, sondern sogar auf diese Juraschichten noch die Rugulosakalke bei Ulm auf die Alb hinaufgepresst zu haben, wurden doch bei Ulm von Herrn Dr. Dietlen 1904 geschliffene Marmorfelsenflächen entdeckt, über welche die Rugulosakalke verschoben wurden. (Siehe Abb. 95.) Jene Schliffflächen glichen im Glanz denen der Betakalke von Ebingen, nur war die Schliffweise nicht vertical, sondern horizontal. Auch die Ulmer Schliffflächen zeigen eine Richtung von N. N. O. nach S. S. West.

Die Donauversickerungsspalten der schwäbischen Alb.

Bekanntlich entsteht die Donau aus den beiden Quellflüssen Brigach und Brege, die sich bei Donaueschingen vereinigen und dort noch eine Quelle aus dem Schlosspark aufnehmen. Dann zieht die Donau als einer der grössten europäischen Flüsse nach Osten zum schwarzen Meer, ganz gegen die übliche Gewohnheit anderer europäischen Flüsse, welche sonst alle nordwärts ziehen. Wir wiesen schon oben darauf hin, dass sich in der Miocänzeit dort ein Meer ausdehnte, ein echtes mittelländischer Meer, wo heute Oberschwaben und ein Teil der Alpen liegen, welches Meer durch die Erhebung der Alpen immer kleiner geworden, nach Osten zurückweichen musste, solange, bis es auf das heutige schwarze Meer zusammengeschmolzen war. Dieses Meer wurde durch die schon im Oligocän aufgeschichteten Alpen (erste Alpenfaltung) vom heutigen Mittelmeer getrennt. Unsere Donau folgt noch heutzutage dem Rückzug jenes Meeres und ist daher einer der ältesten Ströme der ganzen Erde. Nun ist es aber eine längst bekannte Tatsache, dass dieser zweitgrösste Strom Europas in seinem Oberlauf (nämlich zwischen Donaueschingen und Fridingen) eine Metamorphose durchmacht, die auf der ganzen Erde einzig dasteht und in der phisikalischen Geographie vergeblich seinesgleichen sucht. Dort, wo die Donau zum erstenmal ihr Ursprungsland Baden verlässt, unmittelbar ehe sie in württembergisches Gebiet überfliesst, nähert sie sich innerhalb den Anfängen des schwäbischen Juras, oberhalb Immendingens, so sehr dem steilabfallenden Südabbruch des Gebirges, dass ein grosser Teil ihrer schon ansehnlichen Wassermassen, im Sommer sogar oft ihr ganzes Wasser, dem Bett des

Abbildung 105. **Das Tuttlinger Tal** vom Leutenberg aus übersehen.

Hauptstroms entzogen wird und durch Spalten des weissen Juras nach Oberschwaben zum Bodensee, als Aach, abfliesst und so ein Nebenfluss des Rheines wird, mit dem sie sich bei Konstanz vermählt. Dieser Versenkungsprozess nahm in den letzten Jahrzehnten so sehr zu, dass die einst bei Tuttlingen schier schiffbare Donau jetzt bei Tuttlingen bereits verschwunden ist. Dieser Fall ist um so eigentümlicher, als noch bei Immendingen die Donau ein grosser Fluss von 2—3 m Tiefe und 35 m Breite ist.

Die Gefällsverhältnisse der Donau waren in früheren Zeiten viel günstiger als heute. Das frühere Gefäll war viel stärker, da die Alb nicht blos höher lag, sondern der Strom auch seinen jetzigen langen Lauf noch nicht zu machen hatte. Er brauchte früher nicht so weite und so lange Länderstrecken zu durchfliessen, bis er das Meer erreichte, denn auch die Tektonik der Alb war früher eine andere.

Viel jünger als die uralte Donau ist der Rhein und sein Gefäll ist weit stärker. Bei einer Entfernung von 20 Km. vom Donauursprung liegt das Rheingebiet viel niederer als das Donaugebiet, denn das Donaugebiet liegt 622 m, das Rheingebiet nur 480 m über dem Meeresspiegel. Zwischen dem Höchstpunkt der Wasserscheide beider Flüsse (1024 m) und den Versinkungsstellen bei Fridingen, besitzen wir auf 100 Km. Flusslauf beim Donaulauf ein 25 mal schwächeres Gefäll als beim Rhein. Auch sinken alle Schichten des Albuntergrundes gegen Süden, also gegen den Rhein ein. Bei diesen Gefällsverhältnissen zieht eben die Schwerkraft alle versinkenden Wasser zum Rhein hin und entzieht sie der Donau. Diesen Tatsachen entsprechend, hören wir an den Versinkungstellen starke Geräusche der zur Tiefe stürzenden Gewässer. Schade, dass diese Versinkstellen noch nicht für unsere Industrie ausgenützt werden. In manchen Spalten eilt das Wasser rasch zur Tiefe, stürzt polternd von Stein zu Stein, oder verschwindet lautlos in den gähnenden Schluchten des Untergrundes.

Die Hauptrolle spielt aber doch bei diesen Vorkommnissen die Bodenbeschaffenheit des weissen Juras unserer schwäbischen Alb. Hätten wir Urgebirge zur Unterlage des Donauoberlaufes, welches gegen die zerstörenden Einflüsse des Wassers weit beständiger ist als Kalkgestein, so wären so enorme Wasserverluste unmöglich. Urgebirgsspalten erweitern sich weit langsamer als Kalkspalten und nehmen auch keine solche Ausdehnung an. Unsere Alb ist aber gerade in der Gegend des jungen Donaulaufes am stärksten zerklüftet, weil jene Gegend dem Schwarzwald am nächsten liegt, an dem die Albtafeln während ihres Schubes durch die Alpen völlig zertrümmert wurden. Wohl ist die unterirdische Wasserarbeit schwieriger als die oberirdische, weil die Wasserbahnen der Oberfläche den Hindernissen des Raumes besser ausweichen können, allein der Wasserlauf richtet sich nicht nach der Zeit, sondern nach den Gefällsverhältnissen. Für den Tiefwasserlauf ist eben einzig und allein die Austrittspalte massgebend, je niederer diese liegt, desto entwicklungsfähiger ist der Wasserlauf in der Tiefe. Die Austrittstellen des Aach-Donauwassers liegen aber um 170—200 m tiefer als deren Versinkstellen.

Wenn wir heute die Aachquelle besuchen, so bemerken wir nördlich derselben, am Fusse der Alb, noch Weissjura. Aber südlich von ihr, im Aachtal, steht überall Alpengletschergerölle der Altmoräne des Rheingletschers an, bedeckt von den typischen Lehmen des Diluviums. Die Quelle selbst entspringt in ca. 15 m Tiefe, gerade in diesem glazialen Geröll, somit musste sich die Aachdonau nach der Glazialzeit ihren Weg aus der Tiefe wieder zur Höhe bahnen, während sie im Pliocän und noch älterer Zeit ohne Hindernisse ausfliessen konnte, weil das Aachtal damals um ca. 50 m tiefer war als heute, denn 50 m tief bedecken heute die Glacial-Gerölle den alten Talboden.

Die Umgebung der Aachquelle zeigt eine Menge Dolinen und Erdsenkungen, unter denen die Aachquelle ihren Weg verfolgt. Viele Jahrtausende machte sie diesen Weg und bohrte sich immer tiefer in die ausgegrabenen Spalten ein. Die Aachquelle wird allgemein als die grösste Quelle Deutschlands bezeichnet, obwohl sie keine eigentliche Quelle ist, sondern ein natürliches Tunnel für die Donaugewässer des Schwarzwalds und teilweise der Albdonau. Diese natürlichen Tunnels und unterirdischen Donaubetten, müssen riesige Dimensionen haben, wenn wir an die lange Zeit des Donaudurchlaufes und an dessen Wassermassen denken. Ist die Quelle schwach, so liefert sie doch noch 6000 Sekundenliter, ist sie stark, bei Donauhochwasser, so wirft sie in Sprudeln bis zu 20000 Sekundenliter aus. Aber die heutige Aachquelle ist nicht die einzige Ausgangspforte dieses unterirdischen Höhlensystems. Bei Volkertshausen brechen in der Aach noch weitere Quellen zu tage, die ebenfalls ihr Wasser von der Donau empfangen, aber noch nicht erforscht sind. Die Luftlinie des unterirdischen Wasserlaufs misst 12 Kilometer, aber der unterirdische Wasserlauf dürfte viel länger sein, das Wasser braucht 20—36 Stunden von seinem Ein- zum Austritt. Unter mächtigem Druck entströmt das Wasser der Aachquelle. Ein Taucher, welcher sie untersuchen wollte, wurde schon bei 12 m Tiefe wieder in die Höhe gerissen. 24 m Tiefe wurde gemessen, aber wahrscheinlich ist der Quellschlund viel tiefer. Das frühere Aachtal war vor der Eiszeit eine enge Klamm, die mit Gletscherschutt ausgefüllt wurde, aus dem die Wasser zu Tage brodeln. Auch in der »tiefen Grube« kann beobachtet werden, wie gewaltig die dort abgelagerten Gletschergeröllmassen waren. Sie liegt ca. 90 m über dem Aachtopf im Wald, als grossartiger Erdsturz von ca. 200 m Länge und ansehnlicher Tiefe. Wenn wir in derselben uns umblicken, bemerken wir, dass die Grube eine durch Wasser erodierte Spalte ist. Solche ausgewaschene und zu Riesenhohlräumen erweiterte Spalten müssen viele in der Nähe dieser Versinkstellen vorhanden sein, denn das Hochwasser der Schwarzwald-Donau wird in ihnen tageweise aufgespeichert, ehe es in der Aachquelle zu Tage tritt. Infolgedessen zeigt die Quelle abwechselnd Hochwasserstrudel mit niederem Wasserstand.

Ein unterirdisches Höhlengebiet von 50—60 □-Km. mag unterhalb und seitwärts des heutigen Donaulaufes eine unzählbare Menge erweiterter Spalten und Schluchten aufweisen, wie sie vielleicht kaum eine zweite Gegend der Erde bieten kann. So mag aus diesem Gebiet das Wasser einmal meistens nach Süden und das anderemal nach Norden zum Neckar wandern, oder ein Teil gar ganz in der Tiefe verschwinden. Aber alles Wasser, welches nicht der Donau verbleibt und nicht in die Tiefe sickert, fliesst in letzter Linie doch in den Rhein, ob es durch Aach, Neckar oder andere Zuflüsse geschieht. Sicher ist aber, dass sich das Höhlensystem immer weiter ausdehnt, bis die heutige obere Donau völlig verschwunden sein wird, wenn nicht durch Menscheneingriff dieser Ausdehnung Halt geboten wird. Prof. Endriss, heute der beste Kenner der dortigen Albtektonik, riet zu einer Donaukanalumleitung, damit die schlimmsten Stellen umgangen würden. Das umgeleitete Wasser sollte dann bei Fridingen wieder versenkt und der Aach zugeleitet werden. Andere Forscher empfehlen die Anlage eines Riesenschachtes zwischen Aach und Donau, die unterirdische Kraft in Elektrizität zu verwandeln. Wieder andere empfehlen, das Bett der ganzen obern Donau mit Pflanzenarten abzudichten, welche Mineralien absondern und so die Schlinger mit der Zeit schliessen könnten. Letztere Pflanzen müssten jedoch ein Riesenwachstum zeigen, wenn sie den an sie gestellten Anforderungen entsprechen sollten.

Gehen wir nun zu den Einzelheiten dieses merkwürdigen Gebiets über. Die Schwarzwald-Donau endet mit einer Wassermenge von 1 bis 3 Kubikmeter pro Sekunde ihren oberirdischen Lauf am Brühl bei Möhringen, nachdem sie schon bei Hüfingen oberhalb Donaueschingen dem Untergrund Wasser abtreten musste. Auch bei Neidingen unterhalb Donaueschingen gibt sie an kleinere Spalten Wasser ab. Sowohl die Hüfinger, als die Neidinger Stellen hängen mit grossen Verwerfungen zusammen, welche von Nordwest nach Südost streichen.

Auch in der Nähe des Bahnhofes bei Hindschingen liegen Versenkstellen und an den Talgehängen kann man die Spaltenrichtung verfolgen.

Aber weit grössere Verluste erleidet die Donau bei Immendingen, wo schon die Talgehänge gegenüber der Station starke tektonische Störungen aufweisen. Dort sank an der Strasse nach Höwenegg das Terrain seit Jahren langsam ein, vielleicht in Verbindung mit den grossen Spalten, welche von dem Vulkan auf Höwenegg über Immendingen nach Bachzimmern ziehen. Im Donaubett beim Bahnhof Immendingen sind die Verwerfungen leicht zu beobachten, wie auch in den Steinbrüchen des Weissbetas neben dem Wege auf Höwenegg und der Eisenbahnlinie. Dort wo die Donau am breitesten ist, fallen die Schichten trichterförmig ein, so dass jene Stelle eine Art Donausee bildet. Es verschwindet zwar wohl wenig Wasser in der Tiefe, denn man kann keinerlei Anzeichen des Versinkens bemerken.

An dem Bahnwärterhaus bei Immendingen neben der Donaubrücke sehen wir ebenfalls eine bedeutende Zertrümmerung der Juratafel, mit Gefäll der Schichten gegen Südosten. Die Spalte lauft dort durch das Wehr hindurch und zerschneidet den Berg nördlich Immendingen, welcher zwischen Immendingen, Möhringen und Bachzimmern liegt. Somit liegt eigentlich Immendingen gerade auf einem Spaltencentrum, besonders aber der Donaulauf südlich des Bahnhofes. Das Bachzimmerner Tal ist eine Spalte, an welcher die östlichen Gehänge von den westlichen absanken, so dass wir auf den westlichen Höhen Weissjura-Delta und auf den östlichen Zeta und Epsilon antreffen. Zwischen Bachzimmern und Ippingen liegt ein Weiher, welcher in einer Vertiefung liegt, die auch einen Centralpunkt mehrerer Bruchspalten darstellt. An der »alten Schmelze« und bei »Ippingen« tragen die Abhänge Verstürzungen mit auslaufenden Spaltensystemen.

Die Immendinger Versickerungsstellen fallen dadurch auf, dass manche, wie die z. B. bereits beschriebenen, wenig Wasser verschwinden lassen, während andere einen rapiden Wasserverlust aufweisen. Schwerlich fliessen hier alle Sickerwasser zur Aach. An den Gesteinsaufschlüssen und dem ganzen tektonischen Bau des Gebirges sehen wir deutlich, dass hier uralte Verwerfungen vorliegen, ja dass sogar höhere Formationsschichten in Schluchten älterer Schichten stürzten, um diese wieder auszufüllen. Manche der Einzugsstellen sind ganz neu und erst in den letzten Jahren entstanden, ja jedes Jahr sehen wir neue Erscheinungen und die alten sich ändern. Das Grundwasser muss hier daher viel tiefer liegen als der Wasserspiegel der Donau, denn die Sickerschlünde entwässern den Untergrund, welcher einem Siebe gleicht. So besitzt ein Brunnen in der Donaunähe nur bei Hochwasser Wasser, dessen Wasserstand aber auch noch dann tief unter dem Donauspiegel liegt.

Nahe der Donau, an der Strasse nach Mauenheim, erfolgte zu Mitte des letzten Jahrhunderts ein riesiger Einsturz, über den aber keine Messungen vorliegen, weil er bald nachher wieder verbaut wurde. Versuche, die Richtung der hier versunkenen Gewässe rfestzustellen, wurden bisher keine gemacht.

In der Talsohle liegt ebenfalls noch eine grosse Versenkungsstelle, welche nur noch bei Hochwasser Wasser aufnimmt und die sicher eine der ältesten Stellen ist. Zwei weitere Einbruchsstellen sind noch das Schalmengrab und das Hebammengrab. Beide Einbruchstellen sind recht grossartige Dolinen. Das Schalmengrab besitzt senkrechte Absturzränder wie ein Vulkankrater, die auf plötzlichen, einheitlichen Absturz hindeuten, während das Hebammengrab Terrassen und Böschungen aufweisst, die auf langsame und wiederholte Senkungen schliessen lassen.

Gehen wir von Immendingen nach Hattingen, so bemerken wir auf dem Wege dorthin eine riesige Donauschleife, die sich eben der Donauspalte anschmiegt, welche von Immendingen nach dem Tunnel zieht. Dort fallen die Schichten stark nach Süden ein und die grosse Donautalspalte wendet sich hier so energisch nach Süden, dass sie sich bis in die Nähe des Hattinger Bahnhofs verfolgen lässt. Noch ein wenig nach Süden und die obere Donau wäre sogar oberirdisch ein Rheinnebenfluss geworden. Hier ist diejenige Stelle, auf der die Donau am weitesten ins Rheingebiet vordringt und als Strafe hiefür nimmt ihr der Gatte Rhein eben hier unterirdisch ihr Wasser weg. Die ganze Donaurute zwischen Immendingen und Brühl besitzt Versenkstellen, die aber jünger als die Brühler sind. An dem Brühl liegt überhaupt die bedeutendste Einbruchsstelle des ganzen Donautales und desshalb verschwindet am Brühl die bisherige Donau, die Schwarzwald-Donau, in dem dunkeln Erdboden. Das Einzugsgebiet ist auf mehrere Punkte verteilt. Die grösste untere Einbruchsstelle ist diejenige, welche schon seit Jahrhunderten beobachtet und seit Jahrzehnten erforscht wurde. 1877 nahm hier Knoop seine Salzungsversuche vor, durch welche die Aach als Schwarzwald-Donaufortsetzung erkannt wurde.

Dieses schon ohnehin grosse Einbruchsfeld wurde seit 1908 immer grösser und zwar in seiner Breite und Tiefe, so dass durch die vielen unterwaschenen und verstürzten Juraschichten ein noch grösserer allgemeiner Einbruch zu befürchten ist. Neben der Haupteinbruchstelle bildete sich 1908 eine grosse neue Einbruchstelle, ein Anzeichen, dass hier das Gebirge bis auf Hattingen hinein ganz hinunterbrechen könnte. Wir stehen hier am Anfang einer furchtbaren Katastrophe, von welcher die Hattinger wohl kaum eine Ahnung haben dürften. Wird hier nicht eingegriffen, so muss in kurzer Zeit der ganze Donauuntergrund in die Tiefe stürzen und jeder Tropfen Schwarzwald-Donauwasser zur Aach fliessen. Dann wehe den Aachtalbewohnern bei Hochwasser der Donau, sie würden dann im Uebermass erhalten, was sie bisher in richtigem Mass empfingen.

Der Absturz der Donauwasser erfolgt heftig in grosse Tiefen, denn während des Absturzes werden sogar Fische an den Felsennadeln aufgespiesst. Die Leichenverwesung erzeugt bei niederem Wasserstand einen sehr widerlichen Geruch und verwesende Tierleichen und Pflanzen bilden grosse Mengen Kohlensäure, durch welche die Gesteinsauflösung immer riesigere Fortschritte macht. Einige Wochen nach Eintritt einer Trockenperiode nimmt der Kohlensäuregehalt des Aachwassers täglich zu und erst nach einiger Zeit wieder ab.

Ueberall bemerken wir am anstehenden Gestein Verwerfungen. Aber nicht blos das, es können von Zeit zu Zeit immer neue Veränderungen wahrgenommen werden, die als Mene Tekel gelten sollten.

Das Donaubett weisst hier riesige Gerölldämme auf und es ist ersichtlich, dass diese das Wasser geradezu nach den Senkschloten treiben müssen, so dass kein Wasser über die Bollwerke hinüber fliessen kann. Nur bei Hochwasser überwindet noch die Wassermasse die abgelagerten Böschungen. Den alten (seit Jahren bekannten) Abzugsstollen fliesst schon lange kein Wasser mehr zu, da sie abseits den Böschungen liegen, aber wir hören bei ihnen doch die Wassergeräusche der Tiefe.

Landrat Uslar gab für die abstürzenden Wasser der Schwarzwald-Donau mit seiner Wünschelrute ein sehr tieffliessendes Wasserbett an, wornach die Wasser der Tiefe doch kein sehr starkes Gefäll haben könnten. Die Luftlinie zur Aachquelle beträgt von hier aus 12 Km., aber schwerlich dürfte der unterirdische Wasserlauf auch nur 12 Km. lang sein. Bei Hochwasser erscheint die Schwarzwald-Donau schon nach 20 Stunden im Aachtopf, in voller Stärke aber erst nach 36 Stunden. Der Untergrund muss also riesige Hohlräume beherbergen. Wie gross aber die Hohlräume sind, geht daraus hervor, dass allein im Jahre 1898 21 Mill. Kubikmeter Wasser hier versanken, ohne dass die Aach abweichende Wassermengen von sich gab. Aber eine Verstärkung des Aachzuflusses bei Volkertshausen wurde doch in dieser Periode bemerkt, woraus man schliessen muss, dass der Aachtopf nicht die einzige Austrittspforte der versunkenen Donau ist. Das bestehende Höhlensystem zwischen Aach und Immendingen muss also sehr gross sein, ausgebildete Haupt- und Nebenwasserstrassen besitzen, was auch gutverständlich ist, wenn wir das hohe Alter dieser unterirdischen Wasserwege berücksichtigen.

Auch in der nächsten Nähe Hattingen's haben wir Senkungen. Die Erdsenke am Hattinger Bahnhof, welche im August 1908 entstand, kann mit dem Aachlauf in Verbindung stehen, aber auch eine Folge des Angriffs der Tagwasser sein. Ob der nahe Einödtobel eine Schlucht ist, die das Einbruchsfeld einer unterirdischen Höhle darstellt, ist ungewiss, aber möglich. Nordöstlich von Hattingen liegt neben der Wasserscheide, unweit der Strasse nach Emmingen, der sogenannte »Höhlenbrunnen«, ein tiefer Schlund, in welchem Wasserbrausen zu vernehmen ist, der wohl auch mit dem unterirdischen Höhlensystem zusammenhängt. Die Donau ist eben hier überall von rheinischem Gebiet umgeben, denn als das Donaugebiet in der miocänen Zeit gehoben wurde, sank das rheinische Gebiet an den erhobenen. Stellen langsam ab, und riss tiefe Gräben zwischen Vogesen und Schwarzwald ein, welche Gebirge vor dieser Zeit ein zusammenhängendes Ganzes darstellten. Ein grosser Einsturz liegt auch im Walde ob dem Hattinger Bahnhof, der sich vor 120 Jahren bildete. Damals wurde in dessen Trichtertiefe ein Riesenschlund beobachtet, in welchen sich ein Hattinger Bürger ca. 50 m tief hinunterliess, ohne auf Grund zu kommen. Diese Stelle liegt 90 m höher als der Hattinger Bahnhof. In der Umgebung von Hattingen, z. B. in der Nähe der Bahn, sieht man viele Dolinen. In eine mündet ein Trockental, welche durch Regengüsse und Schneewasser gebildet wurde. Im Walde des Anton Honold liegen Dolinen, die teilweise erst im Jahre 1903 entstanden sind. Wir sehen, dass eben das ganze Gebiet durchrissen, unterminiert und zerklüftet ist und eine Zeit kommen kann, in welcher die jetzigen Dolinen zusammenstürzen und ein neues Rieseneinbruchsfeld entstehen kann.

Zwischen Brühl und Möhringen bemerken wir viele Betasteinbrüche mit Spalten und verstürzten Schichtenmassen. Das Gefäll streicht gegen Süd-Südosten. Im Donaubett selbst können wir wenig Beobachtungen versinkenden Wassers machen, weil die Brühlstelle bereits alles Wasser wegnahm, zu neuen Versinkungen also die Gelegenheit fehlt.

In Möhringen mündet das Krähenbachtal ins Donautal und der Krähenbach bringt der entwässerten Donau wieder etwas Wasser zu. Das ganze Krähenbachtal von Talheim und Esslingen bis auf Möhringen ist ein Spaltental, dessen Fortsetzung noch die Donau überschreitet und ins oberschwäbische Gebiet des Rheines eingreift. Auch im Krähenbachtal verschwindet hie und da der Krähenbach etwas, oberhalb Möhringens. Unterhalb Möhringen zieht sich die Donau zum Mühlberg hinüber, als fürchte sie, das neuempfangene Krähenbachwasser durch die Spalten des Ehrenbergmassivs zu verlieren. Bei Spinnerei Donaufeld fehlt der Donau oft alles Wasser und erst der von Wurmlingen herunter kommende Faulenbach und Elta bringen ihr wieder beim Tuttlinger Bahnhof neue Wassermassen zu.

Eltatal und Faulenbachtal müssen früher grössere Flussläufe als heute gesehen haben, vielleicht floss in ihnen einst die Urdonau, als sie in der Hauptgletscherzeit aus ihrem heutigen Tal abgedrängt wurde. Dass dieses Tal der Elta oder des Faulenbachs ein Spaltental sei, ist selbstverständlich, aber Versenkstellen scheinen ihm zu fehlen, wenigstens werden keine bemerkt.

Anders steht es mit dem Untergrund von Tuttlingen. Dass Tuttlingen ebenfalls auf einem unterirdischen Höhlensystem stehe, scheint nicht bekannt zu sein, und doch ist es so. Wenn die Donau nur sehr wenig Wasser führt, so bemerkt man, dass sie am Bahnhof doch schier ebensoviel Wasser hat, trotz des Zuflusses der Elta, als am Wehr der

Stadtmühle und an der Donaubrücke. Zwischen Wehr und Bahnhof verschwindet es, ohne dass man genau angeben könnte, wo die Stellen sind, die das Wasser aufnehmen. Durch langes Untersuchen fanden wir aber, dass diese Stellen bei dem Elektrizitätswerk und dem Schneckenburgerdenkmal liegen, und die Spalten den Verlauf des Seltenbachtales (eines alten Donaubettes) verfolgen. Die Donau muss nämlich eine Zeit lang den Honberg umflossen haben, da dessen Abhänge überall Schwarzwald-Donauschotter tragen und zwar aus pliocäner Zeit. Vor dem Gasthof zur Blume, zwischen Zeughaus und dieser Wirtschaft, stand noch im vorigen Jahrhundert ein riesiger Monumental-Brunnen, ein hoher Zugbrunnen, welcher das Wasser aus grosser Tiefe zu Tage förderte. Dieser Brunnen gab das ganze Jahr hindurch Wasser und sein Wasserstand stieg mit dem Hochwasser der Donau. Dieser unterirdische Wasserlauf hängt sicher mit der grossen, tiefen und alten Seltenbachspalte zusammen, welche das Seltenbachtal von Nordwesten nach Südosten durchzieht und welches Tal noch von Querspalten durchzogen und durchquert wird, welche vom Honberg nach dem Duttenberg und Witthoh ziehen. Eine andere grössere Spalte ist das Duttental, vor welcher hohe, alte Donauschotter abgelagert sind. Vor dem Duttentalausgang lag unterhalb der Deutschhofbrauerei, noch zu Anfang des vorigen Jahrhunderts, also vor der Zeit der Donaukorrektion eine grosse Donausenke, das sog. Kesselloch, in welcher die Donauwasser verschwanden.

Das unterirdische Tosen dieser Spaltengewässer wurde im letzten Jahrhundert noch in tiefen Kellern Tuttlingens gehört, heute hört man es selten mehr, seit die Tuttlinger Donau immer mehr entwässert wird. So wurde im Keller der Wirtschaft zum Falken, welche Wirtschaft ebenfalls einen tiefen Spaltenbrunnen in ihrem Keller besitzt, früher auch das Wasserbrausen der unterirdischen Gewässer bei Hochwasserstand der Donau gehört, während heute dieses Brausen nicht mehr gehört werden kann. Auch die Brauerei des Deutschen Hof besitzt in ihren Kellerräumen ebenfalls einen uralten Zugbrunnen, dessen Saugröhre in tiefe Klüfte des Gesteins hinabreicht, aus denen herauf das Wasserbrausen zu vernehmen ist. Da aber die angeführten Ziehbrunnen nicht die einzigen Tuttlingens sind, welche auf unterirdische Spalten hinweisen, die das Grundwasser statt nach Osten nach Süden senden, so ist daraus ersichtlich, dass auch Tuttlingens Untergrund von einem Spaltensystem durchzogen wird.

Wer auf der Mattsteige von Tuttlingen nach Neuhausen wandert, findet am Kaiserhofkeller Betabänke anstehend (Steinbruch gleich neben dem Anwesen), in welchem ebenfalls Verschiebungen der Betaschollen wahrgenommen wurden, als der Bruch noch im Betrieb war. Diese Spalten ziehen sich von Südost nach Nordwest und fallen mit denjenigen Spalten wieder zusammen, auf welchen der Vorstadtbahnhof erbaut ist.

Die Eisenbahneinschnitte der Linie Tuttlingen-Sigmaringen zeigen an der Stuttgarter Strasse und gegen den Vorstadtbahnhof mehrere zerrissene Betaschollen, die teilweise an einander verschoben wurden. Die schönste Stelle bietet gerade der Einschnitt, an welchem der Vorstadtbahnhof steht. Diese Stelle liegt nördlich der Bahnlinie und ist beim Halten auf der Station vom Wagen aus zu besichtigen, da sie gegenüber dem Vorstadtbahnhof liegt. (Siehe Abb. 105.) Die zerriebenen

Gärtnerei von Carl Weber am Bahnhof der Vorstadt Tuttlingens.

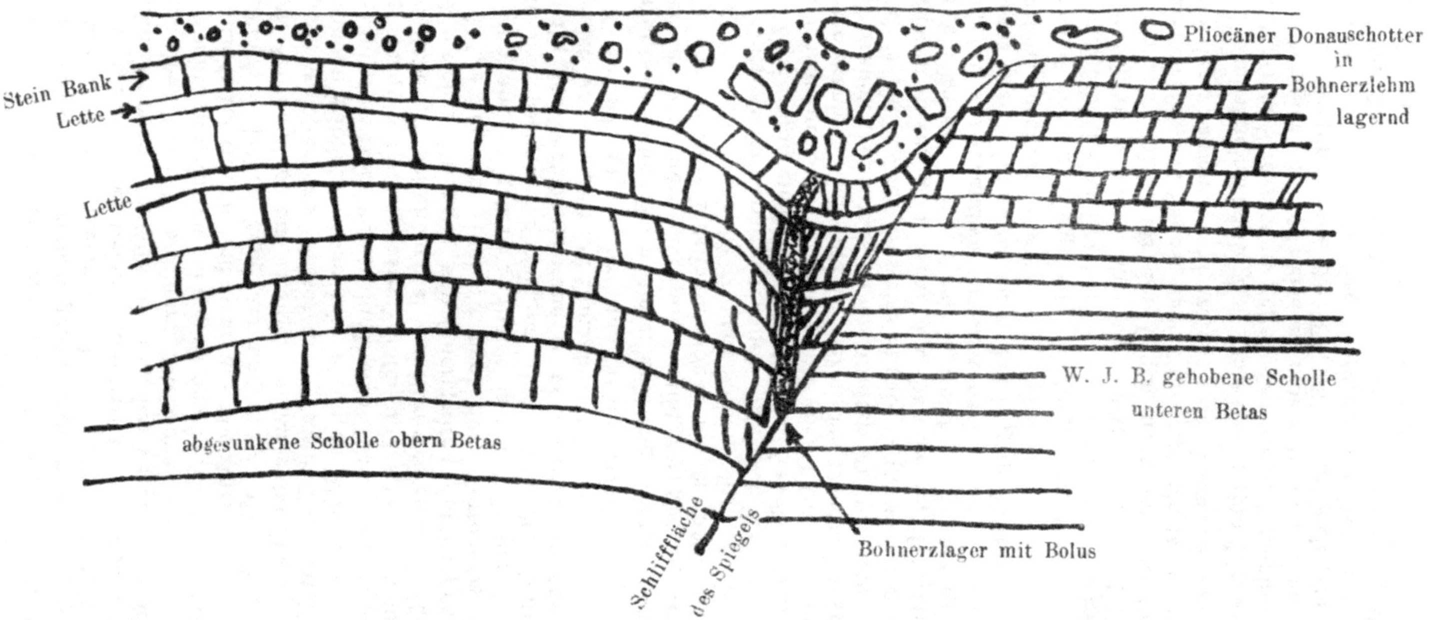

Abbildung 106. **Die Tektonik der Betaschollen am Vorstadtbahnhof Tuttlingen oder Spalten- und Schollenverschiebung daselbst.**

Die Spalte zieht von Norden nach Süden. Sie steht schwach geneigt im Gebirge. Man sieht, wie die linkseitige Scholle an der rechtsseitigen abbrach und wie der Abbruch zerrieben, zersplittert und verschoben wurde, dass die Schichten eine löffelförmige Gestalt annahmen. Der Riss wurde mit Bohnerz, Bohnerzton und Bolus ausgefüllt. Von den linksseitigen Lettenschichten und dicken Bänken ist nichts zu sehen. Die Spalte zieht nach »Eichen« hinauf, gegen den Oberhohenberg zu.

Schollen sind von pliocänem Donauschotter bedeckt, welcher wohl im Diluvialzeitalter hier umgelagert wurde und zwar von der Höhe ins Tal gelangte.

Unterhalb Ludwigstal liegt die Lettenau, um welche die Donau in einer Riesenschleife herumzog. Nördlich dieser Schleife, bei der Bleiche, entspringen grosse Quellen, welche auf Spalten zu Tage treten. Das Ursental bei Nendingen ist ebenfalls ein Spaltental, eine Querspalte des Donautales. Es ist heute ein Trockental, doch floss auch in dieser Rinne in der Pliocänzeit ein Bach der Donau zu. Das Ursental durchquert das Donautal gegen Südosten und im Stephanshaldental, wie die Fortsetzung genannt wird, liegen hohe Ablagerungen pliocänen Donauschotters, die Donau muss daher auch hier geflossen sein.

Bei Mühlheim fliesst die Lippach in die Donau. Diese verschwindet aber zum grössten Teil, ehe sie in die Donau kommt, gerade da in Erdspalten, wo sie ihr Tal verlässt und das Donautal durchfliessen möchte. Aber auch das Lippachtal selbst ist eine grosse, verbreiterte Spalte, welche ihre Fortsetzung unter dem Schloss in Mühlheim hat und bis zur Heilandkapelle nach Südosten streicht und dort die andere Seite des Donautales bei Fridingen erreicht. In der Nähe des Kesselbachs sind ebenfalls Verwerfungen wahrzunehmen die mit Spalten zusammenhängen, welche den Bräunesberg durchziehen. Bei Mühlheim-Altstadt entspringt bekanntlich der wasserreiche Wulfbach, welcher gleich mehrere Mühlen treibt. Auch er entspringt einer grossen tiefen Spalte, in welche Deltafelsen nachstürzten, obwohl die Lage Gamma ist. So bemerken wir auf der langen bisher beschriebenen Strecke eine Menge Querspalten, welche die tiefe und breite Donautalspalte durchsetzen und -queren.

Bis Mühlheim zeigen die Donautalabhänge, wie auf der ganzen Strecke zwischen Immendingen und Mühlheim, ausgesprochene und gutausgeprägte Betaterrassen. Aber während westlich von Alt-Mühlheim diese Terrasse noch deutlich ausgeprägt ist, fehlt sie am Kolbinger Massiv gänzlich und genauere Untersuchungen an der Kolbinger Strasse lehren uns, dass das Kolbinger Massiv am Lippachmassiv, also die östliche Scholle an der westlichen absank. In gleicher Höhe z. B. in welcher bei Altstadt-Mühlheim β liegt, liegt am Kolbinger Berg schon das abgesunkene Gamma und zwar Felsengamma, so dass jetzt das Donautal einen ganz anderen Typus als bisher anzunehmen scheint: es wird jetzt steil und felsig, also hochromantisch, sein schönster Teil beginnt zwischen Mühlheim und Fridingen. (Vergleichen wir damit die Relief-Kartenbeilage des Donautales.)

Aber die Zerstückelung der Albtafelschollen hat bei Mühlheim natürlich nicht ihr Ende erreicht, auf der ganzen Tur von Mühlheim bis Sigmaringen sehen wir tektonische Störungen der Juraformation, doch können wir nur die wichtigsten anführen, sonst müssten wir einen besondern Band darüber schreiben.

Von Altfridingen ziehen sich Spalten ins Donautal hinunter und der gegenüberliegende Langenfels weist ebenfalls Spalten auf, die mit der Langenfelshöhle zusammenhängen, welche einst ebenfalls ein Wasserbehälter war.

Beim Bahnhof Fridingen mündet das Beeratal ins Donautal und

versorgt die Donau wieder mit etwas Wasser. Am Bahnhof sehen wir aber, wie die γ'-Schichten verstürzt sind, ja an einzelnen Stellen scheint es, als ob sogar Deltabänke auf γ herabgestürzt und sich dort eingegraben hätten. Die beiden Seitengehänge des ausmündenden Beeratalels zeigen eine solche Tektonik, dass man meinen könnte, die Spalte sei durch Auseinanderfallen zweier Schollen entstanden. (Siehe Abb. 106.)

Vom Bahnhof aus macht die Donau nochmals eine grosse Wendung nach Süden, als ob sie hier noch einmal zum Rhein wollte und wirklich zapft ihr dieser auch hier wieder eine grosse Wassermenge ab, die er durch die Aach empfängt. Dieses ist wirklich merkwürdig. Das Gefäll der seitwärts von der Donau liegenden Juraschichten muss also ein solches sein, dass sie alle in gewisser Hinsicht gegen die Aach einfallen, so dass die Aachquelle einem Sammelpunkt riesiger unterirdischer Wasserläufe gleicht.

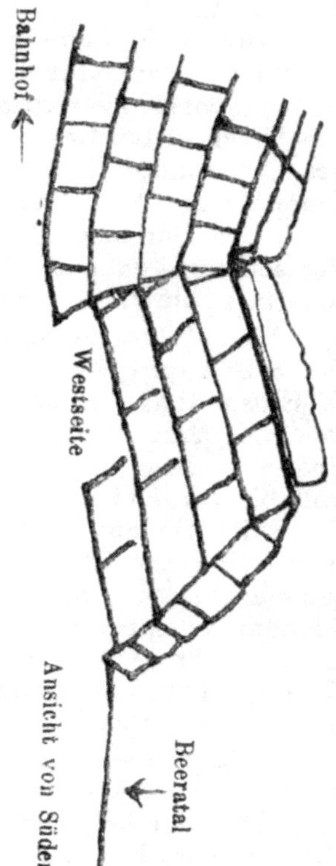

Abbildung 107. **Tektonik der γ-Schichten bei der Beeratalmündung ins Donautal bei Fridingen a. D.**

Die Albdonau bildete sich also bei Möhringen, wo sie den Krähenbach und bei Tuttlingen Elta und Faulenbach aufnahm. Wir finden im Donaubett bei Tuttlingen $^1/_4$ Kubik-Sekundenmeter Wasser. Bei Fridingen nimmt sie die Beera auf, aber bei Beuron, unterhalb Fridingens, hat sie kaum einen Kubikmeter Wasser, obwohl die Beera mehrere Sekunden-Kubikmeter beibringt. Etwa 30 Km. entfernt von der Schwarzwalddonauversickerungsstelle im Brühl, haben wir also bei Fridingen die Hauptversickerungsstellen der Albdonau und auch diese Stellen senden ihr Sickerwasser zur Aach. Ihr Verlust ist bei Fridingen ca. 100 Sekundenliter, also 1 Kubiksekundenmeter.

Die Versickerungsstellen bei Fridingen liegen auf beiden Seiten der Donau und sind den Müllern längst, den Forschern aber erst seit kurzem bekannt. Bei den Spalten und Versinkstellen der Nordseite dachte lange Zeit niemand daran, dass hier das Wasser unter dem Donaubett hindurch nach Süden zur Aach fliessen könnte. Man nahm zuerst an, dass dieses

Wasser wieder bei Hausen i. T. zum Vorschein komme, ohne das geringe Gefäll bis dorthin zu berücksichtigen, einen solchen langen Lauf nach Südosten unmöglich mache. Die Gesteine in der Nähe der Versinkstellen zeigen unregelmässige Lagerungen. Einzelne Spalten ziehen gegen Süden, wieder andere gegen Südosten und Südwesten, einige auch gegen Norden, wohl als Verlauf der Südspalten. Die gegen Norden weisenden fallen mit der Richtung der Beeraspalten zusammen. Die meisten Spalten und das Gefäll wenden sich nach der Aach und dem Bodensee und nur einige Tafeln zeigen andere Gefälle. Färbungs- und Salzungsversuche wurden öfters ausgeführt, doch konnte mit ihnen immer erst begonnen werden, wenn die Donau in Fridingen 6 Wochen ausgeblieben war, weil sonst die Riesenhohlräume zu viel Wasser enthalten hätten und die Verdünnung zu gross geworden wäre und somit die Versuche zu schwach.

Wer die Hauptspalten und Schlinger sehen will, muss das stark unterwaschene Donauufer zwischen Fridingen und Schlösschen Brunnen (siehe Abb. 2 und 3) untersuchen: 1 Km. südlich von Fridingen. Hier ist der grösste offene Schlinger mit einer Leiter zu besichtigen. Ganz nahe bei ihm liegt in einem Altwasser ein weiterer und neben ihm mehrere kleinere Schlinger, welche ebenfalls Wasser aufnehmen. Letzterer Platz wird seit langer Zeit »Rollhafen« genannt, nach den Tönen, welche die abstürzenden Wasser von sich geben. Die Stellen des rechten Donauufers sind augenblicklich verstopft, um der Donau wenigstens einiges Wasser zu erhalten. Dort wurden 1908 die Salzungsversuche vorgenommen und die Wassermessungen angestellt unter Kontrolle von badischen und württembergischen Regierungsvertretern.

Andere Wassereinzugsstellen und Vertiefungen des Talbodens lassen auch hier, wie im Brühl, eine weitausgedehnte Wassersammelanlage des Untergrundes annehmen. Wahrscheinlich haben wir bei Fridingen wie im Brühl ein ganzes unterirdisches, strahlenartiges System von Erdspalten, von denen manche an der Oberfläche zu beobachten sind. Auch Landrat v. Uslar wies auf diese Spalten hin, sowie auf die unterirdischen Wasserläufe, die mit diesen Spalten in Verbindung stehen. So ist zum Beispiel der Hauptschlinger eine Höhle von 1,38 m Höhe und 12—13 m Länge, welche ca. 5 m ins Ufergestade eingreift. Sie wird, als ausgeweitete Spalte, innen immer enger, in einen Schlund übergehend. In den Schlundverengungen bemerken wir einen langen Felsenspalt, tektonischer Natur, in welchem hineingeworfene Steine lautlos verschwinden. Dieser Schlund muss somit sehr tief sein. Wäre diese Höhle nur 30 cm niederer, so würde sie die ganze Albdonau verschlingen. Mit der Zeit muss aber dieser Schlund doch grösser werden, weil die Donau sich gerade gegen sein Ufer, wie mit Absicht, hindrängt, das Gestein aber hier sehr gelockert und zerrissen ist. Am obern Ende der Höhle befindet sich noch ein anderer, zweiter Schlund, der höher als der erstere liegt. Augenblicklich fliesst kein Wasser in diese Schlünde, aber Hochwasser findet immer den Weg dazu. Der Hauptschlund im »Rollhafen« dürfte in seiner Tiefe einen grossen Wasserfall bergen, da man das Aufschlagen und Rauschen des Wassers deutlich vernimmt, ähnlich wie im Brühl bei Möhringen. Das Getöse gleicht dem Geräusche eines nahenden Eisenbahnzuges.

Mit diesem hätten wir die Tektonik der Alb auf der Donaustrecke zwischen Donaueschingen und Beuron beschrieben. Wir können ruhig ohne Uebertreibung behaupten, kein Fluss in Deutschland zeigt in seinem Bett ähnliche merkwürdige Verhältnisse und alle diese Tatsachen beweisen, dass die Donau in einer Riesenspalte läuft, welche selbst noch kreuz und quer von Spalten durchzogen wird, die unter der Oberfläche ein Riesensystem ausgewaschener Spalten und grosser Flusssysteme beherbergen. Ferner sehen wir auch, dass die Seitentäler der Donau auf der beschriebenen Strecke ebenfalls der Tektonik ihre Entstehung verdanken und jüngeres Alter haben wie das Donautal. Wir sehen auch, welchen Wert die Kenntnisse der Tektonik für Landwirtschaft und Industrie haben und wie notwendig es ist, täglich mehr in ihre Geheimnisse einzudringen.

Abbildung 108. **Burg Werenwag im Donautal** auf Deltafelsen ruhend. Der Wald unten auf dem Bild ist Obergamma, auf dem sich Felsen- und Bank-Delta erhebt, welche von mehreren Höhlen durchzogen sind, die von Gletscherwasser ausgerundet wurden. Die sichtbaren Spalten auf unserem Bild ziehen von Osten nach Westen und werden von andern Spalten gekreuzt, die von Süd-Südosten nach Nord-Nordwesten streichen.

Das Donautal von Beuron bis Sigmaringen.

Um aber zu zeigen, dass nicht blos der beschriebene Teil des Donautales eine Menge Verwerfungen aufweist, sondern das ganze Tal bis nach Sigmaringen, wollen wir dasselbe auch noch bis Sigmaringen verfolgen, seine Tektonik zu studieren.

1) Am Fusse des Petersfelsen bei Beuron sehen wir die Gammaschichten sehr stark gegen Westen einfallen und nicht weit davon gegen Südwesten, zusammenhängend mit der Wildensteiner Schlucht.

2) Zwischen Station Hausen i. T. und Ortschaft finden wir in der Nähe der Donaubrücke, nördlich der Donau an der Staatsstrasse, einen steilen Gammaaufschluss, welcher ebenfalls von verticalen Spalten durchzogen ist. Einige dieser von Süd-Süd-Osten nach Nord-Nord-Westen streichenden Spalten trennten blos das Gestein, aber eine Verschiebung der Schichten ist nicht wahrnehmbar. Dagegen be-

obachten wir an der östlichen Grenze dieses Aufschlusses eine schief absetzende Spalte, welche die Abbildung 109 zeigt.

3) Die Schlucht, welche sich an Ruine Hausen i. Tal herabzieht, zeigt nach ihrer Tektonik wiederum ein Absenken der südöstlichen und südwestlichen Bänke. Auch am Schaufelsen und an der Strasse nach Kreenheinstetten beobachten wir gleichartige Erscheinungen.

Pliocäner Donauschotter aus dem Schwarzwald.

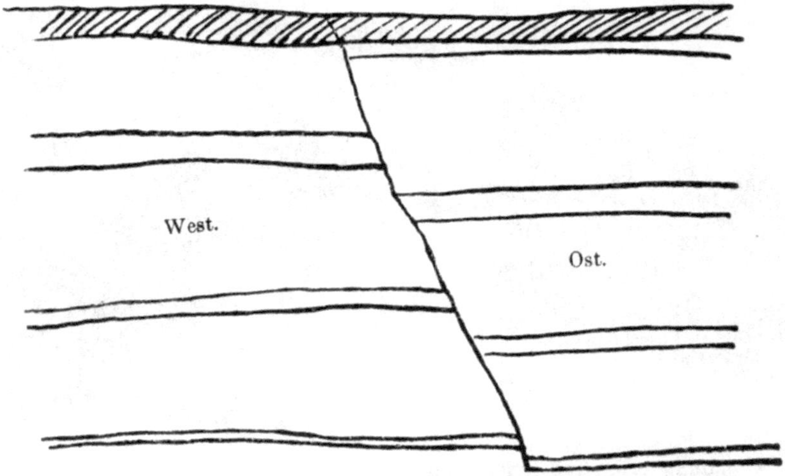

Abbildung 109. **Ansicht eines Gammaaufschlusses bei Hausen i. Tal** von Süden aus gesehen. Die Spalte streicht von Süd-Osten nach Nord-Westen.

Die Bänke blieben hier horizontal gelagert, doch wurden die Schollen an einander verschoben.

Wir haben Obergamma vor uns, welches in der Richtung gegen Sigmaringen sonst nicht mehr zu sehen ist.

Die östliche Tafel ist an der westlichen um ca 45 cm. abgesunken, die normale Lagerung somit gestört.

4) Ebenso ist es bei Tiergarten in der Schlucht, die nach Stetten a. k. M. hinaufzieht. Wiederum liegen dort die Deltaschichten an den westlichen Talabhängen etwas höher als an den östlichen und im Tunnel wurden beim Tunnelbau ähnliche Erscheinungen beobachtet.

5) Die Felsen bei Gutenstein an der Burghalde (Abb. 110) zeigen ebenfalls verticale Spalten, die den ganzen Berg von oben bis in die Donauspiegelebene durchsetzen und wo die Deltafelsen Schichtung zeigen, bemerkt man wiederum, dass die südöstlichen Bänke an den nordwestlichen absanken.

6) An der Einmündung des Schmichatales ins Donautal bemerken wir dann (oberhalb Inzigkofen), dass das dortige Schmichatal eigentlich auch nur eine breite Juraspalte ist, dessen Seitenplatten nach rechts und links auseinanderfielen, wie es beim Beeratal der Fall war.

Wir bemerken also ein treppenartiges Absenken der Juratafeln in der Richtung von Westen nach Osten, oder von Nordwesten nach Südosten.

Abbildung 110. **Erosionsformen und Spalten der Burghaldefelsen im Donautal bei Gutenstein.**

Auf dem vordern Felsen rechts des Bildes sehen wir deutlich eine verticale Spalte den ganzen Felsen von oben bis unten durchschneiden. Das Bild zeigt uns aber nicht, dass die linke Seite des Felsendeltas, die südliche, von der nördlichen absank, weil die ursprüngliche Form durch die spätere Gletschererosion verwischt wurde. Neben der Hauptspalte sehen wir eine weitere Nebenspalte und an dem Tunnelfelsen in der Mitte des Bildes beobachten wir eine dritte und vierte verticale Spalte. Weniger deutlich zeigt das Bild die Gletschererosion, welche besser vom Bahnhof aus sichtbar wird.

Spaltensysteme des Schmicha- und Eyachtales.

Bei Untersuchungen zur Geschichte der Talbildung finden wir auch im Schmichatal viele Spalten, ja ganze Spaltensysteme, von denen wir aber nur einige schildern wollen.

Am »gespaltenen Felsen« des schönen Schafberges sehen wir deutlich, wie dieser sog. »hangende Stein« nur der Ueberrest einer abgetragenen Weissjura-Betafelsenscholle ist, welche längst zerbrochen gegen Balingen abrutschte.

Am Steilabfall der Weilheimer Hörnlerutsche bemerken wir ebenfalls mehrere gutaufgeschlossene Spalten, die das Gestein durchschneiden, wie das Messer einen Kuchen durchschneidet. Bei einer Spalte rutschte die südöstliche Scholle auch um mehrere Meter von der nordwestlichen ab.

Aber besonders lehrreich ist die grosse Querspalte des Eyachtals, welche sich von Hossingen durchs Brunnental (Hossinger Leiter mit dem Felsenamphietheater) quer über das Eyachtal zum Heersberg zieht,

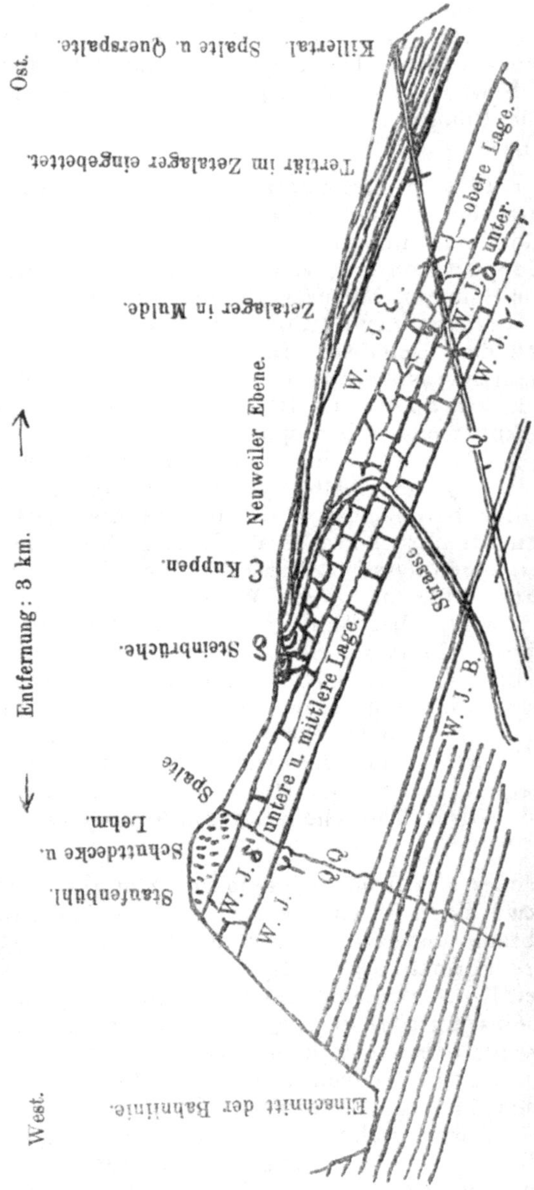

Abbildung 111. **Staufenbühl und Neuweilerstrasse bei Tailfingen.** Gefäll der Juraschichten vom Schmichatal gegen das Killertal auf der Linie Staufenbühl-Neuweiler.

Der Staufenbühl verhält sich tektonisch ganz eigentümlich zu seinem Ausläufer dem Neuweiler Feld. Wir haben hier ein grosses Gefäll gegen Südosten. In der gleichen Höhe ob dem Meer, in der wir am Staufenbühl den Gammaquellhorizont antreffen, treffen wir am Einmünden der Strasse in Neuweiler Weiss-Jura-Zeta und Tertiär an. An der Strasse im Tailfinger »Neuweiler Tal« haben wir Weiss-Jura-Delta um 30 m tiefer liegen als am Staufenbühl. In 2 Kilometer Entfernung haben wir ein solches starkes Schollenabsinken gegen Osten, dass Unter-Delta am Staufenbühl höher liegt als Zeta bei Neuweiler. Schon im Bahneinschnitt an der Westseite des Staufenbühles sehen wir den rapiden Schichteneinfall deutlich, dann wieder in all den vielen Steinbrüchen des Neuweiler Tales und bei und in dem Weiler Neuweiler, wo aber die Schichtenlagerung ganz konfus geworden ist.

diesen durchquert und in der Zollernalb verschwindet. Die Hosssinger-Eyachtal-Heersberg-Spalte ist selbst im mittlern Beeratal wieder zu beobachten, da sie den ganzen Heuberg durchquert.

Ein anderes Spaltensystem concentriert sich da, wo die Ortschaft

Lautlingen liegt. Von Messsteten zieht sich eine breite Spalte ins Eyachtal herunter, durchquert dasselbe und setzt über Margrethausen und Pfeffingen in die Zollernalb fort, mit der Heersbergspalte sich vereinend. Der Heersberg wurde daher ziemlich stark gerüttelt und zersplittert, so dass nach und nach ein grosser Teil seines Massivs zu Tal stürzte und das Tal in ein Chaos umwandelte. Die Tierbergscholle wird noch heute bei Erdbeben anders bewegt, als die angrenzende Ochsenbergscholle und Erdstösse, die die Ebinger Schollen bewegten, wurden teilweise in Balingen nicht bemerkt.

Ebingen endlich liegt auf einem besondern System von Spalten. Sein Untergrund wurde wahrscheinlich mehrmals zerrissen, die Schollen mehrmals im Laufe der Erdbildung hin- und herbewegt. Vom Mittelpunkt Ebingen gehen drei Hauptspalten aus, von denen die eine durchs Riedbachtal zum Eyachtal bis Balingen hinaus läuft, die zweite streicht auf Onstmettingen über Truchtelfingen und Tailfingen. Die dritte zieht sich durchs Schmichatal nach dem Donautal. Dabei besitzt die zweite Hauptspalte mehrere gleichlaufende Nebenspalten, von denen z. B. eine weit blosgelegte und aufgedeckte Spalte die Bühltalspalte ist. (Siehe Abb. 84, 91, 94 u. s. w.) Eine weitere Querspalte streicht durch den Matzmann nach Truchtelfingen. In Onstmettingen bildet das Ende dieser dritten Hauptspalte wieder ein eigenes Spaltensystem, welches in der Onstmettinger Mulde nach allen Seiten ausstrahlt, so dass die Seitentäler Onstmettingens in ihren Steinbrüchen überall Spalten, Verschiebungen und Verwerfungen erkennen lassen. Diese Spalten ziehen von Onstmettingen nach Osten zum Killertal, gegen Westen aber ins Tanheimer Tal hinab. Die Steinbrüche bei Tailfingen an der Neuweilerstrasse, sowie der Eisenbahneinschnitt am Staufenberg bei Tailfingen zeigen so gute Aufschlüsse, dass die Tektonik der dortigen Stellen genau vor Augen tritt. Darnach sank die Neuweiler Scholle so gegen Osten, resp. Südosten ab, dass sie sich im Staufenberggipfel hob und am Killertal beim Neuweiler so sehr senkte, dass wir da, wo der Staufenbühl Gamma zeigt, höher liegen, als dort bei Neuweiler, wo die Zetaplatten tief eingesunken sind. Diese Tatsache zeigt die Abbildung 111 besonders gut.

Kommen wir in den Weiler »Neuweiler« hinein, so bemerken wir, dass derselbe auf einer merkwürdigen Bruchzone steht, in welcher Zeta von Westen gegen Osten absank und zwar tiefer als das weiter östlich wieder anstehende ältere Formationsglied Epsilon. Die Scholle ist nahe bei Neuweiler (zwischen Killertalanfang und dem Neuweiler) ganz verbogen, wie der Strasseneinschnitt 1890 zeigte und zwar so, dass die östliche Schollenebene gegen Westen stark abwärts gebogen wurde. Aber schon einige Schritte nordöstlich davon sehen wir die gleichen Schollen der Zeta-Mulde dachgäh gegen Westen einfallen mit steiler Emporrichtung gegen Osten. Dort wo die Erosion des Killertales beginnt, erhebt sich der Schollen am höchsten (gegen Nordosten), bricht jäh ab, um gegen die Tiefe abzustürzen, daneben folgt eine Breccie und wieder neben dieser ein Gefäll gegen Westen, wie es Abb. 112 zeigt. Bedeckt sind diese Schollen mit zerrissenen Platten, welche in Lehm eingehüllt sind. Auch Gerölle weissen Juras findet sich im Lehm, Manganitkugeln und Marmorknollen mit Manganhüllen.

Die Deltaschichten im Steinbruch der Firma Maier & Co. an der Neuweilerstrasse zeigen einen Aufschub von Südosten nach Südwesten und ein Gefäll von $^1/_2$ m auf 100 m, teilweise 1 m und 1,2 m auf

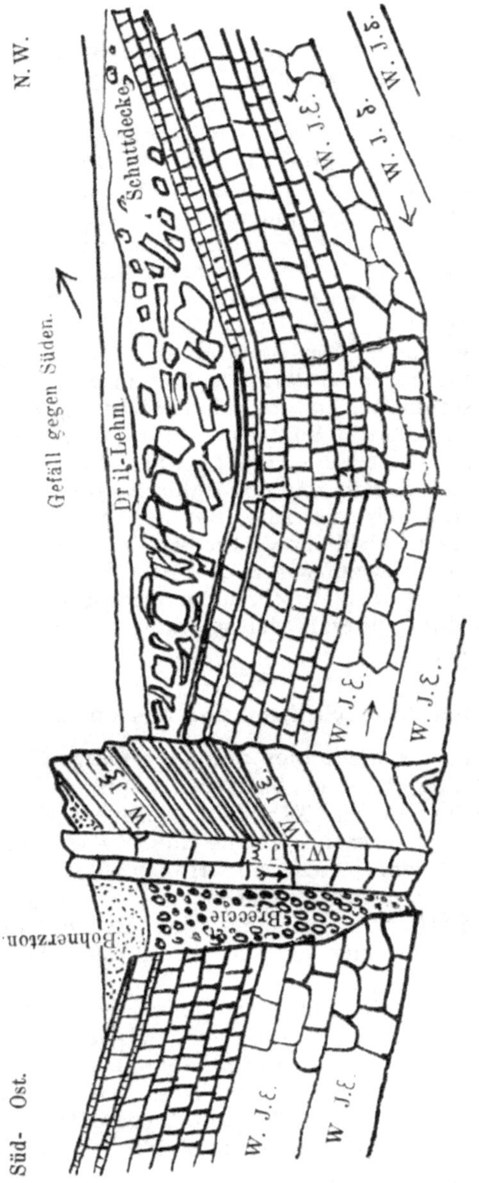

Abbildung 112. **Schichtenbruch, Verstürzungen, Breccie und Verschiebung der obersten Weissjuraglieder am Neuweiler Weg ins Killertal.**

1890 nach dem Bau der Killertalstrasse wurde dieses Profil von uns aufgenommen. Es zeigt, wie auch auf der Alb jede normale Lagerung an einzelnen Stellen ins Gegenteil übergehen kann, wo der oberflächliche Turist keine Ahnung von den Schollenveränderungen hat.

Die Breccie ist fest verkitteter Jurakies, aber eckig, mit Eisen verkittet. Man sieht, wie die Scholle von rechts nach links abbricht, ein Stück weit eben lagert, um wieder gehoben zu werden, zu brechen und wird nun gebogen und abgerissen. An der Abrissfläche stürzte aber eine obere Lage direkt in die Spalte hinunter und wurde mit der Breccie verkittet, ein Chaos bildend. Daneben steigt die nächste Scholle wieder gegen Nordosten an und gegen Südosten.

100 m gegen Südosten. Die Spalten sind von Wasser stark ausgewaschen und in den tiefsten Lagen (auf γ′) von Bohnerzbildungen ausgefüllt.

Die grosse Bitzerbergscholle mit dem Ebinger und Tailfinger

Schlossfelsen fällt von Ebingen (Ebinger Schlossfelsen W. J. δ' 952 m) nach Tailfingen (Tailfinger Schlossfelsen W. J. δ' 933 m) um 20 m, während sie gegen Bitz scheinbar oberflächlich nicht fällt, in Wahrheit aber tiefer fällt als 100 m, da der Ebinger Schlossfelsen δ' und die Auchten bei Bitz W. J. ξ aufweist.

Nur an solchen Schollen können wir deren Tektonik studieren, welche viele Aufschlüsse aufweisen und zwar Aufschlüsse auf allen Seiten, wie z. B. die Bitzer Bergscholle, zu welcher die Neuweiler Mulde gehört, oder die Ochsenbergscholle mit dem Ebinger Bühltal. Letzteres zeigt ja nicht blos eine Menge gewöhnlicher Spalten nebst dem obenbeschriebenen Spiegel, sondern noch obendrein starke Schichtenstörungen, die mit den Verschiebungen zusammenhängen. Schon bei Abbildung 94 ist das nähere eines Aufschubes beschrieben und zwar aus einem alten, heute aufgegebenen Bruch. Aber im Maag'schen Steinbruch, wo wir die bewegten Schollen wieder ebenfalls sehen, finden wir, dass die Ostscholle stark einfällt gegen Nordosten, die daneben anschliessende Scholle aber eine ebene Lage beibehielt. Auch der Heidenstein bei Ebingen scheint nur eine Parallelspalte zu den Bühlspalten zu sein, da die Heidensteinhöhle in ähnlicher Richtung zieht wie das Bühltal. Nur wird die Heidensteinhöhle in ihrer Mitte noch von einer Querspalte durchzogen, welche die Hauptspalte kreuzt und von Nordwesten nach Nordosten zieht, also mit der Bühltalspalte einen spitzen Winkel bildet. Vergleichen wir die Abb. 84, 94, 97 und 85.

Doch sei es nun genug mit den Beispielen dieser Art aus der Ebinger Gegend. Alle zeigen eben, dass wenn wir auch oberflächlich auf der Alb keine Störungen sehen, diese eben durch die Erosionsprodukte verdeckt sind, in der Tiefe aber doch überall sich vorfinden, wie wir an den Aufschlüssen sehen können.

Weitere tektonische Störungen der Albhochfläche und des Vorlandes.

Tektonische Störungen sind aber nicht blos auf der heutigen Alb wahrnehmbar, sondern auch auf der früheren Alb, dem heutigen Vorland derselben. So haben wir schon in Tur XIII (die Kaiserberge der Alb) auf grosse Spaltensysteme hingewiesen, welche die Kaiserberge des Vorlandes mit einander verbinden. Auch der Hohenzoller steht auf einem solchen Centralpunkt und nur desshalb ist er von dem übrigen Albkörper völlig isoliert; seine Spalten hängen mit den Eyach- und Schmichatalspalten zusammen, andererseits mit den Spaltensystemen des Killertales.

Dass in der Uracher Alb, dem Sitz der Embryovulkane, die Normallagerung sehr gestört sein muss, ist selbstverständlich. Daher finden wir dort eine solche Menge Spalten, Senkungen, Verschiebungen u. s. w., dass es sich gar nicht machen liesse, da nur mit der Beschreibung anzufangen. Noch heute kommt es z. B. in der Umgebung des Breitensteins vor, dass von Zeit zu Zeit wieder ein Stück Fels, der längst gelockert ist, einbricht und so einen sog. Pferch bildet, wie dort diese Lokaleinbruchsfelder genannt werden. Die Maare selbst sind nur Sieblöcher in den Schollen, welche die Gase durchtrieben und alle Maare zeigen Risse, die von ihrem Mittelpunkt radial nach aussen ziehen. Besonders deutlich sehen wir dies am Steinheimer Becken, dem grössten

Albmaar, dessen tektonische Störungen in der ganzen Umgegend wahrzunehmen sind.

Das Vorries endlich bringt in dieser Hinsicht eine solche Fülle von Störungen mit sich, die mit dem Ries in Verbindung stehen, dass wir im Vorries ein ganzes Chaos der Schichten beobachten und eine normale Lagerung dort sehr selten zu finden ist. Da das Vorries aber noch eine ganze Menge bedeutender Probleme einschliesst, müssen wir noch etwas näher auf diese Störungen eingehen, um so von Südosten wie von Südwesten Uebersichten zu erhalten. In letzter Zeit hat ja auch C. Regelmann das Vorries und seine Störungen (Berichte des oberrh. geolog. V. 1909) gründlich beschrieben und da wir ähnliche Ansichten, wie er vertreten, sei es gestattet, seine Ausführungen mit den unsern in Nachstehendem zu verbinden.

Tektonische Veränderungen der Juratafeln im Vorries.

Diese zu studieren, gehen wir mit Herrn C. Regelmann-Stuttgart nach der schönen und freundlichen Donaustadt Donauwörth. Donauwörth liegt 398 M. ü. d. M. am Einfluss der Wörnitz in die Donau. Das Wörnitztal ist ein gigantisches Spaltental, in der Pliocänzeit gebildet. Dasselbe stellt eine der wichtigsten Strukturlinien im Juraschichtenbau der schwäbischen Alb und des fränkischen Juras dar. Diese Linie durchzieht das Vorries in der Richtung Donauwörth-Harburg-Oettingen (N. 90° W.) und trennt somit im Vorries die schwäbische Alb vom Frankenjura, weshalb wir ja auch diese Linie noch beschreiben wollen.

Bei Donauwörth nimmt die Lage des Albjurarandes, statt wie bisher weiter zu ziehen, eine andere Richtung ein, nämlich eine östliche, also parallel dem alpinen System, während die Alb auf ihrem Zuge der varistischen Leitlinie folgte, also N. 55° O. Ausser den hier zusammenstossenden Gebirgssystemen wirft aber auch noch das hercynische System seine Strukturlinien herein: N. 51° W. Die hercynische Strukturlinie verläuft parallel zum Rande der östlichen Gebirge der kristallinischen Formationen des Bayrischen Waldes, Böhmerwaldes und des Fichtelgebirgs. Dieser Strukturlinie musste sich das nördliche Gebiet des Frankenjuras anbequemen. Daher stellt das Ries einen eingekeilten Jurateil der nordwärts geschobenen Alb vor, zwischen den kristallinen Gebirgen des Westens und Südens liegend. Die gebirgsbildenden Kräfte der Tertiär- und Quartärzeit riefen hier die tiefgehendsten Veränderungen, Ueberschiebungen und Erhebungen hervor, so dass das Vorries ebensogut ein Druckzentrum wurde, als das Ries selbst.

Der Rieserdbebenherd hängt mit dem Innsbrucker Erdbebenherd zusammen. Die Linie Innsbruck-Augsburg-Dönauwörth-Oettingen (N. 19° W.) ist daher eine Strukturscheidenlinie fürdas alpine Vorland, sowohl als auch eigene Herdlinie. Das Zurückweichen des Jurarandes von der Linie Ulm-Neuburg (11 Klm.) beträgt nämlich ebensoviel, wie die vorspringende Linie der Alpen bei Telfs, westlich von Innsbruck. Wir haben also hier ein gewaltsames alpines unterirdisches Vorrücken auf den Stosslinien und zwischen ihnen: Die Linien Telfs-Dischingen und Innsbruck-Harburg schufen durch Albtafelzertrümmerung das Vorries.

1. Der Donaualbrand bei Donauwörth.

Donauwörth liegt auf tiefeingesunkenem oberem Weissjura, dessen Senkungsfeld sich in Oberschwaben weiter fortsetzt, also wie bei Linien Ulm-Bodensee und Tuttlingen-Bodensee. Als weite Ebene breitet sich bei Donauwörth das Donauried und die oberschwäbische Molasse auf diesem Senkungsgebiet aus. Die Stadt selbst ruht aber noch auf Epsilonmarmorköpfen des obersten Weissjuras. Freilich ist die Albtafel hier schon so tief eingesunken, dass die Epsilonfelsen sich blos noch zu 20 Meter Höhe erheben können, was eine weitere Höhe erreicht, ist kein eigentlicher Weissjura mehr. So ist schon die Schellenburghalde kein eigentlicher Jura mehr, wie wir gleich sehen werden.

Zwischen Donauwörth und Zirgisheim steigt die Bergwand des Donauabhanges, die die Donau begrenzt, ca. 100 Meter hoch empor. Aber die geologischen Verhältnisse sind dort ganz andere, als wir sie sonst von der Alb her gewohnt sind. An der Halde des Schellenberges heben sich 5 deutliche Wälle plumpen Felsenkalkes ab, die der Richtung des grössten Gefälls folgend, nämlich 1 : 15, keine gewöhnlichen Epsilonfelsen sind. Die flachen Mulden, welche zwischen diesen Wällen liegen, bestehen aus einer Deckenformation, welche sich vom Hochplateau über die ganze Halde bis ins Tal hinunter zieht, und von den anderen Deckenformationen der Alb sich unterscheidet. Diese Deckenformation besteht aus tertiären und quartären Tonen und Lehmen, Sanden und Geröllschichten. Manche dieser Sande gehören der Meeresmolasse an und enthalten daher Ostrea crassissima. Alle diese Tertiär- und Quartärformationsglieder treten aber keineswegs in normaler Lagerung auf, sondern in der sogenannten **„Wickelform“**, d. h. in zusammengeschobenen und zusammengepressten Lagern. Diese Deckenformation liegt nicht blos auf der Hochebene auf, sondern bildet auch eine Decke an den Berggehängen und zwar in allen möglichen Höhenlagen z. B.

im Donauwörther Forst in .	515	Meter	Meereshöhe
Umgebung von Donauwörth .	430	»	»
am Lochbach bei Zirgisheim	420	»	»
beim Hofgut Weinberg . .	420	»	»

Nun zum Aussehen der Deckenformation. Wo sich typische Meeresmolasse vorfindet, sind es keine lagerhafte Schichten, sondern gefaltete, aufgerichtete, umgestürzte, dislocierte Fetzen. Also eingewickelte Schichten liegen zwischen den verschobenen Felsenbalken des obern Weissjuras. Diese »Wickel« bilden zwischen den Wällen wasserführende, grüne Matten.

Die Wickel entstanden durch Zusammenschub der harten Juramarmorkalke von **Osten** her, aus der Zeit nach dem Mittelmiocän. Oberflächlich betrachtet, sieht alles wie ein Abbruch aus, aber die eigenartigen Lagerungsverhältnisse und die allgemeine Tektonik sprechen nur für einen tangentalen Schub. Der Donautalrand täuscht Laien und Forscher. Er besteht nicht aus reinem Jura, sondern aus Jurakies und zusammengeschobenen Jura-, Tertiär- und Quartärschichten. Die Stotzen der Weissjurafelsen ziehen sich nämlich nicht bis auf die Hochebene (496 Meter) hinauf, sondern nur bis zum Schellenberghof 464 Meter. Auf der ganzen Hochebene herrscht ein weitausgedehnter Ackerbau und nirgends bemerken wir auf dieser Ebene noch Weissjurastotzen. Die obern 30 Meter des Donaurandes bestehen nämlich aus tertiären und quartären Schichten, Verwitterungsformen und Verschiebungen. Wie langsam die Juratafeln gegen Süden einfallen, zeigt der Abhang an der Talstrasse nach Zirgisheim. Dort am Schellenberg erheben sich die Marmorfelsen nur noch zu 477 M. ü. d. M., am Bierkeller aber der gleiche Riff noch 417 Meter. Aber selbst bei diesem steilsten Riff senkt sich der Jura nur mit einem Gefäll von 1 : 10 zur stolz dahinfliessenden Donau hinab, die hier im Mittel 77 Kbm. Wasser per Sekunde liefert. Die Juraplatten tauchen also hier langsam unter der Donau unter und verschwinden unter der oberschwäbischen Molasse. Dafür sprachen auch die Lagerungsverhältnisse bei Bäumenheim, 5 Klm. südlich vom Bergfuss bei Donauwörth.

Profil der Tertiär- und Diluvialschichten bei Bäumenheim nach C. Regelmann und Joanni:

9,8	Meter	Humus, Torf und Gerölle: Diluvium	Der weisse Jura mag hier in ca. 150 Meter Tiefe, nach dem erkannten Gefäll berechnet, anstehen.
7,0	»	grauer Molassesand: obere Süsswassermolasse, Dinotheriensande	
10,5	»	feiner, staubiger, toniger Sand: obere Süsswassermolasse	
4,8	»	Glimmerfreier klarer Pfohsand: obere Süsswassermolasse	
11,3	»	weisse und braungelbe tonige Feinsande: mittlere Süsswassermolasse	
1,6	»	gröbere, wasserführende Pfohsande: mittlere Süsswassermolasse	
46	Meter		

Bei Neuburg a. D. reicht sogar der Jura noch über Tage mehrere Klm. südwärts über die Donau hinüber.

Geologisch bemerkenswert ist auch bei Donauwörth der »Mangoldstein«, ein 12 Meter hoher Marmorklotz, der einst die Burg »Wörth« trug. Die Klüfte dieser Felsenmasse streichen in N. 15^{0} O. An seiner Westseite bemerken wir, ca. 2 Meter ob dem Talboden, 402 Meter über N. N., eine gekritzte und polierte **Schubfläche** mit einer Gefällsneigung von $5^{0}/_{0}$ gegen Westen. Die Schrammen zeigen die Richtung N. 11^{0} O. Der obere Felsenteil zeigt Vergriesung und Splitterkalk, aus gepresstem Marmorkalk hervorgegangen, der nachher wieder verkittet wurde.

Hinter der Turnhalle in Donauwörth liegt eine Sandgrube in 415 Meter Meereshöhe, die eine Menge zersplitterten Marmorkalkes enthält, die sog. weisse Breccie. Das ganze ist also eine Schubmasse: Jurastücke in sandigen Ton eingewickelt, der aus dem Tertiär stammt.

An der Südostecke des Schellenberges liegt der grosse Steinbruch am »Wichtelesberg«, nahe bei Zirgisheim. Hier liegen blos aufeinandergeschobene Epsilonblöcke. Aber das Hangende dieses Felsenbuckels (463 M. ü. d. M.) zeigt vergrieste aber fest verkittete Massensplitterkalke (Weissjuragries). Der riesige, 25 Meter hohe Steinbruch zeigt unversehrte riesige Marmorblöcke, die mitten in einer Grundmasse feinen Juragrieses liegen. Auf der Steinbruchsohle aber bemerken wir Gleitflächen und Spiegel, auf denen die Ueberschiebung vor sich ging.

Auch v. Ammon fand 5 Klm. nördlich in einem Steinbruch bei Kaisheim ebensolche Gleitflächen, die unter der Breccienschicht liegen. Die Schliffflächen trugen starke Schrammen und Schliffe.

II. Der Lochbach bei Zirgisheim

kann als Ostgrenze des überschobenen Vorrieses angesehen werden: welche weiterhin nach Monheim hinauf zieht. Eine meridionalgerichtete Verwerfung setzt an dieser Ostgrenze in die Tiefe. Ostwärts liegt das normalgeschichtete »Altmühlgebirge« Gümpels. Auf der Ostseite dieses Lochbaches finden wir, 2,5 Klm. vom Donaurand entfernt, nordwärts vom Donaurande, östlich vom Schüsselhof, in 4,30 Meter Höhe, einen 6 Meter hohen Aufschluss normalgelagerter obermiocäner Sande mit Helix sylvana. Darunter steckt eine prächtige, feuerrote P i s o l i t h- b a n k von ca. 20 cm Stärke, Erbsenstein in nussgrossen Knollen. Das schöne Gestein gleicht aufs Haar dem Pisolithton Baltringens. Unter dieser Bank liegt Meeresmolasse mit Ostrea crassissima.

Die Westgrenze des Vorrieses zieht sich von Lauingen nach Dischingen, weil der Dischinger Michelsberg genau so aussieht, wie der Wichtelesberg. (Siehe unten V »Michelsberg bei Dischingen«). Die Walzengerölle der Ueberschiebung (Buchberggerölle genannt) sind dort von Pholaden ganz verbohrt. Also muss die Ueberschiebung schon zu einer älteren Zeit erfolgt sein, ehe diese Gerölle im Molassemeer angebohrt werden konnten, ehe das Molassemeer in Dischingen brandete, so dass für Dischingen und den Wichtelesberg wohl die Oligocänzeit in Betracht kommt.

III. Aufpressungen unterhalb der Oldenau.

Am Vorderschellenberg, unterhalb der Oldenau, im kleinen Seitental des Kaibaches, gegenüber der Ziegelhütte des Ortes Berg, wo 4,6 Meter hoher Diluviallehm abgebaut wird, 1 Klm. nördlich vom Donautalrand, liegt ein tiefer Aufschluss, etwa bei 415 Meter Höhe über N. N. beginnend. Posidonienschiefer und Opalinustone waren hier schon zeitweise aufgeschlossen, die neben Breccienkalk, Marmorstücken, Sylvaniakalkschichten im Breccienwickel liegen. Die Breccienkalkblöcke gleichen kleinen Häuschen, kommen aber auch kleiner vor, also in allen Grössen. Eine in 462 Meter N. N. eröffnete Grube zeigte eine ausgesprochene Schubmasse. Einige hundert Meter nordwärts (429 Meter über N. N.) bemerken wir eine wirre Masse lockeren, schneeweissen Juragrieses, aus dem Epsilonkalk stammend und noch weitere hundert Meter nördlich ist bei 432 Meter Höhe eine Pfohsandgrube aufgeschlossen, Sylvaniasande, mit feinstem glimmerreichem Sand, zwischen denen buntfarbige, bogenförmige Fetzen von Keuperletten eingewirkt liegen. Das ganze Material aber, Sand mit Letten, ist ganz durchspickt mit faustgrossen Brocken weissen Jurakalkes. Ein kopfgrosser Block ist in die Richtung N. 27° O. gestellt. Bogenförmig ist auch ein Fetzen brauner Bohnerzletten eingewickelt und neben ihnen liegen Brocken von Schreibkreide.

Steigt man am Westhang des Schellenberges in die Höhe, so findet man den letzten grossen Block weissen Breccienkalkes bei 450 Meter Meereshöhe vor. Von hier aus aufwärts fehlt bis auf die Höhe der Hochebene (485 Meter) jeder Einblick in den inneren Bau des

Berges. Die sandige und lehmige Deckenformation bedeckt das ganze Gelände.

Es handelt sich also beim Aufschluss unter der Oldenau um eine **»aufgepresste Formationstrümmermasse«**, um die sogen. »bunte Breccie« Brankos. Als Schmiermittel des obermiocänen Schubes — ungefähr aus S. 27° O. dienten offenbar die fetten und feuchten Keuperletten, ferner die Letten des Lias und braunen Juras, die sich daher überall zeigen, ganz besonders aber in den Faltenkernen. Das gewaltige gebirgsbildende Ereignis, das diesen alpinen Südschub veranlasste, dürfte in die pliocäne Zeit zu versetzen sein, gleichzeitig mit dem Durchriss der Juraplatte entlang der Wörnitzspalte. Damals, als im gegenüberliegenden Alpenland die Molasse gefaltet wurde und der Aufschub der Flyschkreidezone auf die Molasse erfolgte, erfolgte auch dieser Durchriss. Sicher bestehen im Vorries enge Beziehungen zu den ostalpinen Deckenschüben, hier zunächst zu der »Lechtalspalte« und der »Lechtalscholle«. Die Zerschmetterung der Felsenkalke im Vorries dürfte dagegen ziemlich älter sein, wohl oligocän und mit dem Aufschub der Allgäuscholle zusammenhängen. Wir nehmen bei diesen Vorgängen ein gewölbeartiges Hinabtauchen der Juratafel ins Muldentiefe Oberschwabens an und sehen in den Juraklippen am Feuerstädter Kopf die wiederemporstrebende Fortsetzung. Durch das ganze Flyschgebiet lauft eine 12 Klm. lange und 100—300 Meter mächtige Zone des oberen weissen Juras. Es fanden somit im Donauwörther Druckzentrum, gerade wie im Steinheimer Becken, **senkrechte Aufpressungen** von Liastonen und Triasgesteinen statt.

Eine ähnliche Aufpressungsstelle dürfte unter der Eisenbahnbrücke über die Wörnitz, westlich Donauwörth, liegen.

IV. Wörnitztal.

Das Wörnitztal ist ein hochromantisches, felsiges Tal, durch eine junge pliocäne Verwerfung entstanden. Besondere landschaftliche Schönheiten zeigt Harburg.

a) Der hangende Stein bei der verlassenen Eisenbahnbrücke über die Wörnitz bei Felsheim.

Nur einen Klm. nördlich vom Donautalrand ragen wilde Felsmassen schroff aufeinandergetürmt trotzig in die Höhe. Die Erosion entfernte alles weisse Material und vergrieste massige Epsilonfelsen, wollsackartig aufeinander aufgetürmt, blieben zurück und bildeten malerische Gruppen, die wie Bergkristalldrusen gen Himmel ragen und zwar 15 Meter hoch. Das dortige Material besteht aus festverkitteten »Breccienkalken«, eingewickelt in bunte Triastone. Hier sieht man deutlich, **dass die Zerschmetterung der Epsilonfelsen älter sein muss,** als die Blockanhäufung durch Ueberschiebung: also steht dem oligocänen Zeitalter das pliocäne gegenüber. Sucht man diese Blockmassen in Reihen zu ordnen, so zeigt der Kompass etwa N. 78° O. an, daher müsste der Druck aus S. S. O. gekommen und somit alpin gewesen sein. In den Blöcken selbst herrscht aber die Kluftrichtung N. 42° W. vor. Die feste Felsenunterlage zeigt senkrechte Klüfte in N. 78° O.

Wenige Meter davon entfernt steht eine ähnliche Felsengruppe, der »Felsheimer Buckel«. Dort zeigen die Klüfte eine Richtung N.

41° S. Im übrigen ist diese Felsenmasse wie der »hangende Stein« aufgebaut. Bis zur Höhe von 2 Meter bildet fester unzerbrochener Epsilonfels den Untergrund: 8 Meter über der Wörnitz 408 Meter über N. N. Ueber diesen Marmorfelsen hinweg wurde eine 10 Meter dicke Schubmasse überschoben, die aus reinem Breccienkalk oder Splitterkalk besteht. Tone fehlen an dieser Stelle völlig.

Von hier aus fliesst die Wörnitz plötzlich ostwärts, gegen Donauwörth zu, in schönem weitem Wiesengrund. Die nördliche Steilhalde, neben der verlassenen Eisenbahn, besteht aus mittelmiocäner Meeresmolasse. Hie und da zeigen sich grobe Meeressande, aber nicht als Schichten-, sondern als Schubablagerung in Form eingewickelter Schollen im obermiocänen Süsswasser- und Phosand. Ostrea crassissima und Unio flabellatus tritt hier auf.

Das Wörnitztal ist eben jünger als das Donautal. Das erstere entstand erst durch den pliocänen Verwerfungsdurchriss, wie man bei Oettingen leicht sehen kann. Die diluvialen Terrassen sind normal ins junge Tal eingebettet worden.

c) Die »Burg« bei Ebermergen.

Gegenüber Ebermergen an der Strasse Donauwörth-Nördlingen erhebt sich malerisch ein mächtiges Haufwerk von Breccienkalken. Dieser »Burg« genannte Breccienbuckel, zeigt senkrecht aufgerichtete Riesenmarmorblöcke, welche noch in ihrem Urverband stecken. In der Mitte zieht sich als »Orgel« eine Partie zuckerkörnigen Kalkes in die sonst glatten Epsilonkalke hinein, entstanden vielleicht durch Druck oder Pneumatolyse. Das Ganze gleicht einer senkrechten Aufmachung des ganzen Schichtenlagers. Die Massenkalke zeigen Klüfte, die in N. 180° O.; N. 37° O.; **Nord 73° W.** streichen, letzte Kluft als Hauptkluft. Der Druck kam also hier ganz normal von Osten, teils von S. O.

d) Die Schubmassen bei Harburg.

Gegenüber vom Bahnhof der so malerisch gelegenen Stadt mit ihrem reizenden Felsenschloss, liegen 2 weitere wichtige Aufschlüsse, denn hier ist das Ende des Vorrieses, **das Ende des Südschubes**. Bei Harburg liegt der Berg »Wollwarth« auf der linken Wörnitztalseite. In diesem Berge ist ein Steinbruch geöffnet, der demjenigen vom Wichtelesberge gleicht. Riesengrosse massige, kantige Marmorblöcke liegen mit abgerundeten Gesteinsbrocken und feinem Juragries, lockerem Splitterkalk in dem riesigen Schublager zusammen. Der Wollwarth-Schub hat eine Höhe von 30 Meter. Die Steinbruchwand allein hat eine Höhe von 20 Meter und die meisten Blöcke haben ca. 100 Kbm. Inhalt. Letztere liegen zwischen faustgrossen Blöcken und geröllartig abgerundeten Gesteinsbrocken, die den Buchberggeröllen gleichen. Am Fuss der Talwand, gegenüber der Station Harburg, stehen dagegen unveränderte und unverschobene, also normalgelagerte Epsilonfelsen: 3 Meter über dem Wörnitzspiegel eine schöne Gleitfläche zeigend, welche hier 404 Meter über N. N. liegt. Auf dieser Fläche bewegte sich die Ueberschiebung.

Die Klüfte streichen in N. 138° O. oder N. 42° W. Die nicht sehr deutlichen Schrammenzüge verlaufen in N. 144° O. und N. 135° O. N. 121° O. Im Mittel also 133° O. oder N. 47° W. und fallen mit 1:20 gegen Süden an. Der tangentiale Schub wirkte also aus SO., so dass wohl alpiner Druck wie Druck vom Bayrischen Wald anzunehmen ist.

Und ca. 100 Schritte weiter nördlich stossen wir auf ganz andere Verhältnisse. Ein dort aufgeschlossener Zetabruch zeigt eine 7 Meter hohe steile Felsenwand, mit einer 0,6 Meter hohen Humusdecke. Unter der Humusdecke ruht eine Tonschicht von 0,6 Meter Dicke auf der völlig normal gelagerten Schichtenfolge. Diese ist gegen W. u. N. geneigt, mit ca 18% Schichtengefäll. Aber im südlichen Teil des Bruches erscheinen die Schichten völlig zermalmt und in der hellgrauen Ueberschiebungsbreccie stecken zahlreiche und wohlgerundete Buchberggerölle. Diese Ueberschiebungswalzen sind faust- bis kopfgross und sehr schön ausgebildet. Das Material bildete der zähe und harte Epsilonkalk.

Nordwärts beim Schiesshaus von Harburg findet man dann aufgepresste Murchisonaeschichten des braunen Juras auf den Zetaplatten liegen. Branko schreibt darüber: »Wenn man in den Bruch eintritt, so sieht man zur Rechten gegen Süden und gerade vor sich, auch unter den Füssen, eine Ablagerung, die aus zahlreichen rundlichen, zum Teil recht grossen Weissjuraepsilonmarmorgeröllen besteht. Dieselben zeigen in hohem Masse Spuren gewaltsamer Pressung. Sie sind geglättet und geschrammt und mit Eindrücken versehen, vielfach zerbrochen, manche sogar mehrfach«. Diese Epsilonblöcke können unmöglich vom Schub der Zetaplatte stammen, also von Norden kommen, aber sie sind ganz an ihrem Platz an der Nordstirne der von Südosten herbewegten mächtigen Schubmasse des Wollwarths. Es sind eben eingewalzte Gerölle der tertiären Juranagelfluthe. — Von da ab, nordwärts gegen das Ried hin, steht noch ein 5 Klm. breiter Bergwall von ungequetschten Marmorfelsenkalken mit Berghöhen von 515—564 M. ü. d. M. Der Wörnitzdurchbruch Heroldingen-Harburg geht durch eine Juraplatte, die nicht mehr in Breccienkalk umgewandelt ist, sondern als normale Ablagerung, eine feste Schranke gegen das zerrissene Ries bildet. Somit streicht die Nordgrenze des Vorrieses von Dischingen nach Harburg und von dort nach Monheim.

V. Der Michelberg bei Dischingen.

In Dischingens Umgebung liegen ebenfalls riesige Schuttmassen, die wir schon seit Jahren untersuchten. Auch Herr Oskar Fraas schreibt: »Der Schutt ist immer scharfkantiges Trümmerwerk, welches entweder lose zusammenhängt oder ohne jeden Zusammenhang auftritt, oder aber wieder durch Zement verkittet ist. Eine Regel sucht man vergebens in diesen Schuttmassen. Schichten von weissem Gama stehen auf dem Kopfe, daneben Alpha horizontal, Epsilon irgend wohin einfallend, neben dem an seiner Seite lagernden Beta. Sämtliche Schichten sind untereinander geworfen, gerüttelt und dabei bis ins Innerste der oft haushohen Massen zerstört und zersplittert, dass man nur mit Staunen vor diesen Schuttmassen steht. Wer Dischingen oder Schloss Taxis besucht, der versäume ja nicht, die Kiesgrube im englischen Park zu besuchen (heute nicht mehr geöffnet d. V.), aus der die dortigen Weganlagen beschüttet sind. Kreuz und quer liegen dort von der Natur gebrochene Epsilonstücke durcheinander, die nur die Hake herausholen darf. Dazwischen liegen ganze Haufen gefärbten Juraschuttes, Striemen von Tonen und festen Sanden, die von Granit oder Dolorit herrühren, und Süsswasserknauer zerfallen zu Staub. Grauer schieferiger Letten, vielleicht von Opalinustonen stammend, vielleicht auch von Amaltheentonen, liegen neben Tertiärtonen. Das ganze aber gleicht einem hergewälzten, zusammengeballten Haufen, zu dem alle möglichen Juraschichten Beiträge lieferten. Am liebsten möchte man an Gletscherschub denken, wenn es nicht gar zu ferne läge, in der ebenen, von den Alpen so weit entfernten Gegend, an Gletscherarbeit zu denken. Mitten aus dem Breccienschutt heraus erheben sich isolierte Breccienfelsen, hervorragende Punkte, in alten und neuen Zeiten zu Burgen erwählt: Altenberg, Höllberg, Taxis, Katzenstein, Tuttenstein, Kuhreisberg, Buhberg, Alteburg, Bergheim u. s. w.«

Das ganze Vorries ist eben eine Aufpressungszone mit riesigen Ueberschiebungswalzen bedeckt: streichend N. 23° W. und N. 67° O.

Wir stimmen mit Herrn Carl Regelmann überein, wenn er in seiner Arbeit schreibt: »Der Michelsberg bei Dischingen ist ein genaues Spiegelbild vom Wichtelesberg, vom hangenden Stein, Burg bei Ebermergen, Wollwarth bei Harburg«. Gigantische Massen der harten Epsilonmarmorkalke liegen hier als wirres Haufwerk aufeinander, mehr als haushoch aufeinander emporgetürmt, wie es die Steinbrüche der Nord- und Südseite zeigen. Die normale Ablagerung dieser Marmorbänke ist völlig zerstört, ihre zerschmetterten Teile grossartig aufeinander aufgepresst. Im Steinbruch der Nordseite bemerkt man eine 4 cm breite klaffende Kluft, welche den Michelsberg in der Richtung N. 28° W. durchschneidet. Am Rand des Berges aber bemerkt man abgelagerte Tertiärsande, von denen es nicht ganz sicher ist, ob sie hierher vom Meer abgelagert wurden, oder von tektonischem Schub. Herr Regelmann meint ersteres. Die Aufschubfläche der Massenkalke streicht in der Richtung N. 85° O., somit kam die schiebende Kraft aus Süden. Im Aufschub des grossen Südbruches zeigt das obere Haufwerk riesige Dimensionen von stärkster Vergriesung der Massen. Am Südrand des Berges stehen dagegen feste u n z e r b r o c h e n e Epsilonfelsen an, mit hübschen Gleitflächen, die südöstlichen Einfall zeigen. Vielumstritten sind die Lagerungsverhältnisse der am Michelsberg abgelagerten Tertiärschichten. Berühmt ist ein Profil geworden, auf welches auch wir im »Tertiär« hinwiesen. Dieses Profil wird von Herrn C. Regelmann als unmassgebend angesehen, da die Molasseschichten verlagert seien. Aber vor 10 Jahren, als der Aufschluss, zwischen Michelsberg und Mühlberg gelegen, noch offen war — heute ist er nicht mehr offen, sondern verwachsen — wurde er von uns untersucht und das Profil als richtig erkannt. Herr Regelmann glaubt noch Seite 36 seiner Arbeit, diese Aufschlüsse seien aus der Schubmasse stammend, daher die an sie gestellten Folgerungen unmassgebend. Aber vor 10 Jahren wurde noch bemerkt, wie die Molasse auf teilweise verschobenem, teilweise unverschobenem Jurauntergrund **normal** auflagerte. Herr Regelmann sagt übrigens selbst: das steht fest, dass Schichten der mittleren Meeresmolasse hier noch ungestört zu lagern scheinen. Griesfelsen sind von den Pholaden durchbohrt, also ist die Vergriesung ä l t e r als die Meeresmolassezeit, älter als Mittelmiocän. Auch der Aufschub war vollendet, denn in den Bänken des Muschelsandsteins bei der Kleemeisterei, nordöstlich von Dischingen, liegen eine Menge angebohrte Buchberggerölle (? J. B.) in normalem Schichtenverband.« Dabei bemerkt er aber noch in einer Fussnote: »Ich möchte ausdrücklich die Frage offen lassen, ob nicht vielleicht bei Dischingen und Harburg Reste einer Juranagelfluhelagerung überschoben sind. Die Gerölle sind nämlich viel schöner gerundet, auch grösser, als ich sie vom Buchberg kenne.«

Wir untersuchten nun diese Schichten schon seit Jahrzehnten mehrmals selbst und fanden, dass diese **»Buchberggerölle«** Herrn Regelmanns ausgesprochene **»Juranagelfluhegerölle«** sind, wie sie sich bei Winterlingen und Benzingen genau ebenso finden. Es sind eben Brakwasserjuranagelfluhegerölle; viele davon sind bei Dischingen zerdrückt, zerquetscht und wieder verkittet. Aber alle wurden nicht verletzt und an manchen Stellen sind sie ganz unverletzt gefunden worden; wo sie zerdrückt sind, ist Gestein und Kitt von **Pholaden durchbohrt,** das heisst mit andern Worten: »Die Juranagelfluhegerölle wurden als Albflussablagerung südlich von hier in der mittelmiocänen Zeit abgelagert, dann durch Schub hierhergewalzt und teilweise zerdrückt. Nachher blieben sie liegen, bis das Brakwasser des mittelmiocänen Molassemeeres sie aufnahm und dessen Pholaden sie durchbohrten.« So haben wir durch diese Ablagerung den genauesten Anhalt für die Zeit des alpinen Südschubes gewonnen.

Herr Regelmann gibt noch folgendes Profil dieser Schichten:

Oben: Humus und Grimmelfinger Graupensande.

Mitte: Faustgrosse bis überkopfgrosse, gutgerundete Epsilonmarmorkalkgerölle in grobem Sand, teilweise völlig zernagt von Pholaden.

Unten: Feiner Bausand mit Ostrea crassissima.

Schon vor ca. 10 Jahren nahmen wir am Michelsberg, Kleemeisterei, auch folgendes Profil auf:

Oben: Humus, Lehme, Grimmelfinger Graupensande: Frühmiocäne Ablagerung.

Mitte: Teilweise zerbrochene und wieder verkittete Juranagelfluhegerölle, von Pholaden zernagt. Ein grosser Teil der Juranagelfluhegerölle ist aber unzerbrochen, unverkittet gefunden worden. Ablagerung in Brakwassersand der oberen mittelmiocänen Brakwassermolasse.

Unten: Feiner Bausand der mittelmiocänen Meeresmolasse mit Ostrea crassissima; hie und da Haifischzähne enthaltend und feine Quarzkörner.

Unterst: Zersplitterter und verkitteter oder nicht zerbrochener Epsilonmarmor.

Ob heute unser Profilaufschluss noch offen ist, wie wir ihn vor ca. 10 Jahren aufnahmen, können wir nur vermuten, da wir seither nicht mehr dort waren. Aber wir bemerkten schon damals das Schubmaterial deutlich und nahmen bestimmt an, die Brakwassermolasse lagere **auf** dem Schubmaterial und gehöre ihm also nicht selbst an.

Dischingens Umgebung zeigt aber auch noch andere Aufschlüsse.

Der nördliche Teil des Wasserberges besteht ebenfalls aus wirrer Schubmasse von noch unvergriesten Epsilonblöcken. Auch Weissjurazeta steht dort an in Form von Krebsscheerenplatten, Herr Regelmann weist ebenfalls darauf hin.

VI. Aufpressungen von Grundgebirge und basaltischen Tuffschlotfüllungen am Nordrande des Vorrieses.

Der Nordrand des Vorrieses ist durch eine Reihe granitartiger Explosionspunkte gekennzeichnet. Basalterfüllte Tuffschlöte und Aufpressungen verschiedenartiger Basalttuffmassen, Juratonen des schwarzen und braunen Juras kommen da und dort vor. Sie liegen in der Achse des Bruchfeldes: Dischingen-Amerdingen-Harburg-Monheim = N. 67° O.; somit sind sie senkrecht zum Streichen des Südwestschubes angeordnet.

Bei der Zöschinger Mühle, südwestlich Dischingens, entdeckte neuerdings Herr C. Mengele-Dillingen eine aufgepresste Braunjurascholle. Es sind die Gigantiustone des Delta-Doggers; Belemnites gigantius sind in diesen Tonen gefunden worden.

Bei Osterhofen und Eglingen (525 N. N.) stecken 3 basaltische Tuffschlöte in der grossartigen Schubmasse. Der hier anstehende Pseudoliparittuff, umgewandelter, echter, basaltischer Tuff, enthält zahllose Einsprengsel vulkanischer Gläser, blasige Flugschlacken, gefrittete Grundgebirgsgesteine, von dioritischer und granitischer Struktur. Begrenzt wird dieser vulkanische Tuff teils von Braunjura, teils von bunter Breccie, weisser Breccie und Buchberggeröllen mit allgemeinem Breccienkalk. Der Eglinger Tuff besteht aus kleinen Lapillis eines hellbraunen Glases, aus unregelmässig gefärbten Glasfetzen, aus Glas, Quarz und Feldspat. Er ist oft noch ganz frisch, daneben aber isotrop geworden. Hornblende findet sich auch, aber selten. In der Glasmasse liegen Weissjurasplitter, welche teilweise in Glasfluss übergingen. Die Lapillis sind am Rande getrübt durch die vielen auftretenden Mikroliten, grössere graue Bomben kommen nur selten vor. Die Tuffvorkommen des Vorrieses unterscheiden sich von denen des Rieses durch ihre mehr feinkörnigere Struktur. Sie beginnen gleich südlich von Christgarten, sind aber eben Basalttuffe wie die andern der Alb. Das vulkanische Tuffgebiet von Eglingen, Osterhofen und Hofen besitzt viele zu bestem Zement verwendbare Tuffe, die dem Trass des Brohltales gleichen und vor anderen Zementen grosse Vorteile besitzen. Die hydraulische Wirkung des Trasses bei Vermischung mit Kalk besteht darin, dass sich das noch nicht hydratisierte, also ziemlich frische Gesteinsglas mit Kalk sehr schnell und gut verbindet, weshalb auch frische, unverwitterte Tuffe das beste Material abgeben. Der Zipplinger Tuff ist durch diese Eigenschaften besonders ausgezeichnet. Je grösser der glasige Anteil desto besser das Material.

Im romantisch so prachtvollen Kesseltal, besonders im oberen Teil desselben, deutet schon der vielverschlungene Flusslauf auf ganz eigenartige tektonische Zustände hin. An verschiedenen Stellen, besonders bei Amerdingen und Aufhausen im Ries, ebenso bei Oberringingen und Mauren liegen mächtige Basalt-Trachyt-Laparittuffmassen, also vulkanische Eruptionsauswurfstuffe, die nachträglich zu felsenhartem Gestein verkitteten. Auch an zahlreichen weiteren Punkten bemerkt man engumschriebene Ausbrüche völlig zertrümmerten Granits. Die basaltischen Tuffe sind das Resultat von Eruptionen, die den Rieseruptionen entsprechen, z. B. denen am Heersberg, Altenburg usw. Lava floss, wie im Ries, auch im Vorries keine, nur lose Auswürflinge wurden in die Luft geblasen, die zur Erde niederfielen und dann unter atmosphärischem Einfluss des Kalkwassers zu Tuffen verkitteten, verhärteten. Die Tuffmassen des Vorrieses sind aber doch viel bedeutender als diejenigen des Rieses. Aber auch für sie gilt das Gesetz, dass die vulkanische Kraft auf der Alb nur teilweise zur Kraft kam und so die Eruptionen einen Entstehungscharakter, einen empryonalen Zustand, beibehielten, ob er auf der Uracher Alb oder im zerschmetterten Ries und umgegewandelten Vorries auftrat. Von vulkanischen Bergformen sehen wir im ganzen Vorries keine Spur; auch Krater fehlen. Die vulkanischen Tuffe setzen einfach, wie in der Uracher Gegend, in unbekannte Tiefen ab und sind noch ausserdem ringsum von riesigen Breccienwällen ummantelt, die teilweise aus dem zerschmetterten, gehobenen Gestein gebildet wurden. Viele dieser Wälle sind aber als Schubmasse aufzufassen, nicht als lavaartige örtliche Aufschüttungen, obwohl auch solche da und dort vorkommen. Das Material der verfestigten Breccienmasse (Breccienkalktuff) ist weit und breit gesucht und wird bis nach München verfrachtet. Aus dem Trass werden auch feuerfeste Steine, Ofensteine, hergestellt und sind ebenfalls sehr gesucht. Das Aschenmaterial ist ein guter Form- und Putzsand. Zur Erschliessung dieser Werte wird wirklich die Kesseltalbahn erbaut, die in Erlingshofen an die Linie Ulm-Donauwörth Anschluss findet. Das Aufhausener Tuffgebiet sollte von jedem Freunde der Geologie und Mineralogie besucht werden; es ist gross und grossartig. Einige schöne Brüche liegen am Kesselbach; der dortige Tuff ist gleichmässig. Grössere Bomben und grössere kristalline Einschlüsse fehlen oder sind sehr selten. Der Tuff besteht aus verschiedengefärbten Lapillis, aus gelbem und braunem Glas, meist etwas doppelbrechend. Durch gekrümmte Mykroliten trat oft eine Entglasung ein. Der Tuff enthält Fragmente von Quarz, Feldspat, Biotsit, Hornblende usw. Bindemittel sind Zeolit und Kalkspat. Weissjurasplitter liegen im Tuff viele. Das basaltische-liparitische Magma nimmt eine Sonderstellung der Basaltmagma's ein. Denn das Vorries und Riesmagma besteht aus einer beispiellosen engen Verschmelzung basiger Basaltmagmaarten mit den Splittern der durchbrochenen Grundgebirgs- und Sedimentmassen. Wohl fanden wir am Florian und Metzinger Weinberg ähnliche Basaltmagmas, aber der Vorriesausbruch nimmt eben doch eine Sonderstellung ein.

Oestlich von Amerdingen ist der Basalttuff in zwei grossen Brüchen geöffnet. Der Tuff gleicht demjenigen von Aufhausen, nur ist der Kalkgehalt des Bindemittels etwas stärker. Hohlräume dieser Tuffe sind häufig mit Kalkspaten ausgefüllt. Auch die Umgebung von Mauren besitzt grossartige Tuffaufschlüsse. Hier liegt eines der grössten Tuffgebiete des Ries und Vorrieses. Nördlich vom Dorf liegt am Walde ein grosser Bruch. Ein zweiter befindet sich östlich von dem ersten, ist aber heute verlassen und besitzt nur noch verwittertes Material. Im ersten Bruch bildet der Basalttuff massige Blöcke. Die glasigen Bomben besitzen ein schwarzes, steinkohlenartiges Aussehen, sind porös und bröckeln leicht. Ihre Grösse ist meist nussgross und öfters mehr langgestreckt als rund. Auch hier finden sich mit Kalkspat ausgekleidete Hohlräume. Die dortigen kristallinen Einschlüsse sind sehr zahlreich und oft sogar kopfgross. Kalkstücke des Marmorkalkes sind sehr häufig, meist hochkristallin geworden. Mancher Kalk scheint gebrannt und wieder zu Zement umgewandelt worden zu sein.

Hier ist auch noch das Wolfental bei Bollstadt zu erwähnen, denn auch es liegt noch auf der Nordgrenze des Vorriesses. Auf den Feldern des Wolfentales finden sich schwarze Lavabomben, die denjenigen des Rieses bei Schmähingen gleichen. Die Tufflapillis sind dunkel und gleichen denjenigen von Mauren. Bindemittel ist auch hier Kalkspat. Das Magma mischte sich ebenfalls eng mit den zersplitterten Jura- und Grundgebirgsteilen. Viele Fremdeinschlüsse weisen z. B. auf Quarz, Feldspat und Granitteile hin.

Der Untergrund des Vorrieses scheint eben der gleiche zu sein, wie derjenige der ganzen schwäbischen Alb: fichtelgebirgsartiger Granit und Gneis, wie er im Bayrischen Wald bis zur Oberfläche heraufdrang.

Amerdingen, Bollstadt und Aufhausen liegen noch nördlich der Hauptzugschuttzone, Eglingen, Osterhofen und Hofen liegen auf der Schubgrenze und die Orte Stillnau, Sulzdorf usw. südlich dieser Grenze, also mitten im Schubgebiet.

In der Sandgrube von Stillnau entdeckte Herr Prof. Branco eine grossartige mürbe Granitscholle, durch Schub aus der Tiefe ans Tageslicht gehoben, die mit tonigen und fetten Keupertonmassen zusammenhing. Diese ganze Scholle ist also ein Stück emporgerissenes Grundgebirge, demjenigen gleichend, das uns im Böhmerwald und Bayrischen Wald entgegentritt. Solche losgelösten Schollen des Urgebirgs finden wir da und dort im Vorries. Sie wurden wie Keuper, Lias und Kreidejura emporgetrieben. Auch der grossartige Eisenbahneinschnitt bei Weilheim zeigt eine ähnliche Scholle, die aber beim Bahnbau gänzlich ausgeräumt wurde; beschrieben von Herrn Prof. v. Ammon. Die Scholle kann nur durch Hub und Schub an ihre Stelle des Einschnitts gekommen sein. Buchberggerölle begleiteten sie; durch Gletscher können so riesige Schollen niemals verfrachtet worden sein.

Nördlich von Sulzdorf liegt ebenfalls eine solche Granitgrube. Dieser Granit musste bei der Eruption gänzlich zerschmettert worden sein, denn er besteht blos noch aus Gries. Neben dieser Granitscholle liegt roter Keuperton als Auskeilung. Muschelkalk und Bundsandstein fehlt, er muss also auch im Untergrund der Alb fehlen.

Beim Dorfe Itzingen befinden sich noch zwei weitere getrennte Granitmassen. Der Aufschluss bildet auch dort eine Sandgrube. Auch hier lässt sich erkennen, dass der Granit keine einheitliche Masse mehr bildet, sondern ein Haufwerk kleiner Splitter, zersplittert wie der Juramarmorfels. Diese beiden Granitvorkommen liegen ebenfalls eingebettet in Keuperton und Stubensandstein. Auch hier fehlt Muschelkalk und Buntsandstein.

Diese Aufpressungen und Explosionserscheinungen treten im Vorries immer dort auf, wo die von Süden herwandernde Stossmasse auf den Kamm des oberjurasischen Massenkalkes stiess, welcher als Trennungsflanke zwischen Ries und Vorrieses stehen blieb. Diese Trennungsflanke befindet sich mehr als 10 Klm. vom Donautal bei Donauwörth entfernt.

Dieser Schub schälte eben die Juraplatte bis zum Lias ab und benützte als Gleitmaterial die fetten Tone des Lias und Braunjuras. Dass Erdrindebewegungen so gewaltiger Natur, wie sie die Alpenerhebungen mit sich brachten, auch unsere Albjuratafel beeinflussen mussten, ist selbstverständlich, aber diese gleichen Bewegungen mussten auch Tiefenkräfte lösen, die Stosskraft der Erdgase erleichtern und so vorhandenes Grundgebirge der Alb zerreisen und in Fetzen nach oben pressen.

VII. Aufschlüsse der Bahnlinie Donauwörth-Treuchtlingen.

Diese Bahnlinie besitzt lange, grosse und tiefe Einschnitte, die den Ingeneuren durch ihre steten Rutschungen die grösste Mühe machten.

a) Einschnitt bei Binsberg.

Neben Kilometerstein 7 dieser Bahnlinie, also neben Weiler Binsberg, nördlich der Landstrasse Berg-Ebermergen, ist die Juratafel im Einschnitt völlig zerrissen. Sie gleicht einer wirren Schubmasse mit bunter Breccie und anderen Breccien. Eingepresste Weissjurablöcke stecken in tertiärem Phosand, daneben aber stecken Fetzen von Keuper und Orgeln mit Liastonen und Braunjuraletten, glatte Hornsteingerölle, bläuliche Nagelfluhe mit eingestreuten glashellen brakischen und marinen Graupensanden. Auch Brocken tiefgelben Murchisonä-Sandsteines fehlen nicht. Alles ist wie in einer Knetmühle durcheinandergeknetet, verbogen und verpresst. Nördlich zeigen sich dann wieder riesige Marmorfelsenblöcke und bilden Breccienkalke, denn sie sind stark zertrümmert, vergriest, aber neu verkittet. Offenbar wurde bei der Ueberschiebung an dieser Stelle eine senkrechte Falte aufgepresst.

b) Einschnitt bei Fünfstetten.

Die grossartigen dortigen Einschnitte beschrieb Herr Prof. v. Ammon. Der Fünfstetter ist $1^1/_2$ Klm. lang und über 10 Meter tief. Man sieht dort eine breite Lias Epsilon-Kuppel, welche 600 Meter gegen Donauwörth streichend, sich in ihrem Scheitel in 510 Meter M. H. erhebt und horizontal gelagerte Posidonienschiefer aufweist, die sich südlich und nördlich absenken. In die südliche und nördliche Abdachung legt sich die bunte Breccie mit Blöcken des Weisjuramarmors an. In demselben Einschnitt lagen aber auch auf diesen Liasschiefern: Jungtertiäre Braunkohlen, ausgeblasene granitische Felsarten (ohne Zusammengehörigkeit wurden festgestellt: rosafarbener Granitit, grauer, grobkörniger Granitit, grossäugiger Feldspatgranitit, Diorit usw.), Keuper usw. In der Nähe liegt auch ein Basalttuffschlot. Bemerkenswert ist die eigentümliche Lagerung des Posidonienschiefers in Form eines Kuppelgewölbes. v. Ammon schildert diese Kuppel mit folgenden Worten: »Um einen von unten heraufgestossenen Keil hellen Costatenlettens herum, der an der Wand pfeilerartig emporragt, legen sich sattelförmig die oberen Liasschichten, einen halbkreisförmigen Bogen bildend.

Der Opalinuston ist auf eine 400 Meter lange Strecke zu verfolgen. Die Sattelflügel besitzen schwaches Fallen, das aber endlich in eine enge Faltung und schroffe Zerreissung übergeht. Tertiärkohle ist einmal in Opalinuston eingeknetet, das andere mal aufgeknetet, das andere mal aufgelagert. Dann folgen mehrere Breccienkalkschollen und die Buchberggerölle in gelben Letten und Sanden. Wir sehen also hier eine durch Ueberschiebung und Hub aus Süden hergeschobene Juraaufpressung. Vulkanische Eruptionen liefern in der ganzen Welt keine Buchberggerölle, letzteres sind stets die Walzen langsamen tektonischen Schubes gewesen.

c) Der Einschnitt bei Weilheim und dessen Scheuerflächen.

Dieser ebenfalls bedeutende, von Herrn Regelmann beschriebene Einschnitt ist $^1/_2$ Klm. lang, bis zu 20 Meter tief, liegt zwischen Weilheim und Monheim. Im Einschnitt stehen Weissjuragammabänke an, die normale Schichtungsverhältnisse zeigen. Sie bilden den Sockel der Ueberschiebung und sind daher geritzt, geschliffen und poliert. Darüber breitet sich die 15 Meter mächtige, riesige Schutt- und Schubmasse aus, die sogenannte bunte Breccie, die in ihrer Grundmasse einen zähen, braungrauen Ton darstellt, in welchem eine Menge Jurablöcke, Opalinustonfetzen, gelber Letten, roter Keuperton, grüner Tertiärletten, brauner Eisensandstein des Doggers, Streifen obermiocäner Braunkohle und Grundgebirgsfragmente stecken: Gneis mit granitischen Adern. Zwischen Gammaschichten und Schubablagerung liegt der herrliche tektonische Schliff, der in der Richtung N. 85° O. streicht.

Mit diesem wollen wir die Betrachtungen über die Albtektonik schliessen. Fassen wir zusammen, was wir am Anfang und Ende der Alb gesehen haben. Der alpine Schub quetschte die Juratafeln so gegen das Grundgebirge des Schwarzwaldes, Odenwaldes, des Fichtelgebirges und bayrischen Waldes, dass die südwestliche Albseite hocherhoben in der Spaichinger Gegend barst und dort dachgäh in die Höhe stieg. Der Hegau aber sank ein und ebenso das Ries, während die ebenfalls sinkende Oberschwabentafelseite der schwäbischen Alb in viele Stücke zerbrach, auf der Donautalseite nur zerrissen wurde und in ursprünglicher Gefällsrichtung liegen blieb, während sich der Vorschub der Alpen auf der Linie Innsbruck so gestaltete, dass er dort die Juratafel aufmantelte, nach Norden schob und weil dort die Grundmassive auch entgegenstanden, so musste er als Vorries die Juraplatten Ulm-Donauwörth zertrümmern, aufs Vorries schieben, während sie innerhalb Oberschwabens muldenförmig einsanken und durch dieses Einsinken die Gase der Erdtiefen zu neuen Eruptionen zwangen, deren Ergebnisse wir als Basalttuffe im Vorries, Ries und in der Uracher Gegend kennen lernten. Unsere Alb ist somit Druckzentrum der Drucksysteme aller sie umgebenden Gebirge, besonders der Alpen, dann des Schwarzwaldes, des Odenwaldes, Fichtelgebirgs und Bayrischen Waldes. Die heute bemerkbare Tektonik fing schon an, sich in der Oligocänzeit auszubilden, die wichtigsten tektonischen Erscheinungen gehörten aber der Miocänzeit an, obwohl auch noch das Quartärzeitalter kleinere Verschiebungen und Verlagerungen einzelner Platten mit sich brachte. Diesen Verlagerungen entspricht auch die scheinbar rätselhafte Ablagerung der miocänen Formationsglieder unserer Alb, welche einmal tiefer, das andere mal höher zu lagern scheinen. Weil aber die Erderschütterungen auf den Zentrallinien der Spaltensysteme noch heute besser wahrgenommen werden können, als auf Plätzen ausserhalb dieser Centren, so müssen wir annehmen, dass die Schollenbewegungen des Albkörpers noch heute nicht zu vollkommener Ruhe gekommen sind und nur auf ein grosses Ereignis warten, um wieder neu bewegt werden zu können.

Wie aber die einzelnen Albtafeln in verschiedenen Zeiten bewegt wurden, so wissen wir auch nicht, welche Bewegungen uns die Zukunft bringen mag, denn die Täler entsprechen den Spaltensystemen und zeigen verschiedenartige Altersstufen an. Bei der Beschreibung der Albtalbildung werden wir darauf noch besonders zurückkommen. Die Erhebung der Alb und ihre Talbildung waren also Folgen der Alpenerhebung und nicht der Vulkanisation. Die Vulkaneruptionen waren daher nebensächliche, weil die vulkanischen Erscheinungen auf der ganzen Alb blos durch die Bildung von Spalten- und Druckcentren entstanden, also die Wirkung der gebirgsbildenden Kräfte waren und nicht deren Ursache.

Abbildung 113. **Gesteinsschliff einer Spalte im Steinbruch des Ziegeleibesitzers Wurst in Daugendorf bei Riedlingen.**

Der Steinbruch ist sehr trefflich angelegt und wird gut ausgebeutet. Die Weissjurazetakalke sind hier gerade noch aufgeschlossen, um im Donautalried daneben unter Tertiär unterzutauchen. Dieser Zetakalk wird zu Kalk verbrannt und auch zu Schotter verwendet. Der Gesteinsschliff gleicht demjenigen von Ebingen, ist vertical und horizontal gerichtet und besitzt eine bauchige Form. Der Steinbruch bietet dem Sammler eine Menge wertvoller Zetapetrefakten, besonders schöne und seltene Ammoniten, Trigonien usw. Von Riedlingen aus ist der Steinbruch in 20 Minuten zu erreichen; er liegt rechts der Strasse, die nach Daugendorf führt.

Sammlungen obermiocäner Spaltenfüllungen im Jura der Alb.

Manganit, Sand, Letten, Lehme, Humusarten u. s. w. mit und ohne Tuffeinschlüsse, mit und ohne Schwermetalle.

Diese Vorkommen sind oft schwierig zu sammeln und daher in den Mineralienkontoren selten, von uns aber mit grosser Vorliebe gesammelt. Es sind Vorkommen aus der ganzen Alb, aus dem Juragebiet und dem Molassegebiet derselben. Auf Wunsch können Profile mitgeliefert werden, ähnlich denen im Buch gegebenen. Schwermetalle finden sich folgende in solchen Spalten, die Tuffe des Basaltmagmas enthalten: Rudil, Granat, Almandin, Biotit, Magnetit, Manganit u. s. w. Probe je nach Seltenheit einer Art 5—50 Gramm.

Sammlungen ohne Basalttuffvorkommen					und mit Basalttuffeinschlüssen					
Proben von	5	10	15	20 u. mehr Vorkommen	5	10	15	20	30	Vorkommen
Mark	5	10	15	20	8	15	30	40	60	Mark

mit Profilaufnahmen auf Wunsch um so viel mehr, als die Auslagen betragen.

42. Spaltenschliffflächen tektonischer Spalten

aus der Miocänzeit unserer Alb (auch noch aus späteren Zeiten), von Ebingen, Tailfingen, Onstmettingen, Ulm, Daugendorf, Heubach, Tuttlingen u. s. w. Ferner aus den Vulkangebieten der Alb. (Siehe auch die Abbildungen Nr. 84 85 91 94 97 113).

Stück 1—5 Mark je nach Schönheit und Grösse.

42a. Breccien der vulk. Albtuffe von Alb, Hegau, Ries und Vorries.

Bunte Breccie, weisse Breccie, Buchberggerölle, Gesteine und Tone u. s. w., aus diesen Breccien und Schubmassen.

Von 5 Fundplätzen: 20 Mark; von 10—20 Fundplätzen 30—50 Mark.

Die Pliocänzeit.

Während der Pliocänzeit lag die Alb trocken und seither war sie nie mehr Meeresboden. Die vielen Süsswasserseen der Alb trockneten im Pliocän wohl auch zu Sümpfen ein, welche sich so nach und nach schon vor Eintritt der Eiszeit in Moore verwandelten. Die Ablagerungen der Pliocänzeit dürften in der Glazialzeit grösstenteils zerstört worden sein, weshalb wir auch wenig Spuren aus dem Pliocän der Alb antreffen, ausser dem pliocänen Flussschotter. Jedenfalls war das Klima in dieser Zeit noch wärmer als das heutige, während es aber noch zur Obermiocänzeit heiss war, glich es nun der gemässigten Zone. Die sich hoch emportürmenden Alpen, welche vielleicht schon im Pliocän Gletscher trugen, kühlten unsere Gegend ab. Immerhin mag die Albtafel viel feuchter als heute gewesen sein und wahrscheinlich verdienten ihre Hochebenen noch nicht den Beinamen »Rauhe Alb«. In diese Zeit fiel auch die Bildung unserer meisten Täler, wenigstens der kürzeren, denn sicher mögen manche Doppeltäler, die die ganze Alb durchschneiden, wie z. B. das Donautal, Eyach-Schmichatal, Kocherbrenztal usw. schon teilweise im Miocän existiert haben. Der Steilabfall mag im heutigen Vorland der Alb bis zur Neckarlinie gereicht haben, die Alb also noch breiter als heute gewesen sein. Ob die heissen Quellen, welche den Spaltensystemen des Obermiocäns entquollen, noch existierten? Wahrscheinlich! Im Anfang des Pliocäns existierten noch Flüsse, die heute verschwunden sind, deren Ablagerungen wir aber auf der Alb da und dort noch nachweisen könnten. Die Quarz- und Quarzitgeröllablagerungen rechts und links der Donau in 185 Meter Höhe ob dem heutigen Donauwasserspiegel, die einen uralten Donauschotter darstellen, gehören nach Dietrich ins Altpliocän. Es sind Neogenschotter, die aber nur aus dem Schwarzwald stammen, soweit Schwarzwaldgesteine unter den Fettquarzen vorkommen. Da aber diese Fettquarze auch an den Abhängen der Schmicha liegen, z. B. häufig neben den Ortschaften Unter- und Oberschmeien, ferner auf den Anhöhen ob Unter- und Oberschmeien, auch auf den Aeckern des Hardtes bei Messstetten, Schwenningen usw., so können diese Fettquarzgerölle nicht alle aus dem Schwarzwald stammen, sondern dürften Tertiärreste aufgearbeiteten Tertiärs sein, oder aber muss die Urdonau in der Pliocänzeit einen anderen Lauf als heute gehabt haben und in anderen Höhelagen geflossen sein.

Aber auch die Dinotheriumlager von Frohnstetten gehören in diese Zeit. Sie liegen auf dem eocänen und miocänen Bohnerz und bestehen aus einer sandigen Lette, welche unter Löss liegt. Diese Lette hat viele Aehnlichkeit mit der Nagelfluhesandlette unseres Ebinger Gebietes und dürfte vielleicht eine Umlagerung derselben sein. In dieser Sandlette wurden vor ca. 60 Jahren, aber seither nicht mehr, Dinotherien-, Löwen- und andere Säugetierknochen gefunden.

Aber auch die sekundären, d. h. **umgelagerten** Bohnerze gehören unserem pliocänen Zeitalter an. Bei Salmandingen und Melchingen wurden solche Erze gefunden und in ihnen auch Säugetierknochen der Dinotherienzeit. In den Salmandinger und Melchinger Erden fanden sich auch Affenzähne, die sehr gut erhalten waren und lange als Menschenzähne galten. Trochtelfingen, Undingen, Ebingen und der Heuberg barg in Erzgruben ähnliche Reste.

In Spalten des Weissjura finden wir oft Bohnerzlehme, fette und sandige grüngelbe und braune Letten, in welchen ebenfalls Quarzgerölle liegen. Diese Spaltenfüllungen werden wir auch dem Pliocän zuzuzählen haben, wie noch ähnliche Bildungen auf der Alb, die in Höhlen und Mulden eingebettet sind. Siehe auch die Tour XXIII. des Hochsträsses, mit den dort beschriebenen pliocänen Donauschottern.

XXXXI. **Profil des Pliocäns:**

Ober-Pliocän	Aelteste, bei uns bekannte Schotterbildungen der Donau und anderer alter Flussläufe: z. B. an Schmicha, Brenz und Brenz-Kocher-Jagst. Sande vom Ochsenberg bei Königsbronn, Oggenhausen usw., die bisher als Höhensande bezeichnet wurden. Bohnerzspalten mit oberpliocäner Fauna: Veringenstadt, Melchingen, Neuhausen ob Eck, Stetten, Russbergerhof. Gerölle aus Fettquarz von der Alb, im Diluviallehm liegend. Höhlenfunde aus Höhlen, die schon im Pliocän existierten oder noch älter als dieses sind.
Unter-Pliocän.	Spalten im Weissjura mit Lehmen, Letten, Sanden von der ganzen Alb, in denen pliocäne Tierfunde gemacht wurden. Höhlen älterer Art. Höhlenfunde auf Molassesand gebettet. Bohnerzspalten mit unterpliocäner Fauna: Salmendingen, Melchingen, Willmandingen, Trochtelfingen, Onstmettingen, Ebingen, Bitz, Heuberg, Neuhausen ob Eck, Tuttlingen, Jungnau. Bohnerzgruben: Dolinen eingesunkener Höhlen, mit Bohnerz gefüllt. Dinotheriumlager: Sandhaltige Lehme von Frohnstetten, Oggenhausen, Ochsenberg usw.

Geologische Belegstücke aus dem Pliocän: Fettquarze, Sande.

Lehm, Schotter der ältesten Art usw., z. B. von der Donau.
Sammlungen von 1—20 Fundarten, je nach Grösse der Sammlung:

von ca. 5 Stellen	10 Stellen	20 Stellen usw.
8—10 Mark	20 Mark	40 Mark.

43. Die Höhlen der schwäbischen Alb, ihre Entstehung und einstigen Bewohner.

Weil die Entstehung der Albhöhlen meist in die Pliocänzeit fällt, obwohl viele Albhöhlen schon im Miocän gebildet wurden, wollen wir nun auch unseren Höhlen einige Aufmerksamkeit schenken. Bewohnt wurden diese Höhlen zu jeder Zeit ihres Bestehens, insofern sie nach aussen geöffnet waren. Ihre Bewohner waren dann alle möglichen Tiere des Miocäns, Pliocäns, Diluviums und Alluviums, oft auch bewohnte sie der Mensch, aber erst von der Diluvialzeit ab bis heute.

Alle Kalkgebirge enthalten Höhlen, unsere Alb aber eine solche Menge, dass mancher Tourist, der diese Alb besucht, keine Ahnung davon hat. Denn nicht blos die heute bekannten Höhlen sind vorhanden, sondern noch weit mehr Höhlen, die noch kein menschliches Auge sah und die nur durch Dolinen und andere Merkmale sich dem Kenner verraten. Man lese nur unseren Artikel: »Die Donauversenkungsspalten der Alb« oben. Die meisten Albhöhlen gehören dem oberen weissen Jura an, aber auch der Kalktuff der Täler aus der Pliocän- und Diluvialzeit enthält sehr schöne Höhlen mit besonders herrlichen Tropfsteinbildungen. Die Abb. 81, 18, 43, 47, 48, 49, 55, 86, 87 und 90 zeigen aber doch, dass es vornehmlich der obere Weissjura ist, in welchem die meisten Höhlen liegen. Im Jahre 1901 schrieb Herr Prof. Fraas in den Blättern des Albvereins S. 107 usw., einen schönen Artikel über unsere Albhöhlen, den wir auch für unsere nachfolgende Arbeit mitbenützen wollen, der Albverein überwies uns ja auch, was hier dankenswert hervorgehoben sei, einen Teil der Abbildungen jenes wertvollen Aufsatzes zum Abdruck.

Abbildung 114. **Zwiefaltendorfer Höhle im Pliocänkalktuff der schwäbischen Alb** unter dem Gasthof zum »Rössle«, ist Eigentum des Rösslewirtes. Ihr Besuch ist sehr empfehlenswert. Die Höhle dürfte ein alter Flusslauf der Aach sein, welcher bei der Verlegung der Aach in der Diluvialzeit entwässert und von neuen Tuffgebilden ausgebaut wurde. Die Zwiefalter Höhle ist wahrscheinlich weit länger als ihr heutiger Aufschluss zeigt. Aehnliche Höhlen finden sich ja im Honauertal (Olgahöhle), im Urachertal usw.

1) Höhlenbildung im allgemeinen.

Die Ursachen der Höhlenbildung liegen immer in Spalten des Gesteins, seien sie auch noch so haarfein und in der Tätigkeit des Wassers. Entweder werden die Kalkteile der Spaltenflächen durch kohlensäurereiche Sickerwasser entfernt, oder es fliessen Quellen durch schon erweiterte Spaltensysteme, wie z. B. die Donau zwischen Donaueschingen und Beuron durch die Weissjuraspalten zum Rhein fliesst. Spalten müssen aber somit immer vorhanden sein, wenn die Sickerwasser zur Tiefe drängen sollen, Höhlen zu bilden. Oben haben wir aber schon bei Beschreibung der Miocänzeit gezeigt, mit wie vielen Spaltensystemen die Alb ausgestattet ist und so ist die Höhlenbildung in der Alb selbstverständlich geworden. Während aber bei der Höhlenbildung das kohlensaure Wasser dem Gebirge seine Kalkteilchen entzieht, lässt es diese wieder in Niederschlägen an der Oberfläche der Täler niederfallen, bildet hier Kalktufflager und in diesen selbst wieder neue und zwar oft die allerschönsten Höhlen (siehe Abb. 114 Zwiefaltendorfer Höhle). Das gleiche Wasser ist es ja ebenfalls, welches die Höhlen mit Tropfsteinen ausfüllt. Manche Höhlen dürften aber nicht auf obige Art und Weise entstanden sein, sondern Hohlräume darstellen, welche schon durch Korallen- und Schwammtätigkeit der Jurazeit entstanden waren. Auch die Tätigkeit der Gletschergewässer bildete Höhlen, die aber meist eigenartige Kesselformen aufweisen, die nur ihnen eigentümlich sind. Im Grunde genommen ist es doch immer wieder der Wassertropfen, der den Stein höhlt, also höhlenbildend wirkt. Dabei ist zu beachten, dass es nicht blos die derb wirkende mechanische Kraft des fliessenden und in die Spalten stürzenden Wassers (man denke an die Donauversenkung im Briel) ist, welches die Spalten ausweitet, sondern die rein chemische Auflösungskraft des Wassers. Die geringen Mengen von Säuren, besonders von Kohlensäure, welche jeder Regentropfen erhält, der die Humusschichten durchdringt, befähigen diesen Tropfen auf seiner weiteren Wanderung durch die Erdspalten lösend auf das Nebengestein, besonders auf kohlensaurem Kalk, einzuwirken. Zwar geht dieser Prozess sehr langsam aber doch um so dauerhafter vor sich, denn Regenniederschläge gibt es immer. Tausend Teile kohlensäurehaltigen Wassers können erst einen Teil Kalkstein lösen, aber das Wasser hat ja Zeit zur Lösung und seine Mengen sind oft sehr beträchtlich. Die mittlere Regenmenge der Alb per Jahr beträgt ca. 850 mm, von denen gut $^1/_5$, also 170 mm, in die Tiefe eindringt und Quellen bildet. Die Fläche des Weissjurakalkes unserer Alb ist mit 3743 qkm berechnet, würde also doch schon $3181^1/_2$ Millionen cbm Wasser in einem Jahr auffangen, wovon $^1/_5$ als auflösend wirkt. Nehmen wir aber für die letztere Wassermenge eine Löslichkeit von 1 : 1000 an, so ergibt dies für ein Jahr doch schon die grosse Menge von 636 310 cbm gelösten Kalkstein, den die Albquellen dem Jurakalk entziehen. Durch die Wasserniederschlagsmengen wird eben die Alb nicht blos niederer, sondern ihre Compaktheit wird immer geringer, die Porosität für Höhlenbildung aber immer grösser.

Der Kalkgehalt der Albquellwasser ist ca. 0,25 Gramm per Liter Wasser. Die festen Bestandteile bestehen schier ganz aus kohlensaurem Kalk. 1 cbm Quellwasser enthält somit 250 Gramm gelösten Kalk. Eine Badeanstalt, welche auf der Alb jährlich für Bäder 3600 cbm Wasser verbraucht, verbraucht also damit auch 3600 . 250 Gramm Gebirge, also 900 Kilogramm kohlensauren Kalk. Die Wassermenge, welche durch sämtliche Bäche der Alb dem weissen Jura in einem Jahre entströmt, berechnet sich auf 636 310 000 cbm 159 077 500 Kilogramm gelösten Kalksteines. Bei einem mittleren, spezifischen Gewicht von 2,6 entspricht diese Gewichtsmenge einem Steinklotz von 60029 cbm oder einer Höhle von 10 Meter Breite, 10 Meter Höhe und 600 Meter Länge, was also schon eine sehr ansehnliche Höhle geben würde. Dieses sind Tatsachen und keine Vermutungen und da diese Berechnung nur die Minimalwerte zu Grunde legte, so dürfte die Natur in der Alb noch mit höheren Werten zu arbeiten haben.

In dem Wassertropfen ist ein mächtiges Geschöpf; wenn wir ihm in seiner Vielheit Zeit lassen, wird er es fertig bringen, dass durch ihn unsere Alb in späterer Zeit verschwunden, d. h. abgetragen sein wird, wie die schon abgetragenen Teile des Unterlandes. Wenn der Bewohner der Alb dieses heute noch nicht beherzigt, so weiss er es eben oft meist nicht und denkt nicht daran. Aber an bestimmten Punkten der Alb sehen wir heute Ortschaften, die vor Jahrzehnten noch nicht gesehen werden konnten und diese Fälle sind nicht selten, solche Veränderungen sind da, ob sie auf Veränderung der Albschollen durch Wassererosion oder auf Heben und Senken der Schollen durch Vulkanisationsstörungen zurückzuführen sind.

Die Auflösung der Schollen erfolgt durch mechanische und chemische Arbeit. Die mechanische Arbeit leistet bei Wolkenbrüchen, Gefrieren usw. oft grossartiges, sodass Gerölle, Sand und Schlamm durch Wolkenbrüche der Alb entführt werden, während das Gefrieren die festen Schollenteile trennt, sprengt und auseinanderfallen lässt. Aber die auflösende Kraft des Wassers ist viel wirksamer, wenn auch viel weniger auffällig als die mechanische. Auflösend wirkt das Wasser an und dicht unter der Oberfläche weit mehr als allgemein angenommen wird. Die kantigen Felsen werden abgerundet, der Gehängeschutt wird vermindert und schliesslich aufgelöst. Besonders im Marmor und Lochgestein des oberen Weissjuras sehen wir die Spuren der Auslaugung sehr deutlich; schwere angreifbare Schwämme und Feuersteinknollen heben sich dort sehr schön vom abgetragenen und zurückgetretenen Gestein ab.

Die Höhlenbildung ist abhängig von der chemischen Zusammensetzung des Gesteins, von der Lagerung und Schichtung der Schollen, besonders aber von der bei uns so häufigen Einlagerung toniger Zwischenschichten innerhalb der Kalkbänke unserer Juraformation. Aus der Abb. 82 ersehen wir, dass alle Kalkbänke und einzelne Formationsglieder von Tonschichten durchzogen werden, welche das Wasser auffangen und nicht mehr hindurchlassen. In diesen Schichten liegt daher der Quellhorizont des Gebirgs. In den massigen Kalken des oberen Weissen ist das Wasser genötigt, jeder Gesteinsfuge zu folgen, wird dadurch aufgestaut, bis es überläuft und seinen Weg zur nächsten Fuge oder Rinne findet. Hier wirkt die auflösende chemische Kraft des Wassers am meisten, es schafft sich Hohlräume und erweitert die vorhandenen. Je massiger diese Ablagerungen sind, desto schöner und typischer die Höhlenbildungen. Auch der Dolomit begünstigt wie der Marmor, die Höhlenbildung durch seine massige Struktur und seinen Schichtenmangel.

Der Auslaugungsprozess des Albdolomits geht hier in ganz eigenartiger Weise vor sich, denn der Juradolomit ist kein echter Dolomit, sondern nur umgeänderter Kalkstein, d. h. sein kohlensaurer Magnesiagehalt steht hinter dem kohlensauren Kalk zurück. Die Tagwasser lösen den kohlensauren Kalk zuerst und lassen den Dolomit, die Magnesiaverbindung, zurück, so dass echter Dolomit entsteht. So wird der ursprünglich harte Marmor weicher Dolomit, nur wo das Magnesiagefüge ein festeres ist, bleibt er härter und bildet dann das Lochgestein der Albhochflächen. Abb. 82 zeigt uns, dass die Zementmergel und Plattenkalke Zetas wohl Auswaschungen durch die Regenniederschläge aufweisen, aber Hohlräume können sie nicht bilden. Spalten und Klüfte zerrissener Schollen werden im Zeta auch angegriffen, aber eigentliche Höhlenbildung fehlt. Daher sind Weissjura, Epsilon und Delta die Heimat unserer Höhlen, denn diese Formationsglieder bilden allein günstige Bedingungen für Höhlenbildung, besonders die Marmor- und Kalkspezies.

Die Tonschichten von α und γ heben die Höhlenbildung, welche sich nach unten erstrecken möchte, völlig auf und keine Albhöhle liegt in diesen Horizonten, ausser es würde in denselben zu einer Verschwammung gekommen sein. In α' und γ' Höhlen treten aber niemals schöne Tropfsteinbildungen auf, weil α' und γ' eben doch noch, trotz ihrer Schwammspezies, zu tonhaltig sind; das Gestein zerbröckelt,

Abbildung 115. **Eingang zum Hungerbrunnen „Bröller" in Hausen a. d. Lauchert**
Von Mägerkingen aus gelangt man in 10 Minuten in das romantische obere Lauchert-tal. Hausen an der Lauchert ist ein hochgebauter, romantischer Ort, in dem die zerstreuten Felsblöcke malerisch umherliegen und glaciale Findlinge, die teilweise mit den Gebäuden verbunden sind. Der auf dem Bilde sichtbare Eingang zum Bröller mündet in eine langgezogene schlundartige Höhle, welche im Hintergrunde wasserführend ist und den Oberlauf einer Lauchertquelle bildet.

ehe sich Stalaktiten bilden können. Beta zeigt oft grosse Auswaschungen in Spalten und Klüften, aber keine Höhlenbildung, das Wasser hat hier zu leichte Arbeit und sickert zu rasch auf die Alphatone durch. Betaspalten sind daher meist mit Verwitterungslehm und Einschwemmmaterial erfüllt.

Nun zur besonderen Wirksamkeit des Wassers in seiner höhlenbildenden Eigenschaft. Das Tagwasser durch Aufnahme von Kohlensäure zum Kampf mit dem Kalkstein gerüstet, sickert durch zahllose Schollenspalten ein und löst dessen Wandungen auf, kommt in tiefere Regionen, wo die Wanderung gehemmt und die Einwirkung aufs Nebengestein erhöht wird. Dort bilden sich langsam Hohlräume, die sich solange weiterfüllen und erweitern, als Wasserzuzug da und kein Abfluss in die Tiefe vorhanden ist. Endlich wird auch ein Abfluss des

Wassers erreicht und die entstandene Höhle entwässert; nur bei besonders reichem Wasserzufluss in Regenperioden füllen auch diese entwässerten Höhlen sich wieder und suchen als Hungerbrunnen ehemalige Auswege auf, welche das Uebereich unterirdischer Wasserbecken darstellen und dann oft, gleich dem Wendel Heidenheims (Abb. 55) oder dem Bröller (Abb. 115) bei Hausen an der Lauchert, sich einen gewaltsamen verheerenden Ausbruch suchen. Dies ist die geheimnisvolle, nur selten dem Auge sichtbare unterirdische Tätigkeit des Wassers. Erstaunt blickt der Uneingeweihte in diese tiefen schauerlichen Schrunde, welche gelegentlicher Tunnelbauten zutage treten, wie z. B. im Hattinger Tunnel bei Tuttlingen, beim Unterschmeiener Tunnel (welches durch eine Höhle mit einem Schmichasee geführt ist) unterhalb Unterschmeiens und bei Unterkochen an der Linie Neresheim usw. Und doch müssen wir annehmen, dass unsere Alb eine unzählige Menge solcher Höhlen enthält, die noch nicht erforscht, noch nicht einmal von eines Menschen Auge gesehen sind.

Daher müssen wir annehmen, dass alle Quelltöpfe der Donauzuflüsse nur die Uebereiche gewaltiger dahinterliegender Hohlräume sind. So finden wir z. B. mit allen Quelltöpfen eine Linie, oder mehrere Linien von Dolinen zusammenhängen, die doch nur eingestürzte Hohlräumeteile grosser Höhlen darstellen, wie z. B. die vielen Dolinen des Bitzer Berges bei Ebingen im Zusammenhang mit dem Quelltopf des »Bitzerles Brunnen« bei der Pumpstation stehen. Die Anordnung dieser unterirdischen Höhlenläufe ist vollständig regellos und unberechenbar, so regellos, als oft die grossen tektonischen Linien und Spalten sind, an denen meist die Höhlenbildung ihre Arbeit anknüpft. Auf tektonischen Spalten gewinnt das Wasser raschen Abfluss zur Tiefe und bequemt sich nicht zur langsamen Arbeit der Höhlenauswaschungen. Daher enthalten gewöhnlich tektonische Spalten keine solche riesigen Höhlen, wie wir sie dort sehen, wo kleine Risse und Spalten Fortsetzungen nach der Tiefe haben. Welche riesigen Dimensionen manch tektonische Spalten durch den Lauf der Zeit aber doch annehmen können, sehen wir am Beispiel der Donau-Aach.

Auch die grosse Höhle »Heidenstein« bei Ebingen, die heute nur noch der Rest einer ehemals riesigen, zusammengestürzten Höhle der Miocänzeit ist, wird durch eine tektonische Spalte geradezu durchquert (siehe Spaltentektonik der Alb, Bühltalspalten bei Ebingen) und zeigt dabei, dass die tektonische Spalte weit weniger ausgeflösst wurde als die Haupthöhle, welche durch Gletscherschmelzwasser erweitert wurde, und eine Menge Gletschertrichter und Kessel besass, deren Reste noch heute zu sehen sind.

Diese unterirdischen Hohlräume wachsen aber nicht immer gerade ins Unermessliche fort, wie es z. B. bei den Donau-Aach-Hohlräumen sein mag, sondern sie brechen leicht in sich zusammen, besonders wenn ihre Decken nahe der Oberfläche liegen, und werden auf diese Weise auf der Oberfläche erkennbar, oder sind sie in den Tälern geöffnet, falls sie in solche ausmünden konnten. So ist auch der Heidenstein bei Ebingen nur der Rest einer grossen Höhle, die sich früher bis ins Schmichatal hineinzog, heute jedoch immer mehr gegen das Eyachtal zu abgetragen wird. Auch die meisten der anderen heute bekannten

Höhlen, deren Abbildungen wir vorführen, sind solche durch Erosion blossgelegte, früher unzugängliche Höhlungen.

Die Falkensteiner Höhle (Abb. 86) ist die Höhle eines Quelllaufes, ebenso wie der Brenztopf aus einer riesigen Höhle entspringen muss (Abb. 47—49) und die Höhlen des Wendtales samt dem Wendtal nur Reste ehemaliger Höhlenzüge sind (Abb. 55). Dagegen entstanden die Grotten des Rosensteines (Abb. 43) auf ähnliche Weise, wenn auch kein Quellausfluss zu bemerken ist. Der hie und da ausgesprochene Gedanke, dass sich ein Quelllauf, entsprechend der rückwärts schreitenden Talbildung, unterirdisch in Gestalt einer Höhle ins Gestein einnage, ist irrig, keine unserer Quellhöhlen ist von aussen nach innen ausgearbeitet, sondern sie waren alle längst gebildet, ehe sie gegen das Tal durch die Talbildung geöffnet wurden. Ja oft genug geben eben diese alten Höhlen Anlass zur Talbildung, zur Bildung der Einsturz- oder Einbruchtäler. Selten bieten unsere Höhlen einen geordneten Wasserabfluss, wie etwa die Falkensteiner Höhle oder die Friedrichshöhle, sondern die meisten Höhlen sind trocken und ihr Untergrund ist einmal nach vorwärts, das anderemal nach rückwärts geneigt, so dass ein geordneter Wasserabfluss unmöglich wurde. Wir können des Raumes halber auf die geologischen Verhältnisse aller Höhlen nicht eingehen, aber bei den meisten Höhlen ist die junge Bildung des Höhlenganges infolge Erosion leicht nachweisbar.

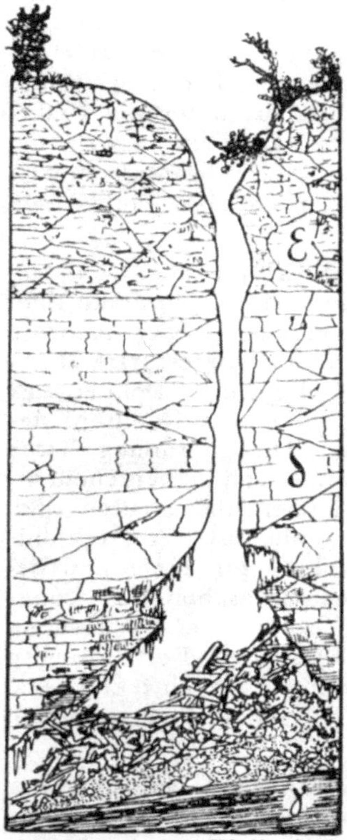

Abbildung 116. **Wollenloch bei Unterkochen.**
Offene 50 Meter tiefe Erdfalle oder Doline mit darunterliegender Höhle. Diese Doline durchsetzt ε und δ und breitet sich auf γ aus, wo die Höhle Schuttmassen aufweist, welche aus Höhlenlehm, Geröll, Kies, Knochen und Holzresten bestehen.

Unsere Albhöhlen sind also zufällig durch die Erosion angeschnittene unterirdische Hohlräume, die in ihrer Bildung unabhängig von ihren heutigen Oeffnungen sind.

Brechen die Hohlräume in sich zusammen, so entstehen bei kleineren Einbrüchen Erdfallen oder Dolinen (Abb. 116: Wollenloch bei Unterkochen). Wo aber Erdfallen oberflächlich sichtbar werden, liegen unterirdisch mehr oder weniger verstürzte Hohlräume und die ausserordentliche Häufigkeit der Erdfallen unserer Alb spricht für die grosse Anzahl unterirdischer Albhöhlen, die noch keines Menschen Auge sah. Manche Höhlen (z. B. Erpfinger Höhle, Linkenboldshöhle bei Onstmettingen, Hohlerfels bei Bitz usw.) zeigen auch eigene Erdfallen. Solche Erdfallen wurden in der Glazialzeit sehr gern zu Schmelzwasserschlünden ausgeweitet und bildeten dann riesige Trompetenschlünde, wie sie im Mühlberg bei Sigmaringen mit seiner Grotte und im Bittelschiesser Tal bei Sigmaringen zu sehen sind. Im Bittelschiesser Tal, am Lauchertwöhr, waren diese Schlünde sogar noch ausgefüllt mit den Moränen der Rhein- und Lauchertgletscher. Auch in der Mühlberggrotte bei Sigmaringen liegen und hängen noch Rheingletschergerölle und Juranagelfluhe. Unter dem Hornsteinfelsen im Laucherttal sehen wir ebenfalls grosse Höhlengrotten, welche durch Wassererosion sehr ausgeweitet sind und sieht man an den Wänden die Stromrichtung des einst hier fliessenden Lauchertnebenlaufes aus der Eiszeit. In anderen »Grotten« z. B. im Donautal ob Neudingen sehen wir noch ausgezeichnet gut erhaltene Gletschermühlen mit den typischen Kesselformen und den Rinnen des Wasserzu- und -Ablaufes. Solche »Mühlen« und »Nasen« und »Rinnen« sind auch am Ebinger Schlossfelsen zu sehen, in einer Talhöhle, in welcher seit langer Zeit keine Schmicha und keine Eyach mehr das Tal hier oben ausweitete.

Meist sind die Erdfallen oder Dolinen bis nahe zur Oberfläche mit Schutt ausgefüllt und daher der Untersuchung unzugänglich, gelingt es aber einmal, wie z. B. beim Wollenloch bei Unterkochen (Abb. 116) in die Tiefe einzufahren, dann sehen wir auch den unterirdischen Hohlraum, dem die Doline ihren Ursprung verdankte.

Wir dürfen aber noch weitergehen und sagen, dass fast alle Albtäler der Donauseite, besonders die sog. **Trockentäler,** sowie die Hochtäler des oberen Weissjuras, durch den Einsturz unterirdischer Hohlräume vorgebildet wurden. So entstand z. B. das Scherratal bei Bitz, das Bitzer-Winterlinger Tal mit seinen vielen Dolinen und Höhlen und Felsenmeeren. Stehen wir z. B. vor der Kühstellenhöhle dieses lezteren Tales, so sehen wir in der ausgewaschenen Höhle und ihren Nebengrotten nur ausgesprochene Querhöhlenräume des Haupthöhlenterrains und gegenüber auf der anderen Talseite »auf der Heck« ein Felsenmeer, dessen Blöcke wohl nur zusammengestürzten Höhlenresten ihren Ursprung verdankten. Die Haupthöhlensysteme des Tales liegen aber noch tief unter dem heutigen Talboden, wie die vielen Dolinen des Tales zeigen, die stets die ungefähre Mitte des Talvorlaufes einhalten.

Noch heute ist die Auswaschung (Denudation) dieser Trockentäler eine unterirdische. Wo bliebe denn sonst das Wasser, dem doch alle Täler ihre Entstehung, ausser den Spaltensystemen tektonischer Natur, zu verdanken haben? Oberirdisch zeigen solche Täler nie einen Quelllauf, als höchstens im Winter zur Zeit der Schneeschmelze, wenn die zugefrorenen Erdschollen kein Wasser aufzusaugen vermögen. Das Wasser muss doch irgendwohin abfliessen und ihm bleibt kein anderer Weg als der Weg zur Tiefe. Aber dort wirkt das Wasser wieder auslaugend und Höhlen bildend, auch haben diese Höhlen wenig Halt, da sie zu nahe der Oberfläche liegen und die Wassermassen sind zu gross, die Arbeit zu gewaltig. Ein ununterbrochenes Zusammenbrechen der Schichten ist die Folge und oberirdisch entsteht, entsprechend dem unterirdischen Flusslauf, eine Einsenkung, ein Tal, ein Trockental, dem das Wasser fehlt (siehe Abb. 117). Ein weiteres Tal dieser Art ist das Lonetal; die Lone entspringt bei Urspring als stattlicher Bach, versinkt aber nach kaum 10 Klm. oberflächlichem Lauf bei Breitingen in die Tiefe (wie die Donau am Brühl), während das Tal sich in vielen

Wendungen weiter fortsetzt. Das Lonewasser fliesst aber unterirdisch weiter und kommt erst 10 Klm. entfernt, als Naue bei Langenau wieder zum Vorschein. Früher mag der unterirdische Abfluss der Lone, wie der oberirdische Talvorlauf, zum Brenztal geführt haben, ungefähr nach der Beschreibung von Tour XXI Seite 69.

Dass auch unter den Trockentälern noch ausgedehnte Hohlräume sein können, beweist uns das Wendtal, denn der berüchtigte Wendel oder »Wêâdel« von Heidenheim ist nichts anderes als ein Ueberfliessen der überfüllten grossen unterirdischen Hohlräume und Wasserbehälter. Auch die Seltenbäche bei Tuttlingen und Urach sind nur ganz ähnliche Erscheinungen. Einen trefflichen Einblick in die Struktur eines solchen Einbruchtales bot 1901 der Bahnbau Münsingen-Schelklingen, wo wir

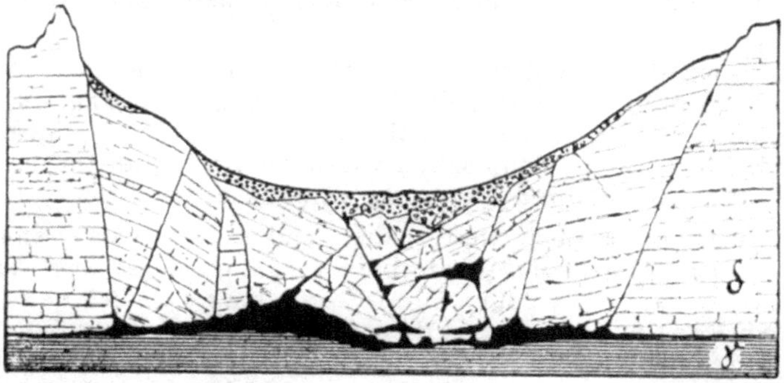

Abb. 117. **Unterirdische Auslaugung der oberen Weissjuraschichten** mit oberflächlicher Talbildung eines Trockentales infolge Nachsinkens der Kalkbänke des oberen Weissen in die Höhlenräume der Gammatiefe.

Das Bild zeigt, wie die fortschreitende Höhlenauswaschung die Decke zum Einsturz brachte, die unebenen Schollenreste des entstandenen Tales aber zur Diluvialzeit wieder ausgebaut und mit Geröll, Kies und Lehm ausgeglichen wurde. Auf Gamma blieb aber der Höhlenboden bestehen, auf welchen der Wasserlauf neue Erosionspunkte schuf.

im trockenen Schundental die Schichten in allen Stadien des Zusammensturzes antreffen konnten, während die umgebenden Talgehänge normale Lagerung zeigten. Die so unterirdisch vorlaufenden Talgewässer treten dann auf der nächsten wasserführenden Schichte (meist Weissjura γ) wieder zu Tage, wie wir es auch bei dem »Bitzerlesbrunnen« der Ebinger Pumpstation beobachten könne.

2. Die Absätze und Niederschläge innerhalb der Höhlen.

Zwei verschiedenartige Gebilde treten uns in unsern Höhlen entgegen: Tropfsteine und Höhlenlehm. Manche Höhlen bergen aber auch noch anders geartete Niederschläge.

Die schönen **Tropfsteine** sind Niederschläge kristallinischen kohlensauren Kalkes, gebildet aus an Wänden herabrinnenden oder an Vorsprüngen herabtropfenden Wassers. Dasselbe Wasser, welches als Regenwasser beim Durchsickern der Spalten Kalk auflöste, gibt von diesem Kalk wieder geringe Spuren ab, sobald es mit der Luft in Berührung kommt und ein wenig verdunsten kann. So wachsen allmählich abwärts von der Decke die Stalaktiten, während ihnen vom Höhlenboden die Stalakmiten entgegen wachsen, bis schliesslich beide vereinigt eine schöne Tropfsteinsäule darstellen. Die riesige Mannigfaltigkeit dieser Gebilde nur etwas schildern zu wollen ist überflüssig, jeder Höhlenbesucher kennt sie und seine Phantasie schafft aus ihnen Orgeln, Altanen, Kapellen und Kanzeln, Rettige und Blumenkohl, Nymphenbäder und Kaiserkronen, ebensogut wie alle möglichen wilden Tiere als Elephanten, Löwen und Schlangen; ja selbst Geistergebilde, wie Wuotansköpfe und Lenkenbolde, Napoleons- und Bismarckköpfe. Ob die verschiedenen Tropfsteinformen nach verschiedenen Gesetzen sich bilden, ist möglich, aber nicht nachgewiesen, wenn es auch auffallend ist, dass in Kalksteinhöhlen die langen Zapfen und in Dolomithöhlen die rettigartigen Stalaktiten vornehmlich auftreten, in den Kalktuffen aber beide Formen vereint sind.

Eigenartig schöne Gebilde, die meistens wasserklare Kristalle vorstellen, finden wir hie und da in den stehenden Gewässern unserer Höhlen, so z. B. in der Gutenberger- und Falkensteinerhöhle. Um einen beliebigen Gegenstand, sei es auch nur ein Sandkorn, setzten sich hier wasserklare Kristalle an, die gleich Perlen und Edelsteinen in der wasserklaren Flut liegen. Aber auch in gewöhnlichen Spalten, in welchen das Wasser lange ruhen kann, finden sich solche Gebilde, die aber öfters Zwischenlagen von Lehm aufweisen und dann diesen Gebilden ein strudelsteinähnliches Aussehen geben.

Der zähe Höhlenlehm wurde meist in der Höhle selbst gebildet. Unser Jurakalk ist nämlich kein völlig reiner kohlensaurer Kalk, sondern er enthält viel Ton und Schwefelkies beigemengt. Das Wasser löst nun wohl den Kalk auf und nimmt ihn mit, lässt aber den Ton liegen und so finden wir ihn als schmierige Masse, als Höhlenlehm, oder wie der Volkswitz sagt, als »Höhlenbacksteinkäs« auf dem Boden liegen, vermengt mit abgestürzten Stalaktiten- und Kalksteinbrocken. Oft bindet sich auch der Kalk mit dem Lehm zu einer kristallinen Verbindung und lässt Tonspat entstehen, der wie feine Haarbürstentropfsteine Bänkchen auf dem Höhlenboden bildet.

Dem Höhlenlehm ist auch meistens Bohnerz beigemengt. Dieses Bohnerz ist entweder der oxydierte Rest früheren Schwefelkieses der zerstörten Kalkgesteine, indem sich unter dem Einfluss des Wassers das Schwefeleisen und Eisenoxyd verwandelte, oder aber wir haben, wie in den Melchinger Bohnerzlagerstätten, die ehemalige Höhlenfüllungen sind, frühtertiäre und miocäne Ablagerungen vor uns. Oft finden wir Bohnerz, Kalksinter- und Höhlenlehm mit Kalkschotter zu einer festen Breccie verhärtet, wie sie auch aus dem Miocän auf den Ebenen der Alb angetroffen wird.

Der Höhlenlehm ist sehr feucht und nass, denn er hält das Wasser zurück und diesem Umstand können wir es verdanken, dass er auch die Ueberreste der in Höhlen lebenden Tiere noch erhalten konnte und deren Knochen und Zähne uns aufbewahrt blieben. So sind oft die Höhlen die besten Schatzkammern und Fundgruben für uns Forscher, wo wir oft prachtvoll erhaltene Ueberreste einer längst verschwundenen Tierwelt sammeln können. Aber Vorsicht ist bei diesen Resten nötig. Die Zähne und Knochen, frisch aus der Höhle genommen, sehen wohl gesund und haltbar aus, zerfallen aber sehr leicht und schnell an der Luft, wenn sie nicht sehr sorgfältig getrocknet und dann mit heissem Leim getränkt werden.

Je nach dem Alter der Höhlen haben wir, wie oben schon erwähnt, aber auch noch andere Einschlüsse. Alte Höhlen auf der Donauseite der Alb, insofern sie schon zur Miocänzeit existierten, enthalten auch noch Lagen regelrechter Bänke feinen Tertiärsandes, welcher durch den später abgelagerten und höherliegenden Bohnerzton braun und schwarz gefärbt ist, oft zu harten Bänken verkittet. So enthält z. B. der Hohlefels bei Bitz eine Tertiärsandbank von 50—80 cm Dicke, welche den Höhlenboden deckt und welcher erst der Bohnerzlehm aufgelagert ist. (Siehe Profil XXIV vom Hohlenfelsen). Dieser Tertiärsand ist ein Sand von rotbrauner Farbe, in welcher die Körner liegen, die aussen braun, innen aber weiss sind, obwohl auch ganz schwarze Quarzkörner vorkommen. Diese Körner sind sogar hie und da mit Haifischzähnen gemischt, auch ist die Korngrösse verschieden, so dass wir echte Meeresbildung und keine Windbildung vor uns haben, bei welch letzterer alle Körner gleich fein sind.

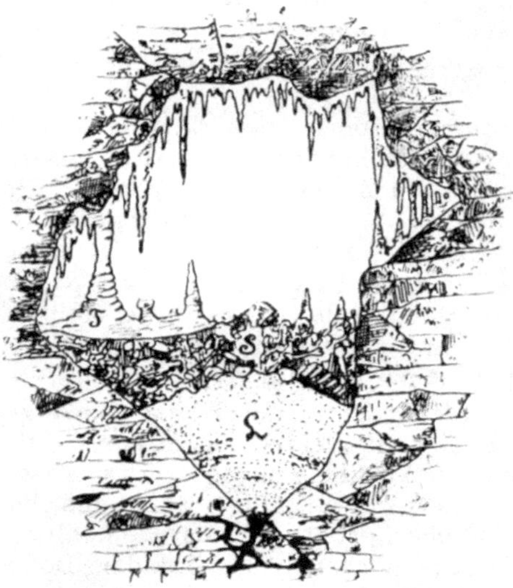

Abb. 118. **Querschnitt durch eine Höhle der schwäbischen Alb.**

Zu unterst sehen wir die Basis der Höhle mit den Wasserspalten, L Lehm bohnerzführend, S Schutt mit Lehm gemischt. Der Schutt besteht aus Gesteinsbrocken, Stalaktiten und Stalakmiten mit dem Hauptlager der Tierreste. T Tropfsteingebilde.

Im Heidenstein bei Ebingen, in welchem 1908 gegraben wurde, leider ohne fachmännische Leitung, kamen ebenfalls solche Molassebankstücke zum Vorschein, selbst ein Stück, in welchem ein Austernrest eingebacken war. Darauf lag eine Bohnerzbreccie mit Manganitknollen darin und erst darüber ein echter Höhlenlehm, der dem Pliocän zuzuschreiben ist. Auf diesem Höhlenlehm lagen die gefundenen Diluvialriesenhirschüberreste usw. (Siehe Höhlenfunde des Diluviums).

Bei Melchingen liegen Bohnerzlagerstätten, die nichts als Ablagerungen des Miocäns in uralten Höhlen darstellen. Die dortigen Tierfunde weisen aufs Miocän hin und aufs Pliocän. Aehnliche Funde bergen die vielen Bohnerzgruben in der Nähe von Bitz und der Umgebung des ganzen Laucherttales, es sind einfach tief eingebrochene Dolinen, die schon in der Miocänzeit einsanken und dann die Lateralbohnerze jener Zeit aufnahmen. Solche Dolinen, im Volksmund Bohnerztrichter genannt, enthalten freilich nur selten Knochen, und sind daher nicht immer betreffs ihrer Entstehung und ihres Zeitalters zu klassifizieren.

Auch die eingelagerten Lehme unserer Höhlen zerfallen in mehrere Arten. Wir haben feine, zarte, fette, ganz sandlose und wieder sehr sandhaltige Lehme. Auch Lehme mit Dolomitsand kommen vor, sowie Lehme mit Magnetit. Wo Magnetit dem Lehm beigemischt sind, sind die Funde und seien es auch nur Kiesel und Gerölle, Schotter und Felsenbrocken, schwarzglänzend gefärbt. Manganit ist übrigens in vielen Albhöhlen ein häufig auftretendes Mineral, glänzt frisch sehr schön schwarz, wird aber an der Luft ebenso rasch unansehlich grauschwarz.

Oft geht das Bohnerz auch in Brauneisenstein über und kommt es vor, dass der Höhlenboden abwechselnd Brauneisensteinlager mit Bohnerzlehm aufweist. Diese Brauneisensteinlager besitzen dann keine Bohnerzkügelchen, sondern bestehen aus Brauneisenstein, welcher dem Sumpfeisen ähnelt.

Die gewöhnlichen Lagerungsverhältnisse unserer meisten Höhlen zeigt, aber unsere Abb. 118: Querschnitt durch eine Albjurahöhle. Die einstigen späteren Bewohner unserer Höhlen waren im Allgemeinen die wilden Tiere, die Diluviums (die unter Diluvium beschrieben werden sollen) und der Mensch.

Mineralien-Sammlungen ausser Tierresten.

Mineralien und Formationsbelege aus Albhöhlen: Lehm, Kalkspat in allen Farben, auch kristallhellen, Lehmspat, Magnetitspat, Magnetit, Bohnerz, Brauneisenstein, Bohnerzlehm, Saalbänder der Stalaktitenbohnerze, Kalkspat mit Bohnerz usw., je nach Grösse der Sammlung 5—10 Mk. Ausgelaugte, mit Rinnen versehene Kalkfelsenstücke, durch welche Wasser floss, den Erdstau des Wassers zeigend, Stücke von 10—15 cm Länge und Breite, je nach Schönheit 1 Mark bis 10 Mark.

Das anthropozoische Zeitalter
oder die Quartärformation.

Zu Ende des Pliocäns war jener Klimawechsel beendet, der für unsere Breiten die Eiszeit hervorrief und der sich wohl unter grossen kosmischen Ereignissen vollzog, die noch nicht genügend aufgeklärt sind. Aber auch die immer weitere Entwicklung und Ausbreitung des Landes gegenüber der See, die Veränderung der nördlichen Landstriche, das weitere höchste Emporfalten unserer Alpen und anderer riesiger Kettengebirge über die früheren Schneegrenzen hinauf, gab eine weit niederere Jahrestemperatur ab. Die Alpen trugen natürlich schon im Obermiocän in ihren höheren Lagen Gletscher, aber im Pliocän bewegten sich die Gletscher nach unten und endlich blieb es dem Diluvium vorbehalten, eine Eiszeit mitzumachen, die vielleicht einzig dastand in der ganzen Entwicklung unserer Erde. Wohl wollen verschiedene Forscher schon in verschiedenen Perioden Gletschermoränenreste beobachtet haben, so ganz sicher ist dieses jedoch nicht. Am Ende des Pliocänzeitalters bedeckten sich wohl alle deutschen Mittelgebirge ebenfalls mit Gletschermassen und die Gletscher der Alpen schwollen in dieser Zeit derartig mächtig an, dass sie ihr ganzes Vorland bedeckten und alle Vegetation unter ihrer Leichendecke erdrückten, bis sie mit den Gletschern der Mittelgebirge zusammenflossen. So kroch der Rheingletscher (und die benachbarten Alpengletscher) über ganz Oberschwaben hinweg und vereinigte sich nördlich der Donau mit den Gletscherarmen der Alb, letztere aber da und dort abdrängend und bis auf bedeutende Höhen der Alb emporsteigend. So überschritt er die ganze Donau von Beuron an bis hinunter nach Regensburg und erklomm da und dort schmale Teile der linksufrigen Albtafel. Im oberen Donautal kroch er am weitesten auf die Alb herüber bei Dietfurt und Unterschmeien. Auf den Feldern des dortigen »Hochsträsses«, an der ehemaligen Römerstrasse: Laiz—Winterlingen, liegen überall seine alpinen Gerölle und der Schmichagletscher wurde unterhalb Storzingens so gehemmt, dass er dort seine Moränen liegen liess, Stauseen bildete, die als diluviale Nagelfluhe, festverkittet an der Eisenbahnlinie erhalten wurden. Es befindet sich dort der gleiche »Nägelesfels«, wie er im ganzen Donautal von Immendingen bis Sigmaringen als Mittelterrasse ansteht. Die höchste Erhebung letzterer Juragerölleconglomerate, die wie Naturbetonwände sich erheben, finden wir an der Landstrasse bei Station Inzigkofen aufgeschlossen. Alle Seitentäler der Donau auf der ganzen Albstrecke bis hierher tragen diesen Schotter, der nur aus Jurageröllen (ε und ξ) besteht und k e i n Donaukies ist. Auch bei Sigmaringen kroch der Gletscher bis über die Lauchert hinüber und das ganze Bittelschiesser Tal verdankt seine prachtvolle Romantik dem Zusammenwirken des Rhein- und Lauchertgletschers, die sich dort den Rang ablaufen wollten. Ja der Rheingletscher schob sich über die Felsen des Laucherttales hinüber und erstieg noch die Albhöhen hinter Hornstein. Somit erreichte der Gletscher seinen weitesten

Vorsprung zwischen Scheer und Ebingen, über die Linie Oberschmeien-Hornstein.

Der Rheingletscher drang in vier grossen Perioden aus seinen Alpentälern ins Alpenvorland hinaus und bei Ulm schmolzen Rhein- und Illergletscher mit den Albgletschern in der Hauptglazialzeit zu einer Rieseneisdecke zusammen, dass alles Leben der Oberschwabenebene und der Alb unter ihr erstarb.

Durch diese langanhaltende Vergletscherung Oberschwabens und kürzere der Alb (die Alb war nur während der Haupteiszeit vereist) wurden eine Menge von Alpenkies nach Oberschwaben getragen und auch im Donautal abgelagert. Dort mischte es sich mit dem Detritus Oberschwabens und der Alb, so sehen wir z. B. bei Gutenstein eine 10 Meter hohe Moräne liegen, die neben alpinen Geröllen noch Schwarzwaldgerölle, Basalte des Hegaus, Tertiäre Oberschwabens und Weissjura der Umgebung aufweist. Die ganze Dreieckspitze zwischen Inzigkofen, Stetten a. k. M., Donau und Schmichatal ist mit Alpengeröll, wenn auch mit wenig, bedeckt, ebenso die Landzunge Sigmaringen-Schmicha-Laucherttal. Das Geröll besteht aus ca. $^1/_{10}$ Alpengerölle, $^5/_{10}$ Weissjura und $^4/_{10}$ Tertiär, zu welch letzterem auch die Gerölle der tertiären Juranagelfluh zu rechnen sind. Im herrlichen Bittelschiesser Tal, oberhalb Bingens bei Sigmaringen, bohrten sich die Gletscher in den Uferfelsen der Lauchert haushohe Gletschermühlen, Gletscherschlünde, Orgeln und Kamine ein, die mit einem Gemenge von alpinem, tertiärem und Jurageröll ausgefüllt, teilweise auch leer, aber ganz geglättet und von Schmelzwasser ausgewaschen sind. Ebenso sehenswert sind die 3 riesigen Gletschermühlen in den Felsen der Donauseitenschlucht ob Neudingen, seitlich dem riesigen Schaufelsen, sie gleichen 3 grossen Waschkesseln von 8—10 m Durchmesser. Solche Mühlen sind aber im Donautal, Schmicha- und Laucherttal über 100 zu zählen und die Rondelle des Donautales bei Inzigkofen, Dietfurt, Gutenstein usw. sind auch nur Riesenmühlen des Rheingletschers, die in den vielen »Grotten« ihre Arbeitsspuren zurückliessen.

Alle Donau-Albtäler tragen aber auf ihrem Talboden Moränen, welche Gerölle enthalten, die schwerlich bloses Flussgeröll sein können. (Siehe die Mitteilungen unter Touren »Donautal« und »Eyach-Schmichatal« sowie unter dem Artikel: »Zur Bildungsweise der Albtäler«).

Auch die riesigen Schottermassen Weissjurakieses auf den Albhochebenen gehören dieser Zeit an, wenn sie nicht älter sind. Wir meinen jene Schotter, welche von braunen Lehmlagern bedeckt sind, die wohl während der Haupteiszeit abgelagert und dann mit aeolischem Lehm der Interglazialzeit bedeckt wurden.

Während der Interglazialzeiten und auch nach der letzten Glazialzeit entführten die Gletscherwasser den Moränenschutt teilweise wieder und zwar als Kies, Sand und Lehm und verfrachteten ihn bis ins Schwarze Meer. Kiesgruben dieser Periode sind ja auf der ganzen Albdonauseite aufgeschlossen. Diese Gruben enthalten desto mehr Jurageröll, je näher sie der Alb zu liegen.

Die Hochebenen der Alb sind vielfach mit deutlich ausgebildeten Karen bedeckt, deren Aufschlüsse einem Kannenmundstück gleichen. Auch auf dem Boden dieser Kare finden wir die Grundmoränenschotter und wo das Kar oder die Karmulde eine Biegung macht, finden wir die Ecken mit Massen von Schotter ausgeebnet. Bedeckt ist dann Kar und Umgebung mit Lehm. Polare Winde entführten während den Interglatialzeiten von den riesigen Grundmoränen Oberschwabens grosse Mengen Sand und Staubes und lagerten diese auf der Alb ab. Dieser Staub wandelte sich durch weitere Verwitterung in die braunen Alblehme um. Wo die unterlagerten Moränen aus lockerem Geröll und Schutt bestanden, mischte das athmosphärische Wasser die Lehme zwischen die Gesteine.

Auch die Terrassen unserer Flusstäler entstanden in der Diluvialzeit. Beim Rückzug der Gletscher gruben sich die starkwirkenden Schmelzwasser tief in die Alblandschaft ein, dadurch entstanden besondere Talrinnen innerhalb der Täler und auf dem Grunde der Täler, während die Gehängeschotter an den Abhängen liegen blieben, bis sie immer mehr nachrutschten und schmäler wurden. In der Glazialzeit mag auch der Abbruch des Steilabfalls besondere Fortschritte gemacht haben, sehen wir doch ungeheure Schotter sich aus den Albtälern in das Unterland hinausziehen. Zu solchen Schottermassen mögen auch die sog. Goldhöfer Sande gehören, die aber früher eine weit grössere Verbreitung haben konnten und wohl aus den Tälern der Urflüsse stammen mögen, also aus der Urbrenz, da ja der heutige Kocher früher die Urbrenz war, die ihr Einzugsgebiet in den Ellwanger Bergen hatte. Flüsse der Neckarseite dürften aber ihren Ursprung in dieser Zeitperiode zu suchen haben, da in deren Tälern mächtige alte Schotter das ganze Tal erfüllt haben mussten, in welche Schotter sich erst die jungen Flüsse ihr Bett eingruben. Stehen wir in solchen uralten Tälern, etwa an der Wasserscheide des Riedbachtales bei Ebingen-Lautlingen, so bekommen wir zuerst den Eindruck: In der Miocänzeit bildete sich dieses Tal mit der Flussrichtung von West nach Ost, aber in der Glazialzeit konnte das enge Tal die breiten Gletscher, z. B. der Schmicha, nicht mehr fassen und so wanderten sie gegen Westen und Osten, also z. B. von Ebingen gegen Balingen und Sigmaringen. Bei Ebingen z. B. sehen wir die Moränen der Seitentalgletscher auf der Strecke: »Wasserscheide« genau in den Mittelpunkt der Tallinie einstreichen. Zwischen Wasserscheide und Ebingen streichen sie leicht nach Westen, gegen die Eyach und zwischen Ebingen und Sigmaringen streichen sie meist gegen das Talzentrum und gegen Osten, von der Wasserscheide gegen Balingen streichen sie gegen Balingen und nach dem Zentrum der Flusslinie. Also dürften die Gletscher, welche z. B. von Onstmettingen und den anstossenden Höhen kamen, da wo Ebingen heute liegt, sich in 2 Arme geteilt haben, von denen der grössere Arm gegen Balingen, der kleinere gegen Sigmaringen wanderte. Das Tal Ebingen-Lautlingen ist ja bis zur Wasserscheide schier eben, steigt aber in der Sohle ein wenig gegen Westen an, bis im Westen, bei der Wasserscheide, ein Talabbruch erfolgt und das ursprünglich höhere und breitere Tal rasch in das anders geartete Eyachtal übergeht. Sowohl das obere Eyachtal als das obere Schmichatal waren in der Pliocänzeit Seitentäler, heute bilden sie die Einzugs- und Quelltäler zweier Flüsse. Da sich aber das Schmichatal bis zu seiner Einmündung ins Donautal immer mehr verengert, das Riedbachtal und Eyachtal gegen Balingen aber immer mehr erweitert, so liegt es nahe, sogar an eine ganz eigentümliche Talgeschichte zu denken. Darnach wäre die der Eyach, d. h. der Strom der Täler, damals weder in Pfeffingen noch in Onstmettingen entsprungen, sondern das ursprüngliche Einzugsgebiet wäre das heutige obere Eyachtal mit dem obern Schmichatal gewesen, sowie das heutige mittlere Schmichatal bis Kaiseringen. Dieser Fluss wäre dann, als die Albtafel noch eben war und nicht geneigt gegen die Alpen, ungefähr so geflossen, wie die heutige Eyach, in der Richtung gegen Horb. Alle sich bildenden Täler sind doch im Quellgebiet eines Flusses enger und verengern sich immer mehr, bis zu dessen Quelle. Als dann die oberschwäbische Albtafel gegen die Alpen einsank und mit ihr die Alb selbst, verlor die Ur-Eyach das heutige Einzugsgebiet der Schmicha, und es bildeten sich so in der Pliocänzeit durch Verschiebung der Wasserscheide 2 Täler. Durch die Glazialzeit wurde dann das ganze Urtal durch herabsteigende Gletscher mit Moränen bedeckt und erhöht. Diese Gletscher teilten sich bei Ebingen und floss ein kleiner Teil derselben Sigmaringen, der andere grössere aber Balingen zu. Die wirkliche Bodengestaltung beider Täler drängt zur Annahme dieser Darstellung, denn das erbreiterte Tal der mittleren oder Locheneyach muss älter sein, als das viel kleinere Schmichatal von Kaiseringen bis Inzigkofen, die Erbreiterung erfolgt in der Linie gegen Westen. Auch die Terrassenschottermassen sinken von der heutigen Wasserscheide gegen Osten mit der Schmicha und nach Westen mit der Eyach. Die gleichen Schottermassen, welche das Riedbachtal bei Ebingen völlig ausebneten, liegen noch in grossen Resten bei Frommern, Dürrwangen und Weilheim und schliessen nur Weissjurageschiebe ein, sie lagern auf unterem Braunjura und oberem schwarzen Jura. Wer auf diesen Schottermassen der alten Talebene steht, sieht, wie sie sich von Ebingen herab langsam senken und nicht viel mit den Talwänden zu tun haben. Sie müssen also von Ebingen herunter gebracht worden sein. Erst in diese Schotter grub sich die Eyach ca. 10—15 Meter tief ein, ja manchmal noch tiefer.

Eine ähnliche Entstehung dürften auch andere Doppeltäler der Alb haben, welche ihre breiteste Erweiterung gegen den Neckar richten.

Wieder ein anderes Talsystem dürfte das Urbrenztal darstellen. Aus den Goldhöfer Sanden scheint hervorzugehen, dass diese eine Mischung von Flusssanden und Geröllen der Urbrenz mit Gletscherschutt der Alb sind. Die Urbrenz hatte ihr Einzugsgebiet bei Hall und Crailsheim, welche Gegend jetzt das Mittelstromgebiet des Kochers und der Jagst darstellen. Allein es wäre ebenso möglich, dass dieses System das Folgesystem eines älteren Flusslaufes wäre, welches nach dem Molassemeer, also nach der Donau, sein Wasser gesandt hätte.

Die Hochebenen der Alb, besonders die Zetamulden, bildeten die Firnfelder unserer Albgletscher, wie aber diese Firnfelder aufgeackert sind, finden wir schon bei der Beschreibung der obersten Weissjuraschichten geschildert. Solche Firnfelder sind auf unsern Hochebenen unschwer zu beobachten und besonders deutlich auf dem Hardt nachzuweisen.

Aus dem bisherigen ist also zu ersehen, dass das Quartär die jüngsten Bildungen auf unserer Alb umfasst. Diese Zeit ist auch die Zeit des Menschenauftretens. Ein Auftreten des Menschen in früheren Zeiten konnte bisher nicht nachgewiesen werden, mindestens nicht auf der Alb. Seit langer Zeit ist man gewöhnt, diese Zeit in eine Eiszeit und eine Nacheiszeit, ins Diluvium und Alluvium, einzuteilen. Das Alluvium würde diejenigen Neubildungen umfassen, die in die Zeit der Menschenentwicklung nach der Eiszeit zu setzen wären. Aber beide Zeiten gehen ineinander über; als die Alb schon nicht mehr vergletschert war, trugen die Alpen noch Riesengletscher. Die Spuren des Menschen finden sich eben in diesem ganzen Zeitraum, daher: anthropozoisches (Menschen-)Zeitalter. Der Mensch lebte mit Mamut, Höhlenbären und anderen Tieren dieser Periode zusammen. Ehe wir zum Diluvium im besonderen übergehen, wollen wir uns aber noch mit der Talgeschichte der Albtäler etwas näher befassen und die beiden Täler: Eyach-Schmichatal und Donautal beschreiben.

Zur Geschichte unserer Albtäler während der Pliocän- und Diluvialzeit

mit besonderer Berücksichtigung des Schmicha-Eyach- und Donautales.

Schon unter »Tektonik der Alb« und »Höhlen der schwäbischen Alb« beschrieben wir einen Teil der Geschichte dieser Täler. Ueber die eigentliche Entwicklungsgeschichte dieser Täler liessen sich aber ganze Bände schreiben und wollen wir nur die oberen 3 Täler näher ins Auge fassen.

1. Das Eyach-Schmichatal von Balingen bis Ebingen und Ebingen bis Onstmettingen und Sigmaringen.

Verschiedene neuere Forscher vertreten heute die Ansicht, dass das Riedbach-Schmicha-Eyachtal früher ein Tal gewesen sei, dessen Einzugsgebiet nicht im Bereich der heutigen Alb, sondern in der Umgebung von Balingen gesucht werden müsse. Die Eyach-Schmicha sei also früher entgegen ihrem heutigen Lauf geflossen: von Westen nach Osten. So meint Herr Gugenhahn, die Schmicha sei im Balinger Talvorland entsprungen, habe später die Alb durchschnitten, um zur Donau zu gelangen, und erst in der Spätdiluvialzeit habe die Erosion des Eyachttales diejenigen Fortschritte gemacht, welche wir heute vor uns haben. Sonach wäre der Urfluss da entsprungen, wo jetzt die Eyach kaum mehr ein Einzugsgebiet besitzt, und entgegen der Erosionsstreichrichtung gelaufen.

Zwischen Balingen und Frommern führt die Landstrasse auf der Talhöhle des Urtales und am Gasthof zur Blume stehen ähnliche Schotter an, wie wir sie unten beschrieben an der unteren Mühle bei Frommern finden werden. Wo dann die Landstrasse nach Tieringen von der Strasse nach Frommern abzweigt, sehen wir rechts immer die Terrasse, links aber im neuen Eyachtal noch ein Eyachtal, welches jünger als das Urtal, aber älter als das heutige Tal ist. Es windet sich neben dem heutigen Eyachtal hin und her, zwischen Strasse und Eyach und ist noch nicht so tief eingeschnitten wie das nahe heutige Eyachtal. Es blieb erhalten, weil es einen grossen Bogen machte, während das heutige Eyachtal geradeaus neben ihm vorbeiläuft. Abb. 120 zeigt dagegen eine noch zu wenig untersuchte Terrasse eines Talrestes, der viel älter ist, als der noch so gut erhaltene Boden des Urtales. Diese Terrasse zieht sich längs des linken Eyachtalabhanges hin.

Schon oben bemerkten wir, dass jedes normale Tal, das wir genau betrachten, da am breitesten ist, wo es am entferntesten von seinem Einzugsgebiet sich befindet und dass sein Einzugsgebiet aus schmäleren Tälern oder gar Schluchten besteht. Bekanntlich nagen sich ja die Gewässer rückwärts ins Gebirge ein. Fliesst also ein Fluss, wie die heutige Eyach, nach Westen, so sollte man meinen, sein Einzugsgebiet müsse im Osten, oder doch östlich vom späteren Verlauf liegen. Freilich sind es in erster Linie die tektonischen Spalten, das Gefäll, die Härte des Gesteins und die Lage der Schichten, die den Lauf eines Tales bestimmen und diese Ursachen müssen auch bei unserer Untersuchung berücksichtigt werden. Insbesondere können veränderte Schichtenlagerungen den Lauf eines Talflusses, sowie seiner Nebenflüsse, verändern.

Beschreiben wir vorerst in Kürze den heutigen Verlauf der Eyach. Nördlich von Pfeffingen liegt der halbinselartige Auchtberg, an dessen südlichem Fusse Pfeffingen liegt. Der Auchtberg besteht aus einer Weissjura α und β Terrasse, die hinter dem Zitterhof mit Diluviallehm bedeckt ist. Die ganze Umgebung: Irrenberg, Heuberg, Haugenbühl, Nauppen ist so abgetragen, dass wir ausser der ersten Weissjuraterrasse keinen weiteren Weissen finden, γ-z fehlt und an deren Stelle liegt also Diluviallehm, unter welchem die obersten Betaschichten stark gestört und mit Bohnerzlehm gefüllt sind. In Pfeffingen selbst erodierte die Zeit auch den unteren Weissen ab, so dass wir dort nur Braunen antreffen. In dem nördlichen Mühltal zwischen Auchtberg und Haugenbühl entspringt nun die Eyach, welche von hier aus in südlicher Richtung über Pfeffingen und Margrethausen nach Lautlingen fliesst. Zwischen Margrethausen und Lautlingen schneidet die Eyach in oberen Braunen ein, während zwischen Margrethausen und Pfeffingen die ganze Talsohle von verstürztem Weissjuraschutt bedeckt ist, in welchem α, β, γ und δ sich vorfinden, obwohl die Höhen nur noch α und β tragen. Aber die südlicher gelegenen Höhengipfel: Hornau, Harsberg tragen noch γ Stöcke, während der Ochsenberg sogar noch δ trägt. Von Lautlingen fliesst die Eyach in westlicher Richtung nach Laufen, Dürrwangen, Frommern und Balingen, dort die Alb verlassend und aus ihrem sehr breit gewordenen Tale ins Albvorland hinausfliessend. Von Balingen fliesst sie dann über Haigerloch durch Keuperland und Muschelkalk ins Neckartal bei der Station Eyach. Bei Frommern nahm sie den Schalksbach auf.

Die Schmichaquellen entspringen ganz in der Nähe der Eyachquellen bei Onstmettingen. Die Hauptquellen entspringen in der Geifitze und nehmen die sog. Schmichaquelle in Onstmettingen auf. Sie fliesst dann, wie die benachbarte Eyach, in südlicher Richtung über Tailfingen u. Truchtelfingen nach Ebingen, aber in Ebingen wendet die Schmicha nicht wie die Eyach nach Westen um, sondern gegenteilig nach Südosten, fliesst in einem noch immer breiten Tal über Strassberg nach Kaiseringen, wo das Tal eine ganz andere Form annimmt, durchbricht dort mehrmals grosse Felsenbarren und fliesst in engem Felsental über Storzingen, Ober- und Unterschmeien nach dem Donautal ab, das sie ob Inzigkofen erreicht. Zwischen Ebingen und Strassberg nimmt sie den unansehlichen Riedbach auf, wird aber später durch Quelltöpfe sehr verstärkt.

Zwischen Ebingen und Lautlingen fliesst also weder Eyach noch Schmicha, auf dieser Strecke haben wir aber ein breites schönes Hochtal, einen Talrest, den einzig und allein der Riedbach durchfliesst, aber so durchfliesst, dass sein Gefäll gegen Osten, also von Lautlingen nach Ebingen ein sehr schwaches gegen Osten gerichtetes ist.

Nach dem äusseren Aussehen gleichen sich diese drei Täler gar nicht, das Eyachtal hat seine besonderen Taltypen, das obere Schmichatal von Onstmettingen bis Strassberg gleicht aber vielfach dem Riedbachtal, nur dass das Riedbachtal viel breiter ist, trotz dem unscheinbaren Wasserlauf des Riedbaches. Der Schmichataltteil von Kaiseringen bis zum Donautal gleicht dann wieder dem Donautal mehr als den Typen der oberen Schmichatäler oder den Typen des Eyachtales.

Dieser allgemeinen Beschreibung müssen wir nun eine besondere Beschreibung der einzelnen Taltypen folgen lassen, um an der Hand dieser Typen den ehemaligen Verlauf unserer zwei Flüsse feststellen zu können. Beginnen wir zuerst mit dem Eyachtal, nehmen wir dann das Schmichatal und mit ihm gleich das Riedbachtal in unsere Untersuchung auf.

a) Das Talsystem der heutigen Eyach.

Beginnen wir jetzt nicht bei dem heutigen Ursprung der Eyach, sondern bei Bahnhof Station Eyach, um von hier aus den Verlauf des Urtales zu erforschen.

aa) Die Eyach von Station Eyach am Neckar bis Balingen.

Die Eyach mündet bekanntlich beim Bahnhof Eyach zwischen Horb und Rottenburg in den Neckar, welcher in den Rhein fliesst. Das untere Eyachtal zwischen Station Eyach und Haigerloch ist eng und schmal. Es fliesst auf dieser Seite im Muschelkalk, welcher als Hauptmuschelkalk der Talerosion enge Schranken setzt. Die Strecke Eyach-Mühringen-Imnau gehört noch ins sog. Kohlensäuregebiet, da auf dieser Strecke des Muschelkalkes noch viele Kohlensäuerlinge dem Erdreich entsteigen. Nebenflüsse nimmt die Eyach auf dieser Strecke keine auf. Erst bei Imnau empfängt sie einen kleinen Bach, der von Wiesenstetten herkommt und in der Richtung von Südwest nach Nordost fliesst. Die Eyach selbst fliesst zwischen Station Eyach und Imnau in völlig nördlicher Richtung.

Auch auf der Strecke Imnau-Haigerloch schneidet die Eyach überall in den mittleren Muschelkalk ein, ihre Richtung ist von Südost nach Nordwest gerichtet, aber das Tal macht grosse, oft sogar scharfe Bogen. Gerade bei Haigerloch mit seiner romantischen Lage, muss die Eyach einen besonders grossen Bogen machen und ist dort das Tal mit steilen Mauerwänden eingefasst. Die Höhen bedecken Lettenkohle und mehr rückwärts auch noch Keuper. Zur Miocänzeit deckte diesen Keuper noch der schwarze, braune und weisse Jura, welcher heute nur noch in Geröllresten an einzelnen Stellen der Umgebung des Tales sich vorfindet, fluviale pliocäne Gerölle von Tertiär und Weissjura, unter Diluviallehm liegend, z. B. bei Trillfingen und Felldorf 530 Meter ob N. N. Wahrscheinlich floss schon in der Pliocänzeit die Ureyach diesen Weg, nur hatte sie sich damals noch nicht so tief in den Muschelkalk eingesägt wie heute. Ihr Gefäll beträgt von Haigerloch bis Station Eyach etwa 100 Meter auf 10 Klm. Entfernung. Unterhalb Haigerloch bei Karlstal nimmt die Eyach den Weildorfer Bach auf, während die östliche Seite den kurzen Seehoferbach aufnimmt, der der einzige, kurze Bach der Ostseite auf der ganzen Strecke ist. Zwischen Haigerloch und Saline Stetten nimmt in grossem Bogen die Eyach den Gruoler Sturzbach auf, welcher ein sehr breites, bedeutendes Einzugsgebiet im Rosenfelder Keuper besitzt und daher der Eyach vieles Wasser zuführt.

Die Eyach behält ihre nordwestliche Flussrichtung bei bis in die Nähe Grosselfingens, wo sie den Krebsbach aufnimmt: 462 Meter ob. N. N.. Hier bedecken ihre Muschelkalkgehänge schon Keuperschichten, welche den früheren Talcharakter völlig umändern. Die Mauern sind verschwunden und an ihre Stelle sanfte Halden des bunten Keupermergels getreten. An der alten Kirche ob Owingen 456 Meter ob. d. M. verlies sie den Muschelkalk, den wir an ihren bisherigen Ufern von Station Eyach (368 Meter) an bis hierher aufwärts gesehen haben. Owingen liegt in einer eigentümlichen Eyachtalmulde, in welcher mehrere Flüsschen mit der Eyach zusammenfliessen. Von Südwesten kommt der linksseitige Warrenbach aus dem Keuperwald hervor, von Nordosten der rechtseitige Warrenbach. Beide Bäche fliessen auf einer Spalte, welche die Eyachtalspalte quer von Südwest nach Nordost durchsetzen. Das Flussbett der Eyach fliesst sogar einige Zeit selbst in dieser Querspalte, nehmlich im Zentrum der grossen Kreuzbruchlinie. Dieses Spaltensystem ist auch die Ursache, dass sich das Eyachtal hier so weit zur Mulde ausdehnt, wie wir es sonst selten von ihm, auf seinem ganzen Lauf, gewöhnt sind, denn durch diese Spaltentektonik war der Erosion ein grösserer Spielraum gegeben.

Bei genauerem Studium der Talbildung sehen wir auch, dass die Formationsunterlage des Tales dem Tal seinen besonderen Charakter ausprägte. Solange die Eyach im Muschelkalk floss, bildete dieser oft baumlose steile Mauerwände, mit tiefen zerrissenen Seitenschluchten. Wie wir aber in die Keuperformation kommen, treten die steilen Wände zurück und machen dammartigen Böschungen Platz, die mitunter bis ins Tal herab mit Tannenwald bedeckt sind. Dort sind die Wände grau, hier meist rotfarbig und bunt, wie wir es auch sonst aus dem Keupermergel gewöhnt sind. Floss die Eyach von Station Eyach bis hierher in der Richtung Südost nach Nordwest, so biegt sie nun etwas mehr nach Osten um, um von hier bis Balingen genau nördlich zu fliessen. Auf dieser ganzen Strecke ist ihr Wassereinzugsgebiet weit reicher als im Muschelkalk: in kurzer Zeit haben wir 10 Flüsschen, die rechts und links einmünden. Ueber Steinhofen und Bisingen kommt der Klingenbach (auf Abb. 75 sichtbar) hergeflossen; von Engstlatt kommt der Engstlatter Bach, der Reichenbach aber mündet unterhalb Balingen in die Eyach. Diese 3 Bäche haben ihr Quellgebiet schon im schwarzen, braunen und weissen Jura, während die linksseitigen Zuflüsse: Ostdorfer Bach, Kaunterbach, Riedbach und Bebeltbach blos in Keuper und Lias α eingreifen. Bei den Eyachmühlwerken: Stadtmühle und Kesselmühle greift aber die Eyach schon selbst in die Grenzschichten zwischen Keuper und Lias α ein, Wasserfälle bildend, wie wir sie an der Stadtmühle finden.

In Balingen angekommen, wollen wir Halt machen und überlegen, ob die Eyach von hier bis Station Eyach auch immer floss, oder ob sie früher einen anderen Lauf gehabt haben könnte.

Auf der ganzen Strecke zwischen Owingen und Balingen finden wir in ca. 10—20 m Höhe ob dem heutigen Bachbett alte Eyachschotter, ähnlich denen, die wir später zu beschreiben haben und die aus Braun- und Weissjura bestehen, aber hier noch Liasgerölle aufweisen. Wo wir diesem Schotter begegnen, begegnen wir auch rotem

Felsengestein, wie es nur am Gräblesberg bei Laufen ansteht und sich sonst in der Umgegend nirgens vorfindet; folglich müssen diese roten Juraschotter (13) aus dem Eyachtal zwischen Balingen und Lautlingen stammen, der Fluss also schon lange in dieser Richtung geflossen sein. Westlich von Balingen liegt der kleine Heuberg, ein Liasrücken mit $\alpha - \delta$ Aufschlüssen, auf denen auch da und dort Gerölle lagern. Aber alle diese Schotter des kleinen Heubergs zeigen nirgends die roten Gerölle des Betajuras vom Gräblesberg. **Somit musste die Eyach schon in Urzeiten ihren heutigen Weg geflossen sein.**

Die Strecke des unteren Eyachtallaufes Balingen-Station Eyach, die sich in Keuper- und Muschelkalk eingrub und die der Fluss noch heute als sein Bett bezeichnet, war dieses Bett auch in früheren Zeiten, denn im ganzen Schottergebiet dieses alten Flusslaufes finden wir die Gräblesbergschotter vor, wenn sie auch immer seltener werden, je mehr wir uns dem Neckartal nähern. Somit wäre also erwiesenermassen das bisher beschriebene Eyachbett auch in früheren Zeiten des Pliocäns, ja wohl noch früher das Urbett der heutigen Eyach gewesen. Aber auch δ und ε Schotter finden sich in diesen Geröllablagerungen, die aber hier weniger beweisen können.

Ob das Owinger Becken mit seinen Ablagerungen seine Entstehung nur auf die Querspalte allein zurückzuführen hat, ist fraglich, denn dafür scheint es doch zu gross zu sein. Es breitet sich nämlich von Stetten Saline und Stetten bei Haigerloch bis zur alten Kirche oberhalb Owingens aus, hat also eine Länge von 4 und eine Breite von fast 2 Klm., während sonst das Tal kaum $^1/_2$ Klm. Breite besitzt. Der ganze Talboden besteht aus einer ungeheuren Kiesmasse, in welcher mittlerer, oberer und weisser Jura vorherrschen, während unterer Weissjura nnd brauner seltener ist, Lias aber schier ganz fehlt. Er hat grosse Aehnlichkeit mit einem Gletscherstützbecken, in welchem mehrere Gletscherstränge aufeinander stiessen und zwar so, dass sie durch ihre Stösse nach dem Zentrum einen Wirbel erzeugten, der das Tal aushöhlte.

bb) Die Eyachstrecke zwischen Balingen und Lautlingen.

Balingen liegt auf Lias α und ist mit Hügeln umgeben, welche aus Lias β und γ bestehen. Gegen den Hirschberg und Heselwangen breitet sich ein Seitental aus, in welchem 2 Bäche zur Eyach fliessen, welches Tal ganz ebenen Boden mit bedeutenden Geröllablagerungen besitzt, die nur aus dem Jura stammen. Von Endingen und Erzingen her grub sich die Steinach tiefe Gräben in die Arietenkalke ein. Das Einzugsgebiet der Steinach liegt in den Abhängen des kleinen Heubergs. Balingen besitzt eine starke Schwefelquelle an der Steinach, die in einem Bad gute Benützung findet.

Die Steinach fliesst in einer weiten Ebene, dem Vorland des Steilabfalls, unterhalb des Plettenberges, Schafberges und der Lochen. Diese weite Ebene trägt eine ungeheure Geröll- und Schuttmasse, aus welcher da und dort die Liashügel wie Inseln hervorragen. Woher stammen nun diese riesigen Geröllmassen, welche die Ortschaften Endingen, Erzingen, Weilheim, Waldstetten, Dotternhausen, Frommern und Dürrwangen umgeben? Untersuchen wir die Gerölle, so finden wir sie zusammengesetzt aus $^2/_3$ Weissjura, $^1/_6$ braunem und $^1/_6$ oberem

Abbildung 119. **Balingen mit Umgebung.**

Unsere Abbildung ist vom kleinen Heuberg aus aufgenommen, aus der Nähe des Balinger Hochwasserbehälters. Von der dortigen Blockhütte aus bekommen wir einen herrlichen Ueberblick über das Vorland der Alb zwischen »kleinem Heuberg« und den Bergen des Steilabfalles: 1. Hohenzoller, 2. Zellerhorn. 3. Hundsrücken, 4. Hirschberg, 5. Böllat, rechts daneben Wannental mit Stockenhausen in der Tiefe, dann 6. Schalksburg. Die Braunjuraebene mit ihrer Hügelreihe direkt hinter Balingen ist durch 7 angedeutet und stellt die Schotterebene, die Terrasse des Ur-Eyachtales dar, welche die Liasebene deckt. Südlich von unserem Bild käme dann die Fortsetzung der Landschaft, welche das breite Band der Eyach darstellt, den einstigen Seegrund bezeichnend, welcher zwischen Balingen, Frommern, Endingen, Rosswangen und Weilheim lag. Wer die Bildung des Eyachtales studieren will, sollte sich hier aufstellen, er würde einen selten so schönen Ueberblick über die Albtälerbildung bekommen. (Fortsetzung nächste Seite.)

schwarzem Jura. Von Weissjura finden wir bei Waldstetten-Weilheim viele rote Weissjura β'-Kugeln, wie sie das Eyachtal aus Laufens Umgebung bieten konnte. Bei Erzingen, Endingen und Dotternhausen fehlen sie nicht, sind aber seltener.

Also muss dieses meiste Gerölle eine Eyachtalablagerung sein, auf die wir gleich nachher zurückkommen werden.

Wandern wir auf der Strasse Frommern-Dürrwangen, letzterem Ort zu, so sehen wir an der dortigen Bahnhofstrasse ebenfalls diese Schotter des Urtales anstehen und wir bemerken, dass die grosse Ebene nur scheinbar eben ist, dass sie sich schwach gegen Balingen hin senkt. In Dürrwangen selbst, welches meist auf dieser Terrasse erbaut ist,

(Fortsetzung zu Abbildung 119).

Wir können von diesem Aussichtspunkt aus mindesfens 5 Linien unterscheiden, die für die Albtalbildung ganz besonders in Betracht kommen. Die 1. oberste Linie ist die Hochebenenlinie der Weissjuraberge des Steilabfalls der Alb. Die Grenze dieser Linie bildet die Decke von Weissbeta. Diese Linie wird unterbrochen und durchbrochen a) durch Berggipfel, die sie etwas überragen, b) durch Hochtalmulden, welche die Linie unterbrechen, in der Linie Rinnenformen bilden. Diese Hochtalmulden bilden die ältesten Talreste der schwäbischen Alb, waren in der Glazialzeit mit Inlandeis ausgefüllt, welches sich in ihnen talabwärts schob und als Gletscher in die tieferen Täler herabkroch. Die Bildung dieser Hochtäler fällt wohl ins Frühpliocän, wenn sie nicht noch älter sind. Wo diese Hochtäler, flache breite Muldentäler, sich bis zum Steilrand vorwagten (unsere Abb. 119 zeigt mehrere solche Mulden, Abb. 120 aber eine solche Mulde am Lochenstein sehr deutlich), schütteten sie über den Steilabfall herunter grosse Moränemassen aus, welche im Vorland überall erkenntlich sind. Bild 120 zeigt eine solche Moränenmasse, es ist die Terrasse, auf welcher die Leute stehen, diese Terrassen haben Steigung gegen das Hochtal und Gefäll gegen das Haupttal.

Die 2. Linie ist weniger gut ausgebildet, aber nicht weniger typisch. Sie ist in Resten vorhanden, welche tiefer als Linie 1 liegen. Diese Linie liegt meist auf der Grenze der Formation Weissjura α und β oder im untern Beta, bildet häufig Sattelformen und bühlartige Anhöhen, wie z. B. das Bild 121 diese Linie deutlich zeigt, ebenso der Hirschberg auf Abb. 119.

Die 3. Linie bildet die Braunjuradecke, welche aus lauter kleinen Wellenlinien zusammengesetzt ist, durch Verwitterung entstanden. Das Florianbild und Abb. 119 zeigt diese Linie wieder gut. Diese Linie ist am Ausläufer des Hirschberges gegen Balingen, Frommern, Dürrwangen, Stockenhausen besonders gut zu sehen, gegen Süden aber sehr stark durch die Eyacherosion angeschnitten, so dass der Fuss dieser Terrasse ein Steilgehänge bildete, weil sich die junge Eyach gerade hier ihr neuzeitliches Bett grub. Auf eben dieser Linie stehen wir auch bei der Blockhütte, diese Linie fällt aber nicht mit gewissen Formationen zusammen. Während unser Blockhüttenuntergrund Lias γ und δ ist, ist der Untergrund dieser Linie auf dem Hirschbergausläufer in gleicher Höhe Braunbeta, also fällt die Alb gegen Südosten um ca. 4 Formationsglieder ein. Diesen Einfall sehen wir auch im nahen Steinbruch des Zementwerkes.

Die 4. Linie bildet die Hauptterrassenlinie überhaupt, es ist die Linie des Urtalbodens unserer Eyach, diese Linie fällt leicht gegen Balingen und steigt mit den Tälern. Dieser Urtalboden ist sicherlich durch Gletscherschmelzwasser gebildet worden. Er besteht aus den Geröllschottern, welche mit Diluviallehm und Aluvialmoorerden bedeckt sind. Balingen liegt in der heutigen Durchbruchsebene der Gewässer des diluvialen Seebeckens, alle Ebenen, die wir gegen Südosten vor uns sehen, senken sich sanft gegen Balingen, steigen langsam gegen Hochtalmulden und Wasserlaufrinnen an. Je tiefer die Hochtalmulden sind, desto mehr steigen die Schotter der 4. Linie an (Abb. 120).

Die 5. Linie liegt noch einmal tiefer, es ist die Linie des Wasserspiegels der Eyach und ihrer Nebenflüsschen. Die tiefste Erosion schuf diese Linie. Diese Linie zeigt meist keinen Schotter, wenn die Flüsse auf der Formation des Juras fliessen, oft liegen aber seitswärts der Flüsschen solche Schotter, die dem Schotter der 4. Linie gleichen, aber nie Bohnerzkügelchen enthalten.

oder an den Abhängen des jungen Eyachtales, finden wir überall Aufschlüsse dieser Terrasse. Verlassen wir aber beim Gasthaus z. Ochsen die Ebinger Strasse, uns aus dem Eyachtal hinaus in Schalksbachtal zu begeben, welches bei Dürrwangen ins Eyachtal einmündet, so sehen wir links und rechts an der Strasse nach Stockenhausen auch wieder die gleichen Schotter ca. 15 cm hoch abgelagert. Wo ein Feldweg von der Landstrasse hinunter in die Schlucht des Schalksbaches führt, sehen wir die Aufschlüsse des Urtalschotters. Hier bemerken wir auch, dass der Schotter dieses Nebentales in gleicher Höhe mit dem Schotter des Eyachurtales liegt und wie sich dort die Eyach ein neues

Lochenstein Schafberg

Abbildung 120. **Terrassenlandschaft unterhalb des Lochensteins** hinter Weilheim OA. Balingen.

Wir sehen die Terrasse der 4. Linie, die Geröllablagerung des Haupturtales. Im Hintergrunde bemerken wir den Felsenkopf des Lochensteins und den Beginn des Schafberges. Dazwischen aber eine Hochtalmulde, welcher unsere Schotterterrasse entstammt, welch letztere langsam gegen Weilheim und Ziegelwasen absinkt, bis sie den Seegrund erreicht hatte.

Bett grub, so grub sich in diesen Schotter und noch viel tiefer der Schalksbach ein neues Bett ins Urtal des Schalksbaches. Freilich ist das Schalksbachtal schmäler als das Eyachtal, aber auch hier füllt der Schotter die ganze Talebene aus, und wir haben hier Schalksbachschotter, keinen Eyachschotter. Ein sanftes Gefäll gegen das Eyachtal ist aber doch überall zu bemerken.

Wandern wir im Eyachtal nun zuerst talaufwärts nach Frommern. An den ersten Gebäuden Frommerns, direkt ob dem tiefen Einschnitt an der Mühle, wollen wir uns aufstellen und das Tal überblicken. Wir sehen hier, wie die heutige Eyach sich in ein früheres älteres Tal einnagte, welches sehr breit und völlig eben ist, zusammenhängend mit dem Schotter von Weilheim, Waldstetten, Dotternhausen, Erzingen und Endingen. Dieser Schotter dehnt sich hier in einer Breite von mehreren Kilometern aus und bildet eine ebene, von Diluviallehm bedeckte Decke.

Die am Abhang der Strasse stehenden Gebäude lehnen sich dieser Hochterrasse des Tales an und zeigen hübsche Aufschlüsse. Wir bekommen da folgendes sehenswerte Profil:

Profil 42: der Urtalschotter des Eyachtales bei Frommern.

20	cm	Humus: Schwarzer Boden, mit Scherben hohen Alters: Steinzeit.
40	»	kleines und grosses Geröll: Weiss- und Braunjura.
20	»	Tonschlieren, sandiger Lehm mit Lössschnecken.
3	m	Geröll mit Sand vermischt. Geröll fast nur Jura, meist weisser Jura, nur wenig brauner. Ungerollte Stücke aus Braunjura γ. Hie und da ganze Ammoniten und Belemniten, aber abgerieben. Eisengeoden aus Braun β. Aus dem Miocän finden wir Bohnerz und Süsswassermolassekugeln, sowie mit Mangan überzogene Juranagelfluhekugeln, die sich durch ihren Marmorkalk verraten, sowie durch ihre eigenartigen Eindrücke.

Lias ε und z.

Die untersten Schichten enthalten mehrere Moorlagen, die auf Ablagerung durch einen See hindeuten, ganze Lössschnecken fehlen, wir sehen meist nur zerdrückte, zerbrochene Schalenreste, von grosser Feinheit, Wiesenschneckenreste fehlen. Roter, gelber und weisser, grauer und wolkiger Epsilonmarmorkalk liegt neben Braunjuraschutt, der aus der Nähe stammen muss, da er wenig oder nicht gerollt ist.

Auch Gerölle des eisenschüssigen roten Gräblesbergfelsenkalkes liegt hier, der von dem roten ε Marmor leicht zu scheiden ist, denn ersterer ist keineswegs marmorartig, sondern mehr mergelig.

Ueberblicken wir von hier aus die Landschaft, so sehen wir eine breite weite Talebene, aus welcher in der Nähe gegen die Lochen die Braunjura α Kuppen sich erheben. Hinter ihnen der mehr ansteigende Braun- und Weissjura. Drehen wir uns um, nach Norden schauend, so schauen wir in die 21 Meter tiefe Schlucht hinunter, die sich die Eyach eingrub, denn sie frass hier bis auf Lias ζ hinunter und an ihren Wänden sehen wir δ, ε und z anstehen. Zeta freilich nur in minimalen Resten.

Das ganze Bild zeigt uns aber die Tatsache, dass wir hier den Grund und Boden eines ehemaligen Sees vor uns haben, der sich bis dorthin in ungeheurer Ebene ausdehnte, wo sich die Berge verengten und der Urstrom des Tales seinen Ausbruch da fand, wo heute die Stadt Balingen steht. Bei Weilheim, Waldstetten und Dotternhausen haben wir ebenfalls Aufschlüsse dieser Schotter, die ein ganz ähnliches Bild bieten und zeigen, von welcher Ausdehnung dieser uralte See war.

Bei Frommern sehen wir also innerhalb eines sehr breiten, höherliegenden Urtales das heutige tieferliegende Tal der Eyach.

Woher diese riesigen Schuttmassen kamen, soll jetzt weiter erforscht werden. Wandern wir daher nach Frommern hinein ins neue Tal hinunter und ersteigen in der Bahnhofstrasse wieder die Hauptterrasse des Tales, den Grund des Urtales. Beim Bahnhof Frommern beginnt wieder die Terrasse, die sich bis zum Hirschberg hinüber zieht, aber Aufschlüsse fehlen wirklich, nur beim Bau der Wasserleitung sah man, dass die Geröllschichte mindestens 2 Meter tief ist, und auf Braun α und Lias δ liegt. Hier kreuzen mehrere Verwerfungen das Tal, so dass wir neben Lias δ Braun α liegen sehen, während Lias z nicht gefunden werden kann, ausser in dünnen Resten. Die Schichten

Hochtalmulde
1a. ←——→ 1b.

1
2—

Abbildung 121. **Eyachseitentallandschaft am Lochenhörnle** oberhalb des Bahnhofes Laufen.

Dieses hochromantische Seitental der Eyach sollte von jedem Touristen seiner urwaldähnlichen Schönheit wegen, besucht werden. Stellen wir uns auf die Strasse Dürrwangen-Laufen, in der Nähe der Ziegelhütte auf, dass wir das Bild recht geniessen können, so bemerken wir folgende Eigenheiten desselben: zwischen 2 und 2' ziehen wir eine Linie, welche über den Kopf des Hügels in der Mitte führt, so haben wir die Ueberreste des ältesten Tales in einer Linie vor uns. Es ist die Linie 2 der Abb. 119, während die Linie 1 darob liegt. Diese erste, oberste Linie zeigt in ihrer Mitte eine bedeutende Muldenausdehnung 1a und 1b, hervorgerufen durch die sich auf der Hochebene zwischen Hossingen und Tieringen ausdehnende Hochtallandschaft. Sicher lag in der Glazialzeit in jener Hochtalmulde Inlandeis, welches sich zu einem Gletscher verdichtet und nach dem heutigen Eyachtal heruntergeschoben hatte. So wurde das heute wahrnehmbare Bild vorgebildet. Die Erosion und Verwitterung des Alluviums sorgte dann voll dafür, dass die Schlucht vertieft wurde und wir heute zwei Stadien der Talbildung in diesem Seitental vor uns haben. Die Linie 1 wird aus Weissbeta gebildet, die Linie 2 aus oberstem Braunen, die Bahnlinie aber führt durch mittleren und unteren. Braunen finden wir in der Schlucht aufgeschlossen, die unterhalb der Eisenbahnbrücke liegt.

fallen stark gegen Nordwesten ein, auf 1 Klm. ca. 10 Meter. Die Lehmgruben der Ziegelei der Ebinger Baufirma Fr. und W. Baur am Bahnhof Frommern (br. J. β) tragen auch noch eine dünne Decke Schotter, ca. 10 Meter höher als die Bahnhofebene.

Wer sich bei Stockenhausen aufstellt, von hier aus dieses Urtal mit dem Eyachurtal α dem Balinger Seegrund zu überblicken, der bekommt den Eindruck, als ob all die bisher beschriebenen Schotter aus dem Schalksbachtal stammen würden und sich in der Seeebene ausgebreitet hätten, denn bei Dürrwangen liegt die Sache so, dass eine Verbindung des Schalkstalschotters mit dem Eyachschotter Dürrwangens erwiesen ist, aber der Eyachtalschotter oberhalb Dürrwangens, Laufen zu, aufzuhören scheint. Doch nur aufzuhören scheint, weil der Schalksbachschotter in der Nähe der Dürrwangener Kirche eine Abbruchzone zeigt und hier also von der jüngeren Eyach abgetragen wurde, oder besser abgehobelt, abgerissen, erodiert. Auch muss noch bemerkt werden, dass der Schotter des Schalksbachurtales rascher steigt (wenn wir ihn rückwärts verfolgen), als der Schotter des Eyachtales. So liegt der erstere Schotter bei Stockenhausen schon höher, als der letztere am Bahnhof Laufen. Der Schalksbach schneidet hier auch eine 15—20 Meter tiefe Schlucht ein, die Eyach nur 10—12 Meter.

Am Kirchhof Stockenhausen liegen diese Schotter 5 Meter tief aufgeschlossen auf Braun Alpha. Stockenhausen selbst liegt ebenfalls auf diesem Schotter und die Keller liegen meistens in ihm eingebettet. Der Schalksbach mit dem Schalksbachtal zeigt ein schwaches Gefäll gegen Südwesten, die Schotter des Urtales ebenso.

Sobald wir Stockenhausen im Rücken haben, kommen wir in einen Einschnitt, der durch diesen Schotter führt und wir bemerken, dass sich der Schotter des Tales bis hinauf nach Zillhausen zieht, wo er sich überall ausbreitet. In der Nähe des Zillhauser Wasserfalls sind die Schotter 2—4 Meter hoch, bedeckt von einer 2 Meter tiefen Lehmschichte ohne Lössschnecken, so dass wir an aeolischen Lehm denken dürfen, welcher der Glazialzeit angehört. Dieser Schotter lässt sich aber sogar bis hinauf nach Streichen verfolgen, überall mit Diluviallehm bedeckt. Der Schalksbach hat in der ganzen Umgebung Streichens sein Einzugsgebiet: am Hundsrück, Gaisberg, Irrenberg u. s. w.

Doch wir bleiben in der Nähe Stockenhausens und wandeln auf der Strasse, die nach Burgfelden führt, gegen das Wannental hinauf, da wir aus jenem Tal auch ein Schottergebilde herunter kommen sehen, welches aber sehr rasch endet, denn nach wenigen Schritten stehen wir schon im Braunbeta. Doch nur so lange, als wir den Buckel zu ersteigen haben. Wie er erstiegen ist, so stehen wir verwundert auf einer neuen Geröllablagerung, die aber sehr stark mit Gehängeschutt des Wannentals gemischt ist und welche ca. 30 Mtr. höher liegt, als die Schotter des Schalkstales und ca. 30 Meter höher als die Dürrwangener Eyachtalschotter (siehe Wannental auf Abb. 119).

Das Wannental verdankt seinen Namen seiner Wannengestalt, es ist ein Muldental, dem Böllat und Schalksburg flankieren. Allem Anschein nach war dieses Wannental zur Glazialzeit ein Gletscher, der von der Burgfelder Hochebene gespeist wurde. Damals war der Wannenboden wohl ebener als heute, nur das Schmelzwasser des Gletschers dürfte sich schon in den mittleren Braunen eingegraben und die Anlage zum Wannentalbach gegeben haben. Wer in der Nähe des Hofes Wannental steht, bemerkt noch den Urboden des Muldentales, der aber an seinen Wänden mit abgestürztem Weissjura ganz bedeckt ist, mit Bergstürzen von Böllat und Schalksburg.

Es sei hier ausdrücklich darauf aufmerksam gemacht, dass das Muldental Wannental ein ebenes Seitental ist, dessen Talboden gerade da abbricht, wo er ins Haupttal mündet, welch letzteres als Haupttal einen Talboden besitzt, der niederer liegt, als das Nebental. Folgende Tatsache zeigt sich hier auf engem Raum 2mal: Die Erosion des Muldentalbodens des Wannentals ob Stockenhausen und die grosse Erosion des Schalksbach-Urtalbodens bei Dürrwangen. Jedesmal erodierte der Fluss des grösseren Tales den Boden des kleineren Seitentales. Diese Wahrnehmung können wir bloss bei einer Art von Tälern machen, die schon echte Täler sind und mindestens so alt sind, dass sie in die Glazialzeit zurückreichen. Auch sind diese Täler stets Nebentäler und kein Haupttal, das Haupttal ist immer das tiefer liegende Tal mit dem Erosionsfluss. Schluchten der Alluvialzeit zeigen diese Talform nie. Vergleichen wir z. B. Abb. 121 mit diesen Tatsachen. Auch stehen diese Erosionstäler zu den Haupttälern wie ein Seitental zum Haupttal, ja kreuzen den Lauf des Haupttales oder führen einen Seitenzufluss desselben. Weiter ist zu bemerken, dass das Haupttal blos Haupttal durch seine grösseren Wassermassen bleiben konnte, sowie aber die Wassermassen des Haupttales kleiner wurden, als diejenigen eines Nebentales, konnte ein Nebental sich zum Haupttal vertiefen und das ursprüngliche Haupttal angreifen, abtragen, erodieren, also in ein Nebental umwandeln. Wir werden bei der Beschreibung des Ebinger Riedbachtales auf diese Tatsache zurückkommen müssen, noch mehr aber bei der Beschreibung des Schmichatales.

Doch kehren wir jetzt ins Eyachtal nach Dürrwangen zurück. Zwischen Dürrwangen und Laufen liegt Station Laufen (siehe Abb. 121). Da wo die Bahnhofstrasse in die Landstrasse einzweigt, liegen wieder auf braunem Jura mehrere Meter tiefe Schotter des alten Tales, während nördlich daneben die Eyach ca. 10 Meter tiefer sich in die Braunjuraformation eingrub. Die Eisenbahnlinie durchschneidet die Terrasse. Es herrscht auch hier das Weissjurageröll vor, Braunjura kommt nur als Schutt, nicht als Geröll vor und auch hier liegt Bohnerz im Schotter. Dass der rote mergelige Betafelsenkalk hier besonders häufig ist, so nahe dem Gräblesberg, liegt auf der Hand. (Im Schalksbachtal fehlen diese rote Mergelkalkschotter, weil im Zillhauser Tal diese Kalke weiss und nicht gerötet sind). Am schönsten gerollt sind gelber und roter Epsilonmarmor, doch sind die Kugeln der tertiären Juranagelfluh noch kugelförmiger. Der obere Teil der Ortschaft Lautlingen, in der Nähe vom Schulhaus und Pfarrhaus, steht auf diesem Schotter, der wohl meistenteils aus dem Brunnental (siehe unten) stammen dürfte. Im Schotter ist wenig Sand, kein Lehm, aber den Schotter deckt eine echte Lehmdecke.

Profil 43, Schotter des Eyachtales zwischen Bahnhof und Ort Laufen.

oben Dil.-Lehm 20—100 cm.

1 m	Gerölle im Sand, schier nur oberer Weissjura und schier kein Braunjura.
50 cm	Gerölle im Sand, oberer, mittlerer, unterer Weissjura, besonders viel roter vom Gräblesberg, Bohnerz und mehr Braunjura als oben.

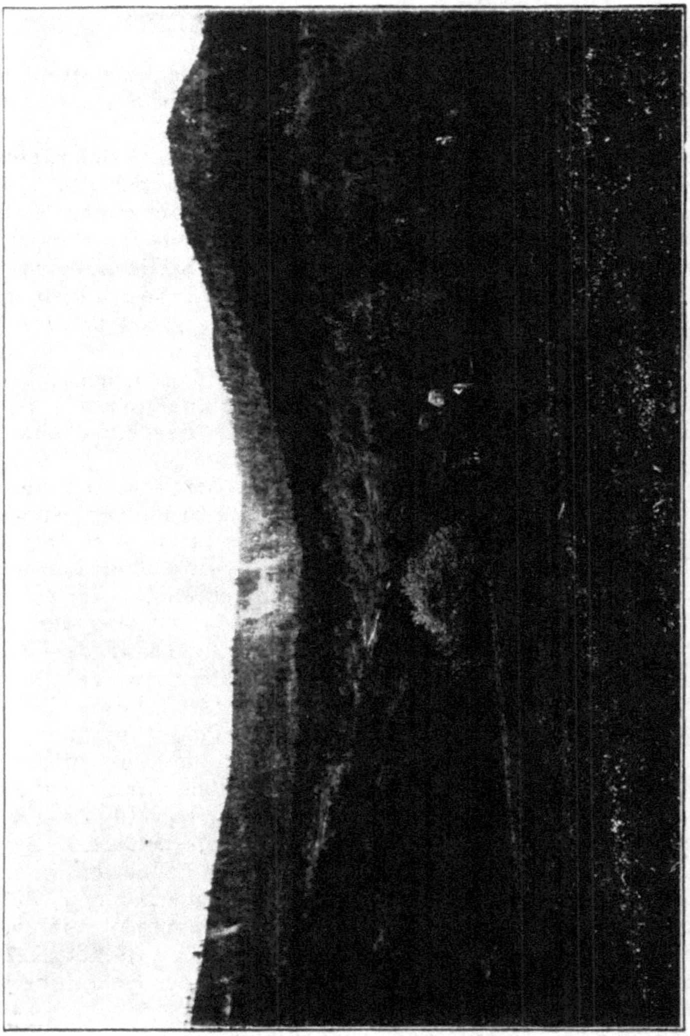

Abbildung 122. **Schalksburgtal bei Laufen** a. d. Eyach.

Wir sehen im Hintergrund die steilen Weissbetarutschen des Sattels, welcher die Halbinsel Schalksburg mit dem Inselbereich der Burgfelder Platte verbindet. Rechts ist noch der Heersberg mit seiner Gammakuppe sichtbar. Der obere Weissjura δ und ε ist abgetragen.

Die in der Mitte des Bildes sichtbare Hochtalmulde zieht sich nach Burgfelden hinüber, wo das Inlandeis lag, welches sich ins Eyachtal hinunterzog und einen kleinen Gletscher bildete, der das Schalksburgtal ausweitete. Wo wir in der Mitte des Bildes die Strassenbiegung sehen, liegen noch Seitentalschotterreste, rechts und links von ihnen sind sie bedeckt durch herabgestürzte Weissjura β, β' und γ'. Auch dieses wildromantische herrliche Eyachseitental wird mit Recht von vielen Touristen besucht.

30 cm und wohl tiefer: halb Weissjura, halb Braunjura, viel Bohnerz und Bohnerzlehm und Schmitzen, die die Gerölle durchziehen.

NB. Grosse und kleine Gerölle und ganze Blöcke von Felsen liegen in jeder Höhe des Schotters ohne Regellagerung und ohne Gerölllsortierung.

Bei Laufen (siehe Abb. 122) zieht sich dieser Schotter in alle Seitentälchen hinein, dadurch werden die Böden dieser Seitentälchen mit dem Boden des Haupttales ausgeglichen.

Bei dem Sägewerk, östlich Laufens, fehlen alle Schotter; aber schon bei der Spinnerei treten sie wieder auf. 300 Schritte oberhalb der Spinnerei, Lautlingen zu, nimmt der Talboden auf einmal eine ganz andere Talform an. An dieser Stelle zieht nämlich ein Bergsturz so ins Tal herein, dass in der Diluvialzeit an dieser Stelle die Eyach aufgestaut wurde und gegen Lautlingen hinauf einen See bilden musste. Von dem Bergsturz, der wohl mit dem Heersberg zu verbinden ist, ragen noch ganze Felsen in die Luft empor, durch welche in der Alluvialzeit die Eyach ihr Bett bahnen musste. Man bemerkt deutlich, wie die Felsen vom rechtsseitigen Talabhang herunterstürzten, also dem Massiv des Heerberges angehörten und hier die Eyach zu einer Seebildung zwangen.

Entsprechend dieser Talsperre dehnt sich der Schotter hier sehr weit aus und verbindet sich mit dem Schotter des Brunnentales, welcher sich von Süden ins Eyachtal herunterzieht. Das Brunnental enthält das berühmte Felsenamphietheater mit der sog. »Hossinger Leiter« und wurde einst ebenfalls durch Gletschererosion gebildet.

Da das Brunnental eine Querspalte der Hauptspalte des Eyachtales ist, scheinen diese bedeutenden Felsenabstürze mit der Spaltenbildung des Tales zusammenzuhängen. Die Spaltenlinie des Brunnentales setzt sich auf der Heersbergseite noch fort, diesen Berg zerschneidend, so dass dessen Spalten bis nach Pfeffingen hinüber zu verfolgen sind. Kommen wir also von Laufen her, so muss unsere Tal-Strasse die Terrasse des Tales erklimmen und haben wir sie erklommen, so sehen wir deren ebene riesige Ausdehnung sowohl als die Ausbruchsstelle des gestauten Seewassers und die Felsenstürze der ganzen Umgebung, welche noch teilweise den älteren Schotter bedecken. Untersuchen wir das Material des Schotters, so bemerken wir, dass der grösste Teil desselben dem Brunnental selbst entstammt: Viel weisser Jura γ' und Beta; letzterer rot und weiss, wie es am Gräblesberg ansteht. Auch Gerölle diluvialen Kalktuffes enthält der Schotter, wie er im Brunnnental von den Quellen gebildet wurde.

Der Schotter am Austritt des Brunnentales ins Haupttal der Eyach muss aus der Diluvialzeit stammen und kann nicht jünger sein, denn ihn deckt eine 2—3 Meter tiefe Lehmdecke. Hie und da liegen in dieser Lehmdecke Nester von ε und δ Schutt, welcher aber sehr ausgewittert ist. Zwischen dem Schutt und Schotter liegen auch Bohnerzkugeln, wie sie die Albhochfläche zu tragen gewöhnt ist.

Unsere Terrasse ist hier ca. 10 Meter hoch und breitet sich vor dem Brunnental fächerartig aus. Das Brunnental ist eben ein Gletschererosionstal, dem ein Querspaltensystem zu Grunde liegt. Blicken wir von der Staatsstrasse nach dem Bahndamm, welcher das Brunnental

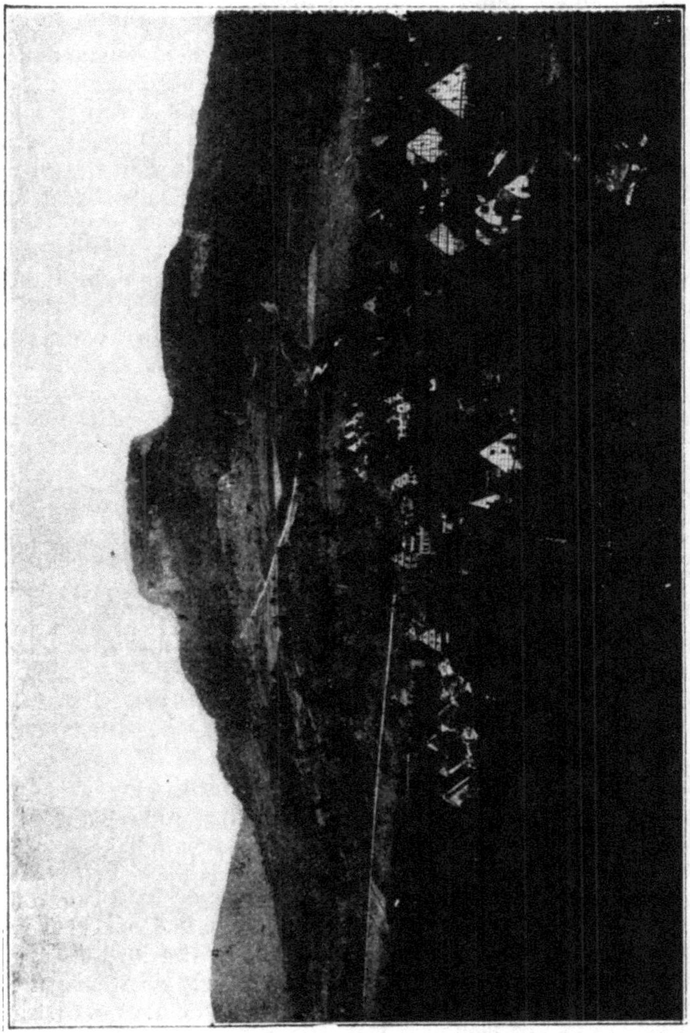

Abbildung 123. **Laufen a. d. Eyach mit Gräblesberg** vom Abhang der Schalksburg aus gesehen.
Der imposante Gräblesberg (vorhistorische Opferstätte und Volksburg mit breiten Gräben gegen seine Umgebung abgeschlossen) besteht aus einer riesigen Felsenmasse, welche aus β und γ gebildet ist. Die Decke, welche Gamma bildet, ist sehr dünn, denn den Löwenanteil bekam β'. Dieses Beta zerfällt in ein rotes, eisenschüssiges Unterbeta und in ein oberes weisses Beta.

Selbst vom Tal aus fällt uns dieser Formationsunterschied auf den ersten Blick auf, in allem Schotter des Eyachtales, von Laufen talabwärts, finden wir diese roten β' Geschiebe, die daher für den Talschotter der oberen Eyach leitend sind. Auch dieses Bild zeigt uns die oberste Linie, sowie die 2. und 3. Linie, welche Terrassenreste aus frühesten Zeiten des Tales darstellen. Auf der 4. Linie der Hauptterrasse des Tales liegt Laufen. Oestlich des Gräblesberges sehen wir das Brunnental. Der Fuss des Gräblesberges ist gegen das Brunnental völlig abgerundet, wie ein Bügeleisen, welcher Form wir später noch öfters begegnen werden. Aber auch der Ausläufer des Tierberges zeigt gegen das Brunnental diese eigentümliche Bügeleisenform.

überquert, so sehen wir sogar deutlich eine östliche Moräne das Brunnental verlassen und sich ins Eyachtal hereindrängen und zwar aufwärts gegen Lautlingen, am Fusse des Tierberges, während sich das Gletscherbett gegen Laufen wendet. Ja bei genauerer Untersuchung sehen wir, dass zuerst ein Bergsturz vom Heersberg das Tal verrammelte, dann aber die Gerölle des Brunnentalgletschers die entstandene Vertiefung talaufwärts ausfüllten und den Talboden einebneten und so die Eyachwasser stauten, dass sie unterhalb Lautlingens einen See bilden mussten. In dieses Seebecken schlug sich der aeolische (Flug)-Lehm nieder und ebnete die Terrasse aus. Erst in der Alluvialzeit nagte die junge Eyach diese Seeablagerung wieder an und vertiefte in derselben ihr Bett, die Ablagerung dadurch entwässernd. Auf dem einstigen Seegrund bildete sich dann ein Urwald, dessen abfallendes Laub den schwarzen Humus des Beckens bildete, auf welchem die Lautlinger Frauen ihre Gemüsekulturen anlegten.

Der Heersberg scheint im Zeitalter des Diluviums von Erdbeben sehr verschüttelt worden zu sein, da seine Seiten von Erdstürzen ganz überdeckt sind. Die ganze Nordseite Lautlingens ist mit abgestürzten Hügeln bedeckt, die vom Heersbergmassiv abstürzten. Blose Rutschen können wir dieses Caos nicht mehr nennen, denn seine Erdstürze ziehen sich bis in unser Seebecken herein.

Dabei ist zu beachten, dass die Fortsetzung der Brunnentalspalte gegen Hossingen oberhalb der Leiter, in ein echtestes Gletscherkar übergeht, welches sich bis nach Hossingen fortsetzt, um dann rasch gegen das Beeratal hin wieder seine Spaltenentstehung zu zeigen und im Beeratal selbst ein Seitental der Beera zu bilden. Wer die »Hossinger Leiter« erklommen, wundert sich, wie die bisherige Schluchtenform des Brunnentales nun hoch oben in die Form einer scharf ausgeprägten Mulde übergeht, welche ganz mit Diluviallehm überdeckt ist, dem gleichen Lehm, dem wir auf der Terrasse des Brunnentales im Eyachtal begegnen.

Die Terrasse des Brunnentales besteht übrigens wie selbstverständlich nur aus weissem Jura und Tertiär, sowie aus pliocänem Kalktuffgerölle. Dadurch unterscheidet sich diese Terrasse sehr von der ihr unterlagerten Eyachtalterrasse, welch letztere somit älter als die Brunnentalterrasse ist. Die Eyachtalterrasse enthält Gerölle aller Weissjuraformationsglieder, sowie Gerölle des mittleren und oberen Braunen. Dabei ist zu bemerken, dass die Brunnentalterrasse die gleichen Gerölle birgt, wie die Terrasse des Ebinger Riedbachtales, nur dass ihre Entstehungszeit eine verschiedenartige ist. Darüber später, weiter unten.

Auf der dem Heersberg entgegengesetzten Seite des Eyachtales, also südlich von Lautlingen, liegt am Fusse des Tierberges eine uralte Terrasse, weisse Jura β-Decke, auf welcher der Hof »Tierberg« liegt. Betamauern bilden von hier aus, bis hinein nach Ebingen, eine eigene Terrasse, die südwärts mit γ und δ bedeckt wird. Diese Betaterrasse (Linie II des Eyachtales) ist hier noch weit besser ausgeprägt, als bei Laufen und Frommern, da sie noch nicht so sehr erodiert ist, noch grösseren Zusammenhang mit dem Riedbachtal Ebingens und mit dem Schmichatal hat. Die Betaterrasse des Tierberges hängt in einer Linie mit der Ebinger Ochsenberg- und Katzenbuckel-Bühltalterrasse zusammen und letztere mit den Terrassen des oberen Schmichatales zwischen Ebingen und Onstmettingen. In dieser Terrasse erblicken wir die Reste des ältesten und höchstgelegenen Talbodens des uralten Eyachtales. Ob jener alte Talboden der Pliocänzeit angehörte, oder noch älter ist, soll später untersucht werden.

Während also die Brunnentalterrasse nur weissen Juraschutt und dessen Geröll aufweist, zeigt der Abhang des Tierberges noch eine weitere, die 2. Terrasse (Linie III.), die aber kein Geröll trägt, sondern nur einen Absatz darstellt, während die Linie II. der Hochterrasse etwas Gerölle trägt. Diese 2. Terrasse der Linie III. besteht aus zugedecktem Braunjurazeta. In diese Terrasse schneiden die Bäche Lauterbach und Bruckbach, sowie der Messstettertalbach ihre Rinnsale ein. Auf dieser Terrasse soll einst eine Burg gestanden haben; das dortige Terrain, unterhalb der »Ruine Tierberg« trägt noch heute den Namen: »Eheburg«. Lautlingen selbst liegt dann auf der Hauptterrasse (Linie IV.), die an der Eyach selbst stark erodiert ist, so dass sie an den beiden Mühlen untersucht werden kann. Auch die Poststrasse Laufen-Lautlingen, so wie sie Lautlingen trifft, schneidet diese Terrasse an und zwar als Hohlweg. Die ganze Terrasse hat 3—4 Meter Höhe, der Eyacheinschnitt noch weitere 6—7 Meter, also schnitt die Eyach 10 Meter tief in die alte Talrinne, die 5. Linie ein. Das Geröll der hier abgelagerten Terrasse ist vollständig rund und besteht aus oberem Weissjura zu $^3/_4$ und aus $^1/_4$ braunem Jura. Tertiär ist selten, doch Bohnerz nachweisbar.

Bedeckt ist diese Terrasse bei der oberen Lautlinger Mühle von einer tiefen Moor- und Brandschicht, welche viele gebrannte Scherbenstücke und Knochen enthält. Selbst geröteter diluvialer Kalktuff ist nicht selten. Diese Brandschicht ist in ganz Lautlingen wahrzunehmen, so dass Lautlingen wohl ein uralter Siedelungsplatz sein mag.

In Lautlingen sind nun zwei weitere wichtige Beobachtungen zu machen. Am Fusse des Ochsenberges sehen wir 2 gutausgeprägte Talterrassen, die anders aussehen als die Terrassen zwischen hier und Balingen. Die untere Terrasse ist die schon beschriebene echte Eyachterrasse, welche sich als alter Talgrund bei den Mühlen ausgibt. Aber an der Landstrasse nordöstlich der Kirche, oder am Ausläufer des Ochsenberges finden wir noch eine gutausgeprägte weitere Terrasse, die sich ins Ebinger Tal hinaufzieht und das gleiche Geröll trägt, wie das Ebinger Riedbachtal. Diese Terrasse liegt zwar tiefer als der Boden des Ebinger Riedbachtales, aber hängt doch mit ihm zusammen. An letztere Terrasse lehnen sich die Gebäude nördlich der Landstrasse an, die neben der Kirche Lautlingens erbaut sind. Die Eisenbahn verbindet am Tierberg diese Terrasse durch ihr Viadukt mit der Fortsetzung dieser Terrasse im Gelände Hirnau, welche letztere Ausläufer des Autenwangs ist und grosse Geröllablagerungen aufweist, welche Reste des alten Riedbachtales darstellen. Ersteigen wir aber zweitens das Gehänge »auf Bergen«, so stehen wir hier auf einer neuen, höher gelegenen Terrasse in der Nähe der Landstrasse Ebingen-Margrethausen: Es ist sicher die echte Fortsetzung des Riedbachbodens des

Ebinger Tales. Erst auf dieser Terrasse folgt die Strasse Margrethausen-Ebingen und dann der hochansteigende Ochsenberg, wie die Abb. 124 alles in einem Durchschnittsprofil zeigt.

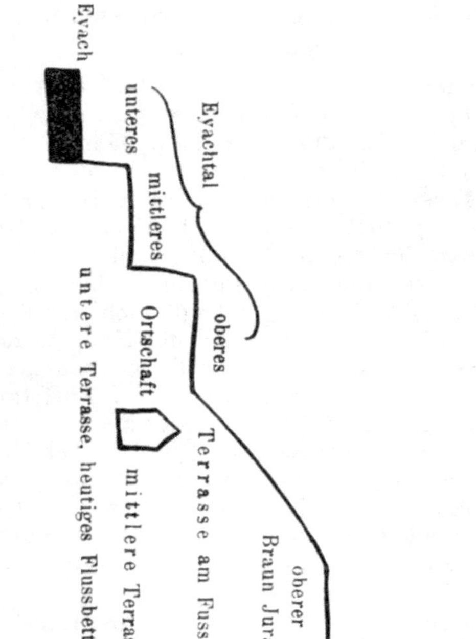

124. Terrassenreste des Eyachtales bei Lautlingen gegen den Ochsenberg und gegen „Auf Bergen".

cc. Das Eyachtal zwischen Lautlingen und Eyachursprung.

Zwischen Balingen u. Lautlingen floss die Eyach in der Richtung Ost nach West und wir wanderten ihr von West nach Ost entgegen. Auf Strecke Lautlingen--Pfeffingen fliesst sie dagegen von Norden nach Süden und haben wir jetzt noch die Strecke von S. nach N. zu untersuchen. Die Umgebung des alten Klosterortes Margrethausen zeigt am Fusse des Heersberges noch grossartige Verrutschungen. Delta liegt noch auf seiner höchsten Kuppe, die aber scheints eigenartig abgetragen wurde. Auch der Ochsenberg trägt noch Delta, ebenfalls zurückliegend. Wachtfeld und Ochsenberger Hofdomäne liegen auf Delta. Terrassen finden sich in der Umgebung von Margrethausen nicht deutlich ausgesprochen. Rechts kommt von Burgfelden das breite Burgfelder Tal herunter, welches auf die Burgfeldener Betaebene hinaufführt. Die Burgfeldener Ebene selbst ist in 5 Halbinseln eingeteilt. Die erste Halbinsel mit dem Böllat und die zweite mit dem Burgfeld, die dritte mit dem Eckwinkel u. die vierte mit dem Bergrücken, der die Schalksburg trug, liegt noch in normaler Lagerung und zeigt Weissbeta. Anders ist es mit der Heersberginsel, welche aus β und γ besteht, mit einem Kuppenaufsatz von Unterdelta. Dieser Teil der Burgfelder Insel sank vom anderen Massiv etwas gegen Osten ab, da er aber ganz schwammig ist, ist die Höhe der Absenklinie nicht gut festzustellen, doch nehmen wir an, dass die Versenkung mindestens 20 Meter ausmachen könnte. Eine Halbinsel dieser Burgfeldener Hochebene (Eckwinkel) ist noch mit einer dicken Lage Diluviallehm bedeckt, der Heersberg aber trägt Spuren von Tertiär in δ Spalten neben Deltadolomitsand.

Die ganze Umgebung von Pfeffingen ist eine Betahochebene, γ-ξ sind abgetragen. Aber diese Ebene muss in der Glazialzeit ein grosses zerrissenes Firnfeld gewesen sein. Die Decke des Beta besteht nämlich aus ausgesprochenem Blocklehm, zu unterst aufgewühlte Stücke von Beta, Gamma, Delta und Epsilon, darauf etwas Bohnerzlehm mit Kieselknollen und auf ihm blos noch reiner normaler Lehm. Dieses grosse Firnfeld liegt zur Hälfte im Einzugsgebiet der Eyachquellen, von denen die Hauptquelle im Mühlbach entspringt, zwischen Auchtberg und Haugenbühl, die andere Hälfte dieses grossen Firnfeldes speiste die Quellen der heutigen Schmicha. Quer durch das Firngebiet verläuft die Wasserscheide, da aber alle Formationsglieder des Weissen hier ein Gefäll gegen Südosten haben, wird doch ein grösserer Teil der Niederschläge nach dem Schmicha- statt nach dem Eyachtal geleitet. Aber das Einzugsgebiet der Eyach ist gegen Westen schon so stark erodiert, dass das Zillhausertälchen bis auf den oberen Braunen Jura hinab abgetragen ist. Ja der braune Jura, der sonst zwischen Margrethausen und Pfeffingen verdeckt im Tale liegt, reicht vom Schalksbachtaleinzugsgebiet bis auf Pfeffingen herüber und nur dort, wo sich die Ausläufer des Böllat und Auchtberges nähern, finden wir den Braunjura mit Schutt des einst längeren Talrestes bedeckt (am Wunschtal). Da wir nun schon an den Quellen der Schmicha sind, so könnten wir diese gleich besuchen, allein zum besseren Studium der Talgeschichte unseres Eyach- und Schmichatales ist es vorteilhafter, noch vorher erst das Ebinger Riedbachtal zu untersuchen und zwar im Zusammenhang mit dem bereits geschilderten Eyachtal.

b. Das Talsystem des Ebinger Riedbaches und seiner Umgebung.

Wenn wir von Lautlingen auf der Strasse nach Ebingen wandern, bemerken wir die eigenartige Tatsache, dass zwischen dem Eyach- und Schmichatal noch ein ungemein breites Hochtal existiert, welches »Ebinger Riedbachtal« genannt wird und das beide Täler miteinander verbindet. In welches Talsystem gehört nun dieses Tal, oder hat es und besass es schon früher sein eigenes Talsystem? Das Riedbachtal ist ganz anders geartet, als das Eyachtal, hängt aber aufs engste mit dem heutigen Schmichatal zusammen, indem es dessen Gefälle besitzt, mit dem Eyachtal hat aber seine Richtungslinie Aehnlichkeit. Manche Forscher nehmen einfach an, dass das Ebinger Riedbachtal die Fortsetzung des Schmichatales sei und dass die Schmicha das heutige ganze Eyachtal bis über Balingen hinaus als Einzugsgebiet besessen habe. Ob diese Ansicht stichhaltig ist, soll jetzt untersucht werden.

aa. Das Tal des Ebinger Talbaches von Lautlingen bis zur Wasserscheide.

Wir erwähnten schon oben, dass das Gewand »Hirnau« bei Lautlingen Schotterlager als Terrasse trage. Stehen wir auf dieser Terrasse, so bemerken wir, dass unsere Hirnauterrasse der unterste Rest des Talschotters ist, den wir im Riedbachtal vor uns haben, und dass also das Riedbachtal einstens mindestens bis hierher reichte. Auf der anderen Talseite des Ebinger Talbaches, an dem Schotter des Gewandes »auf Bergen« fliesst der »Hennenbrunnen« zu Tal. Auch dort sehen wir in gleicher Höhe die Hirnauschotter und Talschotter des Riedbachtales liegen. Kurz, der ganze Talteil des Eyachnebentales,

Abbildung 125. **Das Ebinger Talbachtal zwischen Ebingen und Lautlingen.**

Im Hintergrund des Bildes sehen wir Lautlingen mit dem Eyachtal und dahinter Gräblesberg und Lochenhörnle bei Laufen. Rechts sehen wir am Fusse des Heersberges das Eyachtal nach Norden umwenden, von links kommt das Messstetter Talbachtal herunter. Die Mitte des Bildes durchquert die Poststrasse Ebingen—Lautlingen. Links davon sehen wir den Ebinger Talbach auf Lautlingen hinabfliessen. Rechts davon bemerken wir die Abhänge der Transversariuszone, der Grenzschichten von braunem Jura zum Weissen. Der Beschauer des Bildes steht auf der Terrasse, welche eine Fortsetzung des Riedbachtalbodens darstellt. Links über der Bahnlinie beginnt ebenfalls ein Terrassenrest, der aber schon weniger gut zu sehen ist. Der Bahnhof mit seiner Terrasse ist unterhalb des Brunnentales am Gräblesberg zu sehen. Da wo die Strasse den Einschnitt in das Riedbachtal beginnt, sehen wir im Einschnitt gleich uralten Talschotter und zwar bolusartigen, roten Bohnerzlehm mit Bohnerz und Geröll darin. Es ist die oberste Lage, die Decke des Riedbachschotters.

durch das heute der Ebinger Talbach Lautlingen zufliesst, war einst aufgefüllt mit dem Riedbachschotter und es fragt sich jetzt nur noch, ob dieser Schotter dem Riedbach entstammte oder der Schmicha oder Eyach.

Der Riedbach entspringt auf der Wasserscheide zwischen Ebingen und Lautlingen, mitten im Riedbachtal und fliesst klein und schwach zur Schmicha. Unmöglich kann dieser kleine Bach dieses breite und tiefe Tal gebildet haben.

Wenn wir die Terrasse am Bahnhof Lautlingen betrachten, so bemerken wir, dass dieselbe auch nur eine Fortsetzung der Hirnauterrasse ist, die Bahnlinie verläuft auf dieser Terrasse und nur der Messstetter Talbach unterbricht sie.

Die alte Poststrasse Lautlingen—Ebingen hat diese Terrasse ebenfalls zu erklimmen (siehe Abb. 125), an der nördlichen Seite des Ebinger Talbaches. Dieser Talbach erodierte die Terrasse aber so sehr, dass man sie auf der Strasse selbst gar nicht bemerkt. Auf der ganzen Eyachtalstrecke Balingen—Lautlingen hatte die Strasse nie eine derartige Steigung und auch die Eisenbahn hat Arbeit, diese Steigung zu überwinden. Schon im Emporsteigen zu der Riedbachterrasse sehen wir dieselbe als Talsperre zu uns herunterblicken. Rechts und links grub sich der Ebinger Talbach in w. J. α und Braunjura ζ, ε, δ und γ ein und darob, als Decke zu allen diesen Formationsgliedern, liegt die Geröllschichte des Riedbaches.

Der Bahneinschnitt der Hohenzollernbahnlinie, der in den siebenziger Jahren des vorigen Jahrhunderts angelegt wurde, bietet die beste Kenntnis des Riedbachtaluntergrundes. Das unten folgende Profil wurde von dem Verfasser als 13jähriger Knabe aufgenommen, der schon damals den Aufschlüssen des Bahnbaues die grösste Aufmerksamkeit entgegenbrachte.

Profil 44. Bahneinschnitt des Riedbachtales oberhalb Lautlingen.

Oben	$1-1\frac{1}{2}$	m	schwarzer Moorboden.
ca.	50—80	cm	« « mit weissem Schuttkies darunter, eckig ohne Geröll.
ca.	1	m	Moorboden mit Geröll aus w. J. ε, ζ, δ, γ, β alles Geröll geschwärzt ($\frac{1}{6}$ Moorboden ca. $\frac{5}{6}$ Geröll). Die Betaplatten sind schwach abgerundet.
ca.	4	m	Geröll, eckig gerollt: nur oberer weisser Jura mit Spuren von Bohnerz.
ca.	1	m	Geröll, w. J. ε und ζ (ohne $\beta-\delta$) mit viel Bohnerzlehm und Bohnerz.
ca.	1	m	Geröll wenig, w. J. ε, viel Tertiärnagelfluhe und viel Bohnerzlehm und Bohnerz. An manchen Stellen lagen Kugeln von Meeresmolasse im Lehm.
ca.	1	m	Lette und Diluviallehm. Die Lette war gelb, wie aus w. J. ζ. Der Diluviallehm braun und mit Quarzlehm gemischt. Im Diluviallehm lagen noch Gerölle von Epsilonmarmor und Juranagelfluhekugeln mit tiefen Eindrücken.
in ca.	10	m	Tiefe Weissjura alpha, Transversariuszone.

Beim Fassen der Quellen der Balinger Wasserleitung beobachteten wir, dass gegen den südlichen Abhang des Tales hin der Moorboden einer Bohnerztonablagerung weicht. Auch am Strasseneinschnitt zur Petersburg ist die gleiche Wahrnehmung zu machen. Es scheint, als ob die Talauffüllung gegen die Talwände zu einen Mantel aus Bohnerzlehm trüge und als ob in der Tiefe überall nur Tertiär mit wenig Epsilonmarmor vorkäme, dass dann in der Mitte sich auch δ und γ zugesellt hätte, während zu oberst überall Moorboden abgelagert sei. In diesem Moorboden wurden auch schon Eichenstämme gefunden, wodurch die Sage bekräftigt wurde, das Riedbachtal sei früher mit einem Eichenwald bestanden gewesen, aus dem die alten Ebinger Gebäude erbaut worden seien. Weiter ist noch zu bemerken, dass die ganze Ablagerung keine Schichtung zeigte, ausser den oberen 3 Meter. Die Gerölle lagerten ungeschichtet, klein und gross neben einander. Verkittet war das Geröll auch nicht, aber mit Kalk übersintert.

Aus dem Profil scheint hervorzugehen, dass das Riedbachtal sehr alt ist, dass es auch vielleicht mehrmals ganz ausgeschwemmt war und neu ausgefüllt wurde. Eine ganze Aushobelung oder Ausschwemmung bis auf w. J. α hinunter nehmen wir deshalb an, weil während der Talbildung auf dem Talboden doch auch w. J. aus allen Formationen abgelagert sein musste. Wenn wir jetzt auf dem Grunde aber mehr nur Tertiär treffen, welches von den höchsten Albhöhen stammt, so müssen dieses die Bergflüsse oder Gletscherwasser in das vorher ausgeräumte Tal herunter gebracht haben. Darüber weiter unten noch mehr.

bb. Die Lautlinger Querspalte des Eyach-Messstettener Tales.

Wenn wir die Tektonik des oberen Eyachtales untersuchen, so bemerken wir, dass das heutige Eyachtal von Pfeffingen bis Lautlingen in der Nähe der europäischen Wasserscheide verläuft. Wo die letztere das Riedbachtal überschreitet, fällt sie schier mit dem Abbruch des Riedbachtales zusammen, auf den Anhöhen seitlich den Ortschaften Margarethausen und Pfeffingen hält sie sich nur in einer Entfernung von mehreren Klm. vom Tallauf der Eyach entfernt. Wer die Schichten des Tales aber untersucht, findet, dass die westlich gelagerten Schichten (das Massiv der Burgfelder Hochebene ohne Heersberg) schwach nach Südosten einfallen, der Heersberg eingesunken ist, sich aber auch schwach gegen Südost neigt. Dagegen n e i g e n s i c h d i e ö s t l i c h e n S c h i c h t e n w e i t s t ä r k e r g e g e n S ü d o s t e n, als die Westschichten, woraus wir ersehen können, dass das obere Eyachtal ein Spaltental ist, eine geborstene Erdscholle, bei der die südöstlichen Schollenanteile tiefer sanken und sich stärker neigten, als die westlichen, ja dass dabei die Heersbergscholle in einer Grabenvertiefung etwas einsank. Wurde aber auf diese Weise das Tal gebildet, so muss dessen Bildungszeit ins Miocän gesetzt werden. In jener Zeit muss also über die heutige Wasserscheide eine Hauptbruchlinie gezogen worden sein, von welcher Zeit an die nordöstliche Alb gegen Oberschwaben zu noch grössere Neigung gegen die Alpen als früher annahm. Da diese Spalte die früher entstandene Eyachtalspalte Balingen—Ebingen kreuzte, so muss deren Fortsetzung auch bei Messstetten gefunden werden können und tatsächlich ist das tiefe Tal des Messstettener Talbaches nichts anderes als die Fortsetzung dieser Querspalte des oberen Eyachtales. Auch an dieser Spalte, in welcher noch Messstetten selbst liegt, fallen die östlichen Schichten stärker als die westlichen gegen Südosten ein. Aber noch eine andere Tatsache bestätigt diese Annahme.

cc. Das Einbruchsgebiet einer Erdscholle nordöstlich von Messstetten.

Nordöstlich von Messstetten schliesst sich scharf an die Wasserscheidelinie eine Einbruchsscholle an, die den gleichen Verlauf zeigt, wie die Spalte des Messstetter Talbachs. Diese Einbruchsscholle zeigt eine Mulde, in welcher die Gesteine alle gegen den Mittelpunkt der viereckigen Mulde zu fallen und ist der Einbruch so augenscheinlich, dass er dem Wanderer auf der Strasse Ebingen—Messstetten gleich auffällt. Die Mulde umschliesst folgende Gewänder: vorn gegen das Riedbachtal: »vorderer Wachtbühl, hinten, südlich gegen Heinstetten: der »hintere Wachtbühl«; im Osten läuft die Bruchgrenze über »Feldbach«, Aspen und das »Hölltal« direkt auf den Kamm des »Fleinsbergle« zu, bildet dessen Kammlinie und springt dann auf »Auchten« über, bis sie die alte Messstettersteige erreicht, von wo aus sie den Gipfel des »vorderen Wachtbühles« ersteigt und dort mit der Hauptlinie der Wasserscheide zusammenfällt. Diese Einbruchsmulde besitzt über 3 Klm. Länge und $1^1/_2$ Klm. Breite. Durchquert wird sie von einer Spalte, welche von Süden nach Norden läuft, in das Riedbachtal eintritt und dort dem Steppbach das Leben gibt, welcher hart vor dem Wasserscheidenabfall in den Ebinger Talbach mündet, somit der Eyach zufliesst. Diese grosse Mulde muss in der Glazialzeit ein Eisbecken gewesen sein, welches grosse Massen von Gletschereis auf Lautlingen hinunterbeförderte, wie die riesigen Schutthalden am Wachtbühl andeuten, die meistens heute zugewachsen sind. In der Muldenmitte liegen die Kriegsäcker, über welche die Ebinger Strasse führt, die alte Strasse zeigt das Muldengefäll gegen ihre Mitte viel deutlicher als die neue Strasse, welch letztere langsameres Gefäll zeigt, solange die alte Strasse am Wachtbühl vorbei zieht. Gegen diese Kriegsäcker fallen die Schichten von allen Seiten ein, selbst noch vom Einbruch der Mulde gegen Norden.

Dieses Einbruchsfeld deutet auf grosse Katastrophen hin, welche seinerzeit über das Riedbachtal und seine Umgebung hereinbrachen, Katastrophen, die geeignet waren, einen nach Westen gerichteten Flusslauf nach Osten zu richten, wie wir weiter unten sehen werden.

dd. Das Ebinger Riedbachtal.

Stellen wir uns an den Beginn des Eisenbahneinschnittes am Abbruch des Riedbachtales gegen Lautlingen auf, so bemerken wir, wie von Süden der Steppbach aus der Spalte der eingesunkenen Kriegsäckermulde zu uns herunter kommt, wie diese Spalte dann unser Tal quert und rasch in gerader Richtung zum Ochsenberghof hinaufläuft. Dieser Spaltenausweitung entströmt der Hennenbrunnen. Oestlich dieser Spalte liegt die Grenze des Riedbachtales. Der Riedbach selbst entspringt aber erst $^1/_2$ Klm. mehr östlich dieser Spaltenlinie.

Schon ehe wir auf der Staatsstrasse die Wirtschaft z. Petersburg erreichen, stehen wir im breiten und ebenen Hochtal. Wie ganz anders sind die Bildungen dieses Tales gegen denjenigen des von uns verlassenen Eyachtales. Blicken wir aber auf Lautlingen zurück, so bemerken wir deutlich, dass die Reste des Riedbachtales sich bis nach Laufen hinunter an den Abhängen zeigen, dass aber das Gefäll dieser Reste ein schwächeres als das der Eyach ist, und dass diese Reste bei Laufen verschwinden. Die Terrassen des Eyachtales fallen also nur zum Teil mit den Terrassen des Riedbachtales zusammen, sie steigen auch nicht gegen Balingen an, sondern fallen wie das Eyachtal, senken sich aber weniger rasch als die Eyachtalterrassen.

Blicken wir zum Ochsenhaushof in die Höhe, so sehen wir im Gewand »Steinhaus« (ehemalige römische Niederlassung) eine Terrasse, welche weit ob dem Boden des Riedbachtales verläuft und sich langsam gegen Ebingen hin senkt. Im ganzen »Mehlbaum« ist diese Terrasse sichtbar, weniger gut am Fusse des gegenüberliegenden Messstetterberges.

Das Riedbachtal ist auf der Wasserscheide am weitesten und breitesten und zeigt das Bestreben, mit dem Pfeffinger Eyachtal zu verschmelzen, die Reste des Riedbachtales oberhalb Lautlingen greifen ja ins Eyachtal hinein. Die breiteste Stelle des Riedbachtales wird im Volke »Weiherwuhr« genannt, übersetzt: Weihersee, Weiherwöhr. Nach alter Sage soll im Riedbachtal ein Eichenwald und beim Ursprung des Riedbaches ein See gewesen sein, der durch den Wasserlauf des Riedbachs mit dem Kühweiher, welcher einst viel mal grösser war als heute, verbunden war. Dieses ist wahrscheinlich, denn das ganze Riedbachtal ist ein Sumpf mit Ablagerungen von Kalktuff, welch letzterer aber nur lose das Geröll überzieht, ohne es zu cementieren. Das einzige Einzugsgebiet des Riedbaches ist die Wasserscheide und die Riedbachanhöhen von Ochsenberg und vorderem Wachtbühl. Vom Ursprung des Riedbaches an bis nach Ebingen ist das Gefäll des Tales so schwach, dass es kaum zu bemerken ist, schier eben fliesst der Bach gegen Ebingen und an Ebingen vorbei. Ebingen selbst meidet ja den Riedbach und sein sumpfiges Tal, welches ein einziges langgezogenes Moor ist.

Auf der Strecke zwischen Petersburg und Ebingen nimmt das Tal mehrere kleine Seitentalmulden auf, die echte Muldentälchen von flacher U-Form darstellen und keine Schluchten sind.

Diese Hufeisentalform fanden wir früher schon im Schalksbachtal bei der Mulde des Wannentales und wie wir dort schon an eine Gletscherbildung dachten, können wir hier wieder nur an eine solche und sonst an nichts denken. Denn diese Mulden führen weder Wasser noch zeigen sie Rinnsale. Sie ziehen rechtwinkelig ins Tal herunter und wenn wir in ihnen die Höhen des Gebirgs ersteigen wollen, so treffen wir immer ein Muldenhochtal, welches mit dem Seitenmuldental zusammenhängt, wie die Schnauze einer Kanne mit dem Innern der Kanne. Oft genug sind diese Muldentälchen gegen oben durch einen Absatz abgeschlossen. Die Muldentäler der Hochfläche besitzen noch breitere Mulden als deren Ausläufe und ihr Gefäll ist oft ein unbestimmbares, ähnlich den Gletschermulden der Schweiz.

Wo aber immer ein Quertälchen ins breite Riedbachtal einmündet, sehen wir den Talboden dieses Quertales in Form eines sich erhebenden Walles ins Tal hereinschieben und sich in der Umgebung ausdehnen. Solche Quertäler weist das Riedbachtal mehrere auf und nur 2 dieser Täler enthalten auch Quellen: das Katzenbuckel- und das Raidental. Diese Quellen entspringen in Obergamma, sind aber so schwach, dass sie unmöglich ihre Tälchen selbst bilden konnten. Das breitere Raidental schiebt eine Moräne weit ins Riedbachtal herein, dass wir in diesem Nebental ganz gut eine Querbarre unterscheiden können, die sich bis zum Kühweiher vorschiebt, also früher hier wohl einen Seeabschluss gebildet haben könnte. Wenn wir aber im Raidental aufwärts gehen und die Hochebene Raiden ersteigen, so treffen wir auf ihr eine Hochtalmulde, welche ganz Raiden durchzieht und ein Gletscherfeld oder Innlandeislager der Eiszeit darstellt. Die Moräne des Raidentales enthält Weissjura- und Tertiärgerölle, eingebettet in Bohnerzlehm unten, Diluviallehm oben.

Eigenartig ist auch der Auslauf dieser Tälchen. Wie sich ihr Geröllwall im Haupttal fächerförmig ausdehnt, so dehnt sich auch ihr Tal selbst erbreiternd, fächerförmig aus. Dabei sind immer die Ecken der Talwände hübsch abgerundet und zwar in Stiefel- oder Bügeleisenform. Das Raidental wird in seinem unteren Teil »Kienten« genannt. Dieser Talteil zieht sich tiefer ins Gebirge ein und lässt mehrere starke Quellen dort hervorbrechen, wo Kienten und Riedbachtal sich vereinigen. Sie entspringen auf einer Spalte, die sich auf Raiden hinaufzieht und mit der Spalte des Heidensteins zusammenfällt.

Das »Ebinger Bühltal« ist schon unter »Tektonik der Alb« beschrieben. Auch dessen Mündung ins Riedbachtal bringt dem letzteren eine Menge Schutt zu, auf dem die Umgebung der Kirche, die »Stelle« und »obere Vorstadt» steht. Auf dieser Spalte aber entspringt der Quelltopf »Spittelsbrunnen« bei der alten Sammtfabrik, als ein Nebenfluss des Riedbachs und eine weitere Quelle ist der »Stellebrunnen«. So besitzt also die Nordseite des Tales verschiedene, teils grosse Quellen. Anders die Südseite des Tales. Nur einige unbedeutende Quellen liefert sie zwischen Petersburg und Ebingen, denn das Gebirge fällt gegen Südosten ein und leitet die Niederschläge zum Donautal ab. Da wo Ebingen steht, stossen Riedbach und oberes Schmichatal zusammen. Das Bett des Riedbachs hält sich auffallenderweise bei Ebingen scharf an die Südseite des Tales und an dieser Seite dürfte früher der Urstrom des Tales geflossen sein, denn sie ist die tiefste Stelle des breiten ebenen Talgrundes. Dies sehen wir sehr gut aus Abb. 82, welches Bild uns auch zeigt, dass das Riedbachtal viel breiter ist, als das Schmichatal oberhalb Ebingens, mit diesem aber in der Konfiguration identisch ist.

Eine Merkwürdigkeit der südlichen Talseite sei hier aber noch erwähnt. Von den Kühbuchen zieht sich nämlich zum Kühweiher eine Gletschermoräne ins Tal herab. Sie zieht also, entgegen dem Lauf des Riedbaches, von Ost nach West, wie das Tal der Eyach von Lautlingen nach Balingen. Wo unsere Moräne die Kühbuchenmulde verlässt, scheuerte sie die Deltafelsen glatt und grub tiefe Rinnen.

C. Das Talsystem der heutigen Schmicha.

aa. Das Tal von Onstmettingen nach Ebingen.

Onstmettingen liegt in einem ganz eigentümlichen Zentralpunkt tektonischer Spalten, welcher Punkt daher auch verschiedene Quellen zu Tage treten lässt. Die Schmicha selbst besitzt kein eigentliches Ursprungstal, weil dieses Flüsschen aus der Geifizenschmicha und der Onstmettinger Schmicha gebildet wird. Die erstere Quelle entspringt in der sog. Geifize, nordwestlich von Onstmettingen. Die »Geifize« ist ein Hochtalmoor, in welchem vor ca. 100 Jahren noch vielfach Torf gestochen wurde. In diesem Moor wurden schon die Geweihe des Riesenhirsches und die Knochen des Ebers gefunden. Zwischen den Weissjura-Betahügeln »Goschberg«, »Allenberg« und »Lengenloch« schiebt sich dieses Hochmoor bis an die Wasserscheide hinaus, oder sagen wir besser, die Verwitterung des Steilabfalls der schwäbischen Alb trug die Berge von der Linie Balingen—Hechingen so weit ab, dass die Wasserscheide heute bis in die Nähe der Geifize rückte. Wären diese Albausläufer nicht verschwammtes Beta, so wäre die Geifize heute ein angeschnittenes Hochmoor, welches seine Quellen zur Eyach senden würde, nicht zur Schmicha. Allein, das Geifizenmoor ist nicht so breit, wie der »Stich«, in welchem die Stichwirtschaft (Abb. 83) liegt. Das »Stich«tal ist ein ähnlicher Talrest wie das Riedbachtal, nur um vieles höher gelegen. Und wie bei der Petersburg die Wasserscheide über das Riedbachtal geht, so geht sie hier über das Stichtal, und westlich von beiden Talresten nagte sich die Erosion bis auf den Braunen hinab. Vom Stich aus haben wir blos eine Viertelstunde zur Quelle des Klingenbachs, welcher über Tanheim, Bisingen usw. in die Eyach mündet. Wie lange mag es wohl noch anstehen, bis er auch die Geifizequellen an sich zieht? Unsere Abb. 83 zeigt uns sehr deutlich den Absturz des Tales, ganz ähnlich wie beim Riedbachtal. Links auf unserer Abbildung sehen wir, wie sich das Tal gegen links (Westen) senkt und direkt ob der Wirtschaft, welche auf der Abrasionszone liegt, bemerken wir noch sehr deutlich die Reste des ehemaligen Tales, wie sie bis hinauf zu der Transversarius- und Impressazone abgetragen sind. Schon bei dem Bauerngebäude rechts ist das Talgefäll sehr vermindert. Die Strassenschleife am Lengenloch, rechts oben auf dem Bilde sichtbar, zeigt uns schon Beta, während dle Rutsche ob dem Stichwirtshaus noch α ist.

Wir sehen hier zwei Terrassen des Tales vor uns. 1. Die Weissjuraalphaterrasse, oder die jüngere Terrasse, welche bis zur Schleife hinaufreicht, 2. die Weissjurabetaterrasse des Lengenlochs, welcher keine weiteren Formationsglieder mehr aufliegen, da diese letzteren alle längst abgetragen sind. Diese 2. Terrasse trägt einen Lehm, der ein Gemisch von Bohnerzlehm und Diluvialfluglehm ist. Im Bohnerzlehm liegen Brocken aus höheren Weissjuraformationen. Unsere Abbildung zeigt, welch ebenen Verlauf diese obere Terrasse nimmt.

In der Mitte zwischen Stichwirtschaft und Onstmettingen fällt das Tal, mit der Geifizenmulde vereinigt, gegen Nordosten, also gegen Onstmettingen langsam ein. Das Wunschtal bei Pfeffingen entspricht also dem Stichtal bei Onstmettingen. Beide Täler fallen gegen Westen und Osten ein, wie ein Waagbalken und stellen im kleinen vor, was das Riedbachtal im grossen. Ob aber die Flussrichtung des Urflusses im Riedbachtal die gleiche war, wie im Wunsch- und Stichtal, sollen wir noch erforschen.

Wenn wir den Linien der Wasserscheide folgen, welche sich über die Höhen des Lengenlochs, Goschberges, Baichberges und Gokeler bei Onstmettingen hinziehen, so sehen wir, dass diese Linien nur um weniges steigen, bis wir den Gokeler erreicht haben. Trotzdem haben wir auf dem Lengenlochberg Weissjurabeta, auf dem Goschberg ebenso, aber auf dem Baichberg bemerken wir γ und δ liegen, in nur geringerer Höhe als auf dem benachbarten Goschberg. Zwischen Goschberg und Baichberg lauft eine Spalte hindurch, Richtung SO—NW, welche die

Nordostseite absinken liess, doch sind die Verhältnisse hier noch verwischt und werden erst im »Hausener Tal« klarer. Das »Hausener Tal« liegt südöstlich von Onstmettingen und besitzt ganz eigenartige geologische Verhältnisse, in dem es eine Einbruchszone darstellt.

Der Onstmettinger Hochwasserbehälter liegt auf einer Betakuppe. Nördlich von ihr liegt eine schmale Muldenzunge, sich nach hinten erbreiternd zum »Steinmäuerle« hinauf (Weissjura Epsilon Höhe!). Diese Muldenzunge wird nördlich von Felsenriffen begrenzt, die einen scharfen Kamm bilden, welcher wiederum diese Muldenzunge vom Hausener Tal trennt. Dieser Kamm, in gleicher Höhe wie die Betaebene des Reservoirs, besteht aber nicht aus Schwammbeta, wie die Lage vermuten lässt, sondern aus Schwamm- und Normaldelta, welche Schichten eine abgesunkene Scholle, eine Grabenvertiefung darstellen. Die Spalte läuft von Osten nach Westen und fällt mit den anderen Spalten im Mittelpunkt Onstmettingens zusammen. Wo die Spalten zusammenfallen, entspringt die Onstmettinger Schmichaquelle, ein Quelltopf, welcher nur der Spaltentektonik seinen Ursprung verdankt. Diese Quelle liegt beim Rathaus und bildete bis 1909 das vielbesuchte »Brunnenhäusle«, zwei grosse Quellwasserbehälter, welche hübsch eingefasst waren. Nun erhebt sich an dieser Stelle, weniger schön, die Pumpstation, welche das hier entspringende Wasser in den nahen Hochwasserbehälter befördert. In der beschriebenen Talmulde zwischen Hochwasserbehälter und Hausener Tal findet sich keine Spur von Gamma, dieses ist so tief versunken, dass in der Horizontallinie mit Beta gleich Oberdelta auftritt. In der Mulde sieht man aber das verstürzte Betabankgestein steil aufgerichtet und zur Tiefe abgesunken. Machen wir einen Spaziergang über diesen Kamm, uns an der Waldgrenze haltend, welche den Scheitelpunkt des Kammes darstellt, so bemerken wir, dass dieser Scheitel selbst wieder von einer Bruchlinie durchzogen wird, die ebenfalls von SO. nach NW. zieht. Die Waldgrenze des Kammes ist zugleich die Scheitellinie des Grabeneinbruchfeldes, die sich bis in den grossen Deltasteinbruch hinein verfolgen lässt, aus welchem das Material für den Bahnbau Onstmettingen—Ebingen geholt wurde. Die Scheitellinie des Einbruchsfeldes bildet eine besondere, für sich bestehende Linie, wie wir in dem nahen Steinbruch sehr gut sehen können. Mehrere Spalten sind in diesem Steinbruch aufgeschlossen und ganz merkwürdig gut erhalten zeigen sich die Rutschflächen, die von Osten nach Westen und die mit Quetschbreccien und Oligozänbohnerzeisenton ausgefüllt sind. Die schönste Rutschfläche, mit Manganit überzogen, stilolitförmig ausgebildet, liegt im Süden des Bruches, wie unsere Abb. 126 zeigt. Im Bruch selbst liegt das abgesunkene Material eben und somit horizontal. Es zeigt echtes Normaldelta in den schönsten graufarbigen Bänken aufgeschlossen. Das Gestein ist senkrecht zerklüftet, auf den Klüften erodiert, in den unteren Lagen Rinnen zeigend.

Die Breccie besteht aus Bohnerzton und Splitter weissen Epsilons, der aber in der nächsten Umgebung abgetragen ist, aber auf dem Gokeler noch ansteht und die Höhen bedeckt, welche Steinmäuerle genannt werden. Diese Einbruchstelle zieht sich hinüber bis zum Starzeltal, weshalb auch dort die Störungen beobachtet werden. Unser

Steinbruch durchquert den ganzen Kamm und verbindet so das Muldental mit dem Hausener Tal, in welchem auch sehr schöne Deltasteinbrüche aufgeschlossen sind, welche dem geschilderten Bruche gleichen. Auf der Hohenzollern Alb ist aber Delta selten so schön aufgeschlossen, wie in diesem abgesunkenen Feld. Durch die Versenkung wurden ohnehin die oberen Deltaschichten erhalten, welche an andern Plätzen vernichtet und abgetragen sind. Siehe auch den Artikel: »Zur Tektonik der Alb«, was dort über die Deltabrüche an der Neuweiler Strasse (Seite 229) geschrieben steht).

Um die Lage Onstmettingens besser übersehen und beurteilen zu können, ersteigen wir noch den Aussichtspunkt »Lindenbühl« beim Reservoir. Es ist dies der Betabuckel, auf dem der Hochwasserbehälter liegt.

Ueberblicken wir von hier aus den Zentralspaltenpunkt, auf dem Onstmettingen liegt, so bekommen wir den Eindruck, besonders wenn wir den Blick noch auf Ebingen und die Schmicha-Eyachberge werfen, dass unser heutiges Einzugsgebiet der Schmicha früher zum Einzugsggebiet der Eyach gehörte, und dass da, wo

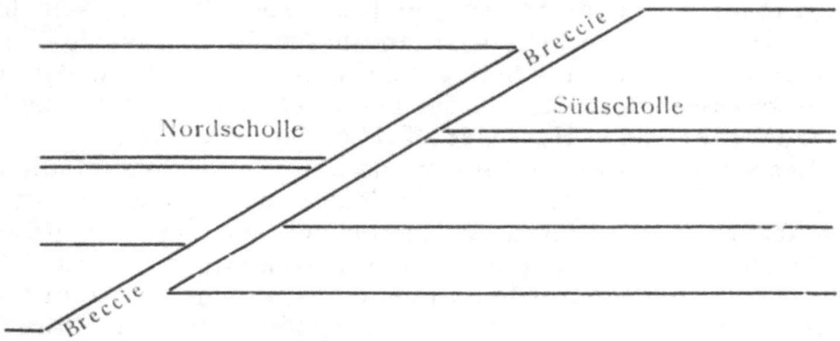

Abbildung 126. **Abrutsch der Nordscholle an der Südscholle im Deltasteinbruch bei Onstmettingen.**

heute die Schmicha floss, **die Eyach ihre Fluten durchs Tal hinunterwälzte.** Freilich muss die Eyach mehr Wasser als heute geführt haben. Die Beweise für diese Auffassung wollen wir erst weiter unten geben, aber doch schon hier bemerken, dass sich die Täler Onstmettingen—Ebingen und Pfeffingen—Lautlingen in ihrer Uranlage auf ein Haar gleichen und **dass diese beiden Täler nur Seitentäler des Riedbachtales sind.** Die Breite der Ursprungstäler von Schmicha und Eyach ist gleich, nur die Erosion veränderte das Eyachtal, wegen dessen westlicher Lage so sehr, dass es dem oberen Schmichatal von heute nicht mehr gleicht, ist es doch viel tiefer als das Schmichatal eingeschnitten. Aber die Eyach führt unter starkem Gefäll rascher ab als die Schmicha, die ein weit langsameres, trägeres Gefälle zeigt.

Blicken wir vom Lindenbühl aufs Schmichatal hinunter, so ist es ein ähnlicher Ausblick wie vom Lindle bei Balingen aufs Eyachtal hinunter. Die Eyach fliesst auf dem tiefsten Talboden, während sie aber dort sich noch in den alten Talboden des Urtales einnagte, fliesst die Schmicha hier bei Onstmettingen noch auf dem Urtalboden. Der Lindleberg bei Balingen stellt die zweite Terrasse vor, Lias δ Decke, der

Onstmettinger Lindenbühl aber die zweite Terrasse des Urtales, nur dass wir statt Lias δ hier Weissbeta und versunkenes Weissdelta vor uns haben. Ja, blicken wir rings um uns herum, so sehen wir überall gegen Westen nur eine uralte Betaebene. Eine Ebene, welche seit dem Pliocän durchschnitten wurde. Vor dem Pliocän müssen diese Höhen noch andere Flussläufe gesehen haben, und die Flussrichtung wohl ganz gegen Westen gerichtet gewesen sein, somit muss in der damaligen Zeit die Albtafel noch nicht so stark gegen Oberschwaben eingesunken gewesen sein wie heute.

Der Schmichatalgrund zwischen Onstmettingen und Tailfingen ist Diluvial- und Alluvialmoor.

Das Schmichatal in der Nähe des Bahnhofes, wo es noch ein Seitental, von Osten kommend, aufnimmt, besitzt eine engere Form als der Onstmettinger Kessel, aber es ist doch tiefer und breiter als Stich-, Geifize- und Hausener Tal. Aber wie im Stichtal finden wir beim Bahnhof Onstmettingen zu beiden Seiten des Tales (am Bahnhof der linken und am Gaswerk der rechten Talseite) breite Terrassen. Sie haben die gleiche Form, wie sie das Bild vom Stich zeigt. Diese Talterrasse hört aber plötzlich bei der untern Onstmettinger Mühle neben dem Gaswerk auf, während sie sich an der Strasse Onstmettingen-Tailfingen sehr scharf ausbildet. Die Strasse selbst verläuft auf dieser Terrasse. Was ist die Ursache dieser Abänderung?

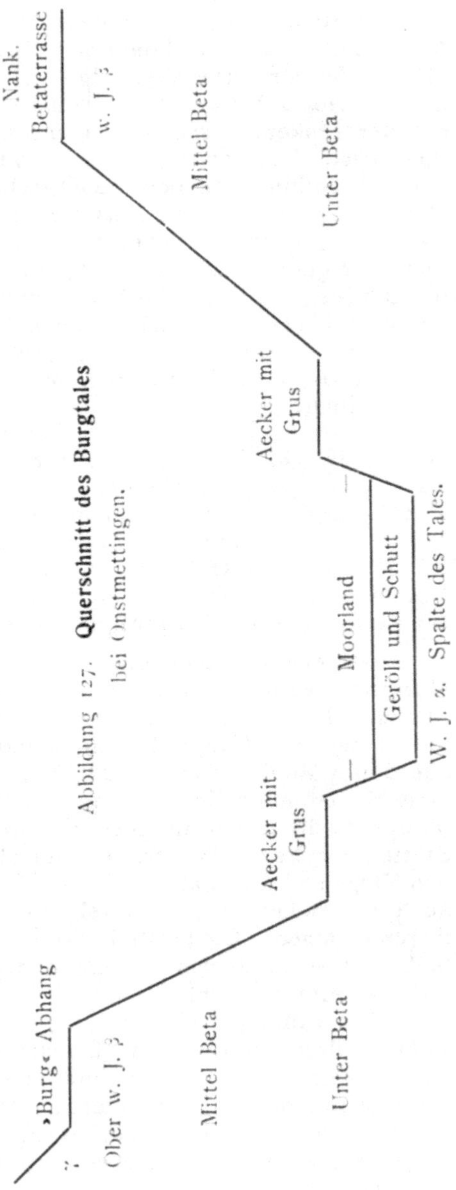

Abbildung 127. **Querschnitt des Burgtales** bei Onstmettingen.

Die Mühle liegt mitten im Tal an derjenigen Stelle, an welcher das Mühltal von Westen her ins Schmichatal ausmündet. Das Mühltal ist ein breites Muldental, welches sich oben in 3 Seitenmulden gabelt. Alle 3 Mulden müssen in der Glazialzeit Gletscher gesehen haben, da sich Moränereste an ihren Talseiten zeigen. Durch den Eintritt des Mühltales ins Schmichatal wurde das Moor zu einem grossen Ried und bei der Schmichakorrektion zeigte es sich, dass die Mühle der Mittelpunkt einer germanischen Niederlassung war und dass hier im Diluvium Riesenhirsche, Reh- und Damhirsche mit Schwarzwild und Auerochsen zur Tränke eilten.

Stetthaldenberg rechts und Hohenberg links sind Betaebenen. Aber hinter dem Hohenberg blickt der eigentümliche Gammakegel »Burg« hervor (eine ehemalige Volksburg), welcher noch eine ε Kuppe trägt. Dieses δ liegt höher als das angrenzende ε des Weilerbühls mit der Linkenboldshöhle, welche nichts als eine erodierte tektonische Spalte ist, denn zwischen Linkenboldslöchle und Burg hindurch läuft eine Bruchlinie, von der die Ostscholle an der Westscholle, um ca. 60 Meter absank: es ist die Fortsetzung der Kammlinie des Hausener Tales. Der »Burg«berg bildet eine Insel, die in ihrer normalen Lage sitzen blieb, umgeben von grossen Spalten, von denen eine sich auch südlich des Bergkegels »Burg« ins Schmichatal hinunter zieht. Diese Spalte bildete ein steiles Tal, in welchem oben besonders schön γ, normal und verschwemmt, aufgeschlossen ist, ganz oben geht das Tal in eine Hochmulde über, in welcher eine Moräne liegt. Diese Moräne zeigt folgenden Aufbau:

Profil 45.

Oben:	$^1/_2$ m	tiefer schwarzer reiner Moorboden, bedeckt mit etwas Diluviallehm.
Mitte:	2-3 m	Diluviallehm mit Geröll von Epsilonmarmor, Juranagelfluhe, Tertiärsüsswasserkalkmergel und etwas Zetaplatten. Das Geröll ist gut gerollt.
Unten:	1 m	Bohnerzlehm mit Fluglehm gemischt und Geröll.
Unterlage:		Weiss Jura, normales Gamma.

Bei der Gebäudeanlage der Zimmerergenossenschaft Tailfingen, also dort, wo das Seitental ins Schmichatal übergeht, sehen wir die Terrassenlandschaft der Abb. 127. Unterhalb des Austritts dieses Nebentales finden wir im Haupttal (Schmichatal) überall Gerölle abgelagert, die aus dieser Mulde stammen dürften. An der Stetthalde tritt dann wieder eine Seitenmulde ins Tal herein, welche gegen oben in 2 Tälchen übergeht, die in Hochmulden gipfeln: Finstertäle und Emerenteich. Die Stetthaldenebene (Wirtschaft zum Stiegel) zeigt eine Hochtalmulde, die von Flug- und Diluviallehm bedeckt ist. Dieser Fluglehm deckt hier aber auch die höchsten Betagipfel, so dass sie unter die Alluviallage zu liegen kommen. Die breite Betaterrasse »des Sonnenberges«, direkt oberhalb und westlich von Tailfingen, trägt keinen Fluglehm, er scheint abgeschwemmt zu sein.

Das Tailfinger »Neuweilertal« beschrieben wir schon oben unter: »Zur Spaltentektonik« und bemerken wir blos noch, dass der felsige Schlossberg aus δ' besteht, mit mehreren tiefen Spalten, die wie die Hauptspalte des Tales verlaufen. Der hintere Teil des Burgbergs sank ebenfalls vom vorderen ab, er zeigt neben echtem Delta (westliche Lage) ebenso echtes Oberepsilon, (östliche Lage gegen den Schömberg).

Dem Schlossberg gegenüber, also auf der rechten Seite, liegt breitgestreckt der »Braunhardtsberg« wie ein aufgesetzter Schuh von γ und δ auf der ihn umgebenden Betahochebene. Auch diese Betaebene trägt eine Lage Lehm, der zu unterst in Bohnerzlehm übergeht, mit Geröll darin. Auch dieser Bohnerzlehm ist umgelagerter Eocänlehm, mit Fluglehm gemischt. Auch Versteinerungen des obersten Weissen liegen in ihm, aber völlig in Eisenstein umgewandelt. Zwischen

Abbildung 128. **Zur Talbildung des oberen Schmichatales zwischen Truchtelfingen und Ebingen.**

Nummer 1, 6, 7 und 8 zeigt uns die Betaterrasse des Urtales an. Auf der westlichen Seite fällt dieselbe scharf ab, als Beweis, dass der Urfluss des Tales an dieser Seite floss und nicht an der östlichen Seite. Er floss in der Richtung 14 zu 19, über die heutige Spitalwiese hinweg zum Schweinweiher und dann zum heutigen Bahnhof. Nummer 2 zeigt die sanften Abhänge von γ, die den 3 Abhängen von 13, 5, 6, 7 und γ von 8 gleichen. Die Felsen bei 10 sind sehr stark gefrittet (γ), die des Schlossfelsens sogar (Nummer 11 zu 12) mit Rinnen versehen, mit Orgeln-, Trompeten- und Gletschermühlen ausgestattet. Der ehemalige Hauptfluss, vor Trockenlegung des Riedbaches, floss südlich vom Bahnhof von Ost nach West (Richtung 20, 19, 18, 21) und nahm bei 19 die heutige Schmicha auf, früher ein Nebenflüsschen der Eyach, das aber doch bedeutend grösser war als die heutige Schmicha. Hinter dem Raidenabhang, auf dem Raidenberg (4) lag früher ein Gletscher, dessen Becken sich westlich von unserem Bild ins Riedbachtal entleerte. Die heutige Schmicha fliesst wirklich in der Mitte des Tales, nicht wie früher auf der Westseite, an der Seite der Martinshalde. Hinter 13 liegt das Degenfeld. Die Kappe von der Martinshalde (3) zeigt eine tiefe Lage umgelagerten Bohnerzlehmes mit Geröll und Zuckerkorngeoden. Zwischen 15 und 14 sehen wir den Tailfinger Verlauf des Schmichatales mit seinen Terrasssen. Die Betaterrassen zeigen eine Menge Schutt und schlecht gerolltes Gestein, aber nie Flussgeröll, Schutt und Geschiebe liegen stets im Lehm, unten Bohnerzlehm (umgelagerter), oben Fluglehm.

»Braunhardsberg« und »vor der Sonne« zieht sich das breite »Pfeffinger Tal« von Westen her auf Tailfingen hinein. Es ist in Regenzeiten sehr wasserführend und zeigt auch Seitenterrassen, wie Fig. 127.

Zwischen Tailfingen, Bitz und Truchtelfingen liegt das vielgenannte »Degenfeld« als eine Einsenkung in Epsilonfelsen. Es war das Stützfeld eines Gletscherbeckens. Altbekannt sind seine grossartigen Lehmlager, welche eine Menge Altertümer bergen. Der Untergrund des ganzen Feldes ist ausgesprochener Blocklehm. Dolinen sind selten, um so häufiger aber Dolomitsandgruben gegen Neuweiler. Die Unterlage des Lehms ist im ganzen Degenfeld Blocklehm mit den Geschieben des oberen Weissjuras und Tertiärs. Bohnerz liegt besonders in den Felsenspalten. Eigenartig ist, dass das ganze Degenfeld eine Mulde darstellt, die nirgends eigentliche Abflüsse besitzt. Abflüsse sind wohl vorhanden, aber alle mit Schuttbänken verrammelt. Die meisten Abflüsse ziehen sich gegen Westen, also auf Truchtelfingen hinunter. Das »Hüttenkirchertal« und das »Bernlochertal« sind solche Gletscherabflussöffnungen, welche dem Schmichatal Wasser und Gerölle zuführten. Der Weg Truchtelfingen—Bitz führt mitten durch die grosse Mulde, die einem ehemaligen Hochebenensee gleicht, welcher im Diluvium austrocknete. Ein See mag es aber nie ausser der zweiten Gletscherzeit gewesen sein, denn Schnecken finden sich keine im Lehm vor.

Zwischen Truchtelfingen und Ebingen (siehe Abb. 128) ist das Tal gleich breit, wie zwischen Truchtelfingen und Tailfingen, aber überall sehen wir Beta als ausgesprochene Terrasse auftreten, hinter welcher sich der mittlere Weissjura ($\gamma\delta$) erhebt. Epsilon zeigt sich auf den Ebenen in Form von Kuppen.

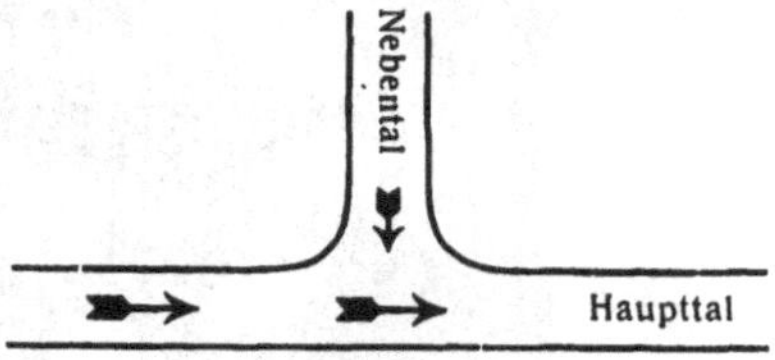

Abbildung 129.
Abrundung der Ecken zwischen Haupt- und Nebental.

In Ebingen angekommen, sehen wir, wie wohl die Schmicha nach Osten umwendet und den Riedbach aufnimmt, aber wir sehen, wie die Schmicha von heute ein solches Tal niemals bilden konnte, das wäre ihr unmöglich gewesen.

Lassen wir hier nun einen kurzen Ueberblick über die bisher besprochenen Täler und Seitentäler folgen.

bb. Die Lage der Seiten- zu den Haupttälern.

Wir haben in Onstmettingen ein Sammeltal, in welchem strahlenförmig die Quellseitentäler zusammen laufen, ebenso das »Mühltal«. Von dort bis auf Ebingen hinunter stehen die meisten Seitentäler zum Haupttal in einem stumpfen Winkel und zwar so, dass sie sich entweder der Haupttalrichtung anpassen oder letztere zu kreuzen suchen. Aber schier nie laufen sie **gegen** die Haupttalrichtung, die von Nord nach Süden streicht. Diese Haupttalrichtung wurde durch mehrere tektonische Spalten vorgebildet und auch die Richtung der Seitentäler dürfte auf gleiche Weise vorgebildet und durch die Erosion erweitert worden sein. Die typischen Spaltentäler »Hausener Tal« und »Tal Bahnhof-Onstmettingen« streichen dagegen gegen den Haupttalverlauf, von Südost gegen Nordwest. Auch das kleine »Finsterlochtal« zieht in dieser Richtung und überschreitet das Tal, den »Hohenberg« von der »Burg« zu trennen. Alle Seitentäler aber weiten sich dort ankerartig aus, wo sie auf das Haupttal treffen (Abb. 129). Das Schmichatal Onstmettingen—Ebingen weitet sich auch besonders stark aus, wo es ins Riedbachtal eintritt, und so muss es ein Nebental des Riedbachtales sein, denn das Riedbachtal ist gut 3 mal breiter als das obere Schmichatal. Es kann ja angenommen werden, dass die tektonischen Spalten sich an besondere Systeme halten, an Zentralspalten und Spalten, die auf der Alb besonders von Südost nach Nordwest streichen, doch kommen auch alle anderen möglichen Streichrichtungen vor. Für Talbildung und Flusslauf ist die Streichungslinie aber sehr oft wichtig, wie wir noch sehen werden.

cc. Das Talsystem der mittleren Schmicha zwischen Ebingen und Kaiseringen.

Abb. 130 zeigt uns die Talerosion so deutlich, wie selten ein anderes Bild. Der Fuss der Ebinger Schlossfelsenhalde ist wie von einem Drechsler abgedreht, ja diese Form pflanzt sich bis hinauf auf den Berg fort, schier wie ein Huf oder wie ein Bügeleisen ist die Form des Berges. Weil Abb. 130 alles erklärt, nehmen wir blos noch die Erklärung der Schlucht vor, durch welche die «alte Bitzerstaige« zur Höhe führt. Auf unserem Bilde sehen wir den oberen Teil derselben (Klammer) noch in der Ecke rechts oben. Weil auch dort der Abhang der Schlossfelsenhalde schief abfällt, wird die Schlucht verdeckt, die nicht von Nordwest nach Südost zieht, was dem heutigen Schmichatal entsprechen würde, sondern von Nordost nach Südwest. Erst im Tale angekommen, erweitert sich die Schlucht gleich der Abb. 129 nur noch mehr, dass man sich fragen muss, wo deutet dessen Talzugsrichtung nun hin? Letztere zeigt eine Terrasse.

Diese Terrasse gleicht aufs Haar einer Moräne. Sie zog aber nicht gegen Osten, sondern lud ihren Schutt gegen Westen ab. Auch der Ehestetter Hof steht auf einer ca. 10 Meter hohen Schüttung, welche aus Lehm besteht mit einer Einlagerung von Geschieben aus Jura und Tertiär. Diese Terrasse zieht bis zum Malesfelsenfuss, wo sie auskeilt. Nun ist allgemein bekannt, dass solche Schotter, wenn sie in einer Ecke liegen, immer Reste älterer Ablagerungen darstellen, die ausserhalb der Stossrichtung des Flusses liegen gelassen wurden und geschützt blieben, während sie in der Stossrichtung selbst wegrasiert werden, besonders bei hohem Wasserstand. Diese Malesfelsen-Griesetalschotter liegen auch höher als die Schotter der anderen Griesetalseite am Fusse des Stierberges. Am Fusse des Stierberges liegt eine andere Terrasse, welche gegen die Landesgrenze anschwillt, also wieder in der Stossrichtung der heutigen Schmicha liegt. Auch dieser Schotter muss somit aus einer Zeit stammen, als der Urfluss des Tales von Ost nach West floss.

Doch wir kehren nochmals zur Ebinger Galgenhalde zurück. Zwischen ihr und der Riedhalde liegen die »nassen Wege«, neben ihnen zog sich das alte Schmichabett talabwärts, während es sich seit einigen Jahrhunderten an der Riedhalde hinzieht. Abb. 131 zeigt dieses alte Bett im Vordergrund. Im Hintergrund, auf dem Bilde links, zeigt es die linksseitige Talterrasse, die hier nur aus Gehängeschutt besteht, welcher sich aber hier zu ca. 30 Meter Höhe ansammelte, da denselben der Mühlfelsen schützen musste. Die Galgenhalde besitzt (links von unserem Bild 131) mehrere abgerutschte Hügel, auf denen noch vor 200 Jahren der Galgen stand. Ob den Galgenhügeln liegt »Fukelduren« (die Karte schreibt »Hukelturm«). Dort soll ein Wachtturm gestanden haben, jetzt befindet sich dort an den Seiten eines Hochwaldtales »Tiefental«: die »Fohlenweide Ebingen«. Zwischen Hukelturm und Mühlefelsen trägt die Hochebene eine Einsenkung, welche viele Dolinen aufweist, die wohl das Wasser dem »Quelltopf Bitzerles Brunnen« zuführen und von dieser Höhe stammt auch die Riesenmenge von Gehängeschutt, die wohl ein kleiner Gletscher hier ablagerte.

Auf der Landesgrenze beim »Neuhaus« (Wirtschaft zum Engel)

Abbildung 131. **Die Kiesgruben bei der Weissenburg und die Pumpstation bei Ebingen.**

Die Strasse des Vordergrundes in den »nassen Wegen« genannt, lauft neben dem alten Schmichaflussbett einher, unsere Abb. zeigt dieses alte Bett, welches nur noch bei Hochwasser Wasser besitzt, mit einem Holzsteg überbrückt. Der Lauf des Urstromes unseres Tales nahm aber seinen Weg da, wo heute die Schmicha verlauft, nachdem sie den Riedbach aufnahm. Der Riedbach erhöhte seine Ufer seit seinem Bestehen um ca. 1 Meter (rechts vom Bild) durch Kalktuffablagerung. Kalktuff liegt aber in diesem Teil des Haupttales, den unser Bild zeigt, keiner, der Urstrom lagerte ihn nicht ab, sondern die Auffüllung besteht unter 1 Meter Moorerde aus 8 bis 9 Meter Geröll, das nur lose verkittet und meist von Moorsäure schwarz gefärbt ist. Im Hintergrund liegen in der Stossrichtung der Schmicha die grossen Schlagkiesgruben bei der Weissenburg. Darob steht der trotzige Mühlefelsen und an dessen Ausläufer liegt die Pumpstation, ehemalige untere Stadtmühle mit dem Quelltopf »Bitzerlesbrunnen«. Dort dreht sich das Tal gegen Osten. Der Weg vor uns auf dem Bilde führt zum »Ehestetter Hof« und zu den grossen Quelltöpfen desselben.

mündet das Tiefental ins Schmichatal ein. Es hat seinen Namen nicht umsonst und lagerte eine grosse Terrasse ins Schmichatal ab, auf welcher die Mühlwerke: Eselmühle und Spitalmühle erbaut sind. Die Eselmühle, früher Ehestettermühle genannt, liegt gerade am Rande dieser Ablagerung, welche die Landstrasse überführt. Das Tiefental ist eine Schlucht, im Alluvium eingenagt, welche bei der Ebinger Fohlenweide in eine Hochtalmulde übergeht, die mit dem Degenfeld zwischen Bitz und Truchtelfingen in Verbindung steht. Diese Hochtalmulde dürfte ein oberirdisches Einbruchsfeld sein, denn in ihm, besonders an der Strasse Ebingen—Bitz beim Galthaus, liegen eine Menge Dolinen. Die Mulde ist ganz mit Fluglehm ausgefüllt, welcher an manchen Stellen 8—10 Meter Tiefe besitzt und hängt zusammen mit der Degenfeldmulde, ist also eine Hochtalgletschermulde. Eine Ausflussöffnung bildete auch die Klammerenge an der alten Bitzersteige. An der »Klammer« liegen Felsen, welche mehrere Gletschermühlenreste bergen und die grosse Doline am »Stählernen Männle« gehört noch in die Tiefentalmulde. In diese und die andern benachbarten Dolinen stürzen sich oft Winters die riesigsten Schmelzwassermassen, die aber rasch gurgelnd in der Höhlentiefe verschwinden. Die Grabarbeiten, die beim Bahnbau ausgeführt wurden, geben uns Aufschluss.

Am »Weissenstein«, Austritt der Schlucht ins Schmichatal, liegt eine dicke Masse blutroten Bohnerztones, welche sich unter drei Meter Schutt gegen Westen zieht. Am Einschnitt (Bahnwarthaus bei der Ziegelhütte, Figur 130) ist diese Lehmablagerung noch heute zu sehen. Seinerzeit bezog der Ziegler aus diesen Lehmgruben sein Arbeitsmaterial. Der Lehm ist fest, wie er als Bolus sich auf dem »Bitzer Berg« zeigt, woher er ja stammt. An den Abhängen der »Galgenhalde« (östlich vom Bitzersteigtäle) findet man diesen Lehm nicht, wenigstens nicht in dieser Lage und Höhe. Also der Wasser- oder Gletscherstrom zog vom Täle der alten Bitzersteige nicht gegen Osten, sondern gegen Westen, entgegen dem heutigen Schmichalauf. Dieses wäre der erste Beweis, dass der Urstrom des Riedbachtales sich von Ost nach West bewegte.

Die alte Bitzerstrasse in Ebingen liegt auf einer Terrasse, die ca. 10 Meter höher ist als der Talgrund. Diese Terrasse zieht auch von Ost nach West, was wir an der Lagerung sehen können, denn die Bohnerzlehme ziehen sich bis zum Hotel Schiff, wo sie natürlich aufhören, auskeilen. Der Keil ist auf Abb. 130 gut sichtbar.

So langsam der Fuss der Schlossfelsenhalde abfällt, der Fuss der Galgenhalde, als Fortsetzung gegen Osten, wird schon steiler, aber auf der anderen Riedbachtalseite, von der unsere Abb. aufgenommen ist, der Riedhalde, wird der Abhang so steil, dass wir annehmen müssen, diese Steilheit sei durch das Nahen des Urflusses gegen diese Seite erzeugt worden. Und wirklich sucht auch endlich die Schmicha diese Seite auf und verbindet sich so unterhalb des Malesfelsen mit dem Riedbach.

Zwischen Ebingen und Strassberg, nahe der Landesgrenze, liegt der »Ehestetterhof«. Dort soll der Sage nach das alte Ebingen, Hebinga, gestanden sein. Dieses Gehöfte, mit der Kunstmühle, steht im untern Teil des Seitentales: »Grieseloch« (Kirschenloch) Blicken wir vom »Ehestetterhof« in dieses schmale Tal hinauf, welches oben rasch in eine enge Schlucht übergeht, die in der Nähe der Kühbuchenstelle in eine Gletscherhochtalmulde eintritt, so bemerken wir, dass auch dieses Tal eine Terrasse hat, aber nur in der Umgebung des »Ehestetterhofes« und dass der Hof auf dieser Terrasse steht.

Der genauere Verlauf der merkwürdigen Tiefentalmulde ist folgender. Das schmale Tiefental, die Ausbruchöffnung unserer Mulde, gipfelt in die »Kohlplattenmulde« (1), zu welcher die Anlage des alten Fohlenstalles gehört. Diese Mulde geht wieder in ein Hochtal über, um beim Galthaus mehrere zusammenhängende Mulden zu bilden: Galthausmulde (2), deren Mittelpunkt als Felseninsel das »stählerne Männle« ist. Dann zieht sie sich wieder als Hochtal mit wannenartiger Ausbuchtung zwischen Siechenbühl und Hainloch in die Bernlochermulde hinein, die (3) ein Ausläufer der riesigen Degenfeldmulde (4) ist. Ein Fluss kann dieses Tal niemals gebildet haben, denn der Talgrund ist nur eben, soweit gerade eine Muldenebene sich ausdehnt, Mulde, breit oder eng, schliesst sich eben an Mulde an. Der Einbruch des Höhlentales mag schon vor der Pliocänzeit erfolgt sein. In der Haupteiszeit trug sie Inlandeis und nachher nahm sie oberschwäbischen Fluglehm auf. Die Lehmlager wechseln aber mit Schuttlager von grusigem Kies, die nicht gerolltes Material enthalten. Meist liegt das Kies auf den Inselköpfen dieser Mulden und mag von dem kleinen Gletscher liegen gelassen sein, der sich zum Tiefental bewegte. Sicher steht »Bitzerles Brunnen« mit diesen Mulden in Verbindung und die riesigen Kieslager von ε Kies in der Kiesgrube bei der Weissenburg mögen auch aus der Gabelung der Kohlplattenmulde stammen, welche diese Kiese ebenfalls in grossen Ablagerungen aufweist. Der Tiefentalmuldenstrang hat eine Länge von 3 Klm. Seine Richtung streicht heute von Nord nach Süd, früher strich sie von Süd nach Nord und dürfte einer tektonischen Spalte entsprechen. Gegen Nord, als Degenfeldmulde, ist sie am breitesten und erst als die Albtafeln mehr gegen Süden einsanken, konnte sich das Tiefental bilden und diese Mulden entwässern, wenn die Dolinen Winters das Eiswasser nicht aufnahmen. Welch riesige Höhlen müssen diese Tiefentalmulden bergen! Die Entwässerung erfolgte in der Pliocänzeit und früher sicher nur oberhalb Truchtelfingens durch das Hüttenkirchertal.

Doch wir kehren zum »Neuhaus« auf der Landesgrenze zurück. Die Schuttmassen des Tiefentales, welche sich dort ausdehnten, verflachen sich ganz langsam. Aber beim Neuhaus, an der Auchte, dehnt sich das Tal noch weiter gegen Norden aus und riesige Schuttmassen, bilden nun links der Landstrasse eine Terrasse. Diese Schuttmassen sind wieder nur Gehängeschutt, der aber jetzt mit Marmorgeröllen gemischt ist, mit Juranagelfluhe und Süsswassertertiär. Diese Geschiebe können nur von der Hochebene stammen, und sehen dem Tertiär bei Benzingen und Winterlingen sehr ähnlich. Die ganze Bucht zwischen Neuhaus und Altedenburg ist mit diesem Schutt und Geröll erfüllt. Wo die Bucht aber am breitesten ist (sie ist auch in der Stossrichtung der heutigen Schmicha gelegen, wurde aber durch den Felsvorsprung Altedenburg vor dem Urstrom geschützt, der von Strassberg nach Ebingen floss), senkt sich ein Seitental, von Bitz herunterkommend ins Schmichatal herunter. Der Verlauf dieses Seitentales streicht parallel dem Tiefental und wie letzteres greift es auch in ein Muldensystem ein, welches ebenfalls mit dem Degenfeld verbunden ist. Diese Mulden enthalten ebenfalls Dolinen, die aber sehr alt sein müssen, denn sie sind mit Bohnerz und Bohnerzton ausgefüllt gewesen, und wurden zu Mitte des vorigen Jahrhunderts ausgegraben. In ihnen fanden sich Tertiärmuschelreste und Brauneisenstein miteinander verkittet, so dass die Ausfüllung ins Obermiocän zu setzen wäre. Die Felsen des Tales enthalten schöne Strudellöcher.

Es ist hier auffallend, dass sich die Breite des Schmichatales zwischen Ebingen und Strassberg auf der ganzen Strecke gleich bleibt. Das Tal ist gerade so breit, wie es zwischen Ebingen und Tailfingen auch breit ist, während dagegen das Ebinger Riedbachtal eine doppelte Breite besitzt, eine Breite, die der Breite des mittleren und oberen Schmichatales zusammengenommen, gleichkommt. Diese Tatsache ist ein weiterer Beweis für unsere Annahme, dass das Schmichatal nur ein Teil des Urstromtales war, und dieser Urstrom von Ost nach West zog, weil das Tal gegen Westen sich ausweitet.

Bei den ersten Gebäuden von Strassberg schiebt sich die Felsennase Altedenburgs ins Tal vor. Die Ott'sche Tricotfabrik ist in eine Terrasse eingebaut, welche eine Menge Schutt und Gerölle aufweist, denn zwischen Altedenburg und Burg Neuedenburg (dem Fürsten von Sigmaringen gehörig, der sie dem Bischof v. Keppler zur Sommerresidenz anwies) liegt eine mit Schutt und Geröll ausgefüllte Bucht, in welcher die alte und neue Strasse nach Winterlingen liegen. In dieser Bucht finden wir Epsilon und Zetaschutt, untermengt mit Bohnerz, Juranagelfluhkugeln und Geröll aus Süsswasserkalk. Es ist schier dasselbe Material, wie es die Höhen Winterlingens deckt, die sich gegen diese Mulde senken. Die Deltafelsenspalten an der neuen Winterlingersteige sind mit Oligocänlehm ausgefüllt; tragen noch eine Decke sehr zähen Bohnerzlehmes mit Geröllen, die nur dem pliocänen Donauschotter angehören können: Quarz und Sandstein des Schwarzwaldes. Die Lengenfeldmulde bei Winterlingen trägt ebenfalls solche Schwarzwaldgerölle, nur finden sie sich sehr selten mehr, da sie einen dünnen Deckenrest darstellten. Wir wissen nun auch, dass die Juranagelfluhegerölle bei Ebingen sowohl als diejenigen im Eyachtal von hier stammen müssen. Der gelbe Sand des Benzinger Tertiärs findet sich ja auch in den Ablagerungen des Ebinger Riedbachtales in kleinen Schmitzen und in losen Sandteilchen. Freilich können letztere auch vom Messstetter Berge stammen.

Zwischen Strassberg und Kaiseringen verengt sich das Tal und die Seitenbuchten des Haupttales streichen nicht von West nach Ost, sondern von Ost nach West, dem heutigen Talgefäll entgegen. Wüssten wir nicht, dass der Fluss meist nach Südosten fliessen würde, wir würden jetzt einen Talabschluss erwarten, solche Formen nehmen Tal und Talwände an. Auch die Ablagerungen des Schmichatalgrundes schrumpfen auf 2 Meter zusammen, gegen mindestens 10 Meter Mächtigkeit des Ebinger Riedbachtales. Selbst wo das Tal am engsten geworden, neben dem Bahnhof Kaiseringen, ist die Geröllablagerung des Talgrundes nur ca. $1^1/_2$ Meter tief. Allerdings finden wir dort eine Terrasse, auf die wir unten zurückkommen. Eine Eigentümlichkeit dieser Talstrecke sind ihre Felsenformen. Die Felsen an der Schlosshalde Strassbergs, an der unteren Mühle und an der Sammtfabrik Kaiseringen sind stark laibförmig abgerundet, ihre Erosion richtet sich also nicht nach einer Stossrichtung, sondern nach einem Strudel oder nach mehreren Stossrichtungen. Im »Laisental« (Seitental zwischen Kaiseringen und Winterlingen mit grauen Marmorbänken eolithischen Plattenzetas) sehen wir auch erodierte Felsen aber die Erosion liegt in der Talrichtungslinie und ist nicht allseits wahrzunehmen, erst bei Kaiseringen oberhalb der Fabrik, nehmen die Felsen eine Laibform an. Ins Haupttal senden auch noch andere Höhenmulden ihre Schluchten und Seitentäler hinab:

Bei der unteren Mühle Strassbergs die beiden Mühltäler, die Terrassen enthalten und darin Tertiärgerölle aufweisen, nebst Juraschutt. Eines dieser Mühltäler enthält eine grosse Höhle mit Gletscherorgeln, Grotten und besondere Ablagerungen im Höhlenboden. In Strassberg ist noch das »Höfental« bemerkenswert, welches einer Schlucht gleichend, vom Truppenübungsplatz herunter kommt. Das Tal gipfelt dort in ein Kar, die Karmulde ist mit tiefem Lehm eingedeckt. In der Schlucht liegt der »Heidenfels«, mit Stalaktiten in seinen Grotten und Orgeln. In den Salbändern seiner Stalakmiten liegen Bohnerzkörner eingebacken.

Auch am Kirchhof Kaiseringen liegen Terrassen, die aber meist aus Gehängeschutt zusammengesetzt sind. Am Bahnhof mündet eine breite Schlucht, welche sich vom Truppenübungsplatz herabzieht, ins Schmichatal. Auch diese Schlucht entspringt einem grossen Kar, in der Nähe der Sebastianskapelle. Das Kar selbst besitzt ebenfalls Terrassenbildung mit grossen Lehmniederschlägen und Schuttsträngen.

dd. Der Schmichataldurchbruch bei Kaiseringen—Schmeienhöfe.

Während das ganze Schmichatal von Ebingen bis hierher ein ausgesprochenes Tal darstellt, gleicht es am Bahnhof Kaiseringen keinem eigentlichen Tal mehr, sondern einer Talschlussmulde, **welche gerade da erodiert wurde, wo seinerzeit die Rückseite der Mulde existierte.** Blicken wir auf dem Bahnhof Kaiseringen uns um, so bemerken wir, dass die Gehänge sich sanft gegen uns neigen und der Hauptzug dieser Neigung gegen Westen streicht, nicht gegen Osten wie die Stromrichtung. Der Bahnhof selbst liegt auf diesem Muldenrest des Urtales und dieser Rest ist erst im Alluvium von der alluvialen Schmicha durchsägt und so ein schmales neues Tal gebildet worden, welches der schmälste Teil des ganzen heutigen Tales ist. Dieser engste Teil liegt zwischen Bahnhof Kaiseringen und den sog. »Schmeienhöfen«. Ueberschreiten wir die Gammafelsenbarre, welche die diluviale und alluviale Schmicha zwischen Bahnhof Kaiseringen und den Schmeienhöfen durchsägen musste, so bemerken wir, dass diese Barre den Rest eines Urtalbodens darstellt, dessen Schotter noch deutlich bemerkbar sind. Auch die Bahnlinie durchschneidet diese Querbarre, die Lehm und Zetaschutt trägt. Die Ablagerungen bestehen aus losem Lehm, einmal mit Bohnerz, als Bohnerzlehm ausgebildet, das andere mal als Fluglehm, das dritte mal mit Geröll gemischt. Die Decke dieser durchschnittenen Barre senkt sich aber nach zwei Seiten, nämlich sowohl gegen NW., also Kaiseringen zu, als gegen SSO. gegen die Schmeienhöfe. Die Barre ist also zu gleicher Zeit ein Kamm gewesen, der die ehemalige Wasserscheide darstellen musste. Derjenige Barrenteil, den die Bahnlinie einschneidet, liegt schier ganz eben, er scheint uralter Talboden zu sein. Aber bald wird die Talenge so schmal, dass nur noch der Fluss Raum zum Durchbruch fand und der Eisenbahneinschnitt eine Tiefe von 10 Meter erreichte.

Man wird gezwungen, hier an diese Stelle **die Grenze des alten gegen Westen verlaufenden Tales zu legen,** denn alle Gehänge der Umgebung, ausser der schmalen alluvialen Talsohle, fallen gegen Westen ein, nicht gegen Osten. Hier ist auch die Grenze für die bisherigen Talformen, auf der weiteren Talstrecke der Schmicha finden wir Talformen, die von den bisher beschriebenen Formen ganz erheblich abweichen.

Die Schmeienhöfe liegen wieder in einer Talmulde, einer Mulde, die derjenigen des Bahnhofes Kaiseringen, also einer Endtalmulde, gleicht, nur öffnet sich diese Mulde gegen Südosten, so dass beide Mulden hier gemeinsamen Rücken haben. Von der südlichen Höhe blickt Frohnstetten herunter und sendet mehrere Schluchten zu Tal, die jetzt streng gegen Südosten verlaufend, doch an ihrem Endlauf noch Neigung zum Umwenden nach Westen zeigen.

So viel steht also fest, dass wir hier, zwischen Kaiseringen und den Schmeienhöfen, die Grenze desjenigen Urtales haben, das von hier nach Ebingen und von Ebingen nach Balingen zog. Folglich muss dieser Urstrom, nennen wir ihn **»Ur-Eyach«**, der das ganze obere und mittlere Schmichatal, das Riedbach- und Eyachtal bildete, einst hier entsprungen und gegen Balingen geflossen sein. Vielleicht entsprangen die Hauptquellen in der Höhle beim Kirchhof Kaiseringen und beim Pfarrhaus Strassberg und wurden dann zwischen Strassberg und Ebingen durch weitere grosse Quellen verstärkt. Der so angeschwollene Fluss nahm in Ebingen (das natürlich damals noch nicht existierte), dann die Onstmettinger Eyach auf und floss vergrössert nach Lautlingen, wo er die Pfeffinger Eyach aufnahm und nun als starker Fluss Balingen zufloss.

In welcher Zeit mag aber dieser Fluss geflossen sein? Wir vermuten in der Zeit des Frühpliocäns. Im Spätpliocän wurde die Albtafel in der Richtung Messstetten-Pfeffingen gehoben und abgebrochen, so dass die Wasserscheide dorthin verlegt wurde, während sie früher über Frohnstetten nach Benzingen zog. So musste ein Teil der Ureyach, nämlich der ganze obere Teil, einen neuen Fluss mit anderer Gefällsrichtung bilden und aus dem ursprünglichen einen Flusslauf entstanden 2 Flussläufe, während der mittlere Flusslauf zum Riedbach-Trockental umgebildet wurde. Somit ist das älteste Tal das Riedbachtal mit dem heutigen oberen Schmichatal. Jünger ist das mittlere Schmichatal und am jüngsten Unterschmichatal und heutiges Eyachtal. Sowohl das untere Schmichatal, als das heutige Eyachtal bekamen erst durch die Eiszeit ihre wirklichen Talformen.

ee. Das untere Schmichatal von den Schmeienhöfen bis zum Donautal.

An den Schmeienhöfen nimmt das Talbild der Schmicha einen ganz anderen Charakter an. Wohl haben wir schon bei der unteren Mühle in Strassberg die Schmicha in Felsennähe fliessen sehen, aber es sind γ' Felsen, an denen blos der Mühlenkanal entlang geführt wurde. Doch von jetzt an treten Delta- und Epsilonfelsen im Tale auf und schieben ihre Füsse bis an die Schmicha hin, welche sie wie ein Kätzchen umschmeichelt. Die Talmulde, in welcher die Schmeienhöfe liegen, ist aus Deltafelsen gebildet, die mit Deltabänken abwechseln. Sie sinkt langsam von Westen gegen Südosten ein. Und hier begann also in der Frühpliocänzeit das alte Schmichatal. In der Diluvial- und Alluvialzeit sägte sich die Schmicha etwas tiefer ein, aber grosse Leistung weist sie nicht auf. Bemerkenswert ist noch, dass die Felsen der beschriebenen Barre keinerlei Wassererosionsspuren tragen, ausser denjenigen des Durchbruches, dass aber diese Spuren im Tale zwischen

Ebingen und Kaiseringen sichtbarer sind und dabei ein Gefäll von Süd nach West zeigen. Aber bei den Schmeienhöfen, gegenüber dem Bahnwärterhaus, zeigen sich neben dem Schmichabrückenbogen Deltafelsen, welche zuerst wieder Erosionsspuren tragen, mit schwachem Gefäll in der Richtung nach Süd-Ost, während diese Schichten selbst stark gegen Süden einfallen. Also vor der Barre Erosionsrinnen mit Gefäll gegen Westen und **nach** Ueberschreiten dieser Barre **Gefäll gegen Osten.** Diese Gefällsrichtung bleibt nun bestehen, wie wir sehen werden, bis zum Eintritt des Schmichatales ins Donautal. Die Rinnen an den Felsen bei Bahnwärterhaus 71 beginnen in ca. 6 m Höhe ob dem Wasserspiegel, welch letzterer sich bis an die Felsen herandrängt. Und die oberen Teile der Felsen zeigen keine Rinnenerosion, sondern Laib- und Hutformen. Das Einzugsgebiet der Ureyach muss sie also noch mitgenommen haben, wenn sie nicht vom Wind entstanden. Die Rinnentafel zeigt mehrere Etagen. Die unterste Rinne liegt ca. 6 m ob dem Wasserspiegel, die zweite höhere ca. 9 m, die dritte schwächere ca. 14 m und die vierte schwächste Rinne ca. 20 m hoch. Die Gefällsrichtung ist bei allen vier Rinnen dieselbe, aber die Erosion ist verschieden. Die untern Rinnen sind tiefer ausgerieben als die obern. So grub sich die unterste Rinne ca. 1 m (50 cm bis 2 m) tiefer in die Felsen ein, als die obern Rinnenformen.

Stellen wir uns am untern Schmeienhof auf und lassen den Blick rings in der Mulde umherschweifen, so bemerken wir, dass diese Mulde den Quellmulden der Schmicha- und Eyachtäler gleicht, nur dass wir obern statt untern Weissjura haben. Eine Menge Seitenschluchten münden in diese Mulde. Alle sammeln sich in der Mulde und ziehen mit ihr in südöstlicher Richtung weiter. Dementsprechend zeigt der ganze Muldenboden gegen den untern Schmeienhof sanftes Gefäll und erst von ihm aus zeigt sich ein jüngeres Gefäll zur heutigen Schmichatalsohle, die sich in die Mulde eingrub, ohne deren alte Form viel zu verändern. Quellmulden zeigen ein stets sich gleichendes Bild: Quelltöpfe.

Am südlichen Muldenabhang neben der Brücke bemerkten wir schon vor ca. 30 Jahren eine Felsenstelle (da wo die Mulde ins Schmichatälchen übertritt) mit einer Geröllablagerung von tertiärer Nagelfluhe, Meeresmolasse und oberem Süsswasserkalk, wie diese Gesteine noch heute bei Frohnstetten anstehend getroffen werden. Die Oberfläche dieser abgeriebenen, stark abgetragenen Felsen zeigte ausgesprochene, scharf geschliffene Rinnsale auf der Muldentiefe. Sie bestehen noch heute, aber ihr Schliff ist nicht mehr blank, sondern verwittert. Sie wurden bei der Anlage einer kleinen Wegstrecke geöffnet.

Doch wir verlassen jetzt diese wichtige Mulde, die uns so viele Aufschlüsse über die Geschichte dieses Tales gab und überschreiten die Schmicha auf der Brücke, um an's linksseitige Ufer zu kommen. Beim Bahnwarthaus Nr. 71 gehen wir unter einer Eisenbahnbrücke hindurch. Auch von dieser linken Seite kommt uns jetzt eine Mulde in den Weg, die sich als Hochmulde herunterzieht.

In dieser Mulde, welche von der Benzinger Höhe herabkommt, steht eine hohe Felseninsel (δ') mit hübschen Felsblöcken, die in ihren untern Horizonten **Rinnen,** in den obern aber Laiberosionsformen tragen. An einzelnen Stellen gehen auch die Rinnenformen in Laibformen über. Die Laibformen liegen ca. 20 m ob dem Wasserspiegel. Die Richtung der Rinnenerosionsformen besitzt schwaches Gefäll von Nord nach Süd, ebensolches Gefäll zeigt der Muldenboden, angepasst dem Talverlauf. Die Erosionsformen zeigen sich blos auf der südwestlichen Seite, nicht auf der nordöstlichen, wo auch die Erosionserscheinungen sehr geringe sind. Also liegen die Erosionsformen im Stossgebiet des Tales. Aber wie breit die von Benzingen herabkommende Mulde ist, sehen wir erst nach weiteren 200 Schritten.

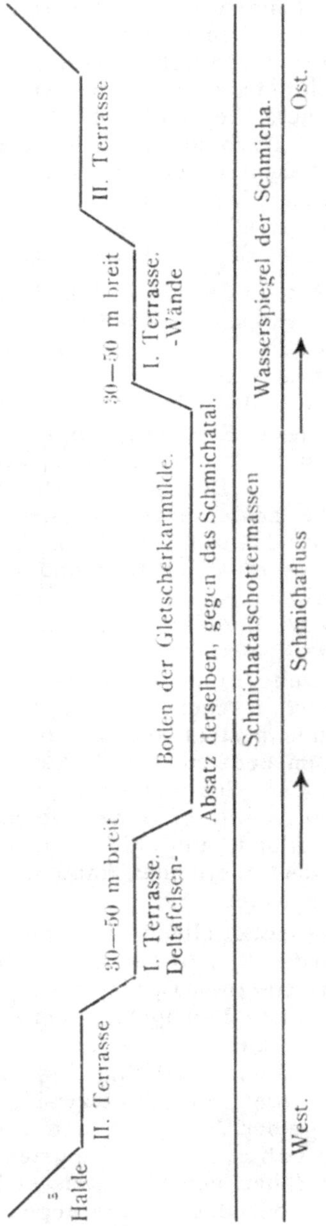

Abbildung 132. **Das erste linksseitige Muldental der untern Schmicha zwischen Kaiseringen und Storzingen, eine Gletscherkarmulde.**

Zweihundert Schritte von der Felsengruppe talabwärts stehen wir erst im Mulden-Mittelpunkt, in einem eigenartig gebildeten Nebental, welches absatzbildend ins Schmichatal übergeht. (Siehe Abb. 132.) Aus unserer Zeichnung ist ersichtlich, dass wir, im Schmichatale stehend, oberhalb des Wasserspiegels eine Schmichatalterrasse vor uns haben, begrenzt von Delta-Felsen. In diese Terrasse grub sich der Karboden ein, einen Absatz stehen lassend. Die Karmulde selbst bildete rechts und links 1—2 Terrassen, je nachdem eine oder zwei möglich werden konnten. Der Karmuldenboden ist topfeben, ohne jedes Rinnsal, ohne die geringste Spur einer Wasserrinne. Aber scharf sind die Deltafelsen des Muldenbodens abgehobelt, wie sie niemals eine Wassererosion vollführen kann. Diese Mulde muss somit von einem Gletscher stammen. Da wo die Seitenmulde mit dem Hauptttal zusammenfällt, macht letzteres einen weiten Bogen, wie wenn es dem Seitental hätte besser beikommen wollen, auch liegt der Talboden des Hapttales um 2 resp. 8 m (je nachdem die Terrassen der Seitenmulde ansteigen) tiefer als das Karbecken. Die Schmicha unterhöhlte hier die Felsen, die den Untergrund des Kars bilden, so sehr, dass die grottenartigen Rinnen 2 bis 5 m hohe Ueberhänge bilden. Alle diese Grottenrinnen bilden aber miteinander ein grosses Strudelfeld von der Form eines Halbkreises, dessen Durchmesser ca. 500 m haben mag. Das Flüsschen fliesst mitten zwischen den Seitenlinien dieses Halbkreises hindurch.

Nur an einer Stelle drängt sie sich bis an die linksseitige Linie so sehr heran, dass sie die Felsen erreicht und wir daher dort die Felsen erklimmen müssen, weiter talabwärts zu kommen. Auf dem Terrassenfelsen können wir nochmals Umschau über die Terrassen der Mulde halten und bemerken dabei, dass die zweite Terrasse schon wieder von einem weiteren Nebental durchquert wird, welches ebenfalls ins Schmicharundell einmündet. Vor der Einmündung bildet das Haupttal wieder ein neues, aber kleineres Rundell, welches sich dem Hauptrundell einschiebt. Auch der Talboden dieses zweiten Kars ist topfeben und kann nur Gletschern seine Entstehung verdanken. Auch hier bildet das Tal dieses Kars wieder einen Absatz gegen das Haupttal, der einen Wasserfall bilden könnte, wenn sich nur Wasser zeigen wollte. Der Auslauf der Karmulde ins Haupttal gleicht dem Schnabel eines Kruges.

Am Ende des Schmichahalbkreises beginnt der Mühlkanal des Wasserwerks, welches Frohnstetten mit Schmichawasser versorgt. Den Schluss des Halbkreises überschreitet die Bahnlinie auf einer eisernen Brücke und kurzem Damm, um rasch nachher in einen tiefen Felseneinschnitt übergehen zu können, bei Bahnwärterhaus Nr. 72.

Dieser Einschnitt zeigt tiefe, grosse Spalten, wovon die eine von Osten nach Westen streicht, zwei weitere von Süd-Süd-Ost nach Nord-Nord-West. Die erste Spalte hält also die Richtung des Halbkreises ein, die beiden zweiten Spalten kürzen die Rundung des Tales ab. Hier wendet sich das Schmichatal so rasch gegen Osten, dass es mit der vorherigen Halbkreisrundung ein S bildet. Von hier ab nimmt das Schmichatal eine Form an, welche es längere Zeit beibehält. Es ist, als ob wir hier das Tal mit einer Rinne vergleichen dürften, welche einen Halbkreis vorstellen sollte, auf diesem Halbkreisboden wäre dann noch eine zweite Rinne eingelassen, die im Geröll der obern Rinne eingebettet wäre. Siehe Abb. 133. Der Boden der obern, zweifellos ältern Talrinne, besteht aus Schutt und Grus mit Lehm vermischt und mit Fluglehm bedeckt. Im Schutt selbst liegen wenig Gerölle: Juranagelfluhekugeln, Süsswassertertiärkugeln, Bohnerz und Epsilonmarmor. Der Boden der untern Rinne, welche in die obere eingelassen ist, besteht aus Moorland, unter dem wieder Schuttkiese und Gerölle liegen. An Stelle des Moorlandes kann auch zeitweise, aber nur in Quellennähe, Kalktuff treten.

Es ist auffallend, wie gehäuft hier feiner Kies liegt, etwa so gehäuft wie in der Kiesgrube bei Ebingen (Abb. 131). Dieser Kies besteht blos aus zerkleinertem Epsilonmarmorschutt, Schlagkies, der eine gelbe Farbe, durch seinen Lehmgehalt, annahm. Eine genauere Taluntersuchung ergab, dass dieser Schlagkies immer in grossen Mengen direkt auf dem ε Fels ansteht. Auf ihm liegt eine Lehmschicht, auch diesen Kies enthaltend, aber mit Schwarzwaldgerölle darin: grauer, wolkiger, weisser, sowie gelber Fettquarz und Buntsandsteinkugeln, kurz: »pliocäner Donauschotter«. Wenigstens ist es derjenige Donauschotter, wie er die Höhen des Hochsträsses bedeckt. Wir haben also in der obern Talrinne pliocäne Ablagerungen vor uns, in welche während der Diluvialzeit das Flüsschen ein neues Bett, die untere Rinne, sich eingrub. Am Ende des Eisenbahneinschnittes sehen wir die Ablagerungen der obern Rinne (Mittelterrasse) auf Deltafelsen liegend, 8—10 m höher als der Talboden der untern Rinne. Im Moorboden der untern Rinne liegen Helixgehäuse, Wiesenschnecken wie Helix pratense u. s. w. Dass die obere Talrinne die alte ist, beweisen auch die Felsen beider Rinnensysteme. Beide zeigen schöne Erosionsrinnen, aber die Erosionsformen sind andere, wie auch die Gesteinsmassen andere sind. Die Gesteinsmasse der obern Rinnenformwände besteht aus einem Epsilon- oder Oberdeltafels, der einer zusammengesetzten Kiesmasse gleicht (das Gestein gleicht einem zertrümmerten Fels, in welchem die zertrümmerten Stücke sich gegenseitig, ohne Kittunterstützung, halten), die an die zerbröckelten Härdtfeld-Felsen erinnern. Aber neben diesen Felsarten treten wieder feste Felsen auf, die keine Zertrümmerung erfuhren. Die Gesteinsmassen der untern Talformwände bestehen aus Mitteldelta und sind mehr oolithisch; selten haben sie die kiesartige Zusammensetzung aufzuweisen wie die Felsen der obern Rinne.

Die Erosionsformen der beiden Rinnen zeigen folgende Unter-

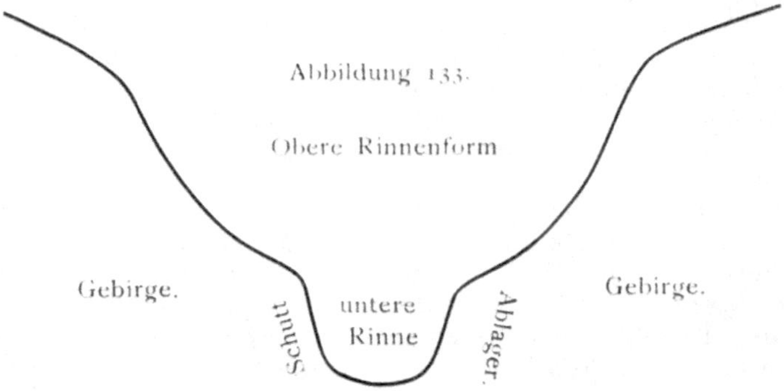

Doppelrinnenform des Schmichatales zwischen Schmeienhöfe und Storzingen.

schiede: Der Bahndamm verlauft genau auf der Felsenterrasse des Tales, d. h. auf dem Boden der obern Rinne. Diese obere Rinne zeigt Felsenformen mit Erosionsrillen des alten Tales, ähnlich den Rillen der Schmeienhöfefelsen, d. h. die Rillen verteilen sich auf einer Platte von 8—10 m. Anders die Felsen des jüngern Tales, welche in der unteren Rinne anstehen und den Boden, den Untergrund der Bahnlinie darstellen. Sie zeigen nur eine oder zwei Rillen, $^1/_2$ m höher als der Wasserspiegel der heutigen Schmicha. Die Rillen beider Rinnenfelsen laufen also in Höhenunterschieden weit auseinander; mit einem Unterschied von 10—13 m. Die Rillen der beiden Talrinnen gehören eben zwei verschiedenen Zeiträumen an, der Pliocän- und der Diluvialzeit. Die oberen Felsen zeigen auch Laibformen, die unteren Felsen keine Spur davon. Letztere ruhen im Boden des alten Tales und blieben so geschützt, bis sie die Schmichawassererosion bloslegte, ihre Rinne in sie eingrub und einschnitt. Die obere Rinne musste also spätestens in der Haupteiszeit gebildet worden sein, welche dem Tal grosse Geröll- und Schuttmassen zuführen konnte — wenn die Rinne nicht der Pliocänzeit angehören sollte. Die zweite Rinne grub sich nach der Haupteiszeit ein. Der obere Felsenhorizont zeigt auch eine Menge Erosionsformen, die dem nnteren Felsenhorizont fehlen: Gletscherorgeln und Gletschermühlen und Spaltenauswaschungen. Der obere Horizont war auch längerer Verwitterung ausgesetzt, daher mehr erodiert als der der der unteren Rinne. Wo die Felsen der oberen Talrinne vom Eisenbahndamm zurücktreten, gleichen sie geschliffenen Felsenmauern, wenn auch Schliff und Kritze fehlen.

Die Schliffflächen folgen genau der Talrichtung und erstrecken sich auf eine Fläche von 5—6 m Höhe, einem Bande gleichend. Die Richtungslinien sind eben. So nach und nach ändert sich das Bild ein wenig.

Die Felsen der unteren Talrinne, Unterlage des Bodens der oberen Rinne, tragen hier wieder den Eisenbahndamm. Sie zeigen oben bauchige, aber keine echten Laibformen, doch ist die obere Form bauchig, also der Buckel nach aussen gerichtet. Unten sind die bauchigen Formen grottenartig, die Buckel also nach innen gerichtet. Die oberen Formen entsprechen der Gletscher- und die unteren Formen der Wassererosion. Rinnen liegen in 1 m, 2 m und 4 m Höhe. Das Gestein, je näher wir nach Storzingen kommen, wird auch unten kiesig, da wir in Oberdelta hinaufkommen, trotz dem sanften Gefäll des Tales. Unter diesem Felsen liegt in gerader Linie mit dem Wasserspiegel der Schmicha der Quellhorizont von γ/δ.

Beim Bahnwärterhaus 73 hält dieses Verhältnis noch weiter an, nur dass hier die Bahnlinie sich mehr dem Talboden der unteren Rinne nähert, und der Kies der oberen Rinne jetzt neben dem Bahndamm zu liegen kommt. Aber Bahnwärterhaus 73 steht doch ebenfalls auf der Talsohle der oberen Rinne. Die Kiesgruben südlich des Bahnwärterhauses zeigen aber noch immer den gleichen Schlagkies, wie wir ihn schon in den Ebinger Kiesgruben angetroffen haben. Die Aufschlüsse sind 3 Meter hoch. Auch hier entstammt das Kieslager einer Seitenmulde, die aber nicht so nieder liegt wie die früheren, sondern ca. 30 m höher sich gegen Blättringen zu auf der Hochebene ausbreitet. Sie ist der Rest eines uralten Hochtales.

Ueber eine Schmichabrücke hinüber, neben gleichlaufender Eisenbahnlinie und Eisenbahnbrücke, kommen wir nun wieder aufs rechtseitige, südliche Schmichaufer. Der Fluss windet sich scharf nach Süden, wieder eine Felsenbarre durchbrechend, ähnlich derjenigen unterhalb Kaiseringens. Die Barre muss überstiegen werden. Die Breite der Barre bildet den Boden der oberen Rinne, des alten Tales, in welche die junge Rinne sich einnagte. Letztere macht hier einen scharfen S-Bogen, die alte Rinne nicht. Wir steigen rechts des Eisenbahneinschnittes in die Höhe, scharf an der Tannenhecke der Bahnlinie, der Gipfelpunkt des Einschnittes ist auch der Gipfelpunkt der Barre. Schauen wir von hier aus zuerst in den tiefen hochromantischen Einschnitt hinunter, so bemerken wir die massigen Oberdeltafelsen wie Granitmassen vor unseren Blicken liegen, so massig erscheint das Gestein zu sein. Eine deutliche Schichtung zeigt uns ein Gefäll von Südost nach Nordwest. Dieses horizontale Allgemeingefäll durchquert aber eine breite tektonische Felsenspalte von OSO. nach WNW. streichend, so dass man deutlich sehen kann, wie die beiden Schollen sich aneinander verschoben und die südöstliche von der nordwestlichen absank.

Der Einschnitt durchquert eine Felseninsel (die Barre darstellend) des herrlichen, hochromantischen Tales und blicken wir über die Insel hinweg auf das jenseitige Ufer, so bemerken wir dort wieder ein Seitental, das sich ins Haupttal herniederlässt. Dieses schmale, aber topfebene Seitental mündet durch ein grossartiges Felsentor ins Schmichatal. Dieses Felsentor besitzt aber eine mehrere Meter hohe Schwelle, somit bildete auch der Abschluss dieses Tales einen Absatz beim Eintritt ins Haupttal.

Rechts von unserem Feldweg steigt das Gebirge noch um einige weitere Meter an und wir bemerken am Weg einige Felsen mit unmerklichem Uebergang von δ in ε. Unser ε zeigt hier gute Scheinschichtung, künstlichem Mauerwerk gleichend. Die »Schichtungs«fugen zeigen starke Verwitterung. Unsere Felsennasen enthielten beim Bahnbau einige hübsche Gletscherorgeln, die einst mit feinstem Bolus ausgefüllt waren. Die Ränder dieser Orgeln sind stark gefrittet, verwittert, wie mit Fingereindrücken versehen und von zahllosen Blattschwämmen durchschwärmt.

Nun sehen wir auch im Südosten den Bahnhof Storzingen und die höher gelegenen Gebäude der Ortschaft und steigen auf der Strasse wieder ins Tal hinab. Die Strecke aber, die wir hinter uns haben, ist so wundervoll und eigenartig schön, dass es sehr zu bedauern ist, wie wenig sie von Touristen besucht wird, die von den Reizen wohl keine Ahnung haben.

Seltsam ist nun wieder die Tatsache, dass die untere Rinne, (also die heutige Schmicha) in grossem Bogen die Felseninsel umzieht, auf welcher Storzingen liegt, während die obere Rinne diesen Bogen nicht mitmachte, sondern geradeaus über diese Inseln hinwegzog. Also ganz bedeutend stärkere erodierende Kräfte müssen die obere Rinne gebildet haben. Sicher schaffte sich das Eis die obere Rinne und das Schmelzwasser die untere. Dem Eisstrom konnten die Felsen nicht gut ausweichen, aber dem Wasserstrom, der unter dem Eise floss und der ja gewöhnlich in kellerartigen Gewölben zu fliessen gewohnt ist.

Ehe wir den Bahnhof Storzingen erreichen wollen, machen wir noch auf der Schmichabrücke Halt, blicken zurück dahin, wo wir herkamen und schauen auch zu den südlichen Felsenabhängen empor. Die südwestlichen Felsenstotzen beginnen erst in ca. 15 m Höhe ob der Talsohle. Sie gehören der oberen Rinne an. Diese erodierten Felsen gleichen den Dolomiten der sächsischen Schweiz und zeigen wieder dieselben Erosionsformen wie die Schmeienhöfefelsen. Aber die Felsen steigen nicht im Talgrund empor, sondern liegen im Gehänge des Tales. Also auf 15 m Tiefe grub sich zwischen Kaiseringen und Storzingen die alluviale Schmicha ins Gebirge ein, die Erosionsformen blieben aber in dieser ganzen Zeitperiode bestehen und sind heute noch sichtbar. Auch diese Felsen weisen 3 deutliche breite Erosionsrillen auf, dazwischen bauchige Laibformen. Neben Erosionsformen des Wassers zeigen sich aber auch Erosionsformen gewöhnlicher Verwitterung.

Da die Schmicha hier etwas mehr Gefälle besitzt, fliesst sie etwas rascher, aber in grossem Bogen. Sie lagerte im südwestlichen Teil des Tales Kalktuffe ab in hohen Bänken. Ueber diese Bänke führt der Mühlkanal der Mühle Storzingen. In der Diluvialzeit und früher muss es anders gewesen sein.

Gegenüber dem Bahnhof, im Hintergrund der Kalktuffablagerungen, sind die Hochebenen gegen das Donautal hin stark erodiert und da und dort mit Schwarzwaldschutt bedeckt, der freilich nur in Resten gefunden werden kann; auf ihm lagert Lehm. Die Abhänge, aus der unteren und oberen Rinne gebildet, zeigen terrassenartig aufgebaute Felsen, natürlich mit tiefen Rinnen. Aber diese Rinnen unterscheiden sich sehr von den bisher beschriebenen Rinnen- oder Rillenarten anstehender Felsenwände. Diese Rinnen zeigen ein Gefäll von Südwest nach Nordost, also dem Flusslauf entgegen und beweisen daher, dass sich hier die Gewässer des alten Tales stauten, einen See bildeten, in dem das Wasser nicht blos gestaut, sondern durch einen Strudel in Drehung versetzt wurde. Wir bemerken 5 Rillenlinien ob einander, die unterste ca. 12 m ob dem Talboden und von unten beginnend, mit Abständen von 2—4 m.

Die Ortschaft Storzingen liegt auf einer hochromantischen Felseninsel von sehr malerischem Aussehen. Sie zieht sich von Südost gegen Nordwest ins Tal herein, also entgegen der vorletzt beschriebenen Halbinsel des tiefen Deltafelseneinschnitts. Die Oberfläche dieser Halbinsel war einst der Boden des alten Tales. Dieser Boden ist harter Deltafels und die Felsen der zweiten Deltarinne zeigen grosse schöne Grotten, die die Wassererosion bildete. Die Rinnen dieser linksseitigen Grotten entsprechen den Rillen der rechtsseitigen Terrassenrinnen in Höhe, Verläufe und Bildungsweise. Die meisten Bewohner Storzingens befolgten also den biblischen Rat, nicht auf Sand, sondern auf Felsen zu bauen und wunderhübsch sehen die Bauernhäuser von ihren Felsen auf die Schmicha herab. Wenn auch die Schmicha bei Hochwasser braust und kocht und ihren Gischt in die Höhe wirft, ihre Wassermassen erreichen diese Felsengebäude nicht mehr.

Von der Ortschaft Storzingen können wir die Blättringer Höhe erreichen, sowie die alte Römerstrasse, welche direkt durch die Benzinger Molasse führt.

Wo sich die untere Talrinne bei der Mühle gegen Südosten umwendet, kommt ein schönes breites Tal von Stetten a. k. M. herab, wieder beim Eintritt ins Haupttal einen deutlichen Absatz bildend. Auch eine sehr schöne Quelle mit kristallhellem Wasser entspringt auf dem Terrain dieses Absatzes.

Wunderbar malerisch macht sich der Bahneinschnitt, der die Halbinsel durchschneidet, sowie die Umgebung der Kirche und des Pfarrhofes; die Schmicha macht hier ihren grossen Bogen. Wir durchqueren den kleinen Ort und wollen jetzt Oberschmeien zu wandern, um bei den letzten Gebäuden Storzingens noch gleich die grossen Schuttkiesablagerungen zu untersuchen, an welche sich die Schmicha heranmacht.

Wir haben hier blos noch **eine** Rinne vor uns, die obere ging in der unteren auf, das Gehänge zieht sich bis zum Wasserspiegel herunter. Der Schlagschotter, soweit er über dem heutigen Wasserspiegel liegt, ist von gelbgrauer Farbe, sobald er aber unter den Wasserspiegel hinuntertaucht, ist er durch Moorsäure rotbraun gefärbt. Dieser rotbraune Talsohlenschotter ist typisch für das ganze Tal mit seinen unteren Regionen. Dieser rotbraune Talschotter wird nämlich später an der Luft schwarz oder schwarzbraun und wo wir ihn heute über dem heutigen Wasserspiegel finden, deutet er auf ehemalige wasserführende Talsohlenablagerung hin. Dieser rotbraune Schotter findet sich im ganzen Schmichatal von Kaiseringen bis Inzigkofen und Kaiseringen bis Ebingen, sowie an der Eyach. Die Farbe entsteht aber durch Moorsäure und Aufnahme von Eisenoxyd aus den Bohnerzlagern der Talgehänge. Daher ist es bemerkenswert, dass bei Blättringen, auf der höchsten Hochebene der dortigen Alb, diese Schotter auch liegen, über 100 m höher als im Schmichatale. Sie liegen dort in alten Buchten des Tertiärs und bei Winterlingen, in der dortigen Süsswasserbucht, sind sie ebenfalls häufig. Noch heute sind beide Örtlichkeiten wasserführend und versumpft. Aber während die Ablagerungen der Hochebene bei Winterlingen und Blättringen aus **Tertiärgeröll,** meist Juranagelfluhe, bestehen (am Witthoh bei Tuttlingen finden sich ähnliche Verhältnisse!) und der Talschotter des Schmichatales auch aus Geröll besteht, ist hier der Schlagschotter des Gehängs rotbraun gefärbt. Auch die Weissenburger Kiesgrube bei Ebingen und die roten Schotter des Killertales bestehen aus diesem Schlagkies. Manchmal ist dieses Schlagkies verkittet, mit Kalkspatcement verkrustet.

Die hier anstehenden Felsen zeigen wieder ihre zersplitterten Massen: ein Gemenge kleiner Bruchteilchen, die alle in einander passen ohne cementiert zu sein. Erst bei der Schmichabrücke und Bahnwärterhaus Nr. 75 finden wir wieder Talreste der oberen Talrinne vor: 4 m ob dem Talgrund der oberen Rinne. Der Bahndamm liegt wieder auf dem Boden dieser Rinne und bemerken wir auch hier wieder die Felsen mit ihren gewohnten Rillen. Der schöne linksseitige Wiesentalweg läuft auf dem Boden der Alluvialrinne, der rechtseitige am Abhang des Tales entlang auf der Terrasse.

Da blicken wir plötzlich, unweit des Bahnwarthauses, unterhalb des Bahndammes hindurch und bemerken, sobald wir den Durchlass passiert haben, wieder eine Mulde vor uns, die aber hier der Bahndamm vom Haupttal abschnitt. In dieser Mulde besitzt der Bahnwärter Ackerland, in welchem neben der Bahnlinie grosse Gruben liegen, die während der Bahnbauzeit ausgehoben wurden. In diesen Gruben erblicken wir echten Talschwemmkies, der aber zu einer festen, steinharten Masse verkittet ist: Es ist echter »Nägelesfels«, d. h. **diluviale Nagelfluhe der Albtäler.** Alle Gesteine des Kieses sind gerollt, es ist kein Schlagkies, sondern Schwemmkies, zu steinhartem Conglomerat erhärtet. Nur **Weissjurageröll** finden wir in ihm vor, keine Spur von Tertiär! Dieses Conglomerat liegt ca. 3 m höher als der eigentliche Talboden der unteren Rinne. Wir finden in diesem Conglomerat auch keine Spur von Schwarzwaldgeröllen, ebensowenig von Rheingletschermoränenschutt. Es ist das gleiche Conglomerat, wie es die Donaunebentäler vom Donauursprung bis Sigmaringen überall zeigen und wie wir es besonders stark entwickelt bei Inzigkofen wieder finden. Jedes Steinchen dieser diluvialen Nagelfluhe ist gerollt und gegen oben hart verkittet, gegen die Tiefe wird die Ablagerung loser. Wir nahmen von dieser Stelle folgendes Profil:

Profil 46. Diluvialablagerung des unteren Schmichatales, diluvialer Albjuranägelesfels.

20 cm	Lehm mit wenig Schuttkies. Humusdecke.
10—20 „	Schuttkies, Schlagkies, gelblich mit Fluglehm gemischt.
ca. 1 m	diluviale Nagelfluhe aus nur Epsilongeröllen, ohne ungerollten Schutt, cementiert. Unter ihm 2 m Schwemmkies, ohne Kittung; daneben im Schmichatal: Moorboden auf Schwemmkies und teilweise Kalktuff.

W. Jura. Oberer Deltafelsen.	Schwemmkies von brauner Farbe, ohne Zementierung, teilweise zementiert.

Unsere »diluviale Albtäler-Juranagelfluh« nimmt die ganze Breite der Talmulde ein. Am Abhang dieser Mulde liegen grössere Höhlen, in denen pliocäne Funde gemacht wurden.

Nun wieder zurück ins Schmichatal, also auf den alten Weg talabwärts. Wo der nächste Eisenbahneinschnitt wieder stahlharte ε Felsen durchquert, finden wir Erosionsgrotten und diesen gegenüber, auf der anderen Talseite wiederum »diluviale Juranagelfluhfelsen«. Das Tal ist hier so bezaubernd schön, dass sein Besuch nie genug zu empfehlen ist. Diese Schönheiten müssen gesehen sein, sie können nicht genügend geschildert werden. Leider ist der Fremdenbesuch des unteren Schmichatales ganz unbedeutend.

Sobald der Eisenbahneinschnitt wieder in einen Damm übergeht, und eine Brücke Weg und Schmicha überbrückt, gehen wir wieder unter der Eisenbahnbrücke hindurch und blicken von hier aus in ein solch grossartiges Felsental hinüber, wie wir es sonst nur im Donautal zu sehen gewohnt sind. Die hohen Felswände sind von unten nach oben geglättet und zwar in der Talrichtungslinie, und zeigen die mannigfachsten Erosionsformen: Felsen ohne die geringste Schichtung neben Felsen mit Scheinschichtung und hart neben diesen wieder Felsen mit so ausgesprochen schöner Schichtung, dass bei ihnen die Erosion ganze Terrassen bilden konnte. Das Gesteinsmaterial variert eben sehr. Eine Kiesgrube feinsten Kieses zeigt wellenförmige Scheinschichtung mit Wechsellagern feinen und gröberen Kieses. Nur Epsilonbruchstücke finden wir. Die Schmicha fliesst hier in reizendem Bogen, denn sie muss sich dem Talbogen anschliessen, welche die Tektonik vorwies. Es schliesst sich ein $ ans andere.

In einem hier von Norden herunterkommenden hier einmündenden Tal sehen wir alle Felsen, die dort sich zeigen, mit Rinnen versehen, die schier eben verlaufend, sich nicht an die Linien der unteren Rinnensysteme anlehnen, sondern dem obersten System entsprechen. Sie machen den Eindruck, als ob sie vornehmlich aeolische Rinnen seien, durch sandtragende Winde entstanden, gleich den Windkantnern.

In einigen hier auftretenden »Gumpen«, d. h. von Wasser ausgehöhlten Kesseln, in denen sich das Wasser spiralförmig dreht, sehen wir die Bildungsweise unserer Albtalfelsengrotten. In nächster Nähe liegen noch vom Wasser verlassene ältere Grotten, zwischen ihnen und den Gumpen führt unser Waldweg hindurch. Es ist, als ob die

Schmicha diese früher ausgehöhlten Grotten noch heute aufsuchen wollte, sie aber nicht mehr erreichen konnte; doch bemühte sie sich sehr, wenigstens in der Nähe der alten höher gelegenen Grotten, neue in den Talboden zu drehen, welche noch in der alten Stossrichtung liegen.

Bald stehen wir erneut unter einer Eisenbahnbrücke, die bis zu einem Einschnitt führt, in welchem grossartige Orgeln im Epsilonmassenkalk durch die Bahnbauarbeiten geöffnet wurden. Diese Orgeln waren mit festem, sich spaltendem Tertiärton von schmalzartiger Farbe ausgefüllt, oben stellte sich Bohnerzlehm ein, der somit jünger ist, als der Spaltenton. Heute sehen wir die Orgeln nicht mehr. Das hier aufgeschlossene Epsilongestein ist glashart und jetzt nach 30 Jahren stehen diese Felsen noch da, ohne Verwitterungsspuren zu zeigen. Auch dieses harte Gestein zeigt gut ausgebildete Rinnen, doch in 10 Meter Höhe ob dem Wasserspiegel. Rillen sind in allen Höhen in diesem Einschnitt sichtbar, aber im Verlauf dieser Rillen liegt immer System: Sie geben ein Gefäll an, das dem heutigen Talgefäll entspricht und nur höher liegt als der heutige Schmichawasserspiegel. Aber auch hier bemerken wir die wichtige Tatsache, dass der ältere Flusslauf, der oberen Schmichaflussrinne mehr geradeaus floss, der Hauptspalte des Tales entsprechend und dass erst die alluviale Schmicha so grosse Windungen machen musste, mit ihrem schwächeren Wasserstand die Felsenriffe zu überwinden. Wenn wir auch die Entfernung der Rinnen beider Seiten messen und vergleichen, so bemerken wir, dass die Distanz der Talbreite der oberen Rinnensysteme etwa doppelt so breit ist, ja oft noch breiter, als die Distanz der Talbreite unserer unteren Rinnen. Die diluvialen Schmichagewässer dürften also mindestens zehnmal mehr Wasser als die heutige Schmicha geführt haben, denn die heutige Schmicha nimmt ja selbst nur einen kleinen Teil der unteren Rinnenebene ein, den anderen füllen Wiesen. Die Felsen der unteren Rinnen treten ja weit näher zusammen, als diejenigen der oberen Rinnen. Die Erosionsformen der mittleren Talhöhe sind übrigens die gewaltigsten und von dieser Talhöhe wieder selbst der untere Teil der mittleren Talhöhe. D i e s e Talsohle mag in der Gletscherzeit gebildet worden sein.

Haben wir nochmals einen Bahndurchlass passiert, so erweitert sich das Tal plötzlich und die bisherigen steilen Anhöhen verschwinden; wir treten eben aus dem Reiche der massiven Epsilonfelsenkalke ins Gebiet der Zetaplatten über. Wir durchwandern nun wieder zuerst ein riesiges Halbrund, einen Halbkessel bildend, den grössten von bisher. Das Schmichabett hält sich aber nicht an die Konturlinien des Halbrundes, sondern pendelt von einer Talseite zur anderen hin und her. Der schöne grüne Talboden ist im Frühling wie ein Paradies. Aber auf welche Weise entstand der grösste der bisherigen halbrunden Kessel?

Wie bei den früheren Halbrundkesseln, wo wir die Entstehung auf den Eintritt breiter Kare zurückführten, zieht sich auch hier auf der Nordseite ein Muldental ins Schmichatal herunter, welches den geradlinigen Verlauf des Haupttales zu Strudelbewegungen zwang. Der breite Talboden des Muldentales zeigt wieder keine Spur einer Quelle, er ist topfeben, ohne geringste Rinne. Auch hier senkt sich der Muldentalboden beim Eintritt ins Schmichatal nicht auf Schmichahöhe

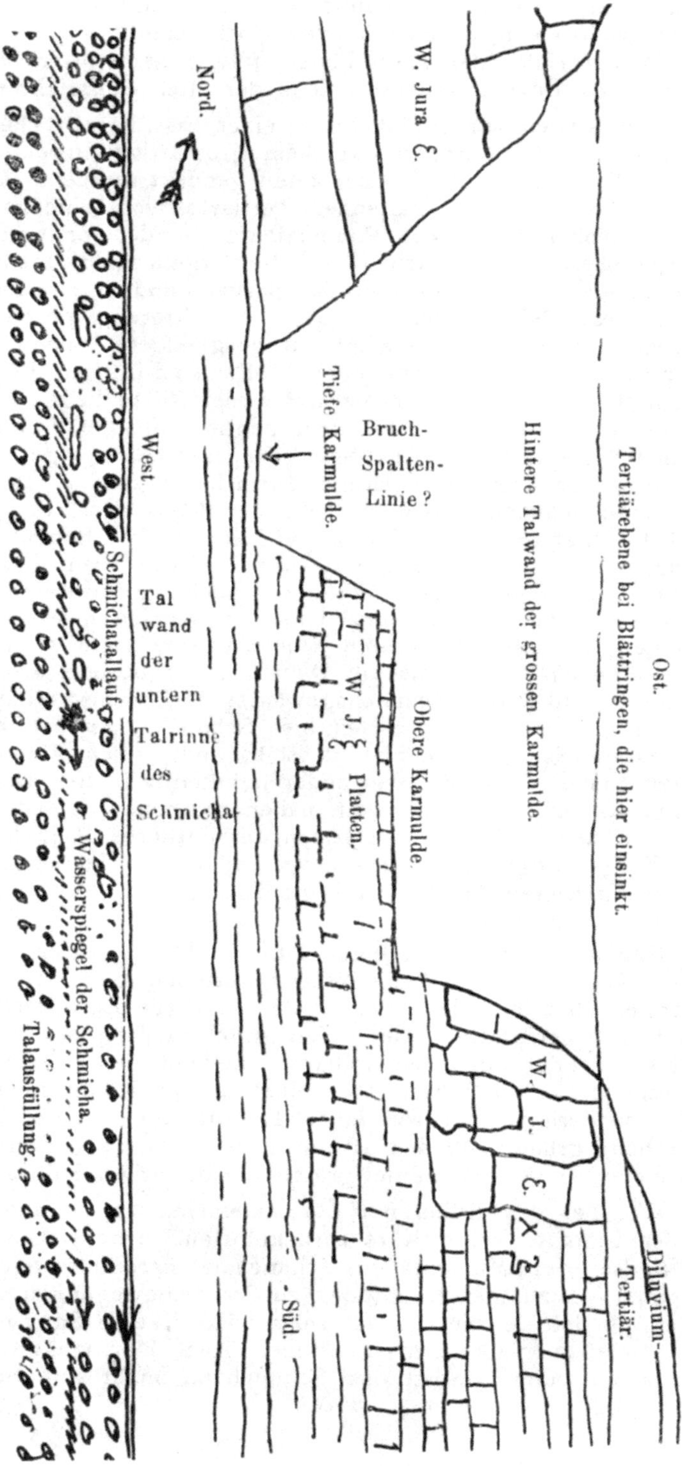

Figur 134. **Querschnitt des Schmichatalkares zwischen Storzingen und Oberschmeien.** (Vor Bahnwärterhaus Nr. 76).

herab, sondern bildet einen Absatz, den das Schmichatal in scharfer Linie abhobelte und keine Spur von Fortsetzung übrig liess. Der Absturz oder Absatz hat hier 6 m Höhe. Wenn wir diesen Absatz sehen, müssen wir immer an das Bild des Rhonegletschers denken (siehe württemb. Realienbuch S. 212), welcher ein Hochtal darstellt, mit scharfem, hohem Gletscherabbruch gegen das Rhonetal. Dort bildet das gletscherlose Rhonetal auch die untere Rinne und das Gletschertal die obere.

Die Verhältnisse des Rhonetales sind nur gigantischere, aber das Bild stimmt wie eine Copie. Diese Talmulden werden wir, ob wir wollen oder nicht wollen, eben doch als Karmulden ansprechen müssen (siehe Figur 134).

Auffallend ist, geognostisch wichtig, dass wir nördlich von der Mulde nur Epsilonfelsengehänge bemerken und zwar bis in die Höhe der Hochebene hinauf, während die Unterlage der oberen Talmulde aus Zetabänken besteht. Diese gut und eben gelagerten Zetabänke bilden hier eine solche Einlagerung, dass man in der Tiefe der tiefen Karmulde eine Spaltenbruchlinie vermuten könnte, obwohl keine zu erkennen ist. Die Zetaplatten besitzen viel Schwefelkies, sogar oft mit Kupfer. Die unteren Plattenlager sind oolotisch von fleischroter Farbe, stahlhart. Gegen oben werden die Platten grauer und immer weicher, um in tonige Bänke überzugehen, die den Portländer Kalken der Blaubeurer Gegend gleichen. Die Lagerung ist schier eben, mit schwachem Gefäll gegen Südosten. Wenn also hier keine Verlagerung vorliegt, so haben wir die Atolbildung eines Weissjurariffes vor uns, mit Ablagerung von Zeta innerhalb des Atoles. Somit läge hier Zeta in die Epsilonfelsen eingebettet.

Aber unser Halbrundkessel zeigt noch eine weitere Sehenswürdigkeit. Wie jeder Halbradius eine Achse besitzt, so besitzt auch unser Kessel gegen Südwest eine Achse, die der Achse eines Wagenrades gleicht, von dem die Strahlen gleich den Spaichen nach auswärts laufen, also gegen die Tiefenpunkte des Tales. Die Achse bildet einen Kreisel, der kunstgerecht abgedreht wurde.

Bei Bahnwärterhaus 76 verengt sich das Tal wieder sehr, probiert es aber nochmals, einen Halbradius zu bilden, was aber nicht mehr gelingen will, weil die Seitentäler fehlen.

An diesem Bahnwärterhaus Nr. 76 wurden neben dem Bahndamm im Jahre 1909 Wasserleitungsgräben gezogen und durch diese der Untergrund in ca. 2 m Tiefe aufgedeckt. Diese Leitungsgräben lagen auf dem rechten Ufer zwischen Bergwand und Bahnlinie. Wir geben hier die Aufschlussprofile wieder zwischen Wärterhaus 76 und 77.

Profil 47. Diluvialterrasse des Schmichatales oberhalb Oberschmeien.

I.		II.		III.	
Bei Wärterhaus 76		Am Walde,		Bei Wärterhaus 77	
30 cm	Humus,	13 cm	Humus,	25 cm	Humus,
1,50 m	Kies, gleichmässig fein, von Haselnussgrösse, gelblich durch Lehm gefärbt, Kies nur aus ε stammend.	80 »	Kies mit δ Lehm,	1,30 m	Kies von Haselnussgrösse mit ε Blöcken,
		10 »	» mit Marmorklötzen,	20 m	Diluviallehm, braun.
		20 »	Bohnerzlehm.		

Der Aufschluss stammt aus einer breiten Mulde, welche sich von Stetten a. k. M. herunterzieht. Sie geht oben in ein Kar über, welches den Truppenübungsplatz begrenzt. Die Mulde zeigt breiten, ausgeebneten Talboden, ohne jede Spur einer Wasserrinne; sie wird an manchen Stellen von hartem Diluviallehm ausgefüllt. In diesem Lehm, der wohl aeolischen Ursprungs sein dürfte, fehlen jede Petrefaktenspuren.

Noch einige Hundert Meter weiter gewandert und wir stehen vor dem romantischen, tiefen und engen Seitental, das nach Stetten hinaufführt. Auch dieses Seitental, von einer engen Landstrasse durchzogen, zeigt beim Eintritt ins Schmichatal einen Absatz von 2 m Höhe. Der Austritt wird durch grosse Massenkalkquader flankiert, während von Zeta jede Spur fehlt. Auch im Bahneinschnitt, direkt vor der Ortschaft, finden wir bloss Massenkalk aufgeschlossen, welcher sehr hart, aber ausserordentlich zerklüftet ist. Auch im grossen Epsilonsteinbruch daneben sind die Spalten von der Ferne erkenntlich. Diese Spalten sind von Diluviallehm und Pliocänlehm ausgefüllt. Letzterer liegt zu unterst und ist fetter und dunkler, enthält Braunsteineisen, aber kein Bohnerz. Der Bruch zeigt in den oberen Epsilonlagern Schichtung: Bänke von 1—2 m Dicke.

Hinter den ersten Gebäuden von Oberschmeien sind im Gehänge der rechtsseitigen Talabhänge mehrere Schlagkiesgruben aufgemacht, die aber nur kleinen Schlagkies aufweisen, in welchem Weissjura-Epsilonblöcke stecken.

Die Ortschaft Oberschmeien ist ganz in Epsilonfelsen eingebettet, weshalb das Tal sehr eng ist, erst bei der Mühle und dem Bahnhof wird es breiter, durch mehrere von SW. und S. und SO. herunterkommende Seitentäler, so dass Oberschmeien in einem Kessel liegt, in welchem mehrere Seitenmulden zusammengeführt werden. Auffallend ist aber, dass mit diesen Seitenmulden nur das pleistocäne Tal in Verbindung stand, nicht mehr das diluviale und alluviale. So sehen wir deutlich das alte, breitere Tal, oberhalb des jüngeren, engeren Tales liegen. Auch hier bemerken wir, wie schon bei Storzingen, dass das alte Tal mehr gerade Richtung zeigte, aber das junge viel geschlungener wurde, auch weit enger als das alte. Es sieht also aus, als ob in dem alten Tal, mit seinen Seitenmulden, sich erst das neue Tal einfressen musste, aus diesem Grunde zeigen die Seitenmulden wasserfallartige Abstürze gegen das junge Tal. Selten sind diese Abstürze angenagt.

Oberhalb des Bahnhofes Oberschmeien liegt ein besuchenswerter Epsilonmarmorkalksteinbruch. Das Material zeigt nicht die leiseste Scheinschichtung. Massige plumpe, festzusammenhängende Felsen setzen sich in die Tiefe ab, nur hie und da durch Spalten zerklüftet. Diese Spalten enthalten fetten, braunen pliocänen Lehm, der vielleicht auch pleistocän sein könnte. In seinen oberen Lagen finden wir eine Menge bestgerollter Quarze und Sandsteine, die nur aus dem Schwarzwald stammen können. Schon seit Jahren sprachen wir diese Gerölle als Schwarzwaldschotter an und vergleichen wir sie mit dem pliocänen Donauschotter des Hochsträsses, so haben wir genau die gleichen Gerölle, in Aussehen und Zusammenstellung. So finden sich gelbe, graue, wolkige und schneeweise Quarze, verwitterter, fettiger Bundsandstein. Wir nahmen in den letzten 10 Jahren hier mehrere Profile, aus denen wir folgendes Durchschnittsprofil zusammenstellen wollen.

Profil 48. Steinbruch ob Bahnhof Oberschmeien.

fester, zäher Epsilonmassenkalk mit vielen vertikalen Spalten. Spalten stark erodiert, zerfressen.		Aeolischer Lehm mit Spuren von Rheingletschergeröll.
	ca. 30—50 cm	fetter Lehm mit pleistocänem Donau-Schwarzwaldschotter: völlig runde Quarz- und Bundsandsteingeschiebe in braunem Lehm.
	40—60 cm	roter, fetter, spaltender Bohnerzlehm mit Linsen von Bohnerzeisenausscheidungen. Zu unterst ist der Lehm *ohne* Bohnerze.

Aus dem Profil ist ersichtlich, dass die Decke hie und da sogar Rheingletschergerölle enthält, das nördlichste Vorkommen dieser Diluvialmoränenablagerung. Es muss aber extra bemerkt werden, dass *dieses* Geröll nur die alleroberste Lage der Spalten einnimmt und *nicht* in jeder Spalte liegt. So fanden wir es z. B. in den letzten acht Jahren überhaupt nicht mehr, die alten Aufschlüsse wurden abgetragen. Es ist aber doch ein Beweis dafür erbracht, dass der Rheingletscher hier noch das Stettener Hardt überkroch, sonst wären seine Kiese hier nie gefunden worden. Wir fanden z. B. alpinen Jura, schwarz, mit weissen Adern durchzogen, Flyschsandstein, Gneise, Granite (aber andere als diejenigen der Donau) und Glimmerschiefer. Bedeckt war er von aeolischem Lehm der mittleren Interglazialzeit.

Das nahe Reservoir untersuchten wir auch, dort fanden wir wohl Schwarzwald- aber keine Rheingletschergerölle.

Der Bahnhof liegt auf einer Terrasse, welche von dem Donauschotter gebildet ist. Ob in dieser Terrasse auch noch Rheingletschergerölle liegen, wissen wir nicht. Aber sicher ist also doch, dass die Donau (wenn es kein von der Hochebene des Hardts abgeschwemmter Lehm ist, was nicht angenommen werden kann, da die Lagerung des Gerölls von Rheingletscher und Schwarzwald *getrennt* war), eine Zeit lang das untere Schmichatal für ihren Lauf benutzte, wahrscheinlich während der Haupteiszeit, vielleicht auch vorher. Ferner ist sicher, dass das alte Tal, das Tal der oberen Rinne, von anderen Ursachen geschaffen wurde, als das untere Tal; das heutige Tal muss durch Wassererosion, das frühere durch Wasser- und Eiserosion geschaffen worden sein. Auch der Wind schuf Windkantnerfelsen und Diluviallösslager im Tale selbst und auf seinen Anhöhen. Zu beachten ist, dass die Donauschwarzwaldgerölle teilweise den Quarzgeröllen gleichen, die im Tertiärmuschelsandstein liegen. Auch sind die Schwarzwaldgerölle immer in fetten Lehm eingebettet. *Molassegerölle kommen mit Schwarzwaldgeröllen hier unten im Tal nicht vor.*

Die Terrasse, auf welcher der Bahnhof steht, liegt auf einer Felsenhalbinsel, welche den Rest des alten Talbodens darstellt. Dieser alte Talboden wurde seither von der Schmicha abgetragen, die Epsilonfelsen zersägt und der heutige Talboden geschaffen, der viel enger ist als der alte. Ca. 50 m breite und dabei 2 m hohe Arbeit musste die diluviale und alluviale Schmicha dabei leisten.

Von Oberschmeien aus können wir die Römerstrasse Winterlingen-Laiz besuchen, in ca. 1/2 Std., sie liegt nördlich vom Schmichatal. Auf der dortigen Tertiärhochebene finden wir auch Spuren von Rheingletschergeröllen und Spuren von Schwarzwaldschotter. Diese liegen gut 20 m höher als diejenigen des Tales. Diese Schotter finden sich vereinzelt, also in Resten, bei der Fürstenhöhe und der Neuhauswirtschaft. Sie werden aber immer seltener, weil sie von den Landleuten abgelesen und zur Strassenbeschotterung verwendet werden. Mit ihnen kommen die tertiären Juranagelfluhekugeln vor, da die Juranagelfluhe die Unterlage bildet.

Doch wir kehren wieder ins Schmichatal nach Oberschmeien zurück und wandern von Oberschmeien weg, weiter talabwärts. Die Gehänge des Tales sind steil. Die linksseitigen und rechtsseitigen Talwände werden durch Schluchten zerschnitten und wo Felsen stehen, sehen wir auch die Erosionsspuren in Rinnenformen. Südöstlich vom Bahnhof, in der unteren Talrinne eingebettet, liegt ein solcher Erosionsfelsen mit grosser Erosionsgrotte, die noch vom Bahnhof aus gesehen werden kann. Dieser Felsen wird durch einen Terrassenrest des oberen Rinnensystems, also des Talbodens der oberen Rinne bedeckt.

Nun wird das Schmichatal immer romantischer und sein Talgrund lieblicher, besonders hübsch im Frühling, wenn die Tausende von Wiesenblumen den Talgrund mit ihrer Blütenfülle beleben. Dabei streift der Forscher meist menschenallein durch die herrlichen Auen, da die Touristen diesen Talteil selten aufsuchen, und doch gehört er zu den herrlichsten der Alb. Neben den Felsen des unteren Rinnensystems, die häufig Grotten aufweisen, zeigen auch die Felsen des oberen Rinnensystems ebenfalls Grotten, ja meist sitzen hier die Felsen des oberen Systems gleich auf denen des unteren Systems auf. Wo die alte Strasse in die neuangelegte übergeht, sind diese Felsen besonders prächtig. Hier liegt wieder ein alter Halbkreis, in den wir aber diesmal keine Seitentäler einmünden sehen. Letzere münden schon in beträchtlicher Höhe in diesen schönen Halbkreis ein. Die Felsenwände dieses Halbkreises zeigen viele Grotten, denen eine Terrasse vorgelagert ist, mit üppigen Wieswachs bedeckt.

Bei Wärterhaus 79 zeigen die neuen Strassenaufschlüsse einen festen Epsilonmassenkalk, welcher mit vielen Spalten durchsenkt ist. Alle diese Spalten enthalten fetten Lehm, in welchem Schwarzwaldgerölle liegen. Aber dieses mal liegen zwischen den Schwarzwaldgeröllen noch einzelne Molassejuranagelfluhekugeln, Bohnerz und Süsswassermolassegerölle. Unterteuft wird diese Schicht durch eine andere Geröllschicht, die nur Tertiärgerölle zeigt. Zu unterst liegt wieder Bohnerzlehm mit Bohnerz. Die vielen Spalten streichen alle von SO. nach NW. Der Marmor ist weiss, gelbfleckig, mit vielen Mangandentriten durchzogen.

Rechts folgt nun das erste Tunnel des Tales. Es führt unterhalb der Terrasse, dem Talboden des alten Tales, ins Gebirge ein. Unsere neue Strasse, bisher ein Felseneinschnitt, mündet jetzt wieder in die alte ein.

Das Tal scheint in Oberschmeien einen anderen Charakter angenommen zu haben, dadurch, dass die Gewässer der Donau und des

Rheingletschers es auf seinem ferneren Lauf rascher vertieften, so dass man selten noch zwischen altem und jungem Tal unterscheiden kann, Man bemerkt hier nicht mehr ein jüngeres innerhalb eines alten Tales, das Tal ist gleichförmiger geworden. In einer linksseitigen steilen Felsenwand sehen wir eine ca. 8 Meter hohe Erosionsgrotte, die denen von Inzigkofen im Donautal gleicht. Sie liegt in einer Talhöhe von ca. 8 m, ihre Öffnung zeigt sie nicht gegen die Stossrichtung des Tales, sondern gegen das Donautal gerichtet. Wie wurde diese gebildet? Gleich nahe dabei zieht sich eine Schlucht von NO. nach SW. herunter und bildet einen Talboden, der in einen Halbkreis übergeht. Dieser Halbkreis des Talbodens hängt mit der nahen Grotte zusammen, die Strudel, die den Halbkreis bildeten, schufen auch die Grotte, das sieht man sofort, wenn man sich innerhalb dieses Halbkreises aufstellt. Die Grotte ist das Nordende des Halbkreises.

Da nun bald nachher die Schmicha, nachdem sie ein von O. kommendes Seitental aufnahm, sich in scharfem Bogen hart an die Felsen der linken Talseite anschmiegt, so muss die Talstrasse jetzt diesen Felsen ersteigen und somit das Seitental etwas benützen. Auf der Höhe (mittlere Höhe des Tales) kommen wir an den Kirchhof Unterschmeiens und von hier aus schauen wir zurück in den verlassenen Talkessel. Er gleicht mehr einem Krater als einem Tal und neben diesem ersten Krater liegt gleich ein zweiter, in welchem die Ortschaft Unterschmeien liegt. Beide Krater sind ausgesprochene Erosionsfelsen, Strudellöcher der Eiszeit, ausgerundet durch die vereinigten Schmelzwasser der Schmicha, der Donau und des Rheingletschers. Wem diese Behauptung zu kühn dünkt, der untersuche die Felder der Kirchhofumgebung, denn dort wird er eine Menge Schwarzwalddonauschotter der Pliocänzeit finden, und nördlich davon sogar wieder liegen gebliebene einzelne Rheingletschergerölle. Der Kirchhof steht hier auf der Terrasse des Tales, auf dem Boden des alten Tales. Die Strudellöcher, die wir mit Kratern verglichen, liegen aber im Bereich des jüngeren Tales. Das junge Tal ist aber unterhalb Oberschmeiens weit breiter geworden, als oberhalb Oberschmeiens.

Gehen wir vom Kirchhof zum Schulhaus, so bemerken wir noch besser, dass der Kirchhof und das Schulhaus mit der oberen Ortschaft in einer weiten Gletschermulde liegt, die dem Talboden des alten Tales entspricht. Und hart daneben zieht sich wieder ein Gletschertal, welches diese Mulde durchtieft, zum Schmichatal hinunter. Auch dieses Tal zeigt wieder topfebenen Wiesengrund ohne jedes Rinnsal, auch der Absatz gegen das Haupttal fehlt nicht. Die ganze Mulde ist mit pliocänem Lehm bedeckt, in welchem die Gerölle der Schwarzwalddonau liegen.

Das freundliche Kirchlein Unterschmeiens liegt auf einem Felsenausläufer dieser Mulde und neben ihr ragen 2 steile Felsnadeln aus dem Talgrund des jungen Tales wie Dolche zur Kirchenhalbinsel empor.

Wandern wir auf die Strasse hinunter, welche neben diesen Felsennadeln neu angelegt, talabwärts führt, so müssen wir bald das oben angeführte Muldental überqueren, welches wieder einem Rheingletscherhochtal gleicht, nur in Miniaturausführung.

Weiter talabwärts wandernd, bemerken wir beim zweiten Tunnel einen riesigen Felsenblock im Tale liegen, der scharf ausgeprägte Rillen der unteren Talzone aufweist.

Bald nachher folgt nochmals ein grosser Talkessel, der aber jetzt nicht mehr ein vollständiger Halbkreis ist, sondern ein Kreis. Auch diese Erosionsform ist durch einmündende Seitentäler hervorgerufen worden, besonders durch eines, das von SO. kam und einen 2 m hohen Absatz bildete. Aber auch hier ist über das Zentrum zu bemerken, dass es nicht völlig in der Mitte, sondern mehr auf der Seite des Kreises liegt, so dass dieser Kreis sich doch nah dem Halbkreise nähert. Ueber das Zentrum dieses Halbkreises führt die Fortsetzung unseres Weges. Eine tiefe Lehmdecke deckt es sanft zu. Bald nachher werden die Talhöhen auffallend nieder und wo wir diese Tatsache bemerken, tritt wieder Zeta auf, eingebettet zwischen Epsilonfelsen. Zetalager bieten der Erosion eben keinen grossen Widerstand dar und werden daher leicht abgetragen. Auch die meisten Felsen, die noch innerhalb des Zetalagers emporragen und die man Schwammzeta nennen dürfte, gehören der Niederterrasse an, sind also älter als das eigentliche Zeta. Sie sind sehr erodiert, meist in den unteren Lagen.

Erst bei Austritt der Eisenbahnlinie aus dem Tunnel steigen die rechtsseitigen Talgehänge wieder zu imposanten Höhen an und zeigen dann in allen ihren Höhenlagen Rinnenfelsen. Dieser letzte Teil des Schmichatales ist eigentlich blos ein Riesentrichter, in welchem sich das durch das echte Donauwasser gestaute Schmichawasser kreiselförmig drehte, so den Trichter bildend. Auch diese Form gleicht der Kraterform Unterschmeiens. Die Felsenwandformen dieses tiefsten Teiles unseres nun durchwanderten Schmichatales entsprechen mit ihren Höhlungen ganz den Wänden eines Riesentrichters, in dem sich Wasser drehte und in welchen auch Wassermassen von den ihn umgebenden Höhen zur Tiefe stürzten: so bemerken wir hier horizontale und verticale Rinnen, je nachdem sie durch drehendes oder stürzendes Wasser gebildet wurden.

Auf der Grenze zwischen Donau- und Schmichatal sehen wir natürlicherweise nochmals eine solche Rundung, die ihre Kreisenden in beide Täler sendet.

Das Hauptschmichatal hat an seiner Mündung ins Donautal eine Breite von nur ca. 50 m samt Niederterrasse und Flussbett. Das in ihm liegende alluviale Schmichatal hat ja sogar nur 6—8 m Durchmesser. Welcher Unterschied gegen die Breite des Eyachtales bei Frommern!

Ein Absatz des Schmichatales beim Eintritt ins Donautal fehlt. Das Schmichatal muss also immer Wasser dem Donautal zugeführt haben, während Eisbahnen Absätze hinterliessen. Aber wie Riesen steigen nun im Donautal die Felsen gen Himmel empor. Viel grossartiger noch als im Schmichatal, übertreffen sie die Schmichatalfelsen, auch betreffs ihrer Erosionsformen. Neben horizontalen Rinnenformen sehen wir verticale Rinnenformen und Grottenformen mit allen ihren Übergängen. Diese Felsen sind auch talauf- und abwärts abgerundet, zeigen also auch der Talrichtung entgegen Erosionsformen. Doch darauf wollen wir bei der Beschreibung der Donautalbildung zurückkommen. Wir wollen nun die erworbenen Erfahrungen des Eyach-Schmichatales zusammenfassen.

d) Welche Entstehungsgeschichte haben nun die Täler der Schmicha-Eyach hinter sich?

Wir lernen aus der Erforschung des Doppeltales folgendes:

1. Dass wir dreierlei Täler und Talformen vor uns hatten, als wir sie untersuchten und beschrieben.
2. Wir teilten diese Täler schon oben in ein Eyachtal, Riedbachtal, in ein Ureyachtal und in ein Schmichatal ein. Somit haben wir zwei Haupttalsysteme vor uns, die sich im Laufe der Zeit änderten und in einander übergingen.
3. Das ursprüngliche Eyachtal hatte nicht wie das heutige seinen Ursprung nur in Pfeffingen, sondern in Kaiseringen. Von dort floss der Urfluss nach Ebingen und nahm dort die Onstmettinger Eyach auf, floss mit dieser im Riedbachtal durchs Eyachtal nach Balingen, in Lautlingen die Nebeneyach aufnehmend.
4. Die Urschmicha entsprang seinerzeit östlich von Kaiseringen und floss anfänglich schon unterhalb Storzingens zeitweise mit der Donau zusammen, trat aber erst ins eigentliche Donautal ein, da, wo sie noch heute ins Donautal eintritt.
5. Die Zeit dieser Wasserscheideverschiebung muss ins Pliocän, vielleicht besser ins Pleistocän, zu setzen sein. Dort erfolgte ein Tafelbruch in der heutigen Wasserscheidenlinie: »Messstetten-Pfeffingen«. Während vor dieser Zeit die Wasserscheide über Kaiseringen ging. (Die Bruchlinie strich von Kaiseringen nach Tiergarten über das Stettener Tal). Im Pleistocän erfolgten die Einbrüche bei Messstetten, am Rande des Truppenübungsplatzes, und die oberschwäbische Mulde sank gegen Pfullendorf und den Bodensee tiefer ein als früher. Aber auch gegen Balingen-Horb sank das Land tiefer und die Eyachtalerosion konnte rascher arbeiten, obwohl der Eyachwasserzufluss kleiner wurde.
6. Die Seitentäler der beiden Haupttäler zeigen ein anderes Gepräge als ihre Haupttäler und diese Seitentäler selbst zerfallen nach ihrem Aussehen in verschiedene Unterabteilungen: In Schluchten alluvialen Charakters, in Muldentäler diluvialen-glacialen Charakters usw. Die Haupttäler zeigen Seitenterrassen, aber keine Absätze, während das von der Ureyach verlassene Riedbachtal seine Grundmoräne behielt, der dortige Absatz aber durch Erosion gebildet wurde. Die Absätze der Seitentalmulden wurden aber ebenfalls durch Erosion des Haupttales gebildet, so dass alle Absätze eine Entstehungsweise hatten.
7. Wo wir breiten Talboden haben, der wie beim Riedbachtal den ganzen Talboden ausmacht, wurde dieser durch Grundmoränenschutt gebildet. So entstanden die vielen Seitenmulden der Talserien. Wo keine Rinnsale vorliegen, bildete den Talboden nur die Gletscherarbeit, wo Rinnsale mit vorkommen, halfen zur Bildung noch alluviale Flussläufe.
8. Wo die diluvialen und alluvialen Flussläufe ungenügend entwässern konnten, existierten in der Diluvialzeit Diluvialseeen, Moore und Weiher, z. B. der grosse See zwischen Balingen, Frommern, Dotternhausen und Weilheim, der kleinere zwischen Laufen und Lautlingen, die Moorseen der Geifize und die Moore des Riedbachtales und der Schmicha.

9. In unserem Talsystem sehen wir das ursprüngliche, diluviale Tal noch in der Form des Riedbachtales bei Ebingen erhalten.
10. Im heutigen unteren Schmichatal aber sehen wir das Urschmichatal gut ausgebildet in Resten erhalten, zwischen welchen Resten sich das junge Tal einnagte.
11. Im oberen und mittleren Schmichatal sehen wir das alte Tal erhalten, aber da und dort umgeändert durch die veränderte Gefällsrichtung.
12. Im unteren Schmichatal, unteren, mittleren und oberen Eyachtal sehen wir innerhalb des alten Talsystems das neue eingebaut.
13. Im heutigen Eyachtal sehen wir das junge, alte und uralte Talsystem ausgebildet. Das uralte, besonders zwischen Lautlingen und Balingen.
14. Unsere Alb war während der Haupteiszeit jedenfalls vergletschert, dies beweisen die vielen Karmulden der Eyach- und Schmichaseitentäler, sowie die Endmoränen derselben, während die Seitenmoränen meistens fehlen.
15. Die diluviale Juranagelfluhe der Albtäler, wie man sie bei Tuttlingen findet, stellt sich auch im Schmichagebiet und im Eyachgebiet ein. Im Schmichagebiet als Nägelesfels bei Storzingen, im Eyachgebiet in der Karmulde des Wannentales, an letzerem Platze auf der Braunjuragrenze.
16. Die Talbildung begann also wohl schon in alter Zeit, vielleicht im Obermiocän, als durch Albtafelzerreissungen zuerst das Eyachtal gebildet wurde, welches sein Quellgebiet auf der ganzen Zollern- und Sigmaringer Alb hatte. Damals muss die Albtafel des Zollern-Sigmaringer Gebietes ihr Gefäll mehr nach SW. als SO. gehabt haben und so existierten wohl schon die Haupttäler alle, aber ihr Gefäll war ein anderes als heute. Erst als in der dem Obermiocän folgenden Zeit die Alpen ihre höchste Höhe erreichten, die Juratafeln Oberschwabens also noch mehr an den Alpen empor gehoben wurden, da sank die Muldentiefe Oberschwabens am tiefsten ein und damit brach die Albtafel in der Linie Nusplingen—Messstetten—Pfeffingen—Hohenzollern auseinander, der westliche Teil blieb stehen, der südöstliche legte sich gegen Oberschwaben ein und so wurde das Sigmaringer Quellgebiet der Eyach entwässert und an dessen Stelle trat die Bildung eines neuen Donauzuflusses der Schmicha.

Dann kam die erste Eiszeit. Durch diese wurde die Donau abgedrängt und ihre Wasser flossen teilweise über das Messstetter Hardt, wenn die pleistocänen Schwarzwaldschotter nicht noch älter sind als die älteste Eiszeit. Wir dürfen ja wohl die erste Eiszeit in die vordiluviale Zeit verlegen. Oder existierte neben der Donau noch ein anderer Fluss, der mit ähnlichem Lauf, in ähnlicher Richtung wie die heutige Donau, seine Schotter über die der Donau benachbarten Albtafeln ausbreitete? Dieses braucht doch nicht angenommen zu werden, obwohl der Höhenunterschied zwischen dem ehemaligen Lauf und dem Urlauf ein bedeutender wäre. Oder aber stammen diese Schotter von einem Schwarzwaldgletscher? Diese Schotter finden sich in Spuren auf der ganzen Spaichinger, Balinger und Ebinger Alb und fehlen auch auf der Sigmaringer Alb nicht, aber sie sind nicht überall zu finden, wo sie sich aber finden, liegen sie immer im Lehm. In ihrem Auftreten gleichen sie sich aufs Haar, sei es dann auf der Spaichinger-Ebinger Alb oder auf der Blaubeurer.

Geröllsammlungen mit Lehmarten u. s. w. aus dem Eyach-Schmichatal: 5--15 Mk. je nach Grösse.

2. Zur Geschichte des Donautales.

Unter: »Beiträge zur Spaltentektonik der Alb«, »Die Donauversinkungsspalten der Alb« griffen wir schon in dieses Gebiet ein, aber die Ablagerungen im Donautal wurden in jenem Abschnitt nicht berücksichtigt.

Die Donau entstand, nach den bisherigen Forschungsergebnissen, wohl nicht früher als in der Miocänzeit, also im Mittelmiocän, als das Tertiärmeer in das schwarze Meer zurückwich und mit dem Zurückweichen des Tertiärmeeres immer länger und grösser wurde. Damals muss die Donau ein grösseres Gefäll als heute gehabt haben, denn der Schwarzwald war ja noch um vieles höher, aber die heutige Donautalspalte existierte wohl damals noch nicht. Alle Albflüsse, welche zur Miocänzeit ihre Gewässer ins Tertiärmeer sandten, wurden nun Nebenflüsse der sich bildenden Donau. Auf den Hochebenen der Alb bemerkt man noch heute Spuren dieser Urflüsse, die aber oft nicht recht wussten, ob sie der Nordsee oder dem Tertiärmeer zufliessen sollten, denn die Albhochflächen veränderten ihr Gefäll sehr häufig, so dass sich die Wasserscheide öfters verschob. Daher findet man auf dem Heuberg und der Hardt eine Menge uralter Hochtalreste, von denen man nicht weiss, ob ihr Totalgefäll gegen Südosten oder Nordwesten sinkt, ein stetes Gefälle in einer Richtung ist selten zu beobachten. Dazu kommen noch Einbruchsstellen, in denen das Wasser sitzen blieb und Seen bildete. Die an die Donau angrenzenden Albplatten erhielten ihr heutiges Gefälle gegen SO. auch erst in der Spätmiocänzeit, vorher waren diese Platten teilweise eben gelagert, teilweise zeigten sie ein Gefäll gegen Norden, so dass früher das heutige Unterland grössere Zuflüsse erhielt als das oberschwäbische Süsswasserterrain. Spätere weitere Senkungen liessen dann die gegen SO. geneigten Albtafeln noch ausserdem gegen Osten zu einfallen, so dass das Gefäll ein doppeltes, gegen O. und SO. gerichtetes, war. Wahrscheinlich floss, wie schon oben angedeutet, die Urdonau zur Miocänzeit noch nicht in ihrer, weil erst später gebildeten, heutigen Spalte. Sie floss mindestens im Pliocän und Pleistocän mehr in nördlicher Richtung. Ja vielleicht flossen Brege und Brigach noch lange nebeneinander her und flossen erst in der Richtung Sigmaringen in die dortigen Süsswasserseen. Die ganze Donauseite der schwäbischen Alb ist ja mit Schwarzwaldgeröllen bedeckt, die nur die Donau oder ähnliche Schwesterflüsse dort ablagern konnten. Die Basaltröhren des Hegaus hatte die Donau damals noch nicht entblösst, denn diese alten Deckenschotter zeigen noch keinen Basalt. Erst als die Donau ihr heutiges Bett einschlug, eine grosse Einbruchsspalte benützend, wurden Hegau und Schwarzwald immer mehr abgetragen, der Schwarzwald, der damals schon Jura und Muschelkalk verloren hatte, verlor nun auch

Bundsandstein und Granit, während die Steilränder der Alb in der Baar immer mehr an Höhe und Breite einbüssten.

In der Eiszeit müssen dann die Rheingletscher, in Verbindung mit den Albgletschern, die Donau da und dort im Donautal gestaut oder abgedrängt haben, so dass sie ihre Wasser und Gerölle nach dem Unterland senden musste. Die meisten heute lebenden Forscher wollen dieses aber nicht zugeben. Aber auch nach und vor der Eiszeit floss die Urdonau, seit sie das heutige Donautal gewählt hatte, keineswegs immer in der gleichen Richtung wie heute, nein, sie machte weniger Bögen und ihre grösseren Wassermassen schossen schneller und rascher in mehr ebenliniger Richtung dem Schwarzen Meere zu. Man sieht noch heute, dass, wo sie sich heute rechts und links winden muss, ihren trotzigen Felsennachbarn auszuweichen, sie früher einfach über diese Felsen wegfloss und also einen weit kürzeren Weg als heute wählte. An anderen Stellen scheint sie auch so gestaut gewesen zu sein, dass sie zeitweise ihre Nebentäler überflutete und daher dort ihre Gerölle liegen liess, wie z. B. die Mattsteigmulde und Seltenbachmulde bei Tuttlingen und das Stettener Tal bei Tiergarten usw. Mehrere ganz verschiedene Donauschotter liegen in diesen Mulden. Diese verschiedenen Schotter kehren aber auch sonst im Donautal wieder, so dass die Donauschotter äusserst mannigfaltig sind, weil sie verschiedenartigen Zeiträumen angehören. Wir wollen einen Teil dieser bisher unbeschriebenen Schotter nun zu beschreiben suchen, soweit sie nämlich der Zeit vor und während dem Diluvium angehören.

A. Die nicht glacialen Schotter bei Tuttlingen.

a. Die Denkinger Schwarzwaldgerölle.

An den Höhen des Primtales bei Denkingen liegen alte Schottermassen, die sich bis nach Rottweil hinein ziehen und immer die gleiche Hochterrasse einnehmen. Diese Schotter liegen ca. 100 m ob dem Primwasserspiegel, ca. 700 m ob dem Meer. Die Denkinger Schotter gehören wohl zu dem pliocänen Schwarzwaldhochterrassenschotter, denn sie enthalten Schwarzwaldgerölle; ihr Verwitterungsgrad ist auch ein hoher. Auch bei Wurmlingen OA. Tuttlingen liegen ähnliche Schwarzwaldgerölle, aber diese liegen in einem tieferen Horizont und sind jünger als die Denkinger Schotter. Diese Schotter zeigen ein Gefäll gegen Norden, so dass man meinen könnte, sie müssten von einem nach Norden ziehenden Flusse stammen, etwa vom Neckar oder einem seiner Zuflüsse. Man kann aber bisher noch nicht mit Gewissheit sagen, ob diese Schotter wirklich von der Donau stammen oder von einem andern Schwarzwaldfluss der Vorzeit, obwohl ersteres sehr wahrscheinlich ist. An den Talgehängen liegt unterhalb dieses Hochterrassenschotters ein Mittelterrassenschotter, welcher in 711 m Meereshöhe beginnend, über die linksseitigen Höhen des Prim- und Neckartales gegen Norden einfällt und bei Deisslingen in 670 m Höhe, in Rottweil aber in 655 m Höhe ansteht. Rechts vom Neckar fehlt dieser Schotter. In dieser zweiten Zone liegen Granite, Gneise, Porphyre und Sandsteine des Schwarzwaldes, die nur von der Donau stammen können oder wiederum nur von einem aus dem Schwarzwald kommenden Strom. Diese letzteren Gerölle müssen jünger sein, da sie einer tiefer gehenden Schwarzwalderosion entsprechen.

b) Auch das Eltatal wurde bis zu 700 m Meereshöhe mit Donauschotter angefüllt. Hier liegen auf Strassenhöhe zwischen Tuttlingen und Talheim am Fusse des Konzenberges »Nägelesfelsen« in 716 m Meereshöhe und **darauf** und **darunter** liegt Donaukies (siehe f.)

c) In den Tälern oberhalb Donaueschingens finden wir an den Gehängen ungeheure Schottermassen in 730 m Meereshöhe anstehend.

d) Auch über Dürrheim und Schwenningen muss die Donau oder ein anderer im Schwarzwald entsprungener Fluss zeitweise geflossen sein, denn das breite Tal und die Schwarzwaldgesteine sprechen dafür.

e) Von den Vorbergen des Lupfen hängen ebenfalls pliocäne Schotter in die nahen Täler herab. Quarzgerölle, Bundsandsteine, Porphyre mit Juragemischen. Auf dem Schopfelenbühl stehen diese Schotter in 710 m Höhe an.

Ob die bisher unter a—e beschriebenen Schotter pliocäne **Donauschotter** seien oder ob sie einem **Schwarzwaldgletscher** entstammen, muss erst noch die Zukunft lehren; beides wäre möglich. Aber das ist doch sicher, dass vom Schwarzwald ein Gletscher durchs Eschachtal bis nach Rottweil vordrang und ein breites Tal in die älteren pliocänen Schotter bahnte.

f) Tuttlingen liegt in 645 m Meereshöhe. Ersteigt man bei Tuttlingen eine der Höhen, die sich über 800 m Meereshöhe erheben, so findet man schon unten im Juraschotter häufig vorkommende Schwarzwaldgesteine und Quarze, dunkle Hornsteine, Bundsandsteine usw. Sehr selten findet sich Basalt und wenn, dann nur in den tieferen Lagen und dann sehr stark gerollten vom Wartenberg. Diese Geschiebe ziehen sich sogar noch auf vier Kilometer Entfernung in alle Seitentäler der Donau hinein.

Nun ist es auffallend, dass wir in 700 m Meereshöhe blos noch Juraschutt finden und keine Schwarzwaldgerölle mehr. Aber in den Höhen von 800 m und darüber treffen wir noch einmal Schwarzwaldgerölle an, also in der obersten Zone und manche Bergebenen sind von diesen Schwarzwaldgeröllen ganz bedeckt, wie die Ebenen des Dreifaltigkeitsberges, auf Eichen, Honberg, Ehrenberg, Konzenberg usw. Am Fussweg Tuttlingen-Konzenberg liegen diese Gerölle in 860 m Meereshöhe bei den Steinen der Landesgrenze: Quarzgerölle, Hornsteine, Bundsandsteine mit Verwitterungsrinden und auch Quarzgrus. Jura ist dabei, aber sehr selten. Sie liegen in Lehm, oft auch ohne Lehmbettung.

Wer vom Vorstadtbahnhof Tuttlingen »auf Eichen« geht, findet dort das gleiche Verhältnis. Bei der Kesselgrube, auf dem dortigen Tertiär, lagern ebenfalls die pliocänen Schwarzwaldschotter, also auf den höchsten Höhen des Berges.

g) Ersteigen wir die Höhen des Lippachtales, die Zetahöhen bei Kolbingen und Nusplingen, die Ebenen bei Irrendorf, Heinstetten, Messstetten, Stetten a. k. M. usw., überall finden wir pliocäne Donauschotter und wir sind versucht, sie eher für Reste der Grundmoräne eines Schwarzwaldgletschers als für Donaukies zu halten. Wo die gleichen Geschiebe als Reste an den Talgehängen vorkommen, nur in andern Höhenlagen, weisen sie freilich auf Flussterrassen hin und nicht oder weniger auf Gletscher.

Oder wurde die Donau in einer früheren Gletscherzeit des Pliocäns so gestaut, dass ihre Wasser und Kiese diese Höhen erreichten und sich auf den Albhöhen ausdehnen konnten? Vielleicht gehören alle diese Schwarzwaldschotter **mehreren älteren Flussläufen an, die mit der Donau ein System bildeten.** Eine regelrechte, zusammenhängende Ablagerung dieser Schwarzwaldgerölle ist noch nirgends wahrgenommen worden, ausser auf dem Hochsträss. Diese Schwarzwaldgerölle müssen aber alle alt sein, denn die auf den Hochebenen abgelagerten müssen schon abgelagert worden sein, ehe die sie trennenden Täler existierten. Ihre Ablagerung muss also mindestens pliocän sein, wenn nicht spätmiocän. Wo sie am besten erhalten blieben, sind sie in Mulden abgelagert worden, wie bei Messstetten an der Strasse nach Unterdigisheim, wo die Gerölle in vielen grossen Exemplaren gefunden wurden. Auf dem Bräunesberg bei Stetten im Donautal (neben Mühlheim), direkt ob dem Kesselbach, kommen diese Schotter als höchste Bergesdecke vor; ebenso zwischen Ziegelhütte und Schinderhütte im Süden von Nendingen. Immerhin treten sie sehr häufig auf, wenn sie auch in den geologischen Landeskarten nicht immer eingezeichnet sind, wo sie eingezeichnet wurden (Quarzitgerölle, D. qu.) treten sie als auffallende Decke auf. Die anders gezeichneten Schwarzwaldgerölle (G. 1) sind jüngeren Datums und lagern nicht in solchen Höhen, wie die letzteren Geröllen, sind auch nicht sehr weit ausgebreitet, wenn auch z. B. im ganzen Donautal zwischen Geisingen und Immendingen; diese sind diluviale Schotter. Die Unterschiede beider Schotter bestehen darin: Im **pliocänen Donauschotter** fehlen Basalt und jüngere Schwarzwaldgesteine, während sie im gewöhnlichen diluvialen Schwarzwaldschotter enthalten sind.

B. Die echten Schwarzwaldgerölle des Mittelterrassenschotters.

Die Station Geisingen liegt auf einer Terrasse, welche ganz aus diesem Schotter besteht. Er bildet dort den Mittelterrassenschotter und zeigt sich dann überall in gleicher Höhe bis nach Immendingen. Station Immendingen liegt ebenfalls auf dieser Terrasse. Am Rotkreuz bei Nendingen, nordwestlich der Bahnlinie, links der dortigen Kapelle, eine Art Moräne des Ursentales vorstellend, steht dieser Schotter wieder an, dort unterlagern diese Gerölle den Jurageröllen, sind also älter als letztere. Bei Lipptingen, südlich von Tuttlingen und im Mattsteigtal bei Tuttlingen (am Honberg, Strasse nach Neuhausen) stehen die gleichen Schwarzwaldgerölle in grosser Ausdehnung an. Wo sie auftreten, muss einst die Donau geflossen sein. Sie finden wir auch bei Inzigkofen, wo sie die Nägelesfelsen unterlagern. Ebenso unterlagern sie die Nägelesfelsen bei Altstadt—Mühlheim. Diese Gerölle stellen also den zweitältesten Donauschotter dar und zwar echten altdiluvialen aus dem Schwarzwald.

C. Die altdiluviale Juranagelfluhe der Albtäler.

Diese Juranagelfluhe ist von allen Donautalschottern am besten erkenntlich, indem sie nur aus Weissjura besteht und meistens mit Kalksinter fest verkittet ist. Ihre Ausbreitung ist eine grosse. Sie ist altdiluvial und geht der Hauptvergletscherungszeit parallel, denn nie finden wir unter ihr Rheingletschergerölle, sondern immer auf ihr. Wir kennen sie schon aus dem Eyach- und Schmichatal. Dieser Schotter enthält im Schmichatal nur Epsilongerölle, im Donautal- und Elta-Faulenbachtal Weisjuragerölle aus Beta-Zeta. Auch bei Gutenstein sind alle Weissjuraglieder vertreten. Somit Lokalbildungen.

1. Nordwestlich von Zimmern a. d. D., an den östlichen Talgehängen des Talhofes, bedeckt dieser Schotter noch den Braunjura ε. Neben ihm und an der anderen Talseitenwand tritt gleichaltriger zusammengebackener Juraschuttkies auf: ein Gemenge von Schutt und Geröllen. Letztere Schotter lagern bei Zimmern an beiden Talgehängen, während Nagelfluhe sich blos noch in Spuren findet.

2. Am Kraienbach, zwischen badisch Esslingen und Talheim, tritt die diluviale Albtälerjuranagelfluhe schon in grossartiger Ausdehnung auf, aber nur auf der nordwestlichen Talseite, während sie auf der südwestlichen Seite durch Juraschuttkies ersetzt wird.

3. Ebenso ist es im Eltatal, wo auch nur auf der Nordseite die diluvialen Albtälerjuranagelfluhe in grosser Ausdehnung zwischen Wurmlingen-Seitingen-Hausen o. V. auftritt, auf der anderen Talseite fehlend, durch Schuttkiese ersetzt.

4. Anders ist es im Faulenbachtal, wo diese Nagelfluhe ihre grossartigste Entwickelung fand. Die ganze nordöstliche Talseite zwischen Tuttlingen und Wurmlingen, weiter bis Dürbheim und Spaichingen trägt diese Nagelfluhe. Aber auch noch die andere Talseite Wurmlingen-Weilheim-Rietheim bis Balgheim zeigt die gleiche Ablagerung, von wo aus sie sich ins Tal hinter den Dreifaltigkeitsberg hineinzieht. Also im Faulenbachtal erhält diese Ablagerung ihre grossartigste Entwickelung.

5. Bei der Papiermühle Tuttlingen tritt sie wieder auf der nordöstlichen Seite auf, ebenso bei der Nendinger Kapelle am Rotkreuz.

6. Am Austritt des Lippachtales bei Mühlheim-Altstadt zeigt sie sich wieder überall, aber auch nur im Nordosten.

7. Auch wo sie im Beeratal auftritt, ist es nur im Nordosten (z. B. Egesheim).

8. Auch bei Storzingen im Schmichatal und bei Stockenhausen im Wannental tritt sie im Nordosten auf. Die wichtigste Aufschlussstelle liegt aber an der Donau selbst bei Station Inzigkofen, wo sie besonders grossartig entwickelt ist und auch nur an der Nordostseite liegt.

Von den letzteren Vorkommen und von der Juranagelfluheablagerung bei Nendingen, wollen wir noch besondere Beschreibungen geben:

Die »diluviale Juranagelfluhe der Albtäler« bei Nendingen, ihre Stellung im System der Talschotter.

In nächster Nähe des dortigen Bahnhofes liegt die Marienrotkreuzkapelle und direkt neben ihr die grosse, seit Jahren betriebene Kiesgrube. Sie liegt in einer Terrasse, welche sich ins Ursulatal hinaufzieht und den Anschein erweckt, als ob sie nicht durch die Donau, sondern durch einen Albfluss abgelagert worden wäre.

Wir erhalten folgendes Profil:

Profil 49. Nendinger Kiesgrube. Ansicht von der Kapelle aus, also gegen Süden blickend.

Süden — Norden

10—20 cm	Humus, ohne Gerölle. Gefäll zeigend gegen Südosten.			
5 m	Geröll, Weissjurageröll mit Weissjurasand, hie und da mit Anflug von Kalksinterbildung. In der Mitte unten Blöcke, die gut gerollt sind und eben gelagert.	Fluviale Ablagerung	Nur weiss. Jura, weder brauner noch schwarzer, weder Tertiär noch Schwarzwaldgeröll; hie und da findet sich ein Stück Bohnerz des Oligocäns in Brauneisenstein umgewandelt.	an Weissjura Betabänke angelagert, an den Talboden d. Ursulatales
2 m	Geröll in Eisenrostrotem Sand, der Sand aus Jura stammend, die Färbung aber aus Bohnerzton, der mit dem Sand gemischt ist. Dieser Sand ist geschichtet und zwar eben, wie der 3 m tiefer liegende, in der Nähe anstehende Donautalboden auch eben ist.		Sand schier ganz aus Jura und oligocänem Bohnerzton. Einige Kiesel (bunte Fettquarze) fanden sich darin vor. Dieser sandige Lehm liegt bei Bahnhof Inzigkofen auf und nicht unter der Nagelfluhe.	
2 m	Schwarzwaldgerölle: Porphyr, Granit, etwas Basalt, Bundsandsteine, Fettquarze gemischt mit $^1/_3$ Jurageröllen.		Diese unterste Lage ist sehr selten aufgeschlossen, weil die Kiesgräber nur wenig so tief graben, es wurden aber schon Gruben für Viehverscharrung in dieser Schichte gegraben.	

Wenn wir dieses Profil mit demjenigen vom Bahnhof Inzigkofen vergleichen, so fällt uns auf: 1. dass die Höhe der Juranagelfluheablagerungen im Donautal ungefähr gleich ist. Bei Nendingen wird sie unterlagert von eisenrostrotem Sand, der ein Gemenge von Juradedritus mit Bohnerzlehm darstellt. Diese Unterlagerung ist aber bei Inzigkofen nicht zu finden, dort liegen diese sandigen roten Tone auf der Juranagelfluhe. Ueber ihnen liegt bei Inzigkofen Schwarzwalddonauschotter, der bei Nendingen unter der Juranagelfluhe liegt. Wir kommen später darauf zurück.

In der fünf Meter dicken Geröllschicht bei Nendingen finden wir alle Weissjuraformationsglieder wieder, auch diejenigen, die tiefer liegen, als das am nahen Donautal aufsteigende Gestein der Beta- und Gammaschichten. So finden wir schneeweisse, gelbe, graue und rosarote Epsilonkugeln; Gamma ist meist oolithisch, grau und rot; Delta ist mit Epsilon zu verwechseln. Beta ist weiss und alpha ebenfalls, mit Condritenröhren durchbohrt. Oberalpha ist sogar häufig, gut erkannt durch seine Condriten (Condrites Hechingensis).

Unser Kieslager liegt in gleicher Höhe, wie die Betaterrasse beim Vorstadtbahnhof Tuttlingen, auf welcher die roten Bohnerztone der dortigen Ziegelhütte lagern, welche wiederum eine Decke von Lehm (rotbraun) tragen, in welchem pliocäne Schwarzwaldgerölle liegen, genau die gleichen, wie wir sie auf dem Hochsträss, als pliocänen Donauschotter angesprochen, finden. Die Gerölle beim Vorstadtbahnhof sind äusserst rundgerollt, wie es nur bei Flussgeröllen möglich ist, aber viele sind auch ganz flach, kuchenförmig gerollt, aus bunten und weissen Quarzen und Bundsandstein bestehend. Diese Auflagerung fehlt aber auf der Nendinger Kiesgrube ganz.

Woher mag diese Ablagerung stammen? Von der nördlichen Bergeshöhe wohl nicht, denn dort fehlt Alpha, auch nicht vom Dreifaltigkeitsberg? An dessen Fuss steht noch Alpha an. Die Alphastücke können also durch das Faulenbachtal hieher geschwemmt worden sein. Aber stammen sie nicht von der Donaustrecke Möhringen-Immendingen? Das wäre möglich, aber dann müsste doch auch Schwarzwaldgerölle mit untergemischt worden sein. Dieses fehlt aber völlig in der Juranagelfluhe, folglich muss sie aus einem Albtal der Nähe stammen. Wo sie auftritt, finden wir stets und nur immer nichts als Weissjura.

Am Fusse des Witthoh und beim Bahnhof Tuttlingen am Austritt des Duttentales ins Donautal finden wir diese Tatsache in der dortigen Juranagelfluhe auch bestätigt.

Wir sehen hieraus, dass eine Zeitlang die Alb riesige Massen ihrer Gesteine als Gerölle zur Donau sandte, so viel Geröll auf einmal, dass die Schwarzwaldgerölle dem Jurageröllеandrang weichen mussten. Wahrscheinlich erfolgte diese Geröllabgabe zur Zeit der Hauptgletscherperiode, zur Zeit der Albvergletscherung, wenn nicht in der darauffolgenden interglacialen Periode. An Stellen, wo die Alb kalkartige Gewässer abgab, welche in dieser Lage eindringen konnten, wurden sie verkittet und so erst zur Nagelfluhe umgewandelt. Meist traten diese Versinterungen in den Deckschichten auf, und so entstand eine diluviale Albtälerjuranagelfluhe, die ähnlich gebildet wurde, wie die alpine Nagelfluhe der Rhein- und anderer Gletschergebiete, die sich auch in der ersten Interglacialzeit bilden konnte, denn die alpine Rheingletschernagelfluhe bei Sigmaringen liegt im gleichen Höhenhorizont wie die diluviale Juranagelfluhe der Albtäler, nämlich einige Meter über dem Donauwasserspiegel, bei Sigmaringen löst eine die andere ab. Wo wir also zwischen anderen Schottern die diluviale Juranagelfluhe abgelagert finden, haben wir Anhaltspunkte für die Einreihung ins System.

Die Bohnerze und Brauneisengerölle unterzogen wir auch, nicht ohne Absicht, einer besonderen Untersuchung. Sie sind alle glänzend, glatt gerollt. Das Bohnerz im Innern rostbraun bis schwarz gefärbt, hie und da mit Manganitkruste überzogen. Der damit verwandte Brauneisenstein ist innen violettbraun, aussen rostig und wenn schwarz, dann auch durch Manganitansatz geschwärzt. Diese Bohnerze kommen als oligocäne Bohnerze noch heute nördlich der Donau auf allen Albhöhen vor.

Petrefakten, die eine genauere Bestimmung der Jurafundstücke zuliessen, wurden nur in abgerollten Bruchstücken gefunden und zwar als Ammonitenreste und nur wenigen Belemnitenresten. Ob die

Figur 135. **Durchschnitt der Donautaldiluviallager bei Nendingen.**

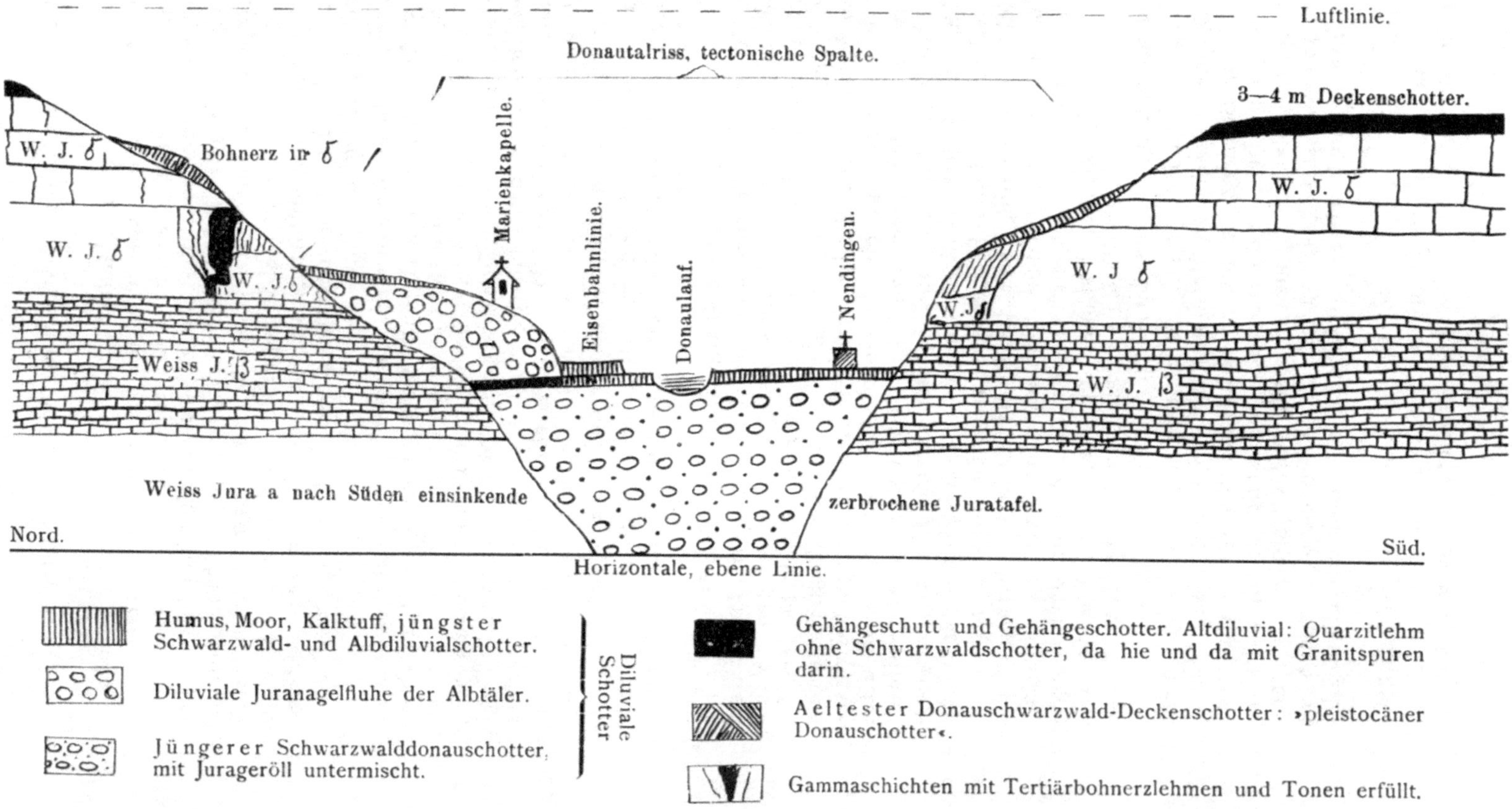

Chondriten der α/β Grenze wirklich Pflanzen oder aber Röhrenwurmgänge sind? Wir neigen zu letzterer Ansicht hin.

Auffallend ist, dass die Südseite der Donau diese Schotter nur dort kennt, wo der Jura sich noch mehr nach Süden, ohne Bedeckung mit Tertiär, ausdehnt. So fehlen sie von Sigmaringen bis Tuttlingen. Aber in Tuttlingen liegen sie am Witthoh, am Ehrenberg und Hauptbahnhof, ganz nahe des alten Donaubettes, und im Seltenbachtal (siehe später: »Kiesgrube der Seltenbachmulde«).

Im Lippachtal finden sich die diluvialen Juranagelfluhegerölle auch. Sie ziehen sich dort nach Altstadt-Mühlheim und sind zu harten Bänken verkittet. Diese Bänke zeigen ungekittete Zwischenlagen. Die Ablagerungen sind wie bei Nendingen 5—6 m hoch. Auch bei Hausen i. T. liegen diese Schotter und bilden dort eine Terrasse, die wie bei Langenbronn ca. 5 m höher liegt als der Donauwasserspiegel.

Schliesslich gaben wir auf Seite 332 noch einen Idealdurchschnitt des Donautales bei Nendingen, welcher die Ablagerung der Schottermassen am deutlichsten zeigen kann.

Die diluviale Juranagelfluhe bei Station Inzigkofen und ihr Lagerungsverhältnis.

Dieselbe steht nördlich des Bahnhofes Inzigkofen, an der Strasse an, am Gehänge gegen Norden. Da dieselbe der Nendinger gleicht, trotz den etwas abweichenden Lagerungsverhältnissen, wollen wir sie zuerst untersuchen.

Sie bildet einen Terrassenrest, welcher sich hinter einem schützenden Felseninselvorsprung verbirgt und deshalb durch weitere Rheingletschererosion nicht abgetragen wurde. Durch den Bahnbau der Linien Ebingen-Sigmaringen und Tuttlingen-Sigmaringen wurden diese Schotter gut erschlossen und ihre Unter- und Überlagerung festgestellt. Aus dem Durchschnitt, Fig. 136, heben wir folgende Einzelheiten heraus.

Da der »Nägelesfelsen«, die »diluviale Juranagelfluhe der Albtäler« überall gleich deutlich entwickelt ist, und dadurch erkennbar, dass er ausschliesslich Weissjuragerölle von ausgesprochen guter Rollung enthält, so beginnen wir mit ihm. Derselbe ist in den unteren und oberen Lagen fest verkittet und zwar mit weissem oder bräunlichem, eisenhaltigem Kalkspat. In der Mitte fehlt jede Verkittung; Höhe 5 bis 7 m. Die ganze Juranagelfluhebank zeigt sich als teilweise abgeriebene Terrasse an der Strasse aufgeschlossen, die von Bahnhof Inzigkofen nach Gutenstein führt und zwar liegt die Bank zwischen Bahnhof und Einschnitt. Im Einschnitt bemerken wir, wie auf der Juranagelfluhebank (I) eine Bohnerzlehmschicht liegt (II), welche die Nagelfluhe wie eine Kappe deckt und hie und da noch mit verkittet ist. Der Bohnerzlehm aber wird von einem mitteldiluvialen Schwarzwaldschotter bedeckt (III), welcher aus Porphyr, Granit, Basaltspuren, etwas Muschelkalk und Bundsandstein besteht, gemischt mit Jurageröllen. Auf dieser Schichte liegt aber noch eine vierte Schichte, Gehängeschutt aus Weissjura ξ und ε mit Rheingletschergeröll: IV. Diese Schichte bildet die oberste Decke der ca. 8—10 m hohen und ca. 200 m breiten Terrasse. Hinter ihr steigt der Abhang von Weissjurazeta sanft empor.

Im Eisenbahneinschnitt selbst können wir die gleiche Lagerung

Figur 136. **Durchschnitt der Donaudiluviallager bei Bahnhof Inzigkofen.**

I. Diluviale Nagelfluhe, Jura von den Albtälern, II. darauf Bohnerzlehm mit Quarzitgeröll, III. ältere Schwarzwalddonauschotter, IV. älterer Schwarzwalddonauschotter mit Rheingletschergeröll gemischt, V. jüngerer Schwarzwalddonauschotter, VI. Moräne des Rheingletschers, Altmoräne der Haupteiszeit, VII. jüngster Donauschotter, diluvial, VIII. alluvialer Donauschotter.

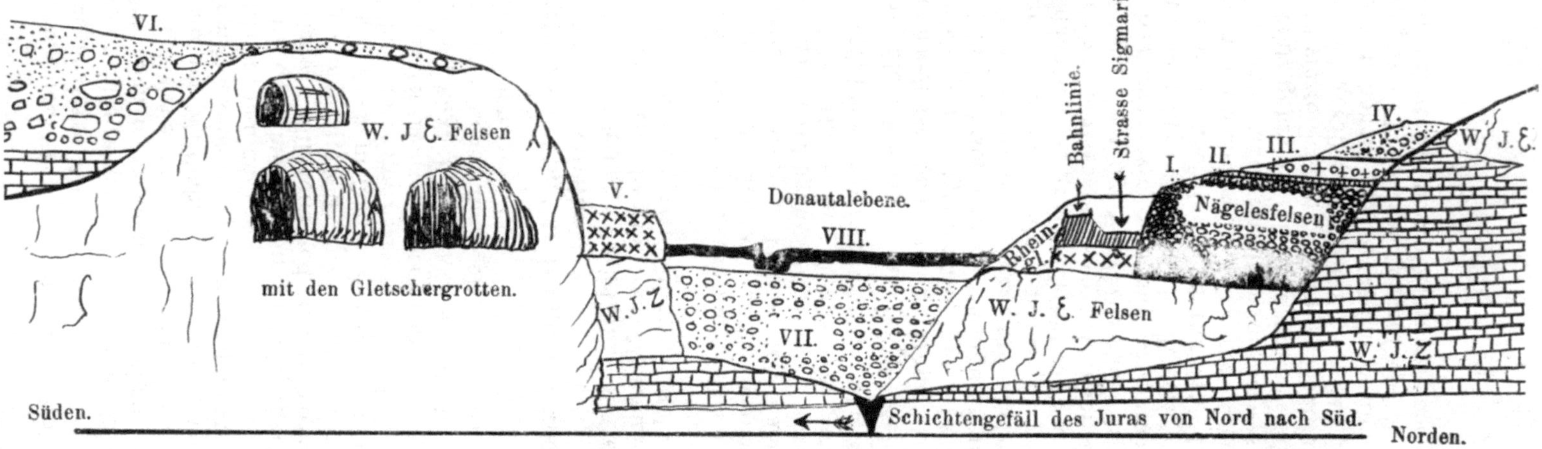

konstatieren, nur haben wir dort statt Zetabänken harten Epsilonfelsen vor uns, der viel zerklüftet, in seinen Spalten zu unterst Bohnerzlehm, darauf aber fette Tertiärlette und dann Blocklehm mit Rheingletschergeröll enthält. Ganze Blöcke von Rorschacher Sandstein liegen dort, südlich auf der Anhöhe zwischen Einschnitt und Landstrasse. Im Eisenbahneinschnitt selbst sehen wir aber auch noch heute, was man beim Bau des Donausteges wahrnahm, dass nämlich unsere Juranagelfluhe (I) von einer älteren Geröllschicht unterteuft wird, die aus Schwarzwaldgeröllen besteht (V). Welche Geröllschichte auch drüben über der Donau bei den Grotten da ansteht, wo die Brückenpfeiler gegen Süden sich an die ε und ξ Schichten anlehnen. An den dortigen Epsilonfelsen bemerken wir die vielbesuchten Strudelgrotten aus der Rheingletscherzeit, deren Felsen wiederum mit Moränenschutt der Rheingletscheraltmoräne bedeckt ist (IV). Dieser Blocklehm unterscheidet sich aber von IV. dadurch, dass er keinen Schutt aus Zeta und keine Epsilongerölle mehr enthält, sondern nur Tertiär und alpines Gestein. Aber sicher ist es die gleiche Formation wie IV, nur dass IV mit dem Albschutt des nahen Gehänges vermischt ist. Das Donautal selbst, soweit es den ebenen Talboden darstellt, besteht aus jüngstem Donauschotter VII (jungdiluvialer Natur), auf dem noch alluvialer Donauschotter (VIII) ruht, mit Moor und Schutt und Kalktuff. Der Untergrund des jungdiluvialen (VII) Donauschotters ist Weissjurazeta und Epsilon, wie wir beim Bau der Brücke konstatieren durften. Das zerklüftete Epsilongestein und die zerrissenen Zetaplatten zeigen ein Gefälle gegen Südosten und Süden. Die ganze hier beschriebene Ablagerung liegt aber in einem Gletschererosionskessel, den der Rheingletscher hier aushobelte. Bemerkenswert ist noch die Schilderung der Zusammensetzung, des Gerölls der einzelnen beschriebenen Schichten von I—VIII.

Die Zusammensetzung des Gesteins der Schichte I: »diluviale Juranagelfluhe, besteht ausschliesslich aus Geröllen der obersten Weissjuraschichten: ε und ξ muss also aus der Nähe, wohl dem Schmichatal, stammen, denn die »Nägelesfelsen« bei Nendingen enthalten α—ξ Gesteine! Dazwischen liegt feiner Sand aus Epsilon. Das Bindemittel ist nur selten rostiger, meist grauer Kalkspat. Schichte II besteht auch blos aus eisenschüssigem Lehm mit Bohnerz darin; diese Schichte liegt bei Nendingen unten. Schichte III: älterer Schwarzwalddonauschotter, Feldspatgranit, Feldspatporphyr, Granulit, Glimmerschiefer mit Quarzgängen darin, Bundsandstein, Muschelkalk, Keupermühlsteinquarz, dann Weissjura mit braunem und schwarzen Tertiär. Schichte IV: das alpine Moränengestein des Rheingletschers mit Gehängeschutt gemischt, der sehr oft ganz kiesig, kleinkörnig, nussgross aussieht und dem Kies der Ebenen entstammt. Zetaschutt ist weniger dabei. Etwas Bohnerz findet sich auch vor. Schichte VI (entsprechend Schichte IV) besteht nur aus Gletscherschutt der Rheingletscheraltmoräne. Eine besondere Ablagerung ist Schichte V. Nach Anlage der Brücke und Neuanlage der Strasse nach Inzigkofen wurde diese Schichte frisch aufgeschlossen und ergab folgendes Schichtenprofil:

Profil 50 des mitteldiluvialen Donau-Schwarzwaldschotters an der Donaubrücke bei Station Inzigkofen.

Obere Lage 3 m	Decke rotbrauner Sand und Lehm, durch lagern an der Luft graubraun werdend. Einige Basaltkugeln. Dann Lehm, darin fest eingepackt: Feldspatgranit, Feldspatporphyr, Porphyr mit roten Flecken, Granulit, Muschelkalk, Fettquarz mit Tertiär, Muschelsandstein, Bohnerz, Jura, schwarz und weiss.
Mittlere Lage 2 m	Sand aus weissem Jura und Gerölle aus weissem Jura vorherrschend, besonders Weissjura, Epsilon und Zeta. Zeta stark verwittert und scheinbar gequetscht. Gerölle aus anderen Juraschichten seltener. Aus Tertiär: Muschelsandstein und Bohnerz und Basalt. Aus Trias und Urgebirge: Muschelkalk, Bundsandstein, Granit, Porphyr, Granulit, Fettquarz, Hornsteine; (Urgestein häufiger als Triasgesteine).
Untere Lage 2 m	Nester und Schmitzen von Tertiärsand, Quarzitkörner, grosse graue darin. Die Nester traten in Schlauch- und Orgelformen auf, waren senkrecht und wagrecht gelagert, können also keine Flussablagerung sein, ausser durch Strudel entstanden. Ausserhalb dieser Orgeln lag eine Bank von Jurasand- und Tertiärsandmischung mit Geschieben des weissen Juras, der Trias und Schwarzwaldurgebirgs, von Rheingletschergeschieben keine Spur, Basalt fehlt gänzlich.

W. J. ξ und ε als Untergrund geschrammte Löcher mit Bohnerzlehm erfüllt.

Bezeichnend ist, dass diese ältere Schichte auch unterhalb der diluvialen Juranagelfluhe liegt, also älter ist als die diluviale Juranagelfluhe, doch ist sie dort nicht in ihrer vollen Mächtigkeit entwickelt gewesen, da der weisse Jura im Einschnitt höher aufsetzend erhalten ist, also nicht so tief abgetragen wurde, wie an der Donaubrücke.

Schichte VII: Muskovitglimmerschimmer und Hornblendeglimmerschiefer, Kaliglimmerschiefer, kaffeebrauner Bundsandstein, Porphyr, Granit, Granulit, grobkörniger Porphyr, Feldspatgranit, Hornstein und Quarze, Mischquarz, Basalt, Muschelkalk, Jura aus Lias, braunem und weissem.

Schichte VIII. Unten Geröll ähnlich wie VII, oben aber Moorboden.

Die jungdiluvialen Donautalbodenablagerungen im Unterschied zu den altdiluvialen oder: Die Probelöcher unterhalb des Schmichaeintritts in die Donau.

Schon durch diese Aufnahmen bekommen wir ein deutliches Bild der Diluvialschichten des Donautales, aber wir haben noch weitere Lager untersucht und soll dasjenige jetzt auch gleich beschrieben werden, welches am Eintritt der Schmicha in die Donau liegt, obwohl es jungdiluvial ist. Als nämlich in den 90er Jahren des vorigen Jahrhunderts der Bahndamm durch Donauunterspülung rutschte, musste das Donaubett etwas mehr südlich verlegt werden. Vor der Verlegung wurden eine Menge Probelöcher gemacht, die untersucht wurden.

Die Probelöcher lagen dort, wo heute die korrektierte Donau fliesst, anfangend von der Felsennase, welche der Eisenbahnbrücke, die über die Schmicha führt, gegenüber liegt. Eine Reihe lag neben der Donau, also im echtesten Donautal, die andere Reihe in der Terrasse (Niederterrasse), welche das alte Donaubett des alluvialen Donauflusses bildete. Aus den Probelöchern und Einschnitten wurde ein Bild gewonnen, welches eine grosse Verschiedenheit der Diluvialablagerungen ergibt, so verschiedenartig als nur möglich. Probelöcher 1 und 2 lagen in der Nähe des Felsens, gegenüber der Eisenbahnbrücke, 3 vor der Felsennase, 4 als Haupteinschnitt ebenfalls vor der Felsennase, 5—10 in der Terrasse, 11—15 an dem Fluss, neben 5—10. Durch letztere Aufnahmen verbessert sich noch das Bild über den Aufbau der Schichte VII von Durchschnitt Figur 136.

Folgende allgemeine Resultate ergaben die Untersuchungen:

1. Im Geröll fand sich keine Spur alpinen Gerölls.
2. In allen Probelöchern und Einschnitten wurde bis auf den anstehenden Jurafels des Taluntergrundes niedergegangen. Dieser Jurafels zeigt auf dem Talboden treppenartige Erosion, so dass anzunehmen ist, der frühere Donautalboden sei viel tiefer als heute gewesen und es lägen mehrere Talrinnen in der heutigen Hauptrinne, welche durch Gletschererosion gebildet worden sei. Ein Abbruch der südlichen Tafel an der nördlichen ist nicht zu bemerken gewesen, aber ein starkes Gefäll gegen SSO.
3. Die Ablagerungen sind sehr unregelmässig und lassen sehr schwer eine Ordnung erkennen.
4. In allen Aufschlüssen, ausser Nr. 9. fand sich weder Kalktuff noch Schnecken, Schaaltiere und andere Reste lebender Wesen.
5. Basalt kommt selten vor und liegt dann in den untersten Lagen.
6. Am südlichen Terrassenabhang zeigt sich eine talabwärts verlaufende Weissjuraschuttbank, in welcher kein Donaugeröll liegt. Der Juraschutt besteht aus kleinem Höhenkies, von Nussgrösse, gelblich gefärbt. Diese Bank zieht sich gleich einer Grundmoräne talabwärts und enthält den gleichen Kies, wie die Wände des Schmichatales. Diese Bank weisst auf einen Seitenzufluss der südlichen Donauseite hin, der heute verschwunden ist, wenn sie nicht eine Sandbarre darstellt, die hier seitwärts abgelagert wurde.

Nun zu den Aufschlüssen:

Nr. 1: 3 m Tiefe, oben 1 m Moorboden, 30 cm Kies aus Schutt, dann weiss Jurageröll mit Porphyr, Feldspatgranit, dann zu unterst ε Felsenbank, 8 m entfernt, taleinwärts vom Hauptfelsen.

Nr. 2: oben 60—100 cm: Moorboden mit einzelnen Jura- und Granitgeröllen. Dann 10—20 cm Schmitzen dieser Gerölle in Ton gebettet. Dann 60—100 cm Moorboden (II. Moorboden), mit einzelnen Jura- und Granitgeröllen. Sand zu unterst, dann fester anstehender Epsilonfels. Nr. 1 und 2 zeigen horizontale Ablagerung.

Nr. 3: wie Nr. 1.

Nr. 4: Hauptschlitz in die südliche Terrasse, getrieben zwischen Abhang und Donau: oben 1,2—2 m Moorboden, wannenförmig gelagert, mit nur Kies und Schutt des weissen Juras, dann 1,5—2 m Kies und Sand, ohne Lehm, mit $({}^{4}/_{5})$ Jurageröll und $({}^{1}/_{5})$ Schwarzwaldgeröll; horizontale Lagerung. Alles schwachwellig geschichtet. Eigenartig ist die Ablagerung; sie ist eine conzenterische. In der Mitte der Ablagerung liegt ein Berg von Sand mit Jurageröllen und Schwarzwaldgeröllen. Ueber diesen senkt sich ein Mantel nieder aus Lehm mit Weissjurageschieben, Lossburger Buntsandstein, durch Kalksintermilch verkittet. Daneben bemerkten wir eine sich tiefer senkende Orgel mit Ton, Lehm und Weisjurageröllen, Bohnerz und Sand des bunten Sandsteins. Neben dieser Orgel liegt gelbe Zetalette mit Gehängeschutt von Delta, 1,5—2 m wellig geschichtete, sich abwärts ziehende, feste Lehmbank mit Schwarzwaldgeröllen. Auf beiden Seiten dieser Bank: Kiesgrus aus ε.

Nr. 5: Genau wie Nr. 4, aber unten anstehende Zetaplatten: wilde Portländer, in 2,5 m Tiefe lagernd. Auch hier gegen die südliche Bergeswand, Juraschutt, Jurakies; gegen die Donau: Schwarzwaldgerölle.

Nr. 6: Oben: 1—1,5 m Kies, Geröll, nur aus Jura, in Lehm gebettet, gegen den Berg anschwellend.
0,4 » Sand, meist aus Buntsandstein.
1 » Geröll, Jura u. Schwarzwaldgesteine. Ohne Basalt.
1 » Geröll mit Basalt darin und Jurablöcken, die gut geschliffen sind, aber ohne Kritzen, ohne Verwitterung.
1 » Geröll und viele Blöcke aus dem Jura.
20 cm und etwas tiefer: runde Jurägerölle der tertiären Juranagelfluhe, manche mit Daumeneindrücken. Alle sehr schön eirund. Kein Schwarzwaldgeröll dabei.

Nr. 7: 40—60 cm Kies, Geröll, Schutt aus weissem Jura.
2 m lehmiger, roter Buntsandsteinsand, sonst nichts.
2 » Gerölle der tertiären Juranagelfluhe mit ε Blöcken.

Nr. 8: 1,6—2 » Löss mit Schneckenschalenresten.
1 » » » viel Jurakies.
2 » » » weniger Jurakies.
} Im Löss viel Glimmer und Sand des bunt. Sandsteines.

Gerölle fehlen in Nr. 8 ganz.

Nr. 9: 3 m Löss meist aus Buntsandstein, mit ganz wenig Geröllen des Schwarzwaldes und der Alb.
1 » feiner Kalksand mit Glimmer und Schnecken.

Nr. 10: 1 » Humus mit Geröll: aus Schwarzwald und Alb.
4 » nur Geröll, ohne Sand und Lehm: aus Schwarzwald u. Alb.

Von 1—10: was tiefer ist, ist weisser Jura, anstehendes Gestein, meist ξ, hie und da noch ε als Felsenepsilon.

Nun folgen die Schlitze und Löcher an der Donau selbst.

Nr. 11: 30 cm Moor und Jurakiesschutt.
40 » Geröll aus Alb und Schwarzwald.
20 » Moorboden, schwarz.
30 » » mit Juraschutt.
50 » lehm. Sand u. etwas Jurakies.
} überall Buntsandsteinsand unter lössartigen Lehm gemischt, ausser den Moorböden, welche aus Lehm und Sand, ganz fein gemischt, bestehen.

80 cm Sand und Gerölle aus Alb und Schwarzwald.
100 » sandiger und grauer Moorboden mit etwas Jurageröllen.
Nr. 12: 30 » Löss und etwas Juragerölle.
40 » » ohne Juragerölle.
30 » » mit »
200 » Geröll und Sand aus Jura und Schwarzwald, mit Schmitzen aus Buntsandsteinsand.
Nr. 13: genau wie Nr. 12 aber unten statt Buntsandsteinsand rot, solcher weiss, gemischt mit weissem Juradolomitsand.
Nr. 14: genau wie Nr. 12.
Nr. 15: Lösssand, aus Buntsandstein gebildet, mit Jurakies.

Wir sehen, dass das Gefundene vorwiegend aus Schwarzwald und Albjura stammt, dass aber Tertiär und Basalt selten sind. Auffallend ist, dass wir 2 Moordecken haben, eine ältere und eine jüngere und dass diese Moordecken meist aus feinstem Buntsandsteinschlik oder Juraschlik bestehen. Zwischen beiden Moordecken lagern dann wieder die Geröllmassen, stürmische Zeiten anzeigend. Ja Nr. 11 zeigt sogar drei Moorböden übereinander. Der »Moorboden« ist nie völlig schwarz, höchstens grauschwarz und immer meist aus Schlik, lössartig gebildet. Dieser Schlik ist so fein und zart, dass man an Fluglehm oder Gletschermehl denken könnte.

Schalen und andere Tierspuren finden sich nur in Aufschluss 9, dort scheint sich das Wasser mehr gestaut und Seen gebildet zu haben.

Was noch die Gerölle selbst anbelangt, so sind die Juragerölle leicht erkenntlich, und zwar ob es Jura oder Juranagelfluhekugeln seien, Molassesandstein fehlt schier ganz und die Schwarzwaldgesteine sind weit seltener als der Schwarzwaldsand, welch letzterem der Löwenanteil der Ablagerung zukommt. Immer enthält derselbe Glimmerplättchen und seine rote Farbe. Auffallend ist, dass bei Nr. 13 statt des roten Bundsandsteinsandes ein weisser Sand liegt, welcher aus Dolomitsand besteht, wie er bei den Steighöfen ob Hausen i. T. zu finden ist. Aber mit ihm gemischt ist Quarzsand, doch ist es unsicher, ob dieser aus dem Tertiär stammt oder aus dem Buntsandstein. Wir dürfen wohl Tertiärsand annehmen, da die Quarzknollen fehlen, welche sonst dem unteren Buntsandstein angehören. Dass aber der Hauptanteil des 13er Sandes dem Epsilondolomitsand angehört, geht auch daraus hervor, dass in demselben Zetalehmbruchstücke liegen und er von Mangan durchzogen ist. Auch Zetalehmschmitzen durchziehen ihn. Eine Verkittung zu Kalktuff zeigt sich nirgends. Zu bemerken ist noch, dass ja das Zeta der Umgegend unten aus rauhen, in der Mitte aus zarten dicken Platten gebildet ist, die sehr tonhaltig sind, dass aber Zeta in den oberen Lagen in tonige Letten übergeht, die hie und da keine Kalkplatten mehr zeigen.

Das Rheingletschergeröll liegt nur auf beiden Seiten der anstehenden Anhöhen, fehlt aber im Talbodenniederschlag. Die Schmelzwasser der Schwarzwald- und Albgletscherströme müssen also alles Alpengerölle gründlich entfernt haben. Aus dem Ergebnis der Probelöcheruntersuchung geht aber noch weiter hervor, dass zur Zeit jener Ablagerungen die Donau weit breiter gewesen sein muss als heute, und dass sie insbesondere ganz bedeutende Schwarzwaldwassermassen nach

Sigmaringen verfrachtete, Wassermassen, die die Wassermassen der Albzuflüsse übertrafen, denn der Schlik des Moorlandes besteht zum grössten Teil aus Buntsandsteinsand nicht aus Jurasand, ja das Verhältnis ist ca. 10×1. Damals also konnten die donauverschlingenden Spalten, die die Schwarzwalddonaugewässer heute dem Rhein zuführen, noch nicht, oder erst im Anfang existieren.

Vergleichen wir aber die vielen Aufschlüsse miteinander, so bekommen wir folgendes

Uebersichtsprofil 51. Jungdiluviale Ablagerung des Donauschotters bei Inzigkofen: unterhalb der Eisenbahnbrücke und unterhalb des Einmündens der Schmicha in die Donau.

Obere Formation ca. 2 m

oben: 1 m Moorboden, grauschwarz — selten mit Geröll gemischt und wenn mit Geröll aus Jura dann gegen die Talwände, aber mit Geröll des Schwarzwaldes in der Mitte. Hie und da gemischte Gerölle.

oder 1 m Schlik, lössartig, grau. Meist ohne Geröll, oder wenig Geröll des Schwarzwaldes in der Mitte, aber auf den Seiten Jurageröllе. Sand meist aus dem Schwarzwald stammend.

unten: ca. 1 m Geröllschichte selten mit Ton oder Schlik, aber oft mit Sandschmitzen, dann Orgeln bildend und horicontale Sandbänke. Geröll meist gemischt aus Schwarzwald und Alb; doch in der Mitte Schwarzwaldgerölle, auf den Talseiten Juragerölle vorherrschend. Der Sand stammt zu $^{8}/_{10}$ aus dem Schwarzwald und nur $^{2}/_{10}$ von der Alb. Der Schlik stammt schier nur aus dem Schwarzwald.

Mittlere Formation ca. 1,50—2 m

oben: 50—100 cm schwarzgrauer Moorboden, mit wenig Jura- u. Schwarzwaldgeröllen. Sand aus Schwarzwald. (Oder Sandbänke oder Juragriesbänke). Schliklager aus Buntsandsteinsand.

150—200 — Gerölle mit Buntsandsteinsand, Schwarzwaldgerölle vorherrschend. oder Lehmbank mit Schwarzwaldgeröllen in der Mitte des Tales. — Kiesgrus aus Epsilon gegen die Alb zu, oder: mit tert. Juranagelfluhegeröllen ohne Schwarzwaldger.

20—30 cm Jurablöcke, Juranagelfluhegerölle, Kalksand und Schwarzwaldsandsteinsand.

Untere Formation ca. 50—100 cm	50 cm	Gerölle auf Zetaplatten liegend oder auf Epsilonfels. Gerölle aus Schwarzwald und der Alb.
	100 »	sandiger grauer Moorboden aus Sandsteinsandschlik, meist ohne Schwarzwaldgerölle mit wenig Jurageröllen.
	50 »	Sand aus Schwarzwald und Alb. Juragerölle.

NB. Unter dem Schwarzwaldsand und unter dessen Geröllen finden sich auch, aber seltener, Muschelkalkgerölle, die durch ihre schwarze Farbe und als Kalkgesteine leicht erkenntlich sind.

Die Schwarzwaldgewässer lagerten den mitführenden Schlik hier in Mengen nieder, den kurz aufgenommenen Kalkstaub der Alb führten die Gewässer bis nach Ulm und Regensburg und lagerten ihn erst dort ab, daher die vorherrschende Menge von Buntsandsteinschlik gegenüber dem kalkhaltigen Juraschlik. Der Buntsandsteinschlik ist sehr glimmerreich. Die graurötliche Färbung mag vom beigemengten Muschelkalkschlik stammen. Es ist eigenartig, wie weit der Buntsandsteinschlik verfrachtet wurde. Kalk wird vom Wasser besser gelöst und daher noch viel weiter verschleppt.

Doch besuchen wir jetzt »Hausen im Donautal«, auch dort finden wir sehenswerte diluviale Aufschlüsse, besonders die Ersatzformation für die fluvialen »diluvialen Juranagelfluhegebilde«, welche dort als verkittete Kiese, statt Gerölle, auftreten.

Der Kalktuffsteinbruch hinter Hausen i. T., neben Ruine Hausen.

Die Gastwirtschaft zum Adler in Hausen steht auf Niederterrassenschotter (jungdiluvialer Donaugeröllschotter), welcher beim Graben einer Grube gut aufgeschlossen wurde. In dieser Grube wechsellagern Jurageröllbänke mit Schwarzwaldgeröllbänken ab, sind aber völlig unverkittet. Sie entsprechen nicht der »diluvialen Albjuranagelfluhe«, die meist verkittet ist und keine Schwarzwaldgerölle enthält, sondern sind jungdiluvial.

Die Wirtschaft zum Steinhaus in Hausen steht dagegen auf diluvialem Kalktuff. Neben dieser Wirtschaft entspringt der Hausener Mühlbrunnen, ein Quelltopf schönster Art, dessen Quelleinzugsgebiet bei Schwenningen und Glashütte liegt. Dieser Quelltopf schuf in der frühdiluvialen Zeit die riesigen Kalktuffablagerungen Hausens. Nördlich dieser Wirtschaft zum Steinhaus liegt der grosse Hausener Kalktuffsteinbruch, der 1890 für den Bahnbau und 1850—60 für Privatbauten betrieben wurde.

Profil 52. Tuffsteinbruch, altdiluvialer, bei Hausen im Donautal.

Oben ca. 1 m tiefer Bohnerzdeckenlehm, aussehend wie pliocäner Schwarzwaldschotter.	fetter braunroter Bohnerzton, mit Quarzgeröllen, Hornsteinen, Porphyr, Buntsandstein, also von der Zusammensetzung des pliocänen Donauschwarzwaldschotters. Er enthält keine Juragerölle, wohl aber etwas abgeriebenen Gehängeschutt und ungerollte Deltajurablöcke. Es kommen auch vor Knochenspuren des wilden Pferdes und Riesenhirsches.

Obere Breccie: 1,5—2 m dick jungdiluvial.	festverkitteter Gehängeschuttkies, meist sehr kleinkörnig, nussgross, enthält grosse Deltafelsenblöcke, Epsilonmarmorkugeln der tertiären Juranagelfluhe, Muschelsandsteinkugeln, Kugeln des Silvanasüsswasserkalkes, Bohnerz und Brauneisenstein. Gerölle fehlen, d. h. der Kies ist nur eckig gerundet, so dass er der nächsten Umgebung angehören muss. Farbe rot durch den Eisengehalt.
Untere Breccie: 2 m festverkitteter Schuttkies, feiner als oben.	Gebildet aus Höhenkies der Albhochtrockentäler des Hardtes, mit Marmorkugeln und Marmorblöcken darin. Die Blöcke stark verwittert, zerfressen, Lochgestein gleichend. Farbe grau, durch den grauen Kalksinter, der die Breccie bildet. Tierreste wurden hier keine gefunden.
5 m grauer altdiluvialer Tierknochentuff.	harter, fester, poröser, graufarbiger Kalktuff, ohne jedes Geröll und ohne Schuttkies. Mit diluvialen Knochen- und Zahnresten des Urpferdes, Riesenhirsches, Ochsen, Löwen, Bären, Fuchs, Wolf, Luchs usw., altdiluviale Schneckenarten.

frühpliocäner Donauschotter: unverkittete Gerölle aus Schwarzwald und Alb. Lehmschmitzen, Sand aus Buntsandstein und Juradolomit.

Breccien und Kalktuff entsprechen hier der »diluvialen Juranagelfluhe der Albtäler«, nur dass die Hausener Breccie der nächsten Umgebung, dem Schwenninger Berg entstammen wird, und nicht durch Gewässer weit hergeschleppt wurde, um gerollt werden zu können. Der Bohnerzdeckenlehm unserer Hochterrasse gleicht dem Deckenschotter der Hochebene, dem sogenannten »pliocänen Schwarzwalddonauschotter« aufs Haar, also seine Lage entspricht dem gleichartigen und gleichalterigen Hochterrassenschotter-Bohnerzlehm bei Station Vorstadt Tuttlingen. Dieser und jener lagert ca. 20 m oberhalb des Wasserspiegels der Donau. Während also der Hausener Bohnerzhochterrassenschotter 20 m über der Donau liegt, beginnt der unter ihm liegende Kalktuff 12 m tiefer, 9 m ob dem Niederterrassenschotter der Ortschaft Hausen. Was die Bildungszeit der Hausener Hochterrasse anbelangt, so sind dafür die hier gefundenen Tierreste, Elch, Riesenhirsch, Pferd, Ochs, Rhinoceros usw. massgebend, die auf Altdiluvialzeit hindeuten.

Durch die möglich gewordene Klassifikation des Hausener Hochterrassenschotters können wir auch andere ähnliche Schotter der Donauseitentäler, sowie gleichartige anderer Albtäler, ins System einreihen: z. B. die Breccien des Killertales, des Vehlatales, Lauter- und Remstales, Beeratales usw.

Die Aufschlüsse am Bahnhof Gutenstein.

Im Jahre 1909 wurden die Vorarbeiten zur Vergrösserung des Bahnhofgeleises Gutenstein begonnen. Dadurch wurden die südlich der Donau angehäuften Niederterrassen- und Hochterrassenschotter angeschnitten und bei dieser Gelegenheit von uns untersucht.

Das Donautal zwischen Gutenstein und Dietfurt besitzt neben der Donau herlaufend eine Epsilonjurafelsenbank, welche die Donau mit ihrer niedersten Rinne etwa 5 m überragend zu beiden Seiten begleitet. Diese Epsilonbank ist wohl nur ein alter Donautalbodenrest der Gletscherzeit, denn die Oberfläche dieser ε Felsen ist geschliffen. Auf dieser Epsilonbank ruht nun ein Niederterrassenschotter, der somit ca. 5 m über dem Donauwasserspiegel beginnt und gegen oben in 8—10 m Höhe sein Ende findet; somit hat er eine Durchschnittsdicke von 3 bis 5 m. Dieser Niederterrassenschotter bei Gutenstein entspricht dem Niederterrassenschotter Hausens im Donautal, wie er beim »Adler« gut aufgeschlossen ist, entspricht auch dem Schotter Nr. 1, Figur 136.

Da wo die Ortschaft Gutenstein am Bahnhof beginnt, muss der Rheingletscher ins Donautal eingebrochen sein und die Talebene geschaffen haben, auf welcher heute der Bahnhof steht. Man sieht, wenn man sich vom Bahnhof Gutenstein nach Süden wendet, wie einer der westlichen Rheingletscherarme hier von Messkirch aus ins Donautal eindrang und dem hier fliessenden sich von West nach Ost bewegenden Donaugletscher in die Südflanke eindrang, so dass der Donaugletscher gegen Norden gedrängt und zu einer Strudelbewegung gezwungen wurde (siehe nächsten Hauptabschnitt: »Die Gletscher des Donautales»). Dadurch wurde natürlich auch der Messkircher Rheingletscherarm zu Strudelbewegungen gezwungen und lagerte genau südlich des Bahnhofes einen Strudelkegel ab, an dessen Fuss die Bahnhofwirtschaft erbaut ist. Dieser Strudelkegel besitzt einen Aufbau, der seiner Entstehungsweise entspricht, denn die an ihm abgelagerten Schichten entsprechen einer Vermengung beider Gletschermoränen.

Profil 53. Die Niederterrasse am Bahnhof Gutenstein.

Decke:	ca. 1 m Humus: Lehm mit ε und ξ Schutt, ohne Geröll.	I.
Oberer Teil d. Terrasse:	1 m Schlagkies, gelber Farbe, des weissen Juras mit Lehm.	II.
	1 m reiner Lehm, ohne Kies, ohne Schutt, ohne Geröll. Farbe braun, wohl interglacial, aeolischen Ursprungs.	III.
mittlerer Teil der Terrasse	4 m feiner Tertiärsand, in dem ein Gemenge von Jura, Tertiärgeröll, Rheingletschergeröll steckt, alles ohne Regel verteilt, Moräne.	IV.
unterer Teil	6 m Donauschwarzwaldgeröll mit Jurageröll gemischt, ohne Rheingletschergerölle.	V.
	Weissjuraepsilonfelsenbank. Daneben das heutige Donaubett.	

Der ganze Aufbau macht den Eindruck verschiedenartiger Ablagerungen. Die obere Schichte ist alluvialer Natur, durch atmosphärische Einwirkung entstanden. Die 2. Schichte (II.) dürfte ihre Entstehung riesigen Wasserniederschlägen verdanken, welche den Gehängeschutt hier ablagerten, der sich mit dem Fluglehm mischte, welch letzterer die Schichte III. repräsentiert. Die Schichte IV. dagegen stellt eine Vermischung der Grundmoräne des Messkircher Rheingletscherarmes mit der Seitengrundmoräne des Donaualbgletschers dar. Die Schichte

V. dagegen dürfte aus der Zeit vor der Hauptvergletscherung stammen, Rheingletschergeröll fehlt in dieser Ablagerung.

Die Zusammensetzung der Gesteine in Schichte IV. dürfte noch die Aufmerksamkeit unserer Leser erregen.

$^1/_5$ W. J. ε Brocken, eckig, in grossen Stücken, gelb, grau und weiss, meist mit Dentriten; diese Brocken liegen in allen Grössen, von Kopf- bis zu Faustgrösse, aber auch einzelne Blöcke von der Grösse eines Kubikmeters, unregelmässig verteilt von unten bis oben.

$^1/_5$ W. J. Kugeln aus dem Tertiär: Juranagelfluhe; diese Kugeln sind mit Molassebank verbacken.

$^1/_5$ echte Meermolasse-Muschelsandsteinbrocken und Gerölle: meist Meer- und Brakwasserbildung. Dabei Brocken von W. J. ε, die in diese Tertiärsandmolasse eingebacken sind. Die Molasse besteht meist auf Muschelbruchstücken mit buntem Quarzsand von grauer, brauner, schwarzer und graugelbbrauner Farbe.

$^1/_{10}$ Bohnerz und tertiärer Süsswasserkalk, wie er zwischen Messkirch und Kreenheinstetten noch heute ansteht.
Dabei löcherige Nagelfluhestücke der Zentralalpen.

$^1/_{10}$ Donaugerölle der Schwarzwalddonau mit Buntsandstein, Porphyr und Granit.

$^1/_{20}$ kleine und grosse Gerölle des Hegaubasaltes vom Wartenberg.

$^1/_{20}$ Rheingletschergerölle der Zentralalpen, vorherrschend Rorschacher Sandstein.

Rest Molassesand mit wenig Jurasand.

In Schichte VI ist nirgends eine Schichtung zu bemerken, obwohl Schichte V gut geschichtet ist, wellenförmig. Schichte IV muss also Grundmoräne sein, Schichte V aber Flussablagerung.

In Schichte VI fand sich aber auch ein erratischer Block vor, ein geschrammter Rorschacher Sandstein von $^1/_2$ Kubikmeter Grösse.

Die ganze oben beschriebene Ablagerung bildet eine kegel- und linsenförmige Form, an welche sich wieder andere Ablagerungen anschliessen.

Am Abhang, welcher sich gegen das Tunnel gegen Dietfurt hinzieht, liegt nur Epsilonschlagkies und erst in 5 m Tiefe der Probelöcher stossen wir wieder auf obige Mischungsverhältnisse. Manche Probelöcher gleichen den Molassesandgruben der Rheingletschermoränenaufschlüsse.

Zwar wären nun die Hauptfundstellen des Donautales beschrieben, aber zum Vergleich der beschriebenen, seien auch noch einige andere kurz gestreift, auf welche schon oben hingedeutet wurde.

Profil 53. Terrasse am Vorstadtbahnhof Tuttlingen.

2—4 m fester dunkelroter Lehm, gegen unten in Ton übergehend. In den obersten Schichten dieses Lehmes Gerölle der Schwarzwalddonau: Milchquarze, Hornsteine, rötliche Quarzitkugeln, gelber beinfarbiger Quarz. Roter Porphyr, Porphyrbreccie, Basalt, aber keine Spur von Jura.

2 m dunkelroter Bohnerzton, sich senkrecht spaltend, fortsetzend in die Spalten des weissen Juras β eine Terrasse selbst bildend. Diese Terrassenauflagerung ist altdiluvialen Charakters.

Profil 55. Hochterrasse am Kaiserhofkeller-Mattstaige Tuttlingen, östlich vom Honberg.

$^1/_2$ m Humus mit Gefässresten.

2—3$^1/_2$ m Lehm mit Quarzsand darunter, darin Gerölle aus Quarz (rot, gelb, grau, weiss), Granit, Porphyr, Buntsandstein und Muschelkalk. Etwas ungerollter Juraschutt, plattiges Bohnerz, Molassesandsteinkugeln.

Auffallend ist das Vorkommen feinkörnigen, glimmerhaltigen Sandsteines, der dem Lössburger aufs Haar gleicht, aber sehr hart ist.

Weissjurabeta, in den Spalten: feiner Kalksinter mit dünnen Schneckengehäusen.

Durch einen anderen Aufschluss hinter dem Bezirkskrankenhaus fanden sich noch andere Donauschottergerölle vor, ausser den aufgeführten, nämlich: Granulite und etwas Basalt.

Die Mattstaigaufschlüsse ähneln also den Terrassenaufschlüssen oberhalb des Vorstadtbahnhofes, so dass wir Terrassen von beiden Donauseiten haben, mit den gleichgearteten Geröllen.

Ganz anderer Natur sind die Aufschlüsse in Tuttlingen am Fusse des Ehrenberges, am Ausläufer des Duttentales und beim Hauptbahnhof Tuttlingen, also südlich der Donau.

Profil 56. Diluvialgerölle ob der Tricotfabrik Sax an der Möhringerstrasse.

Die Gerölle liegen im Eingang zum Duttental, bilden einen Absatz gegen das Donautal und fallen gegen den ehemaligen Donaukessel rasch ab.

$^1/_2$ m tiefer, dicker brauner Lehm.

3 m tiefer Lehm mit W. J. ε und δ Geröllen und etwas Betaplatten. Der Zuckerkalk ist vorherrschend.

3 m Blocklehm: Zuckerkornepsilongerölle mit Zetaplatten. Die Zetaplatten liegen und stehen in allen nur denkbaren Stellungen. Auch grosse runde ε Blöcke liegen in allen Höhenlagen: oben und unten neben Geröllen, Schichtung fehlt völlig. An einzelnen Stellen Scheinschichtung, wellig. Der Lehm besteht aus zermalmtem Sand und sandartigem Geröll. Es findet sich ausschliesslich Jura, weder Tertiär, noch Basalt, noch Schwarzwaldgeröll.

(Grundmoräne vom Witthohgletscher.)

Diese Ablagerung kann nur eine Ablagerung sein, die derjenigen an der Nendinger Kapelle entspricht. Während jedoch dort der Lehm fehlt, ist er an der Möhringerstrasse stark vertreten und gleicht die ganze Ablagerung mehr einer Grundmoräne als einer fluvio-glacialen Ablagerung. Es scheint so, als ob die Ablagerung eine Moräne des Witthoh wäre.

Profil 57. Terrasse an der Möhringerstrasse ob Villa Scheerer.

40—50 cm Bohnerzton mit zerkleinertem W. J. β Schutt (Stücke ca. 8 Quadratcentimeter gross) ohne jede Schichtung. Darin liegen Diluvialknochen, von denen einer bearbeitet war. Gefunden wurden schon früher Elephantenknochen.

3—4 m hoch: Schutt, Gehängeschutt aus Beta, untermischt mit Bohnerzlehm (keine Spur von Geröllen, nur Gehängeschutt. Er liegt da, als ob er die Seitenmoräne des Gletschers aus Profil 56 wäre.
Im Schutt liegen auch einige grosse Betaplatten.

Weissjurabeta und daneben die Donautalebene.

Diese Niederterrasse dürfte wie die vorige ins Diluvium und zwar ins ältere oder mittlere gehören.

Nur um einen Vergleich mit anderen doch ähnlichen Ablagerungen der Albtäler zu ziehen, machen wir noch auf die durch den Bahnbau geöffnete Ablagerung des Burladinger Tales aufmerksam, zwischen Burladingen und Hausen, die ebenfalls eine diluviale Niederterrasse darstellt.

Profil 58. Bahneinschnitt Hausen im Killertal-Burladingen.

Dieser Einschnitt liegt auf der Wasserscheide, dem Talstumpf zwischen Laucherttal und Killertal, er entspricht dem Talstumpf Ebingens, dem Riedbachtalrest

oben 20 cm Humus, Moorboden mit etwas Juraschutt darin.

5—8 m Schutt, schwachgerolltes, meist noch eckiges Gestein, aus braunem Jura, Weissjura, Beta-Epsilon, vermischt mit Diluvialzähnen und Bohnerz. Liegt an Halden des unteren Betakalkes an.

Weissjuraalpha.

Diese Ablagerung beweist, dass der Urstrom des Tales einst gegen den Schichtenfall floss, sonst hätte er nicht Braunjuraschutt auf weissen Jura bringen können.

Wir sehen also, wie mannigfaltig die Ablagerungen des Donautales und der Albtäler überhaupt sind.

Wenn wir dazu noch die Ablagerungen der Seitenmulden rechnen und schon hier beschreiben wollten, würde die Mannigfaltigkeit sogar noch grossartiger werden. So finden wir z. B. (siehe späteren Artikel über die diluvialen Ablagerungen des neuen Truppenübungsplatzes bei Stetten a. k. M.) ob Tiergarten echte Albgletschermoränen, in deren Lehm nicht blos Jurastücke eingebacken sind, sondern auch noch Tertiär und Schwarzwaldgerölle. Solche Ablagerungen finden sich in allen Hochmulden der Alb.

Werfen wir einen Rückblick auf die besprochenen Ablagerungen, so finden wir als älteste und jüngste Ablagerung folgende Folge.

Oben: auf den Bergen, die höchsten Höhen bedeckend und deren Hochtalmulden.

Deckenschotter oder altpliocäner Donauschotter	Pliocäner Donauschotter, pliocänen Schwarzwaldschotter: Schwarzwaldgerölle in Lehm eingehüllt. Die Deckenschotterschwarzwaldgerölle bestehen blos aus Quarzit und Buntsandstein. Beigemengt sind örtlich, nicht überall, Tertiärsandstein, Bohnerzbreccie, Höhenkies und Tertiärletten, Sand des Tertiärs und Dolomitsand.

Neben diesem Deckenschotter geht einher:

Höhenkies oder altpliocän., gelbbrauner Jura-Höhenkies.	Pliocäner Höhenkies, ein Höhenkies, der auch noch älter als pliocän sein kann. Er besteht aus einem kleinwurfigen Kies, der meist wie gesiebt ist, mit gelbem lehmigem Ueberzug. Oft bildet er hohe Lager, mitunter auch Breccien, heisst dann im Volksmund: Naturcement, Naturbeton. Dieser Höhenkies bedeckt ganze Ebenen, häuft sich aber dort an, wo ein Hochtal Gefäll zeigt, um sich in ein Diluvialtal nieder zu senken. Dieser Höhenkies ist auch oft umgelagert und dann zum Mittelterrassenschotter umgewandelt worden.

Nun folgt jüngerer, pliocäner Terrassenschotter:

Hochterrassenschotter in den Tälern: Pliocäner Donauschotter,

mittelpliocäner oder Hochterrassenschotter oberer.	mit Schwarzwaldgeröllen aus Quarzit und Buntsandstein bestehend, denen noch Granit und Porphyre beigegeben sind. Diesem Hochterrassenschotter sind öfters örtlich beigemengt: tertiäre Juranagelfluhekugeln, tertiäre Sande, tertiäre Molassegerölle, Bohnerze und Höhenkies, dieser Schotter liegt ebenfalls meist in eisenführendem oder rotem eisenoxydhaltendem Lehm. Abhänge des Hochsträsses bei Ulm: oberste Talschotter, nicht Deckenschotter.
Unterpliocäner oder Hochterrassenschotter unterer.	Die Gerölle sind dieselben wie beim oberen Schotter, allein die Terrasse ist eine niederere. So z. B. kommen beide Terrassen am Ochsenberg des Donautales bei Tiergarten vor und beide führen die gleichen Schotter, nur die Höhenunterschiede scheiden (siehe Diluvialablagerung des neuen Schiessplatzes bei Stetten a. k. M.).
Oberer Mittelterrassenschotter meist nur im Donautal aufgeschlossen, nicht in den ander. Tälern, oder nur sporadisch altdiluvial.	Rheingletschergerölle, wo der Rheingletscher einbrach, oder solche mit Schwarzwald-, Jura- und Molassegeröllen gemischt, oder: umgelagerter resp. jüngerer, also altdiluvialer Schwarzwalddonauschotter: Quarz, Buntsandstein, viel Granit und Porphyr, mehr Urgestein als in den alten Ablagerungen (z. B. am Ochsenberg, Tiergarten die untere Terrasse, ferner die Bahnhofstrasse am Vorstadtbahnhof Tuttlingen, die Unterlage der Nägelesfelsen, der diluvialen Albtälernagelfluhe, die untere Hausener Deckschichte im Tuffsteinbruch usw.). Unter den Geröllen findet sich umgelagerter Höhenkies. Im Mattsteigtal und hinter dem Honberg tritt er besonders gern mit Höhenkies auf.
Mittler. Mittelterrassenschotter: oder Nägelesfelsen, »diluv. Juranagelfluhe der Albtäler« mitteldiluvial.	Weissjuragerölleconglomerat, im ganzen Donautal aufgeschlossen, sowie in den Nebentälern; oder: Gerölleanhäufungen von nur Weissjurageröllen mit Spuren von Bohnerz. Tertiäre Juranagelfluhekugeln kommen mit vor, zerkleinert. Sehr grosse Lager schüttigen, gleichgrossen Höhenkieses, das früher auf Hochebenen gelagert, umgelagert, also hier wieder abgelagert wurde. Weissjurakies von gelber, nicht grauweisser Farbe. Gleichalterig oder etwas jünger dürften sein:

Mitteldiluviale Albgletscher-Grundmoränen der Albseitentälermulden (Haupteiszeit).	Die Grundmoränen der in den Hochmulden liegenden Talmoränen, ebenfalls die Grundmoränen der Muldentäler, bestehend aus Blocklehm und Sanden, in denen Lette und Tone und ungerollte und schwachgerollte Jurablöcke, Jurastücke und Splitter eingebettet liegen, mit Tertiärresten und umgelagerten, pliocänen Schwarzwalddonauschottern. Eingeknetete Höhenkieslager kommen neben tertiären Juranagelfluhekugeln vor; Bohnerze und Bohnerztone, Bolus usw. sind nicht selten. In den südlichen Taleinschnitten der Donau liegen dafür, wie auf deren Höhen, entweder Rheingletschermoränen, oder Donaugletschermoränen, in denen alpine Gerölle, Tertiärgerölle und Jura vorherrschen, während Schwarzwaldgerölle ganz selten werden.
Unter. Mittelterrassenschotter oder jungdiluviale Schwarzwalddonauschotter.	Granitschotter bei Fridingen im Donautal. Schwarzwalddonauschotter, die auf den »Albtälernagelfluheablagerungen«, also auf dem Nägelesfelsen liegen. Kalktuffe, in denen eine Tundrenfauna vorherrscht. Aeltere Torfmoore, Endmoränen der Albgletscher, die sich fächerförmig ausbreiten. Fluvioglaciale Umlagerung der »Nägelesfelsenmassen«, soweit sie dann mit anderen Geröllen gemischt sind. Fluvioglaciale Ablagerungen der untersten Terrassen in den Albtälern, die alten Rinnen darstellend, in denen sich die alluvialen Rinnen eingruben. Auch Ablagerungen in den Tälern des Albvorlandes, alte Seen und Weiher der Hochflächen und Täler.
Jungdiluviale Schotterausfüllung alter Täler, die heute keine Flüsse, oder nur ganz kleine haben.	Fluglehm und Löss, die den Uebergang zum Alluvium bilden und häufig die älteren Ablagerungen bedecken. Talgründe mit Geröllablagerungen fluvioglacialen Charakters, wie z. B. das Riedbachtal bei Ebingen, das Seltenbachtal bei Tuttlingen, das Faulenbachtal bei Tuttlingen—Wurmlingen und alle Täler der Alb, die im Alluvium wenig mehr Schotter anhäufen und ablagern konnten. Kalktuffe mit Steppen- und Wälderfauna (Höhlenfunde correspondieren hiemit). Hoch- und Talmoorlandschaften, wie Geifize bei Onstmettingen usw.

Alluviale Ablagerungen, die am tiefsten innerhalb der diluvialen eingebettet liegen, aber am jüngsten sind.

Doch nun wollen wir dieses Kapitel schliessen, das den Übergang vom Pliocän zum Diluvium zeigte und zur Gletscherdiluvialzeit im besonderen übergehen.

Das Diluvium.

Damit beginnt ein neuer Abschnitt. Wie wir schon oben sahen, besteht die Formation in erster Linie aus dem Erraticum und seinen Schotterablagerungen, Lehmen, Sanden, Kalktuffen usw. Ablagerungen heisser Quellen, wie bei Cannstatt, kommen auf der Alb nicht vor. Aber ebenso häufig als im Unterland finden sich auch auf der Alb diluviale Lehmlager, diluviale Torfe und Kalktuffe und fluvioglaciale nebst reinglacialen Ablagerungen. Das Vorkommen letzterer wird freilich vielfach bestritten. Die Niederschläge der Albhöhlen gehören auch hierher, mit ihren Schneckenarten. Auch der Mensch tritt in der Zeit nachweisbar auf, als ein schon langlebiges Geschöpf. Wir beginnen mit der wichtigsten Ablagerung.

42. Die Albgletscher und deren Spuren.

Oscar Fraas war es zuerst, welcher ganz bestimmt eine Albvergletscherung annahm, während sie dessen Sohn, Herr Prof. E. Fraas, ebenso bestimmt leugnet. Auch Brauer glaubt an keine Albvergletscherung, während Prof. v. Koken wieder an eine solche glaubt. Dass der Schwarzwald vergletschert war, wird von keinem Geologen heute mehr bestritten, wenn auch die Art der Vergletscherung verschiedenartig aufgefasst wird. Der Odenwald und andere Mittelgebirge, die der Alb an Meereshöhe gleichen, waren vergletschert, warum nicht die Alb?

Leider besitzt das weichere Gestein des Jura nicht so viel Widerstandsfähigkeit wie Urgesteine und andere harte Gesteine dieser Art und deshalb sind die geritzten Gesteine, das Hauptkennzeichen der Moränenkiese, noch selten auf der Alb gefunden worden. Freilich bleibt es seltsam, dass in tektonischen Spalten die feinsten Schliffe erhalten blieben und so wenige Schliffflächen der Vergletscherung. An den Zetabänken des Donautales bei Riedlingen sieht man freilich noch heute vom Rheingletscherschub eine schöne Schlifffläche, die durch eine grosse Kiesgrube blosgelegt wurde, allein diese Fläche deutet nicht auf Alb- sondern auf Rheingletscher hin. Allein Schliffe tektonischer Spalten sind auch sehr selten und nur da erhalten, wo sie durch dichte Ausfüllung vor der Verwitterung geschützt wurden. Vielleicht dass durch weiteres energisches Forschen auch noch mehr geritzte und gletschergeschliffene Gesteine entdeckt werden. Die Kiesgrube bei Riedlingen, in welcher die geschliffene Zetawand zum Vorschein kam, deckte ja ebenfalls dieses alpine Kiesgeröll.

Vielleicht hat aber das Nichtvorkommen von Gletscherschliffen auf der Alb auch andere Ursachen. Wie z. B. einzelne Gletscher Grund-, Seiten-, und Endmoränen haben, andere nur Grundmoränen, so können auch Albgletscher anderen Lebensbedingungen unterworfen gewesen sein, als die gewöhnlichen Gletscher, obwohl diese Ausnahme kaum wahrscheinlich ist. Abei wir stehen ja erst am Anfang der Gletscherforschungen und insbesondere die Alb ist noch ganz ungenügend auf Gletscher erforscht worden. Wo wir meinten, Gletscherschliffe konstatieren zu dürfen, entpuppten sich dieselben als Reibungsflächen tektonischer Spalten, tektonischer Ueberschiebungen usw. Siehe die Abb. 84, 91, 94, 95 und 97. Wir möchten nun nicht behaupten, dass das, was wir schon oben von Albgletschern sagten, z. B. bei der Beschreibung der diluvialen Juranagelfluhe, auch von anderen Forschern unbedingt angenommen wird, aber wir sind eben durch diese Vorkommen gedrängt, an Albvergletscherung zu glauben, weil eine andere Erklärungsweise kaum möglich, oder doch nur gezwungen möglich ist.

Unumwunden sichere Spuren, wie sie aus den Alpen vorliegen, liegen auf der Alb nicht vor, wenn wir von den Grundmoränen absehen, können aber auch nicht vorliegen, denn die Vergletscherungsbedingungen waren für die Alb eben ganz andere, als für die Alpen. Lange galt auch der Schwarzwald für nicht vergletschert und doch gelang es Hrn. Rechnungsrat Regelmann, eine Vergletscherung nachzuweisen.

Vor ca. 12 Jahren, als bei Bitz der Hochwasserbehälter gegraben wurde, wurden von den dortigen Zetaplatten der Humus entfernt. Er bestand aus Lehm und Geröllen, sowie aus leicht abgerundeten Stücken von Weissjura ε von grauer und gelber Farbe, auch Kieselknollen kamen darin vor. Die obersten Plattenlagen waren wie durcheinandergeworfen und stark zertrümmert, aber unter dieser Deckschicht lag eine völlig geglättete Schichte, buckelig abgehobelt und kugelförmig abgerundet. Wo sich Spalten zeigten, waren diese mit Lehm fest ausgeknetet, völlig ausgeebnet. Schrammung war da und dort deutliche vorhanden. Sofort meldeten wir Herrn Prof. Koken den Fund, aber bis dieser Herr kam, hatten die Arbeiter die Platten abgebaut und die besten Belege waren vernichtet. Die Fundstelle (Auchten) überragt dort die ganze Gegend und kann die Schrammung nur durch Gletscher erklärt werden. Buchberggerölle können die gerollten Gesteine nicht gewesen sein, denn von der Ebinger Alb sind Ueberschiebungen so grandiöser Natur, wie sie uns im Ries begegnen, nicht bekannt. Folglich können die ebenen Schliffflächen auch keine tektonische Schubschliffflächen gewesen sein. Wohl dachten auch wir schon an solche Schubflächen, Ueberschiebungen und Bedeckungen, besonders weil auch bei uns Grusfelsen vorkommen, aber unsere Grusfelsen sind doch ganz anderer Natur als diejenigen des Rieses. Es ist bedauerlich, dass damals keiner der Herren Professoren nach Bitz kommen konnte, als die Schliffflächen sichtbar waren. Die Strecke war gross, auf denen sie wahrgenommen werden konnten, so gross als das heutige Reservoir. Herr Fabrikant Rehfuss in Bitz und Herr Schultheiss Schick, sowie viele Arbeiter sahen damals diese merkwürdigen Stellen und wunderten sich ob ihrer Glätte und Ebenheit; einer meinte, es gleiche diese Fläche einem Parketboden. Von der Auchten bis zum Neuweiler deckten dann die Wassergrabenarbeiter im »Laile« ausgesprochene Blocklehme auf, wie sie nicht schöner in Oberschwaben gesehen werden. Auf 5 Meter Tiefe waren hier die Gräben geöffnet und bot der Untergrund das reinste Caos dar, im Lehm durcheinander lagen Weissjura ε und ζ vermischt mit Tertiärbrocken, Bohnerz, Sanden und Zetaletten. Da und dort setzten Orgeln in die Tiefe, mit Lehm ausgefüllt, mehrmals glichen sie Windwirbelformen; auch Bohnerzgruben, die in der Nähe waren und durchstochen waren, zeigten gestörte Lagerung der oberen Bohnerzlehme.

Wie viele Wasserleitungsgräben wurden bisher von uns untersucht und immer wieder von Zeit zu Zeit das gleiche Bild getroffen.

Nun die Orgeln und Gletschermühlen im Gestein. Beim Eisenbahnbau der Strecke Ebingen—Sigmaringen wurden beim Durchstossen der Eisenbahneinschnitte über 20 Orgeln entdeckt, welche durchschnittlich 2—5 m Durchmesser hatten und 8—10 m Höhe besassen. Diese Orgeln waren alle ausgefüllt mit gerollten Gesteinen, von denen die grössten auf dem Boden lagen. Sie lagen in einer lehmartigen Lette, die fetter und etwas heller war als der gewöhnliche braune Lösslehm. Gegen oben waren die Orgeln völlig eingeebnet. Die gerollten Gesteine waren keine tertiären Juranagelfluhekugeln.

In den Deltasteinbrüchen bei Onstmettingen und Tailfingen werden alle Jahre solche Orgeln, die in der Tiefe miteinander zusammenhängen, blosgelegt, auch diese sind mit Lehm gefüllt, aber nicht alle enthalten Steinkugeln und manche dürften ihre Entstehungszeit im Pliocän oder Miocän haben.

Wir meinen nicht, dass alle diese Orgeln ihre Entstehung den Gletschern zu verdanken haben müssen, aber wer diese Orgelformen mit denen der Moränen Oberschwabens vergleicht, kann keine Unterschiede finden, als die, dass die Alborgeln im Juragestein liegen und die Rheingletscherorgeln meist in der löcherigen Nagelfluhe. Aber bei Bingen-Sigmaringen sind diese Orgeln, wo sie im »Bittelschiessertäle« sehr häufig sind, nicht blos von Jurageröllen erfüllt, sondern auch von Rheingletschergeröllen. Es hiesse diesen Vorkommen Zwang anlegen, wollten wir sie blos als fluviale, statt als fluvioglaciale Bildungen ansprechen. Die Donauversinkungstellen, die wir oben beschrieben, zeigen ja auch ähnliche Orgeln und daher könnte man die anderen der Alb mit ihnen vergleichen und letztere fluvial nennen, wenn alte Flussläufe bei allen diesen Orgeln wahrzunehmen wären und das ist gerade nicht der Fall. Wir treffen diese Orgeln in allen Höhenlagen auf der ganzen Alb und besonders häufig an Aussichtspunkten und anderen erhöhten Punkten. Auch können manche Donauorgeln sehr gut aus der Glazialzeit stammen.

Am Schlossfelsen Ebingen, in höchster Höhe ob dem weiten und breiten Tal, sind ebenfalls heute grosse derartige Orgeln sichtbar und angeschnittene Gletschermühlen, Kessel von vielen Meter Durchmesser. Daneben stehen abgerundete Felsen in Menge, welche Spuren von intensiver Wasserbearbeitung tragen und zwar in Rinnen und anderen Formen. Meist tragen diese Felsen ihre bearbeiteten Stellen auf der Stossseite des Tales und hie und da bemerkt man, wie mehrere Felsengruppen so ausgearbeitet sind, als ob sich zwischen ihnen ein Riesenstrudel gedreht hätte. Solche Felsen sind in vielen Albtälern sehr häufig, wenn auch nicht immer so deutlich ausgebildet.

Wer aber die Hochebenen der Alb, z. B. diejenigen um Ebingen herum, besucht und genau betrachtet, bemerkt überall abgerundete Hügel, ausgerundete Kessel und Zirkelformen an Stellen, bei denen mehrere Kare zusammenkommen. Und wie oft und wie deutlich sehen wir Karbildungen in der Alb? Auch trifft man alle diese Erscheinungen nur auf der Hochebene und in Hoch- und Seitentälern, nicht oder seltener in tiefen Talschluchten die dem Alluvium angehören.

Wer ein solches Kar verfolgt, wird aber besondere Beobachtungen machen können. 1. Das Kar gleicht einem schön ausgerundeten Teller. 2. Wo im Kar sich ein Felsen zeigt, ist er stets auf denjenigen Seiten abgerundet und mit Rillen versehen, welche gegen die Gefällseite des Kares gerichtet sind. 3. Das Kar hat eine besondere Ausflussöffnung, die meist der Form eines Hafenmundes gleicht. 4. Die Fortsetzung bildet eine Schlucht, in welcher das Wasser des Gletscherbaches zu Tal stürzte, während aber die Schlucht heutzutage, selbst kaum im Winter, Wasser sieht, treffen wir in derselben gewöhnlich abgeschliffene Wasserfallbänke oder tief- und weitausgerundete Kessel darin an, die zu $^3/_4$ mit Schutt ausgefüllt sind. Werden solche Kessel ausgegraben so finden wir im oberen Teil blos noch Schutt und Lauberde, darunter Höhlenlehm und unter diesem Diluviallehm und auf dem Boden des Kessels grosse und kleine Gesteinskugeln und völlig abgerundete Blöcke. Welche Gewitter, heutiger Temperatur, erzeugten Wassermassen, die solche Höhlungen erzeugen konnten? Zwischen den Gesteinen, aber nicht zwischen den Geröllen, liegen Knochen, die denen in den Höhlen gleichen. 5. Wenn wir die Schlucht bis dorthin verfolgen, wo sie ins offene Haupttal mündet, so sehen wir, dass entweder sich hier eine Schuttzone ausbreitet, welche sich in vertikaler Richtung gegen den Talgrund bewegt, oder wir sehen, wie diese Schuttzone T e r r a s s e n bildet, welche sich treppenartig aufbauen, aber sich nicht in der Tiefenlage und in der Richtung der Schlucht auf den Talgrund hinunterziehen, sondern in ziemlicher Talhöhe bleiben und dort eben in gleicher Richtung verlaufen, wie der Talboden. Solche Terrassen sind in nächster Nähe Ebingens im Schmichatal mehrere bemerkbar, z. B. an der alten Steige nach Stetten a. k. M., im zerrissenen Loch usw. Manche dieser Terrassen wurden später zur Anlage von Wegen benützt und dadurch wurde das Bild getrübt. Dass sie keine Flussterrassen sein können, bezeugt die Tatsache, dass solche Terrassen nicht unter sich im Zusammenhang stehen, sondern n u r an Schluchten oder Talmulden gebunden sind, die oben in Karen enden. Schluchten, die nicht in Karen entspringen, haben keine Terrassen, keine gerundete Felsen und keine Orgeln, denn sie gehören dem Alluvium an.

Dann sind wieder die Conglomerate vorhanden, die auf den geologischen Karten »Tuttlingen« u. s. w. als »Nägelesfelsen« bezeichnet werden und schon oben von uns deutlich beschrieben sind. Diese Nagelfluhegebilde liegen alle t i e f e r im Tal als oben beschriebene Terrassen und sind oft fest verkittet, bestehen teilweise aus gutgerolltem Weissjurakies. In den Seitentälern der oberen Donau bei Tuttlingen kommen sie überall vor, auch am Lippachtal und bei Altstadt-Mühlheim. Dort bilden sie einen genau eingehaltenen Höhenhorizont, i m m e r ob der Niederterrasse. Wo wir die Seitentäler ins Donautal einmünden sehen, greifen die Gerölle auch in diese ein und unterscheiden sich sehr von den Donaukiesen der Niederterrasse. Es sieht aus, als ob sie aus diesen Seitentälern stammen müssten, doch dies ist alles oben schon beschrieben worden.

Höher am Talgehänge liegen im Donautal viel ältere Donauschotter, die z. B. zwischen Tuttlingen und Mühlheim einen alten Donautalboden darstellen, der um vieles höher liegt als der Wasserspiegel mit der Niederterrasse.

Aber die Nagelfluheconglomerate (wir nannten sie diluviale Juranagelfluhe) haben noch das merkwürdige, dass sie stets an gewissen Orten und unter gewissen Umständen anschwellen. Am höchsten schwellen sie an beim Bahnhof Inzigkofen, dort werden sie über 10 m hoch und sind nur auf der Albseite abgelagert. Sie bilden eine Terrasse von über 100 m Breite, hoch über der Strasse. Auch wo diese diluviale Nagelfluhe an der Schmicha auftritt, tritt sie links vom Strom auf, also gegen der Albhauptseite; ebenso ist es auf der ganzen Donaustrecke von Mühlheim bis Tuttlingen. Somit muss sie aus der Alb stammen und durch ein Stauungshindernis abgelagert worden sein. Diese Hinternisse waren aber Albgletscherstränge und der Rheingletscher, der in der Hauptzeit bis zu diesen Geröllablagerungen hin seine Gerölle trug, strebte den Albgletschern entgegen. Bei Sigmaringen am Mühlberg sahen wir schon oben diese diluviale Nagelfluhe der Alb abgelagert und zwar in gleicher Höhe mit der alpinen Nagelfluhe des Rheingletschers aus der Haupteiszeit, letztere ebenso fest verkittet, wie die Juranagelfluhe. Stammen aber beide Nagelfluhearten aus einem Zeitalter und liegen sie gar noch nebeneinander in gleicher Höhe, so können sie auch eine Entstehungsursache haben, bildete die alpine Nagelfluhe der Rheingletscher, so muss die Juranagelfluhe von Albgletschern gebildet worden sein. Greifen wir nochmals zu den Nägelesfelsen bei Inzigkofen zurück.

Wir bekommen also aus dem bisherigen folgendes Profil, das wir mit dem Profil 53 und Abb. 136 vergleichen können. Profil 53 ist am Bahnhof aufgenommen, Profil 58 und Figur 137 aber am Eisenbahneinschnitt; Abb. 136 zeigt den Durchschnitt des Profils von Nord nach Süd, 137 von Nordwest nach Südost einfallend, in welcher Richtung das Juratafelgefäll stärker ist als in der Richtung Nord-Süd.

Profil 58. Alluvium und Diluvium im Donautal bei Station Inzigkofen, aufgenommen am Einschnitt. Abb. 137.

Wer auf Station Inzigkofen aussteigt, steht direkt unter den wundervoll zum Himmel aufsteigenden Weissjuraepsilonfelsen des Donautales. Wir stehen vielleicht vor der schönsten Stelle des ganzen Tales. Links von den Felsen sehen wir, ob der Strasse, sich eine breite Hochterrasse ausbreiten, die aus Nägeleskalkfelsen besteht, in den oberen Teilen fest verkittet ist, in den unteren Teilen aber losen Weissjura ε Schotter aufweist. Weissjura ξ konnten wir keinen finden, auch nirgends Tertiär oder Donaukies. Die Farbe dieses Nägelesfelsen (»diluviale Juranagelfluhe«) ist gelbweiss, durch das Bindemittel, ein cementartiger Kalk, der aberkaum zu bemerken ist. Vorwiegend ist grosses Geröll, gemischt mit gerolltem Sand. Auch das Sand besteht aus zerkleinertem Weissjuraepsilon. Die Deckenschichte dieser Nagelfluhe ist so hart und gut, dass sie kein Regenwasser durchlässt, das Regenwasser sickert durch die aufliegenden anderen Schichten bis auf diese Decke hindurch und tritt auf ihr zu Tage. Vergleiche auch damit Abb. 136 und die dortige Beschreibung.

In gleicher Höhe mit dieser Platte liegt in Sigmaringen am Mühlberg eine ebensolche Platte, nur besteht jene Platte ganz aus Alpengeröll und gehört wie erwiesen, der Grundmoräne der alten Ver-

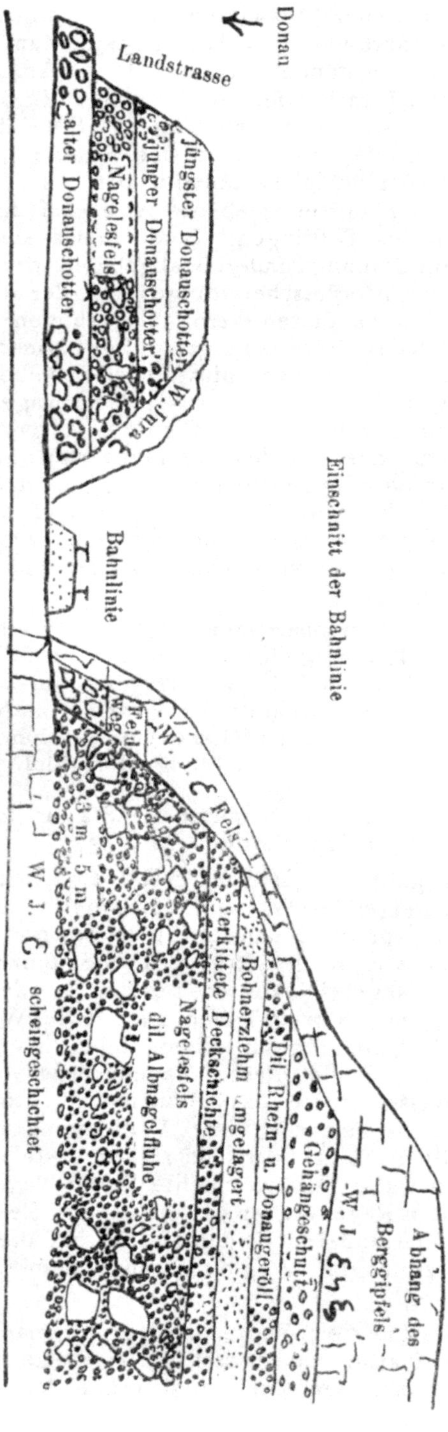

Abbildung 137. Erklärung des Profil 58.

gletscherung an. Dieser alten Vergletscherung gehört somit auch unser diluvialer »Nägelesfels« an: die »diluviale Juranagelfluhe der Albtäler«.

Bleiben wir auf der Strasse, die nach Gutenstein führt, so haben wir links derselben immer diese Terrasse, bis wir die Bahnlinie überschreiten. An den höchsten Stellen steigt diese Terrasse bis zu ca. 10 m an. Die oberen Bänke sind teilweise von Eisen gerötet, da sie von einer Bohnerzlehmbank bedeckt werden, welche eine Umlagerung sekundären Bohnerzes darstellt. Oder sind sie schwarz, wenn das Bindemittel mit Moorsäure versetzt ist. Ehe wir die Eisenbahn überschreiten, ersteigen wir auf einem Feldweg diese breite Terrasse und stossen im Feldweg auf festverkittete Felsen von ca. 2 m Dicke, in denen verwitterte grössere W. J. ε Blöcke eingebacken sind, die aber sehr verwittert aussehen. Auch feinkörniger gelber Juramarmor liegt hier als Geröll.

Hier sehen wir nun, dass diese »Nägelesbank« noch weiter fortsetzt bis zum Eisenbahneinschnitt (westlich), und wie sie sich an die ε Felsen anlehnt. Wir sehen aber auch, dass diese Schichte der diluvialen Nagelfluhe von einer Bohnerzlehmschichte bedeckt ist, die nur wieder das Liegende für eine andere 2—3 m tiefe Auflagerung darstellt, welche aus gerollten Gesteinen anderer Natur bestehen. Sofort fällt uns in der neuen Lage das Vorkommen von Schwarzwaldporphyr, Granit usw. auf, und bei genauerer Untersuchung beobachten wir, dass wir in diesem obersten Schotter, den wir unteren Hochterrassenschotter nennen wollen, ein Gemisch von Weissjurageröll mit Schwarzwaldgeröll, sowie a l p i n e m Geröll vor uns haben. Die Hälfte des Gerölls gehört dem Weissjura an, über $^1/_4$ sicher dem Geröll der Donau, wie wir es bei Tuttlingen finden, unter $^1/_4$ besteht aus alpinem Gestein und ist besonders hervortretend: Rorschacher Tertiärsandstein, Gneis und Glimmerschiefer. Auch Spuren von Basalt sind vorhanden. In den obersten Teilen liegen grosse Blöcke von Weissjura, aber alle stark abgerollt. Darüber folgt eine dünne Lage Gehängeschutt, welcher vom nahen Bergabhang des Weissjuras stammen dürfte. Der Gehängeschutt ist weissgrau, somit kein Höhenkies.

Gehen wir nun über die Eisenbahn hinüber, dem Einschnitt der Eisenbahn zu, so stehen wir vor einer Felseninsel, welche die Eisenbahn vom Albmassiv abschnitt. Von dieser Felseninsel trug der Bahnbau das meiste Material ab, das seinerzeit der Gletscher hier in der Eiszeit niederlagerte.

Dieser Inselrest lag im äusseren Ring des Gletscherstrudels, der sich da um seine Achse drehte, wo etwa wirklich der Bahnhof steht. Blos dadurch wurde das Material der gestauten Jura- und Rheingletscher hier abgelagert und uns erhalten.

Als man die Bahnlinie Tuttlingen—Sigmaringen erbaute, wurde dieser Einschnitt erweitert und zugleich der grösste Teil der diluvialen Ablagerungen von der Eisenbahn weggenommen. Damals untersuchten auch wir diesen Aufschluss, und da stellte sich heraus, dass auch dort die dicke »Nägelfelsschichte« lag, aber u n t e r l a g e r t von 4—5 m Donaukies, wie es noch heute im Donaubett liegt. Aber in d i e s e m Donaukies (unteres Donaukieslager der Niederterrasse) fanden wir keine Spur von alpinem Geröll, ebenso fehlte jede Spur von dem glimmerführenden

Rorschacher Sandstein und vom Högaubasalt. Deshalb muss **dieser untere** Donauschotter aus der Zeit vor der Vergletscherung Oberschwabens stammen. Im **oberen** Donauschotter lagern aber sogar Blöcke, nicht blos Gerölle des Rorschacher Sandsteines einer von $^1/_2$ Kubikmeter Grösse und ausserdem noch Gneisblöcke eines grüngrauen Gneises. Auffallend ist auch hier, dass in der höchsten Zone dieser Ablagerung die grössten Blöcke liegen, wie wenn wir eine Schuttmoräne vor uns hätten, mit der sich die Gerölle der Donau gemengt hätten: es wurden eben hier Rhein und Albgletschergerölle zusammen abgelagert.

Im Einschnitt selbst sehen wir, wie an den ε Felsen die jüngeren und älteren Schichten abgelagert und angelagert sind. Aber blos die Anlagerung enthält die oben beschriebenen älteren Ablagerungen, die Auflagerung nicht. Die Auflagerung besteht blos aus den jüngeren Geschieben des oberen Donaukieses mit alpinem Geröll gemischt. Grosse Blöcke sind auch hier vorherrschend.

Aber der Einschnitt enthält noch weiteres Sehenswerte. Südlich der Bahnlinie sehen wir die Auskeilung der Deckenschichten, welche von Ost gegen Westen zuerst in dem beschriebenen Donauschotter, dann in gelbem fettem Lehm besteht und dann in etwas Humus mit Gehängeschutt darin, übergeht. Auf der Nordseite aber sehen wir eine fünf cm breite, tektonische Spalte den scheingeschichteten Epsilonfelsen von Ost nach West fast senkrecht durchsetzen. Die Schichten scheinen hier aber nur wenig, nämlich die östliche von der westlichen, abgesunken zu sein, während die Scheinschichtung der ε Felsen ein Gefäll gegen Südosten zeigt, das demjenigen eines steilen Daches gleicht. Der Aufschluss ist noch heute sehr deutlich erkennbar. Während der Einschnittvergrösserung untersuchten wir auch das Epsilongestein, auf dem das Geröll lag, es war **glatt aber nirgends geschliffen,** auch nirgends **geschrammt.** Unter den Geröllen der Alpen und des Schwarzwaldes fanden wir auch Kugeln und Handstücke des tieferliegenden Nägelesfelsen, die also von einer anderen Stelle stammen müssen.

Aehnliche Terrassenbildung, die aber selten aufgeschlossen ist, bemerken wir da und dort innerhalb der Alb. Auch bei Tiergarten z. B. hinter dem Falkenstein sehen wir die Seitenmoränen eines Juragletschers mit hohen Dämmen von der Stettener Hochebene herunterkommen.

Was die Gletscherzeit anbelangt, so ist heute noch strittig, ob wir in der Gletscherzeit nur eine Periode oder mehrere zu sehen haben, zwischen denen dann postglaciale Zeiten liegen würden. Vielleicht hatten die Alpen, wie die Alb, nur eine Gletscherzeit, in der aber die Gletscherzungen zu- und abnahmen.

Gletscherflora und Fauna fehlt auf der Alb völlig. Weiteres über die Albgletscher beschrieben wir schon in dem Artikel: Zur Entstehungsgeschichte der Albtäler und noch weiteres soll in den nächsten Artikeln folgen.

Fluvioglaciale Gesteinssammlungen, zusammengestellt aus dem Geröll der oben beschriebenen Terrassen des Donautales usw.

I. 20 Gesteinsarten der Ablagerung von Gutenstein 5—8 Mark.
II. 20 „ „ „ „ Inzigkofen, aus der unteren und oberen Donauschotterschichte, getrennt aufgeführt 5—8 Mk.

III. Nägelesfelsstücke von Inzigkofen und anderen Fundstellen, 5 Stück, Je nach Grösse, 1 Mk. bis 1,50 Mk.
IV. Diluvialer umgelagerter Bohnerzlehm von Inzigkofen (siehe Profil) 50 Pfg.
V. Gerölle von Tuttlingen, von verschiedenen Stellen: von 5 Stellen (ca. 20 Arten) 5—8 Mk., von mehr Stellen 10—15 Mk.
VI. Gerölle aus dem Schmichatal, des Ureyachgletschers 2—5 Mk.
VII. „ „ anderen Tälern, Laucherttal usw., je nach Grösse und wissenschaftlichem Wert 5—10 Mk.
Schulsammlung mit Profilbild ca. 20 Arten 5 Mk.
„ ohne „ „ 20 „ 4,50 Mk.

43. Die Albhöhlen und ihre ehemaligen Bewohner.

Unsere schwäbische Alb ist voll von Höhlen, aber alle sind blos auf den Weissjura angewiesen und zwar auf Delta und Epsilon. Entstanden sind sie durch Auslaugung, Einbrüche u. s. w. Wir haben so viele und schöne Höhlen, dass nicht alle genannt werden können. Die sehenswertesten sind unter der »Touren«abteilung aufgeführt.

Man unterscheidet die Spaltenhöhlen (durch tektonische Spalten entstanden) von den Quellhöhlen, welche durch Wasserauslaugung gebildet wurden. Doch dürften die Quellhöhlen aus Spaltenhöhlen hervorgegangen sein, wenn die Spalten mit Quellhorizontlinien zusammenfielen.

Die Ablagerungsprodukte sind verschieden, je nachdem die Höhlen nach oben geöffnet waren oder nicht und je nachdem ihre Entstehung einer früheren oder späteren Zeit zugeschrieben werden muss. Eingebrochene Höhlen, die also an der Oberfläche liegen, enthalten Einlagerungen aus den Zeiten ihrer Entwicklung.

Viele Höhlen enthalten daher Tertiärreste, Bohnerz und Molassesandniederschläge und gehören daher noch ins Tertiär, nicht erst ins Diluvium.

Mit diesen alten Höhlen stehen meist Trichter (Dolinen) in Verbindung, die nach oben offen sind. Diese Trichterhöhlen bilden auf der Alb zusammenhängende Systeme, und das Resultat eines dieser Systeme ist meist eine Quelle oder ein Quelltopf, wie so viele in allen Tälern der Donauseite gefunden werden.

So enthielten die Höhlen bei Salmandingen tertiäre Bohnerzlager, die Höhle des Hohlefelsen bei Bitz aber Molasse. Auch der Ebinger Heidenstein enthält Molassesand, als unterste Höhlenlage. Die älteren Trichter sind alle später in der Tertiärzeit in Bohnerzspalten umgewandelt worden. Die hochliegenden Höhlen enthalten wenig Tropfsteine, umsomehr die tiefer liegenden (siehe Abb. 114—118).

In den älteren Höhlen liegt meist auf den Tertiärlagern der berüchtigte Höhlenlehm, der mehr einem fetten Ton zu vergleichen, meist gelb und als Verwitterungsprodukt aufzufassen ist. Er ist zäh und durch diese Eigenschaft gefürchtet. Enthält die Umgebung der Höhle Eisen, so wird dieser Lehm rot und braun und geht oft in Bohnerzlehm über. Eckiger Kies ist auch häufig in den Höhlen zu finden, selten gerollter Kies, der auf ehemalige unterirdische Flussläufe hindeutet.

Eine vortreffliche Schichtung zeigt das Höhlenmaterial, wenn wir mit Sand gemischte zarte Tone finden, oft ist der Lehm so fein als nur möglich geschlämmt, wie in den Gutenbergerhöhlen. In der Falkensteiner Höhle ist er fett wie Backsteinkäse und ebenfalls sehr fein.

Abbildung 138. **Der Vorplatz der Schertelshöhle, als Beispiel unserer Albhöhleneingänge.**

Aut Markung Westerheim OA. Geislingen liegt, 40 Minuten vom Ort entfernt, an der Strasse Westerheim—Reussenstein—Neidlingen, die schöne, sehenswerte Schertelshöhle, welche in den Albvereinblättern 1903/213 abgebildet ist. Im Volksmund heisst sie »Kühloch«. Herr Lehrer Segmüller von Westerheim, der die verwahrloste Höhle 1902 wieder auf Kosten des Albvereins herrichtete, gibt dort eine artige Schilderung derselben wieder. Es wurden über 20 Wagenladungen zähen Höhlenlehms entfernt, aber wenige Knochen gefunden. Die Höhle ist jetzt leicht zu begehen. Vom Trockental aus, das von Wiesensteig zur Höhle führt, schlingt sich ein hübscher Weg zur Höhle. Unser Bild zeigt den hübschen Vorplatz. Der kellerartig gewölbte Eingang ist ca. 17 m lang und besitzt schöne Treppen. Ihr Vorhof gleicht einer Kapelle: 4 Quadratmeter gross. Hier teilt sich die Höhle in 2 grosse Spaltengänge, von denen der rechts führende 92 m, der links führende 77 m lang ist. Der rechts führende Gang ist zuerst 4—6 m hoch, 2—3 m breit, dann eine kurze Strecke eng und nieder, dass er bloss noch gebückt zu passieren ist. Er schliesst mit kapellartigen Räumen ab. Der Boden dieses Ganges deutet auf Wassererosion hin, welche die ursprüngliche Spalte ausweitete. Er ist ziemlich eben, nur die Kapelle zeigt einen vertieften Kessel, in welchen einst die Höhlengewässer herabgestürzt sein dürften. Unter der Kanzel bemerken wir abgestürztes Material und ob ihr eine Doline. Der linke Gang zeigt starkes Gefälle, besitzt schöne Geländertreppen und eine Höhe von 8—9 m bei 3—4 m Breite. Sehenswert ist die trichterförmige 24 m hohe Doline, durch welche der schöne Laubwald in die Tiefe herunterschaut. Leider ist die einst herrliche Höhle vor Jahrzehnten sehr beschädigt worden. In der Nähe der Schertelshöhle können auch noch andere Höhlen besucht werden, z. B. das »steinerne Haus« am Abhang des Steinhaushaues, halbversteckt unter prächtigen Laubholzkronen. Sie ist 3—5 m hoch, 7 m breit, 48 m lang, eine echte Felsenhalle. Gegenüber der Schertelshöhle aber liegt der Heimenstein, ebenfalls mit einer Höhle. Alle 3 alten Höhlen dürften ihren Ursprung im Tertiär haben. Das »steinerne Haus« ist das Ende eines Dolinenhöhlensystems, welches mit einer Menge von Erdfällen in Verbindung steht. Ein unterirdischer, ununtersuchter Flusslauf mag sie gebildet haben. Daher im Hintergrund zwischen schönen Stalaktiten ein kleiner See.

Lehme und Sande sind jüngere Bildungen und Kies die jüngste, denn Kies liegt meist oben.

Höhlenbewohner waren zumeist die Raubtiere: Löwe, Bär, Renntier, Hyäne, Fuchs, Wolf, Dachs, Hamster, Marder, Iltis, Luchs, Katze, Schwein, Siebenschläfer usw., mit ihnen mischen sich die erbeuteten Knochen vom Pferd, Rind, Urhirsch, Reh, Ochs, Mamut, Schaf, Maus, Has usw.

In grossen Wasserhöhlen oder Flusshöhlen, wie an der Donau, liegen die Knochen von Nashorn (Höhlefels im Achtal), Fischotter, Biber usw.

Besonders aber tritt uns in den Höhlen der Alb zuerst der Mensch entgegen, mit Hund, Wildhund und hundähnlichem Wolf. Dass auch alle möglichen Vögel nicht fehlen, ist ja natürlich: Vögel wie Star, Specht, Waldhuhn, Gans, Ente, Singschwan usw. kommen da und dort vor, besonders in den oberen Schichten und in Höhlen, die für solche Tiere günstigen Aufenthalt boten. Höhlenfunde bargen die Höhlen: Königsheimer Höhle (Bär), Bärenhöhle im Beeratal, Heidenstein bei Ebingen (Riesenhirsch), Hohlerfels bei Bitz (Vögel und Nager), Gutensteiner Höhlen, Falkensteiner Höhlen (auch mit lebender Höhlenfauna des Wassers und der Luft), Bocksteinhöhle, Erpfinger Höhle (Mensch), Hohlestein (Mensch), Sirgenstein (Mensch), Hohlerfels (Mensch), Beilsteinhöhle, Sybillenhöhle, Irpfelhöhle, Charlottenhöhle, und andere Höhlen der Alb, sowie die Höhle Kühbuchen bei Winterlingen (Mamut und Säugetiere verschiedener Art) und öffnet im Ries (eine Menge Säugetiere), in den letzteren auch Menschenreste. Aus den Funden ergeben sich zu trennende Zeitperioden, nämlich die Tundrenzeit, nach Zurückweichen der Gletscher mit ihren Tierarten: Lemming, Fiälfras, Eisfuchs und Renntier; dann die Steppenzeit, der noch manche Gegenden der Alb heute anzugehören scheinen, wie z. B. der Truppenübungsplatz bei Ebingen. In jener Zeit wehten die scharfen Polarwinde, die uns den Lehm von Oberschwaben brachten, ihre Tiere waren: Springmaus, Wiesel (das noch heute die Alb bevölkert, besonders bei Ebingen), Hermelin usw. Dann kam die Weidezeit, nachdem die Hochebenen und Täler wieder Pflanzenschmuck und die ersten Laubwälder trugen mit den Tieren: Mamut, Nashorn, Ochse, Riesen- und Edelhirsche, Rehe usw. Auf diese Tiere machten die Löwen, Bären und Hyänen Jagd. Die nachfolgende echte Waldzeit beherbergte: Elch, Edelhirsch, Fuchs, Bär, Wolf usw.

Der Mensch muss noch mit den ausgestorbenen Tieren: Mamut, Renn, Bison und Elch zusammengelebt haben. Vom Wisent (Bos bison) hat noch unser hübsches Albstädtchen Wiesensteig seinen Namen. Auch in alten Sagen der Albbewohner spielen diese Tiere noch eine Rolle.

Sammlungen aus den Albhöhlen zusammengestellt.

Höhlenlehm, Höhlensand, Bohnerz, Kalkspat, Calcedon usw. oft in sehr schönen Prachtstücken: 5—10 Mk.

Gerölle, Schutt, tertiäre Einschlüsse usw. 5—10 Mk.

Tierreste, nach Anfrage, da sie selten sind.

Wasserbildungen wie Kristalle, die im Wasser der Höhlen sich ausbildeten: 1—5 Mk.

Höhlenbewohner: Schnecken, Lurche, Fledermäuse usw., tot und lebend, nach besonderen Offerten.

Artefakte aus Albhöhlen, nach besonderen Listen.

Abbildung 139. **Der einst von Menschen bewohnte Sirgenstein** im Blaubeurer Oberamt, eine halbe Stunde von Schelklingen entfernt, an der Landstrasse Schelklingen—Blaubeuren.

Der Sirgenstein mit der Sirgensteinhöhle liegt an der Ausmündung des Riedentales ins Aachtal, gegenüber der Drahtseilbahn der Blaubeurer Cementfabrik. Wahrscheinlich war der Sirgenstein auch im Burgenzeitalter bewohnt. Der Epsilonfelsenblock des Sirgensteines steigt turmhoch, fast senkrecht in die Höhe, an seinem Fuss sehen wir auf unserem Bilde die Schelklinger Aach vorüberziehen. Ein ziemlich steiler Felsweg führt die Halde empor zur berühmt gewordenen Sirgensteinhöhle, welche Herr Dr. Rud. Schmidt-Tübingen ausgrub und mit Herrn Prof. Koken beschrieb. Die dort gefundenen praehistorischen Tier- und Menschenartifakte gehören der Diluvialzeit an und haben grosse Aehnlichkeit mit den Funden am Schweizerbild bei Schaffhausen. Ist doch die Felsenlandschaft hier wie dort eine ganz ähnliche. Der Vorplatz und der Boden der Höhle bot eine Menge Knochensplitter und Knochenreste vom Mamut, Höhlenbär, Riesenhirsch, Renntier, Eisfuchs, Steppenpferd usw. Neben dem Sirgenstein liegt ja auch die altbekannte Höhle: »Hohlerfels bei Schelklingen«, die schon seit lange als uralte menschliche Wohnstätte angesehen wurde. Die ziemlich niedere Sirgensteinhöhle bot dem Urmenschen, dem Albjäger, Schutz gegen Witterungseinflüsse und Gelegenheit zur Felsenwohnung. Der mannshohe Eingang führt in eine kleine Halle mit weichem Diluviallehm ausgepolstert, hinter ihr liegt eine grössere Halle mit s Felsendurchbrüchen nach oben. Die Höhle ist rauchgeschwärzt. Hier wohnte am Ende der Eiszeit der Albmensch und jagte die Steppen- und Waldtiere seiner Umgebung.

Da der Mensch nachweislich erst im Zeitalter des Diluviums auftritt, so sei an dieser Stelle noch einiges über seine Entwicklung geschrieben, obwohl die Menschenfunde der Alb noch ganz ungenügend erforscht sind.

Spuren des Urmenschen auf der schwäbischen Alb.

Der Urmensch der schwäbischen Alb sollte noch mehr, als es bisher geschah, unser wissenschaftliches Interesse erregen, und doch ist die Erforschung seiner Lebensweise noch sehr jung. Wenige Gebirge waren aber für seinen Aufenthalt und Schutz so sehr geeignet wie unsere Alb und daher stossen wir auch schier in allen Albhöhlen auf seine Spuren. Besonders folgende Höhlen führten zu Vergleichen mit Auslandfunden, wie Schweizerbild usw. Die Albhöhle »Ofnet«*) bei Neresheim, die Höhlen »Hohlenstein« und »Bockstein« bei Ulm, der Hohlefels und der Sirgenstein bei Blaubeuren-Schelklingen, der Hohlefels bei Bitz OA. Balingen, die Kuhstellenhöhle bei Winterlingen OA. Balingen, der Heidenstein bei Ebingen, die Höhlen unter Hohenhundersingen, bei Hütten und Schmichen. Auch die vielen Donautalhöhlen dürften, einmal genau untersucht, noch gute Funde bringen, z. B. die Höhlen der Umgebung Fridingens, Beurons, Werenwags, Hausens, die Höhle der Wagenburg, die vielen Höhlen des Bittelschiesser Tales bei Sigmaringen und andere mehr. Auch bei Strassberg, am dortigen Schlossberg, liegen alte Höhlen, die früher von Menschen bewohnt waren, aber noch nicht wissenschaftlich untersucht sind. Auffallend ist, dass prähistorische Albhöhlen meistens den Namen »Hohlerfels« tragen, oder mit »Heiden« und »Stein« zusammen genannt werden. So liegen bei Ebingen ein »kleiner« und »grosser« Hohlerfelsen, bei Bitz ein Hohlerfelsen, bei Strassberg ein »Hohlefelsen«, bei Ebingen ein »Heidenstein« (Hoatastoa) usw.

Während aber nun die württemberg. Geologen des vorigen Jahrhunderts sich hauptsächlich mit der gründlichen Erforschung der Juraschichten, des Tertiärs und den vulkanischen Problemen befassten, wurde die Palaeontologie der Alb nur so nebenher und gelegentlich gestreift und erst in unserem Jahrhundert waren es einige schwäbische Geologen, z. B. die Herren Ed. Fraas, Koken, Schmidt, Apotheker Edelmann usw., die sich mit der Höhlenforschung und speziell mit der Palaeontologie der Alb befassten. Daneben griff noch der württemb. Höhlenverein in dieses Gebiet ein. Aber unsere schwäbischen Forscher mussten, wie früher bei Erforschung des Juras, auch in dem anthropologischen Gebiet ihre eigenen Wege gehen und so stellten sie auch eigene Systeme auf, welche mit den Systemen der französischen und belgischen Gelehrten nicht recht stimmen wollten.

*) Ende 1908 wurden bei mehreren Albhöhlenausgrabungen Menschenreste gefunden, von denen die, durch Herrn Schmidt-Tübingen in der Ofnethöhle gehobenen, die wertvollsten Süddeutschlands sind. Unter einem riesigen Felsblock des Höhleneingangs, in 1 m Tiefe wurden 2 Schädelreihen gefunden, die kreisförmige Lagerung zeigten, 33 Schädel enthielten, meist von Frauen und Kindern, mit reichen tierischen Schmuckbeigaben. Die Schädel waren im Oker eingebettet, also richtig bestattet, der Rumpf aber war verbrannt worden, wie die vielen Knochenkohlenreste andeuten. Alle Schädel waren dem Westen zugekehrt, was auf Sonnenanbetung der ältesten Albbewohner hindeutet Okerbestattung, Knochenschmuck und die primitiven Feuersteinwaffen weisen auf die steinzeitliche Kultur des späteren Diluviums hin. Näheres siehe unten. Aehnliche Bestattungsweisen zeigen auch die Gräberhöhlenfunde bei Hohenhundersingen im grossen Laucherttal.

Darüber sind sich heute ja alle Gelehrten einig, dass der Mensch überall in der Diluvialzeit auftrat und daher auch im Diluvium der Alb seine Spuren zu finden seien. Während aber in Frankreich die meisten Menschenspuren in Geröllablagerungen der Flüsse aufgefunden wurden, fanden sich auf der Alb solche Flussfunde fast nie, während dagegen die Höhlen der Alb eine Menge solcher Funde bargen*).

Die Ausdehnung der Gletscher bedingte auch das Auftreten oder Nichtauftreten von Menschen und Menschenspuren, und waren es in fremden Ländern die dort auftretenden Gletscher, so waren es auf der Alb Rhein- und Albgletscher, welche ihre Spuren zurückliessen und den Menschen aus ihren Bereichen zurückdrängten, denn auf dem Eis und unter dem Gletschereis konnten die Ureinwohner des Landes nicht leben, da ihnen die nötigen Jagdtiere fehlten. Der Rheingletscher bedeckte zur Eiszeit ganz Oberschwaben, ja drang zur Haupteiszeit noch ins Donautal ein und klebte damals noch an den nördlichen Donautalgehängen. In der Umgebung von Sigmaringen kroch er weit auf die der Donau benachbarte Alb hinauf und stiess dort mit den Albgletschern zusammen. Als nach der Haupteiszeit er sich zurückgezogen und sich auf der Alb ein Wüsten- und Steppenklima mit Steppenlandschaft gebildet hatte, war es erst dem Menschen möglich, die Alb zu besuchen und ihre Steppen nach Wild zu durchstreifen, aus jener Zeit stammen denn auch unsere Albhöhlenfunde.

An der Schussenquelle in Oberschwaben wurde schon im vorigen Jahrhundert, 1867, von dem berühmten Forscher Oscar Fraas der Diluvialmensch entdeckt, aber die Alb wurde erst später erforscht. Wir wissen aus den Arbeiten dieses Buches, dass die Gletscherzeugnisse für die Alb lange nicht so deutlich sind wie diejenigen für Oberschwaben; Gletscherschliffe wurden bisher keine gefunden, da der Jurakalk für ihre Erhaltung ungünstig ist, andere Gletscherspuren können aber umgedeutet werden.

Wahrscheinlich war die Alb nicht über die ganze Eiszeit unbewohnbar, sondern nur zur Haupteiszeit. Mindestens waren ihre wärmeren Täler nach der Haupteiszeit bewohnbar. Aber alle diese Täler sind noch ganz ungenügend untersucht und gerade unser Buch soll die Lust zu solchen Untersuchungen heben, dass die berufenen Forscher mit Privatforschern und Liebhabern der Alb Hand in Hand arbeiten können.

Da aber die Forschungsergebnisse anderer Länder ganz andere Gebiete voraussetzen, so ist es sehr schwer, uns an die heute gültigen französischen Systeme anzulehnen und unsere Funde mit jenen zu vergleichen und doch muss der Versuch gewagt, ein Vergleich ausgeführt werden. Wir wollen daher im Nachstehenden versuchen, unsere Funde mit den französischen zu klassifizieren. Die französischen Forscher stellen sich bei ihren Systemen einzig und allein auf antropologischen Boden, wir in Württemberg auf geologischen, weshalb unsere Systematik eigentlich die französische übertreffen sollte.

---

*) Siehe übrigens den späteren Artikel: »Die Entwicklung des Menschengeschlechts im Alluvium«.

Zu der vergleichenden Systematik (siehe Profil 59 Seite 364/5) ist zu bemerken, dass die Systemeinteilung unserer französischen Forscher auf Fundunterschiede in den Artefakten beruht, ohne sich um geologische Perioden zu kümmern. Unser System dagegen sucht sich an die erkannten geologischen Perioden anzulehnen und letztere in Unterabteilungen zu gliedern, was weit schwerer ist als die Einteilungen der Franzosen. Es ist daher schwer, die Albfunde mit den französischen zu vergleichen, denn unsere Funde treten oft so auf, dass wir nicht recht wissen, wo wir sie ins französische System einreihen sollen. Aber unser System muss doch später als das genauere erkannt werden, wenn wir noch mehr Höhlen untersucht und verglichen haben. Auch können wir uns in getrennten Moränengebieten, z. B. im nahen Oberschwaben, an die postglacialen Ablagerungen halten, da aber in unseren meisten Höhlen (ausser denen des Bittelschiesser Tales) die Moränen fehlen, müssen wir andere Zeitmesser suchen: Ueberhängende Felsen, Ablagerungen a n ihnen und n e b e n ihnen, müssen die Tierreste vergleichen und wenn möglich die Klimawechseleinwirkungen studieren. Die Albhöhlen waren schon in der Altdiluvialzeit offen, manche ja schon in der Tertiärzeit (Hohlerfels Bitz, Heidenstein, Sirgenstein usw.), und die Erosion dieser Höhlen mag besonders im Pliocän vor sich gegangen sein, ehe die Gletscherzeit besondere Erosionsformen schuf. Da aber die meisten gefundenen Tierreste der jüngeren Diluvialzeit angehören, so muss angenommen werden, dass während der Haupteiszeit die Alb auch vereist war und deshalb keine Tier- und Menschenzeugnisse hinterlassen konnte.

Die Funde der Sirgensteinhöhle (Abb. 139 Sirgenstein) stimmen auch mit den anderen untersuchten Albhöhlenfunden. Beim Sirgenstein, Heidenstein bei Ebingen, bei der Kuhstelle-Winterlingen und dem Hohlefelsen-Bitz zeigt gemeinsam die vorgelagerte Terrasse grossartigen Wechsel in Tierschichten, welch letztere nur nicht vollständig erforscht sind, denn keine dieser Terrassen wurde ganz abgetragen. Ueberall liegen auf dem Tertiär die sich in die Höhle hineinziehenden menschlichen und tierischen Abfallhaufen, oft von Kalk verkittet. U e b e r diesen Abfallhaufen lagert entweder Löss oder Bohnerzlehm, der letztere stets umgelagert. In den Abfallhaufen lagern immer Artefakte, feiner oder roher bearbeitet. Die Knochenreste sind zerhackt, zerschlagen, zerbrochen und oft mit Kalksinter oder Manganit überzogen. In den Lehmschichten fanden sich die Knochen folgender Tiere: Höhlenbär, Höhlenhyäne, Rhinoceros, Mamut, Renntier, Riesenhirsch (besonders schön im Heidenstein gefunden), Löwe, Wolf, Wildpferd, Eisfuchs, Schneehase. Auffallend ist bei diesen Tieren, dass der Höhlenbär im Sirgenstein häufiger unten als oben vorkommt, dass er im Heidenstein schier fehlt und in der Königsheimer Bärenhöhle sehr häufig ist. Das Pferd ist überall in den Schichten oben häufiger gefunden worden als unten und dürfte mit ihm damals schon ein Zähmungsanfang gemacht worden sein. Mamut und Renntier finden sich überall gleichmässig verteilt, in der Kühstellenhöhle aber besonders häufig.

Ebenso auffallend ist, dass die Abfallschicht im Sirgenstein und ebenso im Bitzer »Hohlerfelsen« zwei Nagerzwischenschichten birgt, die nicht von Menschenindustrie stammen können, denn von Menschen finden sich keine Artefakte in diesen Nagerschichten vor. Während

Profil 59.
Antropologisch-französisches System.

Magdalenien	Magdalenien (benannt nach der Höhle »La Magdaleine« in der Dordogne, wo Knochenwerkzeuge und Renntiergeweihe vorherrschen. Also kaltes Klima existiert, daher auch Niedergang der Silexindustrie und älterer Kulturindustrieen. (Schweizerbild b. Schaffhausen und Kesslerloch b. Thaingen).
Solutreen	Solutreen (nach der Ortschaft Solutré), Artefakte mit Lorbeerblattformen, ausgezeichnete Funde am Fusse des Felsens von Solutré. Warme Zeit des mittleren Diluviums. Hochstehende Silexindustrie.
Mousterien	Mousterien (in Löss und Schotter gefundene, einseitig behauene Artifakte, grosse, breite Schaber und sogenannte Racloirs, nach dem Hauptfundort: »Moustier« genannt. Französische Höhlen bieten viele dieser Funde. Warmes Klima.
Acheulien	Acheulien: feingearbeitete, spitzmandelartige Instrumente, dolchartige Artifakte, Schaber und Messer, gefunden z. B. am häufigsten bei Acheul. Periode kälter werdend. Die Funde liegen meist im Schotter und Löss.
Chelleen	Chelleen oder Amygdalien: ältestes Diluvium, Voreiszeit Frankreichs. Kiesschichten mit roh hergestellten Feuersteingeräten in Mandelform. Zuerst gefunden im französischen Dorf Chelles im Departement Seine et Marne im Kies. Warme Periode.
Eolithien	Eolithzeitraum: Feuersteinreste des präzeitlichen Altdiluviums, mit Eolithen, d. h. roh zubereiteten Steinsplittern und Knochen aus dem Tertiär, von Frankreich, Belgien, Italien, England und Deutschland. Der Mensch fand die durch Kälte geborstenen Steinsplitter, sie als Waffe und Werkzeug verwendend. Sie haben blos Benützungszeichen, keine konstante Formen.
Tertiär- und Pliocänzeit.	In den verschiedenen Ländern auch verschiedene Ablagerungen darstellend, also in Frankreich und Belgien anders als auf der schwäbischen Alb.

Profil 59.
Geologisch-palaeontologisches System für die Alb.

Kuhstellenfunde bei Winterlingen: Knochenreste mit Mamutresten gemischt, mit Kalksinter verkittet. Hohlefels bei Hütten O.-A. Ehingen. Schmichenhöhle bei Schmichen. Oberste Lage der Sirgensteinhöhle bei Blaubeuren. Neolithische Kulturschichten und obere Nagerschichte des Sirgensteins bei Schelklingen. Neolithische Kulturschichten und obere Nagerschichte des Hohlefelsen bei Bitz und der Hundersinger Höhle.	kalte neolitische Zeit
Artefakte von grösserer Vollendung, Steinwerkzeuge im Sirgenstein. Untere Nagerschichte des Sirgensteins, Ofnet und des Hohlefelsens bei Bitz. Vogelknochenschichte des Hohlefelsens bei Bitz. Heidenstein bei Ebingen.	Steppenlandschaft und Wald
Rohe Hand- und Steinarbeit, Spitzen, Schaber des Sirgensteins. Steinspitzen aus Quarzit mit diluvialem Bohnerz verkittet im Heidenstein bei Ebingen. Starker Temparaturwechsel von Kälte und Wärme.	2. Rheingletscherzeit
Spuren im Sirgenstein. Spuren im Heidenstein bei Ebingen, Vorplatz und am Abhang des Hohlefelsens bei Bitz.	"
Steinspitzenlager in der Nähe des Hohlefelsens bei Bitz. Rohe abgenützte, bunte Feuersteinspitzen mit Bolus untermischt.	"
Sandiger hellbrauner Lehm, im Sirgenstein gefunden, im Heidenstein und im Hohlefelsen bei Bitz. Lehm und Dolomitsand (wechsellagernd mit bohnerzhaltigem Tertiärsand im Heidenstein) wechsellagernd im Sirgenstein und an der Kuhstelle bei Winterlingen; feiner Jurakies mit Kalkspat und Bohnerz verkittet: Sirgenstein, Hohlerfels bei Bitz. Heidensteinhöhle bei Ebingen.	Haupteiszeit
Gelbbrauner Lehm mit Dolomitkugeln und Marmorkugeln dazwischen. } ob. mit wenig Bohnerz, unten bohnerzreich } mit dunkler Schichtung und hellen Zwischenlagen } Hohlerfels Bitz, Sirgenstein, Heidenstein, gelbrauner, fetter, plastischer Lehm (dem Höhlenlehm verwandt): Sirgenstein; mit gröberen verwitterten Weissjura ε Stücken: Heidenstein und Hohlerfelsen Bitz. Magerer sandiger Lehm, Fetter plastischer Lehm } die Marmorkugeln meist mit Manganit bedeckt. Rotbrauner, bohnerzreicher Lehm im Sirgenstein (und im Hohlenfels mit Tertiärsand). Weissjurastücke in dunkelbraunem Bolus: Hohlerfelsen, Heidenstein. Okergelber, fetter, platischer Ton im Sirgenstein, okergelber Sand im Hohlenfels. Dunkelbrauner, sandiger Bohnerzlehm mit grossbohnigem, primärem Bohnerz. Im Bitzer Hohlenfels: Bohnerzlager ohne Körnung, wie geschmolzenes Bohnerzraseneisen. Brauneisenstein im Hohlefels, Sirgenstein und Heidenstein.	Pliocän und Tertiär.

der Zeit ihrer Ablagerung zog sich vielleicht der Mensch von dem vereisten Gebiet zurück. Diese Nagerabfallschichten wurden von Füchsen und Raubtieren niedergelagert, ja hie und da findet sich noch eine Vogelknochenschicht extra vor. Auffallend ist besonders, dass sich solche Nagerschichten in unseren meisten Höhlen finden, z. B. wurden sie bei Ebingen in 5 Höhlen gefunden, in denen sonstige Funde fehlen. Auch in gewöhnlichen Fuchslöchern finden sie sich hie und da, immer auf dem Tertiärlehm liegend, ob letzterer mit oder ohne Bohnerz vorkommt. Auch im Sirgenstein lag die untere Nagerschichte auf dem Tertiär, von letzterem nur durch eine dünne Lehmschichte getrennt. Die linsenförmig geformte Nagerschichte barg viele Nagerreste und Vogelknochen, sowie Knochen solcher Tiere, die nur in kaltem Klima zu leben vermögen, z. B. Alpenschneehühner, Moorhühner, Eisfüchse, Schneehasen, Wühlmäuse, Lemminge, Halsbandlemminge; alles Tiere einer eisigen Tundrenzeit.

Die obere Nagerschichte unterscheidet sich durch ihre Funde wesentlich von der unteren Schichte. Auf der unteren Schichte folgt zuerst wieder eine Lehmdecke 60—80 cm dick, dann erst folgt die obere Nagerschichte, die weniger Tundrentiere, aber desto mehr Steppentierreste enthält. Wir finden hier die Knochen von Hamster, Pfeiffhase, Halsbandlemming usw., kurz, hier sind die Knochen der Eiszeittiere mit den Knochen der Steppentiere gemischt, ein Fingerzeig dafür, dass auch die Alb damals, also nach der Haupteiszeit, ein echtes Steppenklima hatte, in welchem Steppen- und Eistiere leben konnten. Die Rheingletscherzone zog sich also damals gegen die Alpen zurück und auf der Alb gaben sich die Tiere Oberschwabens und der Alb ein Stelldichein.

Die Auflagen der Bohnerzterrasse vor den Höhlen Sirgenstein, Heidenfels und Hohlerfelsen bei Bitz, sowie der Nusplinger Höhle, bargen die Abfälle der Arbeit unserer ältesten Albbewohner: Messer und Schaber, Bohrer und Pfeile, Handspitzen und Nadeln aus Splittern des weissen Juramarmors und aus Splittern des Jurakieselsteines. Auch einige bearbeitete Knockenstücke des Riesenhirsches wurden im Heidenstein und bei der Kühstelle-Winterlingen gefunden. Im Sirgenstein fanden sich zu unterst rohe Steinsplitterarbeiten und Schaber, die den Funden des französischen Mousterien entsprachen. Auf der Nagerschichte, die ja einen Klimawechsel darstellt, kamen beim Sirgenstein feine bearbeitete Handstücke zum Vorschein, Handstücke, die dem französischen Solutréen entsprachen.

Die jüngste Kulturstufe wurde in Ablagerungen gefunden, welche wohl etwas jünger sein dürften als die obere Nagerschichte. Das Magdalenien der Schweiz wäre somit auf der Alb auch vertreten.

Unsere Forscher fanden aber heraus, dass das französische System Mortiletts nicht einfach auf die Alb übertragen werden kann, denn die nahen Rheingletscher und das wildere Gebirge der Alb boten eben ihren Bewohnern ganz andere Lebensbedingungen als die warmen Ebenen Frankreichs. An den französischen Flüssen konnte sich eine höher aufsteigende Kultur weit rascher entwickeln, als in den wilden Felsentälern unserer rauhen Alb, in der nur Jäger ihr Dasein fristen konnten. Die Flussebenen Frankreichs, Belgiens, Mährens und Böhmens boten grosse Lehmdecken dar, auf denen die Menschen zum Ackerbau und so zu grösserer Sesshaftigkeit übergehen konnten. Das alles war zur Steppenzeit der Alb, trotzdem auch ihre Hochebenen durch Fluglehme eingeebnet wurden, auf unserer Alb nicht möglich*). Die Kulturstufe der jagenden Alburbewohner kann also trotz ihrer Regsamkeit doch kulturell weniger hoch gewesen sein, als die Stufe der Unterlandsbewohner.

Wenn nun von dem heute lebenden Albbewohnerschlag mit Recht gesagt wird, er sei widerstandsfähig, hart und kräftig, so muss der Ureinwohner der Alb nicht minder kräftig und stark gewesen sein, sonst hätte er die weit grösseren Unbilden der Witterung damaliger Zeit nicht überwinden können. Aber auch die bisherigen Menschenknochenfunde bestätigen diese Annahme. So wurden im Sirgenstein 3 starkwurzelige Menschenzähne gefunden, die nach ihrer Grösse und Bauart nur ganz kräftigen Menschen angehört haben konnten, einem negroïden Menschenschlag. Auch bei Ebingen wurden ähnliche Zähne gefunden, welche aber unseres Wissens leider ins Ausland verkauft wurden.

Aber wie alle Jäger, waren unsere Ureinwohner arme Leute, deren schier ganzes Vermögen in ihrer Jagdbeute bestand. Wenn sie auch durch spätere Verhältnisse sich verfeinerten, erreichten sie doch die Kulturstufe der französischen Urbevölkerung nicht. Selbst das Zwergvolk vom Schweizerbild war unsern Urälblern kulturell überlegen. Sie schmückten sich mit Gagatperlen, die sie den Liasschiefern der Voralb verdankten, Pechkohlenproben entnahmen sie wohl dem oberschwäbischen Liquit. Durchbohrte Zähne entstammten dem erlegten Wild.

Bot der Wissenschaft der »Schweizerbildfund« 2 postglaciale Nagerschichten, eingelassen in gelblettiger Kulturschicht, mit den Artefakten des Magdalenien, so haben wir im Sirgenstein und anderen Albhöhlen noch weitere Kulturschichten vor uns, die untere Nagerschicht und die Zwischenlager. Die untere Nagetierschichte wurde auch in der Ofnethöhle geöffnet, aber leider nicht genauer untersucht und seither durch Unberufene so durchwühlt, dass sie wertlos für den Forscher wurde. Mehr würde noch die Heidensteinhöhle mit der ihr vorgelagerten riesigen Terrasse versprechen, wenn sie systematisch abgegraben würde.

So sind denn die Albhöhlen der schwäbischen Alb die richtigsten Fundstätten ältester Kultur unseres Landes geworden, während die Grabhügel unserer Alb die spätere Bronze- und Hallstattzeit vertreten, so dass unsere Alb Zeugen aus der Stein-, Bronze- und Hallstattzeit enthält, somit aus allen Kulturepochen der Menschheit. Bei fleissiger Erforschung der noch ununtersuchten Albhöhlen dürften wir daher noch wertvolle Funde erwarten, nur sollte die Untersuchung in wissenschaftlichen Händen bleiben und keine Schatzgräberei darstellen.

Der Urbewohner der schwäbischen Alb und sein Verhältnis zu anderen Urrassen.

Leider wissen wir aus den Zahnfunden der Sirgensteinhöhle nicht, wie der Urmensch der Alb, der sie bewohnte, ausgesehen haben muss. Aber in der Ofnethöhle wurden nicht bloss Zähne, sondern 2 guterhaltene Bestattungen gefunden, von denen die eine 6 und die andere 27 Scelette aufwies, von denen selbst die Köpfe noch meist gut er-

*) Siehe unter Alluvium den Artikel: »Die Entwicklung des Menschengeschlechts im Alluvium«.

halten waren. Die dort gefundenen Schädeltypen weisen auf **niedere Kurzschädelform** hin, welcher eine mittelhohe Langschädelrasse beigesellt war. Aus diesen zwei Frührassen der Alb entstand dann eine Rassekreuzung, welche eine dritte Form hervorrief, die in der jüngeren, dort gefundenen Generation zum Ausdruck kam. Der gefundene **Langschädel** zeigt den Grundriss einer langgezogenen Elipse, die **Kurzschädelform** einen echten Rundkopf der grenellen Form und die anderen Schädel die Mischformen. Schon damals müssen die Alb also mehrere Menschenrassen bewohnt haben und da anzunehmen ist, dass die Alb nicht die ersten Menschen trug, so müssen sie von wo anders her eingewandert sein. Die drei Typen der Ofnethöhle gehörten trotz der abweichenden Kopfformen einer einheitlichen Menschenart an, schon einer echten Mischbevölkerung, denn allen Kopfformen der Ofnethöhle ist trotz ihrer sonstigen Verschiedenheit doch ein niederes Breitgesicht gemein. Wir haben eben hier die Urform des Alpenmenschen vor uns, des Homo alpinus, dessen Type (niederer Kurzkopf mit Breitgesicht), noch in anderen Gegenden der Alpennähe und wohl deshalb auch auf unserer Alb gefunden wurde.

Diese Ur-Rassenart des Alpen- und Albmenschen taucht dann längere Zeit in der Rassentafel des Menschengeschlechtes völlig unter, um erst in bereits historischer Zeit wieder aufzutauchen und, wie merkwürdig, wieder um die »Alb« zu bewohnen. Der Ofnettypus wird heute zu dem mesolithischen Asylien gerechnet und beweist, wie aus dem Zusammenwirken mehrerer Frühtypen die Prägung von Formen entstanden, welche wieder Aehnlichkeiten mit diesen Urtypen aufweisen. Der **Schädel von Grenelle** wird von Prof. Herv als ältester **Früh**typus betrachtet, der von dem echten **Ur**typus abstammte, somit ist der Schädel von Grenelle die **älteste** Hoch- und Kurzkopfform, dem Ende des Quartärs angehörend. Es ist eine eigene, aber vollkommen fertige Schädelform, von deren Art noch heute auf der Alb deutliche Anklänge zu finden sind: der Grundriss bildet eine Kreisform mit schmälerer aber abgeflachter Stirne. Nach den bisherigen Forschungsergebnissen dürfte die Ofneter Schädelform des niederen Kurzschädels aus dem asiatischen Gebirgslande stammen, so dass anzunehmen wäre, der älteste Vertreter dieses Typus wäre der Neandertalrasse (Urmensch) entstammt, wäre nach unseren Alpen ausgewandert und hätte seine Wohnung zuletzt auf unsere Alb verlegt. Die Schädel der Ofnethöhle gehören also zu den ältesten gefundenen Schädelformen und stellen Rasseneinschläge ohne abgegrenzte Kultur vor, denn diese Schädeltypen finden sich auch in anderen der Alb fernen Ländern*).

Der in der Ofneter Höhle gefundene **2. Typus** eines **mittelhohen Langschädels** stammte von dem Cromagnontypus ab, dessen Grundriss noch derselbe ist, wie er bei der Urrasse des Neandertalschädels war. Aber hier haben wir eine stärkere Ausbauchung sämtlicher Kurvensegmente. Die Augenhöhlen sind bei diesem Frühtypus sehr nieder und der Oberkiefer springt weit vor. Diese Gesichtsbildung verleiht dem Schädel einen deutschfremdartigen, afrikanischen, ja schier südsee-

*) Siehe auch den Artikel: »Die Entwicklung des Menschengeschlechts im Alluvium im Zusammenhang mit den Formationslagern des jüngsten geologischen Zeitalters«, welcher Artikel die Fortsetzung obigen Artikels für die Alluvialzeit bildet und auf die Albbewohnerfundstätten bei Ebingen eingeht.

artigen Typus, aus dem wir gleich seine Abstammung erkennen können. Da die Mittelmeerrasse mit diesem Typus verwandt ist, so zeigt uns die letztere den Weg, den der Alburmensch einschlug, um aus Afrika auf die Alb zu kommen.

Die Ofnethöhlenbewohner stammten also mehr als wahrscheinlich aus Afrika resp. Asien und vermischten sich auf ihrer Wanderung nach Europa miteinander. Im Laufe der Zeit entstanden immer neue Völkerwanderungen und Völkerverschiebungen, so dass die Ofneturrasse mit anderen Rassen in Berührung kam und in sich aufnahm. Aber Tatsache ist es doch, dass die Ofneter Rasse der Grundtypus für viele heutige Albbewohner blieb, soweit sie nachweislich Albfamilien entstammen und **grosse** Schädelformen führen, wie die Ofnetrasse und andere Menschenrassen, die den Unbilden der Eiszeit ausgesetzt waren.

Um die Abstammungsverhältnisse des **Alb**-Urmenschen noch besser deuten zu können, wollen wir auch noch nachträglich durch einige

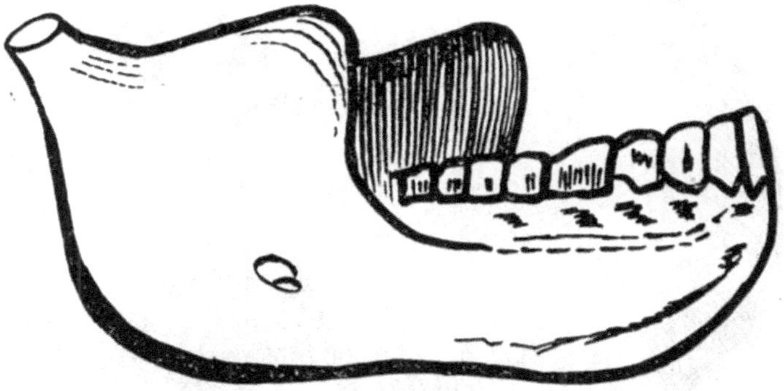

Abbildung 140. **Der fossile Unterkiefer des Neandertalmenschen der Heidelberger Varität von Mauer im Elsenztal.**

Dieser Unterkiefer wurde am 21. Oktober 1907 in der diluvialen Sandgrube dort gefunden. Diese Ablagerungen sind seit Jahren durch ihre diluvialen Funde bekannt und berühmt und verging kaum ein Jahr, in welchem nichts gefunden wurde. Der Knochen liegt heute in der palaeontologischen Universitätssammlung zu Heidelberg.

Zeilen die Funde anderer sog. Urrassen beschreiben, die älter als die Ofnetrasse sind, von denen also die Ofnetrasse abstammen wird. Diese Urrassenfunde entstammen aber nicht der Alb, sondern dem deutschen Albvorland und nichtdeutschen Ländern. Nach diesen Funden zu schliessen, die meistens dem europäischen Norden entstammen, will es uns erscheinen, als ob die Urheimat der Albbewohner teilweise Asien, teilweise Scandinavien sein könnte.

In den letzten Jahrzehnten haben die Forscher nicht blos Affenfunde in Europa gemacht, sondern auch Menschenfunde der allerältesten Zeit, Funde, die zwischen den Affen und heute lebenden Menschen Verbindungsglieder darstellen.

Auf Grund dieser Funde war es möglich, mehrere fossille Menschenrassen festzustellen, von denen die heute lebenden Menschen abstammen. Als stammesgeschichtlich ältesten Menschen müssen wir daher den Urmenschen (Homo primigenis) zuerst anführen. Er repräsentiert sich aus den Schädeln der Neandertalrasse, Spyrasse, Krapina-, Naulette-, Malarnaud-, Schipka- und Ochosrasse. Homo primigenius ist also nicht einmal so ganz selten gefunden, als allgemein angenommen wird. Nach ihm kommt, als schon etwas höher stehend, Homo niger var. fossilis. Er ist vertreten durch die Mentone-Funde und andere. Die 3. Stufe nimmt Homo mediterraneus, der Lössmensch der Mittelmeerrasse, ein, der der Vorgänger der Mittelmeervölker ist. Seine Funde wurden gemacht bei Brünn, Brüx, Cannstatt, Engis, Egisheim, Galley Hill, Woisek und an anderen Orten. Dann folgt der Stammvater der Nordeuropäer, der Ur-Renntierjäger (Homo priscus) von Cromagnon, Madeleine, Mentone, Lautsch usw. An ihn schliesst sich Homo brachycephalus an,

Abbildung 141. **Der fossile Schädel des Urmenschen der Neandertalrasse von Le Moustier in Frankreich.**

Dieser Schädel wurde im März 1908 von dem schweizerischen Altertumsforscher Hauser gefunden, als er die berühmten Steinwerkzeugfundstellen an der Vecère aufs neue untersuchte und so die Höhle bei Le Moustier fand, in welcher er menschliche Gebeine entdeckte. Damit zu vergleichen ist Abb. 140, die von einem alten Manne dieser Rasse stammt, während 141 den Schädel eines Jünglings zeigt.

natürlich die fossile Art. Diese birgt die ältesten Rundköpfe von La Truchère, Furfooz, Grenelle usw. Die Ofnetschädel hängen ja alle mit diese Urrassen zusammen. Alle diese Urrassen besassen menschliche Gebeine, die trotz manchen tierähnlichen Merkmalen doch schon den Beinamen »Mensch« verdienen. Dabei ist aber sehr merkwürdig, dass sich alle diese Funde auf Europa beschränken und weder in Afrika und Asien noch in Amerika gefunden wurden.

Die der Alb am nächsten liegende Fundstelle ist Heidelberg und zwar die berühmt gewordene Sandgrube Mauer im Elsenztal. Dort wurde 1907 in 24 m Tiefe unter dem heutigen Boden (siehe Abb. 140) ein Unterkiefer der ältesten Rasse entdeckt. Die gewaltigen Diluvialschichten des Elsenztales sind durch die Wasserfluten der abschmelzenden

Eiszeitgletscher aufgeschüttet worden und die vielen dortigen Funde entstammen einer jüngeren Zeit als dem Vorquartär. Der guterhaltene Unterkiefer gehörte einem erwachsenen Mann an. Ein besonders wichtiger Urmenschenfund wurde dann in Frankreich in einer Höhle bei Le Moustier gemacht (Abb. 141). Dort wurde das ganze Scelett eines Urmenschen gefunden, das der ältesten aller bekannten Rassen, nämlich der Neandertalrasse, angehört. Dieses Scelett war merkwürdigerweise schon richtig bestattet, so dass also jetzt bekannt ist, dass auch die ältesten Menschen ihre Angehörigen nicht blos tot liegen liessen. Die mit vorgefundenen Steinwerkzeuge gehören zu den ältesten dieser Art, ins Acheuléen. In der diesen Menschen begleitenden Tierwelt fehlt noch das Renntier. Der Beerdigte war ein 15—16

Abbildung 142. **Schädel des fossilen Menschen von La Chapelle aux Saints.** Dieser Schädel wurde am 3. August 1908 in der Nachbarschaft von Le Moustier, 50 Klm. davon, in einer Grotte von 3 Geistlichen entdeckt, an der Sourdoire, einem Nebenflüsschen der Dordogne, bei La Chapelle aux Saints. Dieses Scelett war regelrecht bestattet. Auch dieser uralte Schädel gehört der Neandertalrasse an und wurde von Boule bestimmt und beschrieben.

Jahre alter Jüngling, bei dem die Weisheitszähne noch nicht durchgebrochen waren. Die Leibeslänge betrug kaum 1,50 m, die Augenwülste (siehe Abb.) sind noch nicht so deutlich ausgebildet wie bei Erwachsenen seiner Art. Stirn schmal und fliehend, Zitzenfortsatz klein; aber Hinterhauptloch ungewöhnlich gross; auch die Augenhöhlen sind sehr gross, rund, weit auseinanderstehend, Nasenöffnung gross und breit und die Kiefer mit ihrem starken Gebisse bilden eine richtige Schnauze, die bei heute lebenden Menschen unbekannt ist. Der Gaumen ist breit und flach. Der Kinnvorsprung des Unterkiefers fehlt völlig; dieser junge Mann muss also sehr roh und tierisch ausgesehen haben. Im Verhältnis zu dem grossen Kopf sind die Rumpfknochen auffallend klein und zierlich. Die Gliedmassen sind dagegen kräftig aber kurz, besonders kurz sind Vorderarme und Unterschenkel; die Speichen zeigen die Krümmung der

Grossaffenspeichen. Aber lebende niederstehende Menschenrassen haben hie und da ähnliche Glieder, obwohl sie alle aufrecht gehen, weshalb nicht anzunehmen ist, dass Homo primigenius auf allen Vieren ging.

Viel Staub wirbelte der Fund von La Chapelle (Abb. 142) auf, der in allen Zeitungen geschildert wurde, ehe eine wissenschaftliche Untersuchung möglich war. Wir haben hier einen Neandertalmann im Greisenalter vor uns, also eine Ergänzung zu dem Moustierfund. Alle seine Schädelnähte sind vollkommen verstrichen, dem Unterkiefer fehlen teilweise die Zähne. Trotzdem zeigt auch dieser Fund in Schädel und Rumpf die grösste Aehnlichkeit mit dem Fund von Mauern bei Heidelberg, denn der Kinnvorsprung fehlt hier wie dort, die Leibeshöhe macht 1,60 m. Es muss ein sehr stark gebauter Mann mit grosser Leibeskraft gewesen sein, dem dieser Körper angehörte. Stirn und Schädeldach sind sehr flach und nieder, die Augenwülste sehr mächtig entwickelt, Augenhöhlen gross und rundlich, Nasenöffnung weit. Besonders auffallend ist die Gestalt des Oberkiefers, dem die Grube (fossa kanina) des heutelebenden Menschen gänzlich fehlt. Der Oberkiefer bildet eine richtige Schnauze. Der Urmensch von La Chapelle gehört sicher einer körperlich und geistig ganz nieder entwickelten Menschenrasse an, der Neandertal-Spy-Gruppe. Er lebte im mittleren Diluvium oder im Pleistocän und war von einer kältefesten Tierwelt umgeben, von Renntier, Aucherochs, Steinbock, Wildpferd, Fuchs, Dachs, Murmeltier usw.

Die Albgletscher im Allgemeinen.

Es ist aus dem bis heute gefundenen und zusammengetragenen Material heute noch schwer, einen besonderen Artikel über Albvergletscherung zu schreiben. Die Beweismittel für eine Albvergletscherung sind etwas anderer Art, als diejenigen für die Alpen und für andere Gebirge mit harten Gesteinen. Der verhältnismässig weiche schwäbische Jura war nicht geeignet, Spuren, wie gekritzte Steine und Gletscherschliffe, so leicht zu erhalten, wie unsere Alpen. Auch müssen wir bedenken, dass unsere Alb auch nur zur Haupteiszeit vergletschert war und dass die auffallendsten Gletschermerkmale der Alpen, gekritzte Steine und geschliffene Felsenwände, gerade aus der letzten Eiszeit stammen. Trotzdem bleiben uns noch viele Beweise übrig, festzustellen, dass die Alb eben doch vergletschert war. Lesen wir die Artikel über Talbildung genau durch, besonders was wir über die Bildung des Schmichatales schrieben und begehen wir diese Plätze selbst, so können wir nicht anders urteilen als: Die Alb muss ihre Gletscher eben doch getragen haben.

Finden wir im Vorland der Alpen neben Grundmoränen eine Menge End- und Seitenmoränen, so muss uns gleich auffallen, dass wir auf der Alb und in ihren Tälern meistens nur Grundmoränen finden, dass dagegen Seiten- und Endmoränen sehr selten sind. Aber auch den norwegischen Gletschern fehlen die Schuttmoränen fast gänzlich, obwohl die Grundmoränen 5—6 Klm. lang werden. Auch die grönländischen Gletscher zeigen kaum bemerkbare Seiten- und Endmoränen, sondern nur gutentwickelte Grundmoränen. Auch in den Albtälern finden wir in erster Linie Grundmoränen mit mehr oder weniger starkgerolltem Gestein, während die selteneren Seitenmoränen meist aus Schutt und Schlagkies, mit Lehm vermischt, bestehen.

Wo die Seitenmoränen auftreten, ähneln sie den Terrassen der Flüsse, unterscheiden sich aber doch deutlich von ihnen. Der Unterschied zwischen Flussterrassen und Gletscherterrassen besteht darin, dass die Flussterrassen sich an den allgemeinen Talverlauf halten, der Talsohle als solcher entsprechen und immer vorwiegend gerollte Geschiebe führen. Die Gletscherterrassen dagegen halten sich nicht an die Talsohlenrichtung, haben seltener gerollte Geschiebe, meist Schutt. Bei Flussterrassen ist das Geröll nach der Schwere geschichtet, die grössten Gerölle liegen tiefer als die kleinen und bei den Gletscherterrassen können die grössten Blöcke so gut oben als in der Mitte, als auf dem Terrassengrunde liegen.

Solche Terrassen können z. B. im Schmichatal sehr gut unterschieden werden, ebenso in anderen Albtälern. Die Seitenmoränen finden sich meistens blos in Resten vor, oft nur geschützt durch vorspringende Felsen, vortretende Kuppen und dergleichen.

Eine weitere Eigenheit der Gletschergerölle gegenüber den Flussgeröllen ist das Vorkommen von eigenartigen Eindrücken im Gestein der Moränen, während diese Eindrücke dem Flussterrassengeröll fehlen.

So zieht sich z. B. bei Ebingen eine Grundmoräne neben der alten Steige, die aufs Stierhaus führt, ins Schmichatal herunter. Die Gerölle dieser Grundmoräne zeigen öfters diese typischen Eindrücke. In einer dreifachen Seitenmoräne, welche in 3 Terrassen diese Grundmoräne begleitet, finden sich diese Eindrücke am Gestein nicht oder nur sehr vereinzelnd. Ebenso ist es mit einer zweiten Moräne, die vom Couragefelsen zum Kühweiher zieht. Beispiele dieser Art könnten viele aufgezählt werden, aber sie sind leicht zu übersehen wegen ihres seltenen Vorkommens. Auch haben sich viele Forscher an die ihnen feststehende Hypothese gewöhnt: die Alb könne nicht vergletschert gewesen sein, und darum gehen manche an diesen Ablagerungen vorbei, ohne sie weiter zu studieren. Vor 2 Jahren erlebten wir dafür ein eigenartiges Beispiel. Als wir damals in der Schweiz eine Rheingletschermoräne studierten und wir einen Geologen trafen, der dort ebenfalls Beobachtungen machte, meinte der Verfasser dieses Buches, solche oder ähnliche Moränen kenne er auch von der schwäbischen Alb, worauf der geologische Begleiter meinte: das könne er doch schier nicht glauben, werde sich aber in nächster Zeit diese Ablagerungen ansehen. Wirklick sah er sie 14 Tage nachher an und meinte dann: wären diese Ablagerungen im Rheintal, dann würde ich sie auch für Seitenmoränen eines Gletschers halten!

Dass aber unser »Nägelesfels« der Alb eine Gletschergrundmoräne der Albgletscher sei, wird heute von niemand bestritten werden können, der die Nagelfluhen des Diluviums untereinander vergleicht. Auch der Nägelesfels der Albtäler zeigt hie und da die Verwandschaft mit der »löcherigen Nagelfluhe« der Alpen, da in ihr das weichere Gestein aus γ und β verwittert ist, während der harte Epsilonmarmor merkwürdig fest und hart blieb. So bezeichnend also vielleicht für die Alpenmoränen die »alpine löcherige Nagelfluhe« ist, so bezeichnend sind für die Albtäler die Ablagerungen der »diluvialen Nägelesfelsen der Albtäler«. Sie beweisen auch, dass die »Nägelesfelsen« den diluvialen Nagelfluhen entsprechen, also gleichalterig sind. Die diluviale löcherige Nagelfluhe gehört der Haupteiszeit an, aber der Haupteiszeit der Alpengletscher. Der diluviale Nägelesfels der Albtäler aber gehört der Eiszeit der Alb an, der Haupteiszeit überhaupt (siehe auch unten unter Paragraph: »die Gletscher des alten Jagstgebietes« über kalkleere Moränen). Diese unsere Annahme wird auch dadurch bestätigt, dass in den diluvialen Altmoränen zwischen Inzigkofen und Sigmaringen die beiden Nagelfluhearten in einer Höhe neben einander vorkommen, und mit demselben Kitt verkittet sind. Ja hie und da, z. B. bei Nazaret, (nördlich von Sigmaringen) finden wir in der dortigen alpinen Diluvialnagelfluhe des Rheingletschers die Gerölle der Alb und Alpen friedlich neben einander liegen in der gleichen Nagelfluhe.

Die »diluvialen Nägelesfelsen der Albtäler« finden wir aber in allen Seitentälern der Albdonau, von Immendingen an bis Sigmaringen, auf welcher Strecke sie oft auffallend grosse Dimensionen annahmen. In den anderen Tälern kommt diese Nagelfluhe auch vor, aber mehr vereinzelt und weniger ausgebreitet. Oft scheint sie zerstört zu sein; z. B. im Wannental bei Stockenhausen steht sie auch noch an, aber blos in Resten. Sie liegt dort auf Braunjura am Abhange des schönen

Böllatfelsen. Bei Tailfingen-Neuweiler füllt sie Spalten des oberen Killertales aus, darf aber nicht mit dem ob Hausen anstehenden Schutt verwechselt werden, der die dortigen Tufflager dieser Zeitperiode deckt. Der Nägelesfelsen enthält gerollte Gesteine, die Diluvialdecke der Hausener Kalktuffbrüche im Killertal aber versinterten Gehängeschutt, der freilich bei der Pumpstation Bitz und dem schwarzen Brunnen (beides im Killertal) auch grosse Dimensionen einnimmt.

Bei seinem Vorwärtsschreiten staut der Gletscher einen mehr oder weniger hohen Wall auf, welcher aus der Rasendecke besteht, die er in seinem Vorwärtsdringen auffaltete, zusammenschob und abhobelte, wie ein Bahnschlitten den Schnee vor sich her schiebt. Diese Wälle bestehen dann aus regellos abgelagertem Schutt, mit kleinstem, kleinem und grossem Gestein. Dieser Endmoränenwall legt sich direkt ans Eis, an das Ende der Eiszunge an, wenn der Gletscher sein Ende findend sich in einer Ebene ausbreiten kann. Wird dieser Endmoränenwall aber von einem Seitengletscher auf einen Hauptgletscher zugeschoben, so endet der Endmoränenwall des Seitengletschers in die Seitenmoräne des Hauptgletschers, diese an betreffender Stelle mit Schutt vermehrend, so dass sich die Seitenmoräne hier verstärkt, über die gewöhnliche Höhe erhebt. Bei Ebingen z. B. hatte der Eyachgletscher seine Firnfelder auf den Ebinger Bergen: Umgebung von Onstmettingen, Degenfeld, Schlossfelsen, Bitzerberg, Schwenningerberg usw. auf der linken Seite, aber auf der rechten Seite lag das Firneis auf Raiden, Katzenbuckel, Sonnenberg usw. Durch die »Klammer« des Bitzerberges senkte sich eine solche Gletscherzunge vom Bitzerberg ins Tal hinab und ebnete es aus. Seine Moräne zog sich neben der heutigen Bahnlinie und neben dem von Strassberg kommenden Hauptarm gegen Westen und wurde von dem Hauptstrom zur Seite gedrückt und von demjenigen ausgeebnet, der über Tailfingen von Onstmettingen herabdrang. Von hier aus bewegte sich der Hauptstrom zur Wasserscheide und strich hier über Balingen hinaus, sich bei Balingen fächerartig ausbreitend. Wo Nebengletscherzungen ihm weiteres Eis zuführten, wie z. B. die Bühltalgletscherzunge und die Kientenzunge, schoben diese Seitentalgletscherarme ihre Endmoränen auf die Seitenmoränen des Hauptgletschers hinauf und noch heute sehen wir diese Vorgänge sehr deutlich an den hügelartigen Ablagerungen, die diese Seitentalgletscher ins Haupttal hinein verlegten. Der Kientengletscher schob seine Moräne bis mitten ins Tal hinein, so dass sich dort später das Wasser stauen musste, den »Kühweiher« zu bilden. Der Bühltalgletscher aber überdeckte das Riedbach-Schmicha-Eyachtal mit seinen Ablagerungen, auf denen die Martinskirche, obere Vorstadt, Schütte usw. steht, deltaartig soweit hinaus mit Schutt, dass diese Schuttablagerung bei der Martinskirche noch eine Höhe von 8—10 m besitzt. Im Ochsenkeller der Ochsenbrauerei, welcher sehr tief ist, traf man bei den Aushubarbeiten noch immer nicht auf die Ablagerung des Hauptgletschers, die im Tal durch besondere Einschlüsse (Nester von Bohnerzlehm, von Tertiärsandgeröll, Kugeln tertiärer Nagelfluhe usw.) kenntlich sind. Die Grundmoräne des Bühltalseitengletschers besteht nämlich, wie Kanalisationsarbeiten im Bühltal, auf der Schütte und in der oberen Vorstadt zeigten, nur aus W. J. β und γ Stücken (oft ganzen Blöcken).

Die Grundmoräne des Hauptgletschers aber besteht aus Geschieben der ganzen oberen Juraformation und des Tertiärs. Das Material des Hauptgletschers ist gerollt, oder stark abgerundet, das Geschiebe des Bühltalgletschers ist schwach abgerundet. An der Bahnlinie Ebingen—Strassberg, bei der Ziegelhütte, lagerte der Hauptgletscher in Verbindung mit dem Seitengletscher der alten Bitzersteigschlucht mächtige Seitenmoränenmassen ab: hohe Ablagerungen von eisenhaltigem Bolus mit ganzen Felsblöcken von ε Marmor darin. Neben dem Bolus liegt Zetalette abgelagert und stark ausgewitterte Lochgesteine. Auch Molassesandsteine fehlen nicht, wenn sie auch selten sind. Als Herr Gühring, Werkzeugfabrikant, seine Fabrik baute, lasen wir öfters Tertiärgerölle dort auf, die zwischen Boluslehm und Zetalette steckten. Das Geröll der Grundmoräne des Haupttalgletschers im Riedbachtal zeigt überall eine Uebersinterung von Kalk, Mangan und Manganit, sowie von Rost und Humussäure. Verkittet ist es aber selten, wie die Kanalisationsarbeiten in der Sonnen-, Garten-, und Schillerstrasse zeigten.

Wie verhielt sich aber der Hauptgrundmoränenzug des Gletschers, wenn ihm die Grundmoräne eines Seitengletschers zu Leibe rückte? Auf der gegenteiligen Seite des eindringenden Seitengletschers schob sich die Grundmoräne des Hauptgletschers etwas auf die Seite, um so Raum zur Aufnahme der Nebenmoräne zu bekommen.

Hie und da endete die Mulde eines alten Tales der Hochebene so hoch über dem Abhang des Schmichatales, dass sich die Moräne dieses **Kargletschers** nicht mit der Seitenmoräne des Hauptgletschers verband, sondern ihre Materialien auf die Eisdecke des Hauptgletschers ablagerte, die sie dann auf dem Rücken ins Vorland der Alb hinaustrug. Solche Kare sind sehr häufig. Wahrscheinlich sind sie die Reste uralter Tertiärtäler, aus einer Zeit stammend, in der das heutige Gefäll der Juratafeln noch nicht existierte. Das Gefäll dieser alten Talreste stimmt nie mit dem Gefäll der heutigen Täler, sondern zieht scheinbar regellos nach beliebigen Seiten. Als die Juratafeln zur Zeit der letzten Alpenemporfaltung in eine andere Stellung gebracht waren, bildeten sich aus ihren neuen tektonischen Spalten neue, anders verlaufende Täler, die Täler von heute, während die früheren Täler in Resten bestehen blieben, (die sich in der Zwischenzeit nicht mehr sehr veränderten). Diese Talreste nahmen zur Eiszeit natürlich das Firneis auf und in diesen Talresten bewegte sich dann das Eis, das Firneis, als Kargletscher, nach den Abhängen des Haupttales zu. Da diesen alten Talresten keine Gewässer mehr angehörten, so hatte sich zwischen ihnen und den neuen Tälern keine Verbindungsschlucht gebildet und auch kein Verbindungstal, sondern diese Talreste verhielten sich zum Haupttal, wie die Hochebene zum Haupttal, so dass diese Talreste keine Uebergänge ins neue, jüngere Haupttal besassen. So sehen wir oft das scheinbar merkwürdige Schauspiel, dass, wenn wir eine zeitlang einen solchen Talrest durchwandern, wir plötzlich an seinem Ende stehend, tief unter uns das jüngere Tal erblicken, in das wir erst über Felsenmauern oder steile Gehänge hinunter müssen, wenn wir seinen Talgrund erreichen wollen. Aber gerade solche alten Talreste nahmen das Firneis mit Vorliebe auf, und durch diese wannenartigen Hochtalreste schob sich dann das Eis nach dem nahen Haupttal. Am Rande angekommen, brach das Firneis ab und stürzte sich auf die tiefer fliessende Eismasse des Haupttales. So kommt es, dass wir diese alten

Talreste immer in Kare umgebildet finden und in ihnen immer die Spuren der Firngletscher am schönsten studieren können. So besitzt z. B. das Hardt zwischen Donau und Eyach-Schmicha über hunderte solcher Kare und eines gleicht dem anderen. Manche Kare dieser Art, die längeren Verlauf zeigen, fangen noch heute das Schnee- und Eiswasser des Winters auf und bringen es in den ersten Monaten des Jahres zu Tal, wie z. B. das Stierhauskar bei Ebingen und die nahen Messstetterbergkare; dann endet das Kar in eine schmale Schlucht, die aber erst im Spätdiluvium entstand und jedenfalls nicht älter ist. Wo die Karbildung in eine neue Talbildung überging, wie z. B. bei den Tälern der Schmicha, die zur Höhe führen, haben wir grössere Karreste vor uns, die aus alten Talresten in neue Seitentäler umgewandelt wurden.

Studieren wir die Abbildungen unseres Tourenführers, so finden wir auf ihnen viele solche Kare im Bilde wiedergegeben, z. B. Abb. 3 S. 5 zeigt ein schmales und breites Kar zwischen den Epsilonfelsen; Abb. 5 zeigt im Hintergrund die Hochebene des Hardtes; ob der Villa der Freifrau v. Haber sehen wir in ein altes Talsystem hinein, das in ein Kar umgewandelt wurde, auf der Moräne dieses Kares ist die Villa erbaut. Auch Abb. 3 zeigt einen solchen alten Hochtalrest, wie er in das Firnfeld der Hochebene eingelassen ist und wie deutlich sehen wir die Erosion des Abhanges jenes Hochtal abschneiden. Abb. 11 zeigt ein Kar zwischen Ortenberg und Oberhohenberg, und den alten Talrestsattel zwischen Oberhohen- und Lemberg; der Plettenberg trug ein riesiges Firnfeld, ebenso der Schafberg. Wir sehen zwischen Pletten- und Schafberg einen alten Talrest, in dem das Firneis dieser Berge sich sammelte und dann gegen Rosenfeld herabzog. Das »Lochenhörnle-Gründle« ist nur ein solcher Talrest aus uralter Zeit. Abb. 12 und 13 zeigt das Firnfeld des Lochen, das sich gegen Süden senkt und ein Abbild jener Zeit bietet. Abb. 15 zeigt den schmalen Rest des Schalksburgsattels, den Rest eines völlig vernichteten alten Hochtales, das nach einigen Jahrhunderten vielleicht voll ganz verschwunden ist. Das Vorland vor dem Schalksburgfelsen, hinter den Gebäuden der Abb. ist ganz mit Geröll und Schutt bedeckt, eine Hochterrasse des Eyachtales. Abb. 17 von Tailfingen zeigt, wie im Neuweilertal sich 2 alte Talreste vereinigten und ein Kar bildeten, das in eine Schlucht überging. Der Hohlefelsen Abb. 18 aber zeigt im Hintergrund ein vorüberziehendes uraltes Hochtal, das seit Jahrtausenden wasserleer ist. An den Abhängen des Hohlefelsens, da wo unsere Hütte stand, floss noch vor ca. 100 Jahren die Scheer zu Tale, die so wasserreich war, dass sie im Diluvium die Felsengrotten des Hohlefelsens ausarbeiten konnte, während heute alles Wasser verschwunden ist. Abb. 20 zeigt ein altes Firnfeld mit altem Hochtal, das die Zeit seiner Entstehung im Spätmiocän zu suchen hätte. Solche Hochebenentäler trägt unsere Alb eine Unmenge. Abb. 21 zeigt die Karmulde »Wannental« zwischen Böllat und Schalksburg, wo die Nägelesfelsenreste liegen. Das Heselwangertal ist der Rest einer grösseren »Wanne«. Das ganze Bild zeigt, wie die Juratafel einst eben war und wie sie zerstückelt und zerbrochen wurde. Abb. 22 und 23 zeigt die gleichen Verhältnisse, zeigt aber auch die Moränen der Albgletscher im Vorland bei Rosenfeld, diese bedecken die Ebenen des Braunjuras und Lias. Das Münsinger Tal auf

Abb. 26 führt uns mitten in ein breites Hochtal hinein, mitten in den Regierungsbezirk eines riesigen Firnfeldes, das seine Gletscherzungen nach Urach hinunter sandte, während die Dettinger Mulde, ein ehemaliges Maar, in der Eiszeit ein Kar darstellte (Abb. 27). Auf Abb. 28 sehen wir das Urachertal mit seinen riesigen Grundmoränenablagerungen. Die Pfulbfelsen auf Abb. 35 sind blos die Ausgangspforten eines Kars, aber eines Kars, das aus einem Hochtal entsprang und in eine Seitenschlucht endete*). Abb. 42 zeigt uns dagegen den breiten Hügelrücken des Keupers, d. h. den Untergrund für die hier liegenden Geröllmassen, die der dahinter liegenden Alb entstammen und zur Eiszeit hierher verfrachtet wurden. Abb. 49 zeigt gleiche Verhältnisse wie Abb. 42 und 54. Heidenheim zeigt uns in einer ganz anderen Gegend der Alb, als derjenigen, von der aus wir die Wanderung antraten, ein breites Gletschergrundmoränental, das Brenztal, auf das wir unten noch kurz zurückkommen wollen. Im Hintergrund zeigt sie, wie compakt scheinbar die Albuchebene noch ist gegenüber den Tafeln der Rosenfelder Albberge. Zwei schöne Karschluchten zeigt das Lauterbild 65. Abb. 67 aber zeigt, wie ein solches Kar oft oberhalb steilsten Felswänden endet, die jäh zur Tiefe des Haupttales abfallen. Unsere Abbildungen können also beweisen, dass die geschilderten Vorkommen des Eyachtales und Schmichatales sich innerhalb der ganzen Alb wiederholen und nur erkannt werden müssen, um der Gletschertheorie Boden zu gewinnen. Aber nicht blos der Tourenführer, auch die weiteren Abbildungen zeigen eine Menge Belege dieser Art, die der geneigte Leser selbst aufsuchen und an Ort und Stelle studieren sollte.

Die Gletscher sind stets Ausläufer des Inlandeises der Alpen gewesen, wo sie sich noch heute finden, und überall sonst in Hochgebirgen, waren es auch auf der Alb. Das Firneis erscheint stabil zu sein, nur das Krachen und Knistern in ihm zeigt sein Leben an. Das unter starkem Druck der Eisdecke stehende Inlandeis weicht seitlich an solchen Stellen aus, an denen der Druck am schwächsten ist und ein Gefäll der Unterlage existiert. Wo also das Eis sich selbst eine kleine Aushöhlung schuf oder schon eine solche vorfindet, da weicht es aus und bildet Gletscherzungen. Wo bisher grosse Gletscher gut beobachtet werden konnten, bemerken wir unter denselben ein 1—2 m hohes Gewölbe aus Eis und auf dem Grunde dieses Gewölbes die Grundmoräne, die aus zähem lehmartigem Material besteht, das aus zerriebenen Gesteinen aufbereitet wird. In dem Brei stecken kleinere und grössere Gesteinsbrocken, aber selten grosse Blöcke. Geritzte Geschiebe kommen in diesem Brei auch öfters vor. Die grössten Geschiebe sind aber im Eise eingeklemmt, zwischen Eisfluss und Felsgrund. Getrocknetes Grundmoränenmaterial ähnelt dem Geschiebelehm der heute als Grundmoräne angesprochenen Ablagerungen. Die Grundmoräne besitzt gewönlich eine gewölbte Form und zwar so, dass der Scheitelpunkt des Gewölbes der Grundmoräne dem Scheitelpunkt des Gletschergewölbes entspricht. Zu beiden Seiten der Gletscherzunge sehen wir je eine schluchtförmige oder grabenförmige

---

*) Die Abbildung der Pfulbfelsen gleicht einer Copie der Degenfeldertalfelsen ob dem Bahnhof Truchtelfingen bei Ebingen. Das Degenfeld war ja, wie oben schon bemerkt, als Firnfeld, das teilweise Einzugsgebiet des Eyachtalgletschers. Das Degenfeld besitzt mehrere Kare, die öfters in steile Schluchten mit hohen Felsenwänden, übergehen.

Vertiefung, begrenzt durch die Talwände, die den Gletscher umschliessen. Auch unsere Alb-, besonders Donaualbseitentäler, zeigen solche Talmuldenformen, die nur von Grundmoränen gebildet sein können und wirklich finden sich bei genaueren Untersuchungen die im Blocklehm liegenden Geschiebe. Das Tuttlinger Mattsteigental und die Wannentalmulden bei Stockenhausen zeigen diese Form besonders schön. Viele Nebentäler unserer Flüsse, besonders die heute wasserlosen, zeigen selbstverständlich gleichartige Bilder. Im Zeitalter des Spätdiluviums, sowie im Alluvium, wurden diese typischen Formen hie und da verändert, aber nie so sehr, dass sie nicht erkenntlich geblieben wären. Wo die Grundmoräne ein bewässertes Tal durchzog, flossen die Schmelzwasser gewöhnlich in die Seitenschluchten der Moränenzunge ab und noch heute sehen wir öfters, wie sich der bildende Fluss an diese Vertiefungen hielt und sich darin immer tiefer eingrub. Auch die Grundmoräne des Ebinger Riedbachtales zeigt diese Eigenheiten: In der Mitte des Tales ist die Grundmoränenbarre am höchsten, neben dieser Erhöhung flacht die Zunge nach beiden Seiten ab, rechts und links Vertiefungen bildend, die erst später durch Moorland ausgeebnet wurden. Jetzt freilich bedeckt das ausebnende Moorland den ganzen Talgrund und nur Kanalisationsarbeiten, die das Tal durchquerten, deckten diese Bildungsweise auf. Die Gesteine der Grundmoräne sitzen so fest in ihrem »Blocklehm«, als wären sie eingestampft worden. Das gleiche Bild zeigen auch andere Albtäler.

Wir sagten oben, dass die Moräne in der Mitte ihren Scheitelpunkt besitze; dieses ist aber nur bei normalen Vorkommen der Fall. Wo zur Haupttalmoräne Nebentalmoränen stiessen, wie z. B. am Bitzerstrasseneinschnitt bei Ebingen, legte sich die Grundmoräne des Nebentalgletschers auf den Saum des Haupttalgletscherstranges, wenn die Grundmoräne des Nebengletschers nicht oberhalb dem Scheitelpunkt des Haupttalgletschers endete.

Der Eisenbahneinschnitt bei der Unoth (parallel zu der alten Bitzerstrasse verlaufend, siehe Abb. 130) zeigt eine solche Ablagerung sehr deutlich. Besonders am Uebergang der Strasse über die Bahn ist die Moräne gut aufgeschlossen: ein Lehmgemenge aus Zetaletten, Bolus, Bohnerzton mit eingebetteten grossen und kleinen Stücken des weissen Juras. Auch Tertiärgeschiebe finden sich dort. Grosse erratische Blöcke von Epsilonmarmorkalk strecken ihre Köpfe aus der Blocklehmmasse empor. Die Gesteine sind stark geglättet, nicht gerollt, doch durchschnittlich sehr verwittert. Eingebackene Betaplatten sind nicht selten, aber immer eckig, nie gerollt. Die ganze dortige Ablagerung stammt vom nahen Bitzerberg, auf dem noch heute die gleichen, wie am Einschnitt gefundenen Gesteine anstehen. Wollen wir das dortige Kar besuchen, das gleich dort beginnt, wo die Klammer ist, so finden wir in der Klammer stark erodierte Deltafelsen mit gutentwickelten Gletschermühlen, durch welche der Gletscherbach zu Tal stürzte. Zwischen »Klammer« und »Stählerne Männle« breitet sich die breite Karmulde aus, deren Boden mit tiefen Kieslagen bedeckt ist, welcher Kies dem Gehängeschutt der Täler aufs Haar gleicht. Der kleinkörnige Höhenkies liegt auf einem Grundmaterial, welches aus Bohnerzlehm, Lette und Weissjurabrocken besteht, die teilweise gerollt sind. Gegen die

Mitte der Mulde, insbesondere gegen die Dolinen, nehmen die kleinkörnigen Kiese ab (die wir mit Schlagkiesen verwechseln können), aber das blocklehmartige Grundmaterial zu. Wo wir, wie an dem Strassendurchbruch (Einmündung der alten in die neue Bitzersteige) die Unterdeltaschichten offen sehen, finden wir, dass dieselben verbogen, verrieben und in ihrer Lagerung gestört sind, sie zeigen sogar eine Neigung, die dem Streichen der Mulde entspricht. Den tiefsten Punkt der ziemlich grossen Mulde finden wir in deren Mitte. Dort finden wir ein ganzes System ausgebreiteter Dolinen, in welche sich zur Eiszeit das Schmelzwasser des Inlandeises ergoss, wie noch heute winterliches Schnee- und Regenwasser. Die Dolinen stehen mit den Quellen der Ebinger Pumpstation in Verbindung und bilden ein grosses Höhlensystem. Die ehemalige Firnmulde war also noch früher ein Einbruchtal, durch Einsturz einer erosierten Decke entstanden. Der Lehm der Inlandeisunterlage besteht teilweise aus umgearbeitetem, also tertiärdiluvialem Bohnerzlehm, in welchem eine grosse Menge Bohnerzkörner liegen, neben ihm liegt oft umgelagerter Brauneisensteinlehm und Boluserde, an anderen Stellen aber Zetalette des oberen weissen Juras. Die Kieslager kommen meist am Rand des Kares vor, wo sie im Kar selbst sich finden, bilden sie Inseln, die mit Formationsfetzen zu vergleichen sind.

Eine Eigentümlichkeit der Grundmoränenablagerung ist die Tatsache, dass in ihnen oft die »Topfbrunnen«* entspringen. So entspringt z. B. im Blautal der Blautopf in dieser Diluvialablagerung und die Schelklinger Ach, so auch alle Ebinger Brunnen, die stets Wasser führen, gehören hieher. Die Donau-Ach entspringt in der Grundmoräne des Rheingletschers. Auch die Brenzquelle, die Donaueschinger Donauquelle usw. entspringen in der Grundmoräne der Haupttäler.

Unsere Täler müssen eben vor der Albvergletscherung viel tiefer als heute ausgefurcht gewesen sein, ehe sie die fluvioglacialen Schotter einebneten. An Stellen, die durch kalkartige Quellen sich auszeichneten, konnte sich Kalksinter ablagern und so die Nägelesfelsen oder Kalktufflager bilden.

Schon 1883 machte Herr Oscar Fraas in seinem Werke »Geognostische Beschreibung Württembergs usw.« auf die Gletscher des Schwarzwaldes und Odenwaldes aufmerksam. Er beschrieb kurz die Enz- und Nagoldgletscher. Auf Seite 191 wies er dann auch auf die Möglichkeit eines Eyachtalgletschers und anderer Albgletscher hin. Aber seither wurde über die Albvergletscherung nichts mehr geschrieben, als die Behauptungen: »Die Alb dürfte nicht vergletschert gewesen sein.« Auch er zeigte schon ähnliche Anschauungen, wie wir sie heute in diesem Buche vertreten. So bemerkt er Seite 191 und 192: »Bei näherer Untersuchung der Albhochfläche sieht man nur in den allerseltensten Fällen »gewachsenen« (d. h. unbewegten, an ursprünglicher Stelle gebildeten) Boden.« Ja selten genug sehen wir die ursprünglichen Formationsschichten den Untergrund der Humusdecke des Alluviums bilden. Die gerühmte Fruchtbarkeit der Alb, der Kornkammer Württembergs, beruht in erster Linie auf dem Vorhandensein diluvialer Ablagerungen, sei es nun aufgeackerter Firnfelduntergrund oder Grundmoräne, zerriebene Zetalette oder Fluglehm. Durch die Vereisung wurde der starre weisse Jura mechanisch rasch zerkleinert, ein Stück am anderen gerieben, verschoben und zu Ton und Lehm umgearbeitet.

Wohl finden wir in den Gipfeln der Alb ihr Scelett überall aufgeschlossen, aber die Deckenschicht der Ebenen bilden schier immer die Ablagerungen der Grundmoränen und Firnfeldveränderungen. Die Talböden endlich entstammen alle miteinander dem Diluvium und Alluvium. Schon unsere Firnfeldunterlagen bestehen aus Jura- und Tertiärbrocken, Schutt, Kies, Gerölle, Sand, Letten und Lehme, alles aufgearbeitetes Material, das unmöglich durch blose Verwitterung entstehen konnte. Die natürlichen Unebenheiten des Albbodens gaben steten Anlass zu fortwährenden Eisbewegungen, welche immer neue Veränderungen und Zerstörungen zur Folge hatten. Durch das Inlandeis und dessen Bewegungen wurden die Juraschichten aufgeackert, abgeschabt, abgehobelt und zuletzt als Geröll, Sand und Lehm in die Täler geführt. Welch riesige Umgestaltung des Untergrundes das Inlandeis auf die Alboberfläche ausübte, zeigten am besten die Tausende von Kilometern Längenerstreckung der Röhrengräben unserer Albwasserversorgung. Nur auf ganz kurze Strecken sind die ca. 2 m tiefen Gräben in wirklichen Juraschichten ausgeführt. Weitaus der allergrösste Teil hat ein verändertes, schüttiges und loses Auffüllmaterial angeschnitten, dem man die riesige Veränderung auf den ersten Blick ansieht. An den meisten Stellen bekommen wir den Eindruck, aufgefüllten Boden vor sich zu zu haben, in welchem allerlei fremde Gesteine sich vorfinden, die nicht aus nächster Nähe stammen können. Ein Teil der Gesteine und Gesteinsfragmente mag ja schon vor der Eiszeit hier abgelagert worden sein, als noch andere Albtafeleinteilungen und andere Flusssysteme existierten. Allein die grossartigste Veränderung ging doch sicher in der Diluvialzeit vor sich. Wir finden in diesen Gräbenausschüttungen Stücke aus dem Muschelsandstein des Tertiärs neben Weissjura-**Beta**brocken auf Weissjura**gamma**ebenen liegen. Also Gesteine, die weit jünger als das gewachsene Gestein sind, finden wir neben älteren Gesteinen, wie z. B. auf der Hochebene westlich des Killertales. Natürlich muss das Betagestein nicht durch Gletscher hergefrachtet worden sein, sondern durch Flüsse, die aus früheren Tälern mit anderem Tallauf und anderem Gefäll der Tallandschaft hieher gebracht wurden. Wir wissen, dass gegen Westen die Tafeln noch heute stark ansteigen, wenn sie nun in früheren Zeiten weiter westlich noch mehr angestiegen waren und die Gewässer von dort gegen Osten flossen, so müssen sie als Gegenflüsse ihre Ablagerungen aus älteren Formationen auf jüngere abgelagert haben. Die Donau verfrachtet ja auch noch heute Schwarzwaldgesteine auf die oberschwäbischen Ebenen des Tertiärs, wesshalb sollten früher ähnlichfliessende Flüsse nicht ähnliche Ablagerungen erzeugt haben? Aber ist es nicht doch seltsam, dass wir z. B. auf Weissjurabetaebenen des Tertiärs neben ε Marmor in umgelagerten Bohnerztonen noch Gesteine und Petrefakten finden, die dem unteren **weissen und dem Tertiär** angehören? Dieses kann heute noch nicht genügend erklärt werden.

Besonders auffallend sind in den oben angeführten Wasserleitungsgräben solche Ablagerungen, in denen Epsilonmarmor, Epsilonzuckerkorn neben Nagelfluhekugeln der tertiären Nagelfluhe liegen, mit Zetaplattenstücken und Bohnerzbruchstücken verbunden, durch gelblichen Kalk zu einem Conglomerat verkittet. Diese eigenartige **uralte Nagelfluhe** steht an mehreren Stellen der Tailfinger Albhochfläche an und auf den höchsten Höhen alter Ebenen finden wir Moorreste und Sandlager: d. h. Reste einer früheren versumpften Hochebene. Also nicht alle unserer Ablagerungen dürfen wir für glaciale ansehen, manche stammen aus älteren Zeiten, mindestens aus dem Pliocän und sind die Ueberreste uralter spätmiocäner Täler, deren Verlauf wir nur vermuten, aber nicht nachweisen können.

Natürlich sind diese älteren Ablagerungen sowohl wie die glacialen mit Decklehm bedeckt, denn unser aeolischer Decklehm der Alb ist jünger als beide Gebilde. Aber bei genauerer Untersuchung finden wir doch Unterschiede zwischen glacialen Ablagerungen und älteren Flussablagerungen. Aeltere Flussablagerungen zeigen eine Schichtung, glaciale Ablagerungen keine. Flussablagerungen überhaupt zeigen das schwerste Gestein zu unterst, das leichtere oben, dagegen die glacialen Ablagerungen zeigen stets kleine und grosse Brocken, Sand und Lehm unten wie oben. Zu der alten Flussablagerung müssen wir ja auch die pliocänen Donaudeckenschotter rechnen, die aus Buntsandstein, Porphyren und Quarzen bestehen.

Merkwürdig bleibt freilich noch, wie neben den Ablagerungen pliocäner Flussläufe die Ablagerungen der Firnfelder bestehen konnten, oder wie die Firnfeldablagerungen sich bilden konnten ohne Zerstörung der pliocänen Ablagerungen. Tatsache scheint aber doch zu sein, dass beide Ablagerungen insofern nebeneinander bestehen blieben, als ein Teil der pliocänen Ablageruugen als Rest bestehen blieb, während sich die diluvialen ausbreiteten. Die pliocänen Ablagerungen können ja auch nicht alles bedeckt haben, sondern nur den Bereich der Flüsse. Daher finden wir sie in Strangresten abgelagert, die diluvialen aber in Karen und Firnfeldebenen, welche von Flüssen unberührt geblieben waren.

Fühlt man sich einmal zu der Anschauung gezwungen, an die Vergletscherung und Vereisung der Alb zu glauben, so findet man bei Albbesuchen auch bald genug Anhaltspunkte in Menge. Nach unserer Theorie waren die höchsten Albhochflächen mit Inlandeis bedeckt, von denen die Gletscher ausgingen und in Karen zur Tälertiefe zogen. Rasch bemerkt dann der aufmerksame Besucher der Alb die Kare, auf welchen die Gletscher in die Niederungen und Täler vorrückten, er bemerkt die von Eis und den Eissteppenwinden bearbeiteten Felsenformen, er sieht die Rinnen, die Strudellöcher, die Oeffnungen der Kare, d. h. ihre Pforten, kurz, das typische Bild der Albvergletscherung. Ist dann auch noch der Erdboden da und dort aufgegraben, so findet er auch die Moränen. Nur sind es ja meist Grundmoränen, während Seiten- und Endmoränen selten sind.

Aber ganz besonders auffallend ist noch folgende Tatsache: **Niemals stehen die Kiese und Gerölle der Albvergletscherung in einem Zusammenhang mit alten oder neuen Wasserwegen, im Gegenteil finden wir sie immer nur da am schönsten und deutlichsten entwickelt, wo sie durch keine fliessenden Gewässer angegriffen und verändert werden konnten.** Diese Tatsache gilt unbedingt für die ganze Alb.

Spezielles über die Albgletscher.

Schliesslich wollen wir doch noch auf einige Gletscherstränge aufmerksam machen. Was wir über die Gletscher des Donau-, Schmicha-

und Eyachtales schon oben schrieben, kann nicht noch einmal wiederholt werden. Aber auf einige auffallende, oben noch nicht aufgeführte Tatsachen soll noch hingewiesen werden. Die Ablagerungen des Eyachgletschers sind im ganzen Gebiet der Eyach zu verfolgen, aber besondere Ablagerungen kennzeichnen den Palmbühl bei Schömberg und den Ringbühl südöstlich von Rosswangen, die Bergkiesköpfe bei Stockenhausen, Frommern, Dürrwangen und Waldstetten. Auch der Regenberg bei Engstlatt gehört zu diesen isolierten, wohlgerundeten Hügeln aus Weissjurageschieben, die stets auf Liasdecken aufsitzen und nichts sind als die Reste der Grundmoräne des grossen Eyachgletschers, der auf der Zollernalb und Ebinger Alb entspringend, sich nach Laufen und Balingen bewegte, dort eine riesige Eisdecke und nachherigen See bildete und dann über die Lias- und Keupergefilde bei Ostdorf und Owingen sich ausdehnte, von Rangendingen nach Hemmendorf zog und dort noch einen bedeutenden Rest, den Eichenberg, liegen liess.

Die deutlichste Grundmoränentwickelung des Eyachgletschers haben wir im Riedbachtal bei Ebingen. So mag das Tal einst ausgesehen haben, bis hinunter nach Balingen, ehe die Hardttafel barst und der östliche Teil sich gegen Osten und der nordwestliche sich gegen Westen neigte, so dass ein anderes Flusssystem sich bilden musste. Da flossen die Firn- und Gletscherschmelzwasser noch alle gegen Westen und heute, von der Zeit des Spätdiluviums an, flossen die Niederschläge gegen Westen und Osten. Während der letzten Alpenvergletscherung, also seit der Haupteiszeit, bildete sich dann das heutige tieferliegende Eyachtal aus und gab dem heutigen Eyachtal seinen Charakter, der von dem altdiluvialen sehr abweicht. Doch, wir schrieben soviel über dieses Tal, dass wir jetzt noch anderen Albtälern einige Blicke zuwerfen müssen.

Der Killertalgletscher zeigt ähnliche Verhältnisse, wie der Eyachtalgletscher. Bei Burladingen beginnt erst die alte Grundmoräne des Killertales oder besser des Vehlatales. Das Verhältnis ist ein ganz ähnliches, wie beim Riedbachtal Ebingen, weshalb wir auf keine genauere Beschreibung eingehen wollen. Auch dort schnitt die Eisenbahn zwischen Hausen und Burladingen in die alte Grundmoräne der Talsohle ein und brachte der dortige Einschnitt gleichartige Verhältnisse zutage, wie bei Ebingen—Lautlingen. Durchs Killertal selbst schob sich aus der Neuweiler Hochmulde ein gewaltiger Gletscher nach Hausen hinunter, dessen Spuren überall verfolgt werden können. Das Inlandeis lag dort in mehreren grossen zusammenhängenden Mulden, die ihre Gletscherarme teilweise dem Eyachgletscher, teilweise dem Killertalgletscher zusandten.

Ein eigenartiges Profil ergab sich dort beim Bau der Strasse Tailfingen-Hausen im vorigen Jahrhundert. Es wurde aufgenommen in der Nähe Neuweilers in einer breiten Felsenspalte des Lochepsilons. Der Fels steht noch heute an, aber die letzten Reste des Profils sind verschwunden, um so wertvoller dürfte es sein, dasselbe vor dem Vergessen zu bewahren.

Profil 60. Das Diluvium bei Neuweiler im oberen Killertal.

Gletscher-ablagerung der Grundmoräne.	1 m brauner Fluglehm (an einzelnen Stellen nur 50 cm tief). 1 m brauner Fluglehm mit Schutt darin und Blöcken aus Epsilonmarmor, Lochgestein und Dolomit (daneben Spuren von Süsswasserkalk, Manganitpflanzenkalk, Tuffkugeln von Kalktuff, Stücke von Molassesandstein usw.). Einzelne Platten harten Zetagesteines mit Bohnerzüberzug, im Inneren Mangandendriten zeigend. Grosse und kleine Blöcke sind mit Sand, Lette und Lehm gleichmässig gemischt. Im Lehm auch gerötete Terebrateln und Belemniten. 50—60 cm Grundmoränenlehm: schmierige, gelbbraune, sandige, steinige und lehmige Lette, mit Gesteinen in allen Grössen, von Sandkorn bis Kopfgrösse, dicht in der Lette steckend, wie eingestampft. Unten ist diese Lage mit Kalktuff verkittet, oben nicht.
Pliocäne Ablagerungen aus der Zeit vor der Haupteiszeit.	50 cm Lehm mit Hornsteinen darin, wie sie im Jura ε vorkommen. 30 cm wellenförmig abgelagerter, grauer, gelber und weisser Dolomitsand. 28 cm prismathisch brechender, dunkelbrauner, fetter Letten. 40 cm nicht prismathisch brechender, hellbrauner, sandiger Letten. 60 cm grober, grusiger, mit Kalksplitter angefüllter brauner Lehm (dieser Lehm gleicht dem Decklehm von oben aufs Haar, nur dass der Fluglehm der Decke ohne Kalksplitter ist). Er ist nicht prismathisch brechend, vielleicht entstammt derselbe der ersten Eiszeit der Alpen, während welcher die Alb nicht vergletschert war, aber bedeckt wurde mit Fluglehm der ersten Gletscherzeit.
Spätmiocän oder Miocän überhaupt.	40 cm graugelbe Lette mit Dolomitsand gemischt, aus Zetalette hervorgegangen. 40—45 cm weisser Dolomitsand, gegen unten gelber werdend. } kein Tertiär, sondern verwittert Weissjura-Epsilon. 60 cm goldgelber Dolomitsand. }

Spalte im Epsilonlochfelsen (900 m Meereshöhe ob NN.)

Aus diesem Profil ist zu ersehen, wie sehr sich die verschiedenen umgearbeiteten Formationen von einander unterscheiden.

Das Profil des Eisenbahneinschnitts bei Burladingen zwischen Weissjura α/β zeigt in 735 m ob NN. schier dieselben Ablagerungsverhältnisse wie bei den 3 obersten m des Profiles 60. Während der Weissjura dort eine Mächtigkeit von 320 m zeigt, zeigt also die Moräne gerade den 10. Teil davon. Die geologischen Verhältnisse des Burladinger Talbaches entsprechen den gleichen Verhältnissen des Lautlinger

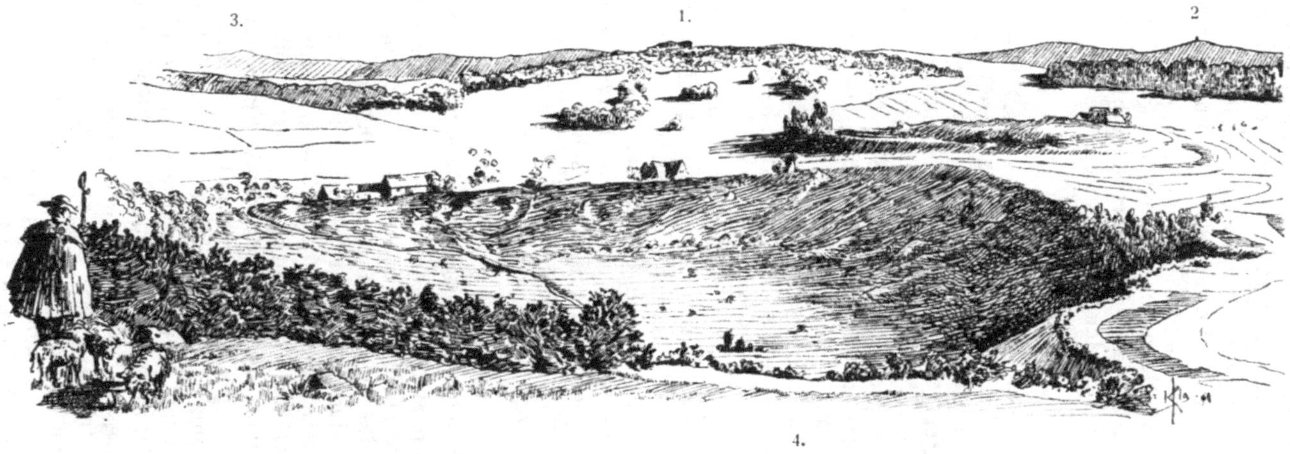

Abbildung 143. **Das Randecker Maar und seine benachbarten Mulden** als Stütz- und Sammelbecken einer grossen Inlandeismasse, welche sich in der Torfgrube und im Maar verdichtete und als Gletscherzungen in die benachbarten Tälern niedersenkte.

1. Obere Reute: Inlandeiskappe, die sich nach dem Muldenteil der Randecker Ebene senkte, in welcher der Randecker Hof steht. Vom Breitenstein senkte sich eine weitere Eismasse ebenfalls zur Moorgrube hinunter. In der Torfgrube des Maars fand das Inlandeis seinen Stützpunkt 2. Die Ebene gegenüber dem Römerstein nahm ebenfalls abschiebende Eismassen auf und bei 3. sehen wir den Karaustritt des Maars, genau hinter dem Randecker Hof. Den Weg, den das Eis machte, über die Ziegelhütte (4) am Salzmannstein vorbei, sehen wir in der Senkung hinter dem Maar. Das früher bedeutend höhere Maar wurde durch das Eis eingeebnet. Die ausgeblasenen und im Miocän aufgeworfenen Basalttuffränder schob das Eis in den Maarkessel hinein und hinunter in das Lenninger Tal und in das Hepsisauer Zipfelbachtal. Die Zipfelbachschlucht wurde durch den Gletscher und dessen Schmelzwasser eingenagt. Letztere ist eines Besuches sehr wert, sie gehört zu den wundervollsten Schluchten der ganzen Alb. Wild durcheinander geworfen liegen noch heute die Felsblöcke mitten in der Schlucht und im Bett des Zipfelbaches. Die ganze Partie erinnert an den Gletscherbach zwischen Schramberg und Lauterbach im Schwarzwald und ist ebenso romantisch wie jene.

Talbaches, beide kommen von der Wasserscheide, beide entspringen aus dem Moränenschutt des Burladinger Riedes und des Ebinger Riedbaches.

Ebenso entsandte die Alb aus den zerrissenen Gebieten hinter Talheim den Steinlachgletscher ins Vorland der Alb hinaus, dessen Grundmoräne über Mössingen, Ofterdingen, Bühlerwald und Eckhof nach Kilchberg ins Neckartal zog. Genauere Untersuchungen der Ablagerungen müssen bestätigen, dass wir hier keine Flussablagerungen vor uns haben, sondern Grundmoränen der Albgletscher.

Echatz- und Ermsgletscher.

Aber auch Echatz und Erms entsandten der Alb riesige Moränenschuttablagerungen. Freilich werden diese Ablagerungen heute meist als blose Flussablagerungen betrachtet. Aber die kleinen Flüsse von heute können sie niemals niedergelegt haben, die Massen sind zu riesig für die zu kleinen Flüsse von heute. Wer die Ablagerungen am Fusse der Alb, auf den Liasrücken, beachtet, der wundert sich ob ihrer bedeutenden Ausdehnung. Besonders schleppte der Lautergletscher des Lenningertales vom Firnfeld der heutigen Schopflocher Torfgrube (siehe Abb. 143) eine Menge Material zu Tal, das bis nach Plochingen getragen wurde. Basalt und Basalttuff finden wir bei Kirchheim überall in den Moränenschuttablagerungen. Man sieht dort besonders deutlich, wie sich die damaligen Gletscherwege keineswegs mit den heutigen Flusswegen deckten. Auch ersieht man aus den Ablagerungen, dass vor der Vergletscherung der Alb unsere Albtäler viel tiefer als heute waren und dass erst die Moränen die Böden der Täler wieder erhöhten und einebneten. So lagert bei Kirchheim u. T. die Grundmoräne 8 m tief auf dem Lias. Diese Grundmoräne schob sich noch von Kirchheim nach Nellingen hinüber und überschritt sogar die Fildergegend. Reingewaschener Tertiärquarzsand liegt vielfach in dieser Moräne eingebettet.

Die Gletscher des alten Jagstgebietes: Des heutigen oberen Kochers.

Besonderes Interesse dürften auch die Gletscher des Kochers und der Jagst verdienen, insbesondere soweit sie in Aalens Umgebung vorkommen und mit den sog. Goldhöfer Sanden zusammenhängen (siehe Abb. 144). Oscar Fraas sah in den Goldhöfer Sanden eine Moränenmischung von Keuper, Braun- und Weissjura, ein Konkurrenzprodukt der Ellwanger-, der Limburger und der Albgletscher. Nach ihm wurden die Weissjuragesteine, von denen nur zernagte Feuersteingerölle überblieben, ins Kochertal geschoben und mit Braunjura gemischt. Wir werden aber annehmen müssen, dass die Goldhöfener Sande umgearbeitete Tertiärsande sind, denen Braunjurasande und Weissjurareste beigemengt wurden. Das Flusssystem von Brenz, Kocher und Jagst ist ein ganz eigenartig ausgebildetes, dem wir noch einige besondere Zeilen widmen müssen, insbesondere seit auch Herr Prof. Ed. Fraas dieses Gebiet in den Berichten des oberrheinischen geologischen Vereins 1908 S. 25-29 beschrieb. Wenn wir durch öftere Untersuchungen dieses Gebietes unsere eigenen Anschauungen vertreten, so mögen uns dieses die beruflichen Vertreter der Geologie nicht verübeln, geschieht es doch nur deshalb, die Aufmerksamkeit aller Naturfreunde erneut auf dieses Gebiet zu lenken. Unsere Ansichten sind folgende:

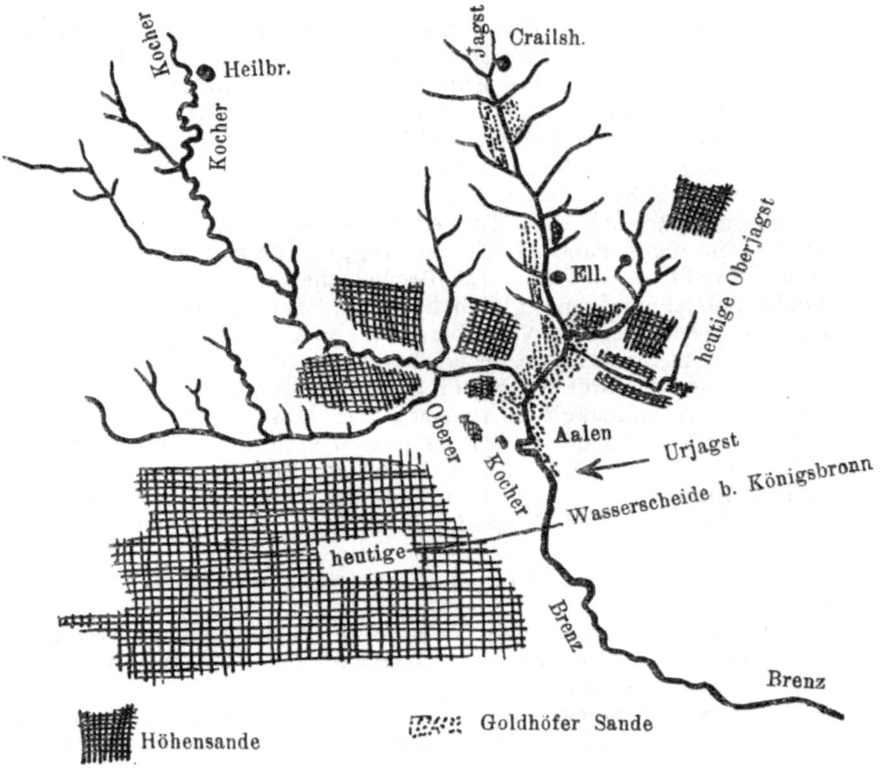

Abbildung 144. **Kartenbild zu den Moränen des alten Urjagstgebietes.** Das Kärtchen zeigt das Gesamtbild der Urbrenz, wie es im Pliocän ausgesehen haben mag. Somit entsprang die Urbrenz aus 2 Hauptquellflüssen in der Nähe der heutigen Städte Heilbronn, Crailsheim und Ellwangen, zu einer Zeit, als die Albtafeln noch weiter nach Westen reichten, das rheinische Gebiet noch weniger tief eingesunken war und die westlichen, jetzt abgetragenen Albtafeln noch höher aufgerichtet waren, als die Gipfel des heutigen Steilabfalls der Alb. Damals floss die Urbrenz in die Süsswasserbecken Oberschwabens. Königsbronn war daher damals nicht der Anfangspunkt der Brenz, sondern der Mittelpunkt des Urlaufes. Anfangs des Frühdiluviums, als die Rheinebene einsank und das Vorland der Alb rapid abgetragen wurde, die südöstliche Alb auch gegen den späteren Bodensee einfiel, bildeten sich andere Flusssysteme aus. Die Wasserscheide wurde verschoben und nach Königsbronn verlegt, so dass dort die Brenz sich neu bilden musste, aus einem neuen Quellgebiet. Dieses neue Quellgebiet gab seine Wasser nach Norden und Süden ab und so entstand der Kocher, auf der Strecke Heilbronn-Abtsgmünd. Der ausgetrocknete Brenzlauf der Urbrenz: Ellwangen-Aalen-Königsbronn nahm die neuen Niederschläge auf und so entstand die obere Urjagst, die von Königsbronn nach Hütten floss und dann über Goldhöfe nach Ellwangen. Dieser Fluss existierte bis zur Eiszeit der Alb, diese Eiszeit übergoss das Goldhöfener Gebiet mit so grossen Schuttmassen, dass sich der kleine Urjagstoberfluss nicht mehr durchwinden konnte und so der heutige Oberkocher gebildet wurde. Unser Kärtchen zeigt die weitausgebreiteten »Höhensande« der Hauptgrundmoräne und die lokalisierten fluvioglacialen Terrassenablagerungen (Hochterrasse) der Goldhöfener Sande der »Nacheiszeit unserer Alb«, der sog. »3. Eiszeit der Alpen. Die Höhensande der Grundmoräne sind an vielen Stellen abgetragen, während auch die Goldhöfener Sande da und dort fehlen. Die Terrassensande halten sich als Hochterrasse hauptsächlich an den alten Urjagstlauf, die Höhensande bilden Decken der teilweise abgetragenen, also erniederten Juratafeln.

Das Brenz-Kochertal zwischen Sontheim a. d. Br. und Aalen hat viele Aehnlichkeit mit dem Eyach-Schmichatal zwischen Balingen und Ebingen und doch ist seine Entstehung und Umbildung wieder etwas anderer Art. Während aber der offene Talverlauf des Eyach-Schmichatales die Route nimmt: Balingen—Ebingen, Lautlingen—Pfeffingen, Ebingen—Kaiseringen, Ebingen—Onstmettingen, und wir hier drei Talarten vor uns sehen, haben wir im Brenzkochertal ein Tal vor uns, welches ursprünglich das Tal eines Flusses war, der im Alluvium und Pliocän nicht nach der Donau zog, sondern wie die Eyach zum Rhein. So finden wir, dass das Brenzkochertal heute auf der Wasserscheide bei Königsbronn gleich breit ist, wie an anderen Stellen des Tales, während das Eyachtal bei Ebingen-Lautlingen, seiner Wasserscheide, die mittlere Talbreite seines ganzen Verlaufes besitzt, während für den Schmichadurchbruch bei Kaiseringen das Kochertal bei Hüttlingen seine Aehnlichkeit aufweisen kann. Das Brenzkochertal ist wohl bei Aalen besonders breit, weil es dort das Sauerbachtal (ein alter Teil des Remstales) aufnimmt, dieser Talausbuchtung entspricht der ausgebuchtete Ebinger Talkessel, aber ähnliche Einengungen des Tales, wie sie das Schmichalal bei Kaiseringen besitzt, zeigt das Brenzkochertal nirgends, auch nicht bei Hüttlingen.

Doch nun zu den Moränenablagerungen im Gebiet des heutigen Kochers.

Da die Ablagerungen im Vorland der Alb zwischen Ellwangen und Aalen verschiedenartig sind, so müssen wir je nach ihrer Verschiedenheit dieselben trennen.

Was wir Moränenschutt nennen, nennt die geolog. Karte »Goldhöfer Sande«. Allein sie fasst unter Goldhöfer Sande mehrere ganz verschiedene Ablagerungen zusammen, die nur das Gemeinsame haben, stets viel Sand zu besitzen. Die Einschlüsse des Sandes sind aber oft ganz verschiedener Natur. Deshalb unterscheidet heute die Geologie: 1. echte Goldhöfer Sande, 2. Höhensande, 3. Tertiärsande weissen Quarzsandes und 4. Oppenhauser Sande und 5. Keuper-Liassande. Alle diese Sande sind nicht blos besonders geartete Zusammensetzungen, sondern sie lagern auch in ganz verschiedenen Horizonten. Neben ihnen treten dann auf den Hochflächen der Alb noch Kiesellehme auf, d. h. kieselhaltige Lehme, welche auf der südwestlichen Alb meistenteils fehlen aber bei Aalen und Neresheim alle Hochebenen bedecken. Diese letzteren gehören dem Alluvium an, weshalb wir sie hier nicht beschreiben wollen.

1. Plateauablagerungen der Ellwanger Berge.

Beginnen wir mit den Ablagerungen des Vorlandes, so fallen uns zuerst die sogenannten Ellwanger Ablagerungen auf, zwischen Adelmannsfelden und Altmannsroth und anderen Punkten, die freilich von der Alb schon weit entfernt sind. Der Stubensandstein ist dort stark verwittert und teilweise so bedeutend aufgearbeitet, dass wir an eine Vergletscherung jenes Gebietes denken dürfen. Wir finden in sandiglehmiger Packung eine Menge regellos gelagerter eckiger und kantengerundeter Sandsteinstücke, die sicher alle dem obersten Keuper, dem Bonbetsandsein und Lias angehörten. Zwischen diesem Geschiebe lagern grosse gerundete und scharfkantige, eckige Brocken gefärbten Hornsteines und Calcedons, wie sie im oberen Keupersandstein und im oberen Jura vorkommen, aber auch noch im jüngeren Tertiär gefunden werden. Alles dieses Material ist aber so schwach gerollt, dass es nicht gut von der Alb stammen kann, sondern aus der nächsten Umgebung hergeleitet werden muss. Weissjura finden wir hier keinen, wenn auch Spuren von Kalkstein mikroscopisch nachzuweisen sind und hie und da ein Aufbrausen in Salzsäure auf Kalkspuren hindeutet (es dürfte Liaskalk sein).

Diese Ablagerungen liegen auf den ebenen Höhen des Stubensandsteines und sind somit Anhäufungen von Keupersand und Liassand mit Bruchstücken von Liassandstein und Liaskalk darin. Herr Prof. Ed. Fraas nimmt an, dass diese Ablagerung einfach eine reduzierte Liasdecke darstelle und kein Moränenschutt eines Gletschers sei. Auch wir glauben dieses, aber wir bemerkten doch, dass in Keupersteinbrüchen direkt auf den Keupersteinplatten Gerölle von braunem Jura lagen, wenn die »Gerölle« auch keine so bestimmte Rollung wie Flussgerölle zeigten. Weissjuraschutt wurde allerdings keiner gefunden, kann aber auf dem Transport auch vorher zerrieben worden sein, noch ehe seine Ablagerung hier möglich war.

2. Höhensande der Hochebenen: Grundmoräne der Albgletscher.

Anders ist es mit den Höhensanden zwischen Ellwangen und Aalen, welche ebenfalls eine Deckenformation bilden, die ca. 60—90 m über der heutigen Talsohle verläuft, also in der Nähe des Flusses abgelagert ist. So finden wir sie besonders schön aufgeschlossen auf den Keuperhöhen des Ellwanger Bernhardtrothwaldes, wo die Sande zwischen 490 und 501 m ü. d. Meer liegen und also bei 420 m Talsohlenhöhe 70 m ob der Talsohle beginnen. Die dortige Deckenterrasse besteht aus festen, rotbraunen, lichtgefärbten und eisenhaltigen Sanden. Mikroskopische Untersuchung ergab in erster Linie Sand aus Stubensandstein und Lias. Die Färbung des Sandes mag durch Eisensandstein des Braunen erfolgt sein. Aber Gesteine aus Braunjura, oder gar Weissjura fehlen. Selbst nicht einmal Epsilonkieselknollen kommen vor. Die Keuperquarzkörner sind auch nicht stark gerollt, wären sie aus dem Tertiär der Albdecke, so müssten sie stark gerollt sein. Sie sind von ganz unregelmässiger Form, tragen eine narbige Oberfläche wie im Muttergestein und zeigen öfters Kristallflächen. Bekanntlich wird ja heute angenommen, dass zur Zeit unserer Keuperbildung das Unterland eine Sandwüste gewesen sei und dafür sprechen auch die Dünensandquarzkornformen. Die eingelagerten Erzkörner weisen auf Braunjurabeta hin, das aufgearbeitet warde, denn aus Albtertiär können sie nicht gut erhalten sein.

Wir können annehmen (müssen aber nicht!), dass diese Höhensande Reste uralter fluvioglacialer Schotter der Urbrenz sind, welche gemischt wurden mit den Sanden, dem Geröll und dem Schutt der Moränen kleiner Albgletscher, die vom Härtsfeld herunterkamen. Da aber gewöhnliche Grundmoränen ihre gesamte Unterlage beschädigen und aufarbeiten, hinter Aalen also auch schon Lias und Keuper, so können diese Sande auch zum grössten Teil echte Moränensande der Alb sein. Folgende Tatsache scheint diese Ansicht zu stützen. Die Onatsfelder Höhensande, zwischen Himmlingsweiler, Treppach, Hüttlingen, Hofen und Wasseralfingen liegend, zeigen eine andere Zusammensetzung als diejenigen Höhensande, die näher der Alb abgelagert sind. Sie liegen übrigens alle auf Braunjura der Alb und sind meist mit Decklehm bedeckt, der häufig aeolischen Charakters ist. Hinter Aalen, nördlich und nordöstlich z. B. auf dem Hahnenberg, liegen diese Schichten sogar noch ohne Sand auf, Gerölle blieben liegen, dagegen der Sand wurde gänzlich abgeführt und Kalk findet sich ebenfalls keiner vor, denn selbst die Hornsteine sind beschädigt, so dass Kalkgerölle aufgearbeitet sein müssen.

Die Höhensande müssen früher den ganzen Braunjura nordwestlich und westlich Aalens bedeckt haben, denn bei Oberrombach auf dem Hahnenberg finden wir sie als Rest 499 m ü. d. M. auch noch anstehen. Es ist daher nur fraglich, ob sie von Norden oder Westen, oder ob sie von Osten herkamen, also, ob sie aus dem Gebiet des Keupers oder aus dem Gebiet der Alb stammen. Die meisten Forscher nehmen nun heute an, sie seien alte Schotter des Pliocäns, welche die Urbrenz liegen gelassen hätte, als sie noch da floss, wo heute der Kocher fliesst. Nun liegen sie aber bei Oberrombach in 500 m Meereshöhe, bei Treppach in 490 m, bei Affalterried in 475 m, bei Schlossreute und auf dem Seitsberg in 460 m Höhe. Bei Affelterried beginnen auch schon die echten »Goldhöfener Sande«. Diese echten Goldhöfener Sande liegen bei Wasseralfingen und Aalen in 470—480 m Höhe, also im gleichen Horizont, wie die Höhensande. Davon weiter unten mehr.

In den Sandgruben von Treppach (465 bis 490 m Meereshöhe, 65 bis 90 ob der Talsohle) erhalten wir folgende Aufschlüsse:

Profil 61. Profil nach Prof. Dr. Fraas: Oberrheinische geologische Berichte 1908/27:

0,35 m sandig erdige Verwitterungsböden.
0,40 m lichtgrauer, fetter Letten mit Quarzkörnern (feuerfester Ton).
1 m rotgelber, feinsandiger Letten mit einzelnen Sandschmitzen.
1 m rotbrauner, lehmiger Sand mit zahlreichen Krusten von Brauneisenstein und Manganfärbungen, noch unten in grobem Sand übergehend.
1 m feine, gleichmässige, weisse Sande mit Kreuzschichtung.

Die ganze Ablagerung erinnert an die pliocänen Oppenhausener Sande und an die feuerfesten Sande und Erden vom Ochsenberg, die aber nicht westlich und nicht nordwestlich unseres Gebietes anstehen, sondern im Osten, also nicht auf den Keuperhöhen, sondern auf der Alb. Also müssen diese Sande von der Alb stammen, keine fluviale Ablagerung, sondern eine Moräne darstellen: **die Moräne des Urjagstgletschers.**

Auch Herr Prof. Dr. Ed. Fraas schreibt diesen Sanden ein hohes, pliocänes Alter zu. Doch schreibt er: Obgleich diese Schichten auf Lias auflagern (und unterem Braunen, der Verfasser), weist ihr Material doch im wesentlichen auf die Aufarbeitung von Keupersandstein hin, was nur zu erklären ist, wenn wir einen Transport von Norden her annehmen. Ausserdem dürfte auch noch Lias α und Braun β zur Bildung beigetragen haben, dagegen scheinen Weissjurafeuersteine, sowie alles kalkige Material zu fehlen.

Dem möchten wir nun doch entgegenhalten, dass ganz ähnliche gleich geartete Sande selbst bei Sigmaringen-Bingen vorkommen, hinter Eisenwerk Laucherttal und diese doch schwerlich von Keuper stammen können. Wer die Sande miteinander vergleicht, wundert sich ob ihrer Aehnlichkeit. Die Treppachersande gleichen auch weit mehr echten Tertiärsanden der Alb als Keupersanden. Dass die Treppachersande aber aus dem Tertiär stammen müssen, also nicht aus dem Keuper stammen können, geht aus ihrem grossen Manganeisengehalt hervor. Diese Art von Brauneisenstein und Mangan, wie sie im Treppachersand gefunden wird, zeigt sich in schier allen Brauneisensteinsanden unserer Alb. Genau so verkrustet ist der Quarzsand des Hohlefelsen wie der Höhensand von Treppach, dass beide Sande sich wiederum gleichen. Wie soll es denn aber auch möglich sein, dass der Keupersand der niederer liegenden Keuperlandschaft auf die Aalener Halbinsel kommt? Es ist doch viel ungezwungener, hier an tertiären Albsand als an Keupersand zu denken. Dazu ist es auffallend, dass der Höhensand eine Deckenausbreitung darstellt und zu dieser stimmt eine sich erbreiternde Moräne gut, aber nicht so gut ein alter Flusslauf, der praktisch den Höhensanden fehlt: denn die Höhensande stellen Decken und keine Terrassen vor.

Aber auch Kalk findet sich hin und wieder in Sandform vor, dann ist er aber mehr Kalk, wie er sich als Dolomitkalk auf der ganzen Alb findet. Auf dem Transport von der Alb scheint er eben zerrieben und abgeführt worden zu sein.

Aber damit sind wir einig, dass bei Aalen die Höhensande als Deckensande, von den Goldhöfener Sanden, den Flussterrassensanden getrennt seien; die letzteren halten auch wir für jünger. Die Goldhöfener Sande liegen auch tiefer und dem Kocher näher als die Höhensande. Auch zeigen die Goldhöfener Sande eine andere schmale sandlose Zone, die besonders bei Onatsfeld eine reinliche Scheidung zulässt.

3. Die Tertiärsande und Quarzsande bei Aalen auf Lias und Braunjura

sind also nichts als gewisse Unterabteilungen der sogenannten Höhensande, und sind einmal rein weiss, ohne Eisen, Bohnerz, ohne Brauneisenstein und ohne Manganeinschlüsse, das andere mal haben sie diese Beigaben in Menge. Diese reinen Quarzsande können dann auch mit Juraresten durchzogen sein, so dass wir einen Uebergang zu den Goldhöfener Sanden bekommen. Bei Lauchheim stehen sie besonders schön an.

4. Die Goldhöfener Sande und ihr Ursprung.

Die echten Goldhöfener Sande treten immer als echte, jüngere Sande, als Flusshochterrassensande auf. Ihre Verbreitung ist eine grosse, das ganze obere Kochergebiet von Unterkochen an abwärts, weist sie auf, bis zur Wasserscheide zwischen Kocher und Jagst und dann von hier bis nach Schwabsberg und Ellwangen. An der Jagst greifen sie bis nach Lauchheim hinauf und gehen dort in die Lauchheimer Ablagerungen über. Zur Zeit ihrer Ablagerung kann daher das heutige Talsystem freilich noch nicht völlig ausgebildet gewesen sein. Aber auffallend ist doch sehr, dass sie dem Steilabfall der Alb, dem Härtsfeld, vorgelagert sind, ohne Rücksicht auf Brenz, Kocher und Jagst. Wir wollen nun sehen, woher sie stammen könnten.

Es kann angenommen werden, dass zur Zeit ihrer Ablagerung der jetzige obere Kocher nicht wie heute floss, also von Aalen über Hüttlingen nach Abtsgmünd und von dort nach Goldhöfe, wo er sich nördlich wandte und an Bahnhof Goldhöfe vorbei nach Buch ins heutige Jagsttal. Dort erhielt er Zufluss von Lauchheim her und floss dann nach Ellwangen usw. Mit anderen Worten, da, wo heute der Kocher fliesst, floss früher im Diluvium nicht mehr die Urbrenz, sondern die Urjagst im Hüttlinger-Goldhöfener Gebiet vom späteren Kochergebiet angezapft wurde, so dass das Lauchheimer Seitental des Urkochers zum heutigen Hauptkochertal wurde. Wenn wir die Strecke des heutigen Oberkochertales von Abtsgmünd bis Unterkochen bereisen, sehen wir deutlich, dass das Abtsgmünder Kochertal keine Fortsetzung des Aalener Kochtales ist. Es ist das Kochertal von Hüttlingen an bis Abtsgmünd unfertig, unfertig wie die Strecke »Lautlingen« des Eyachtales.

Zu beiden Seiten des oberen Urjagsttales finden wir nun die Goldhöfener Sande ausgebreitet. Sind sie nun das Produkt der diluvialen Urjagst oder der Urbrenz?

Die Anhänger der Urbrenztheorie glauben, die Gegend der Goldhöfener Sande sei von Anfang an neutrales Gebiet zwischen Kocher und Jagst gewesen, was es aber wohl sicher nie war. Wir glauben, dies beweisen zu können.

Während der diluvialen Eiszeit musste dieses Gebiet von der Alb besonders stark mit Gletschereis überzogen werden, denn der vom Rhein- und Illergletscher gestaute Brenzgletscher trieb das Gletschereis des Kocher-, Jagst- und Brenztales bis auf Heidenheim zurück, so dass von Heidenheim ab der Gletscher des alten Kocher-, Jagst- und Brenztales seine Eismassen nach Norden senden musste. Diese Eismassen überfluteten das Vorland der Alb und lagerten die Goldhöfener- und Höhensande ab, was wir aus deren Zusammensetzung nachweisen wollen. Damals war das rheinische System noch nicht so tief eingeschnitten und daher wurden die Goldhöfener Sande über das ganze Lias- und Braunjuraland westlich von Aalen ausgeschüttet, deren Reste wir dort überall treffen, bis in die Nähe von Abtsgmünd. In einer derartigen Zeit und Zone mussten auch die grössten Schotteranhäufungen möglich werden. Nun sind uns diese Sandmassen überall da erhalten, wo die Erosion des Kochers sie liegen liess, also zwischen heutiger Jagst und heutigem Kocher. Wo aber das Einzugsgebiet des mittleren Kochers weniger Ablagerungen antraf, mussten sie rasch abgetragen werden, und so finden wir tatsächlich westlich von Aalen auf dem Hahnenberg nur noch Reste dieser Ablagerung in 500 m Höhe. Seither blieb die Goldhöfener Gegend Wasserscheide, weil das neue Flussgebiet des Spätdiluviums links und rechts davon arbeitete und das alte Jagstgebiet liegen liess (eintrocknen liess). Dass aber unsere Goldhöfener Sande nicht von Ellwangen herkamen, sondern dorthin verfrachtet wurden und dem Jagstwege angehören, sehen wir an den hübschen Hochterrassen bei Ellwangen-Schönau, auf die Herr Prof. Dr. Ed. Fraas selbst hinweist, die auf der linken Talseite in einer Höhenlage zwischen

15 und 45 m über der Talsohle hinziehen. Dort zeigt die Sohle aber 425 m. Die Unterkante der Sande beim Spitalhof 440 m, Oberkante 468 m, während die Unterkante der Hahnenberg-Ablagerung bei Aalen 500 m zeigt, somit diese Terrasse bis Ellwangen um ca. 60 m sinken konnte. Das Sinken der Terrasse beweist uns aber, dass die Sande nicht von Ellwangen nach Aalen, sondern von Aalen nach Ellwangen verfrachtet wurden.

Ueber die Herkunft der Sande müssen wir dieselben aber nun selbst durch ihre Einschlüsse befragen. Wie ist Beschaffenheit und Zusammensetzung dieser Sande? Wo wir diese Goldhöfener Sande untersuchen, überwiegt der eisenschüssige Sand über Kies und Schotter. Dem Schotter aber geht die Flussgeröll- und Geschiebeform zum allergrössten Teil ab. Also der Sand und Grand muss weiter herkommen, als die Einschlüsse desselben. Quarze, Hornsteine, Kiesel und Sandsteine sind meist eckig, glasig, die Kanten unregelmässig bestossen, in der Grösse so verteilt, dass keine Lagerungsform nach der Schwere zu beobachten ist. W i r h a b e n e b e n d i e R e s t e e i n e r r i e s i g e n M o r ä n e v o r u n s , ü b e r g e h e n d i n d i e R e s t e e i n e r F l u s s a b l a g e r u n g und diese Moräne kam aus dem oberen Brenz-Kocher-Jagsttal, denn überall in dem Sand und zwischen den Geröllen und Platten finden wir Weissjuraflint, der doch nur von der Alb stammen kann, da er nie im Keuper zu Hause ist. Der Weissjuraflint kommt in vielen Bruchstücken, Splittern und als Sand vor.

Abgesehen von dieser allgemein beobachteten Ausbildungsweise fällt uns noch weiter auf, dass das Material nicht überall das gleiche, sondern örtlich verschiedenartig zusammengesetzt ist. Je weiter von der Alb entfernt die Lagerstätte ist, desto weniger Jurakalk, je näher der Alb, desto mehr Jurakalk und anderes Albgestein. Dies muss doch lehren, woher diese Ablagerungen kamen.

Denn das Inlandeis senkte sich über die Ebenen überall in die Täler herunter und verdichtete sich z. B. im heutigen Brenz-Kochertal zu einem Talgletscher, der bei Aalen sich über die Braunjuradecke ausbreitete. Aber auch der ganze übrige Steilrand der Aalener Alb war mit Gletschernebenzungen bedeckt, die sich mit der Hauptmasse des Tales der Urjagst vereinigte. Dass dabei grosse Schmelzgewässer das Vorland der Alb überzogen und mit Material überschütteten, ist selbstverständlich und so entstanden die hohen Ablagerungen und Kreuzschichtungen mit wenig Kalkresten darin.

Die Sande bei Seitsberg gegenüber Himmlingsweiler liegen vom Tale besonders weit entfernt und zeigen eine Beschaffenheit, die derjenigen der Höhensande sehr gleicht, so dass man an eine Verschleppung von der Alb her notwendig denken muss. Im Sand liegen viele Splitter von Weissjurafeuerstein und Brocken von Bohnerz und Brauneisenstein, die nicht von Braunbeta, sondern vom Tertiär der Alb stammen. Je mehr wir uns aber der Alb nähern, desto mehr tritt das Juramaterial der Alb hervor: die Weissjurafeuersteine in ihrem Wesen deutlicher werdend, nehmen an Menge und Grösse zu, bis bei Aalen die Sande davon ganz durchspickt sind. Was sonst aus Epsilon hergeschleppt wurde, ist zerrieben und aufgearbeitet worden, durchs Wasser der Niederschläge weggeführt. Je weiter wir von der Alb wegkommen, desto weniger Jurafeuersteine finden wir und desto mehr treten andere Gesteine des Moränenweges an deren Stelle: Gesteine aus Braunjura und Lias. Also müssen diese Aufschüttungen ihren Weg von der Alb her genommen haben, sie können selbstverständlich nicht vom Keuper stammen; das Sand kann also auch kein aufgearbeitetes Keupersand sein, sondern Tertiärsand, dem sich im Vorland Braunjura- und Liassand zugesellte.

Auffallend ist das teilweise Fehlen kalkigen Materiales. Ursache dürfte in erster Linie sein, dass eben die Kalkbestandteile aufgelöst wurden, wie wir dieses bei anderen Moränen auch finden. Viele altdiluviale Schotter verloren auf solche Weise ihren Kalkgehalt. Darnach zu schliessen, müssen diese Sande aus der Haupteiszeit stammen. Freilich dürften ursprünglich auch nur sehr wenig Kalk vorhanden gewesen sein, da zuerst die Sande weggefegt wurden, und erst dann der obere weisse Jura. Wenn aber die harten Jurahornsteine zu Splittern zerpresst und zu Grand aufgearbeitet wurden, so darf uns das Fehlen des Kalkes gewiss nicht wundern. Das Fehlen des Kalkes beweist uns aber auch noch zweierlei, 1) dass bei der Ablagerung der Goldshöfener Sande viel und rasch fliessendes Wasser eine grosse Rolle spielen musste, dass aber so vieles Wasser nur Gletscher abgeben konnten; 2) dass bloses Flusswasser den Kalk nie ganz gelöst und auch die Feuersteine nicht in Splitter umgewandelt hätte, dass dieses nur das Eis tun konnte. Auch die Kreuzschichtung dieser Sande zeigen die gleiche Ursache an; die wechselnde Stosskraft schuf die Kreuzschichtung, die an- und abschwellenden Eiszüge aber schufen eine wechselnde Stosskraft.

Es wäre jetzt blos noch zu untersuchen, ob die älteren »Höhensande« in den »Goldshöfener Sanden« umgearbeitet vor uns liegen, oder ob die Höhensande eine ältere Ablagerung aus der Alb darstellen und die Goldshöfener Sande eine jüngere. Möglich, dass die Tertiärsande der Albhochflächen ursprünglich weit stärker entwickelt waren, als wir heute annehmen, und daher ihre Abtragung und Ablagerung ins Vorland der Alb langer Zeit bedurfte. Aber jedenfalls stammen Höhensande und Goldhöfener Sande von der Alb und ihre Ablagerung erfolgte nur in verschiedenen Zeiträumen. Herr Prof. Ed. Fraas glaubt an einen Transport von Norden nach Süden, also vom Keuper nach dem Braunjura, wir glauben an einen Transport von Süden nach Norden, von der Alb ins Vorland hinunter. Unsere Ansicht ist sicher ungezwungener. Sehen wir jetzt unser Kärtchen Abb. 144 an.

Ob die Höhensande der »Urbrenz«zeit angehören, das ist unsicher, aber sicher ist, dass auch die Urbrenz im Pliocän so aussah, wie unser Kärtchen Abb. 144 zeigt.

Für die Haupteiszeit kann der Flusslauf kein anderer als der Lauf der Urjagst gewesen sein und dieses zu wissen, muss uns einstweilen genügen. Sicher ist also unter allen Umständen das: Die Wasserscheide zwischen Urjagst (heutiges oberes Kochertal von Königsbronn bis Hüttlingen) lag früher, zur Haupteiszeit, bedeutend mehr nördlich als heute und das Einzugsgebiet der Urjagst schnitt in den Gehängeschutt des Härdtfeldes und seiner Seitentäler tief ein, am tiefsten im Brenztal von heute, wo sich die Donaurheingletscherstauung gebildet hatte.

Die Tertiärsande der ganzen Härdtfeld- und Albbuchseite, von Oscar Fraas nur Riessande genannt, wurden grösstenteils durch das Inlandeis aufgearbeitet und durch dessen Gletscher ins Vorland hinausgetragen. Am Lauchheimer Tunnel liegen diese Sande noch heute und die Ochsenbergsande bei Königsbronn und die Dinotheriensande bei Oggenhausen gehören ja zu den noch heute bestehenden Albsandresten. Diese Sande gleichen auch noch heute den Höhensanden sehr und fast ebenso sehr den Goldshöfener Sanden. Wie die Grimmelfinger Sande also umgearbeitete Tertiärsande des Diluviums der Donauseite darstellen, so stellen die Goldshöfener Sande die umgearbeiteten Tertiärsande des Steilabfalles der Alb, der Rheinseite, dar. Das durch Gletscher verfrachtete Material wurde über die Aalener Umgebung ausgebreitet und zwar am mächtigsten in der Nähe der Goldshöfe, wo es auch besser liegen bleiben konnte und nicht so rasch abgetragen wurde, wie im Westen von Aalen, nachdem die obere Jagst, die Urjagst in den Kocher umgewandelt wurde. Das von den Albgletschern entnommene Material wurde als Hochterrasse bis nach Schönau unterhalb Ellwangens verfrachtet und zwar durch die Gletscherschmelzwasser des Urjagsttales. Ja noch unterhalb Schönau finden wir die Terrasse weiter vor: bei Stimpfach und Crailsheim, aber die Goldshöfener Sande sind feiner verarbeitet, der Weissjurafeuerstein ist noch mehr zerplittert, als bei Ellwangen und statt Braunjura finden wir blos noch Lias und Keupergerölle.

Obwohl wir nun einige Talgletscherverläufe aus verschiedenen Albgegenden beschrieben, wollen wir auch noch einige Gletscherablagerungen der höchsten Albhöhen etwas näher beschreiben, um so das Bild zu vervollständigen.

Die Diluvialablagerungen des neuen Truppenübungsplatzes bei Stetten a. k. M.

Schon oben wiesen wir mehrmals darauf hin, wie die Wasserleitungsgräben unserer schwäbischen Alb Aufschlüsse über ihre Diluvialablagerung geben können. Am Ostermontag 1910 untersuchten wir daher auch die Wasserleitungsgräben des neuen Truppenübungsplatzes und die Aufschlüsse dort waren so wichtig, dass wir ihnen noch eine besondere Beschreibung widmen müssen. Das hier zur Höhe geleitete Wasser wird bei der »Neumühle« zu Füssen der grossartigen Donaufalkensteinfelsen gefasst, dann nach Tiergarten geleitet und dort auf den Ochsenberg hinaufgepumpt. Auf dem Ochsenberg fällt der Wasserleitungsstrang rasch ins Stettenertal hinunter, dieses durchquerend und steigt in dachjähe Höhe zum Bahnholz empor, durchschneidet die Mulden der Bahnholzebene bei Stetten und erklimmt endlich bei Glashütte einen Hügel, auf dem der Hochwasserbehälter liegt.

Wir wollen mit unseren Untersuchungen in Tiergarten beginnen. Die kleine Ortschaft Tiergarten, in welcher noch zu Mitte des letzten Jahrhunderts riesige Mengen Bohnerze der Alb verhüttet wurden, steht auf den Diluvialablagerungen der Donau, welche von metertiefen Fluglehmablagerungen bedeckt sind. Der Fluglehm besitzt keine Lössschnecken, obwohl er hie und da in die Stauwasser der Donau gefallen sein mag, und dann hie und da Helixarten aufweist. Die Donaugerölle der Diluvialzeit entsprechen den oben beschriebenen Inzigkofener Ablagerungen. Tiergarten liegt gerade dort, wo das Stettener Tal ins Donautal einmündet, zu Füssen des Ochsenberges. Dass das Stettener Tal zeitweise ein »Donautal« war, soll weiter unten erörtert werden. Das Stettener Tal ist eine breite, tiefe Schlucht, welche an verschiedenen

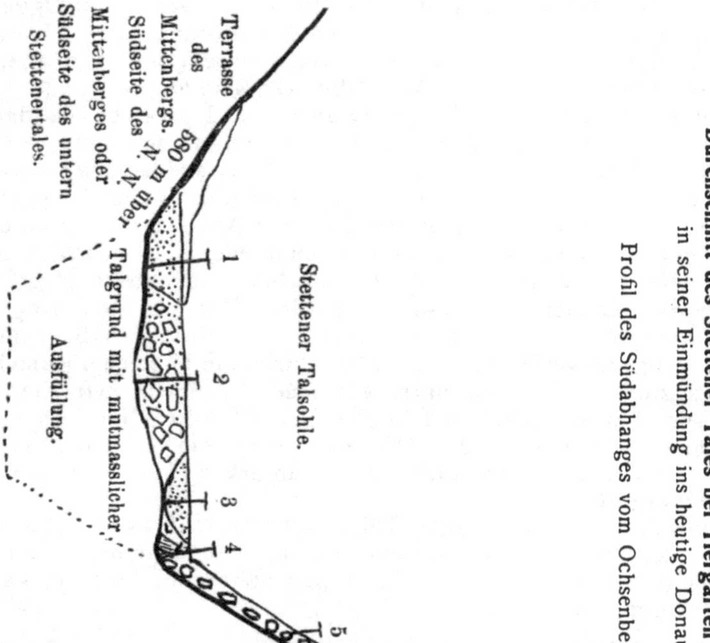

Abbildung 145. Profil 62.
Durchschnitt des Stettener Tales bei Tiergarten im Donautal
in seiner Einmündung ins heutige Donautal.
Profil des Südabhanges vom Ochsenberg.

Stellen Terrassenreste zeigt, nur sind diese Terrassenreste durch abgestürzten Gehängeschutt teilweise verschüttet.

Die Talsohle des Stettener Tales zeigt schon eigenartige Ablagerungen, die nicht übersehen werden sollten. Dadurch, dass die Wasserleitung diese Talsohle 2 mal quert, bekommen wir ein hübsches Bild der betreffenden Ablagerungen. Die erste Querung, bei Tiergarten, besteht aus Profilen 1., 2., 3. 1. in der Nähe des Hammers, 2. mitten im Stettener Tal, 3. an der Ochsenbergwand aufgenommen (siehe dazu die Figur 145, Profil 62.

Profil 1.	1 m Schutt, aufgefüllt von Eisenschmelzabfällen. 1 m Bergkies, lehmig.
Profil 2.	$^{1}/_{2}$ m Schutt, Eisenschlacken. $^{1}/_{2}$ m Bergkies mit regellos gelagerten Epsilonmarmorblöcken und Tertiärgeröllen. $^{1}/_{2}$ m Bergkies mit regellos gelagerten Epsilonmarmorblöcken und Tertiärgeröllen. $^{1}/_{2}$ m Schwarzwaldgeröllen in Spuren und Blocklehm.
Profil 3.	1 m lehmiger Bergkies. Der Bohnerzkies ist als Rinnenausfüllung auftretend. $^{1}/_{2}$ m fetter Lehm: braun. $^{1}/_{2}$ m „ Ton: gelb, oliv.
Profil 4.	Epsilonmarmorblöcke und Lochgesteine. 2 m Lehm, gelb, oliv, braun, tertiärer Herkunft. Darin grauer Kalkspat.

Zu Profil IV. ist zu bemerken, dass die Lehmmasse einem echten Blocklehm gleicht. Im Lehm liegen graue, rote und braune Zuckerkalkfelsenstücke, Lochgesteine und Dolomitblöcke. Der Lehm selbst hat das Aussehen einer bunten Seifenmasse, roter Bohnerzlehm, Bolus, gelber, roter, olivfarbiger Ton sind wolkig gemischt, jeden Block umhüllend, so dass selten 2 Blöcke sich berühren, der Lehm trennt sie schier immer. Die Blöcke liegen, stehen und schwimmen im Lehm und Ton. Der Ton ist Tertiärton. Unten haben wir Ton, oben Lehm. In den Durchschnitten 1., 3. und 4. haben wir keine Schwarzwaldgerölle, dagegen haben wir solche im unteren Teil des Aufschlusses von 2.

Nun folgen die Aufschlüsse am Abhang des Ochsenberges.

5. Blocklehm mit Marmor, der in roten Dolomit übergeht. Die Blöcke sind eckig, scharfkantig, wie frisch gebrochen. Lehm ist eine Mischung tertiärer Tone mit Zetaletten.
6. Blocklehm aus fetter oliver Tertiärlette bestehend, die Blöcke sind scharfkantig, grauer Marmor.
7. Deutlich der Zeit nach bestimmbares, im Alluvium abgestürztes Gestein der Felsenabhänge. Die Felsenblöcke liegen nicht in fettem Tertiärlehm wie bei 4., 5. und 6., sondern in Fluglehm, wie er die Höhe bedeckt. Also in dem Fluglehm, nicht in Blocklehm liegen Lochgesteine und Dolomitblöcke. Darauf liegt eckiger Gehängeschutt, dem die Lehmbeigabe fehlt. Im Gehängeschutt suchten wir vergeblich nach Tertiär- und Schwarzwaldgeröllen.

8.	$^{1}/_{2}$ m Humus. $^{1}/_{2}$ m Gehängeschutt ohne Lehm. Anstehender ε Fels, stark verklüftet, die Klüfte mit brauner Tertiärlette ausgefüllt.

Nun durchschneidet die Wasserleitung einen Waldweg, um dann sofort wieder in Felsen einzuschneiden. Eine kurze Strecke und wir sehen einen Seitenstrang gegen Osten abzweigen, der uns ein eigenartiges Bild entrollt. Der Strang führt nämlich in einen Hochwasserbehälter, welcher für Tiergarten die Hausleitungen speisen soll. Dieser Hochwasserbehälter liegt aber in einer Terrasse und die Terrasse in der mittleren Höhe des Ochsenberges. Uebersehen wir von dieser Terrasse aus unsere Umgebung, so bemerken wir, dass das Stettener Tal und seine Nebenhochmulden mit dem heutigen Donautal durch sein oberes und unteres Ende in Verbindung steht. Sicher ist es ein altes Donaunebental der Pliocänzeit. Dieses alte Donaunebental beginnt hoch ob der heutigen Donautalsohle zwischen Falkenstein und Schaufelsen, umzieht dann Falkenstein und Mittelberg und kommt mit dem unteren Stettener Tal zusammen. Die Oeffnung im Donautal zwischen Falkenstein und Schaufelsen liegt ca. 50 m hoch ob dem Tal, dann senkt sich das alte Tal bis nach Tiergarten, wo es mit dem heutigen Donautal in gleicher Höhe zusammenkommt. Unser Nebental ist zugleich auch ein Doppeltal mit zwei Zungen, die kürzere Zunge läuft von der Eintrittspforte Falkenstein-Schaufelsen hinter dem Falkenstein nach Tiergarten hinab, also zwischen Falkensteinberg und Mittelberg hindurch. Die zweite Zunge, einen grösseren Bogen machend, umgeht den Mittelberg und senkt sich ins Stettener Tal herunter, als »unteres Stettener Tal« und kommt dann da mit dem Donautal zusammen, wo wir die Profile I.—IV. aufgenommen hatten. Bekanntlich macht die heutige Donau zwischen Tiergarten und Schaufelsen einen grossen Bogen gegen Süden, von diesem Bogen bildet der Falkenstein die südlichste Spitze. Diesen Bogen nun schnitt dieses alte Donaunebental ab; denn es zieht direkt von Westen nach Osten in ca. 50 m höherer Meereshöhe als die heutige Donau vorläuft. Der alte Talgrund war aber nicht auch gleich der heutige Wiesengrund des Stettener Tales, sondern unsere Terrasse. Ob nun die Terrasse in der Pliocän- oder Diluvialzeit noch Donaubett war, soll die Untersuchung entscheiden. Finden wir hier Gerölle der pliocänen Donau, so floss sie hier noch im Pliocän, floss sie im Diluvium, so müssen wir hier auch noch ihre Diluvialgerölle finden. Wir finden aber folgende Gerölle:

Profil IX. Am Wasserbehälter der Ochsenberges.

oben: 30 cm schwarzer Humus mit etwas Gehängeschutt vermengt.

100 cm Gehängeschutt, ohne Lehm, ohne Lette.

10 cm Gerölle mit etwas Gehängeschutt gemischt, ohne Lehm. Die Gerölle sind weisse, gelbe, braune und rote Quarzite, gelber und roter Sandstein, grauschwarz verwitterter, glimmerreicher Sandstein: alles aus dem Tertiär, dann $^1/_3$ Weissjuragerölle, meist β und δ, weniger ε.

50 cm gewachsener Epsilonfels, fest aber zerklüftet. In seinen Spalten oliver und brauner Tertiärlehm, Bohnerzton, Bohnerzlehm und Zetalette.

Gerölle der diluvialen Donau finden sich keine, somit wurde die Terrasse in der Vordiluvialzeit, im Pliocän gebildet.

Ja, aus diesen Profilen ersehen wir, dass hier nicht mehr die pliocäne Donau floss und doch noch nicht die diluviale, denn die diluvialen Donaugerölle führen noch Porphyre und Granitporphyre, auch Basalte. Wir durchsuchten auch alles gründlich, fanden aber keine diluvialen Gerölle. Stellen wir uns auf dieser Terrasse auf und blicken wir nach Westen, so sehen wir von hier aus an die Südwände des nahen Donautales hinüber und wundern uns über die Erosionskraft der alten Donau. Rheingletschergerölle finden wir ebenfalls kein einziges Stück. Uns gegenüber, am Mittelberg, sehen wir die gleiche Terrasse, ja dort ist sie noch breiter. Auch die Zunge zwischen Falkenstein und Mittelberg trägt diese tertiären Gerölle, aber ihr pliocäner Muldenboden blieb ihr erhalten, während derselbe in der Mitte des Stettener Tales vertieft wurde. Wo daher das Stettener Tal mit jener Mulde zusammenkommt (ob Tiergarten), bildet das Ende dieses Muldentales eine hohe Treppe und erinnert an die Karformen der Alb. Dieses »Falkensteinmuldental« war aber auch in der Diluvialzeit eine Gletschertalmulde, das beweisen die Ablagerungen in ihr: ausser dem tertiären Schotter finden wir noch Blocklehmstränge, die neben dem pliocänen Schotter herlaufen, ihn also verdrängten. Wie unsere Abb. 145 zeigt, ist am Ochsenberg ein Teil der Terrasse, nämlich der nördliche, verschüttet. Der Schutt besteht aber aus zweierlei Ablagerungen, wie die nächsten Profilaufnahmen beweisen: aus Gehängeschutt und Gehängekies, Blocklehm fehlt.

10. oben: 20 cm	Gehängeschutt mit schwarzem Humus gemischt (Schutt und Blöcke).
20 »	verwittertes Lochgestein, mit Gehängeschutt dazwischen.
100 »	Gehängeschutt ohne Lehm und Ton, aber mit Kalksinter überzogen.
20 »	Gehängekies, kleinkörnig, ohne Lehm, aber mit Kalksinter überzogen (nussgrosser Kies).
10 »	Gerölle: Juragerölle und Tertiärgerölle).
30 »	fester Fels: Epsilonmarmor.

11. Fester Fels, der aber mit vielen Querspalten durchzogen ist. Eine senkrechte Spalte zieht sich, wie das Tal, von West nach Ost und sind die Schichten an einander so verschoben, dass die Südschichte von der Nordschichte um 20 cm absank. Aufschluss 2 m tief.

In den Profilen 1.—10. wurden nirgends tektonische Spalten wahrgenommen. Die Spalte bei Profil 11. ist die erste, deren noch weitere in der Höhe folgen. Das Tafelland der Alb fällt ca. 15 Prozent gegen Süden ein.

12. Dieses Profil zeigt oberflächlich keinerlei auffallende Veränderung, aber unser Aufschluss zeigt eine neue blosgelegte Terrasse, eine höhere, schmälere, als die unter 9. und 10. beschriebene. Aber noch auffallender ist, dass der Aufschluss den Eindruck macht, als ob hier zu unterst auf der Terrasse pliocäner Donauschotter liege, welcher Schotter durch abgestürztes Epsilonmarmorgestein zugedeckt worden wäre, nachdem der zurückliegende Terrassenteil von einer steinbruchartigen Zetamasse ausgefüllt war, die von oben heruntergerutscht kam. Denn die Zetaplatten liegen, wie die Abb. 146 zeigt, auf Epsilon,

welches plattenförmig verebnet ist. Die Zetaplatten liegen auch nicht zerstreut auf, sondern im normalen Verband, den Anschein erweckend, als wäre eine grosse Scholle von der Bergeshöhe abgesunken und hier

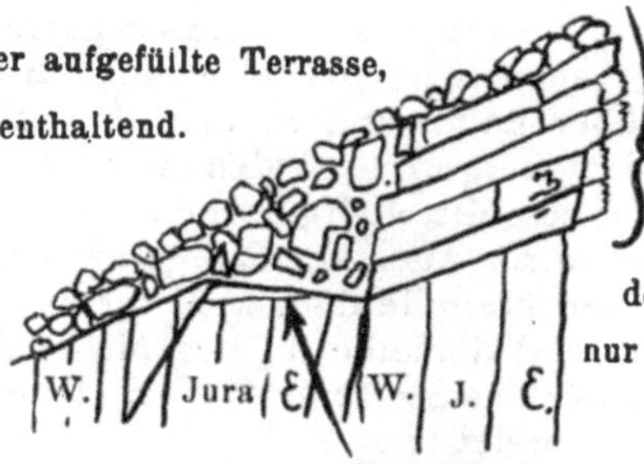

Abbildung 146. **Durchschnitt Nr. 12 oben, vergrössert wiedergegeben.**

im Abrutschen hängen geblieben. Gleich darob schneidet der Wasserleitungsgraben wieder in Epsilonmarmor ein und die Zetascholle ist verschwunden: oberhalb 12a.

Aufschluss 13. Verwerfung der gegen das Tal gewendeten Epsilonfelsenmassen und zwar so, dass die Südscholle von der Nordscholle um 20 bis 22 cm absank. Die mit Lehm ausgefüllte, senkrecht in die Tiefe setzende Spalte hat eine Breite von 20 cm, ist also so breit, als die Verschiebungsunterschiede hoch waren. Die Spalte verläuft von NO. nach SW.

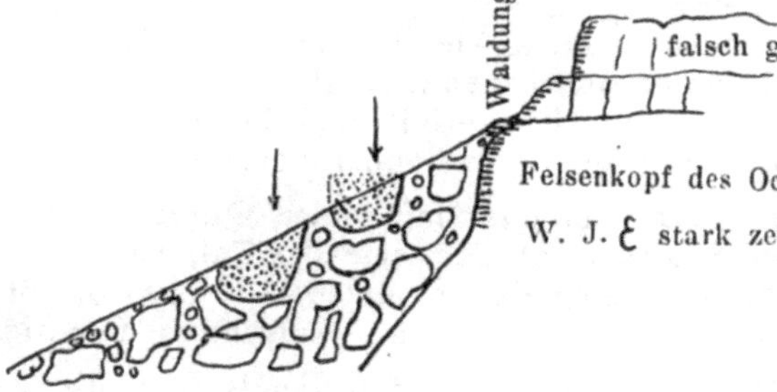

Abbildung 147. **Dolomitsandrinnen, die den Ochsenbergkopf umziehen. Nach Durchschnitt Nr. 14 oben.**

Ohne die Wasserleitungsgräben wären diese Spalten schwerlich einmal entdeckt, ebenso wenig das Vorhandensein einer höheren Terrasse beobachtet worden, die oberflächlich nicht wahrzunehmen ist. In der Nähe, d. h. im weiteren Verlauf des Grabens, werden noch mehrere solcher Spalten wahrgenommen.

Aufschluss 14. ca. 10 m weiter oben schneidet der Graben eigenartige Rinnenbildungen an, die wohl sonst selten zu beobachten sind. Abbildung 147 zeigt sie besser als 145. Der Berg ist hier mit Rinnen von $1^1/_2 - 2$ m Tiefe umgeben, die mit Dolomitsand ausgefüllt sind. Letzteres hat gelbe, weisse und graue Farbe, ist rein und zeigt keine Spuren von Schutt noch Geröll. Sie verlaufen unterhalb des obersten Waldweges, sind aber nur durch die Gräben der Wasserleitung aufgeschlossen. Sind diese Rinnen ebenfalls alte Terrassenüberreste? Wir hätten ja dann 3 Terrassen, eine immer älter als die andere, nachzuweisen. Solche Rinnen sind ja auch sonst nicht selten, nur sind sie sonst mit Höhenkies erfüllt, hier aber von dem nahe anstehenden Dolomitsand.

Sind die Rinnen überschritten, so schneidet die Leitung noch ca. 1 m hoch in Gehängeschutt ein und wir erreichen ihre höchste Höhe, worauf sie um den Gipfel des Ochsenberges herumläuft. Dieser besteht hier aus Epsilon, aber an einzelnen Stellen schauen auch Zetaplatten aus dem Boden hervor. Der Streckenverlauf des Wasserleitungsgrabens um den Gipfel des Berges, ist kurz und hier finden wir blos plattenförmigen Gehängeschutt aufgeschlossen. Bald stehen wir am gegenseitigen Abhang des Ochsenberges und schauen ins obere

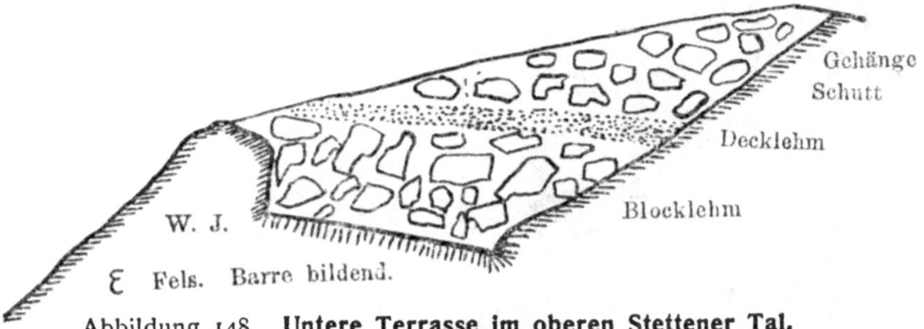

Abbildung 148. **Untere Terrasse im oberen Stettener Tal.**
Durchschnitt von Profil 63/18.

Stettener Tal hinunter, in welches sich die Leitung senkrecht niederlässt, bis sie die Stettener Strasse erreicht, die in graues Delta eingebaut ist, oder auf dem Blocklehm des Talgrundes verläuft. Das Stettener Tal umzieht nämlich den Ochsenberg auf dessen Süd-Südwest-West- und Nordwestseite, dass derselbe einer Insel gleicht.

So merkwürdig und sehenswert die Aufschlüsse der Ochsenbergsüdseite sind, so sehenswert sind auch die Aufschlüsse der Nordseite, also gegen Nusplingen und Stetten zu. Aber sie sind ganz anders geartet, wie wir gleich sehen werden (Figur 148 und Hauptprofil 63).

Bei Aufschluss 15:

20 cm Eisenton: dunkelrotbrauner Ton, fett, ohne Bohnerz, umgelagert Tertiär.

30 » Dolomitsand, gelb, rot, braun, weiss.

50 » Grus, d. h. feiner Höhenkies, aber nicht lehmig, sondern sandig, nussgross zerkleinert ε in Dolomitsand liegend. Das zerkleinerte Höhenkies ist nicht dolomitisch, es ist aber in Dolomitsand eingebettet (vergleichen wir damit Aufschluss 14 mit seinen Dolomitsandrinnen!)

100 » anstehend dolomitisches Lochgestein, Zuckerkornweissjura ε.

Dieser Höhenkies muss von der nahen Bahnholzebene stammen, oder aus der Umgebung von Stetten, er muss hierher verfrachtet

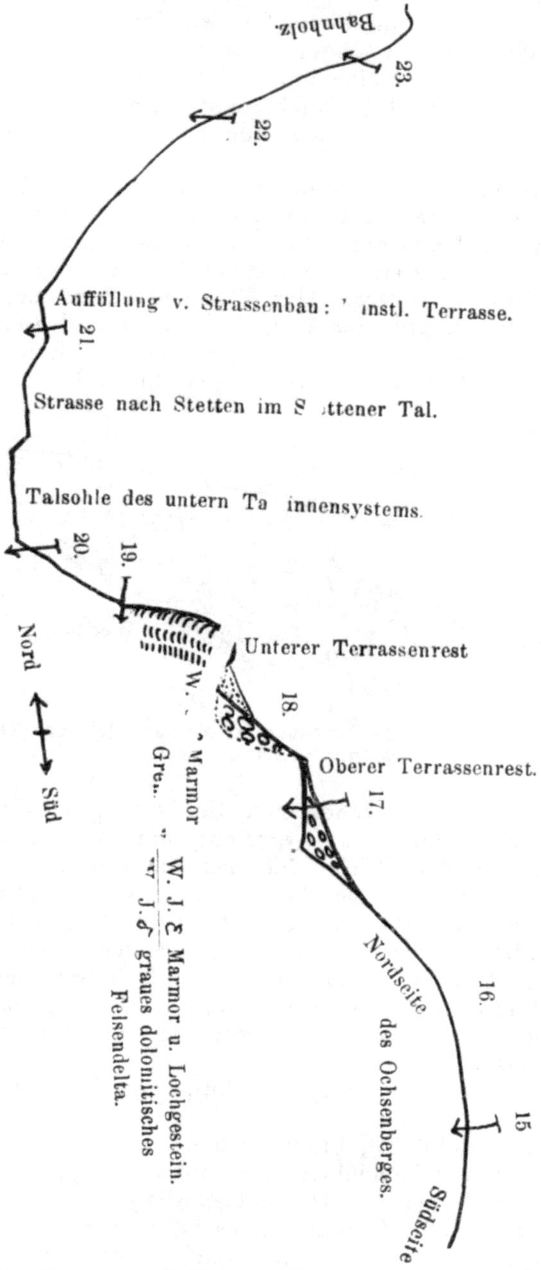

Abbildung 149. **Das obere Stettener Tal zwischen Stetten a. k. M. und Tiergarten.** Albgletschertal der Diluvialzeit mit einem Terrassenrest einer diluvialen Grundmoräne, resp. zwei solcher Reste. Uebersichtsbild zu Hauptprofil 63, welches Profil aus den Unterprofilen 16—20 zusammenzusetzen ist.

sein. Bei Nusplingen und Stetten liegen grosse Massen dieses Höhenkieses.

Aufschluss zwischen 16 und 17, bei 16 beginnend:

2 m Epsilon, stark dolomitisch, zerklüftet, die Klüfte mit Dolomitsand erfüllt, oder mit olivfarbigem oder rotem Tertiärton. Decke: Humus mit plattigem Schutt.

Aufschluss 17:

oben: 1 m plattiger Schutt, mit Fluglehm ausgefüllt. Die Platten bestehen aus rauhen ε und ζ Platten; Zetaplatten sind meist oolithisch.

50 cm Blocklehm: wie eingestampfter Lehm, in dem ε Blöcke stecken.

80 cm Blocklehm: lockerer, als die Schichte darauf, aber ebenfalls Lehm, doch grusig, mit Kalksplitter durchsetzt. Keine Gerölle.

20 cm Geröllschicht, Weissjuragerölle: aus ε und ζ stammend, mit einem Sandsteingeröllstück darin, welches grau ist und umgewandelter Molassesandstein sein muss; ähnelt dem Rorschacher Sandstein.

10 cm Epsilonfels anstehend, verebnet, einen Terrassenbodenrest bildend.

Also hier wieder der Rest einer alten Terrasse, schier in der Nähe des Gipfels verlaufend. Aeusserlich ist diese Terrasse nirgends sichtbar, sondern ganz verdeckt.

(In Wirklichkeit ist das Gefäll nicht überall so steil, wie Abb. 149 zeigt, wir mussten aber die Abbildung etwas zusammenschieben, da sie sonst zu breit geworden wäre. Die Höhe ist aber richtig gezeichnet). Bei 17 fanden wir, gegen 18 zu, noch eine Kohlplatte, mit folgendem Profil:

Aufschluss 17a: Kohlplatte: 10 m breiter Aufschluss, $^1/_2$ m tief: schwarzer Humus, mit sehr vielen Kohlenresten darin und etwas kohliges geschwärztes Höhenkies;

darunter: 30 cm Höhenkies: mit Kalksinter überzogen, o h n e Lehm.

60 cm » ohne » aber m i t braunem Lehm gemischt.

60 cm g r o s s e P l a t t e n u n d B l ö c k e v o n ε i n f e i n s t e m H ö h e n k i e s. Dieser Höhenkies ist völlig übersintert, daher schweeweiss; Lehm fehlt dieser Schichte, sie besteht also aus Gehängeschutt, über welchen eine Grundmoräne gelegt ist, die sich durch ihren Lehm auszeichnet.

Seltsam ist Aufschluss 18.

Gegen das Tal zu sehen wir einen steilen, compakten Epsilonfelsen, der auf weite Ausdehnung eine Barre bildet. Diese Barre ist, wie Abb. 148 zeigt, gegen das Berginnere scharf ausgehobelt, dass die Erosion eine Terrasse, einer Strasse gleichend, bildete, die in die Felsen des Abhanges eingelassen ist. Wir sehen dort folgendes Profil (siehe auch Abb. 148).

Aufschluss 18:

Alluvium: oben $^1/_2$—$1\,^1/_2$ m Gehängeschutt, abgestürzt, stark übersintert mit weisser Montmilch.

Diluvium der Mitte	30—40 cm	brauner Decklehm, Fluglehm, ohne Spur von Gehängeschutt darin.
	80 cm	Felsenbarre, hinter welcher festgestampfter Blocklehm lagert.

Die Blöcke liegen in allen möglichen Stellungen, eingepresst in den Lehm. Von Montmilch keine Spur. Die Diluvialablagerung kann nichts anderes sein als nur Blocklehm eines Albgletschers.

Aufschluss 19 bis 20: hier schneidet der Graben in oolithisches Felsendelta, von graublauer Farbe ein; im Gestein sind viele Terebrateln enthalten.

Die Talsohle des **oberen Stettener Tales** war leider nicht geöffnet, als wir sie untersuchten und so muss dahingestellt sein, was dort zu finden ist. Bei späteren Besuchen war inzwischen der Durchbruch erfolgt und der Graben zugedeckt. Von Arbeitern erfuhren wir, dass der Graben durch Felsen geführt worden sei und nicht durch eine Auffüllung. Ausgesprengte Felsenstücke aus W. J. δ lagen aber noch überall zerstreut umher.

In der Nähe unseres Grabens sehen wir Deltafelsen ihr Haupt erheben, dem Tal ein ungemein malerisches Aussehen gebend. Die Felsen mit subalpinen Pflanzen bedeckt. Am meisten fallen die Hirschzungen und die Tüpfelfarne auf. Die Felsen zeigen zweierlei Rinnenformen. Die eine Form ging aus Auswitterung des Gesteins hervor und hält sich somit an eine eingelagerte Lettenbank. Diese Einlagerung streicht wellenförmig, somit auch ihre Witterstellen wellenförmig. Darob und darunter verlaufen andere Rinnenformen, die ihre Entstehung fliessendem Wasser verdanken; das Gefäll dieser letzteren Rinnenformen hält sich an das allgemeine Talgefäll und ist von den Lehmlagern und deren Rinnen unabhängig, die einen höheren resp. tieferen Horizont einnehmen. Je nachdem sich der (jetzt verschwundene) Talfluss rechts oder links den Felsenwänden näherte, schuf er dort seine Erosionsformen, die dem unteren Rinnensystem entsprechen. Das obere Rinnensystem geht auch wie in anderen Albtälern nach oben in Laibformen über.

Vom Tal aus steigt der Graben nun in westlicher Richtung direkt und dachjäh zum Bahnholz empor. Bei Aufschluss 21 durchschneidet er eine künstliche Terrassenauffüllung, die durch den Strassenbau gebildet wurde. Bei 21 beginnend, finden wir bis auf 22 hinauf nur Gehängeschutt in eckigen Stücken, übersintert, dazwischen etwas Schlagkies. Sehr deutlich kann man hier den Unterschied sehen zwischen Gehängeschutt-Ablagerung und der Ablagerung des Blocklehms, denn diese Seite enthält keine Spur von Blocklehm. Lehm überhaupt fehlt dieser Seite völlig, weil auch die Terrassenreste fehlen. Während die Moräne eine Schuttablagerung darstellt, in welcher die Gesteine in Lehm eingestampft sind, lagert der Gehängeschutt völlig locker. Es hat den Anschein, als ob das einstige Talflüsschen sich hier an unsern Bergrand gehalten und somit die früheren Terrassenablagerungen völlig entfernt hätte.

Von 22 ab bis 23 wendet sich die Wasserleitung in scharfer Ecke gegen NW., aber die Aufschlüsse enthalten auch meist nur Gehängeschutt in der ganzen Aufschlusstiefe, doch nimmt der »Grus« gegen

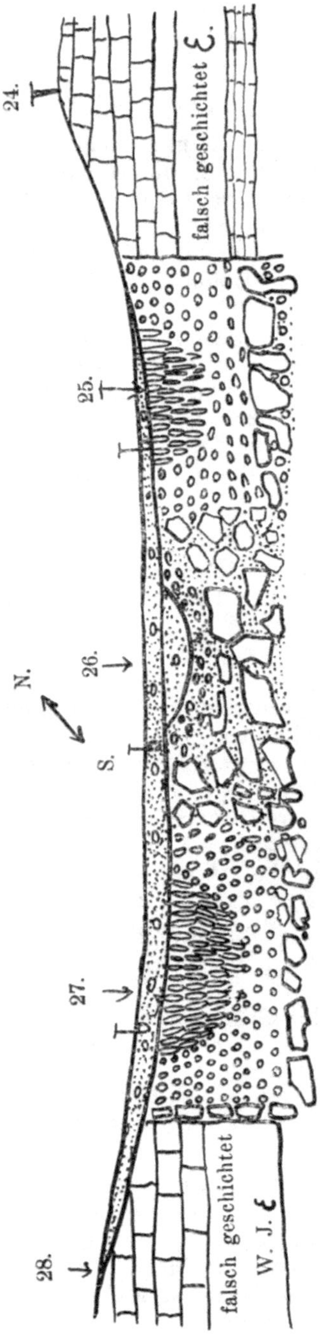

Abbildung 150. **Die Muldenausfüllung auf der Bahnholz-Höhe, in der 1. Mulde, welche von dem Graben durchquert wird.**
Gefäll der Mulde gegen Norden.
a. Lehm bei 26. b. Lehmiger Grus, mit Schwarzwaldgeröllen und Gehängeschutt darin.

oben zu. Aber der hier auftretende Grus: zerkleinerter, nussgrosser Gehängeschutt, gleicht n i c h t dem Höhenkies. Der »Grus« ist ebenso eckig wie der Höhenkies, aber ohne Lehmeinhüllung, denn der Höhenkies zeigt immer eine Lehmumhüllung, sei sie auch noch so dünn. Erst bei 23 wird die Sache anders, denn nun hört der Gehängeschutt auf und das anstehende Gestein ist stark verklüftetes ε. Die Spalten enthalten unten olivfarbige tertiäre Letten und oben rote bis blutrote Letten, auch tertiärer Natur, aber ohne Bohnerz. Hie und da geht der Letten in echten Bolus über.

Die ganze ca. 100 m hohe Bahnholztalseite zeigt also keine Spur einer Terrasse, während die Ochsenbergseite des oberen Stettener Tales zwei gut ausgebildete Terrassenreste zeigte, wie die Südseite des Ochsenberges resp. die Nordseite des u n t e r e n Stettener Tales.

Nun sind wir also auf der Hochebene angelangt und wie mit einem Schlag ändert sich jetzt das Bild der Grabenaufschlüsse. Wir erwarteten hier, nach der geologischen Karte, gute Aufschlüsse des normal abgelagerten Tertiärs — aber fanden keine Spur davon, ausser den Lehmen der Spaltenfüllungen. Tertiär und oberster Jura sind hier abgetragen. Was wir hier finden, sind sicher weit jüngere Ablagerungen.

Zuerst schneidet der Graben noch in scheingeschichtetes Epsilon ein, das sehr zerklüftet ist. In den Klüften finden wir ebenfalls oliven und roten Tertiärlehm ohne Petrefakten. Nun durchquert zwischen 24 und 28 der Graben eine Mulde. Die Mulde ist eine Hochebenenmulde und zeigt ein sanftes Gefäll von Süden gegen Norden, während ihre Schichten von Norden nach Süden einfallen. (Siehe Abb. 150.) Wir bekommen folgende Aufschlüsse:

Aufschluss 25.

Oben 15—20 cm	Humus, Ackerland, mit einzelnen Geröllen von Molasse, Quarz, rotem und gelbem Sandstein, zwischen Höhenkies eingebettet, alles in grusigem Lehm steckend.
1,5 m	Eine Rinne, in welcher plattige ε Stücke und ξ Stücke aufgerichtet zusammengepresst zwischen Lehm stehen. Rechts und links und darunter feiner, gleichmässig grosser lehmiger Höhenkies. In der Tiefe Blocklehm.
50 cm	Blocklehm: festgestampfter Lehm mit eingebackenen Stücken aus tertiären Manganitplatten, Marmorepsilon, Zetaplatten, aufrechtstehend und selten liegend. Dazwischen etwas Gerölle der tertiären Juranagelfluhe und ebenfalls einige Gerölle der Molasse. Der Blocklehm streicht noch tiefer, der Graben streicht nicht auf dessen Grund.

Anders ist der daran anstossende Aufschluss 26.

Oben 20 cm	Humus mit Gehängeschutt und Molassegerölle.
5—30 cm	Darunter eine breite Rinne feinen Lehmes, ohne eine Spur von Geröllen. Unter dieser eine weitere breite Rinne feinen lehmigen Kieses: Höhenkies.
1,5 m	Blocklehm. Dieser Blocklehm unterlagert die Rinnen nicht blos, sondern umgibt sie teilweise. Auch in diesem Blocklehm zeigen sich etwas Molassgerölle. Uebrigens scheint der Blocklehm den ganzen Untergrund der Mulde auszufüllen und noch viel tiefer hinabzugehen, als die Aufschlüsse zeigen.

Aufschluss 27 entspricht genau dem Aufschluss 25.
» 28 » » » » 24.

Die Muldenausfüllung zeigt also ein eigentümlich einheitliches Ausfüllmaterial, das nebenbei bemerkt, noch in vielen anderen Seitenmulden der Donaunebenflüsse vorkommt.

Nun durchquert bei Aufschluss 28 der Graben eine Epsilonschichte, die mit vielen Spalten durchsetzt ist, um rasch nachher wieder eine andere Hochmulde zu durchschneiden.

Diese zweite Hochmulde zeigt oberflächlich das gleiche Bild, wie die soeben beschriebene Mulde, allein die Aufschlüsse sind doch etwas anders gestaltet.

Aufschluss 29 zeigt uns gutgeschichtetes Marmorepsilon, das aber gegen die Mulde völlig abgebrochen ist. Es ist aber eigentümlich, dass die abgebrochenen Bankstücke alle in Blocklehm eingesenkt liegen und dass daneben auch noch fremde Zetaplatten aufgerichtet neben den ε Stücken abgelagert sind. Ihre Ablagerung ist eine ganz eigenartige. Wie die Abb. 151 zeigt, lagern die Zetaplatten bei 31 in Trichterform, diese Trichterform machte auch noch das gebrochene ε von Aufschluss

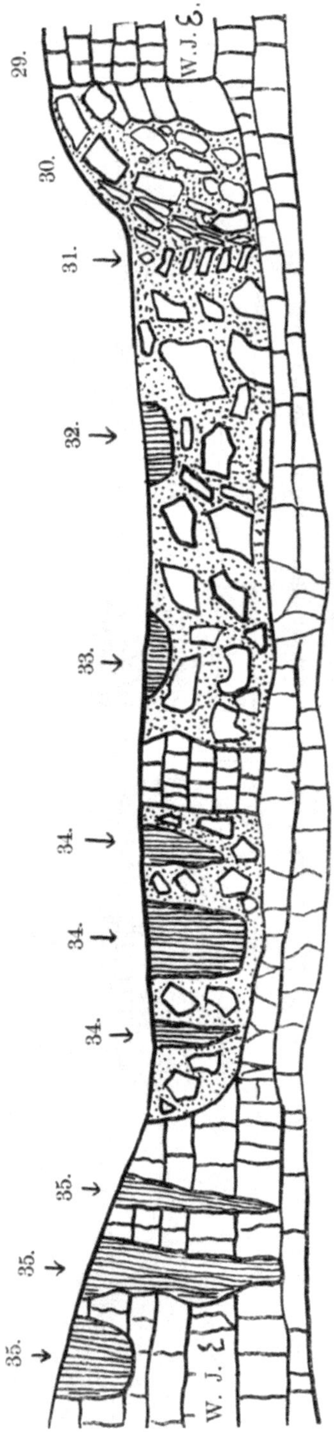

Abbildung 151. **Durchschnitt der zweiten Bahnholzhochmulde bei badisch Nusplingen.**

30 mit. Zwischen 33 und 34 finden wir wieder eine kleine Insel ε und zwischen 31 und 34 echten Blocklehm, von 2 m Tiefe, in welchen 2 Rinnen in der Richtung des Tales von West nach Ost verlaufen, die aber keine Spur von Blocklehm enthalten, sondern reinen Fluglehm. Die Abbildung zeigt unter 32 und 33 diese Rinnen. Bei 29 und 35 ist der Graben sehr tief, oft über 3 m und daher der Aufschluss besonders wertvoll. Während aber zwischen 33 und 35 wieder Blocklehm angeschnitten ist, finden wir bei 35 nur anstehenden Epsilonfels. Aber im Blocklehm wie im Epsilonfelsen finden wir bei 34 und 35 je 3 Orgeln resp. Mühlen, die mit Lehm ausgefüllt sind. Dieser Lehm ist Fluglehm und gleicht nicht dem Blocklehm, denn er ist dunkler. Aber eigentümlich ist, dass bei 34 die Orgeln gerade im Blocklehm liegen und bei 35 im nahen Epsilonfels. Diese Orgeln enthalten b l o s Lehm, Fluglehm und keine Spur von Geschieben. Die Orgeln dürften also Gletscherwasserorgeln gewesen sein, die später mit Lehm ausgefüllt wurden (in der Nacheiszeit). In den Orgeln suchten wir sehr nach Molassegeröllen, aber vergebens. Dagegen im Blocklehm von 30—40 kommen sie ziemlich häufig vor, am meisten in den mittleren Lagern. Es scheint auch, dass die abgestürzten Epsilonblöcke des Aufschlusses 30 vom Gletscher abgestossen, während die Zetaplatten bei 31 sicher hier durch einen Strudel in den Blocklehm hineingepresst wurden. Gerölle ausser Molassegeröllen sind sehr selten in dem Blocklehm, nur wenige Juranagelfluhegerölle kommen vor, die ja auch dem Tertiär angehören, und dann immer aufrecht stehend. Das übrige Juragestein liegt, steht und schwimmt im Blocklehm. Es ist unmöglich, hier an Wassertransport zu denken.

Das massige Epsilongestein von No. 35 ist der Anfang eines Bergrückens gegenüber den Ortschaften Nusplingen und Stetten, die beide hier in Sicht sind, und welchen Bergrücken der Graben durchschneidet. Nach 35 kommen im Epsilonmarmor noch 2 weitere breite Orgeln vor, die unsere Abbildung nicht mehr zeigt, sie sind nicht mit Fluglehm, sondern mit Tertiärletten ausgefüllt. Diese Orgeln oder Strudellöcher zeigen aber nicht die schöne Rundung wie die Lehmorgeln und dürften älter sein, also dem Oligocän angehören. Es sind somit keine Gletscherorgeln der diluvialen Eiszeit. Ob sie einer früheren Eiszeit unserer Alb entstammen oder uralten Flüssen der Oligocänzeit? Kleinere Orgeln dieser Art begegneten wir noch oft, die meisten laufen schief, nicht senkrecht gerade und enthalten immer Ton, roten und gelben und oliven Letten, Zetaletten und Bolus. Aber auffallend ist doch, dass einzelne schön runde Orgeln mit den anderen vorkommen, dann aber enthalten diese neben der Tertiärlette noch Molassegerölle in ihren obersten Lagen. Ein Fingerzeig für die geologische Entwicklung der Albhochfläche. Also gewisse Orgeln erhielten im Oligocän und Tertiär ihre Letten- und Tonfüllung. Ein Teil davon, die oberste Decke, wurde dann im Pliocän ausgespült und neu gefüllt mit Molassegeröll. Daneben bedeckte das Molassegeröll auch noch die ganze Umgebung. Aber durch die Gletscher der Alb wurde das meiste Geröll abgetragen und in die Grundmoräne der Haupteiszeit eingeknetet. In diese Grundmoräne wurden dann durch Wasserwirbel die jüngsten Orgeln gebohrt und in der Nacheiszeit durch Fluglehm ausgefüllt. So ist dann auch erklärlich, warum diese Orgeln verschiedene Formen und verschiedene Ausfüllungen haben.

Unser Graben hat von jetzt ab eine weitere, diesmal sehr breite Mulde zu durchqueren, also die dritte Mulde, die wir jetzt noch untersuchen wollen. Diese Mulde kommt von Stetten a. k. M. herunter und endet in einem Kar, oberhalb der Falkensteinschlucht des Donautales. Unsere Grabendurchquerung findet in 800 m Meereshöhe statt, die Mündung im Donautal liegt nur 646 m hoch, die Donau selbst 590 m hoch, also hatte der Albgletscher bis zum Gletscher des Donautales ca. 150 m Gefäll. Unsere dritte Mulde öffnet sich also nach Süden (siehe Abbildung 152).

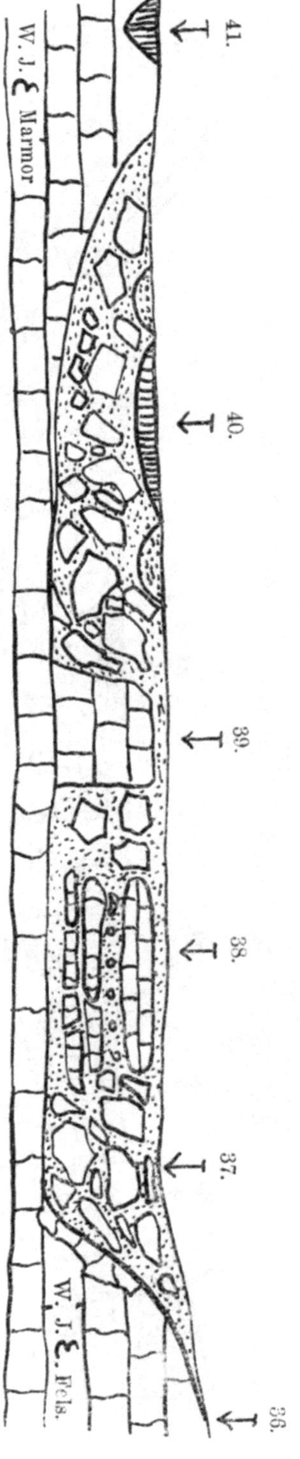

Abbildung 152. **Durchschnitt der dritten Bahnholzmulde bei Stetten a. k. M.,** durch die der Weg zu den Steighöfen führt.

Durch diese Mulde führt der Weg zu den Steighöfen und zwar an Aufschluss 38 vorbei.

Aufschluss 36 zeigt noch falsch geschichtet Epsilon. Bei 37 haben wir blos Blocklehm von unten bis oben, in welchen Platten und Blöcke, oft recht grosse liegen. Diese Blöcke untersuchten wir deutlich, fanden aber keine Kritzen noch Schrammen und doch halten wir den Blocklehm für Grundmoräne. Bei 37 kommen noch vereinzelte Molassegerölle vor.

Aber Aufschluss 37 zeigt ein Bild, das uns am Ostermontag 1910 in das grösste Erstaunen setzte. Wenn die Begleiter des Verfassers bis dorthin noch Zweifel über seinen Blocklehm hegten, nun schwand er auch bei ihnen, denn im Blocklehm schwamm hier eine ganze Scholle Weissjuraepsilon! Die Bank zeigte 5 m Länge und die obere Banklage 20 cm Höhe. Darunter lag aufrechtstehender Schutt gebettet in Lehm und unter diesem 40 cm dicke zerbrochene Bankstücke, die aber alle noch ihre Zusammengehörigkeit aufwiesen. Die Schollen zeigten ein 15prozentiges Gefäll von NW. nach SO. Man musste hier unwillkürlich an die tektonischen Schübe des Rieses denken. Denn entweder haben wir hier tektonische Ueberschiebung oder Gletscherschub, ein Gewässer kann diesen Schub nicht zuwege gebracht haben, Einbruch ist auch ausgeschlossen. Die durchgrabene Scholle war auf beiden Grabenseiten gleich deutlich sichtbar. Ueberall suchten wir aber auch noch nach Molassegeröllen unter der Scholle und ihren Einzelstücken. Zwischen und unter ihr fanden wir sie nicht, sondern nur tert. Juranagelfluhekugeln, aber neben ihr, gegen 37 und 39 stellten wir Schwarzwaldgerölle fest. Mögen sich andere die verschobene Scholle erklären, wie sie wollen, wir können nur an Glacialschub denken. Nahe dabei (39) steht dann altarförmig W. J. ε fest an und zwar das gleiche Gestein, wie es die schwimmende Bank besitzt. Ein tektonischer Schub hätte von SO. nach NW. die ganze Höhe bedeckt und nicht blos ein kleines Stück weggeschoben.

Der Fels bei 39 nähert sich sehr der Oberfläche und ist teilweise vom Pflug geritzt, die Ritzen und Schrammen sind gut sichtbar.

Aufschluss 40 zeigt endlich wieder eine 15 m breite Lehmrinne, welche mehr einer Strasse gleicht, neben ihr laufen zwei schmälere Rinnen einher, wie die Strassenrinnen unserer altstädtischen Strassen und diese sind nur mit lehmigem Schlagkies ausgefüllt. Kein grösseres Stück Stein liegt in diesen beiden Rinnen. Aber gleich unter ihnen liegt der Blocklehm wieder, der kleine und grosse Blöcke aufweist, meist aus grauem Zuckerkorn und Lochgestein. Das Lochgestein gleicht aber nicht demselben der Oberfläche, es zeigt nur an einer Seite Witterungslagen, an den anderen Seiten nicht, dort ist das Gestein compakt und gleicht dem frisch gebrochenen Gestein unserer Steinbrüche: ist also scharfeckig gebrochen.

Aufschluss 41 zeigt wieder ε Felsen und einen mit Bolus ausgefüllten Trichter.

Aufschluss 40 ist der letzte Punkt, an dem wir in dieser Mulde noch Molassegerölle fanden.

Der felsige Gipfel, den der Graben noch erklimmt, zeigt keine Spur von Molasseschotter mehr, derselbe ist abgetragen.

Nun werden mehrere kleinere Hochtalmulden durchquert und in

allen finden wir Blocklehm und Rinnen. Ueberall ist das Rinnensystem von Abb. 150/25—27 oder von 151/31—34 und 152/37—40 vertreten. In allen diesen kleineren Mulden fehlen die Molassegerölle des Pliocäns. Bolustrichter und olivfarbige Lehmlager zeigen sich aber öfters.

Die letzte Mulde, die die Wasserleitung durchquert, ist dann die grösste und breiteste, sie kommt von der Dreitrittenkapelle herab, und mündet beim Heidenschlösschen ob Unterneidingen im Donautal in einem tiefen, schönen Kar, dem eine Schlucht folgt, in welcher grossartige Gletschermühlen liegen. In dieser Mulde verläuft auch die Strasse Stetten—Glashütten—Schwenningen i. B. Diese letzte Mulde zeigt aber auch wieder nur wenige, Molassegerölle, das geognostische Bild ist in Abb. 153 wiedergegeben.

Aufschluss 42 zeigt noch W. J. ε mit Trichtern, die mit Lehm und Letten gefüllt sind.

Aufschluss 43 zeigt aber ein ganz eigenartiges Profil.

oben ca. 50—70 cm	Humusdecke mit Gehängeschutt ohne Geröll, in der Mitte aber eine breite Rinne, einem Strombett gleichend, mit Gesteine, die gebrochene Ecken zeigen. Den Lehm ersetzt ein dunkler lehmhaltiger schwarzer Humus. Es scheint hier ein alter Flusslauf vorzuliegen, wie er in Hungertälern früher floss.
Mitte ca. 50 cm	breite niedere Lehmrinne mit reinem Lehm, der 2 Kieslehmrinnen rechts und links flankieren.
Unten ca. 1,50—2 m	Blocklehm mit Epsilonmarmorstücken und Zetaplatten, alles fest in Lehm eingepresst, der hier meist aus Zetalette besteht.

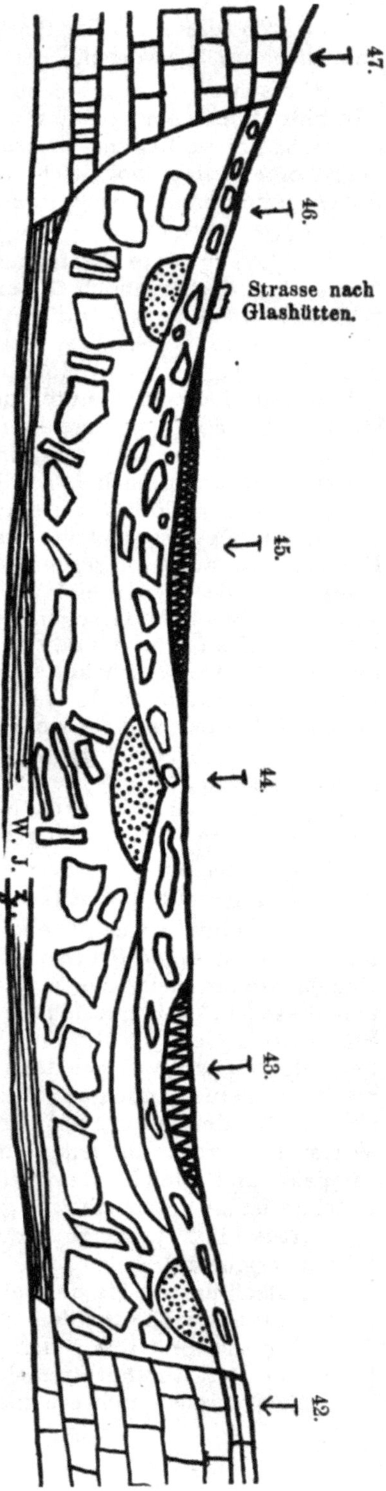

Abbildung 153. **Durchschnitt durch die Glashüttenmulde (Dreitrittenkapelle—Ziegelhütte—Heidenschlössle) bei Stetten a. k. M.** Einstige Doppelmulde.

Unten 1,50 – 2 m	Es zeigen sich aber auch Schmitzen von Tertiärlehm in roter, oliver und grüner Färbung. Spuren von Molassegeröllen.
Unterst anstehendes Gestein W. J. ξ	Zetaplatten, unten gut gelagert, oben gestört. Von den aus dem Graben geworfenen Platten wurden viele untersucht, ob sie nicht geschliffen und geschrammt seien. Es fanden sich keine geritzten Platten vor, aber alle waren sehr stark verwittert, zeigen Regentropfenformen und Rillen.

Aufschluss 44 zeigt, dass die Decke der rechtsseitigen Kiesrinne dachförmig gebildet ist und die Mittellage der Mulde bildet. Diese Rinne gleicht einer Sandbank, die hie und da unterbrochen ist, weniger constant als die Rinnen 42/43 und 45/46.

Aufschluss 45 wie 43.

Zwischen 46 und 47 zeigt der Graben deutlich die starke Talerosion am Epsilonfelsen, und zeigt, wie Zeta zwischen Epsilon als Mulde eingebettet ist: neben ε Felsen setzt sich Zeta hier als Plattenkalk neben Schwammkalk in die Tiefe.

Von hier aus bis zum Hochwasserbehälter zeigen die Aufschlüsse nur noch einen Wechsel von anstehendem W. J. ε oder von Gehängeschutt. Das Reservoir selbst ist in Epsilonfelsen eingebettet, die marmorartig und zuckerkörnig sind, viele mit Tertiärlehm ausgefüllte Spalten haben, und eine Gehängeschuttdecke, nicht aus Höhenkies bestehend, tragen.

Ursprung der Quarzitgerölle, die die Albhochflächen bedecken.

Wir hätten nun noch zu untersuchen, was für Gerölle unsere »Molassegerölle« sind und woher sie stammen.

Aus dem Schwarzwald direkt, wie die heutigen Schwarzwalddonaugerölle, können sie nicht stammen, denn es fehlen ihnen noch die anderen typischen Schwarzwaldgesteine: Porphyr, Bundsandstein und Gneis, Auch Basalt fehlt, während der Niederterrassenschotter der Donau ihn führt. Wir haben folgende Gerölle der Molasse:

1. schneeweisser Quarzit, aussen olivgelb und ihm entsprechend gelber Rorschacher Sandstein.

2. schneeweisser Quarzit, aussen rot und ihm entsprechend roter Rorschacher Sandstein.

3. roter Quarzit, auf den Spaltflächen tiefrot, im Innern fleischrot.

4. innen schneeweisser, aussen aber gelber oder roter Fettquarz, von mehliger schiefriger Struktur.

5. olivgelber und roter Sandstein, dem Rorschacher gleichend, feinkörnig, glimmerhaltig.

6. grauer Sandstein, genau wie der Rorschacher Sandstein, hart: das grösste Stück, nicht einmal gut gerollt, wurde ja unter Aufschluss 17 gefunden. Er kann so verändert gefunden werden, dass er nur innen grauschwarz aussieht, dagegen aussen braun und rot.

7. Schwarzer manganithaltiger Sandstein. Diesen findet man da und dort auf der ganzen Zollern-, Ebinger- und Balinger-Alb, er ist ein Pflanzensandstein, von dem noch nicht recht gesagt werden kann, ob er dem Süss- oder Meerwasser angehört. Er enthält keine Fossilien,

dürfte aber dem Obermiocän entstammen, also dem oberen »Süsswasserkalk«.

8. Oben aufgeführte Gerölle werden auch noch an anderen Stellen der Alb gefunden und zwar in tiefen, mit braunem Tertiärton und violetter und gelber Tertiärlette ausgefüllten Spalten. Die Gerölle treten immer im obersten Drittel der Spalte auf, zuerst vereinzelt, gegen oben häufiger.

Woher stammen diese Gerölle? Entstammen sie aufgearbeitetem Albtertiär, oder stammen sie aus Oberschwaben? Wir suchten auf der ganzen Alb nach dem anstehenden Muttergestein, fanden es aber nirgends vor. Aber im Schwarzwaldbundsandstein liegen die gleichen Gerölle überall in Menge eingebettet.

Der weisse Quarz gleicht aufs Haar den Sonderbucher Quarzitgeröllen in den Oberämtern Blaubeuren, Ulm, Urach usw. Also auch dort finden wir die gleichen Kiesel auf dem Zeta liegen und südlich von Möhringen bei Bachzimmern finden wir sie ebenfalls, wo sie ins Gebiet der Juranagelfluhe gehören, nur jünger sind als letztere. Auch in dem Walde Eichen, hinter den Marmorbrüchen, nördlich vom Vorstadtbahnhof Tuttlingen, finden sich die gleichen Ablagerungen: Quarzite mit Juranagelfluhe, sie liegen dort auf der Meeresmolasse. Bei Irrendorf, Messstetten und dem ganzen Hardt und Schwenninger Berg breiten sie sich ebenfalls aus.

Südlich den Nusplinger Steinbrüchen finden sie sich ebenfalls wieder und liegen dort auf dem Staufenberg in rotem Bohnerzlehm, der dann auf einer Bohnerzbreccie liegt, welche aus kleinsten Splittern weissen Juras gebildet ist und gesiebtem Höhenkies gleicht. Auch nordwestlich von Werenweg im Hüttenbrunnen liegen gleichgeartete Lager. Dort liegt in der Tiefe auf dem Juraepsilon ein poröser weisser Tertiärkalkstein, voll von weissen Molassemeermuscheln, an einzelnen Stellen liegt noch zwischen dem Jura und diesem Kalk ein fetter Bohnerzton. Auf dem Meeresmolassekalk ruht dann eine dicke Schichte Quarzite. Beim nahen Stetten a. k. M. liegt die Juranagelfluhe ebenfalls, ebenso bei Unterglashütte und oberhalb Neidingen, also hart neben unserem Aufschlusse. Bei Benzingen und Winterlingen finden wir diese Quarzite ebenfalls und zwar auf einer festen Bohnerzbreccienbank, in der Höhenkiese eingebacken sind. Unter dieser Bohnerzbreccie liegt eine metertiefe Juranagelfluhesandbank und darunter Weissjurazeta. Aber immer findet man heute diese Quarzite und die Sandsteinkugeln im Lehm liegen, nirgends fest anstehend im festen Muttergestein. Doch dürfen wir vielleicht annehmen, dass alle unsere Albquarzite während dem Zeitraum des Spätmittelmiocäns (also späte Meeresmolassezeit Oberschwabens) von dem oberschwäbischen Molassemeer auf unser Albufer geworfen wurden und hier zwischen den Jurageschieben der Albflüsse, welche dem Molassemeer zueilten, liegen blieben. Sie würden dann den aufgestiegenen Alpen entstammen, oder was auch möglich wäre, dem Schwarzwalde.

Ziehen wir von Bachzimmern nach Eichen bei Tuttlingen eine Linie, von dort auf Kolbingen und Renquishausen nach dem Staufenberg bei Nusplingen, verlängern wir sie über Messstetten hinüber nach Benzingen, so reicht diese Linie ja weit mehr gegen Norden, als unser

Truppenübungsplatz und es ist leicht erklärlich, dass diese Quarzite und Sandgesteine von der Alb selbst stammen können, ja stammen müssen. Sie lagen also ursprünglich zu oberst und jetzt im Blocklehm unten, in der Mitte und oben.

Dass unsere Quarzite aber wirklich aus dem Tertiärmeer stammen, geht noch aus folgender Tatsache hervor. Bei Sentenhart, südwestlich von Fridingen, liegen diese Quarzite im marinen Sand, welcher unter der Rheingletschermoräne liegt; der marine, mit Haifischzähnen gespickte Sand ist 1 m tief und weist ausser unsern Quarzitgeröllen auch noch rote Granitgerölle auf, untermischt mit roten Porphyr- und anderen Urgebirgsgesteinen. Die Hohentwiel- und Wartenbergtuffe führen diese Gerölle auch und bekamen sie wohl nur aus dem nahen Schwarzwalde. Ueberhaupt enthalten die jüngeren Donauschotter des Donautales obige Gerölle ja ebenfalls, nur mit jüngeren gemischt, wodurch ihre Herkunft bestimmt wird. An der Fridinger Annakapelle und am Fusse des Altfridinger Höhenmassivs liegen noch heute ganze Granitporphyrlager, die wohl in der Schwarzwaldeiszeit abgelagert wurden.

Es ist daher gar nicht auffallend, dass auch die Rheingletschermoränen des Högaus diese Schwarzwaldgerölle ebenfalls führen und zwar besonders in der Donaunähe. Aber im Alpengebiet selbst fehlen diese Arten von Graniten und Porphyren, der Gletscher griff sie eben in Oberschwaben auf und schob sie mit dem anderen Gestein gegen den Donaulauf nach Norden vor. Auch im Vorland des Schwarzwaldes, bei Donaueschingen und Schwenningen a. N. finden wir diese Gerölle häufig. Also miocäne Schwarzwaldflüsse schleppten die Gerölle ins miocäne alte Donautal und in das ganze Vorland des Schwarzwaldes, zwischen Alb und Schwarzwald, und breiteten sie solange aus, bis diese Schwarzwaldflüsse (Brigach, Brege usw.) sich tiefer eingenagt hatten und in den neuen Tälern ihre Schotter liegen liessen.

Daher kommt es, dass wir diese Gerölle 1) in der oberschwäbischen Högaumolasse finden und in den Basalttuffen des Högaus, 2) in der Baar zwischen Schwarzwald und Alb, 3) auf der schwäbischen Alb, soweit ihre Tafeln niederer lagerten, als der damalige Schwarzwald. An dem Meeresstrande des Molassemeeres wurden sie dann zwischen Juranagelfluhe und Haifischsanden ebensogut abgelagert, wie auf den Albtafeln in den miocänen Süss- und Brakwasserseen. Durch spätere weitergehende Erosion der Schwarzwaldtäler wurden dann noch andere Schwarzwaldgerölle gebildet, die in den Hochterrassen des Donautales ihre Ablagerungen fanden. Letztere Gerölle erreichten dann natürlich die Albhöhen nicht mehr, da letztere immer mehr in die Höhe gehoben wurden, das Schwarzwaldmassiv sich aber erniedrigte. Erst in der Haupteiszeit wurde das oberschwäbische Schwarzwaldgeröll gegen die Donau geschoben, und die Schwarzwaldgletscher schoben die Donaueschinger Ablagerungen gegen Pforen und Tuttlingen vor und die Albgletscher kneteten sie in ihre Grundmoränen ein, die sie ebenfalls der Donau zuschoben. Die Albgletscher trugen aber mit den pliocänen und miocänen Donauschwarzwaldgeröllen auch die Albmolasse teilweise ab und so finden wir in den Grundmoränen der Alb neben Schwarzwald- und Jurageröllen auch Molassegerölle im Blocklehm eingebettet.

Es wird nun den Vertretern der Albgletschertheorie immer vorgeworfen, solange wir in den sogen. Albgletschermoränen keine geritzten Geschiebe hätten, dürfe man auch an keine Albvergletscherung glauben. Aber müssen denn geritzte Geschiebe immer den Hauptbeweis bilden?*) Wenn, dann ist die Moräne der Haupteiszeit des Rheingletschers, die niemand als Moräne einzuzweifeln berechtigt ist, eben auch keine Moräne. Und doch wird sie allgemein als Moräne anerkannt, aber nur deshalb, weil ihre Geröllearten es unzweifelhaft beweisen, da es nicht Alpengerölle sind und daher ihre Abstammung leicht nachzuweisen ist. Freilich, der Nachweis unserer Albgletschermoränen muss viel schärfer geführt werden, da ihre Ablagerung weit kleiner, unbedeutender und ihre Gerölle anders geartet sind als diejenigen der Alpenmoränen. Wenn aber schon in den fluvio-glacialen Ablagerungen des oberschwäbischen Rheingletschergebietes die Kritze fehlen, warum wollen wir sie dann auf der Alb unbedingt finden? Oder an das Nichtfinden die Verneinung einer Vergletscherung knüpfen?

Am Südrand der schwäbischen Alb, bei Tuttlingen, Messkirch, Fridingen und Sigmaringen sehen wir die fremden alpinen Ablagerungen natürlich leicht. Die Gesteine weichen ja von ihrer Unterlage so auffallend ab. Dort haben wir Alpenkalk, graue Gneise und Gneisgranite, Verucano, grüne Hornblendegesteine und andere Gesteine, die unzweifelhaft auf das obere Rheintal und die Graubündener Alpen hindeuten. Doch die zwischen ihnen liegenden Molassekugeln deuten schon weit weniger auf fernen Transport hin und gar die Juranagelfluhekugeln werden von vielen nicht zum alpinen Transport gerechnet. Ueber die dazwischen liegenden Schwarzwaldgerölle wird die Achsel gezuckt. Aber wie noch vor 40 Jahren viele hervorragende Forscher die oberschwäbischen Rheingletschermoränen als Bollwerke ausgebrochener Stauwasser ansahen und deshalb die Glacialtheorie bekämpften und ihre veraltete Ansicht heute aber doch widerlegt ist, so wird auch die Zeit kommen, in der alle Forscher an eine Albvergletscherung glauben werden. Aus diesem Grunde widmen wir dieser Theorie so viele Seiten. Die vielen Albfreunde sollen durch diese Arbeit darauf aufmerksam werden und die berufenen Forscher in ihrem Suchen unterstützen.

Wer bei Sigmaringen die Rheingletscherablagerungen nur im Süden untersucht, findet dort zwar überall mächtige Alpengeröllablagerungen, aber keine Gerölle mit Ritzen, weil er eben fluvialglaciale Ablagerungen und keine Grundmoräne vor sich hat. Die geritzten Gerölle verloren eben bei dem Flusstransport ihre Ritzen. Wenn man aber zwischen Donau und Lauchert die Rheingletschermoräne untersucht, so glaubt man in der Nähe der Ravensburger Gletschermoränen zu sein: hier haben wir eben eine unveränderte Grundmoräne vor uns, die aus dem Zusammenwirken des Schmichagletschers mit der Inzigkofer Rheingletscherzunge gebildet ist. Daher finden wir in dieser Grundmoräne nicht blos geritzte Geschiebe, sondern auch aufgelokerte Untergrundplatten des Juras. Das anstehende Gestein der Zetaplatten ist geritzt und zwar in derjenigen Form und Weise, wie wir es beim Untergrund des Bitzer Hochwasserbehälters beobachten konnten. Auch der dortige Blocklehm

*) Siehe den Nachtrag zu diesem Artikel: »Moränen und Gletscherspuren am Lochenhörnle«.

gleicht dem Blocklehm von Stetten, nur dass wie bei Stetten die Alpengerölle fehlen. Was der Gletscherablagerung südlich von Sigmaringen fehlt: Jurageschiebe und Jurazetaplatten, Schwarzwald- und Molassegerölle, das findet sich wie bei Stetten auch in der Moräne beim Laucherttal, nur sind sie seltener als bei Stetten. Die Lauchertalgrundmoräne ist eben das Produkt zweier Gletscher und enthält somit auch die Geschiebe derselben: der Rheingletscher, der bei Inzigkofen auf den Albgletscher des Schmichatales stiess, brachte Alpen- und Molassegerölle, der Albgletscher Jura- und Molassegerölle und beide miteinander brachten noch Schwarzwaldgerölle mit sich, die von den Brigach- und Breggletschern stammten und die die Hausener- und Gutensteiner-Rheingletscherzungen aufnahmen und nach Inzigkofen verschleppten. Die nahen Laucherttalablagerungen in den Gletscherorgeln des Bittelschiesser Tales bestehen aus einem Gemenge von $^1/_3$ Rheingletschergeröllen, $^1/_3$ Juranagelfluhegeröllen und $^1/_3$ Jurageröllen. Kein Forscher und Naturfreund sollte versäumen, diese riesigen Orgeln zu studieren, die an Höhe, Ausdehnung und Schönheit ihrer Umgebung ihresgleichen suchen.

Auf die ähnlichen Moränen an der Donau bei Zwiefaltendorf u. s. w. wiesen wir schon weiter oben hin und wenden uns nun nochmals der Tuttlinger-Sigmaringer Gegend zu.

Was nun der alten Rheingletschermoräne gegenüber der neuen eigentümlich ist, nämlich die Nagelfluhebildung, das kommt ja auch bei den Albgletschern vor. Schon oben wiesen wir nach, dass die »diluviale Albtälernagelfluhe« gar nichts anderes sei, als nur die Nagelfluhe der Albgletscher, wie die Nagelfluhe Oberschwabens und der Schweiz die Nagelfluhe der Rheingletscher-Haupteiszeit ist. An allen Albrändern der Tuttlinger Umgebung kommt sie vor, besonders stark ist sie aber im Faulenbachtal entwickelt, bestehend aus nussgrossem, schuttigem Kies, der dort eine grosse Mächtigkeit besitzt. Durch kalkiges Cement kann die sonst lose Masse so hart zusammengebacken auftreten, dass sie unter dem Namen »Nägelesfelsen« zum Bauen verwendet wird, z. B. im Faulenbachtal, bei Inzigkofen, Mühlheim, Hausen i. Tal u. s. w. Wenn solche Ablagerungen sich an Gehängen zu besonderer Höhe anhäufen, so finden wir immer, dass diese Schutthalden keinen Gehängeschutt darstellen, sondern aus einem Hochtal oder einer Hochtalmulde stammen, die oberhalb den Nägelesfelsen anstehend ist. Bei Balgheim z. B. liegt ein ganzer Bühl, der Glockenbühl, der einen hohen Buckel bildet, hinter welchem die typische Mulde ebensowenig fehlt als an andern Plätzen. Diese ganze Mulde, die sich hinter der Dreifaltigkeitskirche ausbreitet, besitzt einen Grund und Boden, der ganz mit Schutt und Geröll ausgefüllt ist, das seinerzeit vom Dreifaltigkeitsberg heruntergebracht wurde. Sogar noch während der dritten Eiszeit mag hier ein kleiner Gletscher gewirtschaftet haben, wenn wir auch sonst nur an eine Eiszeit der Alb denken. Grosse Massen des gleichen Kieses enthält auch das Tuttlinger Seltenbachtal, wo dieselben Schotter den ganzen Talgrund bedecken und zwar auch in tiefer Aufschüttung.

Auch die Rheingletscherablagerungen der nahen Täler zeigen von jüngeren Moränen grosse Abweichungen. Die ältere oberschwäbische Moräne nimmt Riesenflächen ein, gegenüber den jüngeren Moränen, und wenn in beiden die Gesteine schon die gleichen sind, die Moränen sind doch sehr verschieden. Die alten Moränen zeigen ihre Nagelfluheformen, ihre Trichter und Gruben, gerade wie die Albgletscherablagerungen, nur sind die Nagelfluhen häufiger, grossartiger. Die grossen Wälle der Haupteiszeit liegen flach da und höhere Bergkuppen und Berge sind nirgends sichtbar. Auch die in ihnen eingeschnittenen Täler sind eben und breit und gleichen den Gletschermulden der Alb. Wer die breiten Wiesengründe der Ablach zwischen Schwackenreuthe und Messkirch mit den Wiesengründen von Pforen vergleicht und denjenigen unserer Donaunebentäler, der findet die Aehnlichkeiten auf den ersten Blick. Auffallen wird es freilich, dass bei der Reingletschermoräne der Ablach die Gletscherwälle fehlen, so fehlen sie auch vielfach der Donau bei Donaueschingen. Man sollte gegen die Donau zu, am Nordwestrande der Rheingletscher, wo das alpine Gestein aufhört, Erhöhungen und Dämme der Rheingletscherzungen finden können, aber wir finden dort nur die Grundmoräne ausgebreitet, es fehlen eben meist End- und Seitenmoränen; ebenso ist es auf der Alb. In ihren Hochtälern und Gletschermulden liegen die Grundmoränen und an den Abhängen der Täler meist nur ihre fluvio-glacialen Ablagerungen. Dieses scheint oft übersehen zu werden und deshalb wird die Albvergletscherung weggestritten. Der Rheingletscher brachte weit grössere Gesteinsmassen zur Donau als die Alb, und doch, wie dünn sind seine Ablagerungen bei Neuhausen ob Eck, südlich von Fridingen, bei Messkirch usw. Erst bei Sigmaringen schwellen sie an und werden immer höher, je mehr wir uns den neuen Ablagerungen der dritten Eiszeit nähern. Schon bei Liptingen sind sie höher geworden und fallen jedermann auf. Das badische Dorf Liptingen hat aber noch andere Vorkommen aufzuweisen, die Aehnlichkeit mit den Albgletschern haben. Liptingen selbst steht noch meistens auf reinem Tertiär. Wenn wir aber von dort nach Emmingen gehen, so bemerken wir auf den Aeckern eine Ablagerung, die offenbar eine Grundmoräne ist, wenigstens der Rest einer solchen: ein Gemenge von Tertiärtonen, Bohnerz und weissen Jurabrocken. Alles steht und schwimmt im Lehm, genau so, wie dort, wo wir von Albgrundmoränen schrieben.

Doch wir brauchen nicht so weit zu gehen, das Vorland der Alb, die Baar zwischen Donaueschingen, Spaichingen und Rottweil hat noch Belege genug, nur werden diese Belege oft mit Gewalt anders gedeutet. Wie vieles ist schon über die Denkinger Hohenbergablagerung geschrieben worden und nur »alte Flussschotter« sollen es sein? Geht man über dem rechten Ufer des Wettbaches zum Hohenberg, so sieht man auf den dortigen Aeckern, die eine Urtalterrasse darstellen, die sich bis nach Spaichingen zieht (siehe Führer), eine Menge Gesteine und Gerölle, die aus Muschelkalk, Keuper, Bundsandstein, Granit und Porphyr stammen, zwischen Jurageschieben. Also Gesteine, wie sie der nahe Neckar noch heute führt, aber auch die Donau. Diese Terrasse liegt schier 100 m oberhalb des Primspiegels auf braunem Alpha. Also Gerölle liegen hier, die in der Nähe nirgends anstehen, ausser dem Jura. Da die meisten Gerölle dem Schwarzwald entstammen, so müssen die Ablagerungen auch dem Fluss- oder Gletschersystem des Schwarzwaldes angehören und weil auch oberhalb Wurmlingens ähnliche Gerölle liegen, so müssen wir eben annehmen, dass auf unserem Wege ein Schwarzwaldgletscher mit seinem Gletscherfluss seinen Weg zum Donautale nahm. Diese unsere Ansicht muss auch der Trossinger Bühl bestätigen, welcher südwestlich der Station Trossingen liegt. Seine Unterlage ist echte Lettenkohle und der Schutt ca. 10 m mächtig. Am meisten finden wir Gerölle aus Lias α, Lias δ, Braunjura und unsere Quarzitgerölle. Viele Kalksteine sind eckig und müssen daher der Nähe entstammen. Gehen wir aber gar nach Donaueschingen, so finden wir, woher diese Kiese und Gerölle kamen.

Ja, woher kommen die riesigen Fremdgesteinablagerungen auf den Muschelkalkhöhen westlich von Donaueschingen? Steigen wir oberhalb Bräunlingens die Steilwand östlich der Brege durch den Hauptmuschelkalk empor, so treten wir oben in eine Höhenterrasse ein, die eine Menge fremder Gesteine birgt. Dort sehen wir Lettenkohlensandsteine, Dolomite, Zellenmergel, wie sie noch hie und da im Schwarzwald in Resten vorkommen, Bundsandstein, Hornstein, Granite und Gneis, ja selbst vereinzelt Porphyre, sie können alle nur dem Schwarzwald entstammen und untersuchen wir den dortigen Untergrund, so bemerken wir, dass wir auf Moränenresten eines Schwarzwaldgletschers stehen.

Wer daran noch zweifelt, der mache einmal eine Eisenbahnfahrt auf der Strecke Immendingen—Donaueschingen—Freiburg i. Br., er wird dann finden, dass ihm nicht bloss auf der ganzen Strecke die Schwarzwaldgletscher in Moränenresten begegnen, sondern sieht selbst auch eine Menge Hochmulden, die denen der Alb aufs Haar gleichen. Und wenn wir an eine Vergletscherung des Schwarzwaldes glauben müssen, warum zweifeln wir dann an der Vergletscherung der Alb? Ja wir haben sogar beim Bereisen obiger Strecke die Ansicht gewonnen, dass ein Teil der südwestlichen Alb wohl während und vor der Haupteiszeit von Schwarzwaldgletschern bedeckt gewesen sei.

Die Unterschiede zwischen Albgletschermoräne und fluvio-glacialen Bildungen.

Wir nahmen oben die echten Grundmoränen der Albgletscher mit den glacialen Juranagelfluhen der Albtäler zusammen und nannten sie dort einfach »Moräne«. Wer aber alle Ablagerungen genau untersucht, findet, dass unsere echte »Grundmoräne« doch etwas ganz anderes ist, als die Nägelesfelsen und ähnliche Ablagerungen. Die Unterschiede der wohl gleichalterigen Ablagerungen sind folgende:

1. Die Grundmoräne der Albgletscher ist eine mehr oder weniger tiefe Lehmbank, die vollgespickt ist mit regellos gelagerten Gesteinseinschlüssen. Diese Gesteinseinschlüsse entsprechen den in der Nähe anstehenden Formationsgliedern. Sind letztere als feste Gesteine abgelagert, gleich dem Jura, so kommen sie eckig im Blocklehm vor. Tertiäre Nagelfluhe mag zu einer Zeit entstanden sein, als der Schwarzwald noch mit Jura bedeckt war und als dessen Gerölle, Juragerölle, nach dem Tertiärmeer verfrachtet und in der Brandung desselben hin- und hergeworfen, völlig abgerundet wurden. Vielleicht waren es Gletscher einer früheren Zeit, die diese Nagelfluhe an den Ufern des Tertiärmeeres ablagerten. Doch scheint die eigenartige Rundung einer Hin- und Herbewegung im Meer zu entsprechen, während die eigenartigen Eindrücke an den einzelnen Gesteinen auf eine glaciale Bildung hinzudeuten scheint. So finden wir in unserem

Blocklehm auf den Hochflächen der Alb friedlich neben einander im Lehm stecken: Weissjurastücke uud Geschiebe des Weissen aus allen Formationen, ferner Zetalette neben Zetaplatten, Bohnerze und Meeresmolasse, Süsswassermolasse, Dolomitsand und Molassesand, Molasselehme, Molassetone, gerollte Bohnerzconglomerate und Schwarzwaldgerölle.

Was als Gestein in der Grundmoräne des Blocklehmes eingebacken ist, liegt nicht in ihr, sondern steht oder schwimmt in ihr. Man beachte unseren Ausdruck: steht oder schwimmt. Wie ein leichterer Gegenstand im Wasser stehen oder schwimmen kann, so schwimmt das eingeschlossene Material im Lehm. Mit anderen Worten, die Gesteine und Gerölle werden vom Blocklehm eingehüllt und ruhen nicht nach dem Gewicht sortiert in der Masse, sondern die grössten Blöcke stecken neben den kleinsten Splittern unten, in der Mitte und oben.

Manche Gesteine der Moräne sind so scharfkantig, dass ihre scharfen Ecken auffallen und diese Gesteine stehen meist senkrecht im Blocklehm. Andere lagern eckenabgerundet oder gerollt, sind aber ebensowenig an eine besondere Lage gebunden.

Wo wir auf der Alb breite Mulden treffen, die nicht von wasserführenden Schluchten zerrissen sind, finden wir diese Blocklehme, die dann stets die tiefste Lage der Oberfläche solcher Mulden einnehmen. Innerhalb dieser Blocklehmstrecken finden wir noch anders geartete Ablagerungen, die aber alle dem Blocklehm angehören, nämlich Inseln von Höhenkies, schwimmend, Inseln von grösseren Gesteinsschichten, auch schwimmend, Inseln von Tonen. Daneben finden wir Gruben und Becken, Trichter und Röhren, die mit Lehm ausgefüllt sind in eben diesen Blocklehmstrecken. Aber alle diese Einschlüsse treten sporadisch auf, als Einschlüsse in der Grundmasse des Blocklehmes.

Die Form der Grundmoräne gleicht meistens einem Gewölbe und oft bemerkten wir auf dem Scheitel dieses Gewölbes oder auf dessen Seiten mit Geröllen oder aufgerollten Gesteinen erfüllte Gräben. Selten sind diese Gräben auch mit Sand angefüllt oder mit Höhenkies. In diesen Gräben floss der Gletscherbach.

Solche Grundmoränen sind so häufig auf unserer Alb zu finden, dass mir noch keine Hochmulde bekannt ist, in der sie fehlte.

2. Ganz anders ist es mit den Seitenmoränen; diese treten so selten auf, dass sie gesucht werden müssen. Wir finden sie dort, wo sich das breitere Muldental verengte, oder wo ein Vorsprung der Seitenlinien in die Grundmoräne eindrang, oder wo ein harter Felsen mitten in der Mulde sich erhob, der der Grundmoräne Widerstand leistete. Im Schmicha- und Donautal, wie in andern Tälern der Alb finden wir öfters solche Seitenmoränen, sie werden aber nicht immer gleich bemerkt, besonders wenn sie mit Wald bestanden sind.

Diese Seitenmoränen besitzen in ihren untern Teilen ein gleichartiges Gefüge wie die Grundmoränen, gegen oben werden sie aber loser, lockerer, der Lehm gieng teilweise oder ganz verloren.

3. Endmoräne. Diese tritt blos auf, wo eine Grundmoräne von grösserer Mächtigkeit auf eine flache breite Grundmoräne stiess, die eine andere Stossrichtung innehatte. Diese Endmoränen sind noch seltener

als die Seitenmoränen, da sie meist in der jüngern Diluvialzeit abgetragen und eingeebnet wurden, denn die fliessenden Gewässer verebnen sie gern und erodieren sie.

Solche Endmoränen gleichen dann den Schutthalden unserer Steinbrüche, nur dass sie weniger hoch sind, auch weniger steil. Im Riedbachtal bei Ebingen kommen sie mehreremale vor und breiten sich fächerförmig im Haupttal aus. Sie können aber mit Geröllablagerungen steiler Schluchten nicht verwechselt werden, denn ihr Scheitel ist eben, gleich dem Tal selbst, dessen Abschluss sie bilden.

4. Fluvioglaciale Ablagerungen treten gewöhnlich in Terrassenformen auf. Ihnen fehlt der Blocklehm. Sie bestehen aus allen Gesteinen, die schon die Grundmoräne führte, der sie ihr Leben verdanken, aber in diesen Ablagerungen finden wir Fluss- oder Wasserlagerungsweise. Die hier gefundenen Gesteine tragen entweder weniger scharfe, oder schon abgerollte Ecken, oder sind sogar in Gerölle umgewandelt. Natürlich bilden diese fluvioglazialen Ablagerungen solche Schottergebilde, die in der Höhenlage tiefer liegen als die Grundmoränen, denen sie entnommen wurden.

Diese Ablagerungen können den ganzen Talboden ausfüllen und sind dann jünger, als diejenigen, die an den Talwänden nur als Terrassenreste auftreten. Wir finden sie also als Hochterrassen, Niederterrassen und als Talboden ausgebildet.

Bilden sie den Talboden, so sind sie meist mit Moorland und Wiesengrund bedeckt und dem Auge entzogen. Dann sind sie, gleich dem Ebinger Riedbachtal, alt und auf etwaigen Wasserscheiden gern erodiert.

Lagern sie als Terrassenreste, so ist ihre Zusammengehörigkeit durch ihr Liniengefäll wahrzunehmen und sie sind dann meist mit Ackerland bedeckt, z. B. im Faulenbach-Primtal, oberen Eyach-Riedbachtal bei Lautlingen usw. Auch die Terrassenreste am Ochsenberg bei Tiergarten gehören hierher.

Die Gesteine in diesen fluvioglacialen Ablagerungen liegen stets, stehen nie und schwimmen auch nicht, ausser in Sand und lehmigem Sand, aber dann lagern sie immer mit ihrer Breitseite nach unten. Steht mit diesen fluvioglacialen Ablagerungen eine kalkhaltige Quelle in Verbindung, so verhärten sie, cementiert zu den oben beschriebenen Nägelesfelsen, den »Juranagelfluhen der Albtäler«. Fehlen solche Quellen, so bleibt der Schotter lose, uncementiert liegen. Ist der Quellniederschlag sehr reichlich, so cementieren sie nicht blos, sondern bilden noch die Grundlage der wohlbekannten Kalktufflager, wie sie viele unserer Albtäler aufweisen können.

Terrassenreste und Talausfüllung kann aber natürlich auch gleichalterig sein, nur nicht an einer und derselben Stelle. Wo Talgrundausfüllung vorherrscht und ob ihr an den Gehängen noch Terrassen liegen, sind natürlich die Terrassen älter. Wenn aber in einem Tal die Talgrundausfüllung dort aufhört, wo die Terrassenbildung beginnt resp. die erstere ablöst, so sind eben beide Ablagerungen gleichartig, gleichzeitig gebildet, also gleichalterig, wie z. B. das Riedbachtal bei Ebingen und die Terrassenreste auf Bergen ob Lautlingen usw. Eine fluvioglaciale Ablagerung kann uns ja völlig erhalten geblieben sein, oder nur in Resten resp. Terrassen, sie kann aber auch ganz vernichtet werden, dass ihre Spuren nicht mehr zu finden sind. Letzteres ist oft der Fall.

5. Ebenenschotter tritt dort auf, wo glaziale Talschotter die Täler verlassen und Ebenen bedecken, wie die Ebenen, die dem Steilabfall der Alb vorgelagert sind, und wie die Schotter zwischen Alb und Schwarzwald in der Baar, zwischen Donau und Rheingletscherschotter. Diese Ebenenschotter können glaziale Grundmoränen sein, oder aber fluvialglaciale Ablagerungen. Die ersteren führen dann Blocklehm, die letzteren nicht.

Je nachdem die Gletscher ihr Material aus einer oder mehreren Formationen aufnahmen, ist auch der Schotter einförmig oder gemischt. So bestehen z. B. die glacialen Juranagelfluhefelsen der Albtäler nur aus Weissjurageschieben, andere Schotter aus einer Menge verschiedener Geschiebe.

Von den glacialen Schottern sind die alluvialen zu trennen, die jüngsten, die die tiefste Lage in den Tälern einnehmen; aber oft sind alluviale Schotter nur umgelagerte diluviale Schotter.

Nicht zu verwechseln mit den bisher beschriebenen Schottern sind die Ablagerungen der vielen sogen. Einbruchstäler unserer Alb. Diese Ablagerungen ähneln den glacialen, gleichen ihnen aber nicht. Ihnen fehlt der Blocklehm, der durch Schwemmland ersetzt wird und Einbruchmulden haben wellenförmige Oberflächenlinien, die sogar oft noch durch Trichter und Dolinen unterbrochen werden. Aber oft, d. h. wenn diese Einbruchtäler vor der Eiszeit gebilden wurden, entstand in ihnen ein Firneis und aus dem Einbruchstal bildete sich eine Gletschermulde, ein Gletschertal, selten ein Flusstal. Die meisten dieser Täler aber blieben und bleiben Trockentäler. Ihre Wasserflüsse sind dann unterirdisch. Es kann aber auch vorkommen, dass ein solches Einbruchstal vor der Eiszeit einbrach, dann einen Gletscher sah und in der Alluvialzeit neue Einbrüche erlitt, so dass die Grundmoräne teilweise in sich zusammenbrach und ihr der Lehm zum Teil zur Tiefe entführt wurde. Ein solches Beispiel ist in der Umgebung von Tuttlingen besonders lehrreich zu studieren und soll darum im Nachstehenden noch beschrieben werden. Wir sehen hieraus, wie compliziert die Talbildung in unseren Albtälern sein und wie man Einbruchstäler mit Gletschermulden leicht verwechseln kann.

Der geologische Aufbau des Tuttlinger Seltenbachtales.

1. Die Tektonik des Seltenbachtales. Das Seltenbachtal, welches von Süden nach Norden verläuft, mündet innerhalb Tuttlingens in das Donautal. Wenigstens ist dies der Eindruck, den derjenige bekommt, welcher das Muldentälchen besucht. Allein während im Frühjahr bei der Schneeschmelze die Schneewasser des Seltenbaches von Süden nach Norden zur Donau fliessen, fliessen die in Tuttlingen versickerten Donauwasser mit dem soeben aufgenommenen Seltenbachwasser durch eben dieses Tal unterirdisch von Norden nach Süden zur Aach, also in den Rhein. Einbrüche sind im Seltenbachtal eine Menge zu beobachten. Gleich dort, wo die Stockacherstrasse aufhört, am Fusse des Ehrenberges sehen wir, wo wir Beta suchen sollten, abgesunkene Deltafelsen in der

Nähe der Freiburgerstrasse. Auf dem freien Platz vor der Blume liegt der zugedeckte riesige Einbruchstrichter, der den alten Tuttlingern in Form eines Brunnens Donauwasser spendete. Unter dem Artikel: »die Tektonik der Alb« wiesen wir schon darauf näher hin. Im Seltenbachtal, wo der Feldweg zum Honberge führt, auf dem wir sein letztes Rundturmvorwerk ersteigen können, liegt ein Riesentrichter, der oft schon zugeschüttet wurde und am Fusse des Ehrenberges, Freiburg und Hohensteig liegen überall alte muldenartige Trichter und Einsenkungen. Ja, der ganze Gebirgsaufbau ist dort völlig gestört. Wir haben im Seltenbachtal eine grossartige Einbruchstelle des Tuttlinger Juras vor uns.

Die Mächtigkeit des dort abgelagerten oberen Weissjuras ist, wenn wir zum Aichhalderhof hinaufsteigen, ca. 80 m, scheinbar aber gut 100 m, denn die Schichten fallen sehr gegen das Seltenbachtal ein. Verfolgt man nämlich den Weg über γ und δ zur Höhe, so steht man auf einmal unvermittelt auf ζ, ohne eine Spur von ε zu finden. Wir haben ja überhaupt ε in Tuttlingens Umgebung niemals finden können, denn δ vertritt hier ε. Auf der rechten Seite des Seltenbachs, an der Hardt, schwellt sogar ζ scheinbar zu 134 m Höhe an, weil dort ζ über δ herunterhängt und an manchen Stellen die Tafeln so zersplittert wurden, dass ζ zwischen Deltabänke einsank, wie in der Mulde hinter dem Honberg. In jener Mulde liegen 2 Steinbrüche in gleicher Höhe, der eine besitzt Deltabänke, der andere schöne Zetabänke.

Ja, das dortige Mattsteigtal, welches ebenfalls einsank, reicht hinter dem Honberg dem Seltenbachtal die Hand und weist eine Menge tektonischer Störungen auf. Hardt, Brand und Ehental zeigen ganz verschiedene Verhältnisse. Bis (gehen wir auf der Strasse Liptingen zu) zu der Stelle, an der das Seltenbachtal aus seiner Mulde in eine Talschlucht umändert, finden wir alle Schichten gestört und der Muldengrund ist wellig uneben.

2. Die Ablagerungen des Tales. Dort, wo das Muldental mit Strassen überbaut ist, finden wir diluviale Ablagerungen, die aus Weissjurageröllen bestehen, welche aus $\alpha-\zeta$ zusammengesetzt sind und von den Möhringer-Immendinger Bergen stammen müssen. Diese Gerölle ziehen sich nämlich als Terrassenschotter der Donau bis nach Möhringen hinauf und enthalten keinerlei Schwarzwaldgerölle. Wir finden nur Weissjura und auch kein Tertiär abgelagert. Es ist die südliche unverkittete Ablagerung, der fluvioglacialen Nägelesfelsenmasse.

Die ganze Seltenbachmuldenbreite ist ausschliesslich mit diesem Schotter angefüllt. Er ist an vielen Stellen mindestens 10 m tief, an gewissen Einbruchsstellen wohl noch tiefer.

Sobald wir die letzten Gebäude der Stockacherstrasse hinter uns haben, bemerken wir das wellenartige der Talmulde. Das allgemeine Gefäll senkt nur dort gleichmässig Tuttlingen zu, wo wir den Seltenbachgraben bemerken. Die südwestliche Muldenebene gleicht den Wellenbergen einer schwachbewegten See. Die Mulde bleibt Mulde bis zum Kilometerstein 114 der Stockacherstrasse, wo wir neben dem Seltenbachgraben eine riesige Kiesgrube bemerken, mit folgendem Profil.

Profil 68. Profil der Seltenbachmuldenkiesgrube südlich von Tuttlingen.

1 m Humus mit Deltageröllen.

3 m gelbweisser Jurasand der Nägelesfelsen mit Weissjurageröllen, die aus ε—ξ stammen (z. B. Stücke mit Chondrites Hechingensis), Bohnerz ist sehr sporadisch, ebenso rotes Süsswassertertiär (Schwarzwalddonaugerölle zeigen sich nicht einmal in Spuren).

Diese Ablagerung gleicht derjenigen bei der Ursula-Marienkapelle von Nendingen aufs Haar, nur dass jene nördlich der Donau, diese südlich derselben liegt.

Sobald nun die Mulde gegen Süden in ein Tal übergeht, das sich Liptingen zu zieht, hört die breite Mulde rasch auf und zieht sich gegen Osten um den hintern Honberg herum, steigt hier ziemlich an, um im Mattsteigtal wieder zu senken und sich wieder mit dem Donautal zu vereinigen. Also die Mulde bildet einen Hufeisenbogen, in welchem der Honberg lagert. Ehe wir dem Mattsteigtal zuwandern, besuchen wir noch neben der Strasse einen Deltasteinbruch, am Abhang des »Witthohs«. Das dort aufgeschlossene Delta ist das schönste Bankdelta der ganzen Gegend. Das feinkörnige Gestein gleicht dem Marmorsteinbruch auf Eichen, der aber 100 m höher liegt als derjenige im Seltenbachtal. Die Bänke sind mit eisenschüssigem Lehm bedeckt, der auch die Spalten ausfüllt. Der Bruch liegt ca. 10 m höher als die Ablagerung der Seltenbachmulde. Auf dem Eisenlehm liegt ein anderer roter Lehm ohne Bohnerze, in dem die Schwarzwaldgerölle liegen, die wir auf allen Hochebenen unserer Umgebung finden: Fettquarze und Molassesandsteine, aber auch Buntsandstein und Granit. Also fluvioglaciale Ablagerung der Schwarzwald-Donauwasserströmung. Natürlich haben wir hier pliocänen Schwarzwalddonauschotter, dagegen in der Seltenbachmulde diluviale Ablagerung. Der Schwarzwalddonauschotter ist älter als die Juranagelfluhe-Ablagerungen der Albtäler. Letztere gehören eben der Glazialzeit an.

Wer sich nun neben der oben beschriebenen Kiesgrube aufstellt, fragt sich, wo kam dieses Juragerölle her; kam es von der Donau, oder aus dem mittlern Seltenbachtal? Wenn wir aber das nun beginnende Seltenbachtal betreten und die Mulde verlassen, so finden wir keine diluviale Juranagelfluhe mehr, weder auf dem Boden noch an den Gehängen, an den Gehängen aber nur Zetaplattenschutt, ohne jede Spur von Geröll.

Wir kehren daher wieder in die Mulde zurück und verfolgen diese gegen Osten, also gegen das Mattsteigtal zu. Sobald wir aber den ebenen Muldenboden verlassen haben und mit ihm das Seltenbachtal, kommen wir auf einen ansteigenden Muldenboden, dessen Ablagerungen von denen des verlassenen Muldenteiles grundverschieden sind. Die linke Talseite unserer erhöhten Mulde ist der hintere Honberg, bestehend aus W. J. γ und δ, während (ε und) ξ fehlt. Die rechte Talseite, am Brand, besteht aus δ und ξ, das nebeneinander abgelagert ist und der Muldenboden, auf dem wir gehen, besteht aus Donaukiesen.

Aber diese Donaukiese bedecken nicht den ganzen Muldenboden, mit ihnen wechseln Höhenkiese, Sandlager aus Dolomit, Sandlager aus Tertiärsand, Lehmbänke usw.; da aber deutliche Aufschlüsse fehlten, können wir genauere Angaben nicht machen. Aber in einer Baumgrube sahen wir neben Höhenkies noch Bohnerzlehm und eine Rinne mit Rheingletschergeröllen erfüllt, die sonst dort völlig fehlen. Wir suchten sie auf den Höhen vergeblich, doch zogen wir Verukano, Alpenkalk und Graubündner-Granit aus dem Loche hervor. Südöstlich von unserer Fundstelle liegt der Zetaplattensteinbruch, welcher ebenfalls mit pliocänem Schwarzwalddonauschotter bedeckt ist.

In einer zweiten Baumgrube des gleichen Ackers finden wir aber eine Donaugeröllablagerung, der wir sonst wenig begegnen. Wir fanden $^3/_4$ der Masse weissen Jura und $^1/_4$ anderes, nämlich Schwarzwaldgestein. Unter den letzteren war der Keupermühlsteinquarz in grossen Kugeln vorherrschend, dann Stubensandstein und Stuttgarter Bausandstein. Nun folgt erst Lias und Braunjura, aber weniger und gleichviel Basalttuff von harter Beschaffenheit mit gelben Einschlüssen. Ferner fand sich Gneis, Glimmerschiefer, Quarzite und geschichtete Quarzitglimmerschiefer von weisser und gelber Farbe. Dann fanden wir ein gelbes, glimmerführendes Buntsandsteinstück.

Hier also haben wir alpine Gerölle, Schwarzwald- und Albgerölle der badischen Alb vor uns. Aber wir haben keine Grundmoräne, sondern fluvioglaciale Ablagerung. Blocklehm fehlt.

In der Nähe der Mattsteige finden wir dieses Geröll nun nicht mehr. An seine Stelle tritt hier Donauschwarzwaldgeröll, bei dem aber Keuper fehlt, welcher durch roten Granit und Granitporphyr ersetzt wird.

Aber die Mattsteigmulde ist eine Gletschermulde auf Weissjurabetauntergrund. Mehrere Aufschlüsse im Jahre 1909 zeigten uns Grundmoräne, mit dem typischen Blocklehm. In Blocklem fanden wir Jura, Tertiär und Schwarzwaldgerölle der Diluvialstufe. Der Gletscher kam vom Brand herunter.

Aber östlich des Kaiserhofkellers machten wir noch eine ganz besondere Beobachtung. Dort steht w. J. Beta an. In dem dort zerrissenen Gestein lagerte ein feiner, schneeweiser Quarzsand, in welchem kleine Turmschnecken lagen, von nur Millimeter Grösse. Auch verkalkte Pflanzenwurzeln fanden sich und anderes mehr, was auf die Ablagerung in einem Süsswasserbecken hinweist.

Die Mattsteigmulde gleicht einem Gewölbe, auf dessen Scheitel eine mit Sand und Kies gefüllte Rinne liegt, während an den Seiten zwei weite Rinnen verlaufen, die sich beim Austritt der Mulde ins Donautal vereinigen. Die Talwände in der Nähe des Kirchhofes sind sehr steil und hoch und der Durchbruch ziemlich eng, einem Maarausgang gleichend.

Wollen wir jetzt eine Uebersicht haben, so wissen wir jetzt, dass die Mulde, die den Honburg umschliesst, aus den verschiedenartigsten Ablagerungen gebildet ist. Die älteste pliocäne Ablagerung bedeckt die Vorsprünge im Tal in halber Talhöhe: pliocänen Schwarzwalddonauschotter. Den Muldenteil hinter dem Honberg bedeckt dagegen Haupteiszeitschotter, fluvioglacial. Das Mattsteigmuldental bedeckt eine Grundmoräne der Haupteiszeit, die von dem Zusammenwirken der Schwarzwald-, Alb- und Rheingletscher entstand. Am untern Ende des Tales bildete sich ein kleiner Süsswassersee, der in der Alluvialzeit eintrocknete, oder durchstochen wurde. In der Haupteiszeit war Seltenbach- und Mattsteigmulde mit dem gleichen Schotter angefüllt. Als aber die Haupteiszeit vorüber war, verschwanden die Albgletscher und der Rheingletscher zog sich auf die Mitte Oberschwabens zurück. Aber die riesigen Wassermassen Oberschwabens und des Schwarzwaldes, die die Donau in jener Zeit erhielt, leerten das Seltenbachtal und füllten es mit spätdiluvialem Schotter aus, dem Nägelesfelsgeröll, das der Alb entstammte und von dem Albgletscher der Donau zugeführt wurde. Es war fluvioglazial nicht glazial.

44. **Diluviale Kalktufflager, Torflager.**

Die Kalktufflager sind in den Albtälern sehr häufig. Wo wir Quellen haben, treten sie überall auf, am Gehänge und auf dem Talboden. Da und dort enthalten diese Tuffe Pflanzen und Schnecken, auch Säugetierknochen.

Im Donautal bei Hausen z. B. haben wir einen sehr zarten, altdiluvialen Kalktuff neben resp. unter einem jüngeren weicheren Kalktuff, ebenso in den anderen Albtälern. Die Kalktuffsteine sind auch für Verzierungen als sogen. Tropfsteine sehr gesucht. Diese »Tropfsteine« wandern z. B. aus den Ortschaften Zwiefaltendorf, Neufra, Lauchernach usw. in die ganze Umgegend hinaus.

Der diluviale Tuff ist härter als der alluviale, jüngere. Die Schnecken, welche er enthält, ähneln den heute noch lebenden sehr. Diluvialer Torf kommt in unzähligen Talgründen der Alb vor.

Sammlungen von Schnecken usw. aus Kalktuff

in 10—15 Arten: 5—8 Mk. Schöne Kalktuffsteine 1—5 Mk., besonders beliebt für Aquarien, Terrassen usw. Proben von Albtuffen und Albtorfen 2—3 Mk.

45. **Diluviallehme, Löss und Schotter** (nicht Geröll).

Diluviallehm von 10 Fundstellen sortiert 5 Mk., von 20 Fundstellen 10 Mk.
Schotter verschiedener Art zu billigen Preisen.
Löss (abgelagert durch Wasser, mit Lösschnecken) seltener auf der Alb: von 5 Stellen 5 Mk. (Lösskinder usw. sind ebenfalls dabei).

46. **Torf und Humusgesteine, Sapropel.**

Hie und da kommt in staknierendem Wasser der Albtäler ein Sapropelkalk vor, der eine Verbindung von Sapropel mit Wiesenkalk oder Kalktuff darstellt.

Seltene Proben . . . 50 Pfg. bis 2 Mark.

Ebenso selten ist die Sapropelerde, sie wird oft nur Schlick genannt, besteht aus moorsäurereicher Humuserde mit Faulschlamm.

Proben . . . . . . 50 Pfg. bis 2 Mark.

Von den Torfarten kommen am häufigsten vor (als Trockentorf zu liefern, oder als Moortorf):

Grastorf . . . . Proben 50 Pfg. bis 2 Mk.
Cyperaceentorf . . „ 50 „ bis 2 „

Die Pflanzen, welche auf der Alb Torf bildeten, sind sehr mannigfach und selten wird ein Torfmoor gefunden, das nicht viele Pflanzen verschiedener Arten aufweist. Auch haben wir Sumpf- und Wiesentorfe, weniger aber (aber doch auch im braunen Jura auf den Absätzen des Braunen) Waldtorf. Flachmoortorfe kommen aber an der Donau u. s. w. ebenfalls vor.

Oft geht der Torf auf der Alb in Torfmoder über, in zersetzten Torf. Torfmoder-Proben . 50 Pfg. bis 1 Mk.

Das Alluvium oder die Jetztzeit.

Das sogenannte Alluvium umfasst die Bildungen der Jetztzeit, einschliesslich der vorhistorischen Zeit bis zurück zu der diluvialen Gletscherperiode. Unser jüngstes geologisches Glied zeigt also Erdbildungsstadien, die sich historisch nachweisbar noch unter unseren Augen vollzogen hatten und noch heute vollziehen. In den Gebieten wasserreicher Gegenden und grosser Flüsse findet noch heute eine ergiebige Neubildung statt und selbst auf unserer Alb hörte die Neu- und Umbildung in dieser Zeit nicht auf: Tuff-, Sand-, Höhlen- und andere Bildungen gehen noch vor unseren Augen vor sich. Wir wiesen schon oben darauf hin, dass unsere Alb im Diluvium wasserreicher als heute war und dass die Albtäler damals von grösseren Flussbetten durchzogen wurden als heute. Im Truppenübungsplatz bei Ebingen gibt es noch heute ein Seetal, das vor mehreren Jahrhunderten noch kleinere Seebecken barg, deren Ueberreste noch heute erkenntlich sind. Im Scheeratal bei Harthausen an der Scheer floss einst die Scheer und im Mühltal bei Kaiseringen trieb ein jetzt versiegter kleiner Fluss Mühlen. Auch im oberen Killertal und im Wendtal klapperten einst Mühlen, während das mühlentreibende Wasser jetzt verschwunden ist. Es suchte sich seither andere, unterirdische Flussläufe. Solche Beispiele könnten eine Menge angeführt werden.

Die alten Moore der Albhochebenen weisen auch auf frühere Moorflächen, denen entweder grössere atmosphärische Niederschläge oder weniger Durchlassmöglichkeit der Juraschichten zu Hilfe kamen. Bei Onstmettingen entspringt in dem Torfmoor Geifize die Quelle der Schmicha. Alle Täler der Alb, die sich gegen die Donau senken, haben Torfmoore, die gewöhnlich im Diluvium gebildet wurden, aber noch heute existieren. Die Tufflager, im Pliocän und Diluvium gebildet, breiten sich ebenfalls noch heute aus. Andere Täler besitzen eine Zwischenstellung, wie z. B. das Ebinger Riedbachtal, das wir oben genau beschrieben, denn in ihm breitet sich auf dem ganzen Talboden ein Moorlager aus, dem da und dort Kalktuffausscheidungen beigegeben sind, die aber doch noch zu schwach waren, eigentliche Kalktufflager zu erzeugen, denn der Torf wächst rascher in die Höhe, als der schwache Kalkniederschlag wasserarmer Quellen.

Welche Torflager enthalten endlich gar die Donauniederungen und Riede zwischen Sigmaringen, Ulm und Günzburg!

Natürlich sind die meisten unserer Torf- und Kalktufflager diluvialen Ursprungs. Wenige bilden sich noch heute weiter, die meisten unterliegen einer Rückbildung, weil die Alb ja seither nicht wasserreicher, sondern eher wasserärmer wurde. An grossen Seeen ist die Alb sehr arm. Sehen wir von dem Schmichasee des zur Alb gehörigen Hochsträsses ab, so sind die Seebecken meist nur grössere Weiher, denn die künstlichen Hülben gehören nicht in unsere Betrachtung.

Dem Alluvium gehören auch die umfangreichen Flusskorrektionen an. Im Alluvium fliessen die kleineren Wassermengen in grossen trägen Wendungen durch unsere stillen grünen Täler. Im Diluvium dagegen wälzten sich ganze Riesenwassermassen gegen Donau und Neckar und füllten die Betten völlig aus, so dass die diluvialen Flussläufe mehr in gerader en Linien ihre Wege zogen. Die in der Jetztzeit ausgeführten Flusskorrektionen zeigten den altersgrauen Flüsschen wieder teilweise ihre alten Bahnen.

Auch während wir dieses schreiben oder lesen, ist die Fortentwicklung der Alb nicht abgeschlossen, sondern geht den ihr von ihrem weisen Schöpfer gesteckten Zielen entgegen. Welche Veränderungen diese Entwicklung unserer Alb noch bringen wird, können wir nicht wissen, aber wenn die Wasserkräfte noch mehr schwinden sollten, so müssten wir nach und nach immermehr die Luft in Bann legen, aus ihr Nutzen zu ziehen. Die in elektrische Kraft umgesetzte Wasserkraft der Lauchert zeigt zwar, dass auch unsere Albflüsse noch wertvolle Kräfte repräsentieren, allein während die Wasserkräfte langsam schwinden werden, müssen die Kräfte der Luft eher zu- als abnehmen und wer weiss, ob uns die Zukunft nicht noch diese Kräfte mehr als bisher ausnützen lässt, dass wir neben elektrischen Wasserkraftstationen noch Luftkraftwerke finden werden, den Albbewohner in seiner Tätigkeit zu unterstützen. Ja, ob die vielen Hochflächen der Alb nicht noch zu Luftschiffstationen dienen könnten, wie schon heute zu Truppenübungsplätzen, wird uns die Zukunft lehren.

Der nördliche Steilrand der Alb wird in der Zukunft langsam aber sicher, immer mehr nach Süden vorrücken, bis einst die ganze Alb mit ihren herrlichen Tälern und Felsen abgetragen sein wird. Umsomehr wollen wir uns ihrer Schönheit freuen, solange es noch möglich ist und dies wird wohl noch lange möglich sein.

Ob endlich die ganze Senkstellung der Albtafel von ihrem Steilrand bis über die Donaulinie hinüber und zu den Alpen im heutigen Verhältnisse bleibt, wer will es wissen? Die Alb hatte schon im Mittelalter grosse Erdbeben zu überwinden, bei denen die Burgen des Donautales ganz und teilweise zusammenstürzten (Falkenstein, Werenwag und Hausen, wurden nach der Münsterschen Chronik, als Basel teilweise zerstört wurde, sehr stark mitgenommen), ob es nicht später wieder bebt, wenn die süditalienischen Beben nicht aufhören oder sich mehr verstärken? Wir wissen es nicht, aber die Zeiten der Albvulkane liegen weit hinter uns und dürften nie wiederkehren.

Bodenveränderung der schwäbischen Alb im Zeitalter des Alluviums.

Wenn auch die heutigen Veränderungen der Erdrinde keineswegs mit denen des Miocäns (Erhebung der Alpen und anderer Kettengebirge) verglichen werden können, in den Zustand vollkommener Ruhe ist unsere Erde im Zeitalter des Alluviums keineswegs gekommen. Nicht blos tektonische Störungen gleich denen vulkanischer Eruptionen (Messinakatastrophe, Erdbeben von Chicago und Untergang von Martinique usw.) suchten im Alluvium die Erde heim, sondern auch anderer Art, wenn uns auch eiszeitähnliche Vergletscherungen nicht mehr heimsuchten. Zwar die Alb selbst wurde von vulkanischen Eruptionen weniger heimgesucht, wenn uns auch die Erdbeben nicht unbekannt blieben. Erdbebenstösse richteten auf der Alb weniger Verheerungen an als z. B. in Süditalien und anderen vulkanischen Ländern. Trotzdem finden wir auch bei uns auf der Alb ähnliche und andere Veränderungen genug vor, nur sind sie weniger in die Augen fallend. Höhenveränderungen, Auswaschungen, Verwitterungen, Einbrüche und Zusammenstürze im Gebirge, kurz Veränderungen, welche durch Erosion und Verwitterung entstanden sind und noch heute entstehen, sind auf der ganzen Alb an der Tagesordnung. Was wir unter dem Abschnitt »Höhlenbildung« beschrieben, ist auch für das Alluvium noch giltig, nur fallen diese Veränderungen nicht jeden Tag auf, aber wenn es zu Katastrophen kommt, so denkt der Naturfreund doch an das Ewige der gesetzmässigen Weiterentwicklung unserer Erde und daher auch uuserer Alb. Einzelne dieser Erscheinungen sollen hier etwas näher beschrieben werden.

A. Die Bodenschwankungen der Alb.

Wie im benachbarten Schwarzwald, wurden auch auf den Hochebenen der Alb verschiedene Bodenschwankungen beobachtet. Ob diese durch tektonische Tafelveränderungen oder durch unterirdische Einstürze vergrösserter Höhlen auftreten, bleibe dahingestellt, dass aber solche Bodenschwankungen wirklich vorkommen, ist durch verschiedene Nachrichten der Albvereinsblätter erwiesen (Jahrgang V. S. 27, 83, 148, 227. Jahrgang XV. S. 138).

Drei solcher Veränderungen sollen hier als Beispiele erwähnt werden, welche noch unbeschrieben sind. Eine von den Albvereinsblättern beschriebene wurde auch von uns nachuntersucht und bestätigt. Im Orte Trailfingen des Oberamtes Urach sah man in frühern Zeiten, wenn man sich am obern Ende des Ortes aufstellte, nur die Kirchturmspitze des Ortes von Gruorn, während man dort heute Turm, Kirchendach und noch Gebäude von Gruorn sieht. Diese Veränderungen, auf tektonische Störungen des Untergrundes zurückzuführen, gingen erst innerhalb der letzten 20 Jahre vor sich.

Als weiteres Beispiel sind die sog. »Pferche« in der Nähe des Randecker Maars und Breitensteins anzuführen, diese Pferche sind Teile zerrissener Plattenflächen des Weissjuras, welche von Jahr zu Jahr langsam aber stetig einsinken. Sie haben meist keilförmige Formen und zeigen an den Seiten hie und da Rutschflächen, aber nur an solchen Platten, die rasch bewegt wurden und heute nicht mehr sinken. Die meisten dieser Pferche bewegen sich noch heute gegen die Tiefe zu.

Das dritte Beispiel ist die Epsilonfelsenkuppe »Stählernes Männle« zwischen Ebingen und Bitz. Auf diesem »Stählernen Männle« soll man noch vor 60—70 Jahren Bitz gesehen haben, was alte Leute in Bitz behaupten. Seither sieht man auf diesem Punkt Bitz nicht mehr. Also sank entweder Bitz ein, oder aber sank das »Stählerne Männle« ein. Die Felsenkuppe des »Stählernen Männle« ist ganz mit Dolinen umgeben, es wäre also möglich, dass diese Felsenkuppe ein eigenes Senkungsfeld darstellen würde. In Bitz selbst konnten wir keine tektonischen Veränderungen auffinden.

Das vierte Beispiel ist die Hochebene »Steinmauer« zwischen Killertal und Onstmettingen, besonders die Strasse, welche zwischen Onstmettingen und Hausen verläuft, in dem ersten Drittel ihrer Strecke.

Holzmacher und Forstleute wollen wissen, dass sich auf dieser Linie die Gipfel der Berge in den letzten 50 Jahren verschoben hätten. Tatsächlich ist diese Linie auch eine tektonische Verschiebungsstelle, wie wir schon unter »Tektonik der Alb« gesehen haben; genauere Messungen konnten aber bisher nicht von uns ausgeführt werden.

Aber natürlich! Auswaschungen, Verwitterungen und Höhlenbildungen sind in der Jetztzeit ebenso an der Arbeit wie früher. Unsere Alb wird dadurch niederer und kleiner. Wie manches Trockental der Alb entstand durch Einsturz von Höhlen und Höhlensystemen, welche sich zuletzt so sehr erweiterten, dass ihren Wänden der Halt entzogen wurde und sie in sich selbst zusammenstürzten. Alle Schichten des oberen weissen Juras haben unter diesen Erosionseinflüssen zu leiden.

B. Die unterirdischen Erosionen unserer Alb.

Gewöhnlich knüpfen Erosionen an vorhandene Spaltensysteme an, diese erweiternd und vergrössernd, es entstanden und entstehen so die grossen Höhlensysteme der Alb.

Am meisten zu leiden haben natürlich solche Höhlensysteme, die von grossen Wassermassen durchflossen werden, so insbesondere das Höhlensystem der Schwarzwalddonau und Albdonau. Von Jahr zu Jahr berichten die Zeitungen dieses Gebiets (besonders der »Gränzbote« in Tuttlingen) von neuen Erdfällen und Senkungen und viele dieser Senkungen werden nicht einmal beobachtet. Es scheint aber, dass die meisten dieser Veränderungen dem Diluvium angehören könnten und die letzten hundert Jahre boten eine Menge Daten für neue Einstürze im Donaugebiet. Es ist ja selbstverständlich, dass die Auswaschungen, Verwitterungen und Erosionen von Jahr zu Jahr riesigere Dimensionen annehmen müssen. Schon vor 200 Jahren machte dieses Senkungsgebiet von sich reden und wurde darüber geschrieben, wie eine Notiz im »Gränzboten« vom 8. Febr. 1910 beweisst, die wir als interessant hier folgen lassen.

»Es ist schon des öfteren von dem »Loch unterem Honberg« gesprochen worden, und interessant ist, aus alten Schriften hierüber zu lesen. Ein Leser unseres Blattes stellt uns von dem Buch: »Die Urquelle des weltberühmten Donaustromes« (herausgegeben vom damaligen Prälaten des Klosters St. Georgen, Magister Friedrich Wilhelm Breuninger, gedruckt in Tübingen 1719) eine Abschrift zu, die Schreibart des Originals ist beibehalten. Das Buch, dem die Abschrift entnommen und das in der Landesbibliothek Stuttgart auch vorhanden ist, ist im Privatbesitz von Herrn Gottfried Hässler hier. Es lautet Seite 146: Von einer wunderbaren Oeffnung der Erde/ ohnfern der württembergischen Stadt Duttlingen: Im Jahr 1711 öffnete sich im Spättling vor dem oberen Thor/ in Johann Jakob Riesen/ Engelwürths Aker/ ohnfern dem Honberg/ worauf vor dem Dreissigjährigen Krieg ein Schloss gestanden/ gelegen/ die Erde etwa Mannstieff in ziemlicher Breite; Folgenden Jahrs führte der Engel Würth 20 Wägen Stein ins Loch/ füllete es aus/ und zog den Boden wieder eben/ allein es hielte nicht/ sondern die Stein sunken alle in die Tiefe/ und das Loch wurde nach und nach tieffer und breiter. Weilen man nun sich einbildete/ man höre in der Tieffe ein Wasser rauschen/ so wagten sich Anno 1713 drey Männer hinunter/ zu erfahren/ was in der Tieffe wäre:

Sie mussten aber bald durch ein enges Loch zwischen Steinen hindurch schlupfen/ da es immer weiter/ aber auch immer gäher und tiefer wurde/ dass sie immer sich halten mussten; Zuletzt kamen sie in einen ganzen weiten Raum/ wie in ein hohles Gewölbe/ und funden ein Wasser/ das aus dem Berg allenhalben herausrieselte halb Mannstieff/ darin giengen sie/ Lichter in Händen habend/ fanden aber wieder lauter Berg und Erde vor sich/ im Wasser aber einen Wirbel oder Loch/ durch welches als armbsweit das Wasser immerfort ablieffe in eine andere Tieffe. Weiter konnten sie nichts erfahren. Sie sagten: das Wasser wäre nicht sonderlich kalt/ und ganz helle/ dass sie bei Licht die Stein im Wasser hätten wahrnehmen können. Einer hatte ein Seil mitgenommen und fand die ganze Klufft 60 Klaffter tieff. Einige reisende Leute wollten sagen: es möchte in der Tieffe Quecksilber sein/ das ziehe alles nach sich; Andere aber hieltens für einen verborgenen Wassergang und -Fall in die Tiefe. Leute aber in Duttlingen sagten bei diesem Begebnuss aus/ dass als man sich erinnere/ schon vor etwa 50 Jahren ein sogen. erfahrener Schüler ausgesagt: wann man graben möchte/ würde man unter dem Feld an dem Honberg in der Tiefe ein Wasser finden/ das so tieff und so breit als die Donau/ so nächst der Stadt vorbeifliesset. Wunderbarlich sind Gottes Werk. 23. Junnii 1717. T. M. Gottfried Cunrad Hochstetter/ p. T./ Spezialsuperientendens und Stadtpfarrer zu Duttlingen.«

Ob der »erfahrene Schüler« eine Wünschelrute besass, oder durch hochentwickelte Sensibilität das unterirdisch abfliessende Donauwasser fühlte? Davon sagt der alte Bericht nichts. Aber in früheren Zeiten wurde die Wünschelrute, die sicher kein Schwindel ist, häufiger als heute benützt und die »Rutenschläger« nicht als Schwindler betrachtet. Zu der neuesten Wünschelruten-Arbeitsschilderung brachte der »Gränzbote« in dieser Zeit auch folgenden Bericht, den wir verkürzt noch hier hersetzen wollen, da er wichtige Aufschlüsse für geologische Forschungen bringt.

»Im oberschwäbischen Verein für Naturkunde hielt Prof. Bökeler einen inhaltsreichen Vortrag über die Wünschelrute. Er behandelte ausführlich die alten Erfahrungen mit derselben und gieng dann auf die Forschungen im Gebiet der Donauversickerung ein, die Landrat v. Uslar in diesem Sommer mit Professor Dr. Endriss anstellte. Endriss kennt die Gegend genau, auch die unterirdischen Wasserverhältnisse und führte nun v. Uslar an solche Stellen, die ihm als Wasserstellen bekannt waren. Wenn nun ein unterirdischer Wasserlauf gekreuzt wurde, bog sich die Rute mit Gewalt aufwärts und machte dann rotierende Bewegungen. Wollte nun die Hand solche Regungen hindern, so gebrauchte der Stab förmliche Gewalt, ausschlagen zu können. Solche Versuche fanden besonders statt auf und neben der Strasse Mühlheim-Neuhausen und bei der Friedinger Versickerungsstelle. Auf dem Platz vor dem Gasthof zur Blume in Tuttlingen befindet sich in der Tiefe eine, früher offen gewesene Kalksteinhöhle, die mit Wasser tief erfüllt war. Auf ihr stand (oben schon beschrieben unter »Tektonik der Alb«) ein Ziehbrunnen, da wo sich jetzt eine Betonmasse ausbreitet. Ein unterirdischer Seitenwassergang führt hier hinunter in die Tiefe. Sowohl diese unterirdischen Wassermassen als die Brühler Versenkstellen hatte Herr v. Uslar gefunden. An dem Fussteig, welcher ob dem Hattinger Tunnel hoch oben am Berg vorbeiführt, schlug die Rute auch noch ganz energisch aus, auf grosse unterirdische Hohlräume hinweisend. Aber nicht nur das, auch die Stromrichtung wurde durch die Wünschelrute festgestellt, wenn man sich rechtwinkelig auf der unterirdischen Strömung befand u. s. w.«

Es wäre wohl an der Zeit, wenn sich die Vertreter der Geologie und Mineralogie nun wieder mehr mit der Wünschelrute selbst abgeben wollten, sie ist doch kein Schwindel und das Arbeiten mit ihr wäre eine Unterstützung der bisherigen Arbeitsmethoden. Mit ihr können nicht blos Wasseradern sondern auch Erzgänge festgestellt werden.

»Das Loch unterm Honberg« ist aber auch noch heute, wenn auch eingeebnet, zu sehen. Die Spuren dieser grossen Doline liegen im Seltenbachtal, dort an der Stockacherstrasse, wo der erste Feldweg hinter den letzten Gebäuden zum Honbergturm in die Höhe steigt. Sie liegt auf einem Knotenpunkt der von uns angenommenen Seltenbachspalte, direkt am Seltenbach. Ihr Durchmesser besitzt ca. 20 m und kann von der Landstrasse aus leicht besucht werden.

Neubildungen von Dolinen kommen aber natürlich nicht blos im Donauversickerungsgebiet, sondern auf der ganzen Albhochebene in Menge vor. Kein Jahr vergeht, in dem sich nicht neue Dolinen bilden würden. Wie viele Bauern machen es dann ebenso wie der »Engelwürth von Duttlingen«, sie füllen die Dolinen mit Schutt und Steinen auf und wundern sich nicht wenig darüber, wenn die Auffüllung über Nacht wieder verschwunden ist.

Die Entwicklung des Menschengeschlechts im Alluvium, im Zusammenhang mit den jüngsten Formationsgliedern der Alb.

Obwohl das Alluvium der jüngsten Vergangenheit angehört, dem Menschenzeitalter, ist es doch oft schwer, das genauere Alter dieser jüngsten Ablagerungen zu bestimmen. Sowohl die alluvialen Lehme, Kalktuffe und Moore als andere humusbildende Decken müssen aber doch bestimmt werden können und da müssen für die Bestimmung die Menschenfunde herhalten und die Veränderungen der Flussläufe. Innerhalb der breiten Diluvialflusstäler gruben sich die weit schmäleren Alluvialflussbetten ein, die gegen ihre Diluvialbetten schier verschwinden. Viele Hochmoore trockneten aus, Diluvialseen ebenfalls und manche alte Flussläufe verschwanden, nachdem sie ihren Weg in die unterirdischen Abzugskanäle gefunden hatten. Wie viele alte Sagen berichten von eingegangenen Seen, Bächen und Quellen ehemaliger wasserführender Trockentäler.

Doch das alles erwähnten wir ja schon oben.

Aehnlich ist es mit unseren alluvialen Sand- und Lehmlagern, die Werte für die Altersbestimmung der Lehme im allgemeinen abgeben können. Im Unterland bedecken die Liasvorebenen der Alb weite Lehm- und Sanddünen und auch die Täler und Hochebenen der Alb tragen öfters grossartige Lehmbildungen. Diese Lehme werden heute allgemein dem Alluvium zugezählt, sind aber als spezielle Alblehme bisher noch nie beschrieben worden.

Die Hochebenen des Schwenninger Hardtes, zwischen den Flüssen Donau, Schmicha und Beera, besitzen grosse Lehmlager, welche die oberste Decke aller Ablagerungen bilden und also sicher die jüngste Formation darstellen. Wird dieser Lehm mikroscopisch untersucht, so entpuppt er sich als Fluglehm, der nach seinen mineralischen Bestandteilen (Quarz) aus den Moränen Oberschwabens stammt. Er muss während der letzten Oberschwabenvergletscherung abgelagert worden sein. **Diese Bildung stammt also aus der Uebergangsperiode vom Diluvium zum Alluvium.**

Die Alblehme des Degenfeldes der Zollernalb zeigen die gleichen mikroscopischen Bestandteile und sind daher ebenfalls alpinen Charakters. Sie können ein Abbild aller Alblehme darstellen, soweit denselben die Gerölle fehlen. Ganz selten zeigt die Alb Lehme mit Lössschnecken, letztere in Hochmulden oder im Donautal, auf Wasserbildung hindeutend, dann flog eben der Fluglehm in stehendes Wasser. Der Löss unterscheidet sich also bei uns vom Fluglehm blos durch Schneckeneinschlüsse. Da letztere aber sehr selten sind, so finden wir echten Löss auf der Alb auch so selten, dass eine besondere Beschreibung des Lösses ausscheiden kann.

Viele dieser Diluviallehme wurden im Alluvium durch Wolkenbrüche usw. **umgelagert** und von den Albhöhen in die Täler geführt. Solche umgelagerte Lehme sind stets alluvialen Alters und dürfen mit den diluvialen nicht verwechselt werden. Letztere umgelagerte Lehme wollen wir nun genauer prüfen. Hiezu nehmen wir eine der vielen Lehmablagerungen der Albtalgehänge, z. B. das Lehmlager beim Bahnhof Truchtelfingen (bei Ebingen).

Beim Bahnbau der Eisenbahnlinie Ebingen-Onstmettingen wurde dort, wo der Bahnhof Truchtelfingen steht, eine in Lehm eingebettete Kulturschichte entdeckt, die wichtige Fingerzeige für das Alter dieses Lehmes geben kann. Dort fanden wir auf einer Geröllablagerung der Schmicha eine Lage Gehängeschutt in Moorboden eingebettet, darüber eine schwarze Humuskulturschicht mit Scherben und über derselben eine Lehmdecke. Auf dieser Lehmdecke selbst lag erst der Ackerboden. Die Kulturschicht enthielt eine Menge Scherben, von denen aber nicht zwei Stück zusammenpassten. Die Kulturschicht war ganz geschwärzt von Kohlenresten und Asche und doch fehlten jegliche Anzeichen einer Feuerungsanlage und von Wohnstätten. Der schwarze Humus war durch Kohlen geschwärzter Lehm, in dem da und dort ausgewitterte Weissjurastücke lagen. Im Allgemeinen war die Humuskulturschicht von der darauf liegenden Ackerbodenschicht nicht unterschieden, als nur durch die Kohlen- und Gefässreste.

Die sich am häufigsten findenden Kulturreste waren die Scherben der Stein- und Bronzezeit. Knochenreste waren sehr selten. Die Mehrzahl der Scherben war ganz rohe Ware, bestehend aus schwarzgebranntem, rötlichem und grauem Ton, der mit Quarzsand reichlich gemischt war. Eine weitere Mischung bestand aus kleinen Kalkgesteinen, die aber nicht gerollt waren, sondern scharfen Splittern glichen. Die Quarzstückchen von 3—5 mm Dicke entstammen dem Harthauser Tertiär und können nicht durch den Wind hergebracht worden sein, fehlen auch in der Schichte sonst ganz und sind nur den dicksten Scherben einverleibt. Andere Scherbenstücke zeichnen sich durch ihre Glimmerplättchen und -Einschlüsse aus und da im Vorland der Alb ähnliche

Scherben gefunden wurden, muss mit einer allgemeinen Industrie dieser Gefässe gerechnet werden.

Ob diese Glimmerschüppchen aus den Tonen des unteren Braunjuras stammten, wie leicht anzunehmen ist, kann nicht festgestellt werden, denn beide Gefässarten, nämlich solche mit Quarz und solche mit Glimmerschüppchen, kommen nicht blos bei Truchtelfingen vor, sondern auch bei Ebingen, Bitz, im ganzen Schmicha- und Eyachtal, ja in allen Tälern der ganzen Alb, in denen wir Ursiedelungen antreffen. Aber auch im ganzen Vorland der Alb, selbst bei Stuttgart, Mannheim und Heidelberg, wurden sie gefunden. Quarz und Kalksplitter mögen als Magerungsmittel gedient haben, den Erzeugnissen grössere Festigkeit zu geben.

Neben diesen beiden Gefässscheibenarten finden sich auch Reste feinerer Waren, dünnere Scherben, die aus reinerem Ton geformt wurden und obige Zusätze nicht erhielten. Nicht blos ihre Oberfläche ist dann besser gearbeitet, auch das Brennen war intensiver.

Der Mangel an grösseren Bruchstücken, die eine Form der Gefässe wiedergeben oder wenigstens nur auch andeuten könnten, lässt besonderen Wert auf die Profilgestaltung der einzelnen Stücke legen, insbesondere auf Randgestaltung. Einige Typen dieser Verzierungen sollen wiedergegeben werden und zwar gleich mit der Bemerkung, dass sich die gleiche Ornamentik auch in anderen Tälern der Alb wiederholt, ja in ganz Süddeutschland gefunden wird. Es sind eben unsere ältesten Talfunde, die schon aus unseren Albhöhlen bekannt sind, aber dort noch etwas primitiver auftreten. In den Höhlen des Ebinger Heidensteins, im Bitzer Hohlefelsen usw. treten sie daher etwas roher auf, als in den Talschichten.

Eigenartig bleibt es aber doch, dass sich diese Funde in ganz Süddeutschland gleichen und dass diese ersten Urbewohner der Alb die gleichen Sitten gehabt haben sollen, wie ihre andern damals lebenden Mitmenschen. Es ist doch nicht gut anzunehmen, dass diese Reste blos von einem nomadisierenden Jägerstamme stammen konnten, der auf seinen Jagdzügen ganz Süddeutschland durchstreift haben sollte. Vielleicht gab es früher doch eine Zeit, in welcher mehr Ureinwohner lebten, als wir heute annehmen und mit Sitten, denen wir bisher noch gar nicht auf den Grund kommen konnten.

Die Ornamentik der Scherben ist eine einheitliche und doch wieder eigenartige. In die Fläche vertieft, finden sich eingerizte Schmucklinien, kleine Tüpfelchen in einfacher und doppelter Reihe, horizontal um den Rand der Gefässe laufend (Abbild. 154). Hie und da bemerkt man dann wieder keilförmige, nebeneinanderstehende Eindrücke, wie sie unsere Abbildung 156 zeigt. Die vertieften Verzierungen finden sich vorwiegend auf dünneren Scherbenstücken. Dickere, rohere Ware, die weit häufiger gefunden wird, zeigt keinen Schmuck. Wo aber auch Bruchstücke dickerer Scherben gefunden werden, scheinen sie Urnen anzugehören und dann besonderen Zwecken gedient zu haben, die noch nicht erforscht sind. Dann laufen Wülste um den Gefässrand, welche Fingereindrücke zeigen, oder Eindrücke von Holzstielenden und dergl. Man sieht bei Abbildung 157 wie diese Eindrücke durch Aufdrücken von Fingerspitzen erzeugt wurden, denn sehr oft bemerkt man noch die

Porenlinien menschlicher Haut in den Eindrücken. Gewöhnlich stehen Eindrücke dicht gedrängt nebeneinander, nur selten sind sie vereinzelnd, nie aber sind sie ohne System. Auf dem Stück Abb. 159 scheint es gar, als ob der Töpfer die heimatlichen Berge hätte wiedergeben wollen.

Einen seltenen Fund zeigt Abb. 160. Dieses Muster, aus einer etwas höheren Lage stammend, scheint jüngeren Datums zu sein, da es andere Formen zeigt und vielleicht der Rest einer Urne ist. Sicher sind hier die Eindrücke, Linienornamente, mit einem Werkzeug gemacht. Aber auch der Verfertiger dieses Scherbenstückes scheint noch keine

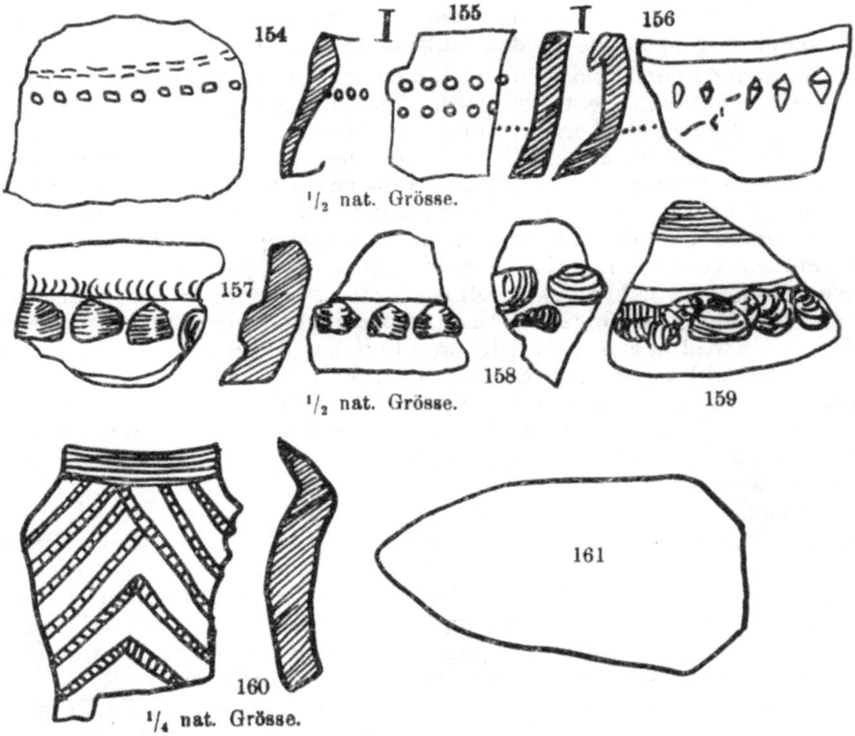

Drehscheibe gekannt zu haben, alle gefundenen Stücke lassen die Drehscheibenspuren vermissen. Dieses Scherbenstück besteht aus reinem Ton ohne Zugabe von Sand und Kalk.

Ein weiterer Fund ist unter Abb. 161 angedeutet. Ob dieser Stein, aus Granit, einen Mahlstein zeigt, oder ein Beil, ist unklar. Er besteht aus einem schwarzweissen Granit, wie er bei Alpirsbach im Schwarzwald vorkommt.

Weitere d i c k e r e Scherbenstücke wurden noch in der Kulturschichte gefunden, die aber unter einem späteren Artikel: »Die Eisenschmelzstätten der Albbewohner« beschrieben werden sollen.

Weiter ist auffallend, dass sich in der Truchtelfinger Alluvialkulturschichte fremdartige Gerölle vorfanden, die nur aus weiter Ferne stammen konnten, in der Nähe aber nirgends anstehen. So fanden wir mehrere Kugeln harten dunkelroten, glimmerschwachen Sandsteines. Dieselben waren teilweise schwarzgebrannt. Weiter eine Kugel roten Granites, wie er ebenfalls im Schwarzwald vorkommt. Diese Kugel zeigt 21 cm Durchmesser und war völlig rund, nicht geschwärzt. 5 Stücke Fettquarzkugeln, etwas kleiner, lagen in der Nähe der Granitkugeln. Auch Mühlsteinquarz fand sich vor, aus dem Keuper stammend. Wurden diese Kugeln als Mahlsteine benützt? Auf dem nahen Degenfeld liegen keine pliocänen Donaugerölle mehr, aber bei dem 2 Stunden von Truchtelfingen entfernten Messstetten; sollten sie von dort stammen, so gehörten sie dem pliocänen Donauschotter an. Belemniten und Ammoniten des Lias finden wir ebenfalls in den Kulturschichten*).

Dass der Lehm dem Alluvium angehört, ist also schon oben nachgewiesen, aber noch nicht die nähere Zeitbestimmung. Nach dem Ende der letzten Rheingletscherzeit nahm wohl auch auf der Alb die Dünenbildung da ihr Ende, als sich eine Pflanzendecke zu bilden anfing und so der Dünenbildung Einhalt gebot. Pflanzenreste aus der Tundrenzeit sind uns ja noch heute in den Heidekräutern hinterlassen. Da die Erde seither keinen besonderen klimatischen Schwankungen mehr unterworfen war, müssen unsere umgelagerten Lehme also jünger sein als die älteren Lehme des Diluviums. Kulturschichten, wie wir sie bei Truchtelfingen, Ebingen usw. finden, müssen also das genauere Alter bestimmen helfen. Die Kulturschichten, die im Fluglehm liegen, zeigen gewöhnlich Artefakte der jüngeren Stein- und älteren Broncezeit, die Kulturschichten auf dem Lehm aber zeigen Artefakte der jüngeren Broncezeit und der Eisenzeit. In der Truchtelfinger Lehmkulturschichte finden wir aber noch keine Broncegegenstände, der Lehm gehört also der jüngeren Steinzeit an.

Montelius in seinem Werk »Naturgeschichte des Menschen« nimmt den Beginn der mitteleuropäischen Bronce um ca. 2000 v. Chr. Penk geht dagegen noch 1000 Jahre zurück. Somit müssten, da die Broncezeit jünger ist, unsere Lehmlager bei Truchtelfingen mindestens 10 000 Jahre alt sein, nicht jünger. Ursprünglich war der Lehm im nahen Degenfeld abgelagert, dort wurde er weggeschwemmt und hüllte im Alluvium die Kulturerzeugnisse der Urälbler bei Truchtelfingen ein.

Wenn wir bedenken, dass die auf der Alb gemachten Funde sich in ganz Niederschwaben und Franken wiederfinden, so dürfen wir annehmen, dass die Urbevölkerung der Alb auf gleicher Stufe stand, wie diejenige Mitteldeutschlands überhaupt. In so abgegrenzten Gebieten, wie die Alb ist, deuten eben bestimmte Funde mit typischen Formen mit Sicherheit auf bestimmte Kulturepochen hin, die neben geologischen Epochen einhergehen. Die Dauer einzelner geologischer Zeiträume im Diluvium und Alluvium sind aber viel grösser und weitfassender als die Zeiträume unserer Kulturepochen. Wir haben es daher gewagt, an der Hand der Kulturepochen noch die geologischen Epochen näher zu bestimmen und einzugliedern. Doch ist auch zu bedenken, dass die

*) Belemniten und Ammoniten dienten vielleicht als Medizin und Amulet. Ob die Fremdgesteine zum Feuern dienten oder zu Mahlzwecken ist uns noch ungewiss. Sie wurden auch an anderen Stellen der Albtäler gefunden, nicht blos bei Ebingen, müssen also gewissen Zwecken gedient haben.

constante Dauer geologischer Zeiträume genügte, einer bestimmten Kulturart und Kulturstufe eine grössere Ausbreituug zu verschaffen, so dass wir in gewissen geologischen Zeiträumen auch bestimmte Kulturstufen finden können. Um also zu sicheren Schlüssen zu kommen, müssen wir die Aufeinanderfolge der trennenden Industrien mit den geologischen Erdperioden vergleichen. Dieses ist aber auf der Alb weit schwerer als im Unterlande, weil der Alb grosse Flüsse fehlen, welche eine ergiebige Siedelung begünstigen konnten, und die Lebensbedingungen auf der Alb von denjenigen des Unterlandes immer etwas abwichen, wie sie noch heute abweichen. Auf den Hochflächen, in den Tälern und in den Höhlen der Alb hoffen wir zwar noch weitere Funde zu machen, die von der Erdentwickelung der letzten geologischen Formationen Zeugnis ablegen könnten, aber noch wenige Forscher haben sich diesem Gebiete ausschliesslich gewidmet und nur eine Lebensaufgabe kann hier Wandel schaffen. In diesem Buche soll daher ein solcher Versuch einmal gemacht werden und andere Albfreunde zu neuen Forschungen anspornen.

Es ist nicht von ungefähr, dass die ältesten Artefakten in den Albhöhlen gefunden werden und an den Abhängen der Täler. In den Niederungen der Täler und an den Albflüsschen zeigen sich stets die jüngeren alluvialen Funde. Weshalb diese Tatsachen? Wenn man die ungeheure Breite unserer diluvialen Flussbetten sieht und mit den winzigen Alluvialbetten vergleicht, so haben wir die Lösung des Rätsels. Die Diluvialzeit sah eben in unserer Alb ungeheure Flussbetten, die den heutigen Talboden so vollständig ausfüllten, dass ein Wohnen an den Diluvialflüssen unmöglich war. Anders in der alluvialen Zeit, in der der Wasserreichtum zusammenschrumpfte, so dass sich die Jäger nach den Niederungen ziehen konnten. Nur von Zeit zu Zeit kamen noch Ueberschwemmungen vor, welche die Siedelungen überschwemmten und mit Geröllschichten bedeckten, so dass die alten Siedelungsreste uns erhalten blieben. Noch heute kann ja ähnliches passieren. Als Strafe rächen sich die alternden Flüsse dafür, dass es die frechen Menschlein wagten, ihre Wohnungen in die Heime der alten Wasserwohnstätten zu verlegen: grosse, entsetzliche Ueberschwemmungen vernichten die Kulturen der ehemaligen Diluvialflussbetten.

Wandern wir ruhig beobachtend durch die schönen Tälern unserer gebirgigen Alb, so tritt uns die alluviale Formation gegen die Juraformation so wenig entgegen, dass wir die alluvialen Ablagerungen öfters übersehen können. Wenn aber durch Strassenbauten, Wassergräben oder gar durch Eisenbahnbauten die alluvialen Lager aufgeschlossen worden, so bieten sie öfters ganz andere Bilder dem Auge dar, als wir vorher vermuteten. Ihre Mannigfaltigkeit ist dann oft grossartig, denn die lokalen Abänderungen überwiegen die allgemeinen sehr.

Als im Jahre 1900 die Eisenbahnlinie Onstmettingen-Ebingen gebaut wurde, konnten wir so viele Profile aufnehmen und stimmten diese Profile oft so sehr mit den Profilen anderer Albtäler überein, dass wir sie noch in einem besonderen Artikel wiedergeben wollen, umsomehr als sie bis heute noch unveröffentlicht blieben.

Nach unseren bisher gemachten Beobachtungen können wir daher folgendes System für die Alb aufstellen, das wir mit dem System des Abschnittes »Spuren des Urmenschen auf der schwäbischen Alb« Seite 361 usw. vergleichen können.

Alluvium, Diluvium, Palaeoliticum und Menschenkultur der schwäbischen Alb.

Alluvium der Alb

- Ablagerung der niedersten Flussschotter in den jüngsten Bachbetten der Albflüsse.
  - Kulturschichten auf dem Boden der alten Diluvialbachbetten. Nicht mit Lehm bedeckt, sondern mit Humus, Anschwemmungsprodukt der jüngsten Flusszeiten. Eisengeräte in den Kulturschichten.
    - Vorhistorische Eisenschmelzstätten der Alb, z. B. bei Ebingen, Bitz, Winterlingen usw. ca. 4 – 5000 J. v. Chr.
- Kalktuffe mit Einschlüssen von Eisengeräten, wie z. B. in den alluvialen Kalktuffen von Zwiefaltendorf, eiserne Hämmer, Haken und Pickel gefunden werden.
- Etwas ältere Ablagerungen von Flussschottern, Kalktuffen, Mooren und umgelagerten Lehmdecken.
  - Umgelagerte Lehme der Broncezeit mit Kulturschichten, in denen wir Broncegegenstände finden. Moorfunde mit Mumien von Moorleichen ca. 5—8000 J. v. Chr.

Umgelagerte Fluglehme von Truchtelfingen, an den untersten Gehängen der Albtälerwände mit Kulturschichten des Menschen aus der Uebergangszeit zwischen Stein- und Broncezeitalter ca. 10000 J. v. Chr.

Diluvium der Alb

- Leben der Albbewohner an den Talgehängen in den Hochebenen.
  Jüngeres Palaeoliticum
  oder Nacheiszeit der Alb mit Tundrencharakter. (Höhlenleben der Albbewohner).
  - Vierte (letzte) Eiszeit der Alpen nach Penk. Riss- und Würmeiszeit. Hauptwürmeiszeit. Magdalenien.
  - Dritte Eiszeit der Alpen nach Penk. Riss- und Würminterglacialzeit anderer Forscher, Solutreen.
- **Aelteres Palaeoliticum**
  oder Inlandeiszeit der Alb und anderer Mittelgebirge. (Die Alb unbewohnbar geworden).
  - Zweite (Haupt-)Eiszeit der Alpen nach Penk. Risseiszeit oder Risswürmeiszeit oder Hauptinterglacialzeit anderer Forscher.
  - Zweite Quartäreiszeit Norddeutschlands, Mindelrieseiszeit. (Chellien und Acheulèen.
- Herbstcharakter der Alb vor Auftreten ihrer Vereisung.
  - Erste Eiszeit der Alpen. Eoliticum
    - Leben der Menschen am Fusse der sich ausbreitenden Gletscher.

Profile der alluvialen Ablagerungen des linksseitigen Schmichatalgehänges der Eisenbahnlinie Ebingen-Onstmettingen, aufgenommen im Sommer 1900.

Abb. 16 im Tourenführer, S. 20 zeigt die Abzweigung der »Talgang«linie Ebingen-Onstmettingen von der Staatsbahn in Ebingen. Sie macht dort einen weiten Bogen, den das Bild sehr hübsch zeigt. Der Bogen besteht aus einem mehrere Meter hohen Damm, der also das allerjüngste Alluvium darstellt, durch Menschenhand gebildet.

Dort ungefähr, wo wir den Eisenbahnbogen aus den Augen verlieren, bot sich uns das erste Profil der Bahn dar: bei dem Wohngebäude des Herrn Kommerzienrat Haux. An jener Stelle musste ein tiefes Fundament für den 1. Brückenpfeiler gegraben werden, dort, wo die Gartenstrassenbrücke beginnt. Von dort stammt das 1. Profil.

Profil 69. Erster Pfeiler des Viadukts an der Gartenstrasse.

Alluvium	oben: $^1/_2$ m Schutt, Auffüllung, Bauschutt. dann: $^1/_2$ m schwarzer Humus, Gartenerde. (Darin Eisenbrocken und verrostetes Eisen). Zäher fetter Letten, von grauer schmutziger Farbe, 10 cm tief.
Diluvium	1 m Schwemmkies. Oberste Lage des obersten Schotters der Ureyach.

Das Fundament des zweiten Pfeilers, zwischen Garten- und Vorstadtstrasse gab dasselbe Profil. Hart daneben, dort, wo die riesige Viaduktmauer zwischen Schmicha- und Hauptstrasse der unteren Vorstadt steht, nahmen wir auf:

Profil 70. Probestich über 2 m Tiefe. Grosser Aufschluss (dritter Pfeiler).

jüngeres Alluvium	1 m tief, Schuttauffüllung, bestehend aus Gehängeschutt der Nähe, aus Bauschutt (Ziegel, Kalkstein und Mörtelbruchstücke) in schwarzem Humus eingebettet, in welchem einzelne Münzen von 1860 lagen.
älteres Alluvium und jüngeres Diluvium	40 cm grünblauer Schwemmkies der Schmicha, durch Sumpfsäuren gefärbt, darin Gerölle aus Weissjura γ, δ und ε. 5 » gelbe Lettenlage (Mischung von $\gamma - \xi$ Letten)? 30 » gelbgrauer Schwemmkies, in gelbe Letten gebettet, der Schwemmkies wie eingestampft in die Lette (siehe Anm. 1). 30 » Schwemmkies, grob und fein, gelb mit weniger Lette, noch tiefer fortsetzend (Anm. 2).

Anmerkung 1. Aus der gelbgrauen oberen Kiesschichte quoll kristallhelles Wasser hervor, das aber nicht von der Schmichabachseite eindrang, sondern in der Richtung des Taluntergrundes floss, also von West nach Ost. Diese Wasseradern lagen $^1/_2$ m tiefer als das Flussbett, das Wasser des Flussbettes floss kreuzweise über dieses Grundwasser hinweg.

Anmerkung 2. In der unteren Kiesschichte nahm das Grundwasser an Stärke so sehr zu, dass den ganzen Tag 2 Pumpen arbeiten mussten, den Wasserstand zu erniedrigen. Beide Schwemmkiese machen den Eindruck fluvioglacialer Kiese. Der untere Kies setzt noch tiefer fort, als gegraben wurde. Moorsäureschwärzung zeigt sich nirgends.

Ueber der Schmicha drüben, zwischen Schmicha und Mühlekanal lag der vierte Aufschluss:

Profil 71. Probestich, ca. 2 m Tiefe, zwischen Schmicha und Mühlekanal.

oberes Alluvium	oben: 50 cm Schuttmasse, Holz, Bauschutt, Ziegel usw. in Humus.
Unteres Alluvium	dann 100 cm tiefschwarzer Humus, moorig mit $^3/_4$ Gehängeschutt darin und grossen und kleinen Blöcken aus Betamauern des Weissjuras. Einzelne dieser Blöcke sind stark abgerundet, andere noch nicht. Die meisten Betablöcke sind eckig. Seltener tritt abgerundetes und eckiges γ und δ auf, sehr selten ε. Alle Blöcke sind von Moorsäure geschwärzt, oben teilweise gebräunt.
Gehängeschutt, Seitenmoräne des Talbodens	40—80 cm keilförmig geschichteter Gehängeschutt, gegen die Talmitte auskeilend, (der Gehängeschutt steckt in graublauer fetter Lette, wohl umgewandelte Alphalette, die darunter ansteht) und so fest in Lette eingestampft, dass diese Schichte einer Betonablagerung gleicht, ohne zu kitten, aber auch ohne auseinanderzufallen. An manchen Stellen ist die Lette fett wie Schmierseife, dann schäumend und von grauer, blauer und grüner und oliver Farbe, wie er die Berge als Tertiärlette bedeckt.
W. J. α	24—40 cm und tiefer echtes W. J. Oberalpha, normal in feinen plättrigen Tonen anstehend.

Vor dem Mühlekanal drüben begann gleich der 5. Aufschluss, welcher treppenförmig angelegt war, dort wo der Bierkellerdurchlass ist, unterhalb der neuen Bitzersteige.

Profil 72. Unter Kaiserwirts Bierkellereingang, ob dem Mühlekanal unterhalb der neuen Bitzersteige.

oberes Alluvium	oben: 20 cm feiner, tiefschwarzer Humus, Gartenland. dann: 20 » » » » mit Schutt.
mittleres Alluvium	100 cm Gehängeschutt, Betatafelstücke in gelben Beta- und Gammaletten eingebettet. Der Letten unten dunkler werdend. Auf dem Boden dieser Schichte: Kulturschichte mit Topfscherben, Eisenbarrenreste und Eisenschlacken, Eichenholz, Eichenrinde, angebranntes Holz, Kohlen, von Feuer gerötete Steine. 60 cm Gehängeschutt mit Beta- und Gamabruchstücken. Dieser Gehängeschutt setzte sich noch tiefer fort. In dieser Schichte wurde ein Eisenschmelzofen entdeckt und von uns ausgegraben (1900 beschrieben in der Antiquitätenzeitung). Auf dem Grunde dieser Schichte:
unteres Alluvium	10 cm schwarze Humusschichte mit dicken Scherben, Eisenschlacken, eine Menge Kohlen und rotgebrannten Jura und Kalk. In dieser untersten Schichte sass der vorhistorische Schmelzofen auf (näheres siehe unter Eisenschmelzstätten usw.).

Zu den Profilen 69—72 ist noch zu bemerken, dass bei 69 und 70 und beim Aufschluss zwischen 69—70 sich keine Spur von Weissjura α findet, dass diese Alphaschichte erst beim Profil 71 sich zeigt und zwar so schön als bei 72. Der Ebinger Talboden liegt also zwischen Weiss-

Abbildung 162. **Querschnitt. Schlossfelsenhalde.**

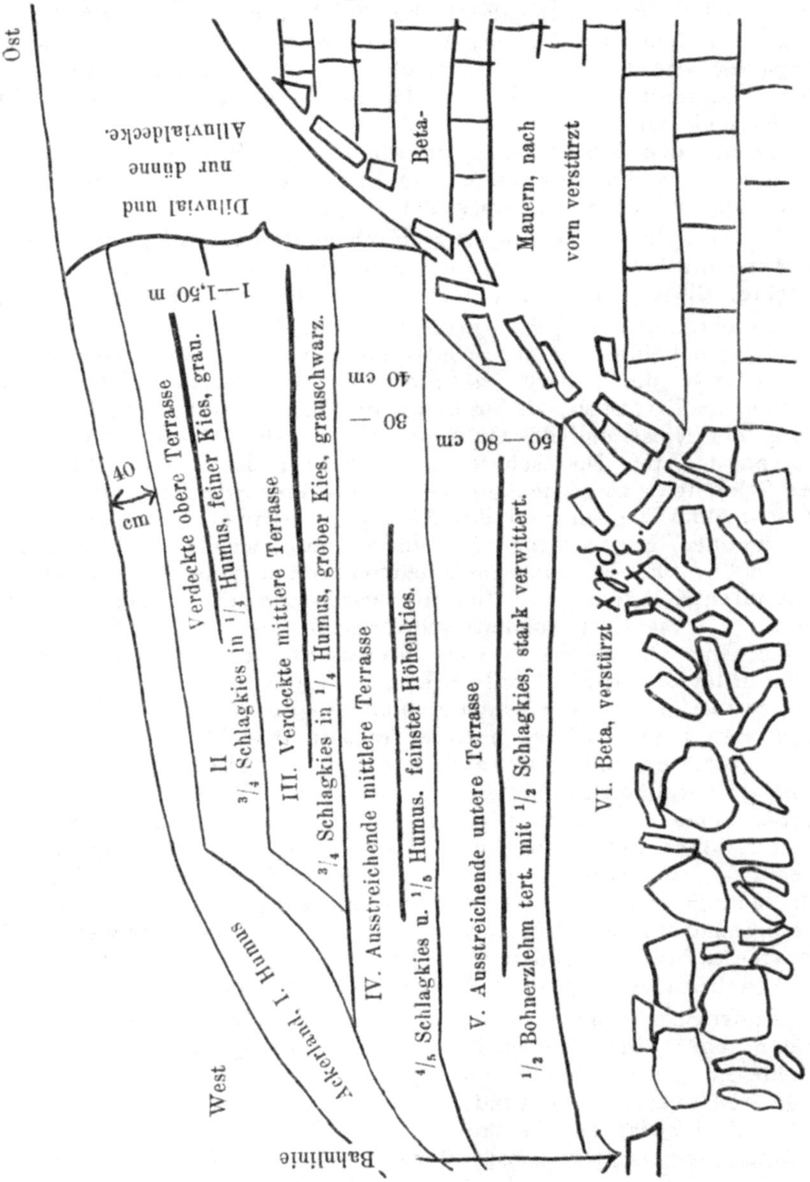

alpha eingebettet, nicht auf ihm. Die Schotter werden daher auf Braunjura aufliegen.

Mit diesen Profilen stimmen auch die Profile der Kanalisation der Stadt Ebingen. Die tiefsten Kanäle kommen niemals auf die Weissjuratransversariuszone hinunter, sondern liegen immer im Schwemmkies, der also wahrscheinlich bis auf den Braunen hinabsetzt.

Zwischen Aufschluss 5 (Profil 72) und Aufschluss 6 finden sich keine nennenswerten Punkte. Aber oberhalb der Waagenfabrik der Herren Gebr. Schaal (damals Mechaniker Hauser) fanden wir den Aufschluss 6, welcher nur Humus, Ackerboden und Gehängeschutt aufwies. Wertvoller war der Aufschluss 7, oberhalb der Tricotfabrik Linder und Schmid. Er zeigt oben: Ackerland, Humus; unten Gehängeschutt, Bohnerzlehm und Bolus.

Durch den Aufschluss 8, unterhalb der »Brunnentröger«, gegen die Grenze des Stadtbezirks, ist ein Profil gewonnen, welches die Gehängeablagerungen besonders schön zeigt.

Profil 73 zu Abbildung 162 durchsticht eine Auffüllung, die von den Brunnentrögern heruntergebracht wurde und mehrere alte Terrassen bedeckte, die durch Gehängeschutt ganz dem Auge entzogen wurden.

Eigentümlieh ist die Terrassenlandschaft, von der man damals oberflächlich keine Spur sah, weder heute sieht. Dabei bedeckt immer eine Terrasse die andere, während aber die Deckschichte die ausstreichenden Terrassen wieder besonders deckt. Auffallend ist die Sortierung der Kiese und des Gehängeschutts. Die Deckschichte (1) birgt $\beta - \delta$, am meisten Deltaschutt und γ' Schutt des nahen Schlossfelsen. Aber Schichte 2 zeigt den gleichen Schlagkies wie Schichte 3, nur ist der Schlagkies 2 grau und der Kies 3 grauschwarz bis schwarz. Ob dies von den Brunnentrögerquellen kommt, welche ca. 50 m höher entspringen? Es ist kaum anzunehmen, denn jene Quellen verkitten durch ihren Kalkgehalt und liefern weissen Cement, unsere Schichte ist aber nicht cementiert, sondern schwarzgrau wie bei Moorkies. Haben wir hier eine Doppelterrasse (Mittelterrasse?) vor uns? Eine Terrasse, die im Diluvium wieder teilweise abgetragen wurde. Schichte 4 ist eine Terrasse, nur aus feinstem Höhenkies gebildet, in welchem $^4/_5$ Gehängeschutt lagert. Diese mittlere Terrasse streicht weiter an 1 als die oberen Terrassen und sinkt rasch gegen die Talmitte ein. Ganz anders ist die 4. Terrassenschichte zusammengesetzt. Höhenkies ist selten in ihr, der Schlagkies stammt nur aus δ und ist mit dem Höhenkies (ε) in fetten Bohnerzlehm eingebettet. Also eine besondere Terrasse! Terrassen 2—5 sind wellenförmig geschichtet und das höhere Alter bei γ auch dadurch erwiesen, dass die Epsilonknauer dieser Schichte häufig in gelben und weissen Dolomitsand umgewandelt sind. Wir werden diese Terrassen als alte Talböden auffassen würden, aus dem jüngeren oder mittleren Diluvium, während die Deckschichte (1) alluvial ist.

Anders ist es mit Schichte 6, welche die Grabarbeiten blos noch öffneten, oder eine Probegrube schnitt noch 50 cm tiefer in diese Schichte ein, als der heutige Bahngrund. In jener Schichte lagen eine Menge geschwärzte, abgerundete Betaplatten, viele standen auch aufrecht und dazwischen Geschiebe aus γ, δ und ε. Alle diese Platten und Geschiebe zeigten grosse Verwitterung, nur δ und ε mehr als β; γ und ξ fand sich nicht. Auch diese Gesteine liegen in rostfarbigem Bohnerzlehm, der manchmal tiefrot und ganz rein, ohne Schutt, ist.

Nach dieser Schichte zu urteilen, müssen unsere heutigen Albhöhen einst viel tiefere Bohnerzlehmlager getragen haben als heute, denn die

Lager des Tales und der Abhänge enthalten oft mehr Bohnerzlehm als unsere Höhen und wie viel mögen die Flüsse während der Umlagerung ganz fortgeschafft und dem schwarzen Meer zugetragen haben?

Nicht fern von diesem wichtigen Aufschluss liegt Aufschluss 9, unterhalb der Brunnentröger, doch nordwestlich von ihnen (siehe Profil 74, Abbildungen 163 und 164).

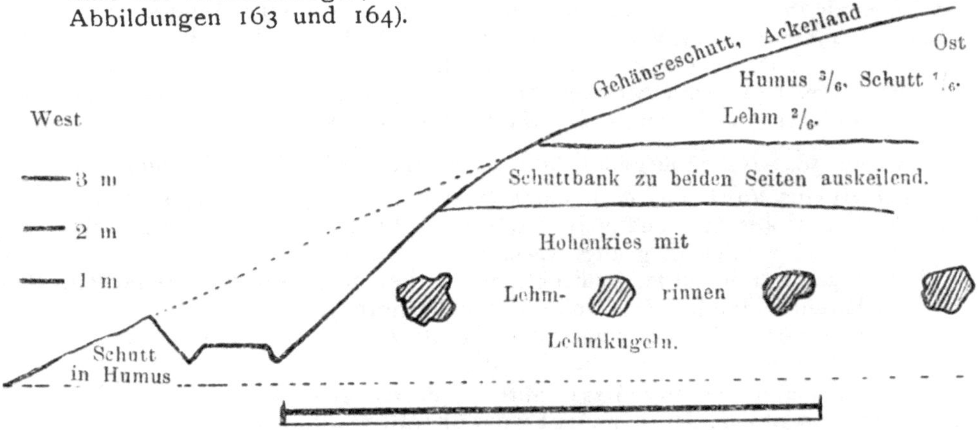

Abbildung 163. **Querschnitt des Einschnitts in der Nähe der Grenze Ebingen-Truchtelfingen.**

Auffallend ist bei diesem Aufschluss das Vorhandensein von Lehmrinnen, welche eine Streichrichtung innehaben, die der Streichrichtung des Tales entspricht (Abb. 164). Der rostbraune Bohnerzlehm ist meist rein, wo aber Gesteine in ihm liegen, sind diese tiefrot gefärbt, sogar bis in ihr Inneres. Die Form dieser Gesteine ist schier immer dreieckig, den Dreikantnern der Wüsten gleichend, sonach wäre der Lehm dieser Rinne vielleicht angeblasener Höhenlehm des nahen Degenfeldes.

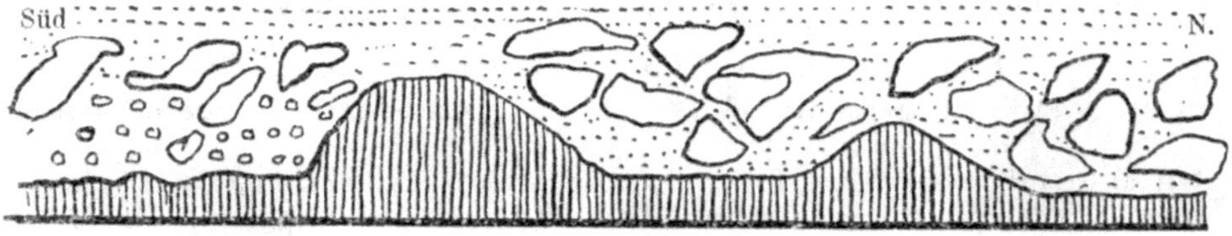

Streichend in der Talrichtung von Süd nach Nord.

Abbildung 164. **Verlaufsform einer Lehmrinne im Profilaufschluss 74.**

Die nun folgende Böschung zeigte keinerlei bemerkenswerte Aufschlüsse bis zu der Gemeindegrenze, wo wieder ein kleiner Aufschluss liegt.

Profil 75.

Oben: 20 cm Humus mit wenig Gehängeschutt.
dann: 30 cm grauer Gammakies, verschwammter γ'.
» 150 cm graue Gammalette mit Betastücken darunter.

Die Betastücke sind abgerundet. Gammakies und Lette sind von höheren Stellen abgerutscht.

Der nächste Aufschluss war die »Kulturschichte von Truchtelfingen«, eine Stelle, die wohl bis ins Mittelalter herein bewohnt wurde, denn wenn wir dort, wo heute der Bahnhof steht, nach unserer Beschreibung auf Seite 432 eine Kulturschichte aus der Uebergangsperiode zwischen Stein- und Broncezeit fanden, so wurden doch die oberen Schichten auch noch in der Eisenzeit bewohnt, da man dort eine Menge Eisenreste, wenn auch total verrostet, und Eisenschlacken findet. Der Durchschnitt der Bahnlinie deckte hier ähnliche Funde auf, wie am Bahnhof selbst. Das Profil am Strassenübergang ins Thennental ist auch ein etwas anderes als derjenige am Bahnhof (Seite 432).

Profil 76. Bahnübergang südlich des Bahnhofes Truchtelfingen.

30 cm Humus, aus Lehm, d. h. lehmartiger Ackererde, Eisen und Scherben.

50 » Schutt aus dem Thennental stammend, Weissjura ε und δ mit etwas β und γ alles in grauer Gammalette steckend.

30 » Humus, mit Lehm gemischt, mit dicken und dünneren Scherben, Eisen fehlend. Viel Kohle und gebrannte Steine. In dieser Lage weniger Gehängeschutt aber Geröll des weissen Juras. Angerötete Granitkugeln, Sandsteine.

Der Bahnübergang liegt mitten im Ausgang des romantischen Thennenfelsentales, das seinerzeit wohl überall bewohnt war, da es Schutz gegen Stürme und Unbilden der Witterung bot. Das Thennental sollte wegen seiner grossartigen Romantik weit mehr als bisher besucht werden, es ist eine prachtvolle Felsenschlucht, die oben in ein Kar mündet, welches mit dem Degenfeld zusammenhängt.

Die Siedelung bedeckt den ganzen Talgrund rechts und links der Bahnlinie und überall fallen im Winter die kohlenführenden Humusschichten auf.

Zwischen Truchtelfingen und Tailfingen fanden sich keine wertvolleren Aufschlüsse und auch der Bahnhof Tailfingen bot nichts Besonderes, verstürztes Beta mit Beta- und Gammaletten.

Aber bei Gottlieb Ammanns Tricotfabrik, mitten im Austritt des Neuweilertales, fand sich wieder ein besserer Aufschluss:

Profil 77. Gruben für das Viadukt Tailfingen.

oben: 1 m Gehängeschutt, Weissjura β—ξ, von der Neuweiler Ebene stammend.

Mitte: 50 cm blauschwarze, fette, moorartige Erde, teilweise mit, teilweise ohne eckiges Gestein. Diese Moorerde brach spaltend, rindenartig, ist häufig rostfarbig gewesen.

Unten: 50 » zäher fetter Letten: Tertiär- und Zetaletten, in welche runde, stark verwitterte Gesteine eingepresst waren. Gerölle selten. Auch einzelne Nester aus Gammalette.

Neben diesem Aufschluss finden wir den tiefen Betaeinschnitt, in welchem alle Schichten gegen Südosten einfallen.

Aehnliche Profile wie in Ebingen bot das Schmichatal innerhalb Tailfingen zwischen Bahnhof Tailfingen und dem Braunhardtsberg. Durch Keller- und Kanalarbeiten konnte Profilbild 78, Abb. 165 aufgenommen werden. Wir sehen hier, dass der Gehängeschutt öfters die Terrassenreste so bedeckt, dass letztere dem beobachtenden Auge ohne Aufschlüsse ganz verborgen bleiben können. In Profil 78 ist besonders auffallend,

Profil 78. **Alluvialablagerungen und Diluvialablagerungen des oberen Schmichatales.**

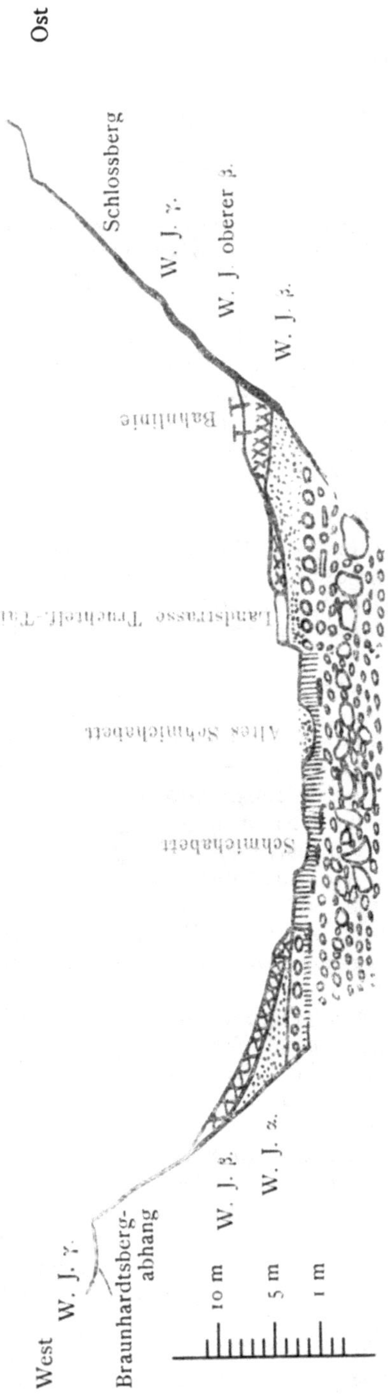

Abbildung 165. **Querschnitt des Tailfinger Schmichatales** von West nach Ost.

× × Gehängeschutt
∴ Bohnerzlehm
Eckiges Geröll
Moorland
Schwemmgeröll

dass die Bohnerzlehmterrasse auf beiden Talseiten nachgewiesen ist und also einen alten Flusstalrest darstellt.

Alluviale Eisenschmelzstätten der Alb.

Das Eisenzeitalter der Alb.

Auf der ganzen Albhochfläche finden wir tertiäre Bohnerzlager, in der Nähe der Donau sind sie aber am häufigsten. Zwar bieten auch die Eisenoolithe des Braunjuras Eisenerze, aber dass diese letzteren in der Eisenzeit der Alb verwertet wurden, ist uns nicht bekannt. Anders die Bohnerzeisenablagerungen des Tertiärs.

In den letzten Jahren wurden auf der Alb da und dort Eisenschmelzstätten gefunden, beschrieben sind aber bisher wenige geworden. Nur in einem unserer Aufsätze der Albvereinsblätter (XV. Jahrg. 1903, Nr. 2 S. 49 usw. »Aus Bitz«) gingen wir genauer darauf ein und möchten den Leser auf jene Arbeit aufmerksam machen; hier kann nur das Wichtigste daraus abgedruckt werden.

1) Die Bitzer Schmelzstättensiedelung.

Obwohl wir die ganze Alb als unser Forschungsgebiet betrachten, ist es eben doch die Ebinger Umgebung, die am meisten von uns erforscht wurde. Vorhistorische Eisenschmelzstätten wurden bei Ebingen mehrere entdeckt, aber am interessantesten waren doch die Funde bei Bitz.

Das erste Hauptvorkommen in Bitz fanden wir 1900 in der Umgebung des Wohnhauses des damaligen Herrn Schultheissen Schick. Dieses Haus wird heute von seinem Sohn bewohnt. Vor dem Haus und zwischen demselben und dem Haus seines östlichen Nachbars befindet sich ein riesiges Eisenschlackenlager. Es ist aber nur noch der Rest einer weit grösseren Ablagerung, die im vorigen Jahrhundert dadurch decimiert wurde, dass man einen grossen Teil dieser »Glassteine« auf die Aecker wegführte und an die Strassen, als Schotter, beförderte. Dieses riesige Schlackenlager ist noch immer über 3 m tief, eingebettet in schwarzen kohlenhaltigen Humus und bedeckt ca. 20 Quadratmeter Flächenraum. Früher soll das Lager noch höher und grösser gewesen sein.

Als 1870 der Grossvater des wirklichen Besitzers das Haus neu aufbaute, wurde ein Teil dieser Eisenschlacken als Bauschutt mit samt der kohlenmullartigen Erde auf dessen Güterstücke verführt. In den Eisenschlacken war noch ziemlich Eisen enthalten, der Schlackenfluss war meist glasig und wolkig, wie leichte Lavamassen aussehend. Neben dem riesigen Schlackenlager wurde auch noch ein Kalkofen mit Kalkresten gefunden. Der Kalkofen muss rund aufgemauert gewesen sein, über die Art der Ausmauerung konnte ich aber nichts weiter erfahren.

Hinter dem Hause liegen vier cylinderartige Gruben von ungefähr 2 m Durchmesser. Eine dieser Gruben wurde von uns ausgegraben. Die Einrahmung der Grube wies einen innen verglasten cylinderförmigen Schacht auf, in dem ein Gemenge von Buchen- und Eichenholzkohlen lagen, untermischt mit Eisenschlacken. Ein Teil dieser Schlacken bildete einen festen Guss. Die Mauerung des Hochofenmantels bestand aus Ziegeln. Die anderen 3 Gruben sind noch nicht ausgegraben.

Neben diesem Anwesen befindet sich das Wohnhaus der Gebrüder Maute, hinter demselben, neben den 4 anderen Gruben, findet sich ebenfalls ein Hochofenrest aufs beste erhalten. Diese Grube ist zur Hälfte überbaut und fanden sich in ihr ebenfalls diese verglasten Steine, Asche und Kohlen, also Hochofenausfüllung. Wir haben somit hier 5 Hochofenreste vor uns, alle auf einem Platze, umgeben von riesigen Schlackenhaufen. Auf dem gleichen Gelände fand sich auch ein Grabhügel, der aber schon vom Grossvater des heutigen Besitzers ausgegraben und verebnet wurde. Er barg ein Skelett und Topfscherben. Auch eine goldene Fibel soll das Gelände geliefert haben, die neben Topfscherben gehoben worden sei. Die gefundenen Topfscherben waren plump, dick, schwarz gebrannt, der Lehm mit Silikaten und Kalksplittern gemengt. Die Scherben trugen weder Ornamente noch Glasuren. Die Scherben wurden den tieferen Schichten, die goldene Fibel der Humusdecke entnommen.

Auffallend war uns schon damals, dass die Hochofenreste mit den Grabhügeln zusammen vorkamen. Wir nehmen aber an, dass die Hochöfen älter sind als die Grabhügel, die römischen Funde aber am jüngsten.

Ein zweites Schlackenvorkommen fand sich 1900 unter, neben und hinter dem Wohnhaus des Chr. Gottl. Schick, Ecke des Gässles und der Hülb- (oder Kirch-) gasse. Der Besitzer vergrösserte im Sommer 1897 sein Wohnhaus, verlegte seine alte Dungstätte u. s. w. Bei diesen Arbeiten zeigte sich, dass dieses Wohnhaus, samt Scheuer, teilweise auch auf einem riesigen Schlackenlager erbaut war und dass unterhalb des Fundaments der südlichen Mauer auch ein Hochofen liegt; auch Knochenfunde von Tieren umgeben das ganze Haus. Im Keller untersuchten wir einen fetten, zähen, höhlenlehmartigen Letten, auf dem seinerzeit tiefschwarzer Kohlenmull lag mit grossen Mengen von Knochenfragmenten, welche zerhauen, zerstückelt und zerbrochen waren. Menschenknochen wurden keine gefunden.

Etwa 100 m westlich dieses letzteren Fundortes befindet sich die äusserste Grenze eines grossen eingetrockneten Teiches, wohl einer vorhistorischen Hülbe. Somit grenzte dieses uralte Eisenwerk an einen längst eingegangenen Teich. Dieser alte Teich zeigte verschiedene Eisenfunde, die vielleicht aus der Zeit der Eisenschmelzstätten stammten: Hufeisen, Haken, Schaufeln und dergl., aber alle Funde waren zerstört und zerfielen an der Luft in Eisenoxyd. Aber auch in der ganzen Umgebung dieses Teiches sollen früher ähnliche Funde gemacht worden sein: Sicheln, Schwerter, Dolche, Hufeisen von Maultieren und Ochsen (nicht von Pferden), Schaufeln, Haken usw., aber nichts soll an der Luft Bestand gezeigt haben und zusammengebrochen sein. Die Form der Schwerter soll kurz und gerade gewesen sein, der Andreaskreuzform gleichend.

Bemerkenswert ist, dass der Besitzer des Hauses den einstigen Hochofen für einen Brunnen hielt und seine Verwunderung darüber aussprach, weshalb er mit »Glassteinen« angefüllt und innen ausglasiert gewesen sei. Ziegelstücke sind an diesem Platz häufig gefunden worden, aber niemals mit Siegelmarken oder ähnlichen Zeichen versehen.

Hinter den Wohnhäusern dieser Strasse, die sich in der Richtung zur Kirche zieht, liegen in den Gärten noch weitere Grubeneinsenkungen, ob aber auch diese Schmelzeisenreste bergen, wissen wir nicht.

Das dritte Vorkommen liegt vor und neben der Kirche. Die Kirche krönt den höchsten Platz einer alten Siedelungsplatte und beherrscht die ganze Gegend. Der neue Begräbnisplatz der Gemeinde Bitz liegt auf der gleichen Hochplatte (Weissjura ε) wie die Kirche. Auf der äussersten westlichen Ecke dieser Hochplatte liegt die Erzgrube, ein sehr tiefer Trichter mit Bohnerzeisenresten, heute mit Schutt teilweise ausgefüllt. Zwischen ihr und der Kirche liegen eine ganze Menge Löcher, Senkungen und Trichter, die verschiedene Entstehungsursachen haben müssen, denn ihre Formen weichen gegenseitig sehr von einander ab. Ein Teil dieser alten Gruben waren ebenfalls Erzgruben (ob sie mit der grossen Erzgrube schon in vorhistorischer Zeit ausgegraben wurden, oder erst im 18. und 19. Jahrhundert, konnten wir nicht in Erfahrung bringen), andere enthalten ebenfalls Hochofenreste und Gebäudefundamente. Die kreisrunden Hochofenreste unterscheiden sich von den anderen Gruben deutlich (näheres siehe Albvereinsbl. 1903/52).

Diese Hochplatte wird an ihrer Grenze gegen die Kirche von Gebäuden eingefasst. Unter dem Hause des Blickle und teilweise auch unter dem Wohnhaus des Mattes neben der Kirche, befindet sich dann das vierte Schlackenlager, so gross als das erstbeschriebene und grösser als das zweite. Allem Anschein nach war damals die ganze Hochplatte mit Wohnungen dieser Industrie bedeckt.

Hier wurde zur Mitte des vorigen Jahrhunderts auch ein Lämpchen aus Terra sigillata gefunden, aber in der obersten Humusschichte, auch einige römische Goldmünzen. Somit scheint in der Zeit um Christi Geburt dieser Platz von den Römern erobert worden zu sein. Ebenfalls sind Topfscherben auch nicht selten.

Das fünfte Schlackenlager entdeckten wir in Bitz neben der gossen Hülbe, die leider heute auch eingegangen und ausgefüllt ist. Es liegt noch heute südlich von der Vorhülbe. Die Strasse bildet dort eine Ecke mit dem Eckhaus von Kaufmann Theodor Schick. Unter seiner Scheuer, einem Teil seines Wohnhauses und im Untergrund seines Gartens liegt ebenfalls ein grosses Schlackenlager, nur konnte die ganze Ausdehnung desselben nicht ermittelt werden. Hier kommen alle Jahre beim Bebauen des Gartens Knochenfunde zu Tage, auch nur Tierknochen. Der frühere Hausbesitzer, der mitte vorigen Jahrhunderts das Haus erbaute, will beim Ausgraben »unmässig viele Glassteine und haufenweise Alteisen« gefunden haben. Dieses Eisen war so sehr verrostet, dass es bald auf der Wiese zerfiel und nur »Rost« hinterlassen habe. Natürlich dachte damals Niemand an die Wichtigkeit dieser Funde. Gefunden wurden spitze Schaufeln und breite Hauen, mit den Bauern ungewohnten Formen. Der Besitzer fand auch eine lange Kette, die er gern zum »Anspannen« benützt hätte, wenn sie nicht zu Staub zerfallen wäre. Dieser Mann stellte uns noch zwei ältere Männer als Zeugen auf, die beim Heben dieser Funde zugegen waren.

Wir haben also hier die Reste einer alten, vorhistorischen Eisenhütte vor uns, von welcher aber den Bewohnern von Bitz nicht einmal eine Sage überliefert blieb.

Bilden nun, der Lage nach, die bisher beschriebenen 5 Schlackenlager mit ihren Hochöfenresten ein Viereck, dessen Mittelpunkt die grosse Hülbe war, die erst in den letzten Jahren ausgefüllt wurde, so machte das 6. Vorkommen eine Ausnahme.

Dieses sechste Vorkommen im Höllgässle liegt nicht mehr in der Nähe der beschriebenen Hochplatte, sondern an dessen Abhang gegen Osten. Die »Höllgasse« ist ein uralter, erst vor 15—20 Jahren ausgefüllter Hohlweg. Die Wasserleitungsgräben zeigten dort in 3 m Tiefe teilweise mehrere Humuslager alt- und jungalluvialer Schichten übereinander gelagert. Diese einzelnen Humuslager (vier an der Zahl) waren so eigenartig abgegrenzt, dass zuunterst eine Lehmschichte lag, die mit Kohlenmull bedeckt war; darauf fanden sich Reste von Scherben und Eisen, gerötete Steine, Holzreste und Knochen, dann folgten eine Lage Gehängeschutt und erst dann wieder eine neue Kulturschichte. Unterhalb des Albhotels in der Höllstrasse durften wir 4 solcher Kulturschichten zählen. An andern Stellen freilich fanden sich wieder weniger Doppelschichten, meist aber eine: auf einer Erstreckung von $^1/_2$ Klm. füllen Kohlenlager den ganzen Grund der Höllgasse und anderer Gassen von Bitz aus.

Der südliche Teil dieser Gasse war vor 20 Jahren noch nicht überbaut und auch nur ein Teil der nördlichen Seite. In der Mitte dieser nördlichen Seite liegt ein Baumgarten des Mechaniker Rehfuss, in dessen Untergrund sich wieder ein grosses Schlackenlager befindet, wenn es auch kleiner ist als die vorhergehenden anderen 5 Vorkommen. Dieses letzte Schlackenlager liegt auf der Gartengrenze und wurde durch den Bau des östlich gelegenen Nachbargebäudes blosgelegt und entdeckt. Viele Scherbenstücke sollen auch hier gefunden worden sein, doch achtete damals niemand auf sie, so wenig als auf andere Fundgegenstände.

Auffallend ist, dass die hier gefundene Kulturschichte schier den ganzen Ort durchzieht, von der Höllgasse zur Kirche, die grossen Hülben umgibt, sich dann bis zur Krone hinunterzieht, also den ganzen Untergrund von Altbitz bildet. An manchen Stellen ist diese Kulturschichte zwei- bis dreifach, z. B. um die Hülben herum und neben der Krone, vierfach an einer kleinen Stelle der Höllgasse unterhalb des Albhotels. In den Gärten vor der Krone fanden sich diese Schichten besonders tief und ebenfalls mit vielen Knochen gespickt. Dort lag ebenfalls eine eingegangene uralte Hülbe.

Es ist daher nicht merkwürdig, dass die Bitzer Eisenschlacken schier auf allen Gütern der Bitzer Gemeinde gefunden werden können, und dass eine weitere Menge Strassenschottermaterial abgab. Aber wie gross müssen da die ursprünglichen Lager gewesen sein!

Wenn wir gelten lassen wollten, dass innerhalb Bitz mehrere Kulturschichten aufeinander liegen, so müsste dieser Ort sehr alt sein und den ältesten Siedelungen der Alb angehören, auch einen Hauptgrundstein der Eisenzeitperiode der Alluvialzeit darstellen (auch die Weganlagen und der Kirchturm von Bitz, Albvereinsbl. 1903/54, deuten auf hohes Alter der Siedelung hin und auf seine Bedeutung in der Vorrömerzeit).

Wir haben ja in Bitz 6 Punkte genau nachgewiesen, an denen Schlackenlager liegen und an 3 Punkten wiesen wir Oefen nach, also bei

1) Fünf Oefen und andere Funde,
2) Ein Ofen und viele andere Funde,
3) Sieben Oefen und andere Funde,

dies sind zusammen 13 Oefen, ohne die dazwischenliegenden und die nicht aufgedeckten bei den anderen Lagerstellen.

Eine Ortschaft mit so vielen Schmelzöfen und Schlackenlagern dürfte auf der ganzen Alb schwerlich noch einmal zu finden sein, auch nicht im Vorland der Alb. Welche Kulturstufe müssen aber die Eisenzeitleute der Alb schon damals erreicht haben, dass sie solche Reste ihrer Tätigkeit zurückliessen und wie hoch muss damals die Landwirtschaft geblüht haben, als diese Sicheln, Haken und Schaufeln benützt wurden.

Nahe bei Bitz liegt ja der »Hohlefelsen» und die »Kuhstelle«; zwei prähistorische Höhlen der Steinzeit des Diluviums. Da wir den »Hohlefelsen« in der »Antiquitätenzeitung« 1900 beschrieben haben und im »Steinbildhauer«, so wollen wir zur Kuhstelle blos noch bemerken, dass diese Kuhstelle links der alten Römertalstrasse Bitz-Winterlingen liegt und zu ihr von der Landstrasse ein uralter Weg führt. In Zuckerkornepsilonfelsen liegen dort mehrere Felsenkammern, in denen Elephantenknochenreste und eine Menge Knochen anderer Tiere im Höhlenbodencement eingebacken lagen. Die Felsenkammern waren teilweise mit Felsblöcken verbaut, wie der Hohlefelsen bei Bitz. Auf dem Felsen liegt ein Teich, dessen Grund mit Lehm und Lette ausgeschlagen ist und unter alten Bäumen hält diese uralte vorhistorische Hülbe noch heute ihr kühles Wasser so gut, als ob die Anlage neu wäre.

Könnte der ganze Untergrund von Bitz untersucht werden, wir würden vielleicht grossartige Entdeckungen aus der Entwicklungszeit der Albmenschen machen.

Ueberall findet sich in der Kulturschichte von Bitz Bohnerz in Körnern vor, ein Beweis, dass die Bitzer Eisenschlacken dem tertiären Bohnerz der Alb entstammen, welches in grossen Mengen dort abgelagert war, heute aber nur noch in Resten auftritt. Die letzten Reste wurden im vorigen Jahrhundert voll entfernt und nach Tiergarten und Laucherttal verfrachtet. Aber niemand hatte seither eine Ahnung davon, dass Bitz schon in vorhistorischer Zeit seine hochentwickelte eigene Eisenindustrie aufwies, von der keine Sage und keine Chronik berichtet und doch muss Bitz ein Mittelpunkt dieser Industrie gewesen sein, was aus den ansehnlichen Anlagen hervorgeht, und aus der Tatsache, dass auch im nahen Schmichatal solche Oefen existierten, die aber ähnliche Schlackenhaufen nicht aufweisen konnten. Wir untersuchten manche Täler der Alb nach ähnlichen Vorkommnissen und haben sie nicht gefunden, trotzdem dürfte die Bitzer Eisenindustrie nicht vereinzelt dastehen und noch andere Albfunde zu machen sein, die diese Ansicht bestätigen könnten.

2) Die Eisenschmelzstätte Ebingens.

Unter dem Artikel »Profile der alluvialen Ablagerungen des Schmichatales an der Eisenbahnlinie Ebingen—Onstmettingen« haben wir schon auf den bei Ebingen entdeckten Hochofen hingewiesen. In Nachstehendem soll er näher beschrieben und durch Zeichnungen erläutert werden (siehe Profil 72, Seite 438, Abb. 166).

Dort, wo die Eisenbahnlinie sich von der neuen Bitzersteige abwendet, liegt der Eingang zum Bierkeller der Brauerei zum deutschen Kaiser. Hart neben diesem Eingang, den damals noch zwei schöne Kastanienbäume beschatteten, lag der Schmelzofen. Unsere Abb. 166 zeigt den Ofen, wie wir ihn am Abhang fanden, ausgegraben. Im

Abbildung 166. **Ofen der Eisenschmelzstätte Ebingen.**

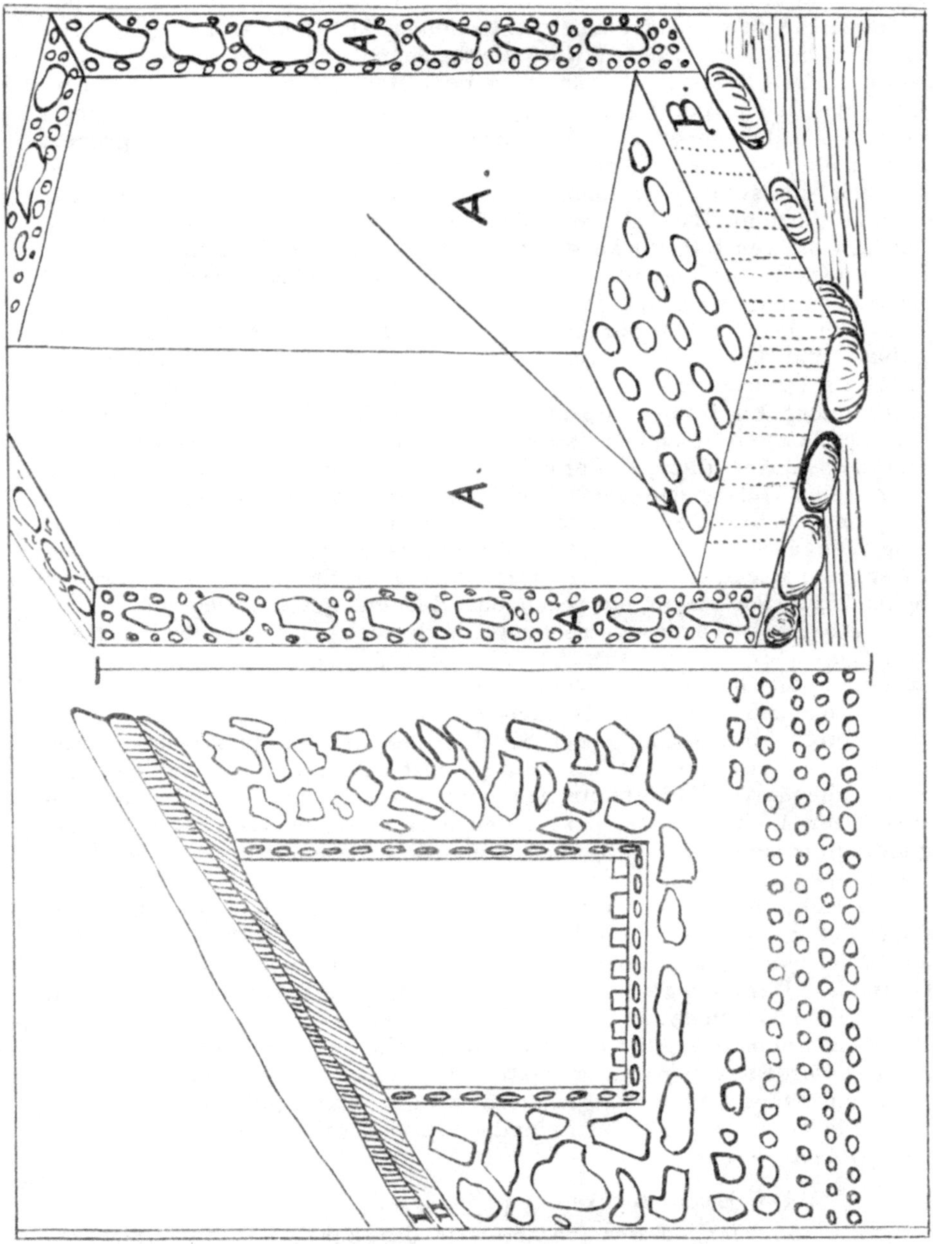

I. Gehängeschutt, obere graue Schichte
II. „ untere gelbe „

A. Wand des Ofens: Lehm mit Kalksteinen.
B. Rost „ „ Lehmmischung mit Kalksplitter: $^{1}/_{10}$ Lehm und $^{9}/_{10}$ Kalk.

Ofeninnern selbst lagern aber Kohlenreste und Eisenschlacken, Eisen selbst fehlte. Eigenartig ist der Rost gebaut. Er liegt auf runden Steinen, die dem Schmichabett entstammen könnten, so gelagert, dass die cirkulierende Luft den Rost durchziehen kann. Er besass 25 Zugröhren. Der Rost selbst war aus einem Material gebildet, das einem Brei aus Lehm und Kalksand glich: $^1/_{10}$ Lehm und $^9/_{10}$ Kalk. Reste dieses Rostes bewahrten wir Jahre lang auf, aber zuletzt fielen sie zu grauem Kalkstaub zusammen. Aber auch die Wand ist eigenartig zusammengesetzt; sie stellt eine Lehmmasse dar, in welcher aufrechtstehende runde Kalksteine (Betakalk) wie die Zeichnung zeigt, eingruppiert waren. Diese grösseren Kalkstücke standen aufrecht in der Mitte, und war der Lehm noch ausserdem mit kleinen Kalkstücken gespickt. Die Innenwand des Ofens zeigte schlackige Glasur.

Der ganze Ofen war in die Gehängeschuttmasse der Halde eingebaut und unter ihm zeigten sich noch Reste eines Hochterrassenschotters. Löcher und Züge, sowie unterer Zug waren zur Zeit der Ausgrabung mit Kohlenmull ausgefüllt. In dem Rost selbst fand sich hie und da ein Bohneisenkorn. Die Zuglöcher waren mit grossen Scherbenstücken plumper Formen bedeckt, unter dem Rost fanden sich aber keine Gefässreste vor. Die Gefässreste deuten nach ihrem Umfang und Volumen zu schliessen, auf grosse Topfwaren hin. Obwohl eine Menge Scherben gefunden wurden, fanden sich doch keine zwei zusammenpassende. Wir vermuten, dass diese Scherben die Reste von Schmelzretorten waren, in denen das Bohnerz geschmolzen wurde.

Ausserhalb des Ofens fanden sich auch dünnere Scherbenstücke, aber nicht ein Stück im Ofeninnern. Auch fiel es auf, dass die dicken Scherben Tonstücke mit Kalkkörnern, oder mit Quarzsand darstellten, die Dünnen zeigen beide Beigaben nicht.

Durch Untersuchung der Kohlenreste in und ausser dem Ofen fanden wir, dass uur mit Laubholz geheizt wurde und zwar mit Buchen- und Eichenholz. Fichtenholzreste fanden wir in der Ofennähe und ein verkohltes Fichtenrindenstück. Die Gefässreste waren ungleich hart gebrannt, einzelne sehr hart, andere zum Zerbrechen weich. Die weichen waren graugelb gebrannt, die harten tiefschwarz. An den dicken plumpen Gefässresten ist keine Drehscheibenspur nachweisbar, oft sehen wir sogar die Hand- und Fingereindrücke. Die dünnen Geschirrreste hatten jedenfalls einen ganz anderen Zweck als die dicken: sie dienten dem Haushalt. Darum waren sie weniger plump, zeigten sogar Spuren von Politur und Ornamentik.

Als Rohmaterial für die Tonwaren scheinen mehrere Bodenarten benützt worden zu sein: Gammalette und Fluglehm. Gammalette wurde grau und grauschwarz, Fluglehm rot und schwarz gebrannt.

Die Tonwaren, die hier gefunden wurden, sollen nachher zusammen beschrieben werden.

3) Die Eisenschlackenfunde innerhalb Ebingens selbst.

Als zu Anfang dieses Jahrhunderts das Schiff der alten Martinskirche abgebrochen wurde und man neue Fundamentierungsarbeiten ausführen musste, fand man bis zu 2 m Tiefe Gräber und unter diesen Gräbern eine grosse Brandplatte und unter dieser Brandplatte Kohlenmull mit Eisenschlacken und dicken Tonscherben. Allein die Eisenschlackenschichte war nur ca. 20 cm dick und leicht zu übersehen, da ihre Ausdehnung (ca. 10 □m) klein war. Aber Eisenschlacken und Tonscherben gleichen denen, die wir bei Bitz fanden und an der neuen Bitzersteige.

Beim Bahnbau der Staatsbahn Ebingen wurden dort, wo heute der Bahnhof steht, tiefe Sickergräben gefunden, wobei in ziemlicher Tiefe (2—3 m Tiefe) Eisenbrocken, Schlacken und Eisenarbeiten (Hufeisen, Klingenstücke und Stabeisen) zu Tage gefördert wurden. Neben ihnen hob man einen Eichenstamm, der in seinem Innern tiefschwarze Farbe zeigte, aber nicht verkohlt war.

Dort, wo wirklich der Zimmerplatz der Firma Knecht liegt, liegt nebenan eine »Spitalwiese«. Diese Wiese wurde 1880 umgegraben und weil sie so sumpfig war, aufgefüllt. Auch bei diesen Arbeiten wurden Eisenschlacken gehoben und neben Eisenteilen, die nicht bestimmt werden konnten, fand man auch Hirschknochenreste, Hörner und Bohnerzklumpen. Auch hier lagen damit zusammen dicke tiefschwarzgebrannte Scherben. Die dort gesammelten Gegenstände, ca. 30 Stück, gingen bei dem Brande des Binder'schen Hauses in der unteren Vorstadt zu Grund, mit vielen ähnlichen Funden. Bedauernswert war es besonders, dass dort auch ein Schädelfund zu Grunde ging, der von einem Menschen stammte und dessen Farbe kaffeebraun war. Er lag ebenfalls im Untergrund der »Spitalwiese«. Der Finder war damals noch zu jung, ihn bestimmen zu können.

Die Gefässscherben der alluvialen Eisenzeit und ihre Aehnlichkeit mit den diesbezüglichen diluvialen Funden.

Wenn wir die diluvialen Gefässreste untersuchen, die wir S. 431 beschrieben, und mit denen der Eisenzeit vergleichen, so finden wir, dass sich unter den alluvialen Funden von besserer Ornamentik auch noch Stücke finden, die dem Diluvium anzugehören scheinen, da sie schon damals in ähnlichen Formen auftraten. An der Hand solcher Funde allein kann daher das Alter derselben nicht bestimmt werden. Die Tatsache z. B., dass bei den Truchtelfinger Funden keine Eisenbeigaben lagen, liess jene Funde jünger erscheinen, wenn nicht auf ihnen ein Lehmlager gefunden worden wäre. Wo wir aber auf der Alb Eisenschlacken finden, treten auch mit ihnen solche Gefässreste auf, wie wir sie nachstehend beschreiben wollen. Es wird eben noch einige Zeit vergehen müssen, bis wir im Stande sind, die diluvialen Reste von den alluvialen genau zu unterscheiden. Es scheint, dass gewisse diluviale Gefässtypen auch noch in der alluvialen vorhistorischen Zeit beibehalten wurden, wie auch noch heute antike Formen von unserer Töpferindustrie nachgemacht werden. Vielleicht blieben auch Jahrtausende hindurch gewisse Formen gleich, falls dieselben besonderen Zwecken dienen mussten.

Zum Verständnis des Nachfolgenden mögen übrigens auch noch die Abb. 154—160 mit denen des Alluviums verglichen werden.

Da die wichtigsten der typischen Funde von der Ebinger »neuen Bitzersteige« stammen, wollen wir jene Funde beschreiben, sie traten dort in Masse auf, und zwar in der ganzen Umgebung der Eisenschmelzstätte und gleichen allen anderen Albfunden der Alluvialzeit.

Die dickwandigen Gefässreste.

Beginnen wir mit der Beschreibung der plumpsten Reste.

Abb. 167 zeigt uns die natürliche Grösse und Form eines Teils solcher Scherben, die im Innern des Schmelzofens lagen. Sie haben

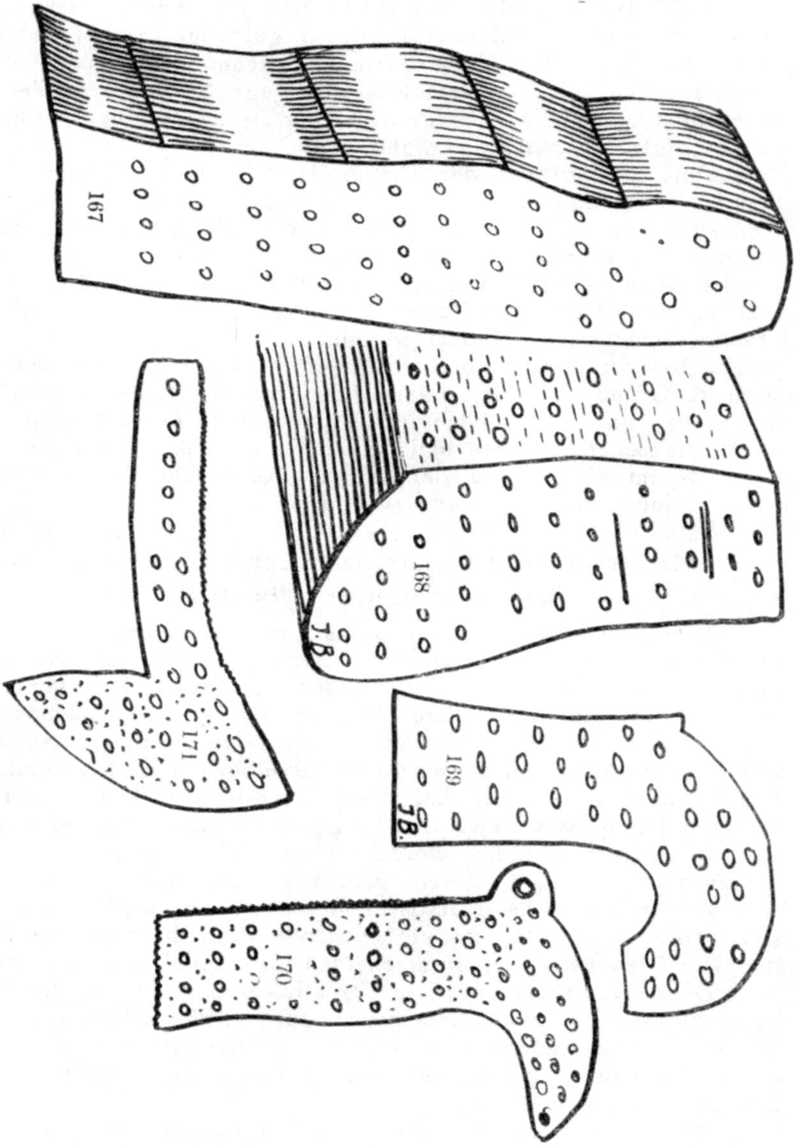

Diluviale und alluviale Scherben von Ebingens Eisenzeit.

einen Durchmesser von 22—25 mm. Ihre Farbe ist dunkelgrau und das Rohmaterial aus einer Mischung von Gammaton mit Kalksand hervorgegangen. Dieser Ton kommt ganz in der Nähe, am gleichen Abhang vor, nämlich an der Schlossfelsenhalde. Es wurden 3 Stück dieser Art gefunden; bei Bitz noch ca. 50 weitere Stück. Ein Stück dieser Art passte zu einem Radius von 50 cm Durchmesser. Quarzsand fehlt in diesen dicken, grossen, plumpen Stücken. Aus der Zeichnung ersehen wir, dass die Wände ungleich dick, und die mit den Fingern gestrichenen Flächen leicht erkennbar sind. Eindrücke der Hand sind häufig.

Abb. 168 zeigt uns ein ähnlich dickes Stück des Schmelzofeninhalts; Durchmesser der Dicke 22—25 mm, Farbe gestreift, gefleckt ziegelrot mit graubraun. Das Rohmaterial ging aus einer Mischung von Gammaton mit Quarzsand hervor. Auf der inneren Gefässfläche ist der Quarzsand zu $^2/_3$ vorherrschend, während er gegen die äussere Wand hin mehr und mehr abnimmt und zwar bis zu $^1/_{10}$; Arbeit roh und plump. Der Bauch dieses Gefässes ist einem Radius von mindestens 50 cm angepasst. An der Bitzersteige wurden mehrere Gefässreste von diesem Typus gefunden, in Bitz selbst waren sie häufig. Am Bahnhof Ebingen wurde auch ein ähnliches Stück gefunden, ebenso mehrere im Killertal.

Abb. 169 zeigt zwar ein schöneres Bild als die beiden Abbildungen vorher, allein sonst gleicht es ihm in der Fabrikationsweise.

Abb. 170, Durchmesser der Dicke 18—20 mm, Farbe hellgelb bis ziegelrot, mit Stich ins graue. Rohmaterial: Diluviallehm der Albhöhen, gemischt mit viel Quarzsand. Auch hier überwiegt auf der inneren Gefässwand der Quarzgehalt sehr gegenüber der äusseren Wand. Die 2 gefundenen Stücke sind von Kalksinter überzogen und stammen aus dem Schmelzofen an der Bitzersteige. Rohe Handarbeit. Ungleichmässiger Brand. Bruchstück zu einem Radius von 40 cm passend. An der Figur sieht man die Strichlinie der bildenden Hand.

Abb. 171 zeigt eine besonders plumpe Arbeit: dünne Wandung mit seltsamem oberen Rand. Die Innenseite ist mit einem Quarzkornpanzer belegt. Welchen Zweck sollte dieses Gefäss wohl gehabt haben, als den Zweck einer Ur-Retortentype? Durchmesser der Dicke 12—15 mm. Ein ähnliches Bruchstück zeigt gleichen Quarzpanzer (Abb. 172), eine ebenfalls sehr dünne Wandstärke, aber eine ungeheure Bodenstärke: 25 mm. Bei beiden Stücken ist die Farbe feurig ziegelrot. Die Rohmaterialien bestehen aus Diluviallehm mit Quarzsand. Der mutmassliche Radius würde 40 cm zeigen, ebenso die Gefässhöhe. Die Aussenseite ist schön geglättet, die quarzbelegte Innenseite sehr rauh. Abb. 172 zeigt deutliche Handstrichlinien der Innenseite.

Gefässreste dieser Art wurden im Schmelzofen an der Bitzersteige ca. 100 Stück gefunden. Aber selten passten 2 Stücke zusammen. Auffallenderweise gleichen die oberen Randformen öfters einer missratenen Drehscheibenarbeit, während die Seitenwandung keine Spur von Drehscheibenunterstützung aufweist. Ueberall am ganzen Gefäss bemerkt man die Griffspuren der bildenden Hand des vorhistorischen Töpfers. Sehr oft sind die Gefässreste dieser Art sehr weich, besonders diejenigen, welche ausserhalb des Ofens gefunden wurden. Die im Ofen gefundenen sind härter, ja oft stahlhart gebrannt. Am härtesten sind diejenigen Stücke gebrannt worden, welche auf den Zuglöchern lagen. Letztere Stücke enthielten weder Kalk- noch Quarzsandbeimischungen. Bei einem Stück zeigt sich aufgerissene Aussenseite, klaffende Spalten durch die Einwirkung der Hitze. Neben diesen Scherbenstücken fanden sich hartgebrannte formlose Tonbrocken. Ob sie zum Abdichten der Retortendeckel dienten?

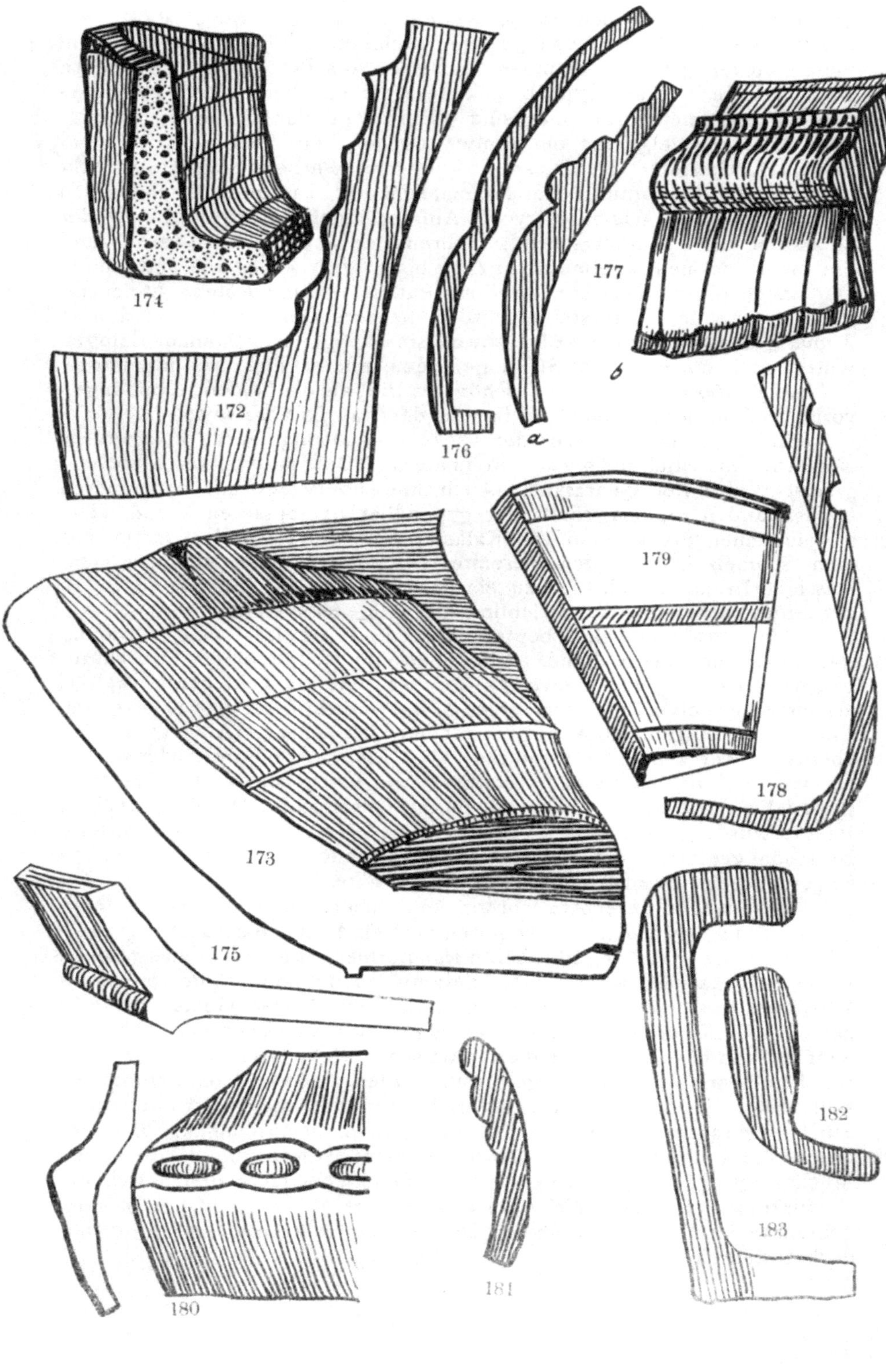
174
172
176
a
b
177
179
178
173
175
182
183
180
181

Die bisher beschriebenen Formen sind alle roh, plump und ähneln den Gefässformen der diluvialen Zeit, wie wir sie bei Truchtelfingen fanden, sowie an den Abhängen der Täler und in unseren Albhöhlen. Nur die Eisenbeigaben lassen auf ihr jüngeres Alter schliessen.

Die dünnwandigen Gefässreste.

$^5/_6$ der bei Bitz und an der Bitzersteige gefundenen Gefässreste sind dickwandig, nur $^1/_6$ dünnwandig. Natürlich sind alle Uebergangsformen da, schier wie bei unseren Ammoniten. Schon Abb. 171 und 172 zeigen Uebergänge, besonders bei den Seitenwandungen. Abb. 173 und 174 könnten auch noch zu den dicken gezählt werden, aber wir trennen sie, da sie sicher keine Retortenreste mehr sind, sondern anderen Bestimmungen dienten.

Die meisten weniger dicken Gefässreste tragen die Form der Abb. 173, also die Form flacher Schüsseln, nur dass sie dickwandiger sind und ohne Drehscheibe gearbeitet. Abb. 173 zeigt ein 8—14 mm dickes, verhältnismässig guterhaltenes Stück. Aehnliche Formen finden sich auch noch öfters, aber meist dünnwandiger. Sie sind aus grauer Gammalette gemacht, graugebrannt und zeigen keine Quarzsandbeimischungen.

Abb. 174 gleicht schier einem Blumentopfrest, die Arbeit ist aber sehr ungenau und unschön. Das Rohmaterial, Gammalette, enthält viel Kalksplitter beigemengt.

Abb. 175 zeigt ebenfalls eine flache Form, die an ihrem Boden einen Randwulst trägt. Aber diese Form, auch aus Gammaton, zeigt keine Spur von Kalk- noch Quarzsand. Die nur ca. 5 mm dicken Gefässe müssen, nach ihrem Radius zu schliessen, nur einen Durchmesser von ca. 15—20 mm gehabt haben, während ihre Bauchwand so sehr ausholte, dass der obere Rand das doppelte des Bodendurchmessers erhalten konnte. Diese Formen zeigen aber ebenfalls den Mangel, den alle diese Geschirre tragen: ihre Hersteller kannten noch keine Drehscheibe. Im allgemeinen sind aber die weitbauchigen Formen selten, und dann immer dünnschaliger als die anderen Formen.

Abb. 176 zeigt eine besonders seltsame Form. Von dieser Form wurde nur ein einziges Bruchstück gefunden, sehr dünn, wie die meisten weitbauchigen Gefässe, 2—3 mm dick; es war aus reinem Ton gefertigt.

Abb. 177 zeigt ebenfalls typische Form, a) zeigt das Profil, b) die Seitenansicht. Die Arbeit wurde mit Holzstäbchen ausgeführt.

Abb. 178 zeigt ein Bruchstück einer Form, die 176 ähnelt, aber schier noch seltener ist. Diese Gefässe waren also am Boden sehr weit und oben ziemlich enger. Bei 177 und 178 sehen wir die Anfänge der Ornamentik. Dass diese aber noch sehr primitiv waren, zeigt Abb. 179, welches Stück keine symetrischen Formen besitzt, die Striche verlaufen in ungeraden Linien. Weiter abweichende Formen zeigt Abb. 180. Hier weist die Bauchwandwulst Fingerspitzeneindrücke auf, bei denen sogar die Nagelspitzen hie und da zu beobachten sind. Die Abb. 181, 182 und 183 zeigen Seitenwandstücke ganz eigenartiger Formen.

Merkwürdigerweise finden sich neben diesen ordinär gearbeiteten Stücken auch noch andere Scherbenreste, die doch schon auf eine höhere

Kultur hinweisen und hübscher geformt sind. Letztere Stücke dürften aber anderen Bestimmungen gedient haben.

Bei Abb. 187, aus grauem Gammaton gefertigt, ist die Aussenseite tiefschwarz gebrannt, fein geglättet, aber ohne irgend eine Glasur. Allein dieses Ornament ist auffallend hübsch.

Abb. 184 zeugt ebenfalls von besserem Geschmack. Dieses aus Fluglehm gebrannte Stück ist ebenfalls hartgebrannt.

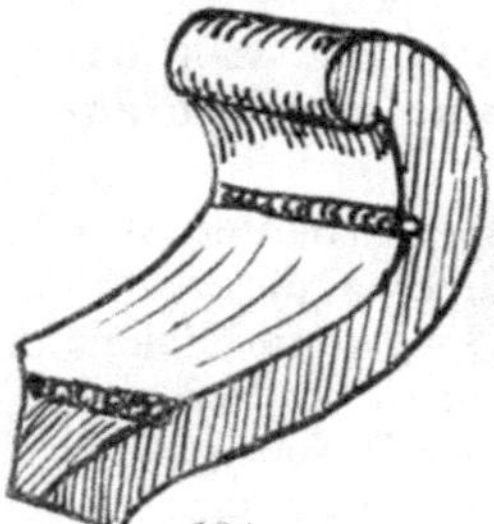
184

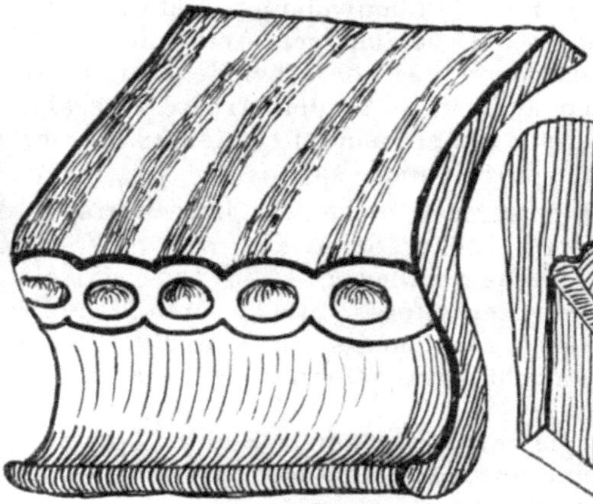
185

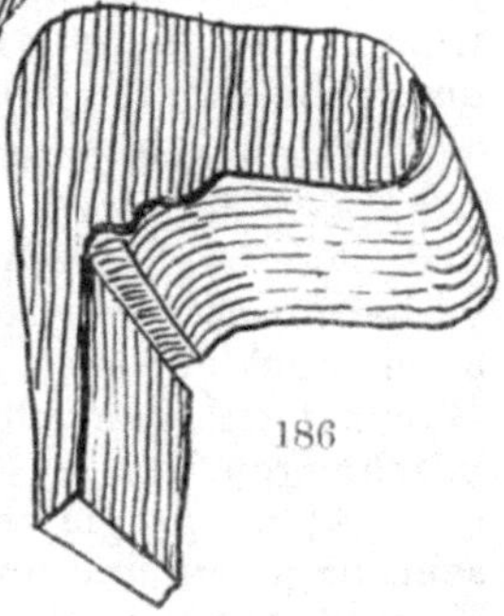
186

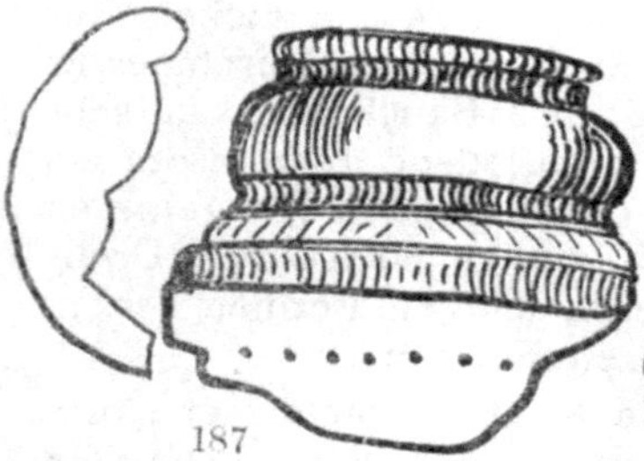
187

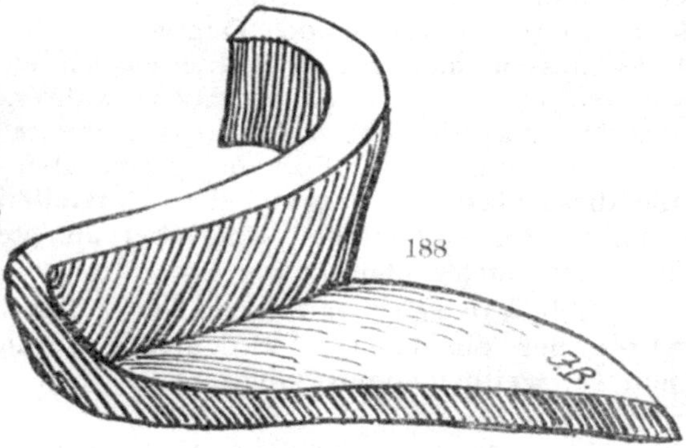
188

Abb. 188 zeigt hübschen Schwung, während 185 ihm nahe kommt. Aus grauer Gammalette, tiefschwarz gebrannt, von einem grossen Original stammend, fanden wir 2 Stücke von ihm vor.

Abb. 186 ist ein seltsames Stück, mit schmaler Seitenwandung und doch so dicken Wulstgriff; es ist auch aus Gammalette geformt.

Welchen Zwecken mögen diese Gefässe gedient haben? Mehr als wahrscheinlich dienten die plumpen dicken Gefässe, besonders diejenigen mit Quarzsandmischung, der Gewinnung von Eisen im Schmelzofen. Die anderen Stücke mögen von Urnen stammen und der Rest von Haushaltungsgegenständen. Hervorgehoben muss aber nochmals werden, dass die

Abb. 167—170 von Stücken stammen, die ihre Vertreter ebenso im Diluvium wie Alluvium haben, besonders die Formen 167 und 168.

Nebenher soll noch bemerkt werden, dass sich die dicken Scherbenreste meist mit Bohnerzschlacken zusammen vorfinden.

Und nun noch schliesslich die Fragen: »in welche Zeit gehörten diese Schmelzofenvorkommen und sind sie für die Alb eine Seltenheit und kommen ähnliche Funde auch in anderen deutschen Mittelgebirgen vor?

Natürlich gehören die Eisenschmelzofenvorkommen von Ebingen und Bitz der Eisenzeit an und zwar der vorrömischen. Eine genauere Zeitbestimmung ist aber vorläufig unmöglich. Wo das Eisen gegraben wurde, kann blos vermutet werden. Die Umgebung von Bitz und Ebingen besitzt noch heute Reste ehemaliger grossartiger Bohnerzvorkommen. Das überall zu Tage tretende Bohneisenerz musste auch den Ur=Albbewohnern aufgefallen sein. Aus anderen Gegenden unserer Alb sind aber ähnliche Funde bisher noch nicht beschrieben worden. Aber auch in anderen europäischen Mittelgebirgen wurden vorhistorische Schmelzstätten gefunden. So mag z. B. das prähistorische Kupferbergwerk auf dem Mittelberg bei Bischofshofen (Verhandl. d. Gesellsch. deutscher Naturforscher und Aerzte 1910/224), aus eben derselben Zeit stammen, wenn dort auch mit Kupferwerkzeugen gearbeitet wurde.

Aus eben derselben Zeit dürften auch die vielen Grabhügel, Volks-Heineburgen und andere uralte Befestungswerke stammen, welche die Alb besitzt. Denken wir nur an die Ursiedelungen des unteren Lauchert-tales, des Degenfeldes usw. Doch würde es den Rahmen eines geog. Führers weit überschreiten, wenn wir auch noch diese Vorkommen näher beschreiben wollten.

46. Alluvialer Kalktuff.

Dieser bildet sich vor unseren Augen und oft genug finden wir in kalkhaltigen Quellen übersinterte Tannenzapfen, Blätter und Zweige, die aber noch eine sehr wenig harte Versteinerungsart darstellen. Die in den Tuffen gefundenen Pflanzenarten und Tierarten gehören somit alle der Gegenwart an und haben daher nur ein botanisches oder zoologisches Interesse.

47. Die Bodenarten der Alb, des Vorlandes der Täler und der Hochflächen.

Die Agrikultur spielt eine so grosse Rolle, dass für ihre Zwecke besondere Sammlungen zusammengestellt werden müssen.

Die Böden mit Jura- oder Tertiär- oder Diluvialerden unterscheiden sich sehr von einander. Wir unterscheiden Ackerböden, Wald- und Schwarzerdeböden.

Jurassische Ackerböden.

Die mechanische Aufgabe der Bodenbildung fällt der Verwitterung durch Sonne, Wärme, Regen, Kälte und der Arbeit der kleinsten Lebewesen zu. Eine Hauptarbeit vollbrachte die Eiszeit. Ob die Albböden aber nicht ertragreicher waren vor als nach der Eiszeit? Die Wärme und Feuchtigkeit war früher grösser, somit auch die Ertragsfähigkeit unserer Alb. In den Mooren der Donau und ihrer Seitenflüsse finden wir oft Eichenstämme liegen, die einen fabelhaften Durchmesser besitzen und die Härte ihres konservierten Holzes gleicht der des Eisenholzes. Eine Treppe in unserer Wohnung ist aus solchem Eichenholz gefertigt, das Holz ist dunkelfarbig und glashart.

Durch die Vergletscherung der Alb mit den gleichzeitigen Temperaturstürzen wurde die Pflanzenwelt des Tertiärs vernichtet, die Gletscher trugen die Humuserden zu Tal und nur langsam schufen sie auf ihren Firnfeldern neue Humusarten, als Vorbedingung für nachglaciales Pflanzenleben.

Abbildung 189. **Der Wilhelmsfelsen bei Blaubeuren.**
Unser Bild soll die sterile Bodenbeschaffenheit der unverwitterten Jura-Epsilonböden zeigen: schwerverwitterbarer Gehängeschutt, zwischen dem nur eine zwar herrliche subtropische Pflanzenwelt gedeiht, für die Kulturgewächse aber oft schier untauglich ist. An herrlicher Romantik suchen aber diese Felsen ihresgleichen.

Die Stürme und Winde der nachglacialen Zeit trugen von den riesigen Moränen Oberschwabens grosse Massen von Flugsand auf die Alb herauf, ja wohl noch über die Alb hinweg ins Unterland, und die allgemeine Verwitterung durch Kälte und Wärme, Regen und Schnee taten das ihre, eine neue Humusdecke zu bilden.

Die rein jurassischen Böden, die aus blosem Juramaterial hervorgingen, sollen zuerst behandelt werden, denn sie besitzen Eigenschaften, welche von denjenigen anderer Böden abweichen.

Die schlechtesten Böden der ganzen Alb sind unstreitig die

1. Dolomitsandböden, denn die Bittersalzverbindungen sind sehr schwer löslich und geben wenig Pflanzennahrung ab. Diese Sandböden, auch die »weissen Böden« genannt, sind das Gegenteil von den

schwarzen »Humusbodenarten«. Nur in recht nassen, nebeligen Jahren geben sie eine ausgezeichnete Kartoffelernte und sind dann die Käufer über das »mehlige« dieser Kartoffeln sehr erfreut. Sonst bieten aber diese Dolomitfelder ein trostloses Kulturland, welches daher auch meist wieder in Weideland übergeht, wenn es nicht durch Compost verbessert wird. Denken wir an die Dolomithungertäler der Münsinger Alb, ferner an viele andere Hochebenen der schwäbischen Alb, auf denen Lehmüberlagerungen fehlen und wir vergessen diese Bilder niemals wieder. Wo wir aber neben den Sandwüsten noch Epsilonschutt oder Zetaablagerung haben, werden diese Böden durch Mischung sehr verbessert und bieten dann noch annehmbare Erträge. Wird der Schlagkies grusig und klein, so entstehen die

2. Grusböden, welche aus Gemengteilen des Schlagkieses mit Laubboden u. s. w. hervorgehen. Diese finden wir sehr häufig an den Abhängen des oberen und mittleren Weissen und bilden diese Böden schon bessere Felder für Kartoffel- und Getreidebau (siehe Abb. 190).

Die besten Kartoffeln wachsen unstreitig in diesem »Grus« oder »Kartoffelboden«, während Dinkel (Sommer- und Winterdinkel, Sommer- und Winterkorn genannt) auch gut gedeiht, aber nicht sehr in die Halme schliesst. Gerste, Hafer und seltener Roggen, ebenso Ackerbohnen (Pferdebohnen genannt), Linsen usw. wachsen ebenfalls gern auf dieser Bodenart. An diese Bodenarten schliessen sich die

3. Kalksandsteinböden des braunen und schwarzen Juras an, die ebenfalls meist an Gehängen aufgeschlossen sind. Da an und für sich Sand immer steril ist, der ursprünglich vorhanden gewesene Kalk ausgelaugt wurde, so verleiht nur allein der Kalkgehalt diesen Böden ihren Wert. Je stärker also die Kalkauslaugung Fortschritte machte, desto schlechter der Boden des Feldes. Da aber zwischen den Sandbänken der Formationsglieder auch immer Kalk- und Tonbänke liegen, so tritt immer eine Kalkmischung mit der Sandgrundlage auf und werden die Erträgnisse der Felder dadurch sehr erhöht. So kommt es, dass die Lias- und Braunjurasandsteinböden nie eine Sterilität wie die Dolomitsandböden zeigen. Aehnlich verhalten sich die

4. Sandsteinböden der Meeresmolasse, die aus Quarzsand bestehen, aber viel Kalk enthalten, welcher Schalenteilen entstammt. Diese Sandböden (siehe unter Tertiär) sind aber oft mit ε Lehmen gemengt, indem meist ξ die Unterlage dieser Meeressande bildet und dann entsteht ein recht ertragreicher Ackerboden, wie z. B. bei Winterlingen, Harthausen usw. mit Getreide-, Wiesen- und Gemüsebau.

Eine ganz besondere Bodenart ist der

5. Fildersandsteinboden. Er stellt ein Gemenge dar, das unter dem Namen »Mehlboden« bekannt und berühmt ist. Nur gehört er zum Albvorland, aber doch noch zur ehemaligen Alb. Auf diesem fruchtbaren Boden gedeiht eine ausgezeichnete Graswirtschaft und berühmt sind die Flachs- und Filderkrautkulturen. Daher übertrifft auch das Filderkraut an Feinheit und Eigenheit alle anderen Krautsorten der Alb sehr, das andere Kraut ist holziger, weniger wertvoll. Der echte Filderboden ist auf die Fildergegend beschränkt; wo der Lias α aber ganz nahe dem Steilrand der Alb auftritt, ist diese Bodenart noch nicht so humusreich entwickelt und daher noch nicht so ertragreich. Auch

Abbildung 190. **Hohenrechberg von Nordosten.**
Im Hintergrund Vorder- und Hinterhohenrechberg, im Vordergrund Hof Hochstett. Geologisches Karakterbild aus dem mittlern weissen Jura mit „Grusackerböden“.

Auch die klimatischen Verhältnisse sind dann nicht mehr so günstig, wie in der Umgegend von Stuttgart.

6. Braune Betaböden sind ähnlich ertragreich, besonders wo sich Tone mit Sanden mischen, wie bei Metzingen.

7. Jurassische Verwitterungsböden ohne Moränenmischung, wie sie noch in Weissjura β und δ vorkommen, sind meist sehr schlechte Kulturböden, gehen aber oft in die unter 2 beschriebenen Grusböden über. Wo wir aber Mergellager haben, sowie Letten, wie z. B. bei den

8. Zetalettenböden des oberen weissen Juras, welcher Letten das Wasser hält, haben wir wieder ergiebigere Kulturfelder. Auf ihnen gedeiht Gras, Getreide und Gemüse, ja selbst Flachs.

9. Dagegen die Weissjura α Tone, soweit sie als Gehänge auftreten (Impressaton), bilden wohl feuchten Untergrund für guten Wald, aber weniger Ackerkulturboden. Nur wo diese Formation eben ausgebreitet ist, werden die Erträgnisse besser.

10. Auf den Anhöhen von blosgelegtem Lias β wächst oft schier gar nichts, wenn wir keine Auflagerung besserer Schichten beachten können.

11. Die »Plättlesböden« von Lias ε und Weissjura ζ, soweit ζ schiefrig auftritt, sind gut, wenn bei Lias ε noch ζ aufliegt, während die Lithographieschieferböden auch ertragreich sind, sobald die Lette in den Vordergrund tritt (Flachs bei Münsingen).

12. Lias γ und δ bildet wieder gutes Kulturland, ist aber im Albvorland schier immer mit anderen Böden gemischt.

13. Die Mergelschiefer von Braun α werden brauchbar, sobald sie längere Zeit verwittern konnten, frische Aufschlüsse bieten schlechte Kulturen.

14. Eigenartig ist die Bodenmischung, welche aus den Braunjura-Eisenoolithen hervorgeht. Die dort gezogenen Pflanzen enthalten viel Eisen und Kieselsäure und sind gegen den Zerfall sehr widerstandsfähig. An der dunkeln Farbe der Blätter und Blüten sind diese Böden schon erkenntlich.

Tertiärböden.

Davon kommen hauptsächlich 3 Arten in Betracht: Bohnerzlehme, Süsswasser- und Brakwassermolasse und Meeresmolasse.

15. Die Bohnerzlehme bilden ein sehr ertragreiches Ackerland. Besonders die Kleefelder sind oft an diese Böden gebunden, aber alles gedeiht gern auf diesem Lehm. Sie halten lange feucht und durch ihren Eisengehalt bieten sie den Gewächsen Haltbarkeit und Widerstand gegen rasche Zerstörung.

16. Die Kalktuffböden der unteren und oberen Süsswassermolasse haben ihre grösste Ausdehnung am Donaurand. Das ganze Hochsträss weisst Rugulosakalktuff auf und wo er auftritt, ist das Ackerland feucht und fruchtbar. Wo auf dem Hochsträss mittlerer Rugulosakalk (Oeffinger Schichten), abgelagert ist, strotzt das Erdreich von Wasser und ausgedehnte Wiesen kennzeichnen diesen Horizont. An der oberen Donau sind es mehr die Sylvanakalke, die oft mergeliger sind, aber ebenfalls feucht halten und gute Güter abgeben. Sehr ver-

bessert werden diese Böden noch dort, wo eine dünne Lage Lehm sie bedeckt und die Kultur beide Bodenarten mischte.

17. Brakwassermolasse bilden hauptsächlich Wiesengrund, je fetter die Lettenlagen, desto besser. Die Gärten in dieser Brakwassermolasse bilden üppigste Vegetation.

18. Meeresmolasse. Wo sie als ursprüngliche Lagerung auftritt, wie bei Winterlingen, auf dem Teutschbuch usw., ist sie noch ziemlich steril, wenn sie wenig verwittert ist. Verwittert bildet sie fruchtbares Land.

Tritt sie als Sand auf, z. B. **umgelagerte** Meeresmolasse, wie wir sie in den Grimmelfinger Sanden sehen usw., so sind die Erträge arm; da diese Sande aber meist Diluviallehm tragen und pleistocäne Schotter, so werden sie dadurch sehr fruchtbar. Wer z. B. über die Grimmelfinger Sandablagerungen hinauf aufs Hochsträss wandert, wundert sich ob deren Fruchtbarkeit.

Abbildung 191. **Schloss Gammertingen im Laucherttal** von vorn.
An der Rückseite des einst schönen hohenzollerischen Schlosses fliesst die muntere Lauchert vorüber. In der Bronce- und Hallstattzeit waren die Anhöhen der Lauchert zahlreich bevölkert. Eine Menge Grabhügel und einzelne Heuneburgen zeugen davon. Eine Römerstrasse führte von Hattingen her durch die Stadt. Dass hier hervorragende allemanische Fürsten lebten, ging aus den grossartigen Reihengräberfunden hervor, welche hier gemacht wurde (goldene und silberne Geräte). Gammertingen ist Oberamtssitz, hat aber nur ca. 1000 Einwohner. Das Schloss dient jetzt als Schul- und Rathaus und wurde zu Ende des 18. Jahrhunderts von den Freiherren v. Speth erbaut. Für den Naturfreund ist Gammertingen wie geschaffen, denn Rauchschlote und Fabriken fehlen völlig. Gegenüber dem Schloss sehen wir Hotel Hirsch, in dem der Reisende gut aufgehoben ist.

Diluvialböden. Lehme.

Darunter wollen wir blos die Lehmböden, welche der Eiszeit entstammen, gemeint haben. Unstreitig ist unser Diluviallehm der beste Ackerboden, den es gibt, es ist das Brotflötz der Alb. Freilich treten diese Lehme gegen die anderen Bodenarten auf der Alb etwas zurück, während sie in anderen Gegenden von Süddeutschland an Ausbreitung obenanstehen. Aber manche Albtäler zeigen an ihren Abhängen und Terrassen diese Lehme, und oft genug werden ganze Landstrecken damit bedeckt und wo wir diesen Lehm finden, blüht der Getreidebau am schönsten.

Die Lehme sind aber in ihrer mineralischen Zusammensetzung doch sehr verschieden, werfen daher auch verschiedene Werte ab. Lehm ist eigentlich nichts als das feinst zerriebene Produkt älterer Formationen, chemisch und mechanisch verändert. Der Lehm kann im Zustand der Trockenheit zerstäuben, oder im feuchten Zustand verschlammen, der Regen kann ihn in die Niederungen führen, der Wind forttragen, aber wo er ist und hinkommt, immer ist er Lehm, d. h. letzter Rückstand ehemaliger Gesteine.

Abbildung 192. **Im Heuet des Donnstetter Maars.** I.

19. Der Rieslehm steht obenan, doch gehört er der Alb ja nicht mehr an. Die unvergleichliche Fruchtbarkeit dieses Einbruchkessels ist blos ihm zu verdanken. Er ist 2—3 m tief. Die Kieselerde überwiegt in ihm in Form der feinsten Quarzstäubchen. Dadurch ähnelt er dem Lehm des berühmten Nieltales, welcher gleiche Zusammensetzung aufweist. In den untern Lagern enthält er kohlensauren Kalk, der den obern Lagern entführt wurde. Er besitzt die zarteste Pulverung, die bei seiner günstigen chemischen Zusammensetzung seinen hohen Wert ausmacht. Je feiner der Lehm ist, desto mehr Wasser kann er auffassen, zurückhalten und verwerten; so ist der grosse Erfolg zu erklären, der sich an seine Scholle knüpft.

20. Härdtsfeldlehm gleicht dem Rieslehm, steht ihm aber doch etwas nach. Entstand der Rieslehm aus dem zertrümmerten Staube des Rieskessels, aus der Tertiärformation, den Niederschlägen des Randgebirges, so hat der Härtsfeldlehm eine ähnliche Entstehung. Das ausgehobene Material des Rieskessels wurde aufs Härtsfeld hinaufgedrückt, dort verwitterte es und mengte sich mit den Produkten der Alb.

21. Die Lehme der Donaualblinie bestehen aus Rheingletschersand, den der Wind hier ablagerte. Da das Material des Rheingletschers auch aus vielen Formationen zusammengesetzt wird, ist auch noch dieser Lehm sehr fruchtbar.

22. Die allgemeinen Alblehme sind am besten, wenn sie am Rande des Tertiärs vorkommen, oder Tertiär bedecken, denn dann mischte sich Tertiär mit Diluvium. Sie enthalten dann grosse Kalk- und Kieselmengen sowie alle Mineralien der Alpen in feinster Zerkleinerung. So ist es auch erklärlich, dass die Lehme der Hardt und Zollernalb in der kurzen Vegetationsperiode des Sommers (Mai-Oktober) noch so reiche Ernten bieten können, wie man sie ihnen abzugewinnen gewohnt ist. An manchen Stellen des Truppenübungsplatzes liegt bei Strassberg und Kaiseringen der Lehm metertief und diese Lehmstriche

Abbildung 193. **Im Heuet des Donnstetter Maars.** II.

Unsere Abbildungen 192 und 193 zeigen die Fruchtbarkeit der Maarböden und die Formen der Maarsenken, sowie das Leben und Arbeiten der Albbauern in der Heuernte.

bieten die besten Ernten der ganzen Gegend. Der Lehm liegt dort in Zetamulden und Karen der Albgletscher eingebettet. Alle Kulturen könnten hier gezogen werden, wenn es nicht zu lange Zeit im Jahre kalt bliebe (daher auch die Ortsnamen dieser Gegend: »Stetten am kalten Markt« u. s. w.).

Alle Kulturen, ausser Wein und Hopfen lieben den Lehm. Freilich kann Wein und Hopfen auch auf Lehm gepflanzt werden und wird auch vielfach auf ihm gepflanzt, aber Reben und Hopfen wollen sonnige warme Abhänge, an denen der Lehm nicht liegen bleibt, sondern gern weggeschwemmt wird. Auch brauchen Wein und Hopfen niederere Lagen, als sie die Hochflächen der Alb bieten können. Wo aber Wein und Hopfen in den Albtälern gepflanzt werden kann, ist ihnen der Untergrund meist sehr günstig, denn der Juraboden des Lias und braunen

Juras enthält gerade diejenigen minerialischen Bestandteile, die diese Pflanzen lieben. Freilich ist es auffallend, dass der Weinbau in den Albtälern langsam zurückging, die Verhältnisse müssen früher günstiger

Abbildung 194. **Waldbestände des Lemberges** von Gosheim her.
Unser Bild zeigt die Herrlichkeit der Albwälder, die oft mehr den grossartigsten Parks gleichen als gewöhnlichen Wäldern, besonders an Stellen, wo sie die Ebenen der Albhochflächen bedecken.

gewesen sein, so wurden im Mittelalter und bis vor 100 Jahren im Oberamt Balingen, besonders an der Eyach, viel Wein gepflanzt, der oft grosse Erträge abwarf, während heute nur noch Flurnamen an den

Weinbau erinnern, wie z. B. bei Balingen, Frommern, Stockenhausen und Zillhausen die Namen »im Weinberg«, »im Wingert«, »in den Weingärten«. Die beste Bodenlage für den Weinbau sind aber die

Basalttuffe der schwäbischen Alb,

soweit ihre Röhren den einstigen Mantel entbehren. Weit bekannt ist ja in dieser Hinsicht die beispiellose Fruchtbarkeit der Metzinger,

Abbildung 195. **Tallandschaft des Seeburger Tales bei Urach.**
Geologisches Charakterbild der Kalktuff-, Moor-, und Wiesenbodenablagerungen der Albtäler.

Reutlinger und Kirchheimer Gegend, wo schon öfters ein ar Weinberg 2 Hektoliter Wein trug. Diese Böden, wenn sie auch keine Lehme sind, sind eben ähnlich zusammengesetzt wie die Lehme. Aus demselben Grunde werden auch mit Recht die Jusituffe als natürliches Düngemittel verwendet und es ist sehr zu bedauern, dass dieses Düngemittel nicht den bisherigen Dungmitteln mehr als bisher vorgezogen wird, denn die mineralische Zusammensetzung dieser Tuffe gleicht der mineralischen Zusammensetzung des menschlichen Körpers. Es ist heute ja bekannt, dass die Stickstoffdüngung den Pflanzen zu wenig Salze zuführt, so dass auch der von Pflanzen lebende Mensch zu wenig Nährsalze in der Nahrung aufnimmt. Daher sollte der Stickstoffdüngung die mineralische Düngung mehr vorgezogen, zum mindesten beigegeben werden und zwar eine Mineraldüngung, wie sie unsere Basalttuffe bieten können. Die Düngung mit Tuffmehl würde der Land-

Abbildung 196. **Kapuzinerfelsen im Fischburgtal bei Urach.**
Geologisches Charakterbild der Tal- und Waldlandschaft unserer herrlichen Albtäler. Wir sehen hier, wie selbst die sonst sterilen Weissjurafelsen noch die üppigste Vegetation tragen.

wirtschaft auch viel billiger kommen, als mit Phosphaten der chemischen Fabriken und die Erfolge noch weit bessere sein.

Oasen der Albhochfläche stellen auch unsere Maare dar. Sie bieten der Landwirtschaft im Kleinen, was das Ries im Grossen. Wo ein Basaltmaar liegt, ist es kenntlich durch grössere Fruchtbarkeit und überall siedelten sich Ortschaften auf ihnen an, umsomehr als die Krater auch gleich Wassersammler darstellten: Die Vulkanausbruchsröhren der Alb halten das atmosphärische Wasser vorzüglich und die chemische

Zusammensetzung des Tuffes ist die denkbar beste. In den Maarkesseln lagerte sich noch Süsswasserkalk, Diluviallehm und Sand ab, diese vereint, erhöhen die Fruchtbarkeit. Die Maarböden bilden so den Uebergang zu den schwarzen Wald- und Wiesenböden (siehe Abb. 192 und 193).

Die schwarzen Wald- und Wiesenböden.

Wo wir den schwarzen Boden, Waldhumus, im Walde treffen, wissen wir im allgemeinen gleich, dass er aus Verwitterung gewöhnlicher Humuserde mit Laub und Holz entstand. Aber oft genug finden wir auf der Alb schwarze Humusböden auch an Stellen auftreten, an denen keine Wälder angelegt sind, dann muss angenommen werden, dass doch in früheren Zeiten hier Wälder standen. Aber auch Wiesen können die Ursache schwarzen Humusbodens geworden sein. Hie und da ist die Beobachtung zu machen, dass sich schwarze Böden auf Jurainselzügen finden, wie z. B. am Jusi, auf dem kein Baum mehr steht und diese Bodenart den Rest eines ehemaligen Teiches, einer Mulde darstellt, die durch Zerstörung des Berges ebenfalls ihrem Ruin entgegen geführt wurde. Auch an Weideabhängen liegt oft schwarzer Humus.

Schwarzer Wiesenhumus bildete sich gern unter Wiesen mit Stauwasseruntergrund. Dieser schwarze Wiesenhumus findet sich in allen Albtälern, besonders häufig auf der Donauseite, wo er gern in Moor und Torf übergeht.

Schwarzer Waldhumus unterscheidet sich aber schon im Aussehen sehr gut vom Wiesenhumus, ausser es sei ein Wiesenhumus, der aus Waldhumus entstand. Alle unsere Täler trugen ja in früheren Zeiten Urwälder. Dieser feine zarte Waldboden ist in der Topf- und Blumengärtnerei sehr gesucht. Der Untergrund alter grosser Waldbestände zeigt oft bis in grosse Tiefen immer dieselbe Bodenart (siehe Abb. 194, 195, 196, 197).

Mitten in tiefen Mulden, in deren Nähe kein Wald mehr zu bemerken ist, finden wir diese Böden noch häufig und diese deuten auf abgeholzte alte Waldbestände hin, die in historischer Zeit anderen Kulturpflanzen weichen mussten. Sind diese Mulden gross und tief, dass die atmosphärischen Niederschläge keinen Abfluss haben konnten, so entstanden an solchen Stellen Hochmoore, die in früherer Zeit wohl viel häufiger auf der Alb anzutreffen waren als heute; Reste sind noch oft nachzuweisen. Die feuchtesten dieser Hochmoore zeigen einstige Sumpf- und Torfbildung und in Tälern mit langsamem Gefäll konnten sich diese Moore am besten bilden. Alle Albtäler zeigen solche Moorlandschaften. Diese Moorbildungen sind aber schon oben beschrieben.

Uebergänge zu den Moorböden bilden die sauren Humusböden, oft gehen alle drei Arten in einander über.

Abbildung 197. **Gütersteiner Wasserfall bei Urach.**
Geologisches Charakterbild der Kalktuff- und Waldvegetation des Uracher Talbezirks der Alb.

Register I.

Ortsnamenregister für den I. Teil des Buches den Turenführer.

Für den Turenführer wurde ein besonderes Ortsnamenregister zusammengestellt, um dem forschenden Turisten Gelegenheit zu geben, die zu Turen zusammengestellten Orte und wichtigen Punkte in der Uebersicht genau kennen zu lernen. Will er daher eine bestimmte Ortschaft, deren Namen im Ortsnamenregister des II. Teiles zu finden ist, besuchen, um die dortigen allgemeinen und besondern geologischen Verhältnisse kennen zu lernen, so braucht er nur beide Register aufzuschlagen und die Namen der Orte und Punkte miteinander zu vergleichen. Er wird dann gleich erfahren, welcher Tur und Formation die einzelne Ortschaft angehört und was er in jener Ortschaft oder an jenem Punkte finden kann. Will er z. B. wissen, welcher **Tur** eine Ortschaft angehört, so schlägt er das I. Ortsnamenregister auf und findet dort den Ort verzeichnet. Im Turenführer selbst findet er dann weiter, was er an dem gesuchten Ort im Allgemeinen zu finden hat und will er noch mehr über diesen Ort wissen, so sucht er nun denselben auch im II. Ortsnamenregister, wo er den Namen des Ortes ebenfalls findet, wenn der Ort wirklich eines Besuches wert ist, und eines Besuches wert sind schier alle Alborte und Punkte, die in den Registern aufgeführt ist. Orte mit Abbildungen tragen nach der Seitennummer ein Sternchen (*).

A.

B.

C.

D.

E.

M.

N.

O.

P.

R.

U.

V.

W.

Z.

Register II.

Ortsnamenregister für den II. Teil des Buches: Beschreibungen der Formationsglieder, Profile u. s. w.

Wie für den Turenführer, dürfte für den zweiten Hauptteil des Buches ein besonderes Ortsnamenregister gut sein. So können die Ortsnamenregister unter sich verglichen werden. Aufgeführt sind im folgenden Register alle Namen der Ortschaften, wichtigen Punkte und Flüsse. Für die Formations- und andere Sachnamen ist dann Register III bestimmt, für Petrefaktennamen Register IV und für Profilnamen Register V.

Um den Nachschlagewert des Ortsnamenregisters zu erhöhen, sind den Seitenzahlen öfters Buchstaben für die betreffende Formation beigefügt, und bedeuten dann die Buchstaben: L = Lias, br. = Braunjura, W = Weissjura, O = Oligozän, T = Tertiär, P = Pliocän, Q = Quartär, D = Diluvium, A = Alluvium u. s. w. Sternchen * bedeutet Abbildung.

A.

B.

C.

D.

E.

F.

G.

H.

I.

K.

L.

M.

N.

U.

V.

W.

Z.

Register III.

Sach-Register.

A.

B.

†) Die Aufpressungen können gerade soleicht „Verschiebungen“ genannt werden, da im Vorries wohl Ueberschiebungen mit Aufpressungen abwechseln.

C.

D.

†) Die Ueberschiebungswälle werden noch einige Zeit ein Streitobjekt bleiben. Die Schliffflächen unter ihnen lassen auf einen Schub von den Alpen wie aus dem Ries schliessen, auch sind es sicher öfters keine eigentlichen Schübe, sondern „Aufpressungen" zwischen zerrissenen Vorriesplatten. Diese Aufpressungen wären dann „Schiebe aus der Tiefe" ans Tageslicht.

Register IV.

Profile.

A.

B.

C.

D.

Register V.

Petrefakten.

A.

B.

C.

L.

M.

N.

O.

Sch.

St.

T.

U.

V.

W.

FSC
www.fsc.org
MIX
Papier | Fördert gute Waldnutzung
FSC® C083411

Kolibri 360 GmbH
Ferdinand-Jühlke-Straße 7
99095 Erfurt, Deutschland
produktsicherheit@kolibri360.de